21 世纪
高等院校经济管理学科
数学基础系列教材／主编　刘书田

微积分解题方法与技巧

编著者　刘书田　孙惠玲　阎双伦

图书在版编目(CIP)数据

微积分解题方法与技巧/刘书田,孙惠玲,阎双伦编著.—北京:北京大学出版社,2018.10
(21世纪高等院校经济管理学科数学基础系列教材)
ISBN 978-7-301-10580-1

Ⅰ.微… Ⅱ.①刘… ②孙… ③阎… Ⅲ.微积分-高等学校-解题 Ⅳ.O172-44

中国版本图书馆CIP数据核字(2006)第016718号

书　　　名	微积分解题方法与技巧
著作责任者	刘书田　孙惠玲　阎双伦　编著
责任编辑	刘　勇　曾琬婷
标准书号	ISBN 978-7-301-10580-1
出版发行	北京大学出版社
地　　　址	北京市海淀区成府路205号　100871
网　　　址	http://www.pup.cn
电　　　话	邮购部 62752015　发行部 62750672　理科编辑部 62752021　出版部 62754962
电子邮箱	zpup@ pup.pku.edu.cn
印　刷　者	河北涿县鑫华书刊印刷厂
经　销　者	新华书店
	787mm×960mm　16开本　20.75印张　460千字
	2006年9月第1版　2018年11月第10次印刷
定　　　价	40.00元

未经许可,不得以任何方式复制或抄袭本书之部分或全部内容。
版权所有,侵权必究
举报电话: 010-62752024　电子信箱: fd@pup.pku.edu.cn
图书如有印装质量问题,请与出版部联系,电话: 010-62756370

内 容 简 介

本书是高等院校经济类、管理类及相关专业学生学习微积分课程的辅导书,与国内通用的各类优秀的《微积分》教材相匹配,同步使用.全书共分九章,内容包括:函数与极限、导数与微分、微分中值定理与导数应用、不定积分、定积分、多元函数微积分、无穷级数、微分方程及差分方程初步等.

本书以 21 世纪的微积分课程教材内容为准,按题型归类,以讲思路与举例题相结合的思维方式叙述.讲述解题思路的源头,归纳总结具有共性题目的解题规律、解题方法.讲述解题技巧源自何方,解题简捷、具有新意,可使读者思路畅达、纵向驰骋,达到事半功倍之效.本书强调对基本概念、基本理论内涵的理解及各知识点之间的相互联系,并对重要定理和初学者易犯的错误从多侧面讲解,重点评述,释疑解难,使读者尽快掌握微积分课程的基本内容.

本书是经济类、管理类学生学习微积分课程必备的辅导教材,是报考硕士研究生读者的精品之选,是极为有益的教学参考用书,是无师自通的自学指导书.

《21世纪高等院校经济管理学科数学基础系列教材》编审委员会

主　编　刘书田

编　委　(按姓氏笔画为序)

卢　刚　　冯翠莲　　许　静

孙惠玲　　李博纳　　张立卓

胡京兴　　袁荫棠　　阎双伦

21世纪高等院校经济管理学科数学基础系列教材书目

微积分	刘书田等编著	定价 32.00 元
线性代数	卢　刚等编著	定价 24.00 元
概率论与数理统计	李博纳等编著	定价 28.50 元
微积分解题方法与技巧	刘书田等编著	定价 28.00 元
线性代数解题方法与技巧	卢　刚等编著	定价 18.00 元
概率论与数理统计解题方法与技巧	张立卓等编著	定价 22.00 元

前　言

  本书是北京大学出版社出版的《高等院校经济管理学科数学基础系列教材》之一《微积分》的配套辅导教材.本书适应高等教育教学内容和课程改革的总目标,紧密结合面向 21 世纪的课程教材.

  本书选题广泛、多样,既注意到了掌握基本概念、培养基本运算的典型题,又精选了极具启发性、针对性、灵活性和综合性的题目.本书采用微积分课程现行教材体系与专题相结合,以内容为准,按题型归类;以讲思路与举例题相结合的思维方式叙述.首先阐明题型特征,揭示具有共性题目的条件与结论之间的内在联系,分析解题时应用到的定义、定理、公式,从源头上讲明解题思路、解题方法;然后再以思路为指导讲述例题(书中在讲述解题思路时,同时指明相应的例题).读者在此,若有一个反复阅读过程,会有茅塞顿开、豁然开朗之感.

  本书的许多例题解法简捷,具有普适性、技巧性.读者从中会领悟到,这是源自对所学知识达到了融会贯通和灵活运用.

  阅读本书不仅能使读者深入理解、巩固所学知识,提高逻辑思维能力、分析问题和解决问题的能力;而且能使读者花费较少的时间和精力,取得事半功倍之效,掌握求解各种题型的思路和方法;摆脱看到题目时,特别是看到具有一定灵活性和综合性的题目,茫然不知所措、无从下手的困境.更为重要的是,阅读本书能使读者掌握和运用知识,实现纵向深入、横向跨越,由继承性获得向创造性发挥升华.

  本书是在校大学生学习微积分课程的辅导佳作,是报考硕士研究生进行强化训练的精品,也是授课教师有益的教学参考用书.

  参加本书编写的还有冯翠莲、胡京兴、徐军京、袁荫棠.

  限于编者水平,书中难免有不妥之处,恳请读者指正.

编　者

2006 年 6 月

目 录

第一章 函数与极限 …………………………………………………………… (1)
    一、函数概念 ………………………………………………………………… (1)
    二、用图形的几何变换作图 ………………………………………………… (4)
    三、用极限定义证明数列和函数的极限 …………………………………… (6)
    四、用极限的运算法则与重要极限求极限 ………………………………… (9)
    五、用等价无穷小代换求极限 ……………………………………………… (14)
    六、用单侧极限存在准则求极限 …………………………………………… (16)
    七、用夹逼准则和单调有界准则求极限 …………………………………… (18)
    八、通项为 n 项和与 n 个因子乘积的极限的求法 ……………………… (22)
    九、确定待定常数、待定函数、待定极限的方法 ………………………… (25)
    十、讨论函数的连续性 ……………………………………………………… (27)
    十一、极限函数及其连续性 ………………………………………………… (29)
    十二、用介值定理讨论方程的根 …………………………………………… (32)
    十三、求曲线的渐近线 ……………………………………………………… (35)
    习题一 …………………………………………………………………………… (36)

第二章 导数与微分 …………………………………………………………… (38)
    一、用导数定义求导数 ……………………………………………………… (38)
    二、用导数运算法则求导数 ………………………………………………… (41)
    三、求分段函数的导数 ……………………………………………………… (44)
    四、高阶导数的求法 ………………………………………………………… (48)
    五、隐函数求导数 …………………………………………………………… (51)
    六、求由参数方程所确定函数的导数 ……………………………………… (53)
    七、导数几何意义的应用 …………………………………………………… (54)
    八、微分概念及计算 ………………………………………………………… (56)
    习题二 …………………………………………………………………………… (57)

第三章 微分中值定理与导数应用 …………………………………………… (60)
    一、罗尔定理条件的推广 …………………………………………………… (60)
    二、用微分中值定理证明函数恒等式 ……………………………………… (61)
    三、直接用微分中值定理证明中值等式 …………………………………… (62)

四、用作辅助函数的方法证明中值等式 ……………………………………… (65)
五、用微分中值定理证明不等式 …………………………………………… (70)
六、用微分中值定理求极限 ………………………………………………… (73)
七、确定函数的增减性与极值 ……………………………………………… (74)
八、确定曲线的凹凸与拐点 ………………………………………………… (80)
九、用图形的对称性确定函数（曲线）的性态 …………………………… (83)
十、用函数的单调性、极值与最值证明不等式 …………………………… (86)
十一、用函数图形的凹凸证明不等式 ……………………………………… (90)
十二、用导数讨论方程的根 ………………………………………………… (91)
十三、几何与经济最值应用问题 …………………………………………… (94)
十四、用洛必达法则求极限 ………………………………………………… (99)
十五、用泰勒公式求极限 …………………………………………………… (103)
习题三 ………………………………………………………………………… (106)

第四章 不定积分 …………………………………………………………… (108)

一、原函数与不定积分概念 ………………………………………………… (108)
二、被积函数具有什么特征可用第一换元积分法求积分 ………………… (110)
三、第二换元积分法——用变量替换求积分 ……………………………… (115)
四、可用分部积分法求积分的常见类型 …………………………………… (117)
五、有理函数的积分——分项积分法 ……………………………………… (121)
六、用解方程组的方法求不定积分 ………………………………………… (123)
习题四 ………………………………………………………………………… (126)

第五章 定积分 ……………………………………………………………… (128)

一、定积分定义及其几何意义 ……………………………………………… (128)
二、确定积分的大小与取值范围 …………………………………………… (129)
三、变上限积分定义的函数的性质及其导数 ……………………………… (134)
四、变限定积分的极限的求法 ……………………………………………… (136)
五、变限定积分函数的单调性、极值、凹凸与拐点 ……………………… (140)
六、由定积分表示的变量的极限的求法 …………………………………… (142)
七、求解含积分号的函数方程 ……………………………………………… (143)
八、属于分段求定积分的种种情况 ………………………………………… (146)
九、计算、证明定积分的方法 ……………………………………………… (148)
十、证明有关定积分等式及方程的根 ……………………………………… (160)
十一、证明定积分不等式的方法 …………………………………………… (163)
十二、用定义法和 Γ 函数法计算反常积分的值 …………………………… (167)

十三、反常积分敛散性的判别方法 (171)
十四、定积分的几何应用 (174)
十五、积分学在经济中的应用 (179)
习题五 (183)

第六章　多元函数微积分 (186)

一、二元函数的定义、极限和连续 (186)
二、偏导数・高阶偏导数・全微分 (188)
三、复合函数的微分法 (193)
四、隐函数的微分法 (198)
五、多元函数极值的求法 (202)
六、多元函数极值在经济中的应用 (209)
七、二重积分的概念与性质 (213)
八、在直角坐标系下计算二重积分 (215)
九、在极坐标系下计算二重积分 (224)
十、无界区域上的反常二重积分 (229)
十一、证明二重积分或可化为二重积分的等式与不等式 (231)
习题六 (233)

第七章　无穷级数 (236)

一、用级数敛散性的定义与性质判别级数的敛散性 (236)
二、判别正项级数敛散性的各种方法 (240)
三、判别任意项级数敛散性的方法 (246)
四、求幂级数收敛半径与收敛域的方法 (251)
五、用间接法将函数展开为幂级数 (255)
六、利用幂级数展开式求函数的 n 阶导数 (261)
七、求幂级数与数项级数的和 (262)
习题七 (269)

第八章　微分方程 (271)

一、微分方程的通解和特解 (271)
二、一阶微分方程的解法 (271)
三、可降阶的二阶微分方程的类型及解法 (278)
四、用二阶线性微分方程解的性质确定其通解 (280)
五、二阶常系数线性微分方程的解法 (281)
*六、n 阶常系数线性微分方程的解法 (286)
七、用解微分方程求幂级数的和函数 (287)

八、用微分方程求解函数方程……………………………………………(288)
　　九、微分方程的应用………………………………………………………(291)
　　习题八………………………………………………………………………(296)
第九章　差分方程………………………………………………………………(298)
　　一、差分及差分方程的概念………………………………………………(298)
　　二、一阶常系数线性差分方程的解法……………………………………(299)
　　三、二阶常系数线性差分方程的解法……………………………………(302)
　　四、n 阶常系数线性差分方程的解法………………………………………(306)
　　习题九………………………………………………………………………(307)
习题参考答案与解法提示………………………………………………………(308)

第一章 函数与极限

一、函 数 概 念

1. 确定分段函数的定义域和函数值

思路 由于分段函数是用两个或两个以上的解析表达式表示一个函数,且对于不同的解析表达式,自变量的取值范围又不相同,因此,分段函数的定义域是自变量 x 各个取值范围之总和. 求函数值 $f(x_0)$ 时,要根据 x_0 所在的取值范围,用 $f(x)$ 相应的表达式来求 $f(x_0)$.

2. 反函数

(1) 求反函数的**程序**:

首先,由已知函数式 $y=f(x)$ 解出 x,得到关系式 $x=f^{-1}(y)$;

其次,将字母 x 与 y 互换,便得到所求的反函数 $y=f^{-1}(x)$. 见例 1.

(2) 函数 $y=f(x)$ 与其反函数间有**恒等式**:$y=f(f^{-1}(y))$,$x=f^{-1}(f(x))$. 见例 2.

3. 复合函数 $y=f(\varphi(x))$

在 $f(x)$,$\varphi(x)$ 和 $f(\varphi(x))$ 三个函数中,若已知其二,便可求得其三:

(1) 已知 $f(x)$ 和 $\varphi(x)$,求 $f(\varphi(x))$ 的**思路**:

将 $f(x)$ 中的 x 代换以 $\varphi(x)$ 即得 $f(\varphi(x))$.

(2) 已知 $f(x)$ 和 $f(\varphi(x))$ 求 $\varphi(x)$ 的**思路**:

将 $f(x)$ 中的 x 换以 $\varphi(x)$ 得含未知 $\varphi(x)$ 的 $f(\varphi(x))$,令其等于已知 $f(\varphi(x))$ 的表达式,从而解出 $\varphi(x)$. 见例 3.

(3) 已知 $\varphi(x)$ 和 $f(\varphi(x))$ 求 $f(x)$ 的思路有二:

变量替换法:令 $u=\varphi(x)$,求得 $x=\varphi^{-1}(u)$,将其代入 $f(\varphi(x))$ 表达式中的 x 即得 $f(u)$,再将 u 换成 x 得 $f(x)$. 此法具有一般性. 见例 4 解 1.

直接表示法:将 $f(\varphi(x))$ 的表达式设法表示成 $\varphi(x)$ 的函数,然后将式中的 $\varphi(x)$ 换成 x 即得 $f(x)$. 见例 4 解 2.

4. 判定函数有界性的思路

按函数有界性的定义判定 $f(x)$ 在区间 I[①] 上有界,有如下情况(见例 7):

[①] 用 I 表示的区间,可以是开区间,也可以是闭区间,也可以是无限区间. 以下同.

(1) 若存在一个正数 M,使得
$$|f(x)| \leqslant M \text{ (可以没有等号)}, \quad x \in I;$$
(2) 若存在两个数 m 和 M,且 $m<M$,使得
$$m \leqslant f(x) \leqslant M \text{ (可以没有等号)}, \quad x \in I;$$
(3) 若函数 $f(x)$ 在闭区间 $[a,b]$ 上是单调增加(减少)的,因
$$f(a) \leqslant f(x) \leqslant f(b) \quad (f(b) \leqslant f(x) \leqslant f(a)), \quad x \in [a,b],$$
故 $f(x)$ 在 $[a,b]$ 上有界;

(4) 若函数 $f(x)$ 在 $[a,b]$ 上连续,则 $f(x)$ 在 $[a,b]$ 上有界.

例 1 若函数 $y=f(x)$ 与 $y=g(x)$ 的图形对称于直线 $y=x$,且 $f(x)=\dfrac{e^x-e^{-x}}{e^x+e^{-x}}$,求 $g(x)$.

解 依题设,这是求 $f(x)$ 的反函数. 设 $y=\dfrac{e^x-e^{-x}}{e^x+e^{-x}}=\dfrac{e^{2x}-1}{e^{2x}+1}$,由此式解出 x,得
$$ye^{2x}+y=e^{2x}-1 \quad \text{或} \quad e^{2x}=\frac{1+y}{1-y}, \quad x=\frac{1}{2}\ln\frac{1+y}{1-y},$$
于是
$$g(x)=\frac{1}{2}\ln\frac{1+x}{1-x}.$$

例 2 设 $f(x)=\sqrt[3]{3x-1}$,求 $f^{-1}(2)$.

解 由于 $x=f^{-1}(f(x))$,由此式知,当 $f(x)=2$ 时所对应的 x 即为所求. 将 2 代入已知式的左端,得 $2=\sqrt[3]{3x-1}$,即 $x=3$,故 $f^{-1}(2)=3$.

例 3 已知 $f(x)=e^{x^2}$,$f(\varphi(x))=1-x$ 且 $\varphi(x)\geqslant 0$,求 $\varphi(x)$ 及其定义域.

解 依题意,$f(\varphi(x))=e^{\varphi^2(x)}=1-x$. 因 $\varphi(x)\geqslant 0$,有 $\varphi(x)=\sqrt{\ln(1-x)}$. 由 $\ln(1-x)\geqslant 0$,即 $1-x\geqslant 1$ 知 $\varphi(x)$ 的定义域是 $x\leqslant 0$.

例 4 已知 $f(\ln x)=\ln\dfrac{x}{1-x^2}$,求 $f(x)$ 及其定义域.

解 1 用变量替换法 令 $u=\ln x$,则 $x=e^u$. 由已知等式有
$$f(u)=\ln\frac{e^u}{1-e^{2u}}=\ln e^u-\ln(1-e^{2u}), \quad \text{即} \quad f(x)=x-\ln(1-e^{2x}).$$
由 $1-e^{2x}>0$ 知,$f(x)$ 的定义域是 $(-\infty,0)$.

解 2 用直接表示法 因
$$f(\ln x)=\ln x-\ln(1-x^2)=\ln x-\ln(1-e^{\ln x^2})=\ln x-\ln(1-e^{2\ln x}),$$
所以 $f(x)=x-\ln(1-e^{2x})$.

例 5 设 $f\left(\dfrac{x+1}{2x-1}\right)-2f(x)=x$,求 $f(x)$.

分析 这是已知关于 $f(x)$ 和 $f(\varphi(x))$ 的一个等式,求 $f(x)$. 解题思路为:

令 $t=\varphi(x)$,求得 $x=\varphi^{-1}(t)$. 将原等式中的 x 换为 $\varphi^{-1}(t)$,可得到关于 $f(t)$ 和 $f(\varphi^{-1}(t))$ 的另一等式. 若 $\varphi(x)=\varphi^{-1}(x)$,由解上述两个等式的方程组可得 $f(x)$.

解 令 $t = \dfrac{x+1}{2x-1}$,可解得 $x = \dfrac{t+1}{2t-1}$,将其代入原等式,则有

$$f(t) - 2f\left(\dfrac{t+1}{2t-1}\right) = \dfrac{t+1}{2t-1}.$$

于是有 $\begin{cases} f\left(\dfrac{x+1}{2x-1}\right) - 2f(x) = x, \\ 2f\left(\dfrac{x+1}{2x-1}\right) - f(x) = -\dfrac{x+1}{2x-1}. \end{cases}$ 将 $f(x)$ 和 $f\left(\dfrac{x+1}{2x-1}\right)$ 看做未知数,解此线性方程组,可求得 $f(x) = \dfrac{4x^2 - x + 1}{3(1-2x)}$.

例 6 设函数 $f(x) = x - [x]$,其中 $[x]$ 是取整函数,试确定:

(1) $f(x)$ 的定义域; (2) $f(x)$ 的值域;
(3) $f(x)$ 是有界函数; (4) $f(x)$ 是以 1 为周期的周期函数.

解 (1) 函数 $y = [x]$ 的定义域是 $(-\infty, +\infty)$,$y = x$ 的定义域也是 $(-\infty, +\infty)$,故 $f(x)$ 的定义域是 $(-\infty, +\infty)$.

(2) 按 $y = [x]$ 的意义,任取 $x \in (-\infty, +\infty)$,设 $n \leqslant x < n+1$ ($n = 0, \pm 1, \pm 2, \cdots$),则当 $x = n$ 时,$x - [x] = n - n = 0$;当 $x \neq n$ 时,$x - [x] < n + 1 - n = 1$,即 $0 \leqslant x - [x] < 1$. 由此,$f(x)$ 的值域是 $[0, 1)$. 这表明 $f(x)$ 表示 x 的非负小数部分.

(3) $f(x)$ 的值域是 $[0, 1)$,该函数是有界的.

(4) 对任意 $x \in (-\infty, +\infty)$,有

$$f(x+1) = x + 1 - [x+1] = x + 1 - ([x] + 1) = x - [x] = f(x).$$

上式说明 $f(x)$ 是以 1 为周期的周期函数. $y = f(x)$ 的图形如图 1-1 所示.

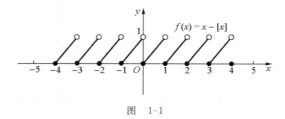

图 1-1

例 7 设函数 $f(x)$ 在 $(-\infty, +\infty)$ 有定义,证明 $F(x) = \dfrac{[f(x)]^2}{1 + [f(x)]^4}$ 在 $(-\infty, +\infty)$ 上是有界函数.

证 对任意 $x \in (-\infty, +\infty)$,都有

$$(1 - [f(x)]^2)^2 = 1 - 2[f(x)]^2 + [f(x)]^4 \geqslant 0, \quad \text{即} \quad 2[f(x)]^2 \leqslant 1 + [f(x)]^4,$$

所以

$$0 \leqslant F(x) = \dfrac{[f(x)]^2}{1 + [f(x)]^4} \leqslant \dfrac{1}{2}.$$

二、用图形的几何变换作图

由已知函数的解析式作出它的图形,一般是采用描点法.这里介绍借助于已知函数图形的几何变换,即通过"平移"、"对称"等作出某些函数的图形.

假设已知函数 $y=f(x)$ 的图形,要作出一些与它相关的函数的图形.

1. 平移

(1) 函数 $y=f(x)+b$ $(b>0)$ 的图形可由 $y=f(x)$ 的图形沿 y 轴向上平移 b 个单位得到.

(2) 函数 $y=f(x)-b$ $(b>0)$ 的图形可由 $y=f(x)$ 的图形沿 y 轴向下平移 b 个单位得到.

(3) 函数 $y=f(x+a)$ $(a>0)$ 的图形可由 $y=f(x)$ 的图形沿 x 轴向左平移 a 个单位得到.

(4) 函数 $y=f(x-a)$ $(a>0)$ 的图形可由 $y=f(x)$ 的图形沿 x 轴向右平移 a 个单位得到.

2. 对称

(1) 函数 $y=-f(x)$ 的图形与 $y=f(x)$ 的图形关于 x 轴对称.

(2) 函数 $y=f(-x)$ 的图形与 $y=f(x)$ 的图形关于 y 轴对称.

(3) 函数 $y=-f(-x)$ 的图形与 $y=f(x)$ 的图形关于坐标原点对称.

(4) 函数 $y=|f(x)|$ 的图形,是 $y=f(x)$ 的图形在 x 轴上方部分不动,而将在 x 轴下方部分对称到 x 轴上方得到.

(5) 函数 $y=f(|x|)$ 的图形,是 $y=f(x)$ 的图形在 y 轴右侧部分不动,再将其右侧部分关于 y 轴对称到左侧得到.

(6) 函数 $y=f^{-1}(x)$ 的图形与 $y=f(x)$ 的图形关于直线 $y=x$ 对称.

(7) 函数 $y=f(a-x)$ 的图形与 $y=f(x-a)$ 的图形关于直线 $x=a$ 对称.

3. 伸长或压缩

(1) 函数 $y=af(x)$ $(a>0)$ 的图形,是将 $y=f(x)$ 的图形沿 y 轴方向伸长或压缩 a 倍得到:$a>1$ 时是伸长,$a<1$ 时是压缩.

(2) 函数 $y=f(ax)$ $(a>0)$ 的图形,是将 $y=f(x)$ 的图形沿 x 轴方向伸长或压缩 a 倍得到:当 $a>1$ 时,是压缩;当 $a<1$ 时,是伸长.

例 1 已知函数 $y=x^2$ 的图形,作函数 $y=-x^2-2x+1$ 的图形.

解 由于 $y=-x^2-2x+1=-(x+1)^2+2$.故将曲线 $y=x^2$ 向左平移一个单位,得到的曲线关于 x 轴对称后,再向上平移两个单位,便得到曲线 $y=-x^2-2x+1$(图 1-2).

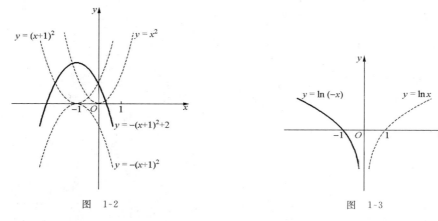

图 1-2　　　　　　　　　　　图 1-3

例 2　已知函数 $y=\ln x$ 的图形,作下列函数的图形:

(1) $y=\ln(-x)$;　　(2) $y=|\ln x|$;　　(3) $y=\ln|x|$;　　(4) $y=\ln(1-x)$.

解　(1) 将曲线 $y=\ln x$ 关于 y 轴对称得 $y=\ln(-x)$ 的图形(图 1-3).

(2) 曲线 $y=\ln x$ 在 x 轴上方部分不动,将在 x 轴下方部分关于 x 轴对称便得 $y=|\ln x|$ 的图形(图 1-4).

(3) 因 $y=\ln|x|=\begin{cases}\ln(-x),&-\infty<x<0\\\ln x,&0<x<+\infty\end{cases}$,曲线 $y=\ln|x|$ 有两个分支:曲线 $y=\ln(-x)$ 与 $y=\ln x$.参阅图 1-3.

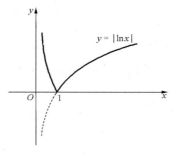
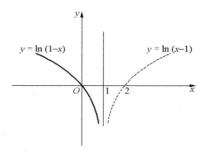

图 1-4　　　　　　　　　　　图 1-5

(4) 将曲线 $y=\ln x$ 向右平移一个单位得函数 $y=\ln(x-1)$ 的图形,再将其关于直线 $x=1$ 对称,得函数 $y=\ln(1-x)$ 的图形(图 1-5).

例 3　已知函数 $y=\cos x$ 的图形,作函数 $y=3\cos\left(2x-\dfrac{\pi}{2}\right)$ 的图形.

解　因 $y=3\cos\left(2x-\dfrac{\pi}{2}\right)=3\cos\left[2\left(x-\dfrac{\pi}{4}\right)\right]$.

将 $y=\cos x$ 的图形(图 1-6(a))沿 x 轴方向压缩 2 倍得 $y=\cos 2x$ 的图形(图 1-6(b));所得图形沿 x 轴向右平移 $\dfrac{\pi}{4}$,得到 $y=\cos 2\left(x-\dfrac{\pi}{4}\right)$ 的图形(图 1-6(c));再将所得图形沿 y

轴方向伸长 3 倍,可得 $y=3\cos\left(2x-\dfrac{\pi}{2}\right)$ 的图形(图 1-6(d)).

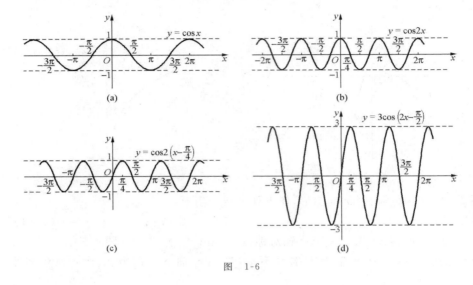

图 1-6

三、用极限定义证明数列和函数的极限

1. 用定义证明数 A 是数列 $\{y_n\}$ 的极限的解题思路

首先,把要证明的命题用定义形式写出:

$\lim\limits_{n\to\infty}y_n=A\Longleftrightarrow$ 对任给 $\varepsilon>0$,存在正整数 N,当 $n>N$ 时,都有 $|y_n-A|<\varepsilon$;

其次,在假设不等式 $|y_n-A|<\varepsilon$ 成立时,用分析法解出 n,以确定 n 与 ε 的关系,从而找出正整数 N. 这有两种情况:

(1) 直接解不等式 $|y_n-A|<\varepsilon$,求出 n 与 ε 的关系,从而找出 N,见例1证1;

(2) 可采用放大法,以便于求出 n 与 ε 的关系. 即将 $|y_n-A|$ 适当放大为 $\varphi(n)$,使放大后的式子 $\varphi(n)$ 随 n 增大而缩小,且使 $\varphi(n)$ 小于 ε:

$$|y_n-A|\leqslant|\varphi(n)|<\varepsilon,$$

只要从 $|\varphi(n)|<\varepsilon$ 解出 n 与 ε 的关系即可. 见本节例1证2,例2.

最后,根据第二步的分析,证明第一步所列出的命题.

注 用定义证明极限存在,逻辑推理要严格,但书写过程可简化. 例1叙述较详细,以下例题叙述较简化.

2. 用定义证明数 A 是函数 $f(x)$ 当 $x\to\infty$ 时的极限的解题思路

对任意给定的 $\varepsilon>0$,从 $|f(x)-A|<\varepsilon$ 出发,要设法从 $|f(x)-A|$ 中分离出因子 $|x|$,以确定 $|x|$ 与 ε 的关系,从而找出一个正数 M. M 的找法类似于前述找寻 N 的方法. 见例3.

3. 用定义证明数 A 是函数 $f(x)$ 当 $x \to x_0$ 时的极限的解题思路

对任意给定的 $\varepsilon > 0$,从 $|f(x) - A| < \varepsilon$ 出发,要设法从 $|f(x) - A|$ 中分离出因子 $|x - x_0|$,以确定 $|x - x_0|$ 与 ε 的关系,从而找出小的正数 δ. 这一般有两种情况(下设 $M > 0$):

(1) $|f(x) - A| = M|x - x_0| < \varepsilon$, 则 $|x - x_0| < \dfrac{\varepsilon}{M}$, 取 $\delta = \dfrac{\varepsilon}{M}$. 见例 4.

(2) $|f(x) - A| = |\varphi(x)(x - x_0)|$, 此时,要设法确定 $|\varphi(x)|$ 的界限.

因 $x \to x_0$, 不妨设 $|x - x_0| < \eta$ ($\eta > 0$, 自己给定),若此时,有 $|\varphi(x)| \leqslant M$, 令
$$|\varphi(x)(x - x_0)| \leqslant M|x - x_0| < \varepsilon, \quad \text{由此} \quad |x - x_0| < \frac{\varepsilon}{M}.$$

于是,取 $\delta = \min\left\{\eta, \dfrac{\varepsilon}{M}\right\}$ 就可以了. 见例 5.

例 1 用数列极限定义证明 $\lim\limits_{n \to \infty} \dfrac{5n+1}{2n+3} = \dfrac{5}{2}$.

证 1 对任意给定的 $\varepsilon > 0$, 要找一个正整数 N, 使得当 $n > N$ 时, 都有 $\left|\dfrac{5n+1}{2n+3} - \dfrac{5}{2}\right| < \varepsilon$ 成立. 由于
$$\left|\frac{5n+1}{2n+3} - \frac{5}{2}\right| = \left|\frac{-13}{2(2n+3)}\right| = \frac{13}{2(2n+3)},$$

要使 $\left|\dfrac{5n+1}{2n+3} - \dfrac{5}{2}\right| < \varepsilon$ 成立, 就是使 $\dfrac{13}{2(2n+3)} < \varepsilon$ 成立. 即 $n > \dfrac{13}{4\varepsilon} - \dfrac{3}{2}$ 即可.

于是, 对任意给定的 $\varepsilon > 0$, 存在 $N = \left[\dfrac{13}{4\varepsilon} - \dfrac{3}{2}\right]$, 当 $n > N$ 时, 都有 $\left|\dfrac{5n+1}{2n+3} - \dfrac{5}{2}\right| < \varepsilon$. 由数列极限定义, 即 $\lim\limits_{n \to \infty} \dfrac{5n+1}{2n+3} = \dfrac{5}{2}$.

证 2 用放大法. 要使 $\dfrac{13}{2(2n+3)} < \varepsilon$ 成立, 因 $\dfrac{13}{2(2n+3)} < \dfrac{13}{4n} < \dfrac{13}{n}$, 只要 $\dfrac{13}{n} < \varepsilon$, 即 $n > \dfrac{13}{\varepsilon}$ 即可.

于是, 对任意给定的 $\varepsilon > 0$, 存在 $N = \left[\dfrac{13}{\varepsilon}\right]$, 当 $n > N$ 时, 都有
$$\left|\frac{5n+1}{2n+3} - \frac{5}{2}\right| < \varepsilon, \quad \text{即} \quad \lim_{n \to \infty} \frac{5n+1}{2n+3} = \frac{5}{2}.$$

注 证 1 与证 2 所找到的 N 是不同的, 但这没关系. 按数列极限的定义, 只要能找到一个正整数 N, 对任意给定的 $\varepsilon > 0$, 当 $n > N$ 时, 有 $|y_n - A| < \varepsilon$ 即可.

例 2 用数列极限定义证明 $\lim\limits_{n \to \infty} \dfrac{10^n}{n!} = 0$.

证 对任意给定的 $\varepsilon > 0$, 要使 $\left|\dfrac{10^n}{n!} - 0\right| = \dfrac{10^n}{n!} < \varepsilon$. 由于当 $n > 10$ 时, 有
$$\frac{10^n}{n!} = \frac{(10 \cdot 10 \cdots 10) \cdot 10 \cdot 10 \cdot 10 \cdots 10 \cdot 10}{(1 \cdot 2 \cdots 10) \cdot 11 \cdot 12 \cdot 13 \cdots (n-1)n}$$
$$< \frac{10 \cdot 10 \cdots 10}{1 \cdot 2 \cdots 10} \cdot 1 \cdot 1 \cdot 1 \cdots 1 \cdot \frac{10}{n} = \frac{10^{10}}{9!} \cdot \frac{1}{n},$$

只要
$$\frac{10^{10}}{9!} \cdot \frac{1}{n} < \varepsilon, \quad 即 \quad n > \frac{10^{10}}{9!} \cdot \frac{1}{\varepsilon} \quad 即可.$$

于是,对任意给定的 $\varepsilon > 0$,存在 $N = \max\left\{10, \left[\frac{10^{10}}{9!} \cdot \frac{1}{\varepsilon}\right]\right\}$,当 $n > N$ 时,都有

$$\left|\frac{10^n}{n!} - 0\right| < \varepsilon, \quad 即 \quad \lim_{n \to \infty} \frac{10^n}{n!} = 0.$$

注 例 1 中证 2 的放大:$\frac{13}{2(2n+3)} < \frac{13}{4n} < \frac{13}{n}$ 是无条件放大;而例 2 中的放大:$\frac{10^n}{n!} < \frac{10^{10}}{9!} \cdot \frac{1}{n}$ 是有条件(在条件 $n > 10$ 时)的放大.由于数列的极限与它的前有限项无关,为了便于求出 n 与 ε 的关系,这种放大是可行的.

例 3 用函数极限定义证明 $\lim\limits_{x \to \infty} \frac{x+2}{x+1} = 1$.

证 对任意给定的 $\varepsilon > 0$,要使

$$\left|\frac{x+2}{x+1} - 1\right| = \left|\frac{1}{x+1}\right| = \frac{1}{|x+1|} < \varepsilon \quad 或 \quad |x+1| > \frac{1}{\varepsilon},$$

由于 $|x+1| = |x-(-1)| \geqslant |x|-1$,只要

$$|x|-1 > \frac{1}{\varepsilon} \quad 或 \quad |x| > 1 + \frac{1}{\varepsilon} \quad 即可.$$

于是,对任意给定的 $\varepsilon > 0$,存在正数 $M = 1 + \frac{1}{\varepsilon}$,当 $|x| > M$ 时,都有

$$\left|\frac{x+2}{x+1} - 1\right| < \varepsilon, \quad 即 \quad \lim_{x \to \infty} \frac{x+2}{x+1} = 1.$$

例 4 用函数极限定义证明 $\lim\limits_{x \to -1} \frac{2(x^2-1)}{x+1} = -4$.

证 对任意给定的 $\varepsilon > 0$,要使 $\left|\frac{2(x^2-1)}{x+1} - (-4)\right| < \varepsilon$.当 $x \neq -1$ 时,因

$$\left|\frac{2(x^2-1)}{x+1} + 4\right| = |2(x-1) + 4| = 2|x+1|,$$

所以,只要 $2|x-(-1)| < \varepsilon$,即 $|x-(-1)| < \frac{\varepsilon}{2}$ 即可.

于是,取 $\delta = \frac{\varepsilon}{2}$,当 $0 < |x-(-1)| < \delta$ 时,便有

$$\left|\frac{2(x^2-1)}{x+1} - (-4)\right| < \varepsilon, \quad 即 \quad \lim_{x \to -1} \frac{2(x^2-1)}{x+1} = -4.$$

例 5 用函数极限定义证明 $\lim\limits_{x \to 2} x^3 = 8$.

证 对任意给定的 $\varepsilon > 0$,要使

$$|x^3 - 8| = |(x-2)(x^2+2x+4)| = |x^2+2x+4| \cdot |x-2| < \varepsilon.$$

因 $x \to 2$,可使 $|x-2| < 1$.此时 $|x| = |(x-2)+2| \leqslant |x-2| + 2 < 1 + 2 = 3$,所以

$$|x^2+2x+4| < |x|^2 + 2|x| + 4 < 3^2 + 2\times 3 + 4 = 19.$$

由此,要使 $|x^3-8|<\varepsilon$,只要

$$|x^3-8| < 19|x-2| < \varepsilon, \quad 即 \quad |x-2| < \frac{\varepsilon}{19} \text{ 即可.}$$

于是,取 $\delta = \min\left\{1, \dfrac{\varepsilon}{19}\right\}$,当 $0 < |x-2| < \delta$ 时,都有

$$|x^3-8| < \varepsilon, \quad 即 \quad \lim_{x\to 2} x^3 = 8.$$

四、用极限的运算法则与重要极限求极限

1. 极限运算法则

这里,极限运算法则指的是:无穷小的运算法则,极限的四则运算法则,复合函数的极限法则等.

代数函数(有理函数与无理函数)求极限的一些**重要结论**及**解题思路**

(1) 有理函数的极限:

$$\lim_{x\to\infty}\frac{P_n(x)}{Q_m(x)} = \lim_{x\to\infty}\frac{a_0 x^n + a_1 x^{n-1} + \cdots + a_{n-1}x + a_n}{b_0 x^m + b_1 x^{m-1} + \cdots + b_{m-1}x + b_m} = \begin{cases} 0, & n<m \text{ 时}, \\ \dfrac{a_0}{b_0}, & n=m \text{ 时}, \\ \infty, & n>m \text{ 时}, \end{cases}$$

$$\lim_{x\to x_0}\frac{P_n(x)}{Q_m(x)} = \begin{cases} \dfrac{P_n(x_0)}{Q_m(x_0)}, & Q_m(x_0) \neq 0, \\ \infty, & Q_m(x_0) = 0, P_n(x_0) \neq 0, \\ \dfrac{0}{0} \text{ 型}, & Q_m(x_0) = 0, P_n(x_0) = 0. \end{cases}$$

对上述 $\dfrac{0}{0}$ 型,先将分母、分子因式分解,分解出公因子 $(x-x_0)$,约分后,再求极限.见本节例 3.

(2) 无理函数的极限:

当分式的分母,或分子,或分母与分子同时出现无理式时:

当 $x\to\infty$ 时,若呈 $\dfrac{\infty}{\infty}$ 型,分母与分子同除以 x 的最高次幂,即除以最高阶的无穷大,然后再求极限.见例 2(1),(2).

当 $x\to x_0$ 时,若呈 $\dfrac{0}{0}$ 型,可将分母、分子同乘一个因式,恒等变形,变量代换等,使以零为极限的公因子 $(x-x_0)$ 显露出来,约去公因子后,再求极限,或利用已知的极限等式求极限.见例 4,例 5.

(3) 推广:

对有些非代数函数的极限,若呈 $\dfrac{\infty}{\infty}$ 型或 $\dfrac{0}{0}$ 型,也可按上述思路处理.见例 2(3).

代数函数或非代数函数,若呈 $\infty-\infty$ 型,可以通分,乘因子,作倒代换等,将其转化为分式,然后再求极限.见例 11.若呈 $0\cdot\infty$ 型,也要化成分式,这将呈 $\dfrac{0}{0}$ 或 $\dfrac{\infty}{\infty}$ 型,然后再求极限.见例 10.

2. 用两个重要极限求极限

(1) 第一个重要极限**公式**及**推广公式**

$$\lim_{x\to 0}\frac{\sin x}{x}=1,\quad \lim_{\varphi(x)\to 0}\frac{\sin\varphi(x)}{\varphi(x)}=1.$$

该极限的**特征**:

$1°$ $\dfrac{0}{0}$ 型;

$2°$ 无穷小的正弦与自身的比,即 $\dfrac{\sin\square}{\square}$,分母、分子方框中的变量形式相同,且都是无穷小.

用该公式求极限的**思路**:

$1°$ 当函数式为 $\dfrac{\sin\varphi(x)}{f(x)}$ 且为 $\dfrac{0}{0}$ 型时,若 $f(x)\neq\varphi(x)$,设法将 $f(x)$ 变形使之出现 $\varphi(x)$.见例 7.

$2°$ 当函数式出现三角函数且为 $\dfrac{0}{0}$ 型时,可通过提取公因子,或乘上一个因子,或三角恒等变形,使其出现该形式的极限.见例 9.

$3°$ 当函数式含 $\arcsin x, \arctan x$ 且为 $\dfrac{0}{0}$ 型时,也可用该极限试算.见例 12.

(2) 第二个重要极限**公式**及**推广公式**

$$\lim_{n\to\infty}\left(1+\frac{1}{n}\right)^n=e,\quad \lim_{x\to\infty}\left(1+\frac{1}{x}\right)^x=e,\quad \lim_{x\to 0}(1+x)^{\frac{1}{x}}=e;$$

$$\lim_{\varphi(x)\to\infty}\left(1+\frac{1}{\varphi(x)}\right)^{\varphi(x)}=e,\quad \lim_{\varphi(x)\to 0}(1+\varphi(x))^{\frac{1}{\varphi(x)}}=e.$$

该极限的**特征**:

$1°$ 1^{∞} 型;

$2°$ $(1+\text{无穷小})^{\text{无穷大}}$,即 $(1+\square)^{\frac{1}{\square}}$,底与指数方框中的变量形式相同,且都是无穷小.

用该公式求极限的**思路**:

$1°$ 当函数式为 $(1+\varphi(x))^{g(x)}$ 且为 1^{∞} 型时,若 $g(x)\neq\dfrac{1}{\varphi(x)}$,设法将 $g(x)$ 变形使之出现 $\dfrac{1}{\varphi(x)}$,见例 8(1),(4),例 13;如果可能,也可将 $\varphi(x)$ 变形使 $\varphi(x)=\dfrac{1}{g(x)}$,见例 8(2).

2° 对幂指函数 $f(x)^{g(x)}$ 的极限,若呈 1^∞ 型,通常有如下计算方法(见例8(3)):
$$\lim f(x)^{g(x)} = \lim\{[1+(f(x)-1)]^{\frac{1}{f(x)-1}}\}^{g(x)(f(x)-1)} = e^{\lim g(x)(f(x)-1)},$$
$$\lim f(x)^{g(x)} = e^{\lim g(x)\ln f(x)} = e^{\lim g(x)(f(x)-1)},$$

这里,用了恒等式 $f(x)^{g(x)} \equiv e^{g(x)\ln f(x)}$ 及 $\ln f(x)$ 与 $(f(x)-1)$ 是等价无穷小.

(3) 由两个重要极限推得的常用公式:
$$\lim_{x\to 0}\frac{\tan x}{x} = 1, \quad \lim_{x\to 0}\frac{1-\cos x}{x^2} = \frac{1}{2}, \quad \lim_{x\to 0}\frac{\arcsin x}{x} = 1;$$
$$\lim_{x\to 0}\frac{\ln(1+x)}{x} = 1, \quad \lim_{x\to 0}\frac{e^x-1}{x} = 1, \quad \lim_{x\to 0}\frac{a^x-1}{x} = \ln a.$$

例 1 (1) 设 $\lim\limits_{n\to\infty} x_n = 0$ 及 y_n $(n=1,2,\cdots)$ 为任意数列,能否断定 $\lim\limits_{n\to\infty} x_n y_n = 0$?

(2) 设 $\lim\limits_{n\to\infty} x_n y_n = 0$,由此可否推得 $\lim\limits_{n\to\infty} x_n = 0$ 或 $\lim\limits_{n\to\infty} y_n = 0$?

解 (1) 不能. 例如, 对数列 $\left\{x_n = \dfrac{1}{n}\right\}$, $\{y_n = n\}$, 虽有 $\lim\limits_{n\to\infty} x_n = 0$, 因 $x_n y_n = 1$, 显然 $\lim\limits_{n\to\infty} x_n y_n = 1 \neq 0$.

(2) 不能. 例如, 取
$$x_n = \frac{1+(-1)^n}{2} \quad \text{及} \quad y_n = \frac{1-(-1)^n}{2} \quad (n=1,2,\cdots),$$

则 $\lim\limits_{n\to\infty} x_n y_n = 0$, 而 $\lim\limits_{n\to\infty} x_n$, $\lim\limits_{n\to\infty} y_n$ 均不存在.

例 2 求下列极限:

(1) $\lim\limits_{x\to -\infty}\dfrac{\sqrt{4x^2+x-1}+x+1}{\sqrt{x^2+\sin x}}$;   (2) $\lim\limits_{x\to\infty}\dfrac{(x+1)(x^2+1)\cdots(x^n+1)}{[(nx)^n+1]^{\frac{n+1}{2}}}$;

(3) $\lim\limits_{x\to +\infty}\dfrac{\ln(e^x+x)}{x}$.

解 (1) $I^{[①]} = \lim\limits_{x\to -\infty}\dfrac{-x\sqrt{4+\dfrac{1}{x}-\dfrac{1}{x^2}}+x+1}{-x\sqrt{1+\dfrac{\sin x}{x^2}}} = \lim\limits_{x\to -\infty}\dfrac{-x\left(\sqrt{4+\dfrac{1}{x}-\dfrac{1}{x^2}}-1-\dfrac{1}{x}\right)}{-x\sqrt{1+\dfrac{\sin x}{x^2}}}$

$= \dfrac{2-1}{1} = 1.$

(2) 注意到 $1+2+\cdots+n = \dfrac{n(n+1)}{2}$, 分母、分子同除以 $x^{\frac{n(n+1)}{2}}$, 则
$$I = \lim_{x\to\infty}\frac{\left(1+\dfrac{1}{x}\right)\left(1+\dfrac{1}{x^2}\right)\cdots\left(1+\dfrac{1}{x^n}\right)}{\left(n^n+\dfrac{1}{x^n}\right)^{\frac{n+1}{2}}} = \frac{1}{n^{\frac{n(n+1)}{2}}}.$$

[①] 此处用"I"表示原式,以下均如此.

(3) $I = \lim\limits_{x \to +\infty} \dfrac{\ln e^x \left(1 + \dfrac{x}{e^x}\right)}{x} = \lim\limits_{x \to +\infty} \left[1 + \dfrac{1}{e^x} \cdot \dfrac{\ln\left(1 + \dfrac{x}{e^x}\right)}{\dfrac{x}{e^x}}\right] = 1 + 0 \times 1 = 1.$

例 3 求 $\lim\limits_{x \to 1} \dfrac{x^{n+1} - (n+1)x + n}{(x-1)^2}.$

解 $x^{n+1} - (n+1)x + n = x(x^n - 1) - n(x - 1) = (x-1)[x(x^{n-1} + x^{n-2} + \cdots + x + 1) - n]$
$= (x-1)[(x^n - 1) + (x^{n-1} - 1) + \cdots + (x - 1)]$
$= (x-1)^2 [x^{n-1} + 2x^{n-2} + \cdots + (n-1)x + n],$

于是 $I = \lim\limits_{x \to 1}[x^{n-1} + 2x^{n-2} + \cdots + (n-1)x + n] = \dfrac{1}{2} n(n+1).$

例 4 求证 $\lim\limits_{x \to 0} \dfrac{(1+x)^{\frac{1}{\alpha}} - 1}{x} = \dfrac{1}{\alpha}$，并求 $\lim\limits_{x \to 1} \dfrac{\sqrt[m]{x} - 1}{\sqrt[n]{x} - 1}$（其中 α 为非零整数，m, n 为正整数）.

证 当 α 为正整数时，令 $(1+x)^{\frac{1}{\alpha}} = u$，则

$$I = \lim\limits_{u \to 1} \dfrac{u - 1}{u^\alpha - 1} = \lim\limits_{u \to 1} \dfrac{1}{u^{\alpha-1} + u^{\alpha-2} + \cdots + 1} = \dfrac{1}{\alpha}.$$

当 α 为负整数时，设 $\alpha = -\beta$（β 为正整数），则

$$I = \lim\limits_{x \to 0} \dfrac{\dfrac{1}{(1+x)^{\frac{1}{\beta}}} - 1}{x} = \lim\limits_{x \to 0} \dfrac{(1+x)^{\frac{1}{\beta}} - 1}{x} \cdot \left(-\dfrac{1}{(1+x)^{\frac{1}{\beta}}}\right) = \dfrac{1}{\beta} \cdot (-1) = \dfrac{1}{\alpha}.$$

令 $x = t + 1$，则

$$\lim\limits_{x \to 1} \dfrac{\sqrt[m]{x} - 1}{\sqrt[n]{x} - 1} = \lim\limits_{t \to 0} \dfrac{\sqrt[m]{1+t} - 1}{t} \cdot \dfrac{1}{\dfrac{\sqrt[n]{1+t} - 1}{t}} = \dfrac{n}{m}.$$

例 5 求 $\lim\limits_{x \to 0} \dfrac{\sqrt{1+x} - \sqrt{1-x}}{\sqrt[3]{1+x} - \sqrt[3]{1-x}}.$

解 1 分子、分母同乘因子 $\sqrt[3]{(1+x)^2} + \sqrt[3]{1+x} \cdot \sqrt[3]{1-x} + \sqrt[3]{(1-x)^2}$ ① 及分子的共轭因子得

$$I = \lim\limits_{x \to 0} \dfrac{[(1+x) - (1-x)][\sqrt[3]{(1+x)^2} + \sqrt[3]{1 - x^2} + \sqrt[3]{(1-x)^2}]}{[(1+x) - (1-x)][\sqrt{1+x} + \sqrt{1-x}]} = \dfrac{3}{2}.$$

解 2 $I = \lim\limits_{x \to 0} \dfrac{(\sqrt[6]{1+x})^3 - (\sqrt[6]{1-x})^3}{(\sqrt[6]{1+x})^2 - (\sqrt[6]{1-x})^2}$

$= \lim\limits_{x \to 0} \dfrac{(\sqrt[6]{1+x})^2 + \sqrt[6]{1+x}\sqrt[6]{1-x} + (\sqrt[6]{1-x})^2}{\sqrt[6]{1+x} + \sqrt[6]{1-x}} = \dfrac{3}{2}.$

例 6 求 $\lim\limits_{x \to +\infty} \arccos(\sqrt{x^2 + x} - x).$

解 由复合函数的极限法则

---

① $a^3 - b^3 = (a - b)(a^2 + ab + b^2).$

$$I = \arccos[\lim_{x\to+\infty}(\sqrt{x^2+x}-x)] = \arccos\left(\lim_{x\to+\infty}\frac{x}{\sqrt{x^2+x}+x}\right) = \arccos\frac{1}{2} = \frac{\pi}{3}.$$

例7 设 m, n 为正整数,$f(x) = \dfrac{\sin x^n}{\sin^m x}$,求 $\lim_{x\to 0} f(x)$.

解 由恒等变形得:$\dfrac{\sin x^n}{\sin^m x} = \dfrac{\sin x^n}{x^n} \cdot \dfrac{1}{\left(\dfrac{\sin x}{x}\right)^m} \cdot x^{n-m}$.

当 $n = m$ 时,因 $x^{n-m} = 1$,故 $\lim_{x\to 0} f(x) = 1$;

当 $n > m$ 时,因 $x \to 0$ 时,$x^{n-m} \to 0$,故 $\lim_{x\to 0} f(x) = 0$;

当 $n < m$ 时,因 $x \to 0$ 时,$x^{n-m} \to \infty$,故 $\lim_{x\to 0} f(x) = \infty$.

例8 求下列极限:

(1) $\lim_{x\to 0}(1+2x)^{x+\frac{1}{x}}$; (2) $\lim_{x\to+\infty}\left(1-\dfrac{1}{x}\right)^{\sqrt{x}}$;

(3) $\lim_{x\to 0}(x+e^x)^{\frac{1}{x}}$; (4) $\lim_{x\to\infty}\left(\cos\dfrac{1}{x}+\sin\dfrac{1}{x}\right)^x$.

解 (1) $I = \lim_{x\to 0}(1+2x)^x \cdot \lim_{x\to 0}(1+2x)^{\frac{1}{2x}\cdot 2} = 1 \cdot e^2 = e^2$.

(2) $I = \lim_{x\to+\infty}\left(1+\dfrac{1}{\sqrt{x}}\right)^{\sqrt{x}}\left(1-\dfrac{1}{\sqrt{x}}\right)^{\sqrt{x}} = e \cdot e^{-1} = 1$.

(3) $I = \lim_{x\to 0}[1+(e^x-1+x)]^{\frac{1}{e^x-1+x}\cdot\left(\frac{e^x-1}{x}+1\right)} = e^2$.

(4) $I = \lim_{x\to\infty}\left[\left(\cos\dfrac{1}{x}+\sin\dfrac{1}{x}\right)^2\right]^{\frac{x}{2}} = \lim_{x\to\infty}\left(1+\sin\dfrac{2}{x}\right)^{\frac{x}{2}} = \lim_{x\to\infty}\left(1+\sin\dfrac{2}{x}\right)^{\frac{1}{\sin\frac{2}{x}}\cdot\frac{\sin\frac{2}{x}}{\frac{2}{x}}} = e^1$
$= e$.

例9 求 $\lim_{x\to 0}\dfrac{\dfrac{x^2}{2}+1-\sqrt{1+x^2}}{(\cos x - e^{x^2})\sin x^2}$.

解 注意到 $\dfrac{x^2}{2}+1-\sqrt{1+x^2} = \dfrac{x^4}{4\left(\dfrac{x^2}{2}+1+\sqrt{1+x^2}\right)}$,所以

$$I = \frac{1}{4}\lim_{x\to 0}\frac{1}{\dfrac{x^2}{2}+1+\sqrt{1+x^2}} \cdot \frac{1}{\left(\dfrac{\cos x - 1}{x^2} + \dfrac{1-e^{x^2}}{x^2}\right)\dfrac{\sin x^2}{x^2}}$$

$$= \frac{1}{4} \cdot \frac{1}{2} \cdot \frac{1}{-\dfrac{1}{2}-1} = -\frac{1}{12}.$$

例10 求 $\lim_{x\to 1}(x-1)\tan\dfrac{\pi x}{2}$.

解 这是 $0 \cdot \infty$ 型. 令 $t = x - 1$,则

$$I = \lim_{t\to 0} t \cdot \tan\frac{\pi(t+1)}{2} = \lim_{t\to 0} t \cdot \left(-\cot\frac{\pi t}{2}\right) = -\frac{2}{\pi}\lim_{t\to 0}\frac{\frac{\pi t}{2}}{\tan\frac{\pi t}{2}} = -\frac{2}{\pi}.$$

例 11 求 $\lim\limits_{x\to\infty}[(x+2)\mathrm{e}^{\frac{1}{x}}-x]$.

解 因 $\lim\limits_{x\to\infty}\mathrm{e}^{\frac{1}{x}}=1$,这是 $\infty-\infty$ 型. 令 $x=\frac{1}{t}$,则

$$I = \lim_{t\to 0}\frac{\mathrm{e}^t-1+2t\mathrm{e}^t}{t} = \lim_{t\to 0}\frac{\mathrm{e}^t-1}{t}+2\lim_{t\to 0}\mathrm{e}^t = 3.$$

例 12 求 $\lim\limits_{x\to 0}\dfrac{\ln(\mathrm{e}^{\sin x}+\sqrt[3]{1-\cos x})-\sin x}{\arctan(2\sqrt[3]{1-\cos x})}$.

解 注意到 $\ln(\mathrm{e}^{\sin x}+\sqrt[3]{1-\cos x}) = \sin x + \ln\left(1+\dfrac{\sqrt[3]{1-\cos x}}{\mathrm{e}^{\sin x}}\right)$.

$$I = \lim_{x\to 0}\frac{\ln\left(1+\frac{\sqrt[3]{1-\cos x}}{\mathrm{e}^{\sin x}}\right)}{\frac{\sqrt[3]{1-\cos x}}{\mathrm{e}^{\sin x}}} \cdot \frac{1}{2\mathrm{e}^{\sin x}} \cdot \frac{2\sqrt[3]{1-\cos x}}{\arctan(2\sqrt[3]{1-\cos x})} = 1 \cdot \frac{1}{2} \cdot 1 = \frac{1}{2}.$$

例 13 求 $\lim\limits_{x\to 0}\left(\dfrac{8^x+15^x+25^x}{3}\right)^{\frac{1}{x}}$.

解 因 $\left(\dfrac{8^x+15^x+25^x}{3}\right)^{\frac{1}{x}} = \left(1+\dfrac{8^x+15^x+25^x-3}{3}\right)^u$,其中

$$u = \frac{3}{8^x+15^x+25^x-3} \cdot \frac{1}{3}\left(\frac{8^x-1}{x}+\frac{15^x-1}{x}+\frac{25^x-1}{x}\right),$$

所以
$$I = \mathrm{e}^{\frac{1}{3}(\ln 8+\ln 15+\ln 25)} = 3000^{\frac{1}{3}}.$$

五、用等价无穷小代换求极限

常用的等价无穷小:当 $x\to 0$ 时,有

$\sin x \sim x$, $\qquad \sin(\sin x)\sim x$, $\quad \arcsin x\sim x$, $\qquad \tan x\sim x$,

$\arctan x\sim x$, $\qquad \ln(1+x)\sim x$, $\quad \mathrm{e}^x-1\sim x$, $\qquad a^x-1\sim x\ln a$,

$\sqrt{1+x}-\sqrt{1-x}\sim x$, $\quad 1-\cos x\sim\dfrac{x^2}{2}$, $\quad (1+x)^{\frac{1}{n}}-1\sim\dfrac{x}{n}$, $\quad (1+\alpha x)^{\frac{m}{n}}-1\sim\dfrac{m}{n}\alpha x$.

将上述各等价无穷小代换式中的 x 换成 $\varphi(x)$,仍适用. 例如,当 $\varphi(x)\to 0$ 时,有

$$\ln[1+\varphi(x)]\sim\varphi(x), \quad 1-\cos\varphi(x)\sim\frac{1}{2}[\varphi(x)]^2.$$

两个无穷小进行阶的比较时,是要根据两个无穷小的高阶、低阶、同阶和等价的定义,这实际是计算两个无穷小比的极限. 但必须明确,不是任何两个无穷小都可进行比较,只有两个无穷小比的**极限存在**或为**无穷大**时,才可进行比较.

五、用等价无穷小代换求极限

在求两个无穷小之比的极限时,可用等价无穷小来代换,有时须先将函数式恒等变形后,再代换. 但在用等价无穷小代换时,一般在乘除运算时可以,而在和差运算时,不要轻易用,因为此时经代换后,往往改变了无穷小之比的"阶"数,而出错误,见本节例 5(2).

例 1 当 $x \to 0$ 时,$\arcsin(\sqrt{4+x^2}-2)$ 与 x 相比是(   ).

(A) 高阶无穷小 (B) 低阶无穷小
(C) 等价无穷小 (D) 同阶但不是等价无穷小

解 选(A). 当 $x \to 0$ 时,$\arcsin(\sqrt{4+x^2}-2) \sim (\sqrt{4+x^2}-2) = 2\left(\sqrt{1+\dfrac{x^2}{4}}-1\right) \sim 2 \cdot \dfrac{x^2}{8} = x^2/4$,即 $\arcsin(\sqrt{4+x^2}-2)$ 为 x 的高阶无穷小. 若计算,则是

$$\lim_{x \to 0} \frac{\arcsin(\sqrt{4+x^2}-2)}{x} = \lim_{x \to 0} \frac{x^2/4}{x} = 0.$$

例 2 当 $x \to 1$ 时,$\alpha = \ln a^{\sqrt[3]{x^3-1}}\ (a>0, a \neq 1)$ 与 $\beta = (\sqrt[5]{1+\sqrt[3]{x^2-1}}-1)$ 相比是(   ).

(A) 高阶无穷小 (B) 低阶无穷小
(C) 等价无穷小 (D) 同阶但不是等价无穷小

解 选(D). 当 $x \to 1$ 时,$\alpha = \ln[1+(a^{\sqrt[3]{x^3-1}}-1)] \sim (a^{\sqrt[3]{x^3-1}}-1) \sim \sqrt[3]{x^3-1}\ln a$,而 $\beta \sim \dfrac{1}{5}\sqrt[3]{x^2-1}$. 由于

$$\lim_{x \to 1} \frac{\alpha}{\beta} = \lim_{x \to 1} \frac{\sqrt[3]{x^3-1}\ln a}{\dfrac{1}{5}\sqrt[3]{x^2-1}} = 5\ln a \cdot \lim_{x \to 1} \sqrt[3]{\frac{x^2+x+1}{x+1}} = 5\sqrt[3]{\frac{3}{2}}\ln a.$$

例 3 设当 $x \to 0$ 时,$\sin(\sin^2 x)\ln(1+x^2)$ 是比 $x\sin x^n$ 高阶的无穷小,而 $x\sin x^n$ 是比 $(e^{x^2}-1)$ 高阶的无穷小,则正整数 $n=$(   ).

(A) 1 (B) 2 (C) 3 (D) 4

解 选(B). 依题意,并用等价无穷代换,有

$$\lim_{x \to 0} \frac{\sin(\sin^2 x)\ln(1+x^2)}{x\sin x^n} = \lim_{x \to 0} \frac{x^2 \cdot x^2}{x \cdot x^n} = \lim_{x \to 0} x^{3-n} = 0, \quad \text{故} \quad 3-n > 0;$$

$$\lim_{x \to 0} \frac{x\sin x^n}{e^{x^2}-1} = \lim_{x \to 0} \frac{x \cdot x^n}{x^2} = \lim_{x \to 0} x^{n-1} = 0, \quad \text{故} \quad n-1 > 0.$$

由 $3-n>0$ 及 $n-1>0$ 知 $1<n<3$,即 $n=2$.

例 4 求下列极限:

(1) $\lim\limits_{x \to +\infty}(\sqrt[5]{x^5+3x^4+4}-x)$; (2) $\lim\limits_{x \to 0} \dfrac{e^{\tan x}-e^{\sin x}}{(x+x^2)[(1+x)^{\frac{1}{3}}-1]\arcsin x}$.

解 (1) 由当 $x \to 0$ 时,$(1+x)^{\frac{1}{n}}-1 \sim \dfrac{x}{n}$ 知,当 $x \to +\infty$ 时,$\sqrt[5]{1+\dfrac{3}{x}+\dfrac{4}{x^5}}-1 \sim \dfrac{1}{5}\left(\dfrac{3}{x}+\dfrac{4}{x^5}\right)$. 所以 $I = \lim\limits_{x \to +\infty} x \cdot \dfrac{1}{5}\left(\dfrac{3}{x}+\dfrac{4}{x^5}\right) = \dfrac{3}{5}$.

(2) $I = \lim\limits_{x \to 0} \dfrac{e^{\sin x}(e^{\tan x - \sin x} - 1)}{x \cdot \dfrac{1}{3}x \cdot x} = 3\lim\limits_{x \to 0} e^{\sin x} \cdot \lim\limits_{x \to 0} \dfrac{\tan x - \sin x}{x^3}$

$= 3\lim\limits_{x \to 0} \dfrac{\tan x}{x} \cdot \dfrac{1 - \cos x}{x^2} = 3 \cdot 1 \cdot \dfrac{1}{2} = \dfrac{3}{2}.$

例 5 求下列极限：

(1) $\lim\limits_{x \to 0} \dfrac{\ln(x^2 + e^x)}{\ln(x^4 + e^{2x})}$； (2) $\lim\limits_{x \to 0} \dfrac{\ln(1 + x + x^2) + \ln(1 - x + x^2)}{\sec x - \cos x}$.

解 (1) $I = \lim\limits_{x \to 0} \dfrac{\ln[1 + (x^2 + e^x - 1)]}{\ln[1 + (x^4 + e^{2x} - 1)]} = \lim\limits_{x \to 0} \dfrac{x^2 + e^x - 1}{x^4 + e^{2x} - 1} = \lim\limits_{x \to 0} \dfrac{x + \dfrac{e^x - 1}{x}}{x^3 + 2 \cdot \dfrac{e^{2x} - 1}{2x}} = \dfrac{1}{2}.$

(2) 注意到 $(1 + x + x^2)(1 - x + x^2) = 1 + x^2 + x^4$，$\sec x - \cos x = \sec x(1 - \cos^2 x)$.

$$I = \lim\limits_{x \to 0} \cos x \cdot \lim\limits_{x \to 0} \dfrac{\ln(1 + x^2 + x^4)}{\sin^2 x} = \lim\limits_{x \to 0} \dfrac{x^2 + x^4}{x^2} = 1.$$

注 本例之(2)，按下面计算是错误的. 当 $x \to 0$ 时，$\ln(1 + x + x^2) \sim (x + x^2)$，$\ln(1 - x + x^2) \sim (-x + x^2)$，则

$$I = \lim\limits_{x \to 0} \dfrac{x + x^2 + (-x + x^2)}{\sec x - \cos x} = \lim\limits_{x \to 0} \cos x \cdot \dfrac{2x^2}{\sin^2 x} = 2.$$

例 6 求 $\lim\limits_{n \to \infty} \left(\dfrac{\sqrt[n]{a} + \sqrt[n]{b}}{2} \right)^n$ $(a > 0, b > 0)$.

解 由于 $\left(\dfrac{\sqrt[n]{a} + \sqrt[n]{b}}{2} \right)^n = e^{n \ln \frac{a^{1/n} + b^{1/n}}{2}}$，且 $\lim\limits_{n \to \infty} n(\sqrt[n]{a} - 1) = \ln a$，而

$$\lim\limits_{n \to \infty} n \ln \dfrac{\sqrt[n]{a} + \sqrt[n]{b}}{2} = \lim\limits_{n \to \infty} \left[n \ln \left(1 + \dfrac{\sqrt[n]{a} + \sqrt[n]{b} - 2}{2} \right) \right]$$

$$= \lim\limits_{n \to \infty} n \dfrac{(\sqrt[n]{a} - 1) + (\sqrt[n]{b} - 1)}{2} = \dfrac{\ln a + \ln b}{2} = \dfrac{\ln ab}{2},$$

所以 $I = \sqrt{ab}$.

注 由本例可知

$$\lim\limits_{x \to +\infty} \left(\dfrac{a_1^{\frac{1}{x}} + a_2^{\frac{1}{x}} + \cdots + a_n^{\frac{1}{x}}}{n} \right)^x = \sqrt[n]{a_1 \cdot a_2 \cdot \cdots \cdot a_n}.$$

六、用单侧极限存在准则求极限

这里所说的单侧极限存在准则是指下述两个极限存在的**充分必要条件**：

$$\lim\limits_{x \to x_0} f(x) = A \Longleftrightarrow \lim\limits_{x \to x_0^-} f(x) = A = \lim\limits_{x \to x_0^+} f(x);$$

$$\lim\limits_{x \to \infty} f(x) = A \Longleftrightarrow \lim\limits_{x \to -\infty} f(x) = A = \lim\limits_{x \to +\infty} f(x).$$

六、用单侧极限存在准则求极限

需用单侧极限存在准则求极限的**类型**：

1. 分段函数在分段点处的极限

(1) 分段函数在分段点两侧函数式不同的，必须用单侧极限求极限．见本节例 1．

(2) 分段函数在分段点两侧用同一函数式表示的，有的也须用单侧极限求极限．见例 2．

2. 含绝对值符号的函数

须先去掉绝对值符号化为分段函数．见例 3(2)．

3. 含 a^x（特别当 $a=\mathrm{e}$ 时）或 $a^{\frac{1}{x}}$ 的函数（见例 3）

当 $a>1$ 时，$\lim\limits_{x\to-\infty}a^x=0$，$\lim\limits_{x\to+\infty}a^x=+\infty$；$\lim\limits_{x\to 0^-}a^{\frac{1}{x}}=0$，$\lim\limits_{x\to 0^+}a^{\frac{1}{x}}=+\infty$．

特别地， $\lim\limits_{x\to 0^-}\mathrm{e}^{\frac{1}{x}}=0$，$\lim\limits_{x\to 0^+}\mathrm{e}^{\frac{1}{x}}=+\infty$；$\lim\limits_{x\to 0^-}\mathrm{e}^{-\frac{1}{x}}=+\infty$，$\lim\limits_{x\to 0^+}\mathrm{e}^{-\frac{1}{x}}=0$．

当 $0<a<1$ 时，$\lim\limits_{x\to-\infty}a^x=+\infty$，$\lim\limits_{x\to+\infty}a^x=0$；$\lim\limits_{x\to 0^-}a^{\frac{1}{x}}=+\infty$，$\lim\limits_{x\to 0^+}a^{\frac{1}{x}}=0$．

4. 含 $\arctan x$ 或 $\mathrm{arccot}\,x$ 的函数，含 $\arctan\dfrac{1}{x}$ 或 $\mathrm{arccot}\,\dfrac{1}{x}$ 的函数（见例 1，例 2）

$\lim\limits_{x\to-\infty}\arctan x=-\dfrac{\pi}{2}$，$\lim\limits_{x\to+\infty}\arctan x=\dfrac{\pi}{2}$；$\lim\limits_{x\to 0^-}\arctan\dfrac{1}{x}=-\dfrac{\pi}{2}$，$\lim\limits_{x\to 0^+}\arctan\dfrac{1}{x}=\dfrac{\pi}{2}$；

$\lim\limits_{x\to-\infty}\mathrm{arccot}\,x=\pi$，$\lim\limits_{x\to+\infty}\mathrm{arccot}\,x=0$；$\lim\limits_{x\to 0^-}\mathrm{arccot}\,\dfrac{1}{x}=\pi$，$\lim\limits_{x\to 0^+}\mathrm{arccot}\,\dfrac{1}{x}=0$．

5. 含偶次方根的函数，含奇次方根的函数（见例 4(1)）

含偶次方根的函数，提到根式外的因子只能取正号；含奇次方根的函数，提到根号外的因子可取正号，也可取负号．

6. 含取整函数 $y=[x]$ 的函数

设 n 是整数，则 $x\to n^-$ 时，$[x]=n-1$；$x\to n^+$ 时，$[x]=n$．见例 4(2)．

例 1 设 $f(x)=\begin{cases}\mathrm{arccot}\,\dfrac{1}{x}, & x<0,\\ \pi-\arctan x, & x\geqslant 0,\end{cases}$ 判别 $\lim\limits_{x\to 0}f(x)$，$\lim\limits_{x\to\infty}f(x)$ 是否存在？

解 由于 $\lim\limits_{x\to 0^-}f(x)=\lim\limits_{x\to 0^-}\mathrm{arccot}\,\dfrac{1}{x}=\pi$，$\lim\limits_{x\to 0^+}f(x)=\lim\limits_{x\to 0^+}(\pi-\arctan x)=\pi$，故

$$\lim\limits_{x\to 0}f(x) \text{ 存在} \quad \text{且} \quad \lim\limits_{x\to 0}f(x)=\pi.$$

由于 $\lim\limits_{x\to-\infty}f(x)=\lim\limits_{x\to-\infty}\mathrm{arccot}\,\dfrac{1}{x}=\dfrac{\pi}{2}$，$\lim\limits_{x\to+\infty}(\pi-\arctan x)=\dfrac{\pi}{2}$，故

$$\lim\limits_{x\to\infty}f(x) \text{ 存在} \quad \text{且} \quad \lim\limits_{x\to\infty}f(x)=\dfrac{\pi}{2}.$$

例 2 设 $f(x)=(1+x)\arctan\dfrac{1}{1-x^2}$，判别 $\lim\limits_{x\to-1}f(x)$，$\lim\limits_{x\to 1}f(x)$ 是否存在？

解 由于 $\lim\limits_{x\to-1^-}\arctan\dfrac{1}{1-x^2}=-\dfrac{\pi}{2}$，$\lim\limits_{x\to-1^+}\arctan\dfrac{1}{1-x^2}=\dfrac{\pi}{2}$，$\lim\limits_{x\to 1^-}\arctan\dfrac{1}{1-x^2}=\dfrac{\pi}{2}$，$\lim\limits_{x\to 1^+}\arctan\dfrac{1}{1-x^2}=-\dfrac{\pi}{2}$，$\lim\limits_{x\to-1}(1+x)=0$，$\lim\limits_{x\to 1}(1+x)=2$，故

$$\lim_{x \to -1} f(x) = 0, \quad \lim_{x \to 1} f(x) \text{ 不存在}.$$

例 3 求下列极限:

(1) $\lim\limits_{x \to \infty} \dfrac{e^{\frac{1}{x}} - e^{-x}}{\cos \frac{1}{x}}$; (2) $\lim\limits_{x \to 0} \left(\dfrac{2 + e^{\frac{1}{x}}}{1 + e^{\frac{4}{x}}} + \dfrac{\sin x}{|x|} \right)$.

解 (1) 注意到,当 $x \to -\infty$ 时,$e^{\frac{1}{x}} \to 1$, $e^{-x} \to +\infty$, $\cos \frac{1}{x} \to 1$;当 $x \to +\infty$ 时,$e^{\frac{1}{x}} \to 1$,$e^{-x} \to 0$,$\cos \frac{1}{x} \to 1$. 故

$$\lim_{x \to -\infty} \frac{e^{\frac{1}{x}} - e^{-x}}{\cos \frac{1}{x}} = -\infty, \quad \lim_{x \to +\infty} \frac{e^{\frac{1}{x}} - e^{-x}}{\cos \frac{1}{x}} = 1,$$

从而,所求极限不存在.

(2) 因 $\lim\limits_{x \to 0^-} \left(\dfrac{2 + e^{\frac{1}{x}}}{1 + e^{\frac{4}{x}}} + \dfrac{\sin x}{|x|} \right) = \lim\limits_{x \to 0^-} \left(\dfrac{2 + e^{\frac{1}{x}}}{1 + e^{\frac{4}{x}}} - \dfrac{\sin x}{x} \right) = 2 - 1 = 1,$

$\lim\limits_{x \to 0^+} \left(\dfrac{2 + e^{\frac{1}{x}}}{1 + e^{\frac{4}{x}}} + \dfrac{\sin x}{|x|} \right) = \lim\limits_{x \to 0^+} \left(\dfrac{2e^{-\frac{4}{x}} + e^{-\frac{3}{x}}}{e^{-\frac{4}{x}} + 1} + \dfrac{\sin x}{x} \right) = 0 + 1 = 1,$

故 $I = 1$.

例 4 求下列极限:

(1) $\lim\limits_{x \to \infty} \dfrac{\sqrt[3]{2x^3 + 3}}{\sqrt{3x^2 - 2}}$; (2) $\lim\limits_{x \to n} (x - [x])$ (n 是整数).

解 (1) $\lim\limits_{x \to -\infty} \dfrac{\sqrt[3]{2x^3 + 3}}{\sqrt{3x^2 - 2}} = \lim\limits_{x \to -\infty} \dfrac{x \sqrt[3]{2 + 3/x^3}}{-x \sqrt{3 - 2/x^2}} = -\dfrac{\sqrt[3]{2}}{\sqrt{3}},$

$\lim\limits_{x \to +\infty} \dfrac{\sqrt[3]{2x^3 + 3}}{\sqrt{3x^2 - 2}} = \lim\limits_{x \to +\infty} \dfrac{x \sqrt[3]{2 + 3/x^3}}{x \sqrt{3 - 2/x^2}} = \dfrac{\sqrt[3]{2}}{\sqrt{3}}.$

显然,所求极限不存在.

(2) 由于

$$\lim_{x \to n^-} (x - [x]) = \lim_{x \to n^-} [x - (n-1)] = 1 + \lim_{x \to n^-} (x - n) = 1 + 0 = 1,$$

$$\lim_{x \to n^+} (x - [x]) = \lim_{x \to n^+} (x - n) = 0,$$

即所求极限不存在.

七、用夹逼准则和单调有界准则求极限

1. 可用两个极限存在准则求极限的函数类型

(1) 含有阶乘、乘方形式的数列的极限. 见本节例 1,例 2,例 3.

(2) 对数列的通项有递推关系的数列求极限时可考虑用单调有界准则. 见例 4.

(3) 数列的通项为 n 项和的极限:

1° 能求出 n 项和表达式的极限.见本章第八节.

2° 不能求出 n 项和表达式的,用夹逼准则[①].见例 5.

(4) 数列的通项为 n 个因子乘积的极限:

1° 乘积能简化并可写出求极限表示式的.见本章第八节.

2° 不能简化的,可考虑用夹逼准则.见例 6.

(5) 含有取整函数的极限,可考虑用夹逼准则.见例 7.

2. 使用夹逼准则求极限的解题思路

把求极限的函数式适度地放大和缩小,且放大和缩小后的函数式容易求得**相同的极限**. 所谓适度地放大和缩小,就是必须放大和缩小函数中不改变函数极限的某一项和某个因子. 利用该准则计算数列 $\{y_n\}$ 的极限时,是通过对其通项 y_n 进行放大和缩小去寻找数列 $\{x_n\}$ 和 $\{z_n\}$. 放大和缩小函数常用的**方法**有:

(1) 直接放大和缩小. 如,直接观察 y_n 或经简单推算,见例 2;n 个正数之和不超过其中最大的数去乘 n,不小于其中最小的数去乘 n;分母、分子同为正值时,分母放大比值缩小,分母缩小比值放大,见例 5;在若干个正数相乘时,略去小于 1 的因子则放大,略去大于 1 的因子则缩小等.

(2) 用已知不等式放大和缩小,见例 6.

3. 利用单调有界准则求极限的解题程序

首先,必须判定数列的单调性,判定数列 $\{y_n\}$ 单调性常用的**方法**[②]如下:

(1) 计算差 $r_n = y_{n+1} - y_n$ $(n=1,2,\cdots)$. 若 $r_n \leqslant 0$,则 $\{y_n\}$ 单调减少;若 $r_n \geqslant 0$,则 $\{y_n\}$ 单调增加,见例 3(2),例 4.

(2) 当 $y_n > 0$ $(n=1,2,\cdots)$ 时,计算商 $d_n = \dfrac{y_{n+1}}{y_n}$ $(n=1,2,\cdots)$. 若 $d_n \leqslant 1$,则 $\{y_n\}$ 单调减少;若 $d_n \geqslant 1$,则 $\{y_n\}$ 单调增加,见例 3(1),例 4.

(3) 记 $f(n) = y_n$. 若函数 $f(x)$ $(x \geqslant 1)$ 可导,则当 $f'(x) \leqslant 0$ 时,$\{y_n\}$ 单调减少;当 $f'(x) \geqslant 0$ 时,$\{y_n\}$ 单调增加(见第三章第七节).

其次,判定数列 $\{y_n\}$ 有界,从而得知其极限存在,由此,记 $\lim\limits_{n\to\infty} y_n = A$.

再次,写出数列相邻两项之间的关系式,并在其两端求 $n \to \infty$ 时的极限,即得关于 A 的方程.

最后,解此方程,若能解出 A,就得到所求的极限.

例 1 设 $a > 0$,证明 $\lim\limits_{n\to\infty} \sqrt[n]{a} = 1$.

证 当 $a = 1$ 时,$\lim\limits_{n\to\infty} \sqrt[n]{a} = 1$.

当 $a > 1$ 时,$\sqrt[n]{a} > 1$. 令 $\sqrt[n]{a} = 1 + \alpha_n$,则 $\alpha_n > 0$,且

---

① 若不是求极限,而只是证明极限存在,有时也可用单调有界准则.

② 这些方法在第七章的第三节还要用到.

$$a = (1+\alpha_n)^n = 1 + n\alpha_n + \cdots + \alpha_n^n > 1 + n\alpha_n.$$

从而 $0 < \alpha_n < \dfrac{a-1}{n}$. 因 $\lim\limits_{n\to\infty}\dfrac{a-1}{n}=0$, 由夹逼准则, 有 $\lim\limits_{n\to\infty}\alpha_n=0$, 于是 $\lim\limits_{n\to\infty}\sqrt[n]{a}=1$.

当 $0<a<1$ 时, $\dfrac{1}{a}>1$, 由前述 $\lim\limits_{n\to\infty}\sqrt[n]{a} = \lim\limits_{n\to\infty}\dfrac{1}{\sqrt[n]{\dfrac{1}{a}}} = \dfrac{1}{\lim\limits_{n\to\infty}\sqrt[n]{\dfrac{1}{a}}} = 1.$

综上所述, $\lim\limits_{n\to\infty}\sqrt[n]{a}=1.$

注 用同样方法可证明 $\lim\limits_{n\to\infty}\sqrt[n]{n}=1.$

例 2 求极限:(1) $\lim\limits_{n\to\infty}\sqrt[n]{n^2+n}$; (2) $\lim\limits_{n\to\infty}[(n+1)^k - n^k]$ $(0<k<1)$.

解 (1) 由于 $\sqrt[n]{n^2} \leqslant \sqrt[n]{n^2+n} \leqslant \sqrt[n]{2n^2}$, 即 $(\sqrt[n]{n})^2 \leqslant \sqrt[n]{n^2+n} \leqslant \sqrt[n]{2}(\sqrt[n]{n})^2$; 又因为

$$\lim_{n\to\infty}(\sqrt[n]{n})^2 = (\lim_{n\to\infty}\sqrt[n]{n})^2 = 1^2 = 1,$$
$$\lim_{n\to\infty}\sqrt[n]{2}(\sqrt[n]{n})^2 = \lim_{n\to\infty}\sqrt[n]{2} \cdot \lim_{n\to\infty}(\sqrt[n]{n})^2 = 1\times 1 = 1,$$

这里, 用了极限 $\lim\limits_{n\to\infty}\sqrt[n]{n}=1$ 和 $\lim\limits_{n\to\infty}\sqrt[n]{a}=1$ $(a>0)$, 故 $\lim\limits_{n\to\infty}\sqrt[n]{n^2+n}=1.$

(2) 当 $0<k<1$ 时, 有

$$0 < (n+1)^k - n^k = n^k\left[\left(1+\dfrac{1}{n}\right)^k - 1\right] < n^k\left[\left(1+\dfrac{1}{n}\right)-1\right] = n^k\dfrac{1}{n} = \dfrac{1}{n^{1-k}},$$

由 $\lim\limits_{n\to\infty}\dfrac{1}{n^{1-k}}=0$, 得 $\lim\limits_{n\to\infty}[(n+1)^k - n^k]=0.$

例 3 求证:(1) $\lim\limits_{n\to\infty}\dfrac{2^n n!}{n^n}=0$; (2) $\lim\limits_{n\to\infty}\dfrac{a^n}{n!}=0$ $(a>0)$.

证 应证明数列单调减少且有下界.

(1) 记 $y_n = \dfrac{2^n n!}{n^n}$ $(n=1,2,\cdots)$. 显然 $y_n > 0$; 由于

$$\dfrac{y_{n+1}}{y_n} = \dfrac{2}{\left(1+\dfrac{1}{n}\right)^n} \leqslant 1, \quad 即 \quad y_{n+1} = \dfrac{2}{\left(1+\dfrac{1}{n}\right)^n}y_n,$$

且数列 $\{y_n\}$ 单调减少, 故由单调有界准则, 数列 $\{y_n\}$ 有极限, 记 $\lim\limits_{n\to\infty}y_n = A$. 因

$$\lim_{n\to\infty}y_{n+1} = \lim_{n\to\infty}\dfrac{2}{\left(1+\dfrac{1}{n}\right)^n}y_n, \quad 即 \quad A = \dfrac{2}{e}A, 故 A = 0.$$

(2) 记 $y_n = \dfrac{a^n}{n!}$ $(n=1,2,\cdots)$. 显然 $y_n > 0$; 对于充分大的 n, 有 $\dfrac{a}{n+1} < 1$. 这时有

$$y_{n+1} - y_n = \dfrac{a}{n+1} \cdot \dfrac{a^n}{n!} - \dfrac{a^n}{n!} = \left(\dfrac{a}{n+1} - 1\right)\dfrac{a^n}{n!} < 0,$$

即数列 $\{y_n\}$ 单调减少, 由单调有界准则, 数列 $\{y_n\}$ 有极限, 记 $\lim\limits_{n\to\infty}y_n = A$. 因

$$\lim_{n\to\infty}\dfrac{a}{n+1}y_n = \lim_{n\to\infty}y_{n+1}, \quad 即 \quad 0\cdot A = A, 故 A = 0.$$

注 (1) 本例也可用数项级数 $\sum\limits_{n=1}^{\infty} u_n$ 收敛的必要条件证明,见第七章第一节.

(2) 除例 1、例 3 的极限外,以后还用到下述极限:
$$\lim_{n\to\infty} nq^n = 0\ (|q|<1),\quad \lim_{n\to\infty} \frac{\log_a n}{n} = 0\ (a>1),\quad \lim_{n\to\infty} \frac{1}{\sqrt[n]{n!}} = 0,$$
$$\lim_{n\to\infty} \frac{n^k}{a^n} = 0\ (a>1),\quad \lim_{n\to\infty} \frac{n!}{n^n} = 0.$$

由以上公式知,当 $n\to\infty$ 时,无穷大由低阶到高阶的排列顺序为

$$\log_a n\ (a>1),\quad n,\quad n^k\ (k>1),\quad a^n\ (a>1),\quad n!,\quad n^n.$$

当 $x\to +\infty$ 时,下列函数按无穷大由低阶到高阶的排列顺序为(见第三章第十三节,例 3)

$$\log_a x\ (a>1),\quad x,\quad x^k\ (k>1),\quad a^x\ (a>1),\quad x^x.$$

例 4 设 $a>0$, $y_1>0$, $y_{n+1}=\frac{1}{2}\left(y_n+\frac{a}{y_n}\right)$ $(n=1,2,\cdots)$,证明数列 $\{y_n\}$ 收敛,并求其极限.

证 由题设知,对一切 n,有 $y_n>0$. 由于

$$y_n = \frac{1}{2}\left(y_{n-1}+\frac{a}{y_{n-1}}\right) \geqslant \frac{1}{2}\cdot 2\sqrt{y_{n-1}}\cdot\sqrt{\frac{a}{y_{n-1}}} = \sqrt{a},$$

$$y_{n+1}-y_n = \frac{1}{2}\left(y_n+\frac{a}{y_n}\right)-y_n = \frac{1}{2}\left(\frac{a}{y_n}-y_n\right) = \frac{1}{2y_n}(a-y_n^2) \leqslant 0.$$

所以数列 $\{y_n\}$ 单调减少且有下界,从而极限一定存在.

记 $\lim\limits_{n\to\infty} y_n = A$. 在 $y_{n+1}=\frac{1}{2}\left(y_n+\frac{a}{y_n}\right)$ 中,令 $n\to\infty$,得 $A=\frac{1}{2}\left(A+\frac{a}{A}\right)$,可解得 $A=\pm\sqrt{a}$. 即 $A=\sqrt{a}$.

例 5 设 $y_n = \frac{1}{n^2+n+1}+\frac{2}{n^2+n+2}+\cdots+\frac{n}{n^2+n+n}$,求 $\lim\limits_{n\to\infty} y_n$.

解 由于 $\frac{k}{n^2+2n}\leqslant\frac{k}{n^2+n+k}\leqslant\frac{k}{n^2+n+1}<\frac{k}{n^2+n}$ $(k=1,2,\cdots,n)$ 及

$$1+2+\cdots+n = \frac{n(n+1)}{2},\quad 有\quad \frac{1}{2}\frac{n(n+1)}{n^2+2n} < y_n < \frac{1}{2}\frac{n(n+1)}{n^2+n},$$

而 $\lim\limits_{n\to\infty}\frac{1}{2}\frac{n(n+1)}{n^2+2n} = \lim\limits_{n\to\infty}\frac{1}{2}\frac{n(n+1)}{n^2+n} = \frac{1}{2}$,由夹逼准则,$\lim\limits_{n\to\infty} y_n = \frac{1}{2}$.

注 本例若改为只证明数列 $\{y_n\}$ 收敛,也可用单调有界准则. 因 y_n 单调增,且 $y_n < \frac{1}{2}\frac{n(n+1)}{n^2+n+1}<\frac{1}{2}$,故 $\{y_n\}$ 收敛.

例 6 设 $y_n = \left(1+\frac{1}{n^2}\right)\left(1+\frac{2}{n^2}\right)\cdots\left(1+\frac{n}{n^2}\right)$,求 $\lim\limits_{n\to\infty} y_n$.

解 已知式两端取对数,得

$$\ln y_n = \ln\left(1+\frac{1}{n^2}\right)+\ln\left(1+\frac{2}{n^2}\right)+\cdots+\ln\left(1+\frac{n}{n^2}\right).$$

注意到,当 $x>0$ 时,有 $\dfrac{x}{1+x}<\ln(1+x)<x$①,由此,有

$$\dfrac{\dfrac{k}{n^2}}{1+\dfrac{k}{n^2}}<\ln\left(1+\dfrac{k}{n^2}\right)<\dfrac{k}{n^2},\quad 1\leqslant k\leqslant n;$$

又 $\lim\limits_{n\to\infty}\sum\limits_{k=1}^{n}\dfrac{k}{n^2}=\dfrac{1}{2}$,$\lim\limits_{n\to\infty}\sum\limits_{k=1}^{n}\left[\dfrac{k}{n^2}-\dfrac{\dfrac{k}{n^2}}{1+\dfrac{k}{n^2}}\right]=\lim\limits_{n\to\infty}\sum\limits_{k=1}^{n}\dfrac{k^2}{n^2(n^2+k)}=0$,其中,

$$\sum_{k=1}^{n}\dfrac{k^2}{n^2(n^2+k)}<\sum_{k=1}^{n}\dfrac{k^2}{n^4}=\dfrac{n(n+1)(2n+1)}{6n^4}.$$

由夹逼准则,$\lim\limits_{n\to\infty}\sum\limits_{k=1}^{n}\ln\left(1+\dfrac{k}{n^2}\right)=\dfrac{1}{2}$. 于是 $\lim\limits_{n\to\infty}y_n=\mathrm{e}^{\frac{1}{2}}$.

注 若本例改为只证明数列 $\{y_n\}$ 收敛,也可用单调有界准则. 显然 y_n 单调增加. 注意到当 $x\geqslant 1$ 时,$\left(1+\dfrac{1}{x}\right)^x\leqslant\mathrm{e}$,于是

$$\left(1+\dfrac{k}{n^2}\right)^{\frac{n^2}{k}}\leqslant\mathrm{e},\text{ 即 }\left(1+\dfrac{k}{n^2}\right)\leqslant\mathrm{e}^{\frac{k}{n^2}},\quad \text{从而}\quad y_n\leqslant\prod_{k=1}^{n}\mathrm{e}^{\frac{k}{n^2}}=\mathrm{e}^{\sum\limits_{k=1}^{n}\frac{k}{n^2}}=\mathrm{e}^{\frac{1}{2}\left(1+\frac{1}{n}\right)}<\mathrm{e}.$$

例 7 设 $f(x)=\dfrac{[2x]}{x}$,判别 $\lim\limits_{x\to 0}f(x)$,$\lim\limits_{x\to\infty}f(x)$ 是否存在.

解 按取整函数的定义,当 $-\dfrac{1}{2}<x<0$ 时,$[2x]=-1$;当 $0<x<\dfrac{1}{2}$ 时,$[2x]=0$. 于是

$$\lim_{x\to 0^-}\dfrac{[2x]}{x}=\infty,\quad \lim_{x\to 0^+}\dfrac{[2x]}{x}=0,$$

故 $\lim\limits_{x\to 0}\dfrac{[2x]}{x}$ 不存在. 由于 $2x-1<[2x]\leqslant 2x$,而 $\lim\limits_{x\to\infty}\dfrac{2x-1}{x}=2$,$\lim\limits_{x\to\infty}\dfrac{2x}{x}=2$,由夹逼准则 $\lim\limits_{x\to\infty}\dfrac{[2x]}{x}=2$.

八、通项为 n 项和与 n 个因子乘积的极限的求法

1. 数列的通项为 n 项和且能求出其表达式的极限

解题程序 先求出 n 项和的表达式,再求极限.

求 n 项和表达式的**方法**②:

(1) **用公式**:用等比数列、等差数列部分和公式,正整数求和、正整数平方求和等公式. 见例 1,例 2.

---

① 此不等式的证明见第三章第五节中例 3.
② 这些方法在第七章第一节还要用到.

(2) 设法将通项化成可利用上述公式求和的形式. 见例 2 的分母,例 3.

(3) **分项相消**：把通项中的每一项分成两项和,通过正负项相加,消去若干项,得到 n 项和的表达式. 见例 1,例 4 解 2. 常见的分项式有

$$\frac{1}{[kn-(l-1)](kn+1)} = \frac{1}{l}\left[\frac{1}{kn-(l-1)} - \frac{1}{kn+1}\right], \quad k,l \text{ 是正整数}.$$

当 $a>1$ 时, $\dfrac{nb+c}{a^n} = \dfrac{\alpha n+\beta}{a^{n-1}} - \dfrac{\alpha(n+1)+\beta}{a^n}$, 其中 $\alpha = \dfrac{b}{a-1}, \beta = \dfrac{c}{a-1} + \dfrac{b}{(a-1)^2}$①,

$$\frac{2n+1}{n^2(n+1)^2} = \frac{1}{n^2} - \frac{1}{(n+1)^2}, \quad \frac{n}{(n+1)!} = \frac{1}{n!} - \frac{1}{(n+1)!},$$

$$\frac{1}{n(n+1)(n+2)} = \frac{1}{2}\left[\frac{1}{n(n+1)} - \frac{1}{(n+1)(n+2)}\right],$$

$$\frac{1}{\sqrt{n(n+1)}(\sqrt{n}+\sqrt{n+1})} = \frac{\sqrt{n+1}-\sqrt{n}}{\sqrt{n(n+1)}} = \frac{1}{\sqrt{n}} - \frac{1}{\sqrt{n+1}}.$$

2. 数列的通项为 n 个因子乘积且能写出求极限表示式的极限

解题程序 设法将乘积简化,写出可求极限的表示式,再求极限.

写出可求极限表示式的**方法**：

(1) 把通项中的每个因子合并或拆开,使中间一些因子相约消掉,见例 4 解 1,例 5；

(2) 分母、分子同乘一个因子,以使乘积简化,见例 6；

(3) 可取对数,化为 n 项和的形式,见例 4 解 2.

例 1 设 $y_n = 1 + \dfrac{1}{1+2} + \dfrac{1}{1+2+3} + \cdots + \dfrac{1}{1+2+\cdots+n}$, 求 $\lim\limits_{n\to\infty} y_n$.

解 因 $1+2+\cdots+n = \dfrac{n(n+1)}{2}$, 且 $\dfrac{1}{n(n+1)} = \dfrac{1}{n} - \dfrac{1}{n+1}$, 所以

$$y_n = 1 + \frac{2}{2\times 3} + \frac{2}{3\times 4} + \cdots + \frac{2}{n(n+1)}$$

$$= 1 + 2\left(\frac{1}{2} - \frac{1}{3} + \frac{1}{3} - \frac{1}{4} + \cdots + \frac{1}{n} - \frac{1}{n+1}\right)$$

$$= 1 + 2\left(\frac{1}{2} - \frac{1}{n+1}\right),$$

从而 $I = 2$.

例 2 设 $y_n = \dfrac{n^3\left(1+\dfrac{1}{2}+\dfrac{1}{2^2}+\cdots+\dfrac{1}{2^n}\right)}{(n+1)+2(n+2)+\cdots+n(n+n)}$, 求 $\lim\limits_{n\to\infty} y_n$.

解 分子用等比数列求和公式,分母设法写成可用公式求和的形式

$$(n+1)+2(n+2)+\cdots+n(n+n)$$
$$= n(1+2+\cdots+n) + (1^2+2^2+\cdots+n^2)$$

---

① 可用待定系数法确定 α 和 β. 例如, $\dfrac{2n-1}{3^n} = \dfrac{n}{3^{n-1}} - \dfrac{n+1}{3^n}$, 其中 $a=3, b=2, c=-1, \alpha=1, \beta=0$.

$$= n \cdot \frac{n(n+1)}{2} + \frac{1}{6}n(n+1)(2n+1),$$

所以
$$I = \lim_{n\to\infty} \frac{n^3 \cdot 2\left[1-\left(\frac{1}{2}\right)^{n+1}\right]}{\frac{n^3}{2}\left(1+\frac{1}{n}\right)+\frac{n^3}{6}\left(1+\frac{1}{n}\right)\left(2+\frac{1}{n}\right)} = \frac{12}{5}.$$

例 3 设 $y_n = \frac{1}{n^3}[(2n-1)+2(2n-3)+3(2n-5)+\cdots+n]$,求 $\lim_{n\to\infty} y_n$.

解 分子可先化成等差数列的部分和
$$(2n-1)+2(2n-3)+3(2n-5)+\cdots+n$$
$$=(2n-1)+(2n-3)+(2n-5)+\cdots+1$$
$$\quad+(2n-3)+(2n-5)+\cdots+1$$
$$\quad\quad+(2n-5)+\cdots+1$$
$$\quad\quad\quad\cdots\cdots$$
$$\quad\quad\quad\quad+1$$
$$=\left[\frac{1+(2n-1)}{2}n+\frac{1+(2n-3)}{2}(n-1)+\cdots+1\right]$$
$$=[n^2+(n-1)^2+\cdots+1]=\frac{n(n+1)(2n+1)}{6}.$$

所以
$$I = \lim_{n\to\infty} \frac{1}{n^3} \cdot \frac{n(n+1)(2n+1)}{6} = \frac{1}{3}.$$

例 4 设 $y_n = \left(1-\frac{1}{2^2}\right)\left(1-\frac{1}{3^2}\right)\cdot\cdots\cdot\left(1-\frac{1}{n^2}\right)$,求 $\lim_{n\to\infty} y_n$.

解 1 注意到 $1-\frac{1}{k^2} = \frac{k^2-1}{k^2} = \frac{k-1}{k} \cdot \frac{k+1}{k}$ $(k=2,3,\cdots)$. 因

$$y_n = \frac{1}{2} \cdot \frac{3}{2} \cdot \frac{2}{3} \cdot \frac{4}{3} \cdot \cdots \cdot \frac{n-2}{n-1} \cdot \frac{n}{n-1} \cdot \frac{n-1}{n} \cdot \frac{n+1}{n} = \frac{n+1}{2n}, \quad 故 \quad I = \frac{1}{2}.$$

解 2 取对数,有 $\ln y_n = \sum_{k=2}^{n} \ln\left(1-\frac{1}{k^2}\right)$,因

$$\ln\left(1-\frac{1}{k^2}\right) = \ln(k^2-1) - \ln k^2 = \ln(k+1)+\ln(k-1)-2\ln k$$
$$= [\ln(k-1)-\ln k]-[\ln k-\ln(k+1)],$$
$$\ln y_n = -\ln 2 - [\ln n - \ln(n+1)],$$

故
$$I = \lim_{n\to\infty} y_n = \lim_{n\to\infty} e^{-\ln 2-[\ln n-\ln(n+1)]} = e^{-\ln 2} = 1/2.$$

例 5 设 $y_n = \frac{2^3-1}{2^3+1} \cdot \frac{3^3-1}{3^3+1} \cdot \cdots \cdot \frac{n^3-1}{n^3+1}$,求 $\lim_{n\to\infty} y_n$.

解 因 $\frac{k^3-1}{k^3+1} = \frac{k-1}{k+1} \cdot \frac{k^2+k+1}{k^2-k+1}$,又由分子与分母相约

$$\prod_{k=2}^{n} \frac{k-1}{k+1} = \frac{2}{n(n+1)}, \quad \prod_{k=2}^{n} \frac{k^2+k+1}{k^2-k+1} = \frac{n^2+n+1}{3},$$

故
$$I = \lim_{n\to\infty} \frac{2}{n(n+1)} \cdot \frac{n^2+n+1}{3} = \frac{2}{3}.$$

例 6 设 $|x|<1, y_n=(1+x)(1+x^2)(1+x^4)\cdots(1+x^{2^n})$，求 $\lim\limits_{n\to\infty} y_n$.

解 $(1-x)y_n = (1-x^2)(1+x^2)(1+x^4)\cdots(1+x^{2^n})$
$= (1-x^4)(1+x^4)\cdots(1+x^{2^n})$
$= \cdots = (1-x^{2^n})(1+x^{2^n}) = (1-x^{2^{n+1}}).$

当 $|x|<1$ 时，
$$I = \lim_{n\to\infty} \frac{1}{1-x}(1-x^{2^{n+1}}) = \frac{1}{1-x}.$$

九、确定待定常数、待定函数、待定极限的方法

1. 由极限式确定待定常数、待定函数和待定极限

已知函数的极限值或已知函数的极限存在，确定该极限式中未知的常数、未知的某一函数或确定该极限式中隐含的极限，这是常见的一种题型.

解题思路 求解这类问题，一般是从已知极限式成立的必要条件出发去寻求解答. 例如

设 $\lim\limits_{x\to\infty} \dfrac{f(x)}{g(x)} = A \neq 0$. 若 $g(x)$ 是 n 次多项式，则 $f(x)$ 也必是 n 次多项式. 见例1(1)，例2.

设 $\lim\limits_{x\to x_0} \dfrac{f(x)}{g(x)} = A \neq 0$. 若 $\lim\limits_{x\to x_0} g(x) = 0$，则必有 $\lim\limits_{x\to x_0} f(x) = 0$，且 $f(x)$ 与 $g(x)$ 是同阶无穷小. 见例1(2).

设 $\lim\limits_{x\to x_0} \dfrac{f(x)}{g(x)} = A = 0$. 若 $\lim\limits_{x\to x_0} g(x) = 0$，则当 $x\to x_0$ 时，$f(x)$ 必是 $g(x)$ 的高阶无穷小.

设 $\lim f(x)g(x) = A$. 若 $\lim g(x) = \infty$，则必有 $\lim f(x) = 0$. 见例3.

2. 由函数的连续性确定待定常数

由于函数 $f(x)$ 在点 x_0 的连续性与 $f(x)$ 在点 x_0 的极限密切相关，因此，在讨论函数连续时，也涉及确定常数（见本章第十节例1，本章第十一节例7）和待定极限的问题（见本章第十节例3）.

例 1 设 $P(x) = a_0 x^n + a_1 x^{n-1} + \cdots + a_{n-1} x + a_n$ $(a_0 \neq 0)$，且 $\lim\limits_{x\to\infty} \dfrac{P(x)-x^3}{x^3} = -2$.

(1) 求 n 及 a_0；　(2) 若已知 $\lim\limits_{x\to 0} \dfrac{P(x)}{x^2} = 3$，求 $P(x)$.

解 (1) 由题设知，$P(x)$ 必是 3 次多项式，即 $n=3$. 又 $a_0 x^3 - x^3 = -2x^3$，即 $a_0 = -1$.

(2) 由(1)，因 $P(x) = -x^3 + a_1 x^2 + a_2 x + a_3$，若 $\lim\limits_{x\to 0} \dfrac{-x^3+a_1 x^2+a_2 x-a_3}{x^2} = 3$，可知 $a_3=0, a_2=0$，且 $a_1=3$，即 $P(x) = -x^3+3x^2$.

例 2 已知 $\lim\limits_{x\to\infty} \dfrac{x^{2006}}{x^\alpha - (x-1)^\alpha} = \beta \neq 0$，确定式中的 α 和 β.

解 依题设,分母必是 2006 次多项式,即 $\alpha-1=2006$,故 $\alpha=2007$. 由二项展开式

$$(x-1)^\alpha = x^\alpha - \alpha x^{\alpha-1} + \frac{\alpha(\alpha-1)}{2!}x^{\alpha-2} - \cdots + (-1)^\alpha,$$

则

$$\beta = \lim_{x\to\infty}\frac{x^{2006}}{\alpha x^{\alpha-1}-\frac{\alpha(\alpha-1)}{2!}x^{\alpha-2}+\cdots-(-1)^\alpha} = \frac{1}{\alpha} = \frac{1}{2007}.$$

例 3 确定 a,b 的值,使 $\lim\limits_{x\to+\infty}(\sqrt{x^2-x+1}-ax-b)=0$.

解 I 左端[①] $=\lim\limits_{x\to+\infty}x\left(\sqrt{1-\frac{1}{x}+\frac{1}{x^2}}-a-\frac{b}{x}\right)=0$,可知

$$\lim_{x\to+\infty}\left(\sqrt{1-\frac{1}{x}+\frac{1}{x^2}}-a-\frac{b}{x}\right)=0, \quad 1-a=0, \quad a=1,$$

$$b=\lim_{x\to+\infty}(\sqrt{x^2-x+1}-x)=\lim_{x\to+\infty}\frac{1-x}{\sqrt{x^2-x+1}+x}=-\frac{1}{2}.$$

例 4 当 $x\to 0$ 时,若 $1-\cos(e^{x^2}-1)$ 与 $2^m x^n$ 为等价无穷小,试确定 m 和 n 的值.

解 当 $x\to 0$ 时,因 $1-\cos(e^{x^2}-1)\sim\frac{(e^{x^2}-1)^2}{2}\sim\frac{x^4}{2}$,依题设,应有

$$\lim_{x\to 0}\frac{1-\cos(e^{x^2}-1)}{2^m x^n}=\lim_{x\to 0}\frac{\frac{x^4}{2}}{2^m x^n}=\lim_{x\to 0}\frac{x^4}{2^{m+1}x^n}=1,$$

可知 $n=4, m=-1$.

例 5 已知 $\lim\limits_{x\to 0}\frac{a\tan x+b(1-\cos x)}{c\ln(1-2x)+d(1-e^{x^2})}=2$,其中 $a^2+c^2\neq 0$,则必有( ).

(A) $b=4d$ (B) $b=-4d$ (C) $a=4c$ (D) $a=-4c$

解 选(D). 注意到当 $x\to 0$ 时,$\tan x\sim x, \ln(1-2x)\sim(-2x)$;而 $1-\cos x, 1-e^{x^2}$ 均是 x 的高阶无穷小,求极限时,都可略去. 于是

$$I\text{ 左端} = \lim_{x\to 0}\frac{a\tan x}{c\ln(1-2x)}=\lim_{x\to 0}\frac{ax}{c(-2x)}=2, \quad \text{即} \quad a=-4c.$$

例 6 设 $f(x)=2x^2+3+4x\cdot\lim\limits_{x\to 1}f(x)$,且 $\lim\limits_{x\to 1}f(x)$ 存在,求 $f(x)$.

解 因 $\lim\limits_{x\to 1}f(x)$ 存在,可设 $\lim\limits_{x\to 1}f(x)=A$. 于是,已知式两端求极限,有

$$\lim_{x\to 1}f(x)=\lim_{x\to 1}(2x^2+3+4xA), \quad \text{即} \quad A=5+4A.$$

由此,$A=-\frac{5}{3}$,故 $f(x)=2x^2+3-\frac{20}{3}x$.

例 7 设 $\lim\limits_{x\to 0}\left(1+x+\frac{f(x)}{x}\right)^{\frac{1}{x}}=e^3$,求 $\lim\limits_{x\to 0}\left(1+\frac{f(x)}{x}\right)^{\frac{1}{x}}$.

[①] 此处用"I 左端"表示已知等式的左端. 以下同.

分析 已知极限式可写做 $\lim\limits_{x\to 0}\dfrac{\ln\left(1+x+\dfrac{f(x)}{x}\right)}{x}=3$,即有 $\lim\limits_{x\to 0}\dfrac{f(x)}{x}=0$. 所求极限为 1^∞ 型. 而 $\lim\limits_{x\to 0}\left(1+\dfrac{f(x)}{x}\right)^{\frac{1}{x}}=\mathrm{e}^{\lim\limits_{x\to 0}\frac{f(x)}{x^2}}$. 显然,只要求出 $\lim\limits_{x\to 0}\dfrac{f(x)}{x^2}$ 即可.

解 由 $3=\lim\limits_{x\to 0}\dfrac{\ln\left(1+x+\dfrac{f(x)}{x}\right)}{x}=\lim\limits_{x\to 0}\dfrac{x+\dfrac{f(x)}{x}}{x}=1+\lim\limits_{x\to 0}\dfrac{f(x)}{x^2}$,故

$$I=\mathrm{e}^{\lim\limits_{x\to 0}\frac{f(x)}{x^2}}=\mathrm{e}^2.$$

十、讨论函数的连续性

这里要用到函数 $f(x)$ 在点 x_0 连续、左右连续和间断的概念,以及连续函数的运算性质.

例1 确定常数 a,使函数 $f(x)=\begin{cases}(2x^2+\cos^2 x)^{x^{-2}}, & x\neq 0 \\ a, & x=0\end{cases}$ 在其定义域内连续.

分析 实际上就是确定 a,使 $f(x)$ 在 $x=0$ 连续.

解 $f(x)$ 的定义域是 $(-\infty,+\infty)$.

当 $x\neq 0$ 时,$(2x^2+\cos^2 x)^{x^{-2}}=\mathrm{e}^{\frac{1}{x^2}\ln(2x^2+\cos^2 x)}$,这是初等函数,在其有定义的区间 $(-\infty,0)\cup(0,+\infty)$ 内连续. 因

$$\lim_{x\to 0}f(x)=\lim_{x\to 0}\mathrm{e}^{\frac{\ln[1+(2x^2+\cos^2 x-1)]}{x^2}}=\lim_{x\to 0}\mathrm{e}^{\frac{2x^2+\cos^2 x-1}{x^2}}=\mathrm{e}=f(0),$$

故当 $a=\mathrm{e}$ 时,$f(x)$ 在 $x=0$ 处连续. 于是当 $a=\mathrm{e}$ 时,$f(x)$ 在其定义域内连续.

例2 函数 $f(x)=\begin{cases}\dfrac{\mathrm{e}^{\frac{1}{x}}-\mathrm{e}^{-\frac{1}{x}}}{\mathrm{e}^{\frac{1}{x}}+\mathrm{e}^{-\frac{1}{x}}}, & x\neq 0 \\ 1, & x=0\end{cases}$ 在 $x=0$ 处( ).

(A) 左连续 (B) 右连续 (C) 左、右皆不连续 (D) 连续

解 选(B). 由于

$$\lim_{x\to 0^-}\mathrm{e}^{\frac{1}{x}}=0,\quad \lim_{x\to 0^+}\mathrm{e}^{\frac{1}{x}}=+\infty,\quad \lim_{x\to 0^-}\mathrm{e}^{-\frac{1}{x}}=+\infty,\quad \lim_{x\to 0^+}\mathrm{e}^{-\frac{1}{x}}=0,$$

所以 $\lim\limits_{x\to 0^-}f(x)=-1\neq f(0)$, $\lim\limits_{x\to 0^+}f(x)=1=f(0)$.

例3 求 $f(0)$,已知函数 $f(x)$ 连续,且

$$\lim_{x\to 0}\left[\frac{f(x)-1}{x}-\frac{\sin x}{x^2}\right]=2.$$

解 由 $f(x)$ 在 $x=0$ 连续知,这是求 $\lim\limits_{x\to 0}f(x)$. 题设可写做:

$$\lim_{x\to 0}\frac{1}{x}\left[f(x)-1-\frac{\sin x}{x}\right]=2,\quad 即 \quad \lim_{x\to 0}\left[f(x)-1-\frac{\sin x}{x}\right]=0,$$

由此 $\lim\limits_{x\to 0}f(x)=2$,故 $f(0)=2$.

例 4 指出下列函数的间断点及间断点的类型;若是可去间断点,设法使其变为连续.

(1) $f(x)=\begin{cases}\arctan\dfrac{1}{x^2}, & x\neq 0,\\ 1, & x=0;\end{cases}$ (2) $f(x)=\dfrac{x^2-x}{|x|(x^2-1)}$.

解 (1) 因 $\lim\limits_{x\to 0}f(x)=\lim\limits_{x\to 0}\arctan\dfrac{1}{x^2}=\dfrac{\pi}{2}\neq f(0)=1$,

故 $f(x)$ 在 $x=0$ 处间断,这是可去间断点. 改变 $f(x)$ 在 $x=0$ 处的定义,令 $f(0)=\dfrac{\pi}{2}$,即

$$f(x)^{①}=\begin{cases}\arctan\dfrac{1}{x^2}, & x\neq 0,\\ \dfrac{\pi}{2}, & x=0,\end{cases}$$

则 $f(x)$ 在 $x=0$ 就由间断变为连续了.

(2) $f(x)$ 在 $x=0, x=-1, x=1$ 处没有定义,它们都是 $f(x)$ 的间断点. 由于

$$\lim_{x\to 0^-}f(x)=\lim_{x\to 0^-}\dfrac{x(x-1)}{|x|(x+1)(x-1)}=\lim_{x\to 0^-}\dfrac{1}{-(x+1)}=-1,$$

$$\lim_{x\to 0^+}f(x)=\lim_{x\to 0^+}\dfrac{1}{x+1}=1,$$

所以 $x=0$ 是跳跃间断点;

由于 $\lim\limits_{x\to -1}f(x)=\infty$,所以 $x=-1$ 是第二类间断点;

由于 $\lim\limits_{x\to 1}f(x)=\lim\limits_{x\to 1}\dfrac{x}{x(x+1)}=\dfrac{1}{2}$,所以 $x=1$ 是可去间断点. 这时补充 $f(x)$ 在 $x=1$ 处的定义,令 $f(1)=\dfrac{1}{2}$,即

$$f(x)=\begin{cases}\dfrac{x^2-x}{|x|(x^2-1)}, & x\neq 1,\\ \dfrac{1}{2}, & x=1.\end{cases}$$

显然,函数 $f(x)$ 在 $x=1$ 处就连续了.

例 5 设 $f(x)$ 是连续函数,试证明函数 $F(x)=|f(x)|$ 也是连续函数.

证 因 $y=|u|$ 是 u 的连续函数,又 $u=f(x)$ 是 x 的连续函数,由复合函数的连续性,知 $F(x)=|f(x)|$ 是 x 的连续函数.

例 6 设 $f(x),\varphi(x)$ 在 $(-\infty,+\infty)$ 内有定义,$f(x)$ 是连续函数,且 $f(x)\neq 0,\varphi(x)$ 有间断点,则下列结论正确的是(   ).

(A) $f(\varphi(x))$ 必有间断点 (B) $\varphi(f(x))$ 必有间断点

(C) $\varphi^2(x)$ 必有间断点 (D) $\dfrac{\varphi(x)}{f(x)}$ 必有间断点

---

① 此处的函数与原给函数 $f(x)$ 已不相同,但从问题的性质出发,此处仍记做 $f(x)$. 以下均如此.

解 选(D). 若 $F(x)=\dfrac{\varphi(x)}{f(x)}$ 是连续函数,则 $\varphi(x)=F(x)\cdot f(x)$ 必为连续函数,这与题设矛盾.

(A)的反例:$f(x)=\sin x,\varphi(x)=\begin{cases}x-\pi, & x\leqslant 0,\\ x+\pi, & x>0\end{cases}$ 在 $x=0$ 处间断,但

$$f(\varphi(x))=\begin{cases}\sin(x-\pi), & x\leqslant 0,\\ \sin(x+\pi), & x>0\end{cases}$$

在 $x=0$ 处连续,且在 $(-\infty,+\infty)$ 内连续.

(B)和(C)的反例:$f(x)=x^2,\varphi(x)=\begin{cases}-1, & x<0,\\ 1, & x\geqslant 0\end{cases}$ 在 $x=0$ 处间断,但 $\varphi(f(x))=\varphi(x^2)=1,\varphi^2(x)=1$ 在 $(-\infty,+\infty)$ 内连续.

例 7 设函数 $f(x),g(x)$ 是连续的,证明 $\max\{f(x),g(x)\},\min\{f(x),g(x)\}$ 也是连续的. 其中

$$\varphi(x)=\max\{f(x),g(x)\}=\frac{1}{2}[f(x)+g(x)+|f(x)-g(x)|],$$

$$\psi(x)=\min\{f(x),g(x)\}=\frac{1}{2}[f(x)+g(x)-|f(x)-g(x)|].$$

证 由题设,连续函数的四则运算法则及例 5 可知,函数 $|f(x)-g(x)|$ 是连续的,再由连续函数的四则运算法则知,函数 $\varphi(x)$ 及 $\psi(x)$ 也是连续的.

十一、极限函数及其连续性

1. 极限函数的求法

含有参变量的极限多半是下述形式

$$f(x)=\lim_{n\to\infty}\varphi(n,x),$$

其中 n 是正整数,是极限变量,x 是参变量. 这可看做是**用极限式来定义函数**,通常称为**极限函数**. 极限式中的**参变量是该函数的自变量**. 参变量取不同值时,其极限值将不同.

求极限函数的解题思路:

极限函数,一般是分段函数,而参变量划分区间的分界点,正是分段函数的分段点. 由此,求这种极限的**关键是确定划分区间的分界点**.

(1) 当 $\varphi(n,x)$ 中的项仅为 x^n (一般是为 $x^{g(n)}$,其中 $g(n)$ 是 n 的多项式)时,应以 $|x|=1$ 为分界点,这是因为(见例 1,例 5,例 6)

当 $n\to\infty$ 时,若 $|x|<1$,则 $x^n\to 0$;若 $|x|>1$,则 $x^n\to\infty$.

(2) 当 $\varphi(n,x)$ 中的项仅为 n^x (一般为 $n^{g(x)}$,$g(x)$ 是 x 的函数)时,应以 $x=0$ 为分界点,这是因为(见例 2)

当 $n\to\infty$ 时,若 $x<0$,则 $n^x\to 0$;若 $x>0$,则 $n^x\to+\infty$.

(3) 当 $\varphi(n,x)$ 中的项仅为 x^n 和 a^n (一般是 $x^{g_1(n)}$ 和 $a^{g_2(n)}$,其中 $g_1(n),g_2(n)$ 是 n 的多

项式)时,应以 $\left|\dfrac{x}{a}\right|=1$,即 $|x|=|a|$ 为分界点,见例 3. 这是因为

当 $n\to\infty$ 时,若 $|x|<|a|$,则 $\left(\dfrac{x}{a}\right)^n\to 0$;若 $|x|>|a|$,则 $\left(\dfrac{a}{x}\right)^n\to 0$.

(4) 当 $\varphi(n,x)$ 中的项仅为 $a^{g(n,x)}$ 时,其中 $g(n,x)$ 是 n,x 的函数,应以 $a^{g(n,x_0)}=1$,即以 $g(n,x_0)=0$ 之 x_0 为分界点,见例 4.

求极限函数的**解题程序**:
(1) 根据所给极限式确定极限函数,即分段函数的分段点;
(2) 根据参变量的不同取值范围求极限,便可得到极限函数.

2. 极限函数的连续性

讨论极限函数连续性的**程序**,先按前述确定极限函数 $f(x)$,然后讨论 $f(x)$ 的连续性.

由于函数 $f(x)$ 在点 x_0 的连续性与 $f(x)$ 在 x_0 是否有定义有关,所以,要注意 $f(x)$ 没有定义的点. 见例 5,例 6.

例 1 求极限函数 $f(x)=\lim\limits_{n\to\infty}\dfrac{x^n}{1+x^n}$ $(x\geq 0)$.

解 以 $x=1$ 为分界点. 当 $x=1$ 时,$f(x)=1/2$;

当 $0\leq x<1$ 时,$f(x)=\lim\limits_{n\to\infty}\dfrac{x^n}{1+x^n}=\dfrac{0}{1+0}=0$;当 $x>1$ 时,$f(x)=\lim\limits_{n\to\infty}\dfrac{1}{x^{-n}+1}=1$.

例 2 求 $\lim\limits_{n\to\infty}\dfrac{n^x-n^{-x}}{n^x+n^{-x}}$.

解 这也是求极限函数,以 $x=0$ 为分界点. 当 $x=0$ 时,$I=0$;

当 $x<0$ 时,$I=\lim\limits_{n\to\infty}\dfrac{n^{2x}-1}{n^{2x}+1}=\dfrac{0-1}{0+1}=-1$;当 $x>0$ 时,$I=\lim\limits_{n\to\infty}\dfrac{1-n^{-2x}}{1+n^{-2x}}=\dfrac{1-0}{1+0}=1$.

例 3 求极限函数 $f(x)=\lim\limits_{n\to\infty}\dfrac{\ln(e^n+x^{2n})}{n}$.

解 注意到 $x^{2n}=(x^2)^n$,应以 $x^2=e$ 为分界点.

当 $x^2=e$ 时,$f(x)=\lim\limits_{n\to\infty}\dfrac{\ln(2e^n)}{n}=\lim\limits_{n\to\infty}\dfrac{\ln 2+n}{n}=1$;

当 $x^2<e$ 时,$f(x)=\lim\limits_{n\to\infty}\dfrac{\ln e^n\left[1+\left(\dfrac{x^2}{e}\right)^n\right]}{n}=\lim\limits_{n\to\infty}\dfrac{n+\ln\left[1+\left(\dfrac{x^2}{e}\right)^n\right]}{n}=1$;

当 $x^2>e$ 时,$f(x)=\lim\limits_{n\to\infty}\dfrac{\ln x^{2n}\left[\left(\dfrac{e}{x^2}\right)^n+1\right]}{n}=\ln x^2$.

例 4 求极限函数 $f(x)=\lim\limits_{n\to\infty}\dfrac{x^2+e^{nx}}{1+e^{nx}}$.

解 因 $nx=0$ 时,$x=0$,以 $x=0$ 为分界点,显然 $f(0)=\dfrac{1}{2}$.

当 $x<0$ 时,$f(x)=\lim\limits_{n\to\infty}\dfrac{x^2+e^{nx}}{1+e^{nx}}=\dfrac{x^2+0}{1+0}=x^2$;当 $x>0$ 时,$f(x)=\lim\limits_{n\to\infty}\dfrac{x^2 e^{-nx}+1}{e^{-nx}+1}=1$.

例 5 确定极限函数 $f(x)=\lim\limits_{n\to\infty}\dfrac{x^{n+2}-x^{-n}}{x^n+x^{-n-1}}$ 的间断点及其类型.

解 令 $g_n(x)=\dfrac{x^{n+2}-x^{-n}}{x^n+x^{-n-1}}$，可看出，$g_n(x)$ 在 $x=0, x=-1$ 处没有定义，而分别在 $x=0, x=-1$ 的空心邻域内有定义，所以，$x=0, x=-1$ 是 $g_n(x)$ 的间断点，从而也是 $f(x)$ 的间断点.

以 $x=1$ 为分界点. 由 $g_n(x)$ 的表示式知 $g_n(1)=0$.

当 $n\to\infty$ 时 $\begin{cases} \text{若 } 0<|x|<1, & g_n(x)=x\dfrac{x^{2n+2}-1}{x^{2n+1}+1}\to -x; \\ \text{若 } |x|>1, & g_n(x)=x^2\dfrac{1-x^{-(2n+2)}}{1+x^{-(2n+1)}}\to x^2. \end{cases}$

综上所述，$f(x)=\begin{cases} -x, & 0<|x|<1, \\ 0, & x=1, \\ x^2, & |x|>1. \end{cases}$

由于 $\lim\limits_{x\to 0}f(x)=0$；$\lim\limits_{x\to -1^-}f(x)=1$，$\lim\limits_{x\to -1^+}f(x)=1$，所以，$x=0, x=-1$ 是 $f(x)$ 的可去间断点.

又由于 $\lim\limits_{x\to 1^-}f(x)=-1, \lim\limits_{x\to 1^+}f(x)=1$，所以 $x=1$ 是 $f(x)$ 的跳跃间断点.

例 6 设 $F(x,t)=\left(\dfrac{x-1}{t-1}\right)^{\frac{t}{x-t}}$ $((x-1)(t-1)>0, x\neq t)$，而 $f(x)=\lim\limits_{t\to x}F(x,t)$，试求函数 $f(x)$ 的连续区间和间断点，并考查 $f(x)$ 在其间断点处的左、右极限.

解 先求 $f(x)$ 的表达式

$$f(x)=\lim_{t\to x}F(x,t)=\lim_{t\to x}\left(1+\dfrac{x-t}{t-1}\right)^{\frac{t-1}{x-t}\cdot\frac{t}{t-1}}=e^{\frac{x}{x-1}}.$$

由上式知，$f(x)$ 的间断点是 $x=1$, $f(x)$ 的连续区间是 $(-\infty,1)\cup(1,+\infty)$.

在 $x=1$ 处的左、右极限分别是

$$\lim_{x\to 1^-}f(x)=0, \quad \lim_{x\to 1^+}f(x)=+\infty.$$

例 7 求函数 $f(x)=\lim\limits_{n\to\infty}\dfrac{x^{2n-1}+ax^2+bx}{x^{2n}+1}$，并确定常数 a,b 的值，使 $f(x)$ 在 $(-\infty,+\infty)$ 内连续.

解 求 $f(x)$ 时，应以 $|x|=1$，即 $x=-1, x=1$ 为分界点.

当 $x=-1$ 时，$f(x)=\dfrac{-1+a-b}{2}$；当 $x=1$ 时，$f(x)=\dfrac{1+a+b}{2}$；

当 $|x|<1$ 时，$f(x)=\lim\limits_{n\to\infty}\dfrac{x^{2n-1}+ax^2+bx}{x^{2n}+1}=ax^2+bx$；

当 $|x|>1$ 时，$f(x)=\lim\limits_{n\to\infty}\dfrac{x^{-1}+ax^{-2n+2}+bx^{-2n+1}}{1+x^{-2n}}=\dfrac{1}{x}$.

综上所述，
$$f(x) = \begin{cases} ax^2 + bx, & |x| < 1, \\ \dfrac{1}{x}, & |x| > 1, \\ \dfrac{-1+a-b}{2}, & x = -1, \\ \dfrac{1+a+b}{2}, & x = 1. \end{cases}$$

在区间$(-\infty,-1),(-1,1),(1,+\infty)$内，$f(x)$是初等函数，均连续. 只要确定$a,b$，使$f(x)$在$x=-1,x=1$处连续即可. 由函数连续定义，应有
$$f(-1^-) = f(-1^+) = f(-1), \quad f(1^-) = f(1^+) = f(1).$$
由此，得$a-b=-1,a+b=1$. 解之得$a=0,b=1$. 即当$a=0,b=1$时，$f(x)$在$(-\infty,+\infty)$内连续.

十二、用介值定理讨论方程的根

1. 证明方程存在实根

若存在$x=x_0$，使$F(x_0)=0$，则称x_0是函数$F(x)$的**零点**. 函数的零点x_0又称为方程$F(x)=0$的**实根**.

证明方程存在实根**有两类问题**：其一是证明在区间(a,b)内根的**存在性**；其二是证明在区间(a,b)内根的**唯一性**.

证明方程**存在根的解题思路**：用连续函数的**零点**(或根值)**定理**.

(1) 若题设给出方程，首先将方程写成$F(x)=0$的形式；然后，设函数$F(x)$，并验证该函数在所给的闭区间$[a,b]$上连续且$F(a)$与$F(b)$异号，即可得到结论. 见本节例1.

(2) 若题目不是证明方程存在根，而是证明存在$\xi\in(a,b)$，使一含ξ的等式成立，这时，先将欲证的含ξ的等式写成$F(\xi)=0$的形式，这相当于证明方程$F(x)=0$存在根ξ. 这只要作辅助函数$F(x)$即可. 见例2.

(3) 零点定理的推广　零点定理中的闭区间$[a,b]$，可推广至开区间，半开区间和无限区间. 见例3.

这里以无限区间$(-\infty,+\infty)$为例来说明：设$F(x)$在$(-\infty,+\infty)$内连续.

若 $\lim\limits_{x\to-\infty}F(x)=A$, $\lim\limits_{x\to+\infty}F(x)=B$，且$A$与$B$异号；

或

若 $\lim\limits_{x\to-\infty}F(x)=-\infty(+\infty)$, $\lim\limits_{x\to+\infty}F(x)=+\infty(-\infty)$，

则总可在$(-\infty,+\infty)$内选定一个闭区间$[c,d]$，使$F(c)\cdot F(d)<0$，因而可在$[c,d]$上应用零点定理.

在开区间(a,b)讨论方程$F(x)=0$存在根，若$\lim\limits_{x\to a^+}F(x)$和$\lim\limits_{x\to b^-}F(x)$异号即可.

(4) 零点定理是确定方程 $F(x)=0$ 在开区间 (a,b) 内存在根. 若欲证方程 $F(x)=0$ 在区间 $(a,b]$，$[a,b)$ 和 $[a,b]$ 上存在根，除用零点定理证明方程在 (a,b) 内存在根外，对区间的端点还应加以讨论. 见例 2.

证明方程**根的唯一性**的解题思路(已证方程 $F(x)=0$ 在 (a,b) 内存在根)有二：

(1) 验证函数 $F(x)$ 在 $[a,b]$ 上单调；

(2) 用反证法，设方程有两个实根，从而导出矛盾.

2. 证明 $f(\xi)=C$

证明函数 $f(x)$ 在点 $x=\xi$ 的函数值 $f(\xi)$ 等于某一确定的常数 C，即 $f(\xi)=C$，有**两种证明思路**：

其一，用零点定理. 将 $f(\xi)=C$ 写成 $f(\xi)-C=0$，作辅助函数 $F(x)=f(x)-C$. 只要证明方程 $F(x)=0$ 存在根 ξ 即可.

其二，用介值定理. 若 $f(x)$ 在闭区间 $[a,b]$ 上连续，且最大值与最小值分别为 M 和 m，只要能证明 C 介于 m 与 M 之间，即可得到欲证结论.

例 1 试证方程 $2^x=x^2+1$ 在区间 $(-1,5)$ 内至少有三个实根.

分析 若令 $F(x)=2^x-x^2-1$，则 $F(-1)<0$，$F(5)>0$. 需用观察法在 $(-1,5)$ 内找出两点 x_1, x_2，假设 $x_1<x_2$，只要有 $F(x_1)>0$，$F(x_2)<0$ 即可.

证 令 $F(x)=2^x-x^2-1$，则 $F(x)$ 在 $[-1,5]$ 上连续.

由于 $F(-1)<0$，$F\left(\dfrac{1}{2}\right)>0$，$F(2)<0$，$F(5)>0$，由零点定理知，方程 $F(x)=0$ 在区间 $(-1,1/2)$，$(1/2,2)$，$(2,5)$ 内各至少有一个实根. 故方程 $F(x)=0$，即方程 $2^x=x^2+1$ 在 $(-1,5)$ 内至少有三个实根.

例 2 设函数 $f(x), g(x)$ 在区间 $[a,b]$ 上连续，且 $f(a)\leqslant g(a)$，$f(b)\geqslant g(b)$. 证明至少存在一点 $\xi\in[a,b]$，使 $f(\xi)=g(\xi)$.

证 令 $F(x)=f(x)-g(x)$，由题设知 $F(x)$ 在 $[a,b]$ 上连续，且 $F(a)=f(a)-g(a)\leqslant 0$，$F(b)=f(b)-g(b)\geqslant 0$.

若 $f(a)\neq g(a)$，$f(b)\neq g(b)$，则 $F(a)<0$，$F(b)>0$. 由零点定理，至少存在一点 $\xi\in(a,b)$，使 $F(\xi)=0$，即 $f(\xi)=g(\xi)$.

若 $f(a)=g(a)$ 或 $f(b)=g(b)$，则可取 $\xi=a$ 或 $\xi=b$，使 $f(\xi)=g(\xi)$.

例 3 证明方程 $x^3+px+q=0$ ($p>0$) 有且只有一个根.

证 (1) 先证存在性. 令 $F(x)=x^3+px+q$，则 $F(x)$ 在 $(-\infty,+\infty)$ 内连续. 由于

$$\lim_{x\to+\infty}(x^3+px+q)=\lim_{x\to+\infty}x^3\left(1+\frac{p}{x^2}+\frac{q}{x^3}\right)=+\infty,$$

$$\lim_{x\to-\infty}(x^3+px+q)=\lim_{x\to-\infty}x^3\left(1+\frac{p}{x^2}+\frac{q}{x^3}\right)=-\infty,$$

即对于不论多大的 $M>0$，当 x 充分大时，有

$$x^3+px+q>M, \quad \text{即可取到 } x=b, \text{使 } F(b)>0;$$

同理，可取到 $x=a$，使 $F(a)<0$.

由于 $F(x)$ 在闭区间 $[a,b]$ 上连续,显然存在 $\xi\in(a,b)$,使 $F(\xi)=0$,即 ξ 是方程 $F(x)=0$ 的根.

(2) 再证唯一性. 需证明函数 $F(x)$ 单调增加.

在 $(-\infty,+\infty)$ 内任取 x_1,x_2,设 $x_1<x_2$,因
$$F(x_2)-F(x_1)=x_2^3-x_1^3+p(x_2-x_1)$$
$$=(x_2-x_1)(x_2^2+x_1x_2+x_1^2+p)>0 \quad (p>0),$$
故 $F(x)$ 在 $(-\infty,+\infty)$ 上单调增加,从而方程 $F(x)=0$ 只有一个根.

注 任一奇数次多项式(或任一奇数次代数方程)至少有一个实根.

例4 设函数 $f(x)$ 在 $[a,b]$ 上连续,且 $a<c<d<b$,证明:

(1) 存在一个 $\xi\in(a,b)$,使得 $f(c)+f(d)=2f(\xi)$;

(2) 存在一个 $\xi\in(a,b)$,使得 $mf(c)+nf(d)=(m+n)f(\xi)$ (m,n 为正数).

分析 本例若用介值定理证明可将欲证结论写成

(1) $f(\xi)=\dfrac{f(c)+f(d)}{2}$; (2) $f(\xi)=\dfrac{mf(c)+nf(d)}{m+n}$.

本例欲用零点定理证明,易想到,应在区间 $[c,d]$ 上进行;且应作辅助函数

(1) $F(x)=2f(x)-f(c)-f(d)$;

(2) $F(x)=(m+n)f(x)-mf(c)-nf(d)$.

证 这里用介值定理证明. 由于 $f(x)$ 在 $[a,b]$ 上连续,所以 $f(x)$ 在 $[a,b]$ 上必有最大值 M 和最小值 N. 因 $c,d\in[a,b]$,必有
$$N\leqslant f(c)\leqslant M, \quad N\leqslant f(d)\leqslant M.$$

(1) 将上二式相加,得
$$2N\leqslant f(c)+f(d)\leqslant 2M, \quad 即 \quad N\leqslant \frac{f(c)+f(d)}{2}\leqslant M,$$
从而由介值定理,在 (a,b) 内存在一点 ξ,使得
$$f(\xi)=\frac{f(c)+f(d)}{2}, \quad 即 \quad f(c)+f(d)=2f(\xi).$$

(2) 因 $m>0,n>0$,有
$$mN\leqslant mf(c)\leqslant mM, \quad nN\leqslant nf(d)\leqslant nM,$$
于是 $(m+n)N\leqslant mf(c)+nf(d)\leqslant(m+n)M$,即
$$N\leqslant\frac{mf(c)+nf(d)}{m+n}\leqslant M,$$
从而由介值定理,在 (a,b) 内存在一点 ξ,使得
$$f(\xi)=\frac{mf(c)+nf(d)}{m+n}, \quad 即 \quad mf(c)+nf(d)=(m+n)f(\xi).$$

例5 设函数 $f(x)$ 在 $[0,1]$ 上连续,$f(0)=f(1)$,证明存在 $x\in[0,1]$,使
$$f(x)=f(x+1/2).$$

证 令 $F(x)=f(x)-f(x+1/2)$,$x\in[0,1/2]$. 因 $F(x)$ 在 $[0,1/2]$ 上连续,且

$F(0) \cdot F(1/2) = [f(0)-f(1/2)] \cdot [f(1/2)-f(1)] = -[f(0)-f(1/2)]^2 \leqslant 0.$

若 $f(0)=f(1/2)$,取 $x=0$,则有 $f(0)=f(0+1/2)$;

若 $f(0) \neq f(1/2)$,则 $F(0)$ 与 $F(1/2)$ 异号,由零点定理,必存在 $x \in [0,1/2] \subset [0,1]$,使 $F(x)=0$,即 $f(x)=f(x+1/2)$.

十三、求曲线的渐近线

求曲线 $y=f(x)$ 的垂直渐近线 $x=x_0$ 时,点 x_0 可能是 $f(x)$ 的间断点,也可能是 $f(x)$ 有定义区间的端点(在端点处无定义).

曲线 $y=f(x)$ 有斜渐近线 $y=ax+b$ 的必要条件是,当 $x \to \infty$ 时,$f(x)$ 与 x 是同阶无穷大.

例 1 求下列曲线的渐近线:

(1) $y=\dfrac{\ln x}{x}$; (2) $y=x\ln\left(e+\dfrac{1}{x}\right)$; (3) $y=2x+\dfrac{2}{\pi}\arctan x.$

解 (1) 因 $\lim\limits_{x \to +\infty} \dfrac{\ln x}{x}=0$, $\lim\limits_{x \to 0^+} \dfrac{\ln x}{x}=-\infty$,所以,曲线有水平渐近线 $y=0$ 和垂直渐近线 $x=0$.

(2) 因 $\lim\limits_{x \to +\infty} \dfrac{y}{x}=\lim\limits_{x \to +\infty} \ln\left(e+\dfrac{1}{x}\right)=1$,以及

$$\lim_{x \to +\infty}(y-x) = \lim_{x \to +\infty} \dfrac{\ln\left(e+\dfrac{1}{x}\right)-1}{\dfrac{1}{x}} = \lim_{x \to +\infty} \dfrac{\ln\left(1+\dfrac{1}{ex}\right)}{\dfrac{1}{x}} = \dfrac{1}{e},$$

所以,曲线有斜渐近线 $y=x+\dfrac{1}{e}$.

(3) 因 $\lim\limits_{x \to \infty} \dfrac{y}{x}=\lim\limits_{x \to \infty}\left(2+\dfrac{2}{\pi}\dfrac{\arctan x}{x}\right)=2$,以及

$$\lim_{x \to -\infty}(y-2x) = \lim_{x \to -\infty} \dfrac{2}{\pi}\arctan x = -1, \quad \lim_{x \to +\infty}(y-2x) = \lim_{x \to +\infty} \dfrac{2}{\pi}\arctan x = 1,$$

故曲线有斜渐近线 $y=2x-1$ 和 $y=2x+1$.

例 2 设 $\lim\limits_{x \to +\infty}[(x^5+7x^4+2)^a-x]=b\ (\neq 0)$,试求常数 a,b,并说明该极限式的几何意义.

解 对 $\infty-\infty$ 型,若有极限,则这两个无穷大必须是同阶的.由所给极限知,$a=1/5$.

可以求得 $\lim\limits_{x \to +\infty}[(x^5+7x^4+2)^{\frac{1}{5}}-x]=7/5$,即 $b=7/5$.

所给极限式可写成

$$\lim_{x \to +\infty}[(x^5+7x^4+2)^{\frac{1}{5}}-(x+7/5)]=0.$$

此式的几何意义是,曲线 $y=(x^5+7x^4+2)^{\frac{1}{5}}$ 有斜渐近线 $y=x+7/5$.

习 题 一

1. 填空题：

(1) $\lim\limits_{n\to\infty}\dfrac{(-2)^n+3^n}{(-2)^{n+1}+3^{n+1}}=$ _____ .

(2) 设 $f(x)=\dfrac{2x+|x|}{4x-3|x|}$，则 $\lim\limits_{x\to-\infty}f(x)=$ _____，$\lim\limits_{x\to+\infty}f(x)=$ _____，$\lim\limits_{x\to 0^-}f(x)=$ _____，$\lim\limits_{x\to 0^+}f(x)=$ _____，$\lim\limits_{x\to 0}f(x)=$ _____ .

(3) $\lim\limits_{x\to+\infty}(\sin\sqrt{x+1}-\sin\sqrt{x})=$ _____ . (4) $\lim\limits_{x\to 0}\dfrac{e^{\alpha x}-e^{\beta x}}{\sin\alpha x-\sin\beta x}=$ _____ .

(5) 设 $y_n=\left(1-\dfrac{1}{2}\right)\left(1-\dfrac{1}{3}\right)\cdot\cdots\cdot\left(1-\dfrac{1}{n}\right)$，则 $\lim\limits_{n\to\infty}y_n=$ _____ .

2. 单项选择题：

(1) 满足关系式 $f\left(\dfrac{1}{x}\right)=\dfrac{1}{f^{-1}(x)}$ 的函数 $f(x)$ 是（　　）.

(A) $-x+1$ (B) x^3 (C) $-\dfrac{1}{x}+1$ (D) $\dfrac{2x+1}{x-1}$

(2) 当 $x\to 1$ 时，函数 $\dfrac{x^2-1}{x-1}e^{\frac{1}{x-1}}$ 的极限（　　）.

(A) 等于 2   (B) 等于 0   (C) 为 ∞ (D) 不存在但不为 ∞

(3) 当 $x\to 0$ 时，$(1+ax^2)^{\frac{1}{4}}-1$ 与 $\cos x-1$ 是等价无穷小，则 $a=$（　　）.

(A) -1 (B) 1   (C) -2 (D) -4

(4) 若 $\lim\limits_{x\to 0}\dfrac{x^k\sin\dfrac{1}{x}}{\sin x^2}=0$，则 k 的取值范围是（　　）.

(A) $k<1$ (B) $k\geqslant 1$ (C) $k\leqslant 2$ (D) $k>2$

(5) 在其定义域内连续的函数是（　　）.

(A) $f(x)=\begin{cases}\sin x, & x\leqslant 0, \\ \cos x, & x>0\end{cases}$ (B) $f(x)=\ln x+\dfrac{\sin x}{x}$

(C) $f(x)=\begin{cases}x^2-1, & x<0, \\ 0, & x=0, \\ x, & x>0\end{cases}$ (D) $f(x)=\begin{cases}\dfrac{1}{x^2}, & x\neq 0, \\ 1, & x=0\end{cases}$

3. 设函数 $f(x)$ 的定义域是 $(0,1)$，试求 $f\left(\dfrac{[x]}{x}\right)$ 的定义域.

4. 已知 $f(\ln|x|)=\dfrac{x^2-1}{x^2+1}$，$f(\varphi(x))=e^x$，且 $\varphi(x)$ 的定义域为 $(-\infty,0)$，求 $\varphi(x)$.

5. 设 $f(x)=\begin{cases}-e^x, & x<0, \\ -x^2, & x\geqslant 0,\end{cases}$ $\varphi(x)=\ln x$，求 $f(\varphi(x))$.

6. 以函数 $y=2^x$ 的图形，作下列函数的图形：

(1) $y=-f(x)$;   (2) $y=f(-x)$;   (3) $y=-f(-x)$;   (4) $y=f^{-1}(x)$.

7. 以函数 $y=\ln x$ 的图形，作函数 $y=\ln(3+2x)$ 的图形.

8. 计算下列极限：

(1) $\lim\limits_{x\to+\infty}\dfrac{\ln(x^2-x+1)}{\ln(x^{10}+x+5)}$;   (2) $\lim\limits_{x\to\infty}[\ln(4x^4+x^2+1)-\ln(2x^4-x^3+x)]$;

(3) $\lim\limits_{x\to 0}\dfrac{\cos x+\cos^2 x+\cdots+\cos^n x-n}{\cos x-1}$;

(4) $\lim\limits_{x\to 1^-}\dfrac{\sqrt{x-x^2}-\sqrt{1-x}}{\sqrt{1-x^2}-\sqrt{2-2x}}$;

(5) $\lim\limits_{x\to 1^-}\sqrt{1-x^2}\cot\sqrt{\dfrac{1-x}{1+x}}$;

(6) $\lim\limits_{x\to 0}(1-\sin x+\tan x)^{\frac{1}{x^3}}$;

(7) $\lim\limits_{x\to 0}\dfrac{\ln(1+x\mathrm{e}^x)}{\ln(x+\sqrt{1+x^2})}$;

(8) $\lim\limits_{x\to 1}\dfrac{\ln\cos(x-1)}{1-\sin\frac{\pi}{2}x}$;

(9) $\lim\limits_{x\to\frac{\pi}{2}}\dfrac{(1-\sqrt{\sin x})(1-\sqrt[3]{\sin x})\cdots(1-\sqrt[n]{\sin x})}{(1-\sin x)^{n-1}}$;

(10) $\lim\limits_{n\to\infty}\sqrt[n]{a_1^n+a_2^n+\cdots+a_m^n}$, 其中 $a_1,a_2,\cdots,a_m$ 是 m 个正数.

9. 设 $a>0, y_1>0, y_{n+1}=\dfrac{1}{3}\left(2y_n+\dfrac{a}{y_n^2}\right)$ $(n=1,2,\cdots)$. 证明数列 $\{y_n\}$ 收敛,并求其极限.

10. 设 $y_n=\dfrac{1}{n}\left[\left(x+\dfrac{a}{n}\right)+\left(x+\dfrac{2a}{n}\right)+\cdots+\left(x+\dfrac{(n-1)a}{n}\right)\right]$, 求 $\lim\limits_{n\to\infty}y_n$.

11. 设 $y_n=\cos\dfrac{x}{2}\cos\dfrac{x}{2^2}\cdots\cos\dfrac{x}{2^n}$, 求 $\lim\limits_{x\to C}\{\lim\limits_{n\to\infty}y_n\}$.

12. 已知 $\lim\limits_{x\to 1}\dfrac{x+x^2+\cdots+x^{2006}-2006}{x-\alpha}=\beta\ne 0$, 确定 α 和 β.

13. 已知 $\lim\limits_{x\to -\infty}(x+\sqrt{ax^2+bx-2})=1$, 确定 a 和 b.

14. 确定 c 和 k, 使当 $x\to +\infty$ 时, $\arcsin(\sqrt{x^2-\sqrt{x}}-x)\sim\dfrac{c}{x^k}$.

15. 设 $f(x)=x^2+2x\cdot\lim\limits_{x\to 1}f(x)$, 且 $\lim\limits_{x\to 1}f(x)$ 存在, 求 $f(x)$.

16. 设 $\lim\limits_{x\to 0}\dfrac{\sqrt{1+f(x)\sin 3x}-1}{\ln(1+3x)}=3$, 求 $\lim\limits_{x\to 0}f(x)$.

17. 设 $\lim\limits_{x\to\infty}[2f(x)+ax^2-bx+c]=0$, 求 $\lim\limits_{x\to\infty}\dfrac{f(x)}{x^2}$.

18. 讨论函数 $f(x)=\begin{cases}\dfrac{\sin 2(\mathrm{e}^x-1)}{\mathrm{e}^x-1}, & x<0,\\ 2, & x=0,\\ 2+\arccos x, & x>0\end{cases}$ 在 $x=2$ 的连续性.

19. 设 $f(x)$ 在 $x=1$ 连续, 且 $x\to 1$ 时, $\dfrac{f(x)-2x}{\mathrm{e}^{x-1}-1}-\dfrac{1}{\ln x}$ 是有界变量, 求 $f(1)$.

20. 求 $f(x)=(1+x)^{\tan\left(x-\frac{\pi}{4}\right)}$ 在区间 $(0,2\pi)$ 内的间断点, 并判断其类型.

21. 设 $f(x)=\begin{cases}x, & x<1,\\ a, & x\geqslant 1,\end{cases}$ $g(x)=\begin{cases}b, & x<0,\\ x+2, & x\geqslant 0,\end{cases}$ 确定 a,b 的值, 使 $F(x)=f(x)+g(x)$ 在 $(-\infty,+\infty)$ 内连续.

22. 求极限函数 $f(x)$:

(1) $f(x)=\lim\limits_{n\to\infty}\dfrac{1-x^n}{1+x^n}$;

(2) $f(x)=\lim\limits_{n\to\infty}\dfrac{x^{n+2}}{\sqrt{2^{2n}+x^{2n}}}$.

23. a,b 为常数, 讨论函数 $f(x)=\lim\limits_{n\to\infty}\dfrac{x^2\mathrm{e}^{n(x-1)}+ax+b}{\mathrm{e}^{n(x-1)}+1}$ 的连续性.

24. 设 $a>0, b^2<a^3$, 证明方程 $f(x)=x^3-3ax+2b=0$ 有三个实根.

25. 求曲线 $y=(x-1)\mathrm{e}^{\frac{\pi}{2}+\arctan x}$ 的渐近线.

第二章 导数与微分

一、用导数定义求导数

1. 正确理解导数定义

函数 $y=f(x)$ 在点 x_0 的导数定义为

$$f'(x_0) = \lim_{\Delta x \to 0} \frac{\Delta y}{\Delta x} = \lim_{\Delta x \to 0} \frac{f(x_0 + \Delta x) - f(x_0)}{\Delta x} \tag{1}$$

或

$$f'(x_0) = \lim_{x \to x_0} \frac{f(x) - f(x_0)}{x - x_0}. \tag{2}$$

理解和应用导数定义时应**注意下述问题**：

(1) (1)式或(2)式的右端是 $\frac{0}{0}$ 型，且极限存在.

(2) $f'(x_0)$ 是一个数值，它与 $f(x_0)$ 有关. 由此，在用(1)式或(2)式计算 $f'(x_0)$ 时，必须先知道 $f(x_0)$ 的值，要特别注意 $f(x_0)=0$ 的情形.

(3) 在比式 $\frac{f(x_0+\Delta x)-f(x_0)}{\Delta x}$，$\frac{f(x)-f(x_0)}{x-x_0}$ 中，**分子与分母是相对应的改变量**. 即分母是自变量 x 在点 x_0 取得的改变量，而分子则是与 Δx 或 $(x-x_0)$ 相对应的函数 $y=f(x)$ 的改变量. 由此，(1)式可写做如下一般形式

$$f'(x_0) = \lim_{\Delta x \to 0} \frac{f(x_0 + \alpha \cdot \Delta x) - f(x_0)}{\alpha \cdot \Delta x} \quad (\alpha \neq 0). \tag{3}$$

在 $f'(x_0)$ 存在的前提下，若 $\Delta x \to 0$，又有等式(见例2)

$$f'(x_0) = \lim_{\Delta x \to 0} \frac{f(x_0 + \alpha \cdot \Delta x) - f(x_0 - \beta \cdot \Delta x)}{(\alpha + \beta) \Delta x} \quad (\alpha + \beta \neq 0). \tag{4}$$

这里请注意，(1)式与(4)式不是等价的. 由(1)式可推出(4)式，但反之则不行. 仅知(4)式右边的极限存在，因没有 $f(x_0)$ 的信息，从而不能用(1)式右边的极限，也就得不到 $f'(x_0)$. 例如，函数

$$f(x) = \begin{cases} \cos \dfrac{1}{x}, & x \neq 0, \\ 0, & x = 0 \end{cases}$$

在 $x=0$ 处间断，$f'(0)$ 不存在，即极限 $\lim\limits_{\Delta x \to 0} \dfrac{f(0+\Delta x)-f(0)}{\Delta x}$ 不存在，但有

$$\lim_{\Delta x \to 0} \frac{f(0+\Delta x) - f(0-\Delta x)}{2\Delta x} = \lim_{\Delta x \to 0} \frac{\cos \dfrac{1}{\Delta x} - \cos \dfrac{1}{\Delta x}}{2\Delta x} = 0.$$

2. 用导数定义求极限

用导数定义求极限的题型,大致有两种情况:其一是题设所求极限存在;其二是题设函数 $f(x)$ 可导或 $f(x)$ 在 x_0 处可导. 而所求的极限式均与 $f(x)$ 或 $f(x_0)$ 有关,经恒等变形后,极限式一般可化为公式(3). 见例1,例3,例4(1),例5.

例 1 设下列极限存在,试求之:

(1) $\lim\limits_{\Delta x \to 0} \dfrac{f(x_0) - f\left(x_0 + \dfrac{\Delta x}{2}\right)}{\Delta x}$;

(2) $\lim\limits_{h \to \infty} h\left[f\left(a - \dfrac{3}{h}\right) - f(a)\right]$;

(3) $\lim\limits_{x \to 4} \dfrac{f(8-x) - f(4)}{x-4}$;

(4) $\lim\limits_{x \to 0} \dfrac{f(1+x^2) - f(1)}{\sin^2 x}$.

解 应用导数表示式(3).

(1) $I = -\dfrac{1}{2} \lim\limits_{\Delta x \to 0} \dfrac{f\left(x_0 + \dfrac{\Delta x}{2}\right) - f(x_0)}{\dfrac{\Delta x}{2}} = -\dfrac{1}{2} f'(x_0)$.

(2) $I = -3 \lim\limits_{h \to \infty} \dfrac{f\left(a + \left(-\dfrac{3}{h}\right)\right) - f(a)}{-\dfrac{3}{h}} = -3 f'(a)$.

(3) $I = -\lim\limits_{x \to 4} \dfrac{f(4 + (4-x)) - f(4)}{4 - x} = -f'(4)$.

(4) $I = \lim\limits_{x \to 0} \dfrac{f(1+x^2) - f(1)}{x^2} = \lim\limits_{x^2 \to 0^+} \dfrac{f(1+x^2) - f(1)}{x^2} = f'_+(1)$.

此处,当 $x \to 0$ 时,只有 $x^2 \to 0^+$,不可能有 $x^2 \to 0^-$,故此处只能得 $f'_+(1)$,而不能得到 $f'(1)$.

例 2 设 $f'(x_0)$ 存在,求 $\lim\limits_{\Delta x \to 0} \dfrac{f(x_0 + \alpha \cdot \Delta x) - f(x_0 - \beta \cdot \Delta x)}{(\alpha + \beta) \Delta x}$ $(\alpha + \beta \neq 0)$.

解 $I = \dfrac{\alpha}{\alpha + \beta} \lim\limits_{\Delta x \to 0} \dfrac{f(x_0 + \alpha \cdot \Delta x) - f(x_0)}{\alpha \cdot \Delta x} + \dfrac{\beta}{\alpha + \beta} \lim\limits_{\Delta x \to 0} \dfrac{f(x_0 + (-\beta \cdot \Delta x)) - f(x_0)}{-\beta \cdot \Delta x}$

$= \dfrac{\alpha}{\alpha + \beta} f'(x_0) + \dfrac{\beta}{\alpha + \beta} f'(x_0) = f'(x_0)$.

例 3 设 $\varphi(x) = \begin{cases} x^2 \cos \dfrac{1}{x}, & x \neq 0 \\ 0, & x = 0 \end{cases}$,且 $f(x)$ 在 $x = 0$ 可导,令 $F(x) = f(\varphi(x))$,求 $F'(0)$.

解 用(3)式,并注意到 $\lim\limits_{x \to 0} x^2 \cos \dfrac{1}{x} = 0$.

$$F'(0) = \lim_{x \to 0} \frac{F(x) - F(0)}{x - 0} = \lim_{x \to 0} \frac{f\left(x^2 \cos \dfrac{1}{x}\right) - f(0)}{x}$$

$$= \lim_{x \to 0} \frac{f\left(0 + x^2 \cos \frac{1}{x}\right) - f(0)}{x^2 \cos \frac{1}{x}} \cdot \frac{x^2 \cos \frac{1}{x}}{x} = f'(0) \cdot 0 = 0.$$

例 4 设 $f(0) = 1, f'(0) = -1$,求下列极限:

(1) $\lim\limits_{x \to 1} \dfrac{f(\ln x) - 1}{1 - x}$; (2) $\lim\limits_{x \to 0} \dfrac{2^x f(x) - 1}{x}$.

解 (1) 由于当 $x \to 1$ 时,$\ln x \to 0$ 且 $(x-1) \sim \ln x$,又由已知条件

$$I = -\lim_{x \to 1} \frac{f(0 + \ln x) - f(0)}{\ln x} = -f'(0) = 1.$$

(2) 因 $2^x f(x) - 1 = 2^x f(x) - 2^x + 2^x - 1$,且 $f(0) = 1$,由导数定义

$$I = \lim_{x \to 0} 2^x \frac{f(x) - f(0)}{x} + \lim_{x \to 0} \frac{2^x - 1}{x} = 1 \cdot f'(0) + \ln 2 = \ln 2 - 1.$$

例 5 设函数 $f(x)$ 可导,且 $f(x) > 0$,求 $\lim\limits_{n \to \infty} n \left[\ln f\left(a + \dfrac{1}{n}\right) - \ln f(a) \right]$.

解 利用对数性质,当 $n \to \infty$ 时,有

$$\ln f\left(a + \frac{1}{n}\right) - \ln f(a) = \ln\left[1 + \frac{f(a + 1/n) - f(a)}{f(a)}\right] \sim \frac{f(a + 1/n) - f(a)}{f(a)}.$$

于是,由 $f(x)$ 可导,得

$$I = \lim_{n \to \infty} \frac{1}{f(a)} \cdot \frac{f(a + 1/n) - f(a)}{1/n} = \frac{f'(a)}{f(a)}.$$

例 6 (1) 设 $f(x) = \ln(1+x)\sqrt{\dfrac{1 + x^2 + x^3}{1 - x^2 + x^3}}$,求 $f'(0)$;

(2) 设 $f(x) = x(x-1)\cdots(x-999)$,求 $f'(0)$;

解 用导数表示式(2).由题设知 $f(0) = 0$.

(1) $f'(0) = \lim\limits_{x \to 0} \dfrac{f(x) - f(0)}{x - 0} = \lim\limits_{x \to 0} \dfrac{\ln(1+x)}{x} \sqrt{\dfrac{1 + x^2 + x^3}{1 - x^2 + x^3}} = 1.$

(2) $f'(0) = \lim\limits_{x \to 0} \dfrac{f(x) - f(0)}{x - 0} = \lim\limits_{x \to 0} (x-1)(x-2)\cdots(x-999) = -999!.$

例 7 设函数 $f(x)$ 在 $(-\infty, +\infty)$ 内有定义,且 $\lim\limits_{x \to 0} \dfrac{f(x) - 1}{x} = -1$:

(1) 问极限 $\lim\limits_{x \to 0} f(x)$ 是否存在? (2) 问能否求出 $f(0)$?

(3) 若已知 $f(x)$ 在 $x = 0$ 处连续,试问 $f(x)$ 在 $x = 0$ 处是否可导?若可导,求出 $f'(0)$.

解 (1) 由已给极限式知 $\lim\limits_{x \to 0}(f(x) - 1) = 0$,即 $\lim\limits_{x \to 0} f(x) = 1$.

(2) 由于上述极限存在与 $f(0)$ 是否存在,以及在 $f(0)$ 存在时,与其值无关,所以不能求出 $f(0)$.

(3) 若 $f(x)$ 在 $x = 0$ 连续,由上述极限式,应有 $\lim\limits_{x \to 0} f(x) = 1 = f(0)$.于是,函数 $f(x)$ 在 $x = 0$ 可导,且 $\lim\limits_{x \to 0} \dfrac{f(x) - f(0)}{x - 0} = -1 = f'(0)$.

二、用导数运算法则求导数

在计算函数导数的法则中,复合函数的导数法则是重点,也是难点.

复合函数求导数的思路:

计算复合函数的导数,其关键是分析清楚复合函数的构造,即该函数是由哪些基本初等函数经过怎样的过程复合而成. 求导数时,要按复合次序由最外层起,向内一层一层对中间变量求导数,直到对自变量求导数为止.

关于复合函数 $y=f(\varphi(x))$ 导数记号的意义: $[f(\varphi(x))]'$ 表示 y 对自变量 x 的导数; $f'(\varphi(x))$ 表示 y 对中间变量 $\varphi(x)$ 的导数.

求复合函数的导数**易出现的错误**. 看错复合层次(见例 6),中间漏层,没有达到对自变量求导和对导数的记号使用不当(见例 5).

例 1 求 $1+2x+3x^2+\cdots+nx^{n-1}$ $(x\neq 1)$ 的和.

解 注意到 $(x^n)'=nx^{n-1}$,有
$$1+2x+3x^2+\cdots+nx^{n-1}=(1+x+x^2+\cdots+x^n)'$$
$$=\left(\frac{1-x^{n+1}}{1-x}\right)'=\frac{1-(n+1)x^n+nx^{n+1}}{(1-x)^2} \quad (x\neq 1).$$

例 2 试用 $(1+x)^n=C_n^0+C_n^1 x+C_n^2 x^2+\cdots+C_n^n x^n$ 证明下列等式:

(1) $C_n^1+2C_n^2+3C_n^3+\cdots+nC_n^n=n\cdot 2^{n-1}$; (2) $C_n^1-2C_n^2+3C_n^3-\cdots+(-1)^{n-1}nC_n^n=0$.

证 将已知式两边对 x 求导,得
$$n(1+x)^{n-1}=C_n^1+2C_n^2 x+3C_n^3 x^2+\cdots+nC_n^n x^{n-1}.$$

(1) 将上式中,令 $x=1$ 便得要证的结果;

(2) 将上式中,令 $x=-1$ 便得到要证的结果.

例 3 设 $y=f(x)$ 具有连续的一阶导数,已知 $f(2)=1, f'(2)=1$,求 $[f^{-1}(y)]'|_{y=1}$.

解 依题设,按反函数的导数法则
$$[f^{-1}(y)]'|_{y=1}=\frac{1}{[f(x)]'|_{x=2}}=\frac{1}{f'(2)}=1.$$

例 4 若 $f(x)$ 是可导的奇函数,试证 $f'(x)$ 是偶函数.

分析 题设:$f(-x)=-f(x)$ 且 $f'(x)$ 存在;欲证:$f'(-x)=f'(x)$. 这里要将 $f(-x)$ 理解为复合函数: $f(u), u=-x$.

证 将 $f(-x)=-f(x)$ 两端对 x 求导,得
$$f'(-x)(-x)'=-f'(x), \quad 即 \quad -f'(-x)=-f'(x) \text{ 或 } f'(-x)=f'(x).$$
这就是要证的等式.

注 用同样方法可证明:

(1) 若 $f(x)$ 是可导的偶函数,则 $f'(x)$ 是奇函数;

(2) 若 $f(x)$ 是可导的周期函数,则 $f'(x)$ 是具有相同周期的周期函数.

例 5 设 $y=\sec^2\dfrac{x}{a^2}$,求 y'.

解 $y=\sec^2\dfrac{x}{a^2}$是由 $y=u^2, u=\sec v, v=\dfrac{x}{a^2}$复合而成. 下述三种写法都是正确的:

$$y'=(u^2)'(\sec v)'\left(\dfrac{x}{a^2}\right)'=2u\cdot\sec v\cdot\tan v\cdot\dfrac{1}{a^2}$$

$$=2\sec\dfrac{x}{a^2}\cdot\sec\dfrac{x}{a^2}\cdot\tan\dfrac{x}{a^2}\cdot\dfrac{1}{a^2}=\dfrac{2}{a^2}\sec^2\dfrac{x}{a^2}\tan\dfrac{x}{a^2}.$$

$$y'=\left(\sec^2\dfrac{x}{a^2}\right)'=2\sec\dfrac{x}{a^2}\left(\sec\dfrac{x}{a^2}\right)'=2\sec\dfrac{x}{a^2}\cdot\sec\dfrac{x}{a^2}\tan\dfrac{x}{a^2}\left(\dfrac{x}{a^2}\right)'$$

$$=2\sec^2\dfrac{x}{a^2}\tan\dfrac{x}{a^2}\cdot\dfrac{1}{a^2}=\dfrac{2}{a^2}\sec^2\dfrac{x}{a^2}\tan\dfrac{x}{a^2}.$$

$$y'=2\sec\dfrac{x}{a^2}\cdot\sec\dfrac{x}{a^2}\tan\dfrac{x}{a^2}\cdot\dfrac{1}{a^2}=\dfrac{2}{a^2}\sec^2\dfrac{x}{a^2}\tan\dfrac{x}{a^2}.$$

下述写法对导数记号的意义理解出现错误:

$$y'=\left(\sec^2\dfrac{x}{a^2}\right)'\left(\sec\dfrac{x}{a^2}\right)'\left(\dfrac{x}{a^2}\right)'=2\sec\dfrac{x}{a^2}\cdot\sec\dfrac{x}{a^2}\tan\dfrac{x}{a^2}\cdot\dfrac{1}{a^2}=\dfrac{2}{a^2}\sec^2\dfrac{x}{a^2}\tan\dfrac{x}{a^2}.$$

这里$\left(\sec^2\dfrac{x}{a^2}\right)'$已表示 y 对 x 求导数,$\left(\sec\dfrac{x}{a^2}\right)'\left(\dfrac{x}{a^2}\right)'$是多写的两个因子,而在求导数时,又出现一次错误:$\left(\sec^2\dfrac{x}{a^2}\right)'$没有对 x 求导,而是对 $\sec\dfrac{x}{a^2}$求导;$\left(\sec\dfrac{x}{a^2}\right)'$是对 x 求导,这里却是对$\dfrac{x}{a^2}$求导,前后错了两次,最后的结果倒是对的.

下述写法是错在中间漏层,没求$(\sec v)'$:

$$y'=\left(\sec^2\dfrac{x}{a^2}\right)'=2\sec\dfrac{x}{a^2}\cdot\left(\dfrac{x}{a^2}\right)'=2\sec\dfrac{x}{a^2}\cdot\dfrac{1}{a^2}.$$

下述写法是错在求导数时没达到自变量 x,没有$\left(\dfrac{x}{a^2}\right)'$:

$$y'=\left(\sec^2\dfrac{x}{a^2}\right)'=2\sec\dfrac{x}{a^2}\cdot\sec\dfrac{x}{a^2}\tan\dfrac{x}{a^2}.$$

例 6 设 $y=\sqrt{e^x+\sqrt{e^x+\sqrt{e^x}}}$,求 y'.

解 $y'=\dfrac{1}{2\sqrt{e^x+\sqrt{e^x+\sqrt{e^x}}}}(e^x+\sqrt{e^x+\sqrt{e^x}})'$

$$=\dfrac{1}{2\sqrt{e^x+\sqrt{e^x+\sqrt{e^x}}}}\left[e^x+\dfrac{1}{2\sqrt{e^x+\sqrt{e^x}}}(e^x+\sqrt{e^x})'\right]$$

$$=\dfrac{1}{2\sqrt{e^x+\sqrt{e^x+\sqrt{e^x}}}}\left\{e^x+\dfrac{1}{2\sqrt{e^x+\sqrt{e^x}}}\left[e^x+\dfrac{1}{2\sqrt{e^x}}(e^x)'\right]\right\}$$

$$= \frac{1}{2\sqrt{e^x + \sqrt{e^x + \sqrt{e^x}}}} \left[e^x + \frac{1}{2\sqrt{e^x + \sqrt{e^x}}} \left(e^x + \frac{e^x}{2\sqrt{e^x}} \right) \right].$$

下述答案,是看错复合层次:

$$y' = \frac{1}{2\sqrt{e^x + \sqrt{e^x + \sqrt{e^x}}}} \left(e^x + \frac{1}{2\sqrt{e^x + \sqrt{e^x}}} \right) \left(e^x + \frac{e^x}{2\sqrt{e^x}} \right).$$

例 7 设 $a \neq 0$, $y = f\left(\dfrac{x}{\sqrt{x^2 + a^2}}\right)$, $f'(x) = \arctan(1 - x^2)$, 求 $\dfrac{dy}{dx}\bigg|_{x=0}$.

解 已知函数可看成 $y = f(u)$, $u = \dfrac{x}{\sqrt{x^2 + a^2}}$, 于是

$$\frac{dy}{dx} = \frac{dy}{du} \frac{du}{dx} = f'(u) \cdot \left(\frac{x}{\sqrt{x^2 + a^2}} \right)'$$

$$= \arctan(1 - u^2) \cdot \frac{\sqrt{x^2 + a^2} - \dfrac{2x^2}{2\sqrt{x^2 + a^2}}}{x^2 + a^2}$$

$$= \arctan\left(\frac{a^2}{x^2 + a^2} \right) \cdot \frac{a^2}{\sqrt{(x^2 + a^2)^3}},$$

$$\frac{dy}{dx}\bigg|_{x=0} = \frac{\pi}{4|a|}.$$

求初等函数的导数时,有时可根据函数的特点,如果可能,则先化简或化成便于求导数的形式,以使求导过程简化.

例 8 求下列函数的导数:

(1) $y = \dfrac{1}{\sqrt{1+x^2}(x + \sqrt{1+x^2})}$; (2) $y = \dfrac{e^{-x^2} \arcsin e^{-x^2}}{\sqrt{1 - e^{-2x^2}}}$.

解 (1) 先将函数式化简,则

$$y = \frac{x - \sqrt{1+x^2}}{\sqrt{1+x^2}(x^2 - 1 - x^2)} = -\frac{x}{\sqrt{1+x^2}} + 1,$$

$$y' = \left(-\frac{x}{\sqrt{1+x^2}} + 1 \right)' = -\frac{1}{\sqrt{(1+x^2)^3}}.$$

(2) 注意到函数式中的 e^{-x^2}, 先作变量替换, 设 $t = \arcsin e^{-x^2}$, 则 $e^{-x^2} = \sin t$,

$$y = \frac{\sin t \cdot t}{\sqrt{1 - \sin^2 t}} = \frac{\sin t \cdot t}{\cos t} = t \tan t.$$

于是, $y = \dfrac{e^{-x^2} \arcsin e^{-x^2}}{\sqrt{1 - e^{-2x^2}}}$ 就是由 $y = t\tan t$ 与 $t = \arcsin e^{-x^2}$ 复合而成的函数,从而

$$\frac{dy}{dx} = \frac{dy}{dt} \cdot \frac{dt}{dx} = (\tan t + t\sec^2 t) \frac{-2x e^{-x^2}}{\sqrt{1 - e^{-2x^2}}}.$$

由 $\sin t = e^{-x^2}$ 得

$$\cos t = \sqrt{1-e^{-2x^2}}, \quad \sec^2 t = \frac{1}{1-e^{-2x^2}}, \quad \tan t = \frac{e^{-x^2}}{\sqrt{1-e^{-2x^2}}},$$

将它们代入上式，并整理得

$$\frac{dy}{dx} = \frac{-2xe^{-x^2}(e^{-x^2}\sqrt{1-e^{-2x^2}} + \arcsin e^{-x^2})}{(1-e^{-2x^2})^{\frac{3}{2}}}.$$

例 9 已知 $f(u)$ 可导，求下列函数的导数：

(1) $y = e^{f\left(\frac{1}{x}+\sqrt{1+x^2}\right)}$ ；　　(2) $y = f\{f[f(\sin x + \cos x)]\}$.

解 求这种抽象函数的导数，只要分清函数的复合层次即可.

(1) $y' = e^{f\left(\frac{1}{x}+\sqrt{1+x^2}\right)} \cdot f'\left(\frac{1}{x}+\sqrt{1+x^2}\right) \cdot \left(-\frac{1}{x^2} + \frac{2x}{2\sqrt{1+x^2}}\right)$

$= \frac{x^3-\sqrt{1+x^2}}{x^2\sqrt{1+x^2}} \cdot e^{f\left(\frac{1}{x}+\sqrt{1+x^2}\right)} \cdot f'\left(\frac{1}{x}+\sqrt{1+x^2}\right).$

(2) $y' = f'\{f[f(\sin x + \cos x)]\} \cdot f'[f(\sin x + \cos x)]$

$\qquad \cdot f'(\sin x + \cos x) \cdot (\cos x - \sin x).$

例 10 设 $f(x) > 0, g(x) > 0$ 且 $f(x), g(x)$ 对 x 可导，$y = \log_{g(x)} f(x)$，求 $\frac{dy}{dx}$.

解 先用对数的换底公式，然后再求导.

$$\frac{dy}{dx} = \left(\frac{\ln f(x)}{\ln g(x)}\right)' = \frac{\frac{1}{f(x)}f'(x) \cdot \ln g(x) - \frac{1}{g(x)}g'(x) \cdot \ln f(x)}{[\ln g(x)]^2}$$

$$= \frac{g(x) \cdot f'(x) - f(x) \cdot g'(x) \cdot \log_{g(x)} f(x)}{f(x) \cdot g(x) \cdot \ln g(x)}.$$

三、求分段函数的导数

1. 分段函数在分段点的导数

设 x_0 是分段函数 $f(x)$ 的分段点，讨论 $f(x)$ 在 x_0 处是否可导或求 $f'(x_0)$，可用下述**两种方法**.

(1) 用导数定义：直接求 $f'(x_0)$，或先求 $f'_-(x_0)$ 和 $f'_+(x_0)$，再确定 $f'(x_0)$ 是否存在.

(2) 用导函数在 x_0 处的左（右）极限确定左（右）导数，即（见本节例 5，例 6）

$$f'_-(x_0) = \lim_{x \to x_0^-} f'(x), \quad f'_+(x_0) = \lim_{x \to x_0^+} f'(x).$$

关于上述等式有如下**结论：**

若函数 $f(x)$ 在点 x_0 的左邻域 $(x_0 - \delta, x_0]$ 上连续，在 $(x_0 - \delta, x_0)$ 内可导，且 $\lim\limits_{x \to x_0^-} f'(x)$

存在,则 $\lim\limits_{x \to x_0^-} f'(x) = f'_-(x_0)$.

对于函数 $f(x)$ 在点 x_0 处的右导数也有类似结论(证明阅第三章第六节例4).

注 在函数 $f(x)$ 的分段点 x_0 处,用等式 $\lim\limits_{x \to x_0^-} f'(x) = f'_-(x_0)$ 和 $\lim\limits_{x \to x_0^+} f'(x) = f'_+(x_0)$ 确定 $f'(x_0)$ 时,须注意以下两点:

$1°$ $f(x)$ 在点 x_0 处必须连续. 如函数

$$f(x) = \begin{cases} x-1, & x>0, \\ x+1, & x \leqslant 0, \end{cases}$$

虽有 $\lim\limits_{x \to 0^-} f'(x) = \lim\limits_{x \to 0^+} f'(x) = 1$,但 $f(x)$ 在 $x=1$ 处并不可导,原因是 $f(x)$ 在 $x=0$ 处不连续.

$2°$ 若 $\lim\limits_{x \to x_0} f'(x)$ 不存在,不能断定 $f'(x_0)$ 不存在. 见例7(3).

2. 分段函数求导数

分段函数 $f(x)$ 求导数的程序:

(1) 在各个部分区间内用导数公式与运算法则求导数;

(2) 在分段点 x_0 处,可用前述两种方法求导数;

(3) 写出 $f'(x)$ 的表示式.

例 1 设函数 $f(x) = |x-a|\varphi(x)$,其中 $\varphi(x)$ 在 $x=a$ 处连续且 $\varphi(a) \neq 0$,试讨论 $f(x)$ 在 $x=a$ 处是否可导.

解 因题设出现 $|x-a|$,须先求 $f'_-(a)$ 和 $f'_+(a)$. 因 $f(a)=0$,且 $\varphi(x)$ 在 $x=a$ 处连续,于是

$$f'_-(a) = \lim_{x \to a^-} \frac{f(x)-f(a)}{x-a} = \lim_{x \to a^-} \frac{-(x-a)\varphi(x)}{x-a} = -\varphi(a),$$

$$f'_+(a) = \lim_{x \to a^+} \frac{f(x)-f(a)}{x-a} = \lim_{x \to a^+} \frac{(x-a)\varphi(x)}{x-a} = \varphi(a).$$

$f'_-(a)$ 和 $f'_+(a)$ 虽然都存在,但不相等,故 $f'(a)$ 不存在.

注 若题设是"$\varphi(x)$ 在 $x=a$ 处连续且 $\varphi(a)=0$",显然,$f(x)$ 在 $x=a$ 处可导且 $f'(a)=0$.

例 2 设函数 $f(x) = \lim\limits_{n \to \infty} \sqrt[n]{1+|x|^{3n}}$,则 $f(x)$ 在 $(-\infty, +\infty)$ 内( ).

(A) 处处可导   (B) 恰有一个不可导点

(C) 恰有两个不可导点   (D) 至少有三个不可导点

解 选(C). 易求出 $f(x) = \begin{cases} 1, & |x| \leqslant 1, \\ |x|^3, & |x| > 1. \end{cases}$

可以用导数定义求得 $f'_-(1)=0, f'_+(1)=3$,故 $f(x)$ 在 $x=1$ 处不可导. 因为 $f(x)$ 是偶函数,所以 $f(x)$ 在 $x=-1$ 处也不可导.

也可由函数 $y=f(x)$ 的图形(图 2-1)知,$f(x)$ 在 $x=\pm 1$ 处不可导.

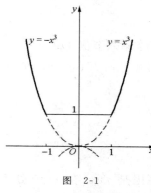

图 2-1

例3 设 $f(x)$ 在 $x=a$ 的某邻域内有定义,可导,且 $f(a)=0$,求证 $|f(x)|$ 在 $x=a$ 可导的充要条件是 $f'(a)=0$.

证 记 $F(x)=|f(x)|$,注意到 $f(a)=0$,则

$$F'_-(a) = \lim_{x\to a^-}\frac{F(x)-F(a)}{x-a} = \lim_{x\to a^-}\frac{|f(x)|-|f(a)|}{x-a}$$
$$= -\lim_{x\to a^-}\left|\frac{f(x)-f(a)}{x-a}\right| = -\left|\lim_{x\to a^-}\frac{f(x)-f(a)}{x-a}\right|$$
$$= -|f'(a)|.$$

同样可得 $F'_+(a) = \lim_{x\to a^+}\frac{F(x)-F(a)}{x-a} = |f'(a)|.$

$F(x)=|f(x)|$ 在 $x=a$ 可导的充要条件是 $F'_-(a)=F'_+(a)$,即 $-|f'(a)|=|f'(a)|$. 由此 $f'(a)=0$.

例4 设函数 $f(x)=\begin{cases}\dfrac{1-\cos x}{\sqrt{x}}, & x>0,\\ x^2 g(x), & x\leqslant 0,\end{cases}$ 其中 $g(x)$ 是有界函数,讨论 $f(x)$ 在 $x=0$ 处的连续性与可导性.

解 $f(0)=0$,并注意 $g(x)$ 是有界函数,当 $x\to 0$ 时,$1-\cos x \sim \dfrac{1}{2}x^2$. 因

$$f(0^-) = \lim_{x\to 0^-}f(x) = \lim_{x\to 0^-}x^2 g(x) = 0 = f(0),$$
$$f(0^+) = \lim_{x\to 0^+}f(x) = \lim_{x\to 0^+}\frac{1-\cos x}{\sqrt{x}} = \frac{1}{2}\lim_{x\to 0^+}\frac{x^2}{\sqrt{x}} = 0 = f(0),$$

所以 $f(x)$ 在 $x=0$ 处连续. 又

$$f'_-(0) = \lim_{x\to 0^-}\frac{f(x)-f(0)}{x-0} = \lim_{x\to 0^-}\frac{x^2 g(x)}{x} = 0,$$
$$f'_+(0) = \lim_{x\to 0^+}\frac{f(x)-f(0)}{x-0} = \lim_{x\to 0^+}\frac{1-\cos x}{x\sqrt{x}} = \frac{1}{2}\lim_{x\to 0^+}\frac{x^2}{x^{\frac{3}{2}}} = 0,$$

故 $f(x)$ 在 $x=0$ 处可导,且 $f'(0)=0$.

例5 设 $f(x)=\begin{cases}e^{-x}, & x\leqslant 0,\\ x^2+ax+b, & x>0,\end{cases}$ 确定 a,b 的值,使 $f(x)$ 在 $x=0$ 处可导.

分析 确定两个未知量 a 和 b,须有两个等式. 按题设:$f'(0)$ 存在,应有 $f'_-(0)=f'_+(0)$ 且 $f(x)$ 在 $x=0$ 处连续.

解 本例可用导数定义讨论 $f(x)$ 在 $x=0$ 的可导性,这里用导函数在 $x=0$ 的左、右极限确定左、右导数.

因 $f(0)=1, f(x)$ 在 $x=0$ 连续,有

$$f(0^+) = \lim_{x\to 0^+}f(x) = \lim_{x\to 0^+}(x^2+ax+b) = b = f(0) = 1.$$

当 $x<0$ 时,$f'(x)=(e^{-x})'=-e^{-x}$;当 $x>0$ 时,$f'(x)=(x^2+ax+b)'=2x+a$. 由于
$$\lim_{x\to 0^-}f'(x) = \lim_{x\to 0^-}(-e^{-x}) = -1 = f'_-(0),$$
$$\lim_{x\to 0^+}f'(x) = \lim_{x\to 0^+}(2x+a) = a = f'_+(0),$$
因此,由 $f'_-(0)=f'_+(0)$ 知 $a=-1$. 故当 $a=-1,b=1$ 时,$f(x)$ 在 $x=0$ 可导.

例 6 设函数 $f(x)$ 可导且导函数连续,$F(x)=f(x|x|)$,求 $F'(x)$.

解 将 $F(x)$ 的表达式写成分段函数:
$$F(x) = \begin{cases} f(-x^2), & x<0, \\ f(x^2), & x\geq 0. \end{cases}$$
当 $x\neq 0$ 时,
$$F'(x) = \begin{cases} -2xf'(-x^2), & x<0, \\ 2xf'(x^2), & x>0. \end{cases}$$
当 $x=0$ 时,注意到 $f(x),f'(x)$ 均连续. 因
$$F'_-(0) = \lim_{x\to 0^-}F'(x) = \lim_{x\to 0^-}[-2xf'(-x^2)] = 0\cdot f'(0) = 0,$$
$$F'_+(0) = \lim_{x\to 0^+}F'(x) = \lim_{x\to 0^+}[2xf'(x^2)] = 0\cdot f'(0) = 0,$$
故 $F'(0)=0$. 于是
$$F'(x) = \begin{cases} -2xf'(-x^2), & x<0, \\ 2xf'(x^2), & x\geq 0. \end{cases}$$

例 7 设函数 $f(x)=\begin{cases} x^\alpha \sin\dfrac{1}{x}, & x\neq 0, \\ 0, & x=0, \end{cases}$ 问 α 为何值时:

(1) $f(x)$ 在 $x=0$ 处不连续;   (2) $f(x)$ 在 $x=0$ 处连续,但不可导;

(3) $f(x)$ 在 $x=0$ 处可导,并求 $f'(x)$,但 $f'(x)$ 在 $x=0$ 处不连续;

(4) $f'(x)$ 在 $x=0$ 处连续.

解 (1) 当 $\alpha\leq 0$ 时,因 $\lim_{x\to 0}f(x)=\lim_{x\to 0}x^\alpha\sin\dfrac{1}{x}$ 不存在,故 $f(x)$ 在 $x=0$ 处不连续.

(2) 当 $\alpha>0$ 时,$\lim_{x\to 0}f(x)=\lim_{x\to 0}x^\alpha\sin\dfrac{1}{x}=0=f(0)$,$f(x)$ 在 $x=0$ 处连续. 这时
$$\lim_{x\to 0}\frac{f(x)-f(0)}{x} = \lim_{x\to 0}x^{\alpha-1}\sin\frac{1}{x}. \tag{1}$$
显然,当 $\alpha-1\leq 0$,即 $\alpha\leq 1$ 时,上述极限不存在.

综上知,当 $0<\alpha\leq 1$ 时,$f(x)$ 在 $x=0$ 处连续,但不可导.

(3) 由(1)式,当 $\alpha>1$ 时,$\lim_{x\to 0}x^{\alpha-1}\sin\dfrac{1}{x}=0$,即 $f(x)$ 在 $x=0$ 可导. 这时
$$f'(x) = \begin{cases} \alpha x^{\alpha-1}\sin\dfrac{1}{x} - x^{\alpha-2}\cos\dfrac{1}{x}, & x\neq 0, \\ 0, & x=0. \end{cases}$$

而
$$\lim_{x\to 0}f'(x) = \lim_{x\to 0}\left(\alpha x^{\alpha-1}\sin\frac{1}{x} - x^{\alpha-2}\cos\frac{1}{x}\right) = -\lim_{x\to 0}x^{\alpha-2}\cos\frac{1}{x}. \tag{2}$$

显然,当 $\alpha-2\leqslant 0$,即 $\alpha\leqslant 2$ 时,上述极限不存在.

于是,当 $1<\alpha\leqslant 2$ 时,$\lim\limits_{x\to 0}f'(x)$ 不存在,但 $f'(0)$ 存在,且 $f'(0)=0$.

综上知,当 $1<\alpha\leqslant 2$ 时,$f(x)$ 在 $x=0$ 处可导,但 $f'(x)$ 在 $x=0$ 处不连续.

(4) 由(2)式,当 $\alpha>2$ 时,$\lim\limits_{x\to 0}x^{\alpha-2}\cos\frac{1}{x}=0=f'(0)$,即 $f'(x)$ 在 $x=0$ 处连续.

四、高阶导数的求法

1. 归纳法或直接法

求出函数的一阶、二阶、三阶等导数后,分析归纳出规律性,从而写出 n 阶导数的表达式,见本节例 5 解 1. 严格地说,应用数学归纳法证明,见例 6.

2. 分解法或间接法

通过恒等变形将函数分解成易于求出 n 阶导数的函数或其代数和.

(1) 有理分式函数(真分式):将其分解成部分分式之和,然后用 n 阶导数公式(见例3)

$$\left(\frac{1}{ax+b}\right)^{(n)} = (-1)^n\frac{a^n n!}{(ax+b)^{n+1}}.$$

(2) 三角函数:利用三角恒等式将其化成 $\sin(ax+b)$,$\cos(ax+b)$ 的代数和的形式,然后用 n 阶导数公式(见例 4)

$$[\sin(ax+b)]^{(n)} = a^n\sin\left(ax+b+\frac{n\pi}{2}\right),\quad [\cos(ax+b)]^{(n)} = a^n\cos\left(ax+b+\frac{n\pi}{2}\right).$$

3. 用莱布尼茨公式

对由两个函数乘积构成的函数,可用莱布尼茨公式. 特别是,若其中的每个函数的各阶导数有规律性时,常用莱布尼茨公式.

当两个函数中,有一个因子为次数较低的多项式函数时,由于阶数高于该次数的导数均为零,用莱布尼茨公式时,将有许多项为零,见例 2. 将商化为积是用莱布尼茨公式的技巧,见例 2,例 5 解 2.

4. 用函数的幂级数展开式求函数 $f(x)$ **在点** x_0 **的** n **阶导数** $f^{(n)}(x_0)$(见第七章第六节)

例 1 设 $f(x)=x(x+1)\cdots(x+n)$,求 $f^{(n)}(x)$.

解 注意到 $f(x)$ 是 x 的 $n+1$ 次多项式,可写做

$$f(x) = x^{n+1} + (1+2+\cdots+n)x^n + P_{n-1}(x) = x^{n+1} + \frac{n(n+1)}{2}x^n + P_{n-1}(x),$$

其中 $P_{n-1}(x)$ 是 x 的 $n-1$ 次多项式,有 $[P_{n-1}(x)]^{(n)}=0$,故

$$f^{(n)}(x) = [(n+1)!]x + \frac{n(n+1)}{2}n! = \left(x+\frac{n}{2}\right)(n+1)!.$$

例 2 设 $f(x)=\arctan x$,求 $f^{(n)}(0)$.

解 $f'(x)=\dfrac{1}{1+x^2}$,即 $f'(x)(1+x^2)=1$.

记 $u=f'(x), v=(1+x^2)$. 注意到 $(1+x^2)$ 的三阶和三阶以上的导数全为零,对上式两端用莱布尼茨公式求 $n-1$ 阶导数,有

$$f^{(n)}(x)(1+x^2)+(n-1)f^{(n-1)}(x)\cdot 2x+\dfrac{(n-1)(n-2)}{2!}f^{(n-2)}(x)\cdot 2=0,$$

从而 $\qquad f^{(n)}(0)=-(n-1)(n-2)f^{(n-2)}(0) \ (n\geqslant 2)$.

由于 $f(0)=0, f'(0)=1$,将 $n=2,3,\cdots$ 代入上式,可推得

$$\begin{cases} f^{(2k)}(0)=0, \\ f^{(2k+1)}(0)=(-1)^k(2k)!, \end{cases} k=1,2,\cdots.$$

例 3 设 $y=\dfrac{5}{2+3x-2x^2}$,求 $y^{(n)}$.

解 因 $y=\dfrac{5}{(2-x)(2x+1)}=\dfrac{2}{2x+1}-\dfrac{1}{x-2}$. 用 $\left(\dfrac{1}{ax+b}\right)$ 的 n 阶导数公式得

$$y^{(n)}=2\left(\dfrac{1}{2x+1}\right)^{(n)}-\left(\dfrac{1}{x-2}\right)^{(n)}=\dfrac{(-1)^n 2^{n+1} n!}{(2x+1)^{n+1}}-\dfrac{(-1)^n n!}{(x-2)^{n+1}}.$$

例 4 已知 $y=\sin^6 x+\cos^6 x$,求 $y^{(n)}$.

解 $y=(\sin^2 x+\cos^2 x)(\sin^4 x-\sin^2 x\cos^2 x+\cos^4 x)$

$=(\sin^2 x+\cos^2 x)^3-3\sin^2 x\cos^2 x=1-\dfrac{3}{4}\times\dfrac{1-\cos 4x}{2}$.

用 $\cos(ax+b)$ 的 n 阶导数公式

$$y^{(n)}=\dfrac{3}{8}(\cos 4x)^{(n)}=\dfrac{3\times 4^n}{8}\cos\left(4x+\dfrac{n\pi}{2}\right).$$

例 5 设 $y=\dfrac{\ln x}{x}$,求 $y^{(n)}$.

解 1 用归纳法.

$$y'=-\dfrac{1}{x^2}\ln x+\dfrac{1}{x^2}=-\dfrac{1}{x^2}(\ln x-1),$$

$$y''=\dfrac{2}{x^3}(\ln x-1)-\dfrac{1}{x^3}=\dfrac{2}{x^3}\left[\ln x-\left(1+\dfrac{1}{2}\right)\right],$$

$$y'''=-\dfrac{2\times 3}{x^4}\left[\ln x-\left(1+\dfrac{1}{2}\right)\right]-\dfrac{2}{x^4}=-\dfrac{2\times 3}{x^4}\left[\ln x-\left(1+\dfrac{1}{2}+\dfrac{1}{3}\right)\right],$$

依次类推,$y^{(n)}=\dfrac{(-1)^n n!}{x^{n+1}}\left[\ln x-\left(1+\dfrac{1}{2}+\cdots+\dfrac{1}{n}\right)\right]$.

解 2 将商化为积,用莱布尼茨公式

$$y^{(n)}=(\ln x\cdot x^{-1})^{(n)}=\sum_{k=0}^{n}C_n^k(\ln x)^{(k)}(x^{-1})^{(n-k)}$$

$$=C_n^0(\ln x)(x^{-1})^{(n)}+\sum_{k=1}^{n}C_n^k(x^{-1})^{(k-1)}(x^{-1})^{(n-k)}$$

$$= \frac{\ln x \cdot (-1)^n n!}{x^{n+1}} + \sum_{k=1}^{n} \frac{n!}{k!(n-k)!} \cdot \frac{(-1)^{k-1}(k-1)!}{x^k} \cdot \frac{(-1)^{n-k}(n-k)!}{x^{n-k+1}}$$

$$= \frac{(-1)^n n!}{x^{n+1}} \left(\ln x - \sum_{k=1}^{n} \frac{1}{k} \right).$$

例 6 证明等式：$(x^{n-1} e^{\frac{1}{x}})^{(n)} = (-1)^n \frac{e^{\frac{1}{x}}}{x^{n+1}}$.

证 用数学归纳法证明.

由于 $(e^{\frac{1}{x}})' = -\frac{1}{x^2} e^{\frac{1}{x}}$，即当 $n=1$ 时，等式成立；

当 $n=k$ 时，假设等式成立，则有 $(x^{k-1} e^{\frac{1}{x}})^{(k)} = (-1)^k \frac{e^{\frac{1}{x}}}{x^{k+1}}$.

当 $n=k+1$ 时，有

$$(x^k e^{\frac{1}{x}})^{(k+1)} = \left[k x^{k-1} e^{\frac{1}{x}} + x^k e^{\frac{1}{x}} \left(-\frac{1}{x^2} \right) \right]^{(k)} = (k x^{k-1} e^{\frac{1}{x}})^{(k)} - (x^{k-2} e^{\frac{1}{x}})^{(k)}$$

$$= k(-1)^k \frac{e^{\frac{1}{x}}}{x^{k+1}} - \left[(-1)^{k-1} \frac{e^{\frac{1}{x}}}{x^k} \right]' \quad \text{(归纳法的假设)}$$

$$= k(-1)^k \frac{e^{\frac{1}{x}}}{x^{k+1}} - (-1)^{k-1} \left[-\frac{e^{\frac{1}{x}}}{x^{k+2}} + (-k) \frac{e^{\frac{1}{x}}}{x^{k+1}} \right]$$

$$= (-1)^{k+1} \frac{e^{\frac{1}{x}}}{x^{k+2}},$$

所以，$n=k+1$ 时等式成立，因而等式对一切正整数 n 成立，得证.

例 7 设 $y=f(x)$ 与 $y=g(x)$ 互为反函数，且都二阶可导，若 $f''(x)=a[f'(x)]^3$ $(a \neq 0)$，证明：$g''(x)=-a$；并验证函数 $f(x)=\sqrt{-\frac{2x}{a}}$ 满足 $f''(x)=a[f'(x)]^3$.

分析 需将 $g''(x)$ 用 $f''(x)$ 表示.

证 由题设，依反函数的导数法则，有

$$f'(g(x)) = \frac{1}{g'(x)} \quad \text{或} \quad f'(g(x))g'(x) = 1,$$

两端对 x 求导，得

$$f''(g(x))[g'(x)]^2 + f'(g(x))g''(x) = 0.$$

由此

$$g''(x) = -\frac{f''(g(x))[g'(x)]^2}{f'(g(x))} = -f''(g(x))[g'(x)]^3.$$

依题设，有 $f''(g(x))=a[f'(g(x))]^3$，将其代入上式，得

$$g''(x) = -a[f'(g(x)) \cdot g'(x)]^3 = -a.$$

读者验证 $f(x)$ 满足 $f''(x)=a[f'(x)]^3$.

五、隐函数求导数

1. 隐函数求导数

隐函数求导数的**思路**：

若由方程 $F(x,y)=0$ 确定 y 为 x 的函数,这是隐函数形式.有的隐函数可化为显函数,但多数隐函数不能化为显函数.这样,由隐函数求 y 对 x 的导数 y'_x,一般情况,只能从隐函数形式出发.要把方程 $F(x,y)=0$ 中的变量 x 看做是自变量,而把变量 y 看做是 x 的函数.

隐函数求导数的**程序**：

(1) 首先将方程两端同时对 x 求导数,这就得到一个关于 y' 的方程；

(2) 再由上述方程中解出 y',就得到结果.

2. 对数求导法

所谓对数求导法,就是先将所给的显函数 $y=f(x)$ 两端取对数,得到隐函数 $\ln y=\ln f(x)$ 形式,然后按隐函数求导数的思路求出 y 对 x 的导数.

根据对数性质,对数求导法用于下面两种形式的函数为好.

(1) 形如 $y=f(x)^{g(x)}$ 的幂指函数,两端取对数,得 $\ln y=g(x)\ln f(x)$,这就化为积的导数运算.见本节例 5,例 6.

(2) 若干个因子幂的连乘积,如 $y=\dfrac{\sqrt{x-2}}{(x+1)^3(4-x)^2}$ 形式的函数可看成

$$y=(x-2)^{\frac{1}{2}}(x+1)^{-3}(4-x)^{-2},$$

取对数后可化为和、差的导数运算.见例 7.

例 1 由方程 $e^x-xy^2+\sin y=0$ 确定 y 是 x 的函数,求 $\dfrac{dy}{dx}$.

分析 在已知方程中,x 是自变量,y 是 x 的函数；方程中的 y^2,$\sin y$ 要看做是 x 的复合函数,y 是中间变量.于是

$$(y^2)'_x=2y\cdot y'_x,\quad (\sin y)'_x=\cos y\cdot y'.$$

解 将方程两端同时对 x 求导,得

$$e^x-(1\cdot y^2+x\cdot 2yy')+\cos y\cdot y'=0,\quad 解出 y',\quad y'=\dfrac{y^2-e^x}{\cos y-2xy}.$$

注 由隐函数求导数时,在 y' 在表达式中一般都含有 y,这里不要求,往往也不可能将 y 换成 x 的表示式.

例 2 设 $\ln y=xy+\cos x$,求 $\dfrac{dy}{dx}\bigg|_{x=0}$.

解 先求当 $x=0$ 时,y 的值.将 $x=0$ 代入原方程,得 $y=e$.

其次,求出 $y'\bigg|_{\substack{x=0\\y=e}}$.方程两端同时对 x 求导,得

$$\dfrac{1}{y}y'=1\cdot y+xy'-\sin x.$$

将 $x=0, y=\mathrm{e}$ 代入上式,得 $y'\big|_{\substack{x=0\\y=\mathrm{e}}}=\mathrm{e}^2$.

注 $\dfrac{\mathrm{d}y}{\mathrm{d}x}\big|_{x=0}$ 是一个数值. 由于在 y' 的表达式中一般都含有 y,这个 y 也必须用与 $x=0$ 相对应 y 的值代入,才能求得 y' 在 $x=0$ 时的值. 下述结果是错误的:
$$y'\big|_{x=0}=\frac{y(y-\sin x)}{1-xy}\bigg|_{x=0}=y^2.$$

例 3 设 $u=f(\varphi(x)+y^2)$,其中 x,y 满足方程 $y+\mathrm{e}^y=x$,且 $f(x),\varphi(x)$ 均可导,求 $\dfrac{\mathrm{d}u}{\mathrm{d}x},\dfrac{\mathrm{d}^2u}{\mathrm{d}x^2}$.

分析 这是复合函数与隐函数求导的综合题,只要将 u 的表达式中的 y 看成是由方程 $y+\mathrm{e}^y=x$ 确定的隐函数即可.

解 $\dfrac{\mathrm{d}u}{\mathrm{d}x}=f'(\varphi(x)+y^2)(\varphi'(x)+2yy'_x)$;

$\dfrac{\mathrm{d}^2u}{\mathrm{d}x^2}=f''(\varphi(x)+y^2)(\varphi'(x)+2yy'_x)^2+f'(\varphi(x)+y^2)(\varphi''(x)+2y_x'^2+2yy''_{xx})$.

再由 $y+\mathrm{e}^y=x$ 确定 y'_x,y''_{xx}:
$$y'_x+\mathrm{e}^y y'_x=1,\quad y'_x=\frac{1}{1+\mathrm{e}^y},\quad y''_{xx}=\frac{-\mathrm{e}^y y'_x}{(1+\mathrm{e}^y)^2}=-\frac{\mathrm{e}^y}{(1+\mathrm{e}^y)^3}.$$

将 y'_x,y''_{xx} 的表达式分别代入 $\dfrac{\mathrm{d}u}{\mathrm{d}x},\dfrac{\mathrm{d}^2u}{\mathrm{d}x^2}$ 的表达式中,得
$$\frac{\mathrm{d}u}{\mathrm{d}x}=f'(\varphi(x)+y^2)\left(\varphi'(x)+\frac{2y}{1+\mathrm{e}^y}\right);$$
$$\frac{\mathrm{d}^2u}{\mathrm{d}x^2}=f''(\varphi(x)+y^2)\left(\varphi'(x)+\frac{2y}{1+\mathrm{e}^y}\right)^2$$
$$+f'(\varphi(x)+y^2)\left(\varphi''(x)+\frac{2}{(1+\mathrm{e}^y)^2}-\frac{2y\mathrm{e}^y}{(1+\mathrm{e}^y)^3}\right).$$

例 4 设 $y=\dfrac{1}{\sqrt{1-x^2}}\arcsin x$.

(1) 证明 $(1-x^2)y^{(n+1)}-(2n+1)xy^{(n)}-n^2y^{(n-1)}=0\ (n\geqslant1)$;

(2) 求 $y^{(n)}(0)$.

证 (1) 所给的函数式可写做 $\sqrt{1-x^2}\,y=\arcsin x$.

将方程两端对 x 求导数,得
$$y'\sqrt{1-x^2}-\frac{xy}{\sqrt{1-x^2}}=\frac{1}{\sqrt{1-x^2}},\quad 即\quad (1-x^2)y'-xy=1. \tag{1}$$

上式两端对 x 求 n 阶导数,并用莱布尼茨公式,得
$$(1-x^2)y^{(n+1)}-2nxy^{(n)}-n(n-1)y^{(n-1)}-xy^{(n)}-ny^{(n-1)}=0$$

或 $\qquad (1-x^2)y^{(n+1)}-(2n+1)xy^{(n)}-n^2y^{(n-1)}=0\quad(n\geqslant1).$ $\tag{2}$

(2) 将 $x=0$ 代入(2)式,得
$$y^{(n+1)}(0) = n^2 y^{(n-1)}(0) \quad (n \geqslant 1).$$
注意到 $y(0)=0, y'(0)=1$(由(1)式可得),将 $n=1,2,\cdots$ 代入上式,可推得
$$\begin{cases} y^{(2k)}(0) = 0, \\ y^{(2k+1)}(0) = [(2k)!!]^2, \end{cases} k = 1,2,\cdots.$$

例 5 设 $y=(1+x^3)^{\cos x^2}$,求 $\dfrac{\mathrm{d}y}{\mathrm{d}x}$.

解 $y' = y[\cos x^2 \cdot \ln(1+x^3)]' = (1+x^3)^{\cos x^2}\left[\dfrac{3x^2\cos x^2}{1+x^3} - 2x\sin x^2 \cdot \ln(1+x^3)\right].$

例 6 设 $y=x^{x^2}+(\tan ax)^{\cot \frac{x}{b}}$,求 y'.

解 这是两项和,每一项都是幂指函数.不能直接取对数,应两项分别计算.

$$y' = (x^{x^2})' + [(\tan ax)^{\cot \frac{x}{b}}]'$$
$$= x^{x^2}(x^2\ln x)' + (\tan ax)^{\cot \frac{x}{b}}\left[\cot \dfrac{x}{b} \cdot \ln(\tan ax)\right]'$$
$$= x^{x^2}(2x\ln x + x) + (\tan ax)^{\cot \frac{x}{b}}\left[\dfrac{2a}{\sin 2ax}\cot \dfrac{x}{b} - \dfrac{\ln(\tan ax)}{b}\csc^2 \dfrac{x}{b}\right].$$

幂指函数也可先化为指数函数,然后求导.如:
$$u = x^{x^2} = \mathrm{e}^{x^2\ln x}, \quad u' = \mathrm{e}^{x^2\ln x}\left(2x\ln x + x^2 \cdot \dfrac{1}{x}\right) = x^{x^2+1}(\ln x^2 + 1).$$

例 7 设 $y=\dfrac{(x-3)(1-x)\sqrt{\sin x}}{\mathrm{e}^{2x-1}(\arcsin x)^3}$,求 y'.

解 $y' = y\left[\ln(x-3) + \ln(1-x) + \dfrac{1}{2}\ln\sin x - (2x-1) - 3\ln\arcsin x\right]'$
$$= \dfrac{(x-3)(1-x)\sqrt{\sin x}}{\mathrm{e}^{2x-1}(\arcsin x)^3}\left(\dfrac{1}{x-3} - \dfrac{1}{1-x} + \dfrac{1}{2}\cot x - 2 - \dfrac{3}{\arcsin x \cdot \sqrt{1-x^2}}\right).$$

六、求由参数方程所确定函数的导数

由参数方程 $\begin{cases} x=\varphi(t), \\ y=\psi(t), \end{cases} \alpha \leqslant t \leqslant \beta$,确定函数 $y=f(x)$,其中 $\varphi(t),\psi(t)$ 都是 t 的可导函数且 $\varphi'(t)\neq 0$,则 y 对 x 的导数公式是

$$\dfrac{\mathrm{d}y}{\mathrm{d}x} = \dfrac{\psi'(t)}{\varphi'(t)} = \dfrac{\dfrac{\mathrm{d}y}{\mathrm{d}t}}{\dfrac{\mathrm{d}x}{\mathrm{d}t}}.$$

例 1 由方程 $\begin{cases} x=\ln(1+t^2), \\ y=t-\arctan t \end{cases}$ 确定 $y=f(x)$,求 $\dfrac{\mathrm{d}y}{\mathrm{d}x}\bigg|_{t=1}$.

解 $\dfrac{dy}{dx} = \dfrac{y'_t}{x'_t} = \dfrac{1 - \dfrac{1}{1+t^2}}{\dfrac{2t}{1+t^2}} = \dfrac{t}{2}$, $\quad \dfrac{dy}{dx}\Big|_{t=1} = \dfrac{1}{2}$.

例 2 设 $y = f(x)$ 由 $\begin{cases} x = t^2 + 2t, \\ t^2 - y + a\sin y = 1 \end{cases} (0 < a < 1)$ 所确定，求 $\dfrac{dy}{dx}, \dfrac{d^2 y}{dx^2}$.

分析 $y = f(x)$ 由参数方程 $x = \varphi(t), y = \psi(t)$ 确定，而 $y = \psi(t)$ 是隐函数.

解 方程组两边对 t 求导，得

$$\begin{cases} x'_t = 2t + 2, \\ 2t - y'_t + a\cos y \cdot y'_t = 0 \end{cases} \quad \text{或} \quad \begin{cases} x'_t = 2(t+1), \\ y'_t = \dfrac{2t}{1 - a\cos y}, \end{cases}$$

于是 $\dfrac{dy}{dx} = \dfrac{y'_t}{x'_t} = \dfrac{t}{(t+1)(1-a\cos y)}$; $\quad \dfrac{d^2 y}{dx^2} = \dfrac{d}{dt}\left(\dfrac{dy}{dx}\right) \Big/ \dfrac{dx}{dt} = \dfrac{(1-a\cos y)^2 - 2at^2(t+1)\sin y}{2(t+1)^3(1-a\cos y)^3}.$

七、导数几何意义的应用

若函数 $f(x)$ **在 x_0 处可导**，则曲线 $y = f(x)$ 在其上点 $(x_0, f(x_0))$ 处的切线方程和法线方程分别为

当 $f'(x_0) \neq 0$ 时，$y - f(x_0) = f'(x_0)(x - x_0)$, $\quad y - f(x_0) = -\dfrac{1}{f'(x_0)}(x - x_0)$;

当 $f'(x_0) = 0$ 时，$y = f(x_0)$, $\quad x = x_0$.

若函数 $f(x)$ **在 x_0 处不可导**：

当 $f'_-(x_0)$ 和 $f'_+(x_0)$ 均存在，但 $f'_-(x_0) \neq f'_+(x_0)$ 时，则曲线 $y = f(x)$ 在点 $(x_0, f(x_0))$ 存在左切线与右切线，这两条切线不重合，认为曲线在点 $(x_0, f(x_0))$ 不可作切线；

当函数 $f(x)$ 在 $x = x_0$ 处连续，且 $f'(x_0) = \infty$ 时，则曲线 $y = f(x)$ 在 $x = x_0$ 处可作切线，切线垂直于 x 轴，其方程是 $x = x_0$.

例 1 求曲线 $y = (2x - 5)\sqrt[3]{x^2}$ 在点 $A(2, -\sqrt[3]{4}), B(1, -3), C(0, 0)$ 各点处的切线方程和法线方程.

解 因 $y = 2x^{\frac{5}{3}} - 5x^{\frac{2}{3}}, y' = \dfrac{10(x-1)}{3\sqrt[3]{x}}$，故 $y'|_{x=2} = \dfrac{10}{3\sqrt[3]{2}}, y'|_{x=1} = 0, y'|_{x=0} = \infty$. 于是，过点 A 的切线方程和法线方程分别为

$$y + \sqrt[3]{4} = \dfrac{10}{3\sqrt[3]{2}}(x - 2), \quad y + \sqrt[3]{4} = -\dfrac{3\sqrt[3]{2}}{10}(x - 2);$$

过点 B 的切线方程和法线方程分别为 $y = -3, x = 1$；过点 C 的切线方程和法线方程分别为 $x = 0, y = 0$.

例 2 已知曲线 $y = \dfrac{2}{x} (x > 0)$ 与 $y = a\ln x + b$ 在 $x = 1$ 处垂直相交，求 a, b 的值.

分析 两曲线垂直相交是指它们在交点处的切线垂直. 由此，当 $x = 1$ 时，两条曲线的

纵坐标(即函数值)相等,且切线斜率互为负倒数.

解 $y' = \left(\dfrac{2}{x}\right)' = -\dfrac{2}{x^2}$, $y' = (a\ln x + b)' = \dfrac{a}{x}$. 将 $x=1$ 代入两曲线方程和两个导数式,得

$$\dfrac{2}{1} = b, \quad \dfrac{2}{1} = \dfrac{1}{a}, \quad \text{即} \quad a = \dfrac{1}{2}, b = 2.$$

例 3 求曲线 $\ln(x^2+y^2) = \arctan\dfrac{y}{x} + \ln 2 - \dfrac{\pi}{4}$ 在点 $(1,1)$ 处的切线方程和法线方程.

解 这是由隐函数所确定的曲线.按隐函数求导数,得

$$2x + 2yy' = xy' - y, \quad y'\big|_{\substack{x=1\\y=1}} = -3.$$

所求切线方程和法线方程分别为

$$y - 1 = -3(x-1) \quad \text{和} \quad y - 1 = \dfrac{1}{3}(x-1).$$

例 4 过点 $(-2, 4)$ 作曲线 $y = \dfrac{1}{1+x} + 1$ $(x > -1)$ 的切线,求其切线方程.

分析 只要求出切点 (x_0, y_0) 即可.若设切点为 (x_0, y_0),则 (x_0, y_0) 满足已知曲线方程 $y = f(x)$,且曲线的切线方程为 $y - y_0 = f'(x_0)(x - x_0)$,而点 $(-2, 4)$ 满足该方程.

解 易验证点 $(-2, 4)$ 不在已知曲线上,设切点为 (x_0, y_0),则切线斜率为

$$y'\big|_{x=x_0} = \left(\dfrac{1}{1+x} + 1\right)'\bigg|_{x=x_0} = -\dfrac{1}{(1+x_0)^2},$$

切线方程为 $y - y_0 = -\dfrac{1}{(1+x_0)^2}(x - x_0)$.

点 (x_0, y_0) 在已知曲线上,点 $(-2, 4)$ 在其切线上,有

$$\begin{cases} y_0 = \dfrac{1}{1+x_0} + 1, \\ 4 - y_0 = -\dfrac{1}{(1+x_0)^2}(-2 - x_0). \end{cases}$$

解方程得 $x_0 = 0$ $\left(x_0 = -\dfrac{4}{3} \text{ 舍}\right)$,$y_0 = 2$. 所求切线方程为 $x + y - 2 = 0$.

例 5 曲线 $y = \dfrac{1}{\sqrt{x}}$ 的切线与 x 轴和 y 轴围成一个图形,记切点的横坐标为 α,试求切线方程和这个图形的面积.当切点沿曲线趋于无穷远时,该面积的变化趋势如何?

解 先求切线方程,由

$$y' = -\dfrac{1}{2}x^{-\frac{3}{2}}, \quad y'\big|_{x=\alpha} = -\dfrac{1}{2\sqrt{\alpha^3}}.$$

可知过切点 $P\left(\alpha, \dfrac{1}{\sqrt{\alpha}}\right)$ 的切线方程为

$$y - \dfrac{1}{\sqrt{\alpha}} = -\dfrac{1}{2\sqrt{\alpha^3}}(x - \alpha).$$

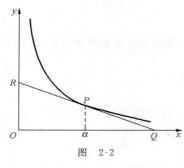

图 2-2

再求面积. 由上述切线方程知, 切线与 x 轴和 y 轴的交点分别为 $Q(3\alpha,0)$ 和 $R\left(0,\dfrac{3}{2\sqrt{\alpha}}\right)$ (图 2-2). 于是 $\triangle ORQ$ 的面积

$$A=\frac{1}{2}\cdot 3\alpha\cdot\frac{3}{2\sqrt{\alpha}}=\frac{9}{4}\sqrt{\alpha}.$$

最后, 考查面积的变化趋势. 当切点沿 x 轴正方向趋于无穷远时, 有 $\lim\limits_{\alpha\to+\infty}A=+\infty$;

当切点沿 y 轴正方向趋于无穷远时, 有 $\lim\limits_{\alpha\to 0^+}A=0$.

例 6 已知 $f(x)$ 是周期为 5 的连续函数, 它在 $x=0$ 的某个邻域内满足关系

$$f(1+\sin x)-3f(1-\sin x)=8x+\alpha(x),$$

其中 $\alpha(x)$ 是当 $x\to 0$ 时比 x 高阶的无穷小, 且 $f(x)$ 在 $x=1$ 处可导, 求曲线 $y=f(x)$ 在点 $(6,f(6))$ 处的切线方程.

分析 只要求出 $f'(6)$ 即可. 由于 $f(x)$ 与 $f'(x)$ 是周期相同的周期函数, 又 $f(x)$ 在 $x=1$ 可导, 设法求出 $f'(1)$.

解 因 $f(x)$ 的连续性及当 $x\to 0$ 时, $\alpha(x)\to 0$, 由

$$\lim_{x\to 0}[f(1+\sin x)-3f(1-\sin x)]=\lim_{x\to 0}[8x+\alpha(x)],$$

得 $f(1)-3f(1)=0$, 即 $f(1)=0$.

由导数定义, $f(1)=0$ 及题设, 又当 $x\to 0$ 时, $\sin x\to 0$, 由

$$\lim_{x\to 0}\frac{f(1+\sin x)-3f(1-\sin x)}{\sin x}=\lim_{x\to 0}\left[\frac{8x}{\sin x}+\frac{\alpha(x)}{x}\cdot\frac{x}{\sin x}\right],$$

即

$$\lim_{x\to 0}\left[\frac{f(1+\sin x)-f(1)}{\sin x}+3\frac{f(1-\sin x)-f(1)}{-\sin x}\right]=8,$$

得 $4f'(1)=8, f'(1)=2$.

由于 $f(x+5)=f(x)$, 所以 $f(6)=f(1)=0, f'(6)=f'(1)=2$, 从而所求切线方程为 $y=2(x-6)$.

八、微分概念及计算

计算函数 $y=f(x)$ 的微分有**两种方法**:

其一是用微分与导数之间的关系 $dy=f'(x)dx$;

其二是用基本初等函数的微分公式和微分运算法则.

此处用第二种方法计算微分.

例 1 已知函数 $y=f(x)$ 在任意一点 x 处的改变量

$$\Delta y=\frac{\Delta x}{1+x^2}+\alpha,\quad 且\quad \lim_{\Delta x\to 0}\frac{\alpha}{\Delta x}=0,$$

又 $f(0)=0$, 求 $f(1)$.

解 先求 $f(x)$，再求 $f(1)$. 由微分定义及可微与可导的关系知

$$dy = \frac{1}{1+x^2}\Delta x, \quad f'(x) = \frac{1}{1+x^2}.$$

从而 $f(x) = \arctan x + C$. 再由 $f(0) = 0$ 知 $C = 0$，故 $f(x) = \arctan x$，于是 $f(1) = \frac{\pi}{4}$.

例2 设函数 $y = f(x)$ 在点 x 可微，且 $f'(x) \neq 0$，在点 x 自变量的改变量是 Δx，函数相应的改变量是 Δy，微分是 dy，当 $\Delta x \to 0$ 时，不正确的是( ).

(A) dy 是比 Δx 较高阶的无穷小　　(B) 差 $\Delta y - dy$ 是比 Δx 较高阶的无穷小
(C) 差 $\Delta y - dy$ 是比 Δy 较高阶的无穷小　　(D) Δy 与 dy 是等价无穷小

解 选(A). 由题设知，$\Delta y = f'(x) \cdot \Delta x + o(\Delta x)$，且 $dy = f'(x)\Delta x$.

对(A)，有 $\lim\limits_{\Delta x \to 0} \frac{dy}{\Delta x} = \lim\limits_{\Delta x \to 0} \frac{f'(x)\Delta x}{\Delta x} = f'(x)$；　对(B)，有 $\lim\limits_{\Delta x \to 0} \frac{\Delta y - dy}{\Delta x} = \lim\limits_{\Delta x \to 0} \frac{o(\Delta x)}{\Delta x} = 0$；

对(C)，有 $\lim\limits_{\Delta x \to 0} \frac{\Delta y - dy}{\Delta y} = \lim\limits_{\Delta x \to 0} \frac{o(\Delta x)}{f'(x)\Delta x + o(\Delta x)} = 0$；

对(D)，有 $\lim\limits_{\Delta x \to 0} \frac{\Delta y}{dy} = \lim\limits_{\Delta x \to 0} \frac{f'(x) \cdot \Delta x + o(\Delta x)}{f'(x) \cdot \Delta x} = 1$.　　(B)，(C)，(D)均正确.

例3 设 $y = f(e^{\varphi(x)})$，其中 $f(u), \varphi(x)$ 均可微，则 $dy \neq ($　　$)$.

(A) $f'(e^{\varphi(x)})dx$　　　　　　　　(B) $\varphi'(x)e^{\varphi(x)}f'(e^{\varphi(x)})dx$
(C) $f'(e^{\varphi(x)})de^{\varphi(x)}$　　　　　　(D) $f'(e^{\varphi(x)})e^{\varphi(x)}d\varphi(x)$

解 选(A). 由复合函数的微分法，有

$$dy = f'(e^{\varphi(x)})de^{\varphi(x)} = f'(e^{\varphi(x)})e^{\varphi(x)}d\varphi(x) = f'(e^{\varphi(x)})e^{\varphi(x)}\varphi'(x)dx.$$

例4 设 $y = e^{-x}\sin 2x + \cos^2 x$，求 $dy, dy\big|_{x=0}$.

解 $dy = d(e^{-x}\sin 2x) + d\cos^2 x = \sin 2x \cdot de^{-x} + e^{-x} \cdot d\sin 2x + 2\cos x d\cos x$
　　　$= \sin 2x \cdot e^{-x}d(-x) + e^{-x}\cos 2x d(2x) + 2\cos x(-\sin x)dx$
　　　$= -e^{-x}\sin 2x dx + 2e^{-x}\cos 2x dx - \sin 2x dx$，

$dy\big|_{x=0} = 2dx.$

例5 由 $x^2 y - e^{2y} = \sin y$ 确定 $y = f(x)$，求 dy.

解 等式两端求微分，得

$$y dx^2 + x^2 dy - e^{2y}d(2y) = \cos y dy, \quad 2xy dx + x^2 dy - 2e^{2y}dy = \cos y dy,$$

解出

$$dy = \frac{2xy}{\cos y + 2e^{2y} - x^2}dx.$$

习　题　二

1. 填空题：

(1) 设 $f(x)$ 在 $x = 2$ 处连续，且 $\lim\limits_{x \to 2}\frac{f(x)}{x-2} = 3$，则 $f(2) = $ _____，$f'(2) = $ _____.

(2) 设 $f(x) = \tan(1-x) \cdot \tan^2(2-x) \cdots \tan^n(n-x)$，则 $f'(1) = $ _____.

(3) 设 $y = \frac{1}{x^{\sin x}}\ (x > 0)$，则 $y' = $ _____.

(4) 设 $y=\ln(1-x)$，则 $y^{(n)}=$ _____．

(5) 可导函数 $y=f(x)$ 的图形与曲线 $y=\sin x$ 相切于原点，则 $\lim\limits_{n\to\infty}nf\left(\dfrac{2}{n}\right)=$ _____．

2. 单项选择题：

(1) 设 $f(x)$ 在 $x=0$ 可导，且 $f'(0)=\dfrac{1}{3}$，则 $\lim\limits_{n\to\infty}n^2\left[f\left(\dfrac{3}{n}\right)-f(0)\right]^2=($ ）．

(A) 1　　　　　　(B) $\dfrac{1}{3}$　　　　　　(C) 3　　　　　　(D) $\dfrac{1}{9}$

(2) 设 $f(x)$ 可导，$F(x)=f(x)(1+|\sin x|)$，则 $f(0)=0$ 是 $F(x)$ 在 $x=0$ 可导的（　）．

(A) 充分必要条件　　　　　　　　(B) 充分条件但非必要条件

(C) 必要条件但非充分条件　　　　(D) 既非充分条件又非必要条件

(3) 设 $f(x)$ 在 $x=0$ 连续，且 $\lim\limits_{x\to 0}\dfrac{f(x)}{x}=a\ (a\neq 0)$，则 $f(x)$ 在 $x=0$（　）．

(A) 可导且 $f'(0)=0$　　　　　　(B) 可导且 $f'(0)=a$

(C) 不可导　　　　　　　　　　　(D) 不能断定是否可导

(4) 设 $f\left(\dfrac{1}{2}x\right)=\sin x$，则 $f'(f(x))=($ ）．

(A) $2\cos(\sin 2x)$　　(B) $2\cos 2x$　　(C) $2\cos(2\sin x)$　　(D) $2\cos(2\sin 2x)$

(5) 设 $y=f(\ln x)$ 且 $f(x)$ 可导，则 $\mathrm{d}y=($ ）．

(A) $f'(\ln x)\mathrm{d}x$　(B) $[f(\ln x)]'\mathrm{d}\ln x$　(C) $f'(\ln x)\dfrac{1}{x}\mathrm{d}\ln x$　(D) $f'(\ln x)\dfrac{1}{x}\mathrm{d}x$

3. 设 $f(x)$ 可导，求 $\lim\limits_{r\to 0}\dfrac{1}{r}\left[f\left(t+\dfrac{r}{a}\right)-f\left(t-\dfrac{r}{a}\right)\right]$．

4. 设 $f(x)$ 在 $x=a$ 处可导，且 $f(a)>0$，求 $\lim\limits_{n\to\infty}\left[\dfrac{f\left(a+\dfrac{1}{n}\right)}{f(a)}\right]^n$．

5. 设 $f(x)$ 在 $[-1,1]$ 上有定义，且满足
$$x\leqslant f(x)\leqslant x^2+x,\quad x\in[-1,1].$$
证明：$f'(0)$ 存在且等于 1．

6. 求下列函数的导数：

(1) $y=\mathrm{e}^{\arctan\sqrt{ax}}$；

(2) $y=\ln(\cos^2 x+\sqrt{1+\cos^4 x})$；

(3) $y=\sqrt{x+\sqrt{x+\sqrt{x}}}$；

(4) $y=\dfrac{1}{2}\arctan\sqrt{1+x^2}+\dfrac{1}{4}\ln\dfrac{\sqrt{1+x^2}+1}{\sqrt{1+x^2}-1}$．

7. 设函数 $f(x)$ 可导，求下列函数的导数：

(1) $y=f((x^3+3^{3x})^n)$；

(2) $y=[f(3^{x^3}\cdot\cos x)]^n$．

8. $y=|(x-1)^2(x+1)^3|$，求 y'．

9. 求下列函数的 n 阶导数：

(1) $y=\mathrm{e}^{-2x}+5^{3x}$；　　(2) $y=\sin^4 x+\cos^4 x$；　　(3) $y=\dfrac{1}{x(x-1)}$．

10. 已知 $f(x)=(x^2-x+1)\ln(1+2x)$，求 $f^{(n)}(0)$，其中 $n\geqslant 3$．

11. 由 $\sin(xy)=\ln\dfrac{x+\mathrm{e}}{y}+1$ 确定 $y=f(x)$，求 $f'(0),f''(0)$．

12. 设 $x=y^2+y,u=(x^2+x)^{\frac{3}{2}}$，求 $\dfrac{\mathrm{d}y}{\mathrm{d}u}$．

13. 求下列函数的导数：

(1) $y = a^{x^x} + x^{a^x} + x^{x^a}$ $(a>0, x>0)$； (2) $y = \sqrt{x\ln x \sqrt{1-\sin x}}$.

14. 由 $\begin{cases} x = f'(t), \\ y = tf'(t) - f(t) \end{cases}$ 确定 $y = f(x)$，其中 $f''(t)$ 存在且 $f''(t) \neq 0$，求 $\dfrac{dy}{dx}, \dfrac{d^2y}{dx^2}$.

15. 由 $\begin{cases} x = \arctan t, \\ 2y - ty^2 + e^t = 5 \end{cases}$ 确定 $y = f(x)$，求 $\dfrac{dy}{dx}$.

16. 求下列函数的微分：

(1) $y = \ln(x\sqrt{x+\sqrt{x}})$； (2) $y = \left(1 + \dfrac{1}{x}\right)^x$.

17. 由方程 $\ln(2x+y) = x + 2y + 1$ 确定 $y = f(x)$，求 $dy, dy\Big|_{\substack{x=1 \\ y=-1}}$.

18. 设曲线 $y = x^3 + ax$ 与 $y = bx^2 + c$ 都通过点 $(-1, 0)$，且在该点处有公切线，求 a, b, c.

19. 已知函数 $f(x), g(x)$ 在 x_0 处皆可导，证明：当 $x \to x_0$ 时，$f(x) - g(x)$ 是 $x - x_0$ 的高阶无穷小的充分必要条件是两曲线 $y = f(x)$ 与 $y = g(x)$ 在 $x = x_0$ 处相交且相切.

20. 证明双曲线 $xy = a^2$ 上任一点处的切线与两坐标轴构成的三角形面积都等于 $2a^2$.

第三章 微分中值定理与导数应用

一、罗尔定理条件的推广

罗尔定理的条件是：函数 $f(x)$ 在闭区间 $[a,b]$ 上连续,在开区间 (a,b) 内可导, $f(a)=f(b)$. 该定理的条件可如下推广：

(1) 在区间端点连续且 $f(a)=f(b)$ 可推广为在区间端点的极限存在且相等,即 $\lim\limits_{x\to a^+}f(x)=\lim\limits_{x\to b^-}f(x)$ (见本节例 1).

(2) 闭区间(有限区间)可推广至无限区间(见本节例 2).

例 1 设函数 $f(x)$ 在区间 (a,b) 内可导,且 $\lim\limits_{x\to a^+}f(x)=\lim\limits_{x\to b^-}f(x)$,试证在 (a,b) 内存在一点 ξ,使 $f'(\xi)=0$.

证 记 $\lim\limits_{x\to a^+}f(x)=\lim\limits_{x\to b^-}f(x)=A$,依题设,考虑函数

$$F(x)=\begin{cases}f(x), & a<x<b,\\ A, & x=a, x=b.\end{cases}$$

因 $F(x)$ 在 $[a,b]$ 上连续,在 (a,b) 内可导,且 $F(a)=F(b)$,由罗尔定理知,必存在 $\xi\in(a,b)$,使 $F'(\xi)=f'(\xi)=0$.

例 2 设函数 $f(x)$ 在 $[a,+\infty)$ 上连续,在 $(a,+\infty)$ 内可导,且 $\lim\limits_{x\to+\infty}f(x)=f(a)$,试证在 $(a,+\infty)$ 内至少存在一点 ξ,使得 $f'(\xi)=0$.

证 用变换 $x=\tan t$ 将无限区间转化为有限区间. 记 $A=\arctan a$,在区间 $\left[A,\dfrac{\pi}{2}\right]$ 上定义函数 $F(t)$:

$$F(t)=\begin{cases}f(\tan t), & A\leqslant t<\pi/2,\\ f(a), & t=\pi/2.\end{cases}$$

显然, $\lim\limits_{t\to\frac{\pi}{2}^-}f(\tan t)=\lim\limits_{x\to+\infty}f(x)=f(a)$.

因 $F(t)$ 在 $[A,\pi/2]$ 上连续,在 $(A,\pi/2)$ 内可导,且 $F(A)=F(\pi/2)$,由罗尔定理,在 $(A,\pi/2)$ 内至少存在一点 η,使 $F'(\eta)=0$.

记 $\xi=\tan\eta$,则 $\xi\in(a,+\infty)$,且

$$0=F'(\eta)=f'(\tan\eta)\cdot\sec^2\eta=f'(\xi)\sec^2\eta.$$

因 $\sec^2\eta\neq 0$,故 $f'(\xi)=0$.

下面再用图形说明：

若在$[a,+\infty)$上恒有$f(x)=f(a)$,则结论对$(a,+\infty)$内的任一点均成立.

现假设在$(a,+\infty)$内存在一点x_0,使$f(x_0)>f(a)$,由题设$\lim\limits_{x\to+\infty}f(x)=f(a)$,画出最简单的情形如图3-1所示.可以看出,$f(x)$在区间$[x_1,x_2]$上满足罗尔定理的条件,存在$\xi\in(x_1,x_2)\subset(a,+\infty)$,使$f'(\xi)=0$.

注 本例可称为广义罗尔定理.本例的条件若改为:$f(x)$在$(a,+\infty)$内可导,且$\lim\limits_{x\to a^+}f(x)=\lim\limits_{x\to+\infty}f(x)$,则结论也成立.本例还可推广为:$f(x)$在$(-\infty,+\infty)$内可导,且$\lim\limits_{x\to\infty}f(x)$存在,则存在$\xi\in(-\infty,+\infty)$,使$f'(\xi)=0$.

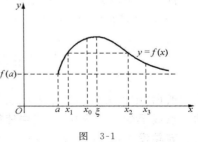

图 3-1

二、用微分中值定理证明函数恒等式

1. 欲证:当$x\in I$时,有恒等式$f(x)=a$

这里所说的恒等式,即对区间I内的任意x,$f(x)$均等于常数a.用拉格朗日中值定理的推论证明结论.

解题程序:

(1) 验证$f'(x)=0$,由此推出$f(x)=C$(C为常数);

(2) 取区间I内一个特殊值确定常数:若$x_0\in I$,则有$f(x_0)=a$,即$C=a$.

2. 欲证两个函数恒等:当$x\in I$时,有$f(x)=g(x)$

若令$F(x)=f(x)-g(x)$,这就是要证明$F(x)=0$,这正是1中$a=0$的情形.

例1 试证:当$|x|<1$时,有$\arctan\sqrt{\dfrac{1-x}{1+x}}+\dfrac{1}{2}\arcsin x=\dfrac{\pi}{4}$.

证 对欲证等式左端求导数,得

$$\frac{1}{1+\dfrac{1-x}{1+x}}\cdot\frac{1}{2\sqrt{\dfrac{1-x}{1+x}}}\cdot\frac{-2}{(1+x)^2}+\frac{1}{2}\cdot\frac{1}{\sqrt{1-x^2}}=0,$$

故

$$\arctan\sqrt{\dfrac{1-x}{1+x}}+\dfrac{1}{2}\arcsin x=C,\quad |x|<1 \text{(C为常数)}.$$

在上式中,令$x=0$,左端为$\dfrac{\pi}{4}$,即$\dfrac{\pi}{4}=C$,于是

$$\arctan\sqrt{\dfrac{1-x}{1+x}}+\dfrac{1}{2}\arcsin x=\dfrac{\pi}{4}.$$

例2 设$f(x),g(x)$在(a,b)内可导,$g(x)\neq 0$,且对$x\in(a,b)$,$f'(x)g(x)-f(x)g'(x)=0$,证明:存在常数C,使得$f(x)=Cg(x)$,$x\in(a,b)$.

分析 这是证明在(a,b)内,$\dfrac{f(x)}{g(x)}=C$,只需证$\left(\dfrac{f(x)}{g(x)}\right)'=0$.

例3 已知 $f(1)=4$,且 $f(x)$ 满足 $xf'(x)+f(x)\equiv 0$,求 $f(2)$.

解 令 $F(x)=xf(x)$,则 $F'(x)=xf'(x)+f(x)\equiv 0$,所以 $F(x)=C$.
令 $x=1$,得 $C=4$. 即 $xf(x)=4$. 于是, $2f(2)=4$, $f(2)=2$.

三、直接用微分中值定理证明中值等式

所谓"中值等式",就是要证明的等式不是在区间 (a,b) 内任一点都成立,而仅在区间内的一点或至少一点成立. 下述**中值等式**,一般须用微分中值定理证明.

若题设函数 $f(x)$ 或 $f(x)$ 与 $g(x)$ 在区间 $[a,b]$ 上连续,在 (a,b) 内可导(或题设中**隐含**这样的条件,题设中若出现初等函数,要注意是否满足上述条件),**欲证**:至少存在一点 $\xi\in(a,b)$ 或存在 $\xi\in(a,b)$,使一个等式成立,且等式中含有 $f'(\xi)$ 或 $f'(\xi)$ 与 $g'(\xi)$ 等,一般要用微分中值定理.

若欲证:存在**唯一**一点 $\xi\in(a,b)$,使等式成立时,一般尚须用反证法或函数的单调性证明 ξ 的唯一性.

证明中值等式,有的可直接用微分中值定理,有的须先作辅助函数,然后再用微分中值定理. 这里,讲述前一种情况.

直接用微分中值定理证明中值等式的**解题思路和程序**:

(1) 若欲证等式本身就是或可改写做微分中值定理结论的形式,即:

若是
$$f'(\xi) = 0, \quad \xi\in(a,b);$$

或是
$$f(b) - f(a) = f'(\xi)(b-a), \quad \xi\in(a,b),$$
$$f(b) - f(a) = f'(a+\theta(b-a))(b-a), \quad 0<\theta<1,$$
$$f(x+h) - f(x) = f'(x+\theta h)h, \quad 0<\theta<1;$$

或是
$$\frac{f(b)-f(a)}{g(b)-g(a)} = \frac{f'(\xi)}{g'(\xi)}, \quad \xi\in(a,b),$$

则可直接选用相应的微分中值定理. 见本节例1,例2.

(2) 先将欲证等式恒等变形,使不含 ξ 的式子分离到左端,含 ξ 的式子分离到右端;然后观察并设法将左端写做

$$\frac{f(b)-f(a)}{b-a} \quad \text{或} \quad \frac{f(b)-f(a)}{g(b)-g(a)}$$

的形式;若可以写成,则计算 $f'(\xi)$ 或 $\dfrac{f'(\xi)}{g'(\xi)}$,并判断它是否等于左端;若相等,便可用相应的微分中值定理证明. 见例3,例4.

(3) 若题设 $f(x)$ 二阶可导,或欲证等式中含 $f''(\xi)$ 时,需两次用微分中值定理(见例5).

若欲证:存在 $\xi,\eta\in(a,b)$,且欲证等式中含 $f'(\xi),f'(\eta)$ 时,一般也须两次用微分中值定理. 这时,可将含 ξ 的项和含 η 的项分写在等式两端,分别观察等式两端,以便应用微分中值定理. 见例6,例7.

三、直接用微分中值定理证明中值等式 63

例 1 当 $x \geqslant 0$ 时,证明:
$$\sqrt{x+1}-\sqrt{x} = \frac{1}{2\sqrt{x+\theta(x)}} \quad \left(\frac{1}{4} \leqslant \theta(x) \leqslant \frac{1}{2}\right),$$

且
$$\lim_{x\to 0^+}\theta(x) = \frac{1}{4}, \quad \lim_{x\to +\infty}\theta(x) = \frac{1}{2}.$$

分析 注意到 $(\sqrt{x})' = \frac{1}{2\sqrt{x}}$,欲证等式正是函数 $f(x)=\sqrt{x}$ 在区间 $[x,x+1]$ 上用拉格朗日中值定理的结果.

证 取函数 $f(x)=\sqrt{x}$,在 $[x,x+1]$ 上由拉格朗日中值定理,得
$$f(x+1)-f(x) = f'(x+\theta(x)(x+1-x))\cdot(x+1-x) = f'(x+\theta(x)),$$

即
$$\sqrt{x+1}-\sqrt{x} = \frac{1}{2\sqrt{x+\theta(x)}}.$$

为确定 $\theta(x)$ 的取值范围和求 $\theta(x)$ 的极限,由上式解出 $\theta(x)$,得
$$\theta(x) = \frac{1}{4}(1+2\sqrt{x(x+1)}-2x). \tag{1}$$

当 $x\geqslant 0$ 时,$\sqrt{x(x+1)}>x$,由(1)式知,$\theta(x)\geqslant \frac{1}{4}$. 又因
$$\sqrt{x(x+1)} \leqslant \frac{x+(x+1)}{2} = x+\frac{1}{2},$$

代入(1)式,即得 $\theta(x)\leqslant \frac{1}{2}$. 于是有 $\frac{1}{4}\leqslant \theta(x)\leqslant \frac{1}{2}$. 由(1)式
$$\lim_{x\to 0^+}\theta(x) = \frac{1}{4}, \quad \lim_{x\to +\infty}\theta(x) = \frac{1}{4}+\frac{1}{2}\lim_{x\to +\infty}\frac{x}{\sqrt{x(x+1)}+x} = \frac{1}{2}.$$

例 2 设 $x_1,x_2>0$,证明在 x_1 与 x_2 之间存在 ξ,使
$$x_1 e^{x_2} - x_2 e^{x_1} = (1-\xi)e^{\xi}(x_1-x_2).$$

分析 欲证等式可写做
$$\frac{x_1 e^{x_2} - x_2 e^{x_1}}{x_1 - x_2} = (1-\xi)e^{\xi} \quad 或 \quad \frac{\dfrac{e^{x_2}}{x_2}-\dfrac{e^{x_1}}{x_1}}{\dfrac{1}{x_2}-\dfrac{1}{x_1}} = (1-\xi)e^{\xi}.$$

注意到 $\left(\dfrac{e^x}{x}\right)' = \dfrac{(x-1)e^x}{x^2}$,$\left(\dfrac{1}{x}\right)' = -\dfrac{1}{x^2}$,观察上式左端可知,这正是函数 $f(x)=\dfrac{e^x}{x}$ 与 $g(x)=\dfrac{1}{x}$ 在区间 $[x_1,x_2]$(不妨设 $x_1<x_2$)上应用柯西中值定理的结论.

例 3 设 $f(x)$ 在区间 $[0,1]$ 可导,试证存在 $\xi\in(0,1)$,使
$$\frac{\pi}{4}(1+\xi^2)f(1) = f(\xi) + (1+\xi^2)\arctan\xi \cdot f'(\xi).$$

分析　等式可写做 $\dfrac{\pi}{4}\cdot f(1)=\dfrac{f(\xi)}{1+\xi^2}+\arctan\xi\cdot f'(\xi)$. 注意到 $(\arctan x)'=\dfrac{1}{1+x^2}$；又区间是 $[0,1]$，且 $\arctan 0=0$，$\arctan 1=\dfrac{\pi}{4}$，所以上式是

$$\arctan 1\cdot f(1)-\arctan 0\cdot f(0)=\dfrac{f(\xi)}{1+\xi^2}+\arctan\xi\cdot f'(\xi).$$

显然，这正是 $F(x)=\arctan x\cdot f(x)$ 在 $[0,1]$ 上用拉格朗日中值定理.

例 4　设函数 $f(x)$ 在区间 $[0,x]$ 上可导，且 $f(0)=0$. 证明在 $(0,x)$ 内存在一点 ξ，使
$$f(x)=(1+\xi)\ln(1+x)f'(\xi).$$

分析　要证等式可写做 $\dfrac{f(x)}{\ln(1+x)}=(1+\xi)f'(\xi)$. 注意到 $f(0)=0$，$\ln(1+0)=0$，且 $[\ln(1+x)]'=\dfrac{1}{1+x}$. 欲证等式可化成 $\dfrac{f(x)-f(0)}{\ln(1+x)-\ln 1}=\dfrac{f'(\xi)}{\dfrac{1}{1+\xi}}$. 这是 $f(x)$ 和 $\ln(1+x)$ 在区间 $[0,x]$ 上应用柯西中值定理.

例 5　设 $f(x)$ 在 (a,b) 内二阶可导，且 $f(x_1)=f(x_2)=f(x_3)$，$a<x_1<x_2<x_3<b$，则在 (x_1,x_3) 内至少存在一点 ξ，使 $f''(\xi)=0$.

证　依题设，$f(x)$ 在 $[x_1,x_2]$，$[x_2,x_3]$ 上均满足罗尔定理的条件，则至少存一点 $\xi_1\in(x_1,x_2)$，至少存在一点 $\xi_2\in(x_2,x_3)$，使得
$$f'(\xi_1)=0,\quad f'(\xi_2)=0.$$

因 $f(x)$ 在 (a,b) 内二阶可导，于是 $f'(x)$ 在区间 $[\xi_1,\xi_2]$ 上满足罗尔定理的条件，则至少存在一点 $\xi\in(\xi_1,\xi_2)\subset(x_1,x_3)$，使得 $f''(\xi)=0$.

例 6　设 $f(x)$ 在 $[a,b]$ 上连续，在 (a,b) 内可导，又 $a>0$. 试证存在 $\xi,\eta\in(a,b)$，使
$$\dfrac{f'(\xi)}{f'(\eta)}=\eta\dfrac{\ln\dfrac{b}{a}}{b-a}.$$

分析　等式可写做 $\dfrac{f'(\xi)(b-a)}{\ln b-\ln a}=\dfrac{f'(\eta)}{\dfrac{1}{\eta}}$. 其左端分子是 $f(x)$，用拉格朗日中值定理，有 $f(b)-f(a)=f'(\xi)(b-a)$. 这便是 $f(x)$ 和 $g(x)$ 用柯西中值定理.

证　$f(x)$ 和 $g(x)=\ln x$ 在 $[a,b]$ 上用柯西中值定理，存在 $\eta\in(a,b)$，使
$$\dfrac{f(b)-f(a)}{\ln b-\ln a}=\dfrac{f'(\eta)}{\dfrac{1}{\eta}}.$$

又 $f(x)$ 用拉格朗日中值定理，存在 $\xi\in(a,b)$，使 $f(b)-f(a)=f'(\xi)(b-a)$. 代入上式即可得所证等式.

例 7　已知函数 $f(x)$ 在 $[0,1]$ 上连续，在 $(0,1)$ 内可导，且 $f(0)=0$，$f(1)=1$. 证明：
(1) 存在 $\xi\in(0,1)$，使得 $f(\xi)=1-\xi$；
(2) 存在两个不同的点 $\eta,\zeta\in(0,1)$，使得 $f'(\eta)f'(\zeta)=1$.

证 (1) 令 $F(x)=f(x)-1+x$，则 $F(x)$ 在 $[0,1]$ 上连续，且 $F(0)=-1, F(1)=1$. 由连续函数的零点定理知，存在 $\xi\in(0,1)$，使 $F(\xi)=0$，即 $f(\xi)=1-\xi$.

(2) 应用(1)所证，$f(x)$ 在 $[0,\xi]$ 上用拉格朗日中值定理，存在 $\eta\in(0,\xi)$，使得

$$\frac{f(\xi)-f(0)}{\xi-0}=\frac{1-\xi}{\xi}=f'(\eta). \qquad (2)$$

$f(x)$ 在 $[\xi,1]$ 上用拉格朗日中值定理，存在 $\zeta\in(\xi,1)$，使得

$$\frac{f(1)-f(\xi)}{1-\xi}=\frac{\xi}{1-\xi}=f'(\zeta). \qquad (3)$$

由(2)式与(3)式知 $f'(\eta)f'(\zeta)=1$.

四、用作辅助函数的方法证明中值等式

解题思路 用罗尔定理证明. 这是证明中值等式的一般方法.

解题程序：

(1) 将欲证等式中的 ξ 换作 x，将其写成 $F'(x)=0$ 的形式.

(2) 依据 $F'(x)$ 选取辅助函数 $F(x)$（这是关键的一步）：

直接观察 依据导数公式和运算法则，由 $F'(x)$ 的表达式确定 $F(x)$ 的表达式；

求积分 若由观察难以确定 $F(x)$，可由下述积分式确定 $F(x)$：

$$F(x)=\int F'(x)\mathrm{d}x \quad \text{（这是第四章学习的内容）}.$$

(3) 验证 $F(x)$ 在给定的区间 $[a,b]$ 上满足罗尔定理的条件，可推出 $F'(\xi)=0$.

(4) 由 $F'(\xi)=0$ 还原到欲证等式.

下面结合例题说明 **选取辅助函数 $F(x)$ 的思路** 将欲证等式写成 $F'(x)=0$ 后，以 $F'(x)$ 的形式来选取 $F(x)$.

1. 选取代数和，即 $F(x)=f(x)\pm g(x)$

当 $F'(x)=0$ 为 $f'(x)\pm g'(x)=0$ 时（见例1），因

$$[f(x)\pm g(x)]'=f'(x)\pm g'(x),$$

故选取

$$F(x)=f(x)\pm g(x).$$

例1 设 $f(x)$ 是可导的奇函数，证明：对任意 $a>0$，存在 $\xi\in(-a,a)$，使

$$f'(\xi)=\frac{f(a)}{a}.$$

分析 欲证等式可写做 $f'(x)-\frac{f(a)}{a}=0$，即 $\left[f(x)-\frac{f(a)}{a}x\right]'=0$.

证 令 $F(x)=f(x)-\frac{f(a)}{a}x$. 因

$$F(-a)=f(-a)-\frac{f(a)}{a}(-a)=-f(a)+f(a)=0=F(a),$$

依题设，$F(x)$ 在 $[-a,a]$ 上满足罗尔定理的条件，存在 $\xi \in (-a,a)$，使

$$F'(\xi) = 0, \quad 即 \quad f'(\xi) = \frac{f(a)}{a}.$$

2. 选取两个函数的乘积，即 $F(x) = f(x)g(x)$

当 $F'(x) = 0$ 为 $f'(x)g(x) + f(x)g'(x) = 0$ 时（见例 2），因

$$[f(x)g(x)]' = f'(x)g(x) + f(x)g'(x),$$

故选取
$$F(x) = f(x)g(x).$$

特别地

(1) 当 $F'(x) = 0$ 为 $xf'(x) + nf(x) = 0$ 时（见例 3），因

$$[x^n f(x)]' = [xf'(x) + nf(x)]x^{n-1}, \quad 且 \quad x^{n-1} \neq 0,$$

故选取 $F(x) = x^n f(x)$.

(2) 当 $F'(x) = 0$ 为 $f'(x)g(x) + mg'(x)f(x) = 0 (m > 1)$ 时（见例 4(1)），因

$$[f(x)(g(x))^m]' = [f'(x)g(x) + mg'(x)f(x)](g(x))^{m-1}, \quad 且 \quad (g(x))^{m-1} \neq 0,$$

故选取 $F(x) = f(x)(g(x))^m$.

(3) 当 $F'(x) = 0$ 为 $nf'(x)g(x) + mg'(x)f(x) = 0 (n > 1, m > 1)$ 时（见例 4(2)），因

$$[(f(x))^n (g(x))^m]' = [nf'(x)g(x) + mg'(x)f(x)](f(x))^{n-1}(g(x))^{m-1},$$

且
$$(f(x))^{n-1}(g(x))^{m-1} \neq 0,$$

故选取 $F(x) = (f(x))^n (g(x))^m$.

例 2 设 $f(x)$ 在 $[0, 2\pi]$ 上连续，且 $f(0) = f(2\pi)$；在 $(0, 2\pi)$ 内 $f''(x)$ 存在，且 $f''(x) \neq f(x)$. 试证在 $(0, 2\pi)$ 内存在一点 ξ，使

$$[f(\xi) - f''(\xi)] \tan \xi = 2f'(\xi).$$

分析 欲证等式可写做

$$f(x) \sin x - f''(x) \sin x = 2f'(x) \cos x,$$

即
$$f'(x) \cos x - f(x) \sin x + f''(x) \sin x + f'(x) \cos x = 0.$$

注意到 $(\cos x)' = -\sin x$，$(\sin x)' = \cos x$，令 $F(x) = f(x) \cos x + f'(x) \sin x$，因 $F(0) = F(2\pi)$，在 $[0, 2\pi]$ 上用罗尔定理.

例 3 设 $f(x)$ 在 $[0, 1]$ 上连续，在 $(0, 1)$ 内可导，且 $f(1) = 0$，试证：存在 $\xi \in (0, 1)$，使

$$2f(\xi) + \xi f'(\xi) = 0.$$

分析 欲证等式可写做

$$2f(x) + xf'(x) = 0 \quad 或 \quad [2f(x) + xf'(x)]x = 0,$$

即
$$[x^2 f(x)]' = 0.$$

令 $F(x) = x^2 f(x)$. 因 $F(0) = F(1) = 0$，在 $[0, 1]$ 上用罗尔定理.

例 4 设 $f(x)$ 在 $[0, 1]$ 上连续，在 $(0, 1)$ 内可导，$f(0) = 0$，k 为正整数，试证：

(1) 存在 $\xi \in (0, 1)$，使 $\xi f'(\xi) + kf(\xi) = f'(\xi)$；

(2) 对任意 $x \in (0, 1)$，当 $f(x) \neq 0$ 时，对任意正整数 m, n，存在一点 $\xi \in (0, 1)$，使

$$\frac{nf'(\xi)}{f(\xi)} = \frac{mf'(1-\xi)}{f(1-\xi)}.$$

分析 (1) 欲证等式写做
$$f'(x)(x-1) + kf(x) = 0, \quad 即 \quad [f'(x)(x-1) + kf(x)](x-1)^{k-1} = 0.$$
令 $F(x) = (x-1)^k f(x)$. 因 $F(0) = F(1) = 0$, 在 $[0,1]$ 上用罗尔定理.

(2) 欲证等式写做 $nf'(x)f(1-x) - mf'(1-x)f(x) = 0$. 令
$$F(x) = (f(x))^n (f(1-x))^m.$$
因 $F(0) = F(1) = 0$, 在 $[0,1]$ 上用罗尔定理.

3. 选取两个函数的商, 即 $F(x) = \dfrac{f(x)}{g(x)}$

当 $F'(x) = 0$ 为 $f'(x)g(x) - g'(x)f(x) = 0$, 且 $g(x) \neq 0$ 时 (见例5), 因
$$\left[\frac{f(x)}{g(x)}\right]' = \frac{f'(x)g(x) - g'(x)f(x)}{g^2(x)},$$
故选取 $F(x) = \dfrac{f(x)}{g(x)}$.

特别地, 当 $F'(x) = 0$ 为 $xf'(x) - nf(x) = 0$ 时, 因
$$\left[\frac{f(x)}{x^n}\right]' = \frac{[xf'(x) - nf(x)]x^{n-1}}{x^{2n}},$$
故选取 $F(x) = \dfrac{f(x)}{x^n}$.

例 5 设 $f(x)$ 在 $[1, e-1]$ 上连续, 在 $(1, e-1)$ 内可导, 且 $f(1) = \ln 2 \cdot f(e-1)$, 试证: 存在 $\xi \in (1, e-1)$, 使
$$f'(\xi)(1+\xi)\ln(1+\xi) = f(\xi).$$

分析 欲证等式可写做
$$f'(x)\ln(1+x) - \frac{f(x)}{1+x} = 0, \quad 即 \quad \frac{f'(x)\ln(1+x) - \dfrac{f(x)}{1+x}}{\ln^2(1+x)} = 0.$$
令 $F(x) = \dfrac{f(x)}{\ln(1+x)}$. 因 $F(1) = F(e-1)$, 则可在 $[1, e-1]$ 上用罗尔定理.

4. 选取 $F(x) = f'(x)g(x) - f(x)g'(x)$

当 $F'(x) = 0$ 为 $f''(x)g(x) - f(x)g''(x) = 0$ 时 (见例6), 因
$$[f'(x)g(x) - f(x)g'(x)]' = f''(x)g(x) - f(x)g''(x),$$
故选取 $F(x) = f'(x)g(x) - f(x)g'(x)$.

例 6 设 $f(x)$ 在 $[0,1]$ 上二阶可导, 且 $f(0) = f'(0) = 0$, 试证: 存在 $\xi \in (0,1)$, 使
$$f''(\xi) = \frac{2f(\xi)}{(1-\xi)^2}.$$

分析 注意到 $[(1-x)^2]'' = 2$, 欲证等式写做
$$f''(x)(1-x)^2 - 2f(x) = 0, \quad 即 \quad f''(x)(1-x)^2 - f(x)[(1-x)^2]'' = 0.$$

令 $F(x)=f'(x)(1-x)^2+2(1-x)f(x)$. 因 $F(0)=F(1)=0$,在$[0,1]$上应用罗尔定理.

注 注意当 $f'(x)g(x)-f(x)g'(x)=0$ 时与当 $f''(x)g(x)-f(x)g''(x)=0$ 时选取辅助函数 $F(x)$ 的区别.

5. 选取 $F(x)=f(x)\mathrm{e}^{g(x)}$

当 $F'(x)=0$ 为 $f'(x)+f(x)g'(x)=0$ 时(见例7),因
$$[f(x)\mathrm{e}^{g(x)}]'=[f'(x)+f(x)g'(x)]\mathrm{e}^{g(x)} \quad (\mathrm{e}^{g(x)}\neq 0),$$
故选取
$$F(x)=f(x)\mathrm{e}^{g(x)}.$$

特别地

(1) 选取 $F(x)=f(x)\mathrm{e}^{\lambda x}$($\lambda$ 是常数):当 $F'(x)=0$ 为 $f'(x)+\lambda f(x)=0$ 时. 见例8.

(2) 选取 $F(x)=[f(x)+\lambda]\mathrm{e}^{g(x)}$:当 $F'(x)=0$ 为 $f'(x)+[f(x)+\lambda]g'(x)=0$ 时,因 $[f(x)+\lambda]'=f'(x)$. 见例9.

(3) 选取 $F(x)=[f(x)+\lambda x]\mathrm{e}^{g(x)}$:当 $F'(x)=0$ 为 $[f'(x)+\lambda]+[f(x)+\lambda x]g'(x)=0$,即
$$[f(x)+\lambda x]'+[f(x)+\lambda x]g'(x)=0$$
时. 见例10(2).

(4) 选取 $F(x)=f'(x)\mathrm{e}^{g(x)}$:当 $F'(x)=0$ 为 $f''(x)+f'(x)g'(x)=0$ 时. 见例11.

例7 设 $f(x)$ 在 $[0,1]$ 上连续,在 $(0,1)$ 内可导,且 $f(1)=0$,试证:存在 $\xi\in(0,1)$,使
$$(2\xi+1)f(\xi)+\xi f'(\xi)=0.$$

分析 欲证等式可写做 $f'(x)+f(x)\left(2+\dfrac{1}{x}\right)=0$. 若 $g'(x)=2+\dfrac{1}{x}$,则 $g(x)=2x+\ln x$. 令 $F(x)=f(x)\mathrm{e}^{2x+\ln x}=f(x)x\mathrm{e}^{2x}$. 因 $F(0)=F(1)=0$,在$[0,1]$上应用罗尔定理.

例8 设 $f(x)$ 在 $[a,b]$ 上连续,在 (a,b) 内可导,且 $f(a)=f(b)=0$,试证:存在 $\xi\in(a,b)$,使 $f'(\xi)=kf(\xi)$.

分析 欲证等式写做 $f'(x)-kf(x)=0$.

令 $F(x)=f(x)\mathrm{e}^{-kx}$. 因 $F(a)=F(b)=0$,在$[a,b]$上用罗尔定理.

例9 设 $f(x)$ 在 $[a,b]$ 上有连续的导函数,且存在 $c\in(a,b)$,使 $f'(c)=0$,试证:存在 $\xi\in(a,b)$,使
$$f'(\xi)=\frac{f(\xi)-f(a)}{b-a}.$$

分析 注意到 $\left(-\dfrac{x}{b-a}\right)'=-\dfrac{1}{b-a}$,欲证等式写做
$$f'(x)+[f(x)-f(a)]\frac{-1}{b-a}=0,$$
即
$$[f(x)-f(a)]'+[f(x)-f(a)]\left(-\frac{x}{b-a}\right)'=0.$$

令 $F(x)=[f(x)-f(a)]\mathrm{e}^{-\frac{x}{b-a}}$.

虽有 $F(a)=0$,但 $F(b)\neq 0$,且尚找不到 $x_0\in(a,b)$,使 $F(x_0)=0$,此时尚不能用罗尔定理. 注意题设 $f(x)$ 有连续的导数及 $f'(c)=0$. 应考虑 c 点.

证 令 $F(x)=[f(x)-f(a)]\mathrm{e}^{-\frac{x}{b-a}}$,则

$$F'(x)=\left[f'(x)-(f(x)-f(a))\frac{1}{b-a}\right]\mathrm{e}^{-\frac{x}{b-a}},$$

$$F'(c)=\left[0-\frac{f(c)-f(a)}{b-a}\right]\mathrm{e}^{-\frac{c}{b-a}}=F(c)\cdot\frac{-1}{b-a}. \tag{1}$$

下面就 $F(c)=0$ 和 $F(c)\neq 0$ 两种情况来讨论.

(1) 若 $F(c)=0$,则 $F(a)=F(c)=0$. $F(x)$ 在 $[a,c]$ 上应用罗尔定理,则存在 $\xi\in(a,c)\subset(a,b)$,使 $F'(\xi)=0$,得

$$\left[f'(\xi)-\frac{f(\xi)-f(a)}{b-a}\right]\mathrm{e}^{-\frac{\xi}{b-a}}=0, \quad 即 \quad f'(\xi)=\frac{f(\xi)-f(a)}{b-a} \ (因\ \mathrm{e}^{-\frac{\xi}{b-a}}\neq 0).$$

(2) 若 $F(c)\neq 0$,$F(x)$ 在 $[a,c]$ 上应用拉格朗日中值定理,有

$$F(c)-F(a)=F'(\xi_1)(c-a), \quad 即 \quad F'(\xi_1)=\frac{F(c)}{c-a}, \quad \xi_1\in(a,c). \tag{2}$$

因 $b-a>0, c-a>0$,由(1)式和(2)式知,$F'(\xi_1)$ 与 $F'(c)$ 异号;又 $F'(x)$ 在 $[\xi_1,c]$ 上连续,由零点定理知,存在 $\xi\in(\xi_1,c)\subset(a,b)$,使 $F'(\xi)=0$,即欲证等式成立.

例 10 设 $f(x)$ 在 $[0,1]$ 上连续,在 $(0,1)$ 内可导,且 $f(0)=f(1)=0$,$f\left(\frac{1}{2}\right)=1$,试证:

(1) 存在 $\eta\in\left(\frac{1}{2},1\right)$,使 $f(\eta)=\eta$;

(2) 对任意 λ,必存在 $\xi\in(0,\eta)$,使 $f'(\xi)-\lambda[f(\xi)-\xi]=1$.

分析 (1) 令 $\Phi(x)=f(x)-x$,在 $\left[\frac{1}{2},1\right]$ 上用零点定理.

(2) 欲证等式可写做

$$[f'(x)-1]-\lambda[f(x)-x]=0, \quad 即 \quad [f(x)-x]'+[f(x)-x](-\lambda x)'=0.$$

令 $F(x)=[f(x)-x]\mathrm{e}^{-\lambda x}$. 因 $F(0)=F(\eta)=0$,在 $[0,\eta]$ 上用罗尔定理.

例 11 设 $f(x)$ 在 $[0,1]$ 二阶可导,且 $f(0)=f(1)=0$,试证:存在 $\xi\in(0,1)$,使

$$f''(\xi)=\frac{1}{(\xi-1)^2}f'(\xi).$$

分析 欲证等式可写做

$$f''(x)-\frac{1}{(x-1)^2}f'(x)=0, \quad 即 \quad [f'(x)]'+f'(x)\left(\frac{1}{x-1}\right)'=0,$$

选取

$$F(x)=\begin{cases} f'(x)\mathrm{e}^{\frac{1}{x-1}}, & 0\leqslant x<1, \\ 0, & x=1. \end{cases}$$

由于 $\lim\limits_{x\to 1^-}f'(x)\mathrm{e}^{\frac{1}{x-1}}=f'(1)\cdot 0=0$,故取 $F(1)=0$.

证 按前述选取 $F(x)$. 依题设，$f(x)$ 在 $[0,1]$ 应用罗尔定理，存在 $\eta \in (0,1)$，使 $f'(\eta)=0$，由此有 $F(1)=F(\eta)=0$.

$F(x)$ 在 $[\eta,1]$ 上应用罗尔定理，存在 $\xi \in (\eta,1) \subset (0,1)$，使

$$F'(\xi) = f''(\xi) e^{\frac{1}{\xi-1}} - f'(\xi) e^{\frac{1}{\xi-1}} \cdot \frac{1}{(\xi-1)^2} = 0,$$

即

$$f''(\xi) = \frac{1}{(\xi-1)^2} f'(\xi).$$

6. 选取 $F(x) = f(x) e^{\int_a^x g(t)dt}$ **（此处涉及定积分内容）**

当 $F'(x)=0$ 为 $f'(x)+f(x)g(x)=0$ 时（见例 12），因

$$(f(x) e^{\int_a^x g(t)dt})' = [f'(x)+f(x)g(x)] e^{\int_a^x g(t)dt}, \quad 且 \quad e^{\int_a^x g(t)dt} \neq 0.$$

例 12 设函数 $f(x)$ 在 $[a,b]$ 上连续，在 (a,b) 内可导，且 $f(a)=f(b)=0$，试证：存在 $\xi \in (a,b)$，使 $f'(\xi) = f(\xi) \arctan \xi$.

分析 欲证等式可写做 $f'(x) - f(x) \arctan x = 0$. 令 $F(x) = f(x) e^{-\int_a^x \arctan t\, dt}$. 因 $F(a)=F(b)=0$，在 $[a,b]$ 上用罗尔定理.

注 注意当 $f'(x)+f(x)g(x)=0$ 与当 $f'(x)+f(x)g'(x)=0$ 时，选取辅助函数 $F(x)$ 的区别.

以上是结合例题说明，如何根据 $F'(x)(=0)$ 的形式选取 $F(x)$. 读者必须明确，要视 $F'(x)$ 的形式具体分析.

五、用微分中值定理证明不等式

解题思路 先由拉格朗日中值定理或柯西中值定理得到等式，然后再依据题设条件过渡到不等式.

1. 不等式中的函数为初等函数时（见本节例 1～例 4）

以拉格朗日中值定理为例来说明**解题程序**：

(1) 根据所要证明的不等式**恰当地选取**函数 $f(x)$ 和区间 $[a,b]$.

(2) 由定理得等式 $f(b)-f(a) = f'(\xi)(b-a)$，$a < \xi < b$. (1)

(3) 考查导数 $f'(x)$ 的**符号**或**有界性**，由等式过渡到不等式. 根据欲证不等式的需要，常有以下情形：

$1°$ 若 $|f'(x)| \leqslant M$ 或 $m \leqslant f'(x) \leqslant M$，$x \in (a,b)$，则由 (1) 式得不等式

$$|f(b)-f(a)| \leqslant M(b-a) \quad 或 \quad m(b-a) \leqslant f(b)-f(a) \leqslant M(b-a).$$

特别地，当 $|f'(x)| \leqslant 1$ 或 $0 < f'(x) \leqslant 1$，有

$$|f(b)-f(a)| \leqslant b-a \quad 或 \quad 0 < f(b)-f(a) \leqslant b-a.$$

$2°$ 当 $x \in (a,b)$ 时，若 $f'(x) \geqslant 0$ 或 $f'(x) \leqslant 0$，则由 (1) 式得不等式

$$f(b)-f(a) \geqslant 0 \quad 或 \quad f(b)-f(a) \leqslant 0.$$

2. 不等式中的函数为抽象函数 $f(x)$ 时

若题设 $f(x)$ 具有微分中值定理的条件,特别是不等式中含 $f'(\xi),f''(\xi)$ 时,可考虑从微分中值定理入手. 见例 5,例 6.

例 1 证明:当 $0<a<b$,且 $n>1$ 时,有 $na^{n-1}(b-a)<b^n-a^n<nb^{n-1}(b-a)$.

分析 易看出,应是 $f(x)=x^n$ 在区间 $[a,b]$ 上用拉格朗日中值定理得到等式.

证 令 $f(x)=x^n$,则 $f(x)$ 在 $[a,b]$ 上满足拉格朗日中值定理的条件,有
$$b^n-a^n=n\xi^{n-1}(b-a),\quad a<\xi<b.$$
因 $f(x)=x^n(n>1)$ 在 $[a,b]$ $(a>0)$ 上单调增加,有 $a^{n-1}<\xi^{n-1}<b^{n-1}$,故得
$$na^{n-1}(b-a)<b^n-a^n<nb^{n-1}(b-a).$$

例 2 当 $0<a<b$ 时,试证:$(a+b)e^{a+b}<ae^{2a}+be^{2b}$.

分析 按题设,应有 $2a<a+b<2b$. 欲证等式可写做
$$a(e^{a+b}-e^{2a})<b(e^{2b}-e^{a+b}).$$

证 令 $f(x)=e^x$,分别在 $[2a,a+b]$ 上和 $[a+b,2b]$ 上用拉格朗日定理,有
$$e^{a+b}-e^{2a}=e^\xi(b-a),\ \xi\in(2a,a+b),\quad e^{2b}-e^{a+b}=e^\eta(b-a),\ \eta\in(a+b,2b).$$
因 $e^\eta>e^\xi$ ($f(x)$ 为单调增函数),且 $0<a<b$,有
$$a(e^{a+b}-e^{2a})<b(e^{2b}-e^{a+b}),\quad 即\quad (a+b)e^{a+b}<ae^{2a}+be^{2b}.$$

例 3 试证:当 $x>-1,x\neq 0$ 时,有 $\dfrac{x}{1+x}<\ln(1+x)<x$.

分析 因 $[\ln(1+x)]'=\dfrac{1}{1+x}$,且 $\ln 1=0$,欲证不等式可写做
$$\frac{x}{1+x}<\ln(1+x)-\ln 1<x.$$
由函数 $f(x)=\ln(1+x)$ 用拉格朗日中值定理可得到等式.

证 令 $f(x)=\ln(1+x)$,在 0 与 $x(x>-1)$ 之间用拉格朗日中值定理,有
$$\ln(1+x)=\ln(1+x)-\ln 1=\frac{x}{1+\xi},\quad \xi 介于 0 与 x 之间. \tag{2}$$

当 $x>0$ 时,因 $\dfrac{1}{1+x}<\dfrac{1}{1+\xi}<1$,有 $\dfrac{x}{1+x}<\dfrac{x}{1+\xi}<x$,由(2)式得 $\dfrac{x}{1+x}<\ln(1+x)<x$.

当 $x<0(x>-1)$ 时,因 $0<1+x<1+\xi<1$,有 $\dfrac{x}{1+x}<\dfrac{x}{1+\xi}<x$,由(2)式,也有
$$\frac{x}{1+x}<\ln(1+x)<x.$$

例 4 设 $a>e$,$0<x<y<\dfrac{\pi}{2}$,求证:$a^y-a^x>(\cos x-\cos y)a^x\ln a$.

分析 即证
$$\frac{a^y-a^x}{\cos y-\cos x}<-a^x\ln a=\frac{a^x\ln a}{-1},$$
注意不等式的左端,且 $(a^x)'=a^x\ln a$,$(\cos x)'=-\sin x$,而 $|\sin x|\leq 1$,应用柯西中值定理.

证 设 $f(t)=a^t$，$g(t)=\cos t$，依题设在区间 $[x,y]$ 上应用柯西中值定理，有
$$\frac{a^y-a^x}{\cos y-\cos x}=\frac{a^\xi \ln a}{-\sin \xi}, \quad 0<x<\xi<y<\frac{\pi}{2},$$
即
$$a^y-a^x=(\cos x-\cos y)\cdot a^\xi \ln a \cdot \frac{1}{\sin \xi}.$$
因 $a^x<a^\xi$，$0<\sin \xi<1$，由上式可得 $a^y-a^x>(\cos x-\cos y)a^x \ln a$.

例 5 设 $f(x)$ 在 $[a,b]$ 上满足罗尔定理的三个条件，且不恒为常数，证明：在 (a,b) 内存在 ξ_1, ξ_2，使得 $f'(\xi_1)>0$，$f'(\xi_2)<0$.

分析 用罗尔定理不可能得到欲证不等式. 注意 $f(x)$ 不恒为常数，必存在 $c\in(a,b)$，使
$$f(c)>f(a)=f(b) \quad 或 \quad f(c)<f(a)=f(b)（这是题设）.$$

证 由 $f(a)=f(b)$ 且 $f(x)$ 不恒为常数，所以，存在 $c\in(a,b)$，使
$$f(c)>f(a)=f(b) \quad 或 \quad f(c)<f(a)=f(b).$$
当 $f(c)>f(a)=f(b)$ 时，$f(x)$ 分别在 $[a,c]$ 和 $[c,b]$ 上应用拉格朗日中值定理，有
$$f'(\xi_1)=\frac{f(c)-f(a)}{c-a}>0, \quad \xi_1\in(a,c)\subset(a,b),$$
$$f'(\xi_2)=\frac{f(b)-f(c)}{b-c}<0, \quad \xi_2\in(c,b)\subset(a,b).$$
当 $f(c)<f(a)=f(b)$ 时，同理可证，$f'(\xi_1)<0$，$f'(\xi_2)>0$.

例 6 以下四个命题中，正确的是（　　）.
(A) 若 $f'(x)$ 在 $(0,1)$ 内连续，则 $f(x)$ 在 $(0,1)$ 内有界
(B) 若 $f(x)$ 在 $(0,1)$ 内连续，则 $f'(x)$ 在 $(0,1)$ 内有界
(C) 若 $f'(x)$ 在 $(0,1)$ 内有界，则 $f(x)$ 在 $(0,1)$ 内有界
(D) 若 $f(x)$ 在 $(0,1)$ 内有界，则 $f'(x)$ 在 $(0,1)$ 内有界

分析 用拉格朗日中值定理：$f(x)-f(a)=f'(\xi)(x-a)$. 这是由 $|f'(x)|\leqslant M$，推出 $|f(x)-f(a)|\leqslant M(b-a)$，从而 $f(x)$ 有界.

解 显然 (B) 不正确. (A) 不正确的反例：$f(x)=\frac{1}{x}$ 在 $(0,1)$ 内连续，而 $f(x)=\ln x$（加上常数 C 也可）在 $(0,1)$ 内无界. (D) 不正确的反例：$f(x)=\sqrt{x}$ 在 $(0,1)$ 内有界，而 $f'(x)=\frac{1}{2\sqrt{x}}$ 在 $(0,1)$ 内无界.

证明 (C) 正确. 由 $f'(x)$ 在 $(0,1)$ 内有界，存在 $M>0$，使得当 $x\in(0,1)$ 时，$|f'(x)|\leqslant M$. 用拉格朗日中值定理，对任意 $x\in(0,1)$，存在 ξ 介于 x 与 $\frac{1}{2}$ 之间，有
$$f(x)-f\left(\frac{1}{2}\right)=f'(\xi)\left(x-\frac{1}{2}\right),$$
$$|f(x)|\leqslant \left|f\left(\frac{1}{2}\right)\right|+|f'(\xi)|\left|x-\frac{1}{2}\right|\leqslant \left|f\left(\frac{1}{2}\right)\right|+\frac{3}{2}M, \quad x\in(0,1).$$
即 $f(x)$ 在 $(0,1)$ 内有界.

六、用微分中值定理求极限

用微分中值定理求极限的思路 若在极限式中,可看做有因子
$$f(b)-f(a) \quad \text{或} \quad \frac{f(b)-f(a)}{g(b)-g(a)},$$
可考虑用拉格朗日中值定理或柯西中值定理,把上述因子转化为 $f'(\xi)(b-a)$ 或 $\dfrac{f'(\xi)}{g'(\xi)}$,然后再求极限.

例 1 求 $\lim\limits_{n\to\infty} n\left(\arctan\dfrac{n+1}{n}-\arctan\dfrac{n}{n+1}\right).$

解 设 $f(x)=\arctan x$,在区间 $\left[\dfrac{n}{n+1},\dfrac{n+1}{n}\right]$ 上,由拉格朗日中值定理,有
$$\arctan\frac{n+1}{n}-\arctan\frac{n}{n+1}=\frac{1}{1+\xi^2}\cdot\frac{2n+1}{n(n+1)}, \quad \frac{n}{n+1}<\xi<\frac{n+1}{n}.$$
由夹逼准则知,$\lim\limits_{n\to\infty}\xi=1$,于是
$$I=\lim_{n\to\infty}\frac{n}{1+\xi^2}\cdot\frac{2n+1}{n(n+1)}=1.$$

例 2 求 c 的值,已知函数 $f(x)$ 在 $(-\infty,+\infty)$ 内可导,且
$$\lim_{x\to\infty}f'(x)=\mathrm{e}, \quad \lim_{x\to\infty}\left(\frac{x+c}{x-c}\right)^x=\lim_{x\to\infty}[f(x)-f(x-1)].$$

解 注意到题设的第一个极限式及第二个极限式中的因子 $[f(x)-f(x-1)]$. 在区间 $[x-1,x]$ 上用拉格朗日中值定理,有
$$f(x)-f(x-1)=f'(\xi)\cdot 1, \quad x-1<\xi<x.$$
于是 $\lim\limits_{x\to\infty}[f(x)-f(x-1)]=\lim\limits_{\xi\to\infty}f'(\xi)=\mathrm{e}.$ 又 $\lim\limits_{x\to\infty}\left(\dfrac{x+c}{x-c}\right)^x=\mathrm{e}^{2c}=\mathrm{e}$,知 $c=\dfrac{1}{2}.$

例 3 求 $\lim\limits_{x\to a}\dfrac{\sin(x^x)-\sin a^x}{a^{x^x}-a^{a^x}}$ $(a>1).$

解 用柯西中值定理. 设 $f(t)=\sin t$,$g(t)=a^t$,则
$$\frac{\sin(x^x)-\sin a^x}{a^{x^x}-a^{a^x}}=\frac{f'(\xi)}{g'(\xi)}=\frac{\cos\xi}{a^\xi\ln a}, \quad \xi \text{ 介于 } a^x \text{ 与 } x^x \text{ 之间}.$$
因 $\lim\limits_{x\to a}x^x=\lim\limits_{x\to a}a^x=a^a$,由夹逼准则,$\lim\limits_{x\to a}\xi=a^a$,于是
$$I=\lim_{x\to a}\frac{\cos\xi}{a^\xi\ln a}=\lim_{\xi\to a^a}\frac{\cos\xi}{a^\xi\ln a}=\frac{\cos(a^a)}{a^{a^a}\ln a}.$$

作为拉格朗日中值定理的应用,在此给出用导函数在 x_0 处的左、右极限确定左、右导数的证明.

例 4 设函数 $f(x)$ 在 x_0 的左邻域 $[x_0-\delta, x_0]$ 上连续,在 $(x_0-\delta, x_0)$ 内可导,且 $\lim\limits_{x\to x_0^-} f'(x)$ 存在,证明: $\lim\limits_{x\to x_0^-} f'(x) = f'_-(x_0)$.

证 任取 $x \in (x_0-\delta, x_0)$. 由题设,$f(x)$ 在 $[x, x_0]$ 上满足拉格朗日中值定理的条件,因此,至少存在一点 $\xi \in (x, x_0)$,使得

$$\frac{f(x)-f(x_0)}{x-x_0} = f'(\xi), \quad x < \xi < x_0.$$

当 $x \to x_0^-$ 时,$\xi \to x_0^-$. 将上式两边取极限,得

$$\lim_{x\to x_0^-} \frac{f(x)-f(x_0)}{x-x_0} = \lim_{\xi\to x_0^-} f'(\xi).$$

上式右边 $\lim\limits_{\xi\to x_0^-} f'(\xi) = \lim\limits_{x\to x_0^-} f'(x)$,由题设知其极限存在. 按导数定义,上式左边就是 $f(x)$ 在 x_0 的左导数 $f'_-(x_0)$. 所以得到 $f'_-(x_0) = \lim\limits_{x\to x_0^-} f'(x)$.

注 同样可证明 $f'_+(x_0) = \lim\limits_{x\to x_0^+} f'(x)$.

七、确定函数的增减性与极值

1. 确定函数 $f(x)$ 单调增减区间的程序

(1) 确定 $f(x)$ 的连续区间(对初等函数就是有定义的区间).

(2) 求出增减区间的可能分界点:驻点、不可导点.

(3) 判别:驻点、不可导点将 $f(x)$ 的连续区间分成若干个部分区间. 假设 (a,b) 是其中的一个部分区间,当 $x \in (a,b)$ 时,若 $f'(x) > 0$ 或 $f'(x) \geqslant 0$($f'(x) < 0$ 或 $f'(x) \leqslant 0$),等号只在一些点成立,则 $f(x)$ 在 (a,b) 内单调增加(减少).

2. 确定函数 $f(x)$ 极值的程序

(1) 确定 $f(x)$ 的连续区间.

(2) 求出可能取极值的点:驻点、不可导点.

(3) 判别:

$1°$ 设 $f'(x_0)=0$ 或 $f'(x_0)$ 不存在:当 $f'(x)$ 的符号在 x_0 的左右近旁由正(或负)变负(或正)时,则 x_0 是 $f(x)$ 的极大(或极小)值点;

$2°$ 设 $f'(x_0)=0$,若 $f''(x_0)<0$(或 $f''(x_0)>0$),则 x_0 是 $f(x)$ 的极大(或极小)值点.

当 $f'(x_0)=0$,$f''(x_0)$ 不存在时,只能用上述 $1°$ 考查;当 $f'(x_0)=0$,$f''(x_0)=0$ 时,可用上述 $1°$ 考查,也可用下述一般方法考查(见本节表 1).

(4) 若 x_0 是极值点,求出极值 $f(x_0)$.

3. 确定复合函数极值点的简便方法

设 $f(x)$ 在区间 I 内是单调的,则复合函数 $f(\varphi(x))$ 与 $\varphi(x)$ 有相同的极值点. 特别地,当 $f(x)$ 单调增加时,$f(\varphi(x))$ 与 $\varphi(x)$ 有一致的极值点. 证明见例 1.

4. 在闭区间$[a,b]$上求连续函数 $f(x)$ 最值的程序

(1) 求出 $f(x)$ 在区间 (a,b) 内的所有驻点和导数不存在点的函数值；

(2) 求出区间端点的函数值 $f(a)$ 和 $f(b)$；

(3) 将这些值进行比较，其中最大(小)者为最大(小)值.

注 (1) 若 $f(x)$ 在连续区间 (a,b) 内仅有一个极值，是极大(小)值时，它就是 $f(x)$ 在 $[a,b]$ 上的最大(小)值. 若 $f(x)$ 在 $[a,b]$ 上为单调函数，则最大(小)值在区间端点取得.

(2) 在开区间、半开区间和无限区间内求 $f(x)$ 的最值时，对区间的端点应考查单侧极限. 若极限值最大或最小，则 $f(x)$ 在该区间内无最大值或最小值.

5. 确定函数增减性、极值、曲线凹凸与拐点的一般方法（表1）

设 $f(x)$ 在 $U(x_0)$ 内有连续的 n 阶导数，可按表1确定其增减性、极值、曲线凹凸与拐点.

表 1

	$f'(x_0)=f''(x_0)=\cdots=f^{(n-1)}(x_0)=0, f^{(n)}(x_0)\neq 0$		
n	$f^{(n)}(x_0)$	函数 $f(x)$	曲线 $y=f(x)$
偶 数	+	有极小值 $f(x_0)$	在 $U(x_0)$ 凹
偶 数	-	有极大值 $f(x_0)$	在 $U(x_0)$ 凸
奇 数	+	在点 x_0 增加	$n\geq 3$，有拐点 $(x_0,f(x_0))$
奇 数	-	在点 x_0 减少	$n\geq 3$，有拐点 $(x_0,f(x_0))$

例1 设 $f(x)$ 单调增加，证明 $f(\varphi(x))$ 与 $\varphi(x)$ 有一致的极值点.

证 不妨设 x_0 为 $\varphi(x)$ 的极大值点，则在 $U(x_0)$ 内，当 $x\neq x_0$ 时，有 $\varphi(x)<\varphi(x_0)$. 由 $f(x)$ 单调增加，有 $f(\varphi(x))<f(\varphi(x_0))$，即 x_0 也为 $f(\varphi(x))$ 的极大值点.

反之，设 x_0 为 $f(\varphi(x))$ 的极大值点，则在 $U(x_0)$ 内，当 $x\neq x_0$ 时，有 $f(\varphi(x))<f(\varphi(x_0))$. 因 $f(x)$ 单调增加，故 $\varphi(x)<\varphi(x_0)$，即 x_0 也为 $\varphi(x)$ 的极大值点. 于是 $f(\varphi(x))$ 与 $\varphi(x)$ 有相同的极大值点.

同理可证 $f(\varphi(x))$ 与 $\varphi(x)$ 有相同的极小值点. 综上，$f(\varphi(x))$ 与 $\varphi(x)$ 有一致的极值点.

例如，讨论 $f(x)=\sqrt[3]{x^3-x^2-x+1}$ 的增减性及极值. 因 $\sqrt[3]{x}$ 是单调增加的，故 $\varphi(x)=x^3-x^2-x+1$ 与 $f(x)$ 的增减性及极值是一致的.

由 $\varphi'(x)=(3x+1)(x-1)=0$ 得 $x=-1/3, x=1$；又

$$\varphi''(x)=6x-2, \quad \varphi''(-1/3)=-4<0, \quad \varphi''(1)=4>0,$$

所以，$x=-1/3, x=1$ 分别是 $\varphi(x)$ 的极大值点和极小值点.

对于 $f(x), f(-1/3)=\sqrt[3]{\varphi(-1/3)}=2\sqrt[3]{4}/3$ 是极大值，$f(1)=\sqrt[3]{\varphi(1)}=0$ 是极小值，且在 $(-\infty,-1/3),(1,+\infty)$ 内单调增加，在 $(-1/3,1)$ 内单调减少.

例2 设 $f(x)$ 在 $[0,+\infty)$ 上连续，$f(0)=0$，在 $(0,+\infty)$ 内可导，且 $f'(x)$ 单调增加，证明 $F(x)=\dfrac{f(x)}{x}$ 在 $(0,+\infty)$ 内单调增加.

分析 只需证明：当 $x>0$ 时，$F'(x)>0$. 又

$$F'(x) = \frac{xf'(x)-f(x)}{x^2} = \frac{1}{x}\left[f'(x) - \frac{f(x)}{x}\right], \quad 需证 \quad f'(x) > \frac{f(x)}{x}.$$

证 由题设，$f(x)$ 在 $[0,x]$ 上应用拉格朗日中值定理，有

$$\frac{f(x)-f(0)}{x-0} = \frac{f(x)}{x} = f'(\xi), \quad 0<\xi<x.$$

由于 $f'(x)$ 在 $(0,+\infty)$ 内单调增加，故

$$F'(x) = \frac{1}{x}[f'(x) - f'(\xi)] > 0, \quad x > \xi > 0.$$

从而 $F(x)$ 在 $(0,+\infty)$ 单调增加.

例 3 设 $f(x)$ 对 $x \in (-\infty, +\infty)$ 满足方程

$$(x-1)f''(x) + 2(x-1)[f'(x)]^3 = 1 - e^{1-x}.$$

(1) 若 $f(x)$ 在 $x=a(\neq 1)$ 取得极值，证明它是极小值；

(2) 若 $f(x)$ 在 $x=1$ 取得极值，问它是极大值还是极小值.

分析 (1) 应由 $f'(a)=0$ 推出 $f''(a)>0$；

(2) 应由 $f'(1)=0$，判别 $f''(1)$ 的符号.

解 (1) 由题设知 $f'(a)=0$，将 $x=a(\neq 1)$ 代入原方程，有

$$f''(a) = \frac{1-e^{1-a}}{a-1}.$$

由此，当 $a>1$ 时，$e^{1-a}<1$；当 $a<1$ 时，$e^{1-a}>1$，故 $a-1$ 与 $1-e^{1-a}$ 同号，从而 $f''(a)>0$，$f(a)$ 是极小值.

(2) 由题设知 $f'(1)=0$，由 $f''(x)$ 存在知 $f'(x)$ 连续. 由原方程有

$$\lim_{x\to 1} f''(x) = \lim_{x\to 1}\frac{1-e^{1-x}-2(x-1)[f'(x)]^3}{x-1}$$

$$= 1 - 2\lim_{x\to 1}[f'(x)]^3 = 1 - 2[f'(1)]^3 = 1 > 0.$$

由极限的保号性，在点 1 的某邻域内 $f''(x)>0$，故 $f''(1)>0$，$f(1)$ 是极小值.

例 4 设 $y=f(x)$ 由方程 $2y^3 - 2y^2 + 2xy - x^2 = 1$ 所确定，求 $y=f(x)$ 的驻点，并判定其驻点是否为极值点.

解 先由隐函数求导法求出 $y'_x = \dfrac{x-y}{3y^2-2y+x}$. 再由 $y'_x=0$ 及原方程确定驻点：由 $y'_x=0$ 得 $y=x$，代入原方程，有

$$2x^3 - x^2 - 1 = 0 \quad 或 \quad (x-1)(2x^2+x+1) = 0,$$

仅有根 $x=1$.

当 $y=x=1$ 时，$3y^2-2y+x \neq 0$，故 $x=1$ 是驻点.

最后判定：由 y'_x 的表达式得 $(3y^2-2y+x)y' = x-y$，两端求导得

$$(3y^2-2y+x)'_x y' + y''(3y^2-2y+x) = 1-y'.$$

注意到 $y'|_{x=1}=0$，$y|_{x=1}=1$，由上式得 $y''|_{x=1}=\frac{1}{2}>0$，所以 $x=1$ 是 $y=f(x)$ 的极小值点．

例 5 设函数 $f(x)$ 连续，且 $f'(0)>0$，则存在 $\delta>0$，使得（　　）．

(A) $f(x)$ 在 $(0,\delta)$ 内单调增加　　　　(B) $f(x)$ 在 $(-\delta,0)$ 内单调减少

(C) 对任意的 $x\in(0,\delta)$ 有 $f(x)>f(0)$　　(D) 对任意的 $x\in(-\delta,0)$ 有 $f(x)>f(0)$

解 选(C)．由 $f(x)$ 连续且 $f'(0)=\lim\limits_{x\to 0}\dfrac{f(x)-f(0)}{x}>0$ 知，存在 $\delta>0$ 使得当 $x\in(-\delta,\delta)$ 时，$\dfrac{f(x)-f(0)}{x}>0$，故当 $x\in(0,\delta)$ 时，$f(x)>f(0)$．

例 6 设函数 $f(x)$ 在点 x_0 的某邻域内有定义，且

$$\lim_{x\to x_0}\frac{f(x)-f(x_0)}{(x-x_0)^n}=k,$$

其中 n 为正整数，常数 $k\ne 0$，讨论 $f(x)$ 在 x_0 处是否有极值．

解 由题设及极限的保号性，在 x_0 邻近 $\dfrac{f(x)-f(x_0)}{(x-x_0)^n}$ 与 k 同号．由此，在 x_0 的某邻域内

(1) 当 n 为偶数时，

若 $k>0$，则 $f(x)-f(x_0)>0$，由极值定义，$f(x_0)$ 是 $f(x)$ 的极小值；

若 $k<0$，则 $f(x)-f(x_0)<0$，$f(x_0)$ 是 $f(x)$ 的极大值．

(2) n 为奇数时，

若 $k>0$，当 $x-x_0<0$ 时，$f(x)-f(x_0)<0$，当 $x-x_0>0$ 时，$f(x)-f(x_0)>0$；

若 $k<0$，当 $x-x_0<0$ 时，$f(x)-f(x_0)>0$，当 $x-x_0>0$ 时，$f(x)-f(x_0)<0$．

即 n 为奇数时，$f(x)$ 在 x_0 处没有极值．

例 7 已知 $f(x)$ 在 $x=0$ 的某邻域内连续，且 $f(0)=0$，$\lim\limits_{x\to 0}\dfrac{f(x)}{1-\cos x}=2$，则在 $x=0$ 处 $f(x)$（　　）．

(A) 不可导　　(B) 可导，且 $f'(0)\ne 0$　　(C) 取得极大值　　(D) 取得极小值

分析 由于各选择项均与 $f'(0)$ 是否存在及是否为零有关，因此从求 $f'(0)$ 入手．

解 1 选(D)．

$$f'(0)=\lim_{x\to 0}\frac{f(x)-f(0)}{x-0}=\lim_{x\to 0}\frac{f(x)}{1-\cos x}\cdot\frac{1-\cos x}{x}=2\times 0=0.$$

由此，否定(A)和(B)．在 $x=0$ 的某空心邻域内，由 $\lim\limits_{x\to 0}\dfrac{f(x)}{1-\cos x}=2>0$ 和 $1-\cos x>0$ 及极限的保号性知 $f(x)>0=f(0)$．可见 $f(0)$ 是极小值．

解 2 由于当 $x\to 0$ 时，$1-\cos x\sim\dfrac{x^2}{2}$，又因 $f(0)=0$，则

$$\lim_{x\to 0}\frac{f(x)}{1-\cos x}=2\lim_{x\to 0}\frac{f(x)}{x^2}=2\lim_{x\to 0}\frac{f(x)-f(0)}{(x-0)^2}=2.$$

由例 6 知，$f(x)$ 在 $x=0$ 处有极小值.

例 8 设 $f(x)=e^x+e^{-x}+2\cos x$，则 $x=0$（ ）.

(A) 不是 $f(x)$ 的驻点 (B) 是 $f(x)$ 的驻点，但不是极值点

(C) 是 $f(x)$ 的极小值点 (D) 是 $f(x)$ 的极大值点

解 选(C). $f'(x)=e^x-e^{-x}-2\sin x$，$f'(0)=0$，否定(A). 又由于

$$f''(x)=e^x+e^{-x}-2\cos x, \quad f''(0)=0;$$
$$f'''(x)=e^x-e^{-x}+2\sin x, \quad f'''(0)=0;$$
$$f^{(4)}(x)=e^x+e^{-x}+2\cos x, \quad f^{(4)}(0)=4>0,$$

因此 $x=0$ 是极小值点.

例 9 设函数 $f(x)$ 在定义域内可导，$y=f(x)$ 的图形如图 3-2 所示，则导数 $y=f'(x)$ 的图形为( ).

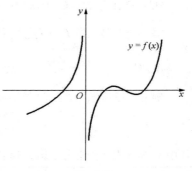

图 3-2

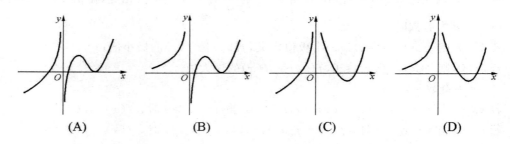

(A)　　　　　　(B)　　　　　　(C)　　　　　　(D)

解 选(D). 由已知图形看，在 $(-\infty,0)$ 内，函数 $y=f(x)$ 单调增加，故必有 $f'(x)>0$，从而曲线 $y=f'(x)$ 应在 x 轴上方，这就排除了(A)和(C)；而在 $(0,+\infty)$ 内，函数 $y=f(x)$ 先增后减再增，故 $f'(x)$ 应先正后负再正，这就排除了(B).

例 10 设函数 $f(x)$ 在 $(-\infty,+\infty)$ 内连续，其导函数的图形如图 3-3 所示，则 $f(x)$ 有( ).

(A) 一个极小值点和两个极大值点 (B) 两个极小值点和一个极大值点

(C) 两个极小值点和两个极大值点 (D) 三个极小值点和一个极大值点

解 选(C). 曲线与 x 轴有三个交点，按由小到大的顺序排，第一个交点处、第二个交点处、第三个交点处分别是极大值点(由 $f'(x)>0$ 变为 $f'(x)<0$)、极小值点(由 $f'(x)<0$ 变为 $f'(x)>0$)和极小值点. 而在 $x=0$ 处，函数 $f(x)$ 不可导，但 $x=0$ 是极大值点($f(x)$ 在 $x=0$ 连续，且在 $x=0$ 的左侧邻近 $f'(x)>0$，在 $x=0$ 的右侧邻近 $f'(x)<0$).

例 11 求 $f(x)=x^3-3x^2+2$ 在区间 $[-a,a]$ 上的最大值与最小值.

分析 由于 a 不是确定的数，要按 a 的不同取值分各种情况考虑. 解题时，不能按一般解题程序进行.

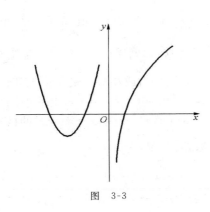

图 3-3

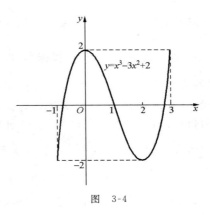

图 3-4

解 由 $f'(x)=3x(x-2)=0$ 得 $x=0,x=2$. 为求 $f(x)$ 的最值,参见下表和图 3-4.

x	$(-\infty,0)$	0	$(0,2)$	2	$(2,+\infty)$
$f'(x)$	+	0	−	0	+
$f(x)$	↗	极大值 2	↘	极小值 −2	↗

(1) 先考虑最大值. 注意到 $f(0)=2$ 是极大值,在 $(2,+\infty)$ 内函数 $f(x)$ 单调增加且 $f(3)=2$. 所以在 $[-a,a]$ 上:当 $a\leqslant 3$ 时,最大值与极大值 $f(0)=2$ 相同;当 $a>3$ 时,最大值是 $f(a)=a^3-3a^2+2$.

(2) 再考虑最小值. 因
$$f(a)-f(-a)=(a^3-3a^2+2)-(-a^3-3a^2+2)=2a^3>0,$$
所以 $f(a)>f(-a)$.

注意到 $f(2)=-2$ 是极小值且 $f(-1)=-2$,故在 $[-a,a]$ 上:

当 $a\leqslant 2$ 时,最小值是 $f(-a)=-a^3-3a^2+2$;

当 $a>2$ 时,最小值也是 $f(-a)=-a^3-3a^2+2$.

综上所述,$f(x)$ 的最大值是 $\begin{cases} 2, & a\leqslant 3, \\ a^3-3a^2+2, & a>3; \end{cases}$ 最小值是 $-a^3-3a^2+2$.

例 12 设 $a>1$, $f(t)=a^t-at$ 在 $(-\infty,+\infty)$ 内的驻点为 $t(a)$,问:a 为何值时,$t(a)$ 最小? 并求出最小值.

解 由 $f'(t)=a^t\ln a-a=0$,得唯一驻点 $t(a)=1-\dfrac{\ln\ln a}{\ln a}$.

考查函数 $t(a)=1-\dfrac{\ln\ln a}{\ln a}$ 在 $a>1$ 时的最小值. 令

$$t'(a)=-\dfrac{\dfrac{1}{a}-\dfrac{1}{a}\ln\ln a}{(\ln a)^2}=-\dfrac{1-\ln\ln a}{a(\ln a)^2}=0, \quad 得 \quad a=e^e.$$

当 $a>e^e$ 时，$t'(a)>0$；当 $a<e^e$ 时，$t'(a)<0$，因此 $t(e^e)=1-\dfrac{1}{e}$ 为极小值，从而是最小值.

例 13 对 t 取不同的值，讨论函数 $f(x)=\dfrac{1+2x}{2+x^2}$ 在区间 $[t,+\infty)$ 上是否有最大值或最小值；若存在最大值或最小值，求出相应的最大值点和最大值，或相应的最小值点和最小值.

分析 由于 t 值可取任何实数，因此首先应弄清 $f(x)$ 在 $(-\infty,+\infty)$ 上的单调性和极值；由于区间 $[t,+\infty)$ 是无限区间，还应研究函数 $f(x)$ 当 $x\to-\infty$ 和 $x\to+\infty$ 时的极限.

解 令 $f'(x)=\dfrac{2(x+2)(1-x)}{(2+x^2)^2}=0$，得 $x=-2,x=1$. 又
$$\lim_{x\to-\infty}f(x)=\lim_{x\to+\infty}f(x)=0,\quad f(-1/2)=0.$$
于是 $f(x)$ 的单调性和极值等性态可列表说明如下（表中用"→0"表示 $f(x)$ 的极限为 0）：

x	$(-\infty,-2)$	-2	$(-2,-\dfrac{1}{2})$	$-\dfrac{1}{2}$	$(-\dfrac{1}{2},1)$	1	$(1,+\infty)$
$f'(x)$	$-$	0	$+$	$+$	$+$	0	$-$
$f(x)$	↘ $(0\leftarrow)$	$-\dfrac{1}{2}$ 极小值	↗	0	↗	1 极大值	↘ $(\to 0)$

用 $m(t)$ 和 $M(t)$ 分别表示 $f(x)$ 在 $[t,+\infty)$ 上的最小值和最大值. 由上表可知：

(1) 当 $t\leqslant-2$ 时，$m(t)=f(-2)=-1/2$，$M(t)=f(1)=1$；

(2) 当 $-2<t\leqslant-1/2$ 时，$m(t)=f(t)=\dfrac{1+2t}{2+t^2}$，$M(t)=f(1)=1$；

(3) 当 $-1/2<t\leqslant 1$ 时，无 $m(t)$，$M(t)=f(1)=1$；

(4) 当 $t>1$ 时，无 $m(t)$，$M(t)=f(t)=\dfrac{1+2t}{2+t^2}$.

注 本例，由于 $f(-1/2)=0$，必须把 $t=-1/2$ 作为 t 取值的一个分界点.

八、确定曲线的凹凸与拐点

1. 确定曲线 $y=f(x)$ 的凹凸与拐点的程序

(1) 确定函数 $f(x)$ 的连续区间.

(2) 求方程 $f''(x)=0$ 的根，$f''(x)$ 不存在的点（$f(x)$ 在该点连续）.

(3) 判别：$f''(x)=0$ 的根和 $f''(x)$ 不存在的点（若有的话）将连续区间分成若干个部分区间. 设 (a,b) 是其中一个部分区间，当 $x\in(a,b)$ 时，若 $f''(x)>0$ 或 $f''(x)<0$，则曲线 $y=f(x)$ 在 (a,b) 内凹或凸.

设 $f''(x_0)=0$ 或 $f''(x_0)$ 不存在，若在点 x_0 的左右邻域内 $f''(x)$ 的符号相反，则点 $(x_0,f(x_0))$ 是曲线 $y=f(x)$ 的拐点.

2. 曲线凹凸与拐点的一般检验法(见本章第七节表1)

例 1 设函数 $y=f(x)$ 具有二阶导数,且 $f'(x)>0, f''(x)>0$, Δx 为自变量 x 在点 x_0 处的改变量,Δy 与 dy 分别为 $f(x)$ 在点 x_0 处对应的增量与微分. 若 $\Delta x>0$,则( ).

(A) $0<dy<\Delta y$ (B) $0<\Delta y<dy$ (C) $\Delta y<dy<0$ (D) $dy<\Delta y<0$

解 1 选(A). 因 $f'(x)>0, f''(x)>0$,故曲线 $y=f(x)$ 单调升且凹,按微分的几何意义(见图 3-5)可知(A)成立.

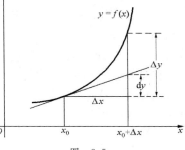

图 3-5

解 2 由于
$$\Delta y = f(x_0+\Delta x)-f(x_0)=f'(\xi)\Delta x>0,$$
$$x_0<\xi<x_0+\Delta x,$$
又由 $f''(x)>0$ 知 $f'(x)$ 单调增,即 $f'(\xi)>f'(x_0)$,而 $dy=f'(x_0)\Delta x>0$,故 $\Delta y>dy>0$.

解 3 由题设,曲线 $y=f(x)$ 单调升且凹,故有
$$f(x_0+\Delta x)>f(x_0)+f'(x_0)\Delta x$$
或
$$\Delta y=f(x_0+\Delta x)-f(x_0)>f'(x_0)\Delta x(=dy)>0.$$

例 2 试证明曲线 $y=\dfrac{x+1}{x^2+1}$ 有三个拐点位于同一直线上.

证 曲线所对应函数的连续区间是 $(-\infty,+\infty)$.
$$y'=\frac{1-2x-x^2}{(x^2+1)^2}, \quad y''=\frac{2(x-1)(x^2+4x+1)}{(x^2+1)^3}.$$

令 $y''=0$ 得 $x_1=-2-\sqrt{3}, x_2=-2+\sqrt{3}, x_3=1$.

列表判定:

x	$(-\infty,-2-\sqrt{3})$	$-2-\sqrt{3}$	$(-2-\sqrt{3},-2+\sqrt{3})$	$-2+\sqrt{3}$	$(-2+\sqrt{3},1)$	1	$(1,+\infty)$
y''	$-$	0	$+$	0	$-$	0	$+$
y	$\cap$	$-\dfrac{\sqrt{3}-1}{4}$ 拐点	$\cup$	$\dfrac{\sqrt{3}+1}{4}$ 拐点	$\cap$	1 拐点	$\cup$

拐点有三个:$A\left(-2-\sqrt{3},-\dfrac{\sqrt{3}-1}{4}\right)$,$B\left(-2+\sqrt{3},\dfrac{\sqrt{3}+1}{4}\right)$ 和 $C(1,1)$.

过点 A,B 的直线斜率 $k_{AB}=\dfrac{\dfrac{\sqrt{3}+1}{4}+\dfrac{\sqrt{3}-1}{4}}{-2+\sqrt{3}+2+\sqrt{3}}=\dfrac{1}{4}$;过点 A,C 的直线斜率 $k_{AC}=\dfrac{1+\dfrac{\sqrt{3}-1}{4}}{1+2+\sqrt{3}}=\dfrac{1}{4}$,所以,点 A,B,C 在同一直线上.

例 3 试证三次曲线 $y=f(x)$ 只有一个拐点,设其拐点为 $A(x_0,f(x_0))$,并证明曲线 $y=f(x)$ 关于点 A 对称.

分析 若 $A(x_0, f(x_0))$ 是三次曲线的拐点,将坐标原点平移到点 A,只要证出在新坐标系 XAY 下,曲线方程为 $Y = pX^3 + qX$(奇函数)即可.

证 设
$$f(x) = ax^3 + bx^2 + cx + d \quad (a \neq 0),$$
$$x \in (-\infty, +\infty).$$

因 $f''(x) = 6ax + 2b = 2(3ax + b)$,当 $x_0 = -\dfrac{b}{3a}$ 时,$f''(x_0) = 0$. 而 $f'''(x) = 6a$,$f'''(x_0) = 6a \neq 0$,所以,点 $(x_0, f(x_0))$ 是曲线唯一的拐点.

将坐标轴平行移动,使点 $A(x_0, f(x_0))$ 为原点,则在新坐标系 XAY 下(图 3-6),曲线方程为 $Y + f(x_0) = f(X + x_0)$. 由于

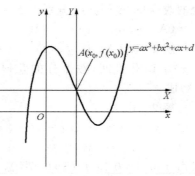

图 3-6

$$\begin{aligned}
f(X + x_0) &= a(X + x_0)^3 + b(X + x_0)^2 + c(X + x_0) + d \\
&= aX^3 + (3ax_0 + b)X^2 + (3ax_0^2 + 2bx_0 + c)X + (ax_0^3 + bx_0^2 + cx_0 + d) \\
&= aX^3 + (3ax_0^2 + 2bx_0 + c)X + f(x_0) \text{(因 } 3ax_0 + b = 0),
\end{aligned}$$

所以
$$Y = F(X) = aX^3 + (3ax_0^2 + 2bx_0 + c)X.$$

显然有 $F(-X) = -F(X)$. 这说明曲线 $Y = F(X)$ 关于原点 A 对称,从而曲线 $y = f(x)$ 关于拐点 $A(x_0, f(x_0))$ 对称.

注 四次曲线可能有两个拐点,也可能没有拐点.

例 4 设函数 $f(x)$ 在 $U_\delta(0)$ 内有连续的二阶导数,且 $f'(0) = 0$,试在下述条件下判别 $f(0)$ 是否为函数 $f(x)$ 的极值,$(0, f(0))$ 是否为曲线 $y = f(x)$ 的拐点:

(1) $\lim\limits_{x \to 0} \dfrac{f''(x)}{|x|} = 1$;   (2) $\lim\limits_{x \to 0} \dfrac{f''(x)}{\sin x} = 1$.

解 (1) 由极限的保号性及已知极限式知,在 $\overset{\circ}{U}_\delta(0)$ 内,$\dfrac{f''(x)}{|x|} > 0$,即 $f''(x) > 0$;因 $f''(x)$ 在 $U_\delta(0)$ 内连续,故曲线 $y = f(x)$ 在 $U_\delta(0)$ 内凹. 又 $f'(0) = 0$,即 $x = 0$ 是驻点. 可知 $f(0)$ 是 $f(x)$ 的极小值.

(2) 由已知极限式及二阶导数在 $U_\delta(0)$ 内连续知,$f''(0) = 0$. 又由极限的保号性及 $\sin x$ 在 $x = 0$ 两侧近旁异号知,$f''(x)$ 在 $x = 0$ 的两侧近旁异号,故 $(0, f(0))$ 是曲线 $y = f(x)$ 的拐点.

例 5 设函数 $f(x)$ 满足关系式 $f''(x) + [f'(x)]^2 = x$,且 $f'(0) = 0$,则(   ).

(A) $f(0)$ 是 $f(x)$ 的极大值   (B) $f(0)$ 是 $f(x)$ 的极小值

(C) $(0, f(0))$ 是曲线 $y = f(x)$ 的拐点

(D) $f(0)$ 不是 $f(x)$ 的极值,$(0, f(0))$ 也不是曲线 $y = f(x)$ 的拐点

解 选(C). 将 $x = 0$ 代入已知式中,因 $f'(0) = 0$,得 $f''(0) = 0$.

由 $\lim\limits_{x \to 0} \dfrac{f'(x)}{x} = \lim\limits_{x \to 0} \dfrac{f'(x) - f'(0)}{x} = f''(0) = 0$. 所以当 $x \to 0$ 时,$f'(x)$ 是比 x 的高阶无穷小,从而 $[f'(x)]^2$ 是比 x^2 的高阶无穷小. 此时已知关系式可写成

$$f''(x) = x + o(x^2) \quad (x \to 0).$$

在充分小的 $U_\delta(0)$ 内,当 $x<0$ 时,有 $f''(x)<0$;当 $x>0$ 时,$f''(x)>0$. 故 $(0,f(0))$ 是曲线 $y=f(x)$ 的拐点.

九、用图形的对称性确定函数(曲线)的性态

1. 关于 x 轴对称的图形

函数 $y=f(x)$ 与 $y=-f(x)$ 的图形关于 x 轴对称.

(1) **增减性** 在同一区间内,函数 $y=f(x)$ 与 $y=-f(x)$ 的增减性正好相反.

(2) **极值** 若点 x_0 是函数 $y=f(x)$ 的极大(小)值点,$f(x_0)$ 是函数 $y=f(x)$ 的极大(小)值,则点 x_0 是函数 $y=-f(x)$ 的极小(大)值点,$-f(x_0)$ 是函数 $y=-f(x)$ 的极小(大)值.

(3) **凹向** 在同一区间内,曲线 $y=f(x)$ 与 $y=-f(x)$ 的凹向正好相反.

(4) **拐点** 若点 $(x_0,f(x_0))$ 是曲线 $y=f(x)$ 的拐点,则点 $(x_0,-f(x_0))$ 是曲线 $y=-f(x)$ 的拐点. 见例 6.

(5) **切线斜率** 曲线 $y=f(x)$ 与 $y=-f(x)$ 在点 x_0 处的切线斜率互为相反数. 见例 1 及其图 3-7.

2. 关于 y 轴对称的图形

函数 $y=f(x)$ 与 $y=f(-x)$ 的图形关于 y 轴对称.

(1) **增减性** 函数 $y=f(x)$ 在区间 (a,b) 内的增减性与函数 $y=f(-x)$ 在对称区间 $(-b,-a)$ 内的增减性正好相反. 见例 4.

(2) **极值** 若点 x_0 是函数 $y=f(x)$ 的极大(小)值点,$f(x_0)$ 是函数 $y=f(x)$ 的极大(小)值,则点 $-x_0$ 是函数 $y=f(-x)$ 的极大(小)值点,$f(-x_0)$ 是函数 $y=f(-x)$ 的极大(小)值.

(3) **凹向** 曲线 $y=f(x)$ 在区间 (a,b) 内的凹向与曲线 $y=f(-x)$ 在对称区间 $(-b,-a)$ 内的凹向相同.

(4) **拐点** 若点 $(x_0,f(x_0))$ 是曲线 $y=f(x)$ 的拐点,则点 $(-x_0,f(-x_0))$ 是曲线 $y=f(-x)$ 的拐点.

(5) **切线斜率** 曲线 $y=f(x)$ 在点 x_0 处的切线斜率与曲线 $y=f(-x)$ 在点 $-x_0$ 处的切线斜率互为相反数. 见例 2 及其图 3-8.

3. 关于坐标原点对称的图形

函数 $y=f(x)$ 与 $y=-f(-x)$ 的图形关于坐标原点对称.

(1) **增减性** 函数 $y=f(x)$ 在区间 (a,b) 内的增减性与函数 $y=-f(-x)$ 在对称区间 $(-b,-a)$ 的增减性相同. 见例 8.

(2) **极值** 若点 x_0 是函数 $y=f(x)$ 的极大(小)值点,$f(x_0)$ 是函数 $y=f(x)$ 的极大(小)值,则点 $-x_0$ 是函数 $y=-f(-x)$ 的极小(大)值点,$-f(-x_0)$ 是函数 $y=-f(-x)$ 的极小(大)值. 见例 5.

(3) **凹向** 曲线 $y=f(x)$ 在区间 (a,b) 内的凹向与曲线 $y=-f(-x)$ 在其对称区间 $(-b,-a)$ 内的凹向正好相反. 见例 8.

(4) **拐点** 若点 $(x_0,f(x_0))$ 是曲线 $y=f(x)$ 的拐点,则点 $(-x_0,-f(-x_0))$ 是曲线 $y=-f(-x)$ 的拐点.

(5) **切线斜率** 曲线 $y=f(x)$ 在点 x_0 处的切线斜率与曲线 $y=-f(-x)$ 在点 $-x_0$ 处的切线斜率相同. 见例 3 及其图 3-9.

例 1 函数 $y=f(x)=-2x^3+3x^2$ 与 $y=-f(x)=2x^3-3x^2$ 的图形见图 3-7.

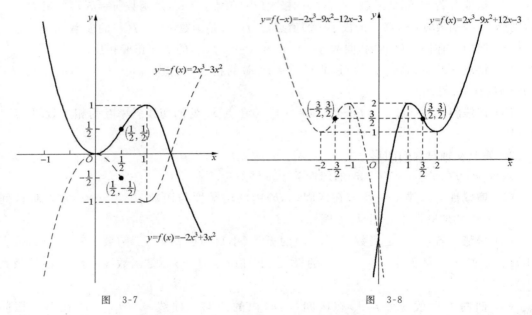

图 3-7　　　　　　　　　图 3-8

例 2 函数 $y=f(x)=2x^3-9x^2+12x-3$ 与 $y=f(-x)=-2x^3-9x^2-12x-3$ 的图形见图 3-8.

例 3 函数 $y=f(x)=\dfrac{54x}{(x+3)^2}$ 与 $y=-f(-x)=\dfrac{54x}{(x-3)^2}$ 的图形见图 3-9.

例 4 设函数 $f(x)$ 在 $(-\infty,+\infty)$ 内可导,对任意的 x_1,x_2,当 $x_1<x_2$ 时,有 $f(x_1)<f(x_2)$,则(　　).

(A) 对任意的 $x,f'(x)>0$　　　　(B) 对任意的 $x,f'(x)\leqslant 0$
(C) $f(-x)$ 单调增加　　　　　　(D) $f(-x)$ 单调减少

解 选(D). 依题设,$f(x)$ 在 $(-\infty,+\infty)$ 内单调增加. 而函数 $y=f(x)$ 与 $y=f(-x)$ 的图形关于 y 轴对称,所以 $y=f(-x)$ 在 $(-\infty,+\infty)$ 内单调减少.

$f(x)$单调增加,并不必须要求$f'(x)>0$,只要$f'(x)\geq 0$,而等号只在一些点成立即可,故(A)不对.

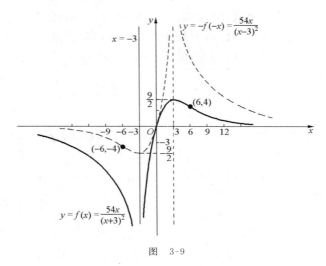

图 3-9

例5 设函数$f(x)$在$(-\infty,+\infty)$内有定义,$x_0\neq 0$是$f(x)$的极大值点,则( ).

(A) x_0必为$f(x)$的驻点 (B) $-x_0$必为$-f(-x)$的极小值点

(C) $-x_0$必为$-f(x)$的极小值点 (D) 对一切x,都有$f(x)\leq f(x_0)$

解 选(B).因函数$y=f(x)$与$y=-f(-x)$的图形关于原点对称,所以依题设,$-x_0$必是$-f(-x)$的极小值点.

若用筛选法.因极值点未必是驻点,也未必是最大值点,应淘汰(A),(D).对于(C),可以取

$$f(x)=\begin{cases}1, & x=1,\\ -1, & x=-1,\\ 0, & x\neq 1, x\neq -1,\end{cases} \quad 则 \quad -f(x)=\begin{cases}-1, & x=1,\\ 1, & x=-1,\\ 0, & x\neq 1, x\neq -1.\end{cases}$$

显然,$x_0=1$是$f(x)$的极大值点,但$-x_0=-1$不是$-f(x)$的极小值点.应淘汰(C).

例6 设函数$f(x)$在$(-\infty,+\infty)$内连续,$x_0\neq 0$,$f(x_0)\neq 0$,且点$(x_0,f(x_0))$是曲线$y=f(x)$的拐点,则( ).

(A) 必有$f''(x_0)=0$ (B) $(x_0,-f(x_0))$是曲线$y=-f(x)$的拐点

(C) $(-x_0,f(-x_0))$不是曲线$y=f(-x)$的拐点

(D) $(-x_0,-f(-x_0))$不是曲线$y=-f(-x)$的拐点

解 选(B).因$y=-f(x)$与$y=f(x)$的图形关于x轴对称,所以点$(x_0,-f(x_0))$必是曲线$y=-f(x)$的拐点.因$y=f(-x)$与$y=f(x)$的图形关于y轴对称,所以点$(-x_0,f(-x_0))$是曲线$y=f(-x)$的拐点.因$y=-f(-x)$与$y=f(x)$的图形关于原点对称,所以点$(-x_0,-f(-x_0))$是曲线$y=-f(-x)$的拐点.

例7 设函数 $f(x)=|\ln x|$，则（   ）．

(A) $x=1$ 是 $f(x)$ 的极值点，但 $(1,0)$ 不是曲线 $y=f(x)$ 的拐点

(B) $x=1$ 不是 $f(x)$ 的极值点，但 $(1,0)$ 是曲线 $y=f(x)$ 的拐点

(C) $x=1$ 是 $f(x)$ 的极值点，且 $(1,0)$ 是曲线 $y=f(x)$ 的拐点

(D) $x=1$ 不是 $f(x)$ 的极值点，$(1,0)$ 也不是曲线 $y=f(x)$ 的拐点

解 选(C)．见图 1-4．

例8 在 $(0,+\infty)$ 内，若 $f(x)=-f(-x)$ 且 $f'(x)<0, f''(x)>0$，则在 $(-\infty,0)$ 内有（   ）．

(A) $f'(x)<0, f''(x)<0$ (B) $f'(x)<0, f''(x)>0$

(C) $f'(x)>0, f''(x)<0$ (D) $f'(x)>0, f''(x)>0$

解 选(A)．依题设 $y=f(x)$ 的图形关于坐标原点对称，在 $(0,+\infty)$ 内与在 $(-\infty,0)$，函数的增减性相同，而曲线的凹向相反．

例9 设函数 $f(x)$ 可能具备以下四款条件：

① 可导函数；   ② 周期函数；   ③ 偶函数；   ④ 奇函数．

若曲线 $y=f(x)$ 在其上点 (x,y) 和点 $(-x,-y)$ 处的切线斜率相等，则 $f(x)$ 同时是（   ）．

(A) ①与②   (B) ①与③   (C) ①与④   (D) ②与③

解 选(C)．可导的奇函数的图形关于原点对称且处处可作切线．

十、用函数的单调性、极值与最值证明不等式

1. 用函数的单调性、极值证明不等式

欲证明当 $x>a$ 或在区间 (a,b) 上，有函数不等式 $f(x)>g(x)$，这里假设 $f(x), g(x)$ 均可导．其解题程序：

(1) 作辅助函数 $F(x)=f(x)-g(x)$；

(2) 由 $F'(x)$ 讨论 $F(x)$ 的增减性或极值，进而推出 $F(x)>0$.

常用的**推证思路与方法**：

(1) 若 $F'(x)>0$，只要有 $F(a)\geqslant 0$ 或 $\lim\limits_{x\to a^+}F(x)=A\geqslant 0$ 即可(图 3-10)．见本节例 1．

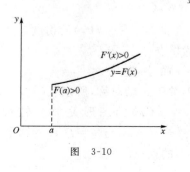

图 3-10

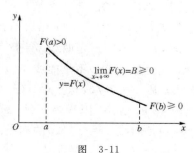

图 3-11

若不能直接判定 $F'(x)$ 的符号,可求二阶导数 $F''(x)$. 由 $F'(a) \geq 0, F''(x) > 0$,可知 $F'(x) > 0$. 见例 2.

一般情况,若 $F'(a) = F''(a) = \cdots = F^{(n-1)}(a) = 0$,而 $F^{(n)}(x) > 0$,则有 $F(x) > 0$. 见例 3.

(2) 若 $F'(x) < 0$,只要推出 $\lim\limits_{x \to +\infty} F(x) = B \geq 0$ 或 $F(b) \geq 0$ 即可(图 3-11). 见例 4.

(3) 若有唯一的 $x_0 \in (a, +\infty)$ 或 $x_0 \in (a, b)$,使 $F'(x_0) = 0$,且 $F(x_0)$ 是极小值,只要有 $F(x_0) \geq 0$,就有 $F(x) > 0$(图 3-12). 见例 5.

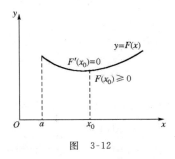

图 3-12

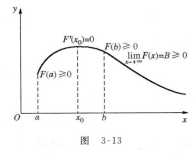

图 3-13

(4) 若有唯一的 $x_0 \in (a, +\infty)$ 或 $x_0 \in (a, b)$,使 $F'(x_0) = 0$,且 $F(x_0)$ 是极大值,只要有 $F(a) \geq 0$,$\lim\limits_{x \to +\infty} F(x) = B \geq 0$ 或 $F(a) \geq 0$, $F(b) \geq 0$ 即可(图 3-13). 见例 6 证 1.

2. 用函数的最值证明不等式

欲证明在区间 I 上有不等式
$$m \leq F(x) \leq M \quad \text{或} \quad m < F(x) < M,$$
设法求出 $F(x)$ 在 I 上的最大值和最小值即可. 见例 6 证 2,例 8,例 9.

3. 用不等式变形证明不等式

欲证的不等式若**是数值不等式**,通常是依待证的不等式或经恒等变形后的不等式,选取变量 x,构造一个辅助函数,由证明函数不等式,最后再归结到数值不等式. 见例 10,例 11.

例 1 证明:当 $0 < x < 1$ 时,$\sqrt{\dfrac{1-x}{1+x}} < \dfrac{\ln(1+x)}{\arcsin x}$.

证 注意到
$$\sqrt{\dfrac{1-x}{1+x}} < \dfrac{\ln(1+x)}{\arcsin x} \Longleftrightarrow \sqrt{1-x^2}\arcsin x < (1+x)\ln(1+x).$$

令 $F(x) = (1+x)\ln(1+x) - \sqrt{1-x^2}\arcsin x$,则
$$F'(x) = \ln(1+x) + \dfrac{x}{\sqrt{1-x^2}}\arcsin x > 0, \quad x \in (0, 1).$$

所以,当 $0 < x < 1$ 时,$F(x)$ 单调增加,又 $F(0) = 0$,从而 $F(x) > F(0) = 0$,即
$$(1+x)\ln(1+x) - \sqrt{1-x^2}\arcsin x > 0 \quad \text{或} \quad \sqrt{\dfrac{1-x}{1+x}} < \dfrac{\ln(1+x)}{\arcsin x}.$$

例 2 当 $x > 0$ 时,证明:$(1+x)\ln^2(1+x) < x^2$.

证 令 $F(x)=x^2-(1+x)\ln^2(1+x)$，则
$$F'(x) = 2x - \ln^2(1+x) - 2\ln(1+x), \quad x \in (0, +\infty).$$
因 $F'(x)$ 的符号不易判定，求二阶导数
$$F''(x) = 2 - 2\frac{\ln(1+x)}{1+x} - \frac{2}{1+x} = \frac{2}{1+x}(x - \ln(1+x)).$$
因当 $x>0$ 时，$\ln(1+x)<x$，可知，当 $x>0$ 时，$F''(x)>0$. 由此知 $F'(x)$ 在 $x>0$ 时单调增加，又 $F'(0)=0$，则在 $x>0$ 时，$F'(x)>0$. 又因 $F(0)=0$，于是在 $x>0$ 时，$F(x)>0$，即
$$(1+x)\ln^2(1+x) < x^2.$$

例 3 当 $0<x<1$ 时，证明：$e^{-x}+\sin x<1+\frac{1}{2}x^2$.

证 令 $F(x)=1+\frac{1}{2}x^2-e^{-x}-\sin x$，则
$$F'(x) = x + e^{-x} - \cos x, \quad F'(0) = 0, \quad F''(x) = 1 - e^{-x} + \sin x, \quad F''(0) = 0,$$
$$F'''(x) = e^{-x} + \cos x > 0, \quad x \in (0,1).$$
由 $F'''(x)>0$，可知 $F''(x)$ 单调增加，有 $F''(x)>F''(0)=0$；由 $F''(x)>0$ 推知 $F'(x)$ 单调增加，且 $F'(x)>F'(0)=0$. 所以 $F(x)$ 单调增加，有 $F(x)>F(0)=0$，即 $e^{-x}+\sin x<1+\frac{1}{2}x^2$.

例 4 证明：当 $x>1$ 时，$0<\frac{1}{2}\ln\frac{x+1}{x-1}-\frac{1}{x}<\frac{1}{3x(x^2-1)}$.

证 令
$$f(x) = \frac{1}{2}\ln\frac{x+1}{x-1} - \frac{1}{x}, \quad F(x) = \frac{1}{3x(x^2-1)} - \frac{1}{2}\ln\frac{x+1}{x-1} + \frac{1}{x},$$
则
$$f'(x) = -\frac{1}{x^2(x^2-1)} < 0, \quad F'(x) = -\frac{2}{3x^2(x^2-1)^2} < 0, \quad x>1.$$
所以，当 $x>1$ 时，$f(x), F(x)$ 均单调减少. 又 $\lim_{x\to+\infty}f(x)=0$，$\lim_{x\to+\infty}F(x)=0$. 可知，当 $x>1$ 时，$f(x)>0, F(x)>0$. 即所证不等式成立.

例 5 证明：当 $x>0$ 时，$(x^2-1)\ln x \geq (x-1)^2$.

证 令 $F(x)=(x^2-1)\ln x-(x-1)^2$，则
$$F'(x) = 2x\ln x - x - \frac{1}{x} + 2, \quad F'(1) = 0,$$
$$F''(x) = 2\ln x + \frac{1}{x^2} + 1, \quad F''(1) = 2 > 0.$$
显然，$F(1)=0$ 是 $F(x)$ 在 $(0,+\infty)$ 内的唯一极值且是极小值，所以当 $x>0$ 时，$F(x)\geq 0$，即 $(x^2-1)\ln x\geq (x-1)^2$.

例 6 证明：当 $0<x<\frac{\pi}{2}$ 时，$\frac{2}{\pi}x<\sin x<x$.

证 1 当 $0<x<\frac{\pi}{2}$ 时，显然有 $\sin x<x$. 令 $F(x)=\sin x-\frac{2}{\pi}x$，则

$$F'(x) = \cos x - \frac{2}{\pi}, \quad F'\left(\arccos \frac{2}{\pi}\right) = 0, \quad F''(x) = -\sin x, \quad F''\left(\arccos \frac{2}{\pi}\right) < 0.$$

在 $(0, \pi/2)$ 内有唯一的极值点且是极大值点. 又 $F(0) = F(\pi/2) = 0$, 所以, 当 $0 < x < \pi/2$ 时, $F(x) > 0$. 综上, 当 $0 < x < \frac{\pi}{2}$ 时, 有 $\frac{2}{\pi} x < \sin x < x$.

证2 不等式可改写为 $\frac{2}{\pi} < \frac{\sin x}{x} < 1$. 令 $F(x) = \frac{\sin x}{x}$, 则

$$F'(x) = \frac{\cos x}{x^2}(x - \tan x) < 0, \quad 0 < x < \frac{\pi}{2}.$$

又 $\lim\limits_{x \to 0^+} F(x) = 1$, $F\left(\frac{\pi}{2}\right) = \frac{2}{\pi}$, 故当 $0 < x < \frac{\pi}{2}$ 时, 有 $\frac{2}{\pi} < \frac{\sin x}{x} < 1$.

例7 证明: 当 $x > 0$ 时, $\sqrt{1+x} \ln(1+x) < x$.

证 令 $F(x) = x - \sqrt{1+x} \ln(1+x)$, 则 $F'(x) = \dfrac{2\sqrt{1+x} - \ln(1+x) - 2}{2\sqrt{1+x}}$. 注意到 $2\sqrt{1+x} > 0$, 为判定 $F'(x)$ 的符号, 再令 $g(x) = 2\sqrt{1+x} - \ln(1+x) - 2$, 则 $g'(x) = \dfrac{1}{\sqrt{1+x}} - \dfrac{1}{1+x} > 0$ $(x > 0)$. 由此, $g(x) > g(0) = 0$, 从而 $F'(x) > 0$. 于是 $F(x) > F(0) = 0$. 所证不等式成立.

例8 设 $0 < x < 1$, 试证: $\dfrac{1}{\ln 2} - 1 < \dfrac{1}{\ln(1+x)} - \dfrac{1}{x} < \dfrac{1}{2}$.

证 令 $F(x) = \dfrac{1}{\ln(1+x)} - \dfrac{1}{x}$, 则(见例2)

$$F'(x) = \frac{(1+x)\ln^2(1+x) - x^2}{(1+x)x^2 \ln^2(1+x)} < 0, \quad 0 < x < 1.$$

又 $\lim\limits_{x \to 0^+} F(x) = \lim\limits_{x \to 0^+} \dfrac{x - \ln(1+x)}{x \ln(1+x)} \xlongequal{\text{洛必达}} \dfrac{1}{2}$, $F(1) = \dfrac{1}{\ln 2} - 1$,

故 $\quad \dfrac{1}{\ln 2} - 1 < \dfrac{1}{\ln(1+x)} - \dfrac{1}{x} < \dfrac{1}{2}, \quad 0 < x < 1.$

例9 设 $0 < x < 1$, 试证: $\sum\limits_{n=1}^{\infty} x^n (1-x)^{2n} \leqslant \dfrac{4}{23}$.

分析 注意到 $x^n (1-x)^{2n} = [x(1-x)^2]^n$, 若能求得 $F(x) = x(1-x)^2$ 在 $(0,1)$ 上的最大值 M (一定有 $|M| < 1$), 则等比级数可求和, 只要其和 $\leqslant \dfrac{4}{23}$ 即可.

证 令 $F(x) = x(1-x)^2$, 则 $F'(x) = (1-x)(1-3x)$. 显然, 在 $(0,1)$ 内有唯一驻点 $x = \dfrac{1}{3}$. 由于 $F(0) = F(1) = 0$, $F\left(\dfrac{1}{3}\right) = \dfrac{4}{27}$, 所以 $F(x)$ 在 $(0,1)$ 上的最大值是 $F\left(\dfrac{1}{3}\right)$, 即 $F(x) \leqslant \dfrac{4}{27}$. 于是, 当 $0 < x < 1$ 时, $\sum\limits_{n=1}^{\infty} x^n (1-x)^{2n} \leqslant \sum\limits_{n=1}^{\infty} \left(\dfrac{4}{27}\right)^n = \dfrac{4}{23}$. 证毕.

例10 证明: 当 $0 < a < b < \pi$ 时, $b \sin b + 2\cos b + \pi b > a \sin a + 2\cos a + \pi a$.

分析 若令
$$F(x) = x\sin x + 2\cos x + \pi x, \quad x \in [a,b],$$
所证不等式正是 $F(b) > F(a)$. 显然,只要推出 $F(x)$ 在 $[a,b]$ 上单调增加即可.

证 令 $F(x) = x\sin x + 2\cos x + \pi x$,则
$$F'(x) = x\cos x - \sin x + \pi, \quad F'(\pi) = 0; \quad F''(x) = -x\sin x < 0, \quad x \in (0,\pi).$$
所以 $F'(x)$ 在 $(0,\pi)$ 上单调减少,且 $F'(x) > F'(\pi) = 0$. 于是 $F(x)$ 在 $(0,\pi)$ 上单调增加,从而当 $0 < a < b < \pi$ 时,$F(b) > F(a)$,即所证不等式成立.

例 11 设 $b > a > 0, n > 1$ 为整数,证明: $\sqrt[n]{b} - \sqrt[n]{a} < \sqrt[n]{b-a}$.

分析 若令 $F(x) = \sqrt[n]{x-a} - \sqrt[n]{x} + \sqrt[n]{a}$,只要推出 $F(b) > F(a) = 0$ 即可,这只需证明 $F(x)$ 在区间 $[a,b]$ 上单调增加.

十一、用函数图形的凹凸证明不等式

解题思路 根据曲线凹凸性定义.

例 1 设 $x > 0, y > 0, x \neq y$,证明: $x\ln x + y\ln y > (x+y)\ln\dfrac{x+y}{2}$.

分析 不等式可写做 $\dfrac{1}{2}(x\ln x + y\ln y) > \dfrac{x+y}{2}\ln\dfrac{x+y}{2}$. 若设 $f(t) = t\ln t$,按曲线 $y = f(t)$ 凹的定义,这只需证明 $f''(t) > 0$.

证 设 $f(t) = t\ln t, t > 0$. 由于 $f'(t) = \ln t + 1$, $f''(t) = \dfrac{1}{t} > 0$,所以 $f(t) = t\ln t$ 在区间 (x,y) 或 (y,x),$x > 0, y > 0$ 上是凹的,于是
$$\dfrac{1}{2}[f(x) + f(y)] > f\left(\dfrac{x+y}{2}\right), \quad 即 \quad x\ln x + y\ln y > (x+y)\ln\dfrac{x+y}{2}.$$

例 2 设 $x > 0, y > 0, 0 < \alpha < \beta$,证明: $\left(\dfrac{x^\alpha + y^\alpha}{2}\right)^{\frac{1}{\alpha}} \leqslant \left(\dfrac{x^\beta + y^\beta}{2}\right)^{\frac{1}{\beta}}$.

分析 记 $u = x^\alpha, v = y^\alpha$,则
$$\left(\dfrac{x^\alpha + y^\alpha}{2}\right)^{\frac{1}{\alpha}} \leqslant \left(\dfrac{x^\beta + y^\beta}{2}\right)^{\frac{1}{\beta}} \Longleftrightarrow \left(\dfrac{u+v}{2}\right)^{\frac{\beta}{\alpha}} \leqslant \dfrac{1}{2}(u^{\frac{\beta}{\alpha}} + v^{\frac{\beta}{\alpha}}).$$

证 令 $f(t) = t^{\frac{\beta}{\alpha}} (t > 0)$,则
$$f'(t) = \dfrac{\beta}{\alpha} t^{\frac{\beta}{\alpha}-1}, \quad f''(t) = \dfrac{\beta}{\alpha}\left(\dfrac{\beta}{\alpha}-1\right)t^{\frac{\beta}{\alpha}-2} > 0.$$
于是按曲线 $y = f(t)$ 为凹的定义,有
$$f\left(\dfrac{u+v}{2}\right) \leqslant \dfrac{1}{2}[f(u) + f(v)], \quad 即 \quad \left(\dfrac{u+v}{2}\right)^{\frac{\beta}{\alpha}} = \dfrac{1}{2}(u^{\frac{\beta}{\alpha}} + v^{\frac{\beta}{\alpha}}).$$

十二、用导数讨论方程的根

关于方程 $f(x)=0$ 的根在第一章十二中我们已讨论过. 这里将用导数进一步讨论这个问题.

1. 判别方程 $f(x)=0$ 存在根的解题思路

(1) 用连续函数的零点定理. 若题设有函数 $f(x)$ 可导的条件, 有时需先用导数的有关知识或微分中值定理, 再用零点定理判定方程存在根. 见本节例 1.

(2) 用罗尔定理. 欲证方程 $f(x)=0$ 存在根, 依 $f(x)$ 作辅助函数 $F(x)$, 使 $F'(x)=f(x)$; 然后验证 $F(x)$ 在区间 $[a,b]$ 上满足罗尔定理的条件, 则 $F'(x)=f(x)=0$ 在 (a,b) 内至少存在一个根. 见例 2. 其实, 这就是本章第三节中, 用微分中值定理证明中值等式的内容.

用广义罗尔定理也能判别方程存在根.

2. 判别方程 $f(x)=0$ 实根个数的解题思路

(1) 用函数 $f(x)$ 的导数确定其增减区间、极值及凹凸, 以考查曲线 $y=f(x)$ 与 x 轴交点的个数. 见例 3, 例 4, 例 5.

(2) 用罗尔定理估计方程根的个数: 设 $f(x)$ 在 $[a,b]$ 上连续, 在 (a,b) 可导.

1° 若 $f'(x)$ 在 (a,b) 内无零点, 则 $f(x)=0$ 在 (a,b) 内最多只有一个根. 见例 6.

2° 若 $f'(x)$ 在 (a,b) 内有一个(m 个)零点, 则 $f(x)=0$ 在 (a,b) 内至多有两个($m+1$)个根.

推广 若 $f^{(n)}(x)$ 在 (a,b) 内无零点, 则 $f(x)$ 在 (a,b) 内至多有 n 个根.

3. 判别方程根的唯一性

用函数的单调性或反证法. 在用反证法时, 有时要用到微分中值定理. 见例 7.

4. 整式方程有重根的条件

整式方程 $f(x)=0$ 有二重根 $x=a$ 的充要条件是 $f(a)=f'(a)=0$.

例 1 设函数 $f(x)$ 在区间 $[0,+\infty)$ 上可导, 且 $f'(x)<k<0, f(0)>0$, 证明函数 $f(x)$ 在 $(0,+\infty)$ 内仅有一个零点.

分析 由题设, 若能推出, 存在 $x_1>0$, 使 $f(x_1)<0$ 即可. 为此须用到 $f'(x)<k<0$, 故应先用微分中值定理.

证 由题设, 对任意的 $x>0$, $f(x)$ 在区间 $[0,x]$ 上应用拉格朗日中值定理, 存在 $\xi\in(0,x)$, 有

$$f(x)-f(0)=f'(\xi)(x-0)<kx, \quad 即 \quad f(x)<kx+f(0).$$

取 $x_0=-\dfrac{f(0)}{k}>0$, 则有 $f(x_0)<k\left(-\dfrac{f(0)}{k}\right)+f(0)=0$.

又 $f(0)>0$, 根据连续函数的零点定理, 存在 $\eta\in(0,x_0)$ 使 $f(\eta)=0$, 即 $f(x)$ 在 $\left(0,-\dfrac{f(0)}{k}\right)\subset(0,+\infty)$ 至少存在一个零点.

因 $f'(x)<0$, 所以 $f(x)$ 在 $(0,+\infty)$ 单调减少, $f(x)$ 在 $(0,+\infty)$ 内仅能有一个零点.

例 2 设函数 $f(x)$ 在 $[0,1]$ 上连续,在 $(0,1)$ 内可导,且 $f(0)=0$,$f(1)=\dfrac{\pi}{4}$,证明方程 $f'(x)-\dfrac{1}{1+x^2}=0$ 在 $(0,1)$ 内至少有一个根.

证 依 $f'(x)-\dfrac{1}{1+x^2}=0$,令 $F(x)=f(x)-\arctan x$,则 $F(x)$ 在 $[0,1]$ 上满足罗尔定理的条件,故在 $(0,1)$ 内至少存在一点 ξ,使 $F'(\xi)=0$,即 $f'(\xi)-\dfrac{1}{1+\xi^2}=0$. ξ 就是方程 $f'(x)-\dfrac{1}{1+x^2}=0$ 的根.

例 3 考查三次方程 $x^3+x^2-x+a=0$ 实根的个数是怎样随着 a 的值而变化的,其中把重根当做一个根看待.

分析 考查 $y=x^3+x^2-x+a$ 的图形与 x 轴交点的个数,或将原方程变形为 $-x^3-x^2+x=a$,考查 $y=-x^3-x^2+x$ 的图形与直线 $y=a$ 交点的个数.

解 用后一种解法.令 $y=-x^3-x^2+x$,则 $y'=-(x+1)(3x-1)$.

y 的增减性、极值如下表:

x	$(-\infty,-1)$	-1	$(-1,\dfrac{1}{3})$	$\dfrac{1}{3}$	$(\dfrac{1}{3},+\infty)$
y'	$-$	0	$+$	0	$-$
y	↘	极小值 -1	↗	极大值 $\dfrac{5}{27}$	↘

画出 $y=-x^3-x^2+x$ 的图形(图 3-14),由此得出原方程实根的个数:当 $a>\dfrac{5}{27}$,或 $a<-1$ 时,方程有一个实根;当 $a=\dfrac{5}{27}$,或 $a=-1$ 时,方程有两个(其中一个是重根)实根;当 $-1<a<\dfrac{5}{27}$ 时,方程有三个实根.

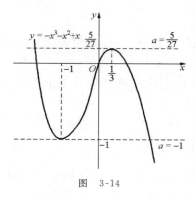

图 3-14

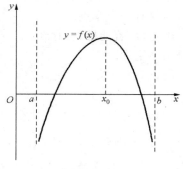

图 3-15

例 4 讨论曲线 $y=4\ln x+k$ 与 $y=4x+\ln^4 x$ 的交点个数.

解 问题等价于讨论方程 $\ln^4 x-4\ln x+4x-k=0$ $(x>0)$ 有几个不同的实根.

令 $\varphi(x) = \ln^4 x - 4\ln x + 4x - k$，则当 $\varphi'(x) = \dfrac{4(\ln^3 x - 1 + x)}{x} = 0$ 时，$x = 1$.

当 $0 < x < 1$ 时，$\varphi'(x) < 0$，即 $\varphi(x)$ 单调减少；当 $x > 1$ 时，$\varphi'(x) > 0$，即 $\varphi(x)$ 单调增加，故 $\varphi(1) = 4 - k$ 为函数 $\varphi(x)$ 的最小值.

当 $k < 4$，即 $4 - k > 0$ 时，$\varphi(x) = 0$ 无实根，即两条曲线无交点.

当 $k = 4$，即 $4 - k = 0$ 时，$\varphi(x) = 0$ 有唯一实根，即两条曲线只有一个交点.

当 $k > 4$，即 $4 - k < 0$ 时，由于
$$\lim_{x \to 0^+} \varphi(x) = \lim_{x \to 0^+} [\ln x(\ln^3 x - 4) + 4x - k] = +\infty;$$
$$\lim_{x \to +\infty} \varphi(x) = \lim_{x \to +\infty} [\ln x(\ln^3 x - 4) + 4x - k] = +\infty,$$
故 $\varphi(x) = 0$ 有两个实根，分别位于 $(0, 1)$ 与 $(1, +\infty)$ 内，即两条曲线有两个交点.

例 5 设 $f(x)$ 在 (a, b) 内二阶可导，且 $f''(x) < 0$；存在 $x_0 \in (a, b)$ 使得 $f'(x_0) = 0$，$f(x_0) > 0$；又 $\lim\limits_{x \to a^+} f(x) = A < 0$，$\lim\limits_{x \to b^-} f(x) = B < 0$. 求证：$f(x)$ 在 (a, b) 内恰有两个零点.

证 由 $f''(x) < 0$ 知，在 (a, b) 上的曲线弧 $y = f(x)$ 凸，又由已知条件知，曲线上的点 $(x_0, f(x_0))$ 在 x 轴上方，曲线弧的两个端点 $(a, A), (b, B)$ 在 x 轴的下方，所以曲线 $y = f(x)$ 与 x 轴恰有两个交点，这两个交点的横坐标就是 $f(x)$ 在 (a, b) 的两个零点（见图 3-15）.

例 6 设函数 $f(x)$ 在 $[a, b]$ 上连续，在 (a, b) 内可导. 若 $f'(x)$ 在 (a, b) 内没有零点，则方程 $f(x) = 0$ 在 (a, b) 内最多只有一个根.

证 用反证法. 假设 $f(x) = 0$ 有两个根，设为 x_1 和 x_2，且 $x_1 < x_2$，即有 $f(x_1) = f(x_2) = 0$. 在区间 $[x_1, x_2]$ 上应用罗尔定理，则存在 $\xi \in (x_1, x_2)$，使 $f'(\xi) = 0$. 这与 $f'(x)$ 在 (a, b) 内没有零点矛盾. 从而 $f(x) = 0$ 在 (a, b) 内最多只有一个根.

例 7 设在闭区间 $[0, 1]$ 上，有 $0 < f(x) < 1$，$f(x)$ 可微且 $f'(x) \neq 1$，证明在 $(0, 1)$ 内有且仅有一个 x，使 $f(x) = x$.

证 令 $F(x) = f(x) - x$. 由题设 $F(x)$ 在 $[0, 1]$ 上连续，且 $F(0) = f(0) - 0 > 0$，$F(1) = f(1) - 1 < 0$. 由零点定理，在 $(0, 1)$ 内至少存在一点 x，使
$$F(x) = f(x) - x = 0, \quad \text{即} \quad f(x) = x.$$
用反证法证唯一性. 假设存在 $x_1, x_2 \in (0, 1)$，且 $x_1 < x_2$，使 $f(x_1) = x_1$，$f(x_2) = x_2$ 成立，则在区间 $[x_1, x_2]$ 上应用拉格朗日中值定理，有
$$f'(\xi) = \dfrac{f(x_2) - f(x_1)}{x_2 - x_1} = \dfrac{x_2 - x_1}{x_2 - x_1} = 1, \quad \xi \in (x_1, x_2),$$
此与题设 $f'(x) \neq 1$ 矛盾. 故只能存在唯一的 $x \in (0, 1)$，使 $f(x) = x$.

例 8 设 $f(x)$ 是二次以上的整式，试证：

(1) $f(x)$ 除以 $(x - a)^2$ 时余式是 $f'(a)x + f(a) - af'(a)$；

(2) $f(x)$ 能被 $(x - a)^2$ 整除的充要条件是 $f(a) = f'(a) = 0$.

分析 设 $f(x)$ 除以 $(x - a)^2$ 的商为 $g(x)$，余式为 $px + q$，则
$$f(x) = (x - a)^2 g(x) + px + q.$$

按欲证的结果,应用 $f(a)$ 和 $f'(a)$ 表示 p,q 即可.

证 (1) 设 $f(x)$ 除以 $(x-a)^2$ 时的商为 $g(x)$,余式为 $px+q$,则
$$f(x) = (x-a)^2 g(x) + px + q, \quad f(a) = pa + q,$$
$$f'(x) = 2(x-a)g(x) + (x-a)^2 g'(x) + p, \quad f'(a) = p.$$
由此,余式 $px+q = f'(a)x + f(a) - af'(a)$.

(2) 由(1)的结果可知,$f(x)$ 能被 $(x-a)^2$ 整除的充要条件是不论 x 为何值时,$f(x) = (x-a)^2 g(x)$,即 $f'(a)x + f(a) - af'(a) = 0$ 成立. 于是 $f'(a) = 0$, $f(a) - af'(a) = 0$ 同时成立,从而 $f(a) = f'(a) = 0$.

例 9 确定 α 的值,使四次方程 $x^4 + 2x^3 - 3x^2 - 4x + \alpha = 0$ 有两个重根,并求这时方程的根.

解 令 $f(x) = x^4 + 2x^3 - 3x^2 - 4x + \alpha$,则 $f'(x) = 2(x+2)(2x+1)(x-1)$. 显然,$f'(x) = 0$ 的根是 $x_1 = -2$, $x_2 = -\dfrac{1}{2}$, $x_3 = 1$,其中有两个应是 $f(x) = 0$ 的重根.

由 $f(-2) = 0$ 得 $\alpha = 4$;由 $f\left(-\dfrac{1}{2}\right) = 0$ 得 $\alpha = \dfrac{17}{16}$;由 $f(1) = 0$ 得 $\alpha = 4$. 可知当 $\alpha = 4$ 时,方程有两个重根,其两个重根是 $x_1 = -2, x_3 = 1$.

例 10 设 λ 是函数 $f(x) = \dfrac{ax^2 + bx + c}{\alpha x^2 + \beta x + \gamma}$ 的极值,求证:方程
$$ax^2 + bx + c - \lambda(\alpha x^2 + \beta x + \gamma) = 0$$
有重根.

分析 若令 $g(x) = ax^2 + bx + c - \lambda(\alpha x^2 + \beta x^2 + \gamma)$,应推出存在 x_0,使
$$g(x_0) = g'(x_0) = 0.$$

证 设 x_0 是函数 $f(x)$ 的极值点,则有
$$f'(x_0) = \dfrac{(2ax_0 + b)(\alpha x_0^2 + \beta x_0 + \gamma) - (2\alpha x_0 + \beta)(ax_0^2 + bx_0 + c)}{(\alpha x_0^2 + \beta x_0 + \gamma)^2} = 0,$$
即
$$(2ax_0 + b)(\alpha x_0^2 + \beta x_0 + \gamma) - (2\alpha x_0 + \beta)(ax_0^2 + bx_0 + c) = 0.$$
由于 λ 是 $f(x)$ 的极值,由上式得
$$\lambda = \dfrac{ax_0^2 + bx_0 + c}{\alpha x_0^2 + \beta x_0 + \gamma} = \dfrac{2ax_0 + b}{2\alpha x_0 + \beta},$$
或写做
$$\begin{cases} ax_0^2 + bx_0 + c - \lambda(\alpha x_0^2 + \beta x_0 + \gamma) = 0, & (1) \\ 2ax_0 + b - \lambda(2\alpha x_0 + \beta) = 0. & (2) \end{cases}$$
若设 $g(x) = ax^2 + bx + c - \lambda(\alpha x^2 + \beta x + \gamma)$,则(1)式和(2)式正是 $g(x_0) = 0$ 和 $g'(x_0) = 0$,即所给方程有重根 $x = x_0$.

十三、几何与经济最值应用问题

求解最大值与最小值问题的**解题程序**:

(1) 分析问题,建立目标函数. 在充分理解题意的基础上,设出自变量与因变量. 一般,是把问题的目标,即要求的量作为因变量,把它所依赖的量作为自变量,建立二者的函数关系,即目标函数,并确定函数的定义域.

(2) 解极值问题. 确定自变量的取值,使目标达到最大值或最小值.

(3) 作出结论. 即回答题目所提出的问题.

例 1 一城市距两条相互垂直的河道分别为 64 km 与 27 km(见图 3-16). 今要在两河之间修一条通过该城的铁路,问如何修法使铁路最短.

解 设铁路与水平河道的夹角为 α,铁路长为 S. 由图 3-16 知,目标函数

$$S = \frac{27}{\sin\alpha} + \frac{64}{\cos\alpha}, \quad \alpha \in \left(0, \frac{\pi}{2}\right).$$

由

$$S' = -\frac{27\cos\alpha}{\sin^2\alpha} + \frac{64\sin\alpha}{\cos^2\alpha} = 0,$$

得 $\tan\alpha = \frac{3}{4}$,即 $\alpha = \arctan\frac{3}{4}$. 又

$$S'' = 27(\csc^3\alpha + \csc\alpha \cdot \cot^2\alpha) + 64(\sec^3\alpha + \sec\alpha \cdot \tan^2\alpha) > 0 \quad (\text{因 } \alpha \text{ 是锐角}).$$

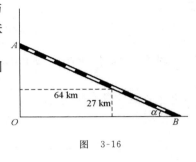

图 3-16

所以,当所修铁路与水平河道的夹角 $\alpha = \arctan\frac{3}{4}$ 时,铁路最短. 此时,$|OB| = 100$ km,铁路长 $|AB| = 125$ km.

例 2 在椭圆 $\frac{x^2}{a^2} + \frac{y^2}{b^2} = 1$ 位于第一象限的部分上求一点 P,使该点处的切线、椭圆及两坐标轴所围图形的面积为最小.

分析 图 3-17 中阴影部分的面积 A = 直角三角形 EOF 的面积 $-\frac{1}{4}\pi ab$. 为此,需求得椭圆上过点 P 的切线方程.

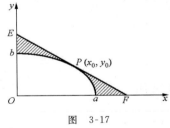

图 3-17

解 设 $P(x_0, y_0)$ 为所求的切点,由题设,有

$$\frac{x_0^2}{a^2} + \frac{y_0^2}{b^2} = 1, \quad \text{或} \quad a^2 y_0^2 + b^2 x_0^2 = a^2 b^2, \quad y_0 = \frac{b}{a}\sqrt{a^2 - x_0^2}.$$

由椭圆方程可求得在点 $P(x_0, y_0)$ 处的切线方程为

$$y - y_0 = -\frac{b^2 x_0}{a^2 y_0}(x - x_0).$$

令 $x = 0$,得

$$OE = y = y_0 + \frac{b^2 x_0^2}{a^2 y_0} = \frac{a^2 y_0^2 + b^2 x_0^2}{a^2 y_0} = \frac{b^2}{y_0};$$

令 $y = 0$,得

$$OF = x = x_0 + \frac{a^2 y_0^2}{b^2 x_0} = \frac{a^2}{x_0}.$$

于是直角三角形 EOF 的面积 $= \frac{1}{2} \cdot \frac{a^2}{x_0} \cdot \frac{b^2}{y_0}$,从而得目标函数

$$A = \frac{1}{2}\frac{a^2 b^2}{x_0 y_0} - \frac{1}{4}\pi ab = \frac{a^3 b}{2}\frac{1}{x_0\sqrt{a^2-x_0^2}} - \frac{\pi}{4}ab, \quad x_0 \in (0,a).$$

因
$$\frac{dA}{dx_0} = -\frac{a^3 b}{2} \cdot \frac{a^2 - 2x_0^2}{x_0^2(a^2-x_0^2)^{\frac{3}{2}}} \begin{cases} <0, & 0<x_0<a/\sqrt{2}, \\ =0, & x_0 = a/\sqrt{2}, \\ >0, & a/\sqrt{2}<x_0<a, \end{cases}$$

故当 $x_0 = \frac{a}{\sqrt{2}}$ 时,所围图形的面积最小.此时 $y_0 = \frac{a}{\sqrt{2}}$,即所求切点为 $P\left(\frac{a}{\sqrt{2}}, \frac{a}{\sqrt{2}}\right)$.

例 3 设总成本函数为下述三次函数形式
$$C = C(Q) = aQ^3 + bQ^2 + cQ + d.$$
为使这个函数具有经济意义,对其系数 a,b,c,d 应如何限制?

分析 总成本函数必须具备两个性质:

(1) 单调增加函数,由此边际成本 $MC = \dfrac{dC}{dQ} > 0$;

(2) 固定成本非负,即 $C|_{Q=0} = C(0) \geqslant 0$.

解 在所给三次函数中,d 应表示固定成本,应有 $C(0) = d \geqslant 0$. 又
$$MC = \frac{dC}{dQ} = 3aQ^2 + 2bQ + c > 0,$$

边际成本函数 MC 是二次函数且为正,从图形上看,MC 曲线应在第一象限($Q \geqslant 0$)内呈 U 型且具有正的极小值.我们以此来限制 a,b,c.

先求 MC 的极小值.由
$$\frac{d(MC)}{dQ} = \frac{d^2 C}{dQ^2} = 6aQ + 2b = 0, \quad 得 \quad Q = -\frac{b}{3a};$$

又应有
$$\frac{d^2(MC)}{dQ^2} = \frac{d^3 C}{dQ^3} = 6a > 0, \quad 知 \quad a > 0.$$

从而由 $Q = -\dfrac{b}{3a} > 0$ 知 $b < 0$. 将 $Q = -\dfrac{b}{3a}$ 代入 MC 函数,有
$$MC = \frac{3ac - b^2}{3a}. \tag{1}$$

为确保边际成本函数 MC 的最小值(即极小值)为正,除限定 $a>0, b<0$ 外,由(1)式看,还需限定 $3ac - b^2 > 0$,即应有 $c > 0, 3ac > b^2$.

由以上分析知,为使三次总成本函数具有经济意义,对其系数应限制
$$a > 0, \quad c > 0, \quad d \geqslant 0, \quad b < 0, \quad 3ac > b^2.$$

例 4 设平均收益函数和总成本函数分别为
$$AR = a - bQ \ (a>0, b>0); \quad C = \frac{1}{3}Q^3 - 7Q^2 + 100Q + 50.$$

当边际收益 $MR = 67$,需求价格弹性 $E_d = -\dfrac{89}{22}$ 时,其利润最大.

(1) 求利润最大时的产量；   (2) 确定 a, b 的值.

解 (1) 由总成本函数得边际成本函数 $MC = Q^2 - 14Q + 100$. 利润最大时, 有 $MR = MC$, 即 $67 = Q^2 - 14Q + 100$, 解得 $Q_1 = 3$, $Q_2 = 11$. 因为

$$\frac{d(MC)}{dQ} = 2Q - 14, \quad \frac{d(MC)}{dQ}\bigg|_{Q=11} = 22 - 14 > 0, \quad \frac{d(MC)}{dQ}\bigg|_{Q=3} = 6 - 14 < 0,$$

$$R = P \cdot Q = AR \cdot Q = aQ - bQ^2,$$

$$\frac{d(MR)}{dQ} = -2b < 0 \ (b > 0),$$

故当 $Q_2 = 11$ 时, 满足利润极大时的充分条件, 即利润最大时, 产量 $Q = 11$.

(2) 因边际收益 MR 与需求价格弹性 E_d 之间有关系式

$$MR = P\left(1 + \frac{1}{E_d}\right),$$

将 $MR = 67$, $E_d = -\frac{89}{22}$ 代入上式, 可得利润最大时的价格 $P = 89$.

由于 $AR = a - bQ$, $MR = a - 2bQ$, 将 $MR = 67$, $P = AR = 89$, $Q = 11$ 代入上二式, 可得 $a = 111$, $b = 2$.

例 5 一房地产公司有 50 套公寓要出租. 当每套公寓的租金定为每月 180 元时, 公寓可全部租出去. 当租金每月增加 10 元时, 就有一套公寓租不出去, 而租出去的每套公寓每月要花费 20 元的维护费. 问: 每套公寓的租金定为多少时可获得最大收入?

解 设因增加租金而少租出 x 套公寓, 于是可租出去公寓 $(50 - x)$ 套, 每套租出去的公寓可获得收入 $(180 + 10x - 20)$ 元. 从而, 房地产公司获得的收入

$$R(x) = (50 - x)(180 + 10x - 20) = 8000 + 340x - 10x^2, \quad x \in (0, 50).$$

由 $R'(x) = 340 - 20x = 0$ 得 $x = 17$. 又 $R''(x) = -20 < 0$ (对任意 x 均成立), 所以 $x = 17$ 是收入函数的极大值点, 也是取最大值的点.

因 $180 + 10 \times 17 = 350$, 即当每套公寓的租金定为每月 350 元时, 可获得最大收入.

例 6 设某企业的生产函数(或总产量函数)为 $Q = g(L)$, 其中 Q 是产品的产量, L 是劳动力数量; 需求函数为 $P = \varphi(Q)$, 其中 P 是产品的价格; 劳动力供给函数为 $W = \psi(L)$, 其中 W 为工资率, 即每个劳动力所付工资.

(1) 该企业以利润最大化为目标, 在不考虑固定成本的情况下, 试推导出下述关系式

$$P\left(1 + \frac{1}{E_d}\right)MP = W\left(1 + \frac{1}{\theta}\right),$$

其中 $E_d = \frac{P}{Q} \cdot \frac{dQ}{dP}$ 为需求价格弹性, $\theta = \frac{W}{L} \cdot \frac{dL}{dW}$ 为劳动力供给弹性, $MP = \frac{dQ}{dL}$ 为边际产量.

(2) 在上述条件下, 当企业的收益达到最大时, 将有劳动力供给弹性 $\theta = -1$.

解 (1) 依题设, 企业追求最大利润, 在不计固定成本时, 利润函数为

$$\pi = R - C = P \cdot Q - W \cdot L,$$

其中 $P = \varphi(Q)$, $Q = g(L)$, $W = \psi(L)$, 上式以 L 为自变量.

由极值存在的必要条件, 用复合函数的导数法则, 有

$$\frac{\mathrm{d}\pi}{\mathrm{d}L} = P\frac{\mathrm{d}Q}{\mathrm{d}L} + Q\frac{\mathrm{d}P}{\mathrm{d}Q} \cdot \frac{\mathrm{d}Q}{\mathrm{d}L} - L\frac{\mathrm{d}W}{\mathrm{d}L} - W = 0, \quad \text{即} \quad \left(P + Q\frac{\mathrm{d}P}{\mathrm{d}Q}\right)\frac{\mathrm{d}Q}{\mathrm{d}L} = W + L\frac{\mathrm{d}W}{\mathrm{d}L}.$$

由反函数的导数,上式可写做

$$P\left(1 + \frac{1}{\frac{P}{Q} \cdot \frac{\mathrm{d}Q}{\mathrm{d}P}}\right)\frac{\mathrm{d}Q}{\mathrm{d}L} = W\left(1 + \frac{1}{\frac{W}{L} \cdot \frac{\mathrm{d}L}{\mathrm{d}W}}\right).$$

因边际产量 $MP = \frac{\mathrm{d}Q}{\mathrm{d}L}$,并注意 E_d 和 θ 的表示式,上式便是

$$P\left(1 + \frac{1}{E_d}\right)MP = W\left(1 + \frac{1}{\theta}\right). \tag{2}$$

(2) 企业的总收益函数为 $R = P \cdot Q = \varphi(Q) \cdot Q$,由极值存在的必要条件,有

$$\frac{\mathrm{d}R}{\mathrm{d}Q} = \frac{\mathrm{d}P}{\mathrm{d}Q} \cdot Q + P = 0, \quad \text{即} \quad P\left(1 + \frac{Q}{P} \cdot \frac{\mathrm{d}P}{\mathrm{d}Q}\right) = P\left(1 + \frac{1}{E_d}\right) = 0.$$

因 $MP > 0, W > 0$,由(2)式,当收益最大时,有 $\theta = -1$.

例 7 已知厂商的总收益函数和总成本函数分别为

$$R = \alpha Q - \beta Q^2 \ (\alpha > 0, \beta > 0), \quad C = aQ^2 + bQ + c \ (a > 0, b > 0, c > 0).$$

厂商追求最大利润,政府征收产品税.

(1) 确定税率 t,使征税收益最大;

(2) 试说明当税率 t 增加时,产品的价格随之增加,而产量随之下降;

(3) 征税收益最大时的税率 t 由消费者和厂商各分担多少?

解 (1) 用 T 表示征税收益,则目标函数是 $T = tQ$. 税后总成本函数是

$$C_t = aQ^2 + bQ + c + tQ.$$

由于 $\frac{\mathrm{d}R}{\mathrm{d}Q} = \alpha - 2\beta Q$, $\frac{\mathrm{d}C_t}{\mathrm{d}Q} = 2aQ + b + t$,由 $\frac{\mathrm{d}R}{\mathrm{d}Q} = \frac{\mathrm{d}C_t}{\mathrm{d}Q}$ 得 $Q_t = \frac{\alpha - b - t}{2(a + \beta)}$. 又

$$\frac{\mathrm{d}^2 R}{\mathrm{d}Q^2} = -2\beta, \quad \frac{\mathrm{d}^2 C_t}{\mathrm{d}Q^2} = 2a, \quad \text{显然}, \quad \frac{\mathrm{d}^2 R}{\mathrm{d}Q^2} < \frac{\mathrm{d}^2 C_t}{\mathrm{d}Q^2}.$$

故税后,获最大利润的产出水平是 $Q_t = \frac{\alpha - b - t}{2(a + \beta)}$. 这时,征税收益函数是

$$T = tQ_t = \frac{t(\alpha - b - t)}{2(a + \beta)}.$$

由 $\frac{\mathrm{d}T}{\mathrm{d}t} = \frac{\alpha - b - 2t}{2(a + \beta)} = 0$ 得 $t = \frac{\alpha - b}{2}$,又

$$\frac{\mathrm{d}^2 T}{\mathrm{d}t^2} = \frac{-2}{2(a + \beta)} = -\frac{1}{a + \beta} < 0 \quad (\text{对任何 } t \text{ 皆成立}),$$

所以,当税率 $t = \frac{\alpha - b}{2}$ 时,征税收益最大.

(2) 由总收益函数得产品的价格(也称需求)函数 $P = \frac{R}{Q} = \alpha - \beta Q$,税后的价格

$$P_t = \alpha - \beta Q_t = \alpha - \frac{\alpha - b - t}{2(a + \beta)}\beta.$$

因 $\dfrac{dP_t}{dt}=\dfrac{\beta}{2(a+\beta)}>0$,$\dfrac{dQ_t}{dt}=\dfrac{-1}{2(a+\beta)}<0$,所以,价格随 t 增加而增加,产量随 t 增加而减少.

(3) 在上述 Q_t 的表示式中,当 $t=0$ 时(即不纳税),是厂商获最大利润的产量,这时的产量 Q_0 和价格 P_0 分别是

$$Q_0=\dfrac{\alpha-b}{2(a+\beta)},\quad P_0=\alpha-\beta Q_0.$$

于是,消费者承担的税率额是

$$P_t-P_0=\alpha-\beta Q_t-(\alpha-\beta Q_0)=\alpha-\beta\dfrac{\alpha-b-t}{2(a+\beta)}-\left[\alpha-\beta\dfrac{\alpha-b}{2(a+\beta)}\right]=\dfrac{\beta(\alpha-b)}{4(a+\beta)},$$

而厂商承担的税率额是

$$t-(P_t-P_0)=\dfrac{\alpha-b}{2}-\dfrac{\beta(\alpha-b)}{4(a+\beta)}=\dfrac{(2a+\beta)(\alpha-b)}{4(a+\beta)}.$$

例 8 设有一定量的酒,若现时($t=0$)出售,售价为 A 元;若储藏一个时期(不计储藏费),可高价出售,已知酒的未来售价(称为酒价)y 是时间 t 的函数

$$y=Ae^{\sqrt{t}}.$$

又设资金的贴现率为 r,按连续复利计算,为使利润最大,酒应在何时出售?

分析 这里的利润最大,就是使收益的现在值最大.若资金的贴现率为常数 r,且收益函数 $y=f(t)$ 的增长率 R_g 是单调减少的,使收益的现在值最大的最佳时间是,**收益函数的增长率等于资金的贴现率**.

解 由已知条件,销售收益的现在值是

$$R_t=Ae^{\sqrt{t}}\cdot e^{-rt}=Ae^{\sqrt{t}-rt}.$$

由于 $\dfrac{dy}{dt}=Ae^{\sqrt{t}}\cdot\dfrac{1}{2\sqrt{t}}$,即收益的增长率 $R_g=\dfrac{1}{y}\cdot\dfrac{dy}{dt}=\dfrac{1}{2\sqrt{t}}$(见图 3-18). 因此由 $\dfrac{1}{2\sqrt{t}}=r$,得 $t_0=\dfrac{1}{4r^2}$. 又

$$\dfrac{d}{dt}\left(\dfrac{1}{2\sqrt{t}}\right)=-\dfrac{1}{4}t^{-\frac{3}{2}}<0,$$

故酒应在 $t_0=\dfrac{1}{4r^2}$ 时销售,收益最大,销售收益的现在值是

$$R_t=Ae^{\frac{1}{4r}}(元).$$

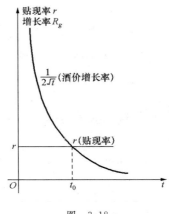

图 3-18

例如,若 $r=0.1$,则 $t=25$ 年. 显然,贴现率越高,最佳储藏时间越短.

十四、用洛必达法则求极限

应用洛必达法则需**注意**下列各项:

(1) 化简,分离出非未定式. 用一次洛必达法则后,若算式 $\dfrac{f'(x)}{g'(x)}$ 较繁,必须进行化简;若算式中有非未定式,应将其分离出来,并算出结果.

(2) 连续用洛必达法则. 将极限式 $\lim \dfrac{f'(x)}{g'(x)}$ 化简(若有必要),并分离出非未定式(若存在)后,先观察可否算得极限 A 或 ∞,若是,就得到结果;若否,检查是否为 $\dfrac{0}{0}$ 型或 $\dfrac{\infty}{\infty}$ 型未定式,若是,可再用一次洛必达法则.

(3) 洛必达法则失效. 若 $\lim \dfrac{f'(x)}{g'(x)} \neq A$ 或 ∞,也不是未定式,不能断定极限 $\lim \dfrac{f(x)}{g(x)}$ 不存在,出现这种情况,说明洛必达法则不能应用于该极限,这时需改用其他方法求极限. 洛必达法则失效常见的情况:

1° 当 $x \to 0$ 时,函数式中含 $\sin \dfrac{1}{x}$ 或 $\cos \dfrac{1}{x}$;当 $x \to \infty$ 时,函数式中含 $\sin x$ 或 $\cos x$. 例如求 $\lim\limits_{x \to 0} \dfrac{3\sin x + x^2 \cos \dfrac{1}{x}}{(1+\cos x)\ln(1+x)}$ $\left(\dfrac{0}{0}\text{型}\right)$,因 $\left(x^2 \cos \dfrac{1}{x}\right)' = 2x\cos \dfrac{1}{x} + \sin \dfrac{1}{x}$,而 $\lim\limits_{x \to 0} \sin \dfrac{1}{x}$ 不存在. 此题如下求解:

$$\text{上式} = \lim_{x \to 0} \dfrac{1}{1+\cos x} \cdot \dfrac{\dfrac{3\sin x}{x} + x\cos \dfrac{1}{x}}{\dfrac{\ln(1+x)}{x}} = \dfrac{1}{2} \cdot \dfrac{3+0}{1} = \dfrac{3}{2}.$$

又如,$\lim\limits_{x \to \infty} \dfrac{x - \cos x}{x + \sin x}$ $\left(\dfrac{\infty}{\infty}\text{型}\right)$,也不能用洛必达法则.

2° 多次用洛必达法则,极限式出现循环现象. 例如,

$$\lim_{x \to +\infty} \dfrac{\sqrt{1+x^2}}{x} \left(\dfrac{\infty}{\infty}\text{型}\right), \quad \lim_{x \to +\infty} \dfrac{e^x - e^{-x}}{e^x + e^{-x}} \left(\dfrac{\infty}{\infty}\text{型}\right)$$

用两次洛必达法则均还原. 应改用下法:

$$\lim_{x \to +\infty} \dfrac{\sqrt{1+x^2}}{x} = \lim_{x \to +\infty} \dfrac{x\sqrt{\dfrac{1}{x^2}+1}}{x} = 1, \quad \lim_{x \to +\infty} \dfrac{e^x - e^{-x}}{e^x + e^{-x}} = \lim_{x \to +\infty} \dfrac{1 - e^{-2x}}{1 + e^{-2x}} = 1.$$

(4) 结合其他方法. 用洛必达法则求极限时,要注意结合运用以前学过的极限公式和求极限的方法. 极限式中含 $\dfrac{1}{x^k}$(k 是正整数)时,可考虑用变量代换 $t = \dfrac{1}{x^k}$.

(5) 数列的极限可用函数的极限求之(见本节例 6,例 7(2)).

数列不能求导数,有时,极限 $\lim\limits_{n \to \infty} f(n)$ 可改为极限 $\lim\limits_{x \to +\infty} f(x)$,可用洛必达法则.

例 1 求下列极限:

(1) $\lim\limits_{x \to 0} \dfrac{\ln(e^x + e^{-x}) - \ln(2\cos x)}{x^2}$;   (2) $\lim\limits_{x \to 0} \dfrac{e^2 - (1+x)^{\frac{2}{x}}}{x}$.

解 (1) $I \xlongequal{\frac{0}{0}} \lim\limits_{x\to 0} \dfrac{\dfrac{e^x-e^{-x}}{e^x+e^{-x}}+\dfrac{\sin x}{\cos x}}{2x}$

$\xlongequal[\text{非未定式}]{\text{化简、分离}} \dfrac{1}{2}\lim\limits_{x\to 0}\dfrac{1}{e^x+e^{-x}}\lim\limits_{x\to 0}\dfrac{e^x-e^{-x}}{x}+\dfrac{1}{2}\lim\limits_{x\to 0}\dfrac{1}{\cos x}\lim\limits_{x\to 0}\dfrac{\sin x}{x}$

$= \dfrac{1}{2}\times\dfrac{1}{2}\times 2+\dfrac{1}{2}\times 1\times 1 = 1 \quad \left(\text{用到}\lim\limits_{x\to 0}\dfrac{e^x-e^{-x}}{x}\xlongequal{\text{用法则}}\lim\limits_{x\to 0}(e^x+e^{-x})=2\right).$

(2) 因 $\left[(1+x)^{\frac{2}{x}}\right]' = \left(e^{2\frac{\ln(1+x)}{x}}\right)' = e^{2\frac{\ln(1+x)}{x}}\cdot 2\dfrac{\dfrac{x}{1+x}-\ln(1+x)}{x^2}$,故

$I \xlongequal{\frac{0}{0}} \lim\limits_{x\to 0}\dfrac{e^2-e^{2\frac{\ln(1+x)}{x}}}{x} \xlongequal[\text{非未定式}]{\text{用法则，分离}} -\lim\limits_{x\to 0} e^{2\frac{\ln(1+x)}{x}}\cdot\dfrac{2}{1+x}\cdot\lim\limits_{x\to 0}\dfrac{x-(1+x)\ln(1+x)}{x^2}$

$\xlongequal{\text{用法则}} -e^2\cdot 2\cdot \lim\limits_{x\to 0}\dfrac{1-\ln(1+x)-1}{2x} = -2e^2\left(-\dfrac{1}{2}\right) = e^2.$

例 2 求极限 $\lim\limits_{x\to 1}\dfrac{x-x^x}{1-x+\ln x}$.

解 注意到当 $x\to 0$ 时，$(e^x-1)\sim x$，先分离非未定式，并用无穷小代换.

$I \xlongequal{\frac{0}{0}} \lim\limits_{x\to 1}\dfrac{x(1-x^{x-1})}{1-x+\ln x} = \lim\limits_{x\to 1}\dfrac{x[1-e^{(x-1)\ln x}]}{1-x+\ln x} = -\lim\limits_{x\to 1}\dfrac{x(x-1)\ln x}{1-x+\ln x}$

$\xlongequal{\text{用法则}} \lim\limits_{x\to 1}\dfrac{(2x-1)\ln x+(x-1)}{\dfrac{1}{x}-1} \xlongequal{\text{化简}} \lim\limits_{x\to 1}\left[x-\dfrac{(2x^2-x)\ln x}{1-x}\right]$

$\xlongequal{\text{用法则}} 1-\lim\limits_{x\to 1}\dfrac{(4x-1)\ln x+(2x-1)}{-1} = 2.$

例 3 求证：(1) $\lim\limits_{x\to +\infty}\dfrac{x^k}{a^x}=0\ (a>1,k>0)$； (2) $\lim\limits_{x\to +\infty}\dfrac{(\ln x)^\beta}{x^\alpha}=0\ (\alpha>0,\beta>0)$.

证 (1) 当 k 为正整数时，用 k 次法则，有

$$\lim\limits_{x\to +\infty}\dfrac{x^k}{a^x}\xlongequal{\frac{\infty}{\infty}}\lim\limits_{x\to +\infty}\dfrac{kx^{k-1}}{a^x\ln a}=\cdots=\lim\limits_{x\to +\infty}\dfrac{k!}{a^x(\ln a)^k}=0.$$

当 k 为正数时，若 $x\geqslant 1$，就有 $0\leqslant x^k\leqslant x^{[k]+1}$，因 $\lim\limits_{x\to +\infty}\dfrac{x^{[k]+1}}{a^x}=0$，由夹逼准则 $\lim\limits_{x\to +\infty}\dfrac{x^k}{a^x}=0$.

(2) $\lim\limits_{x\to +\infty}\dfrac{(\ln x)^\beta}{x^\alpha}\xlongequal[t=\ln x]{\frac{\infty}{\infty}}\lim\limits_{t\to +\infty}\dfrac{t^\beta}{(e^\alpha)^t}\xlongequal{\text{由(1)}}0.$

例 4 求下列极限：

(1) $\lim\limits_{x\to -\infty}(\sqrt{x^2+x-1}+xe^{\frac{1}{x}})$； (2) $\lim\limits_{x\to 0}\left[\dfrac{a}{x}-\left(\dfrac{1}{x^2}-a^2\right)\ln(1+ax)\right]\ (a\neq 0)$.

解 (1) $I\xlongequal{\infty-\infty}\lim\limits_{x\to -\infty}x\left(e^{\frac{1}{x}}-\sqrt{1+\dfrac{1}{x}-\dfrac{1}{x^2}}\right)\xlongequal{t=\frac{1}{x}}\lim\limits_{t\to 0^-}\dfrac{e^t-\sqrt{1+t-t^2}}{t}$

$$\xrightarrow{\text{用法则}} \lim_{t \to 0^-}\left(e^t - \frac{1-2t}{2\sqrt{1+t-t^2}}\right) = 1 - \frac{1}{2} = \frac{1}{2}.$$

(2) $I = \lim\limits_{x \to 0} \dfrac{ax - (1 - a^2 x^2)\ln(1+ax)}{x^2} \xrightarrow{\text{用法则}} \lim\limits_{x \to 0} \dfrac{a + 2a^2 x \ln(1+ax) - \dfrac{1 - a^2 x^2}{1 + ax} a}{2x}$

$\xrightarrow{\text{化简}} \lim\limits_{x \to 0} \dfrac{a + 2a^2 x \ln(1+ax) - (1 - ax)a}{2x} = \dfrac{a^2}{2}.$

例 5 设 $f(x)$ 在 a 的某邻域内二阶可导，且 $f'(a) \neq 0$，求

$$\lim_{x \to a}\left[\frac{1}{f(x) - f(a)} - \frac{1}{(x-a)f'(a)}\right].$$

解 依题设，$f(x)$ 在 $x = a$ 处连续，则 $\lim\limits_{x \to a} f(x) = f(a)$，这是 $\infty - \infty$ 型.

$I = \lim\limits_{x \to a} \dfrac{f'(a)(x-a) - f(x) + f(a)}{f'(a)(x-a)(f(x) - f(a))} \quad \left(\dfrac{0}{0} \text{型}\right)$

$\xrightarrow{\text{用法则}} \dfrac{1}{f'(a)} \lim\limits_{x \to a} \dfrac{f'(a) - f'(x)}{f(x) - f(a) + (x-a)f'(x)}$ (1)

$= \dfrac{1}{f'(a)} \lim\limits_{x \to a} \dfrac{-\dfrac{f'(x) - f'(a)}{x - a}}{\dfrac{f(x) - f(a)}{x - a} + f'(x)} = -\dfrac{1}{f'(a)} \cdot \dfrac{f''(a)}{2f'(a)} = -\dfrac{f''(a)}{2[f'(a)]^2}.$

注 (1) 式仍是 $\dfrac{0}{0}$ 型，但此处不能用洛必达法则，因为题设没有 $f''(x)$ 连续，因而不能判定 $\lim\limits_{x \to a} f''(x) = f''(a)$. 但 $f(x)$ 在 $x = a$ 处二阶可导，故可用导数定义求(1)式的极限. 若题设 $f(x)$ 有二阶连续导数，则可再用一次洛必达法则.

例 6 求 $\lim\limits_{n \to \infty}\left(n \tan \dfrac{1}{n}\right)^{n^2}$.

解 因 $\lim\limits_{x \to 0^+}\left(\dfrac{\tan x}{x}\right)^{\frac{1}{x^2}} \xrightarrow{1^\infty} \lim\limits_{x \to 0^+}\left[\left(1 + \dfrac{\tan x - x}{x}\right)^{\frac{x}{\tan x - x}}\right]^{\frac{\tan x - x}{x^3}} = e^{\frac{1}{3}}$，其中

$$\lim\limits_{x \to 0^+} \dfrac{\tan x - x}{x^3} \xrightarrow{\text{用法则}} \lim\limits_{x \to 0^+} \dfrac{\sec^2 x - 1}{3x^2} = \dfrac{1}{3},$$

故

$$\lim_{n \to \infty}\left(n \tan \dfrac{1}{n}\right)^{n^2} = \lim_{x \to 0^+}\left(\dfrac{\tan x}{x}\right)^{\frac{1}{x^2}} = e^{\frac{1}{3}}.$$

例 7 设数列 $\{y_n\}$ 满足 $0 < y_1 < \pi$，$y_{n+1} = \sin y_n (n = 1, 2, \cdots)$.

(1) 证明 $\lim\limits_{n \to \infty} y_n$ 存在，并求该极限；   (2) 计算 $\lim\limits_{n \to \infty}\left(\dfrac{y_{n+1}}{y_n}\right)^{\frac{1}{y_n^2}}$.

证 (1) 用数列极限的单调有界准则. 依题意，有

$$0 < y_2 = \sin y_1 < \dfrac{\pi}{2}, \quad y_2 = \sin y_1 < y_1, \quad 0 < y_3 = \sin y_2 < \dfrac{\pi}{2},$$

类推有 $\quad\quad\quad\quad 0 < y_{n+1} = \sin y_n < y_n, \quad n = 2, 3, \cdots.$

即 $\{y_n\}$ 单调减少且有下界，于是极限 $\lim\limits_{n\to\infty} y_n$ 存在，记为 A.

令 $n\to\infty$，对 $y_{n+1}=\sin y_n$ 取极限，得 $A=\sin A$.

可以证明 $f(x)=x-\sin x$ 在 $(-\infty,+\infty)$ 内单调增加，且有唯一零点，所以 $A=0$.

(2) $I=\lim\limits_{n\to\infty}\left(\dfrac{\sin y_n}{y_n}\right)^{\frac{1}{y_n^2}}=\lim\limits_{n\to\infty}\left[1+\left(\dfrac{\sin y_n}{y_n}-1\right)\right]^{\frac{y_n}{\sin y_n - y_n}\cdot\frac{\sin y_n - y_n}{y_n^3}}=\mathrm{e}^{-\frac{1}{6}}$，其中

$$\lim_{n\to\infty}\frac{\sin y_n - y_n}{y_n^3}=\lim_{x\to 0}\frac{\sin x - x}{x^3}\xrightarrow{\text{用法则}}\lim_{x\to 0}\frac{\cos x - 1}{3x^2}=-\frac{1}{6}.$$

例 8 设 $g(x)=\begin{cases}\dfrac{f(x)}{x}, & x\neq 0 \\ f'(0), & x=0,\end{cases}$ 其中 $f(x)$ 具有二阶连续导数，且 $f(0)=0$，试证：函数 $g(x)$ 具有一阶连续导数.

证 当 $x\neq 0$ 时，$g'(x)=\left(\dfrac{f(x)}{x}\right)'=\dfrac{xf'(x)-f(x)}{x^2}$，因 $f(x),f'(x)$ 均连续，显然 $g'(x)$ 存在且连续.

现证明，当 $x=0$ 时，$g'(x)$ 存在且连续. 先证 $g(x)$ 在 $x=0$ 处可导. 由导数定义

$$g'(0)=\lim_{x\to 0}\frac{g(x)-g(0)}{x-0}=\lim_{x\to 0}\frac{\dfrac{f(x)}{x}-f'(0)}{x}=\lim_{x\to 0}\frac{f(x)-xf'(0)}{x^2}$$

$$\xrightarrow{\text{洛必达}}\lim_{x\to 0}\frac{f'(x)-f'(0)}{2x}=\frac{1}{2}f''(0),$$

这里，用到了 $\lim\limits_{x\to 0}f(x)=f(0)=0$ 和二阶导数定义.

再由连续的定义证 $g'(x)$ 在 $x=0$ 处连续：

$$\lim_{x\to 0}g'(x)=\lim_{x\to 0}\frac{xf'(x)-f(x)}{x^2}\xrightarrow{\text{洛必达}}\lim_{x\to 0}\frac{xf''(x)+f'(x)-f'(x)}{2x}$$

$$=\frac{1}{2}f''(0)=g'(0).$$

十五、用泰勒公式求极限

1. 常用的带佩亚诺余项的泰勒(麦克劳林)公式

(1) $\mathrm{e}^x=1+x+\dfrac{x^2}{2!}+\cdots+\dfrac{x^n}{n!}+o(x^n)\ (-\infty<x<+\infty)$；

(2) $\sin x=x-\dfrac{x^3}{3!}+\dfrac{x^5}{5!}-\cdots+(-1)^{m-1}\dfrac{x^{2m-1}}{(2m-1)!}+o(x^{2m})\ (-\infty<x<+\infty)$；

(3) $\cos x=1-\dfrac{x^2}{2!}+\dfrac{x^4}{4!}-\cdots+(-1)^m\dfrac{x^{2m}}{(2m)!}+o(x^{2m+1})\ (-\infty<x<+\infty)$；

(4) $\ln(1+x)=x-\dfrac{x^2}{2}+\dfrac{x^3}{3}-\cdots+(-1)^{n-1}\dfrac{x^n}{n}+o(x^n)\ (-1<x<1)$；

(5) $(1+x)^\alpha = 1 + \alpha x + \dfrac{\alpha(\alpha-1)}{2!}x^2 + \cdots + \dfrac{\alpha(\alpha-1)\cdots(\alpha-n+1)}{n!}x^n + o(x^n)$ $(-1<x<1)$.

2. 利用带佩亚诺余项的泰勒公式求极限的思路

若极限 $\lim\limits_{x\to x_0}\dfrac{f(x)}{g(x)}$ 是 $\dfrac{0}{0}$ 型未定式,而 $f(x)$ 或 $g(x)$ 是若干项的代数和(这时不能用等价无穷小代换),可将 $f(x)$ 或 $g(x)$ 表达式中各非幂函数的初等函数,用其适当阶在点 x_0 的泰勒公式代换,使原极限转化为关于 $x-x_0$ 的有理分式的极限,而这种极限是易求的.

求当 $x\to\infty$ 的极限时,可作代换 $t=\dfrac{1}{x}$,考虑 $t\to 0$ 时的极限,把待求极限表达式中各非幂函数的初等函数,用其适当阶关于 $t=\dfrac{1}{x}$ 的麦克劳林公式代换.

例1 求下列极限:

(1) $\lim\limits_{x\to 0}\dfrac{1-x^2-\mathrm{e}^{-x^2}}{x\sin^3 2x}$;   (2) $\lim\limits_{x\to 0}\dfrac{\mathrm{e}^x\sin x - x(1+x)}{x^3}$.

解 (1) 注意到,当 $x\to 0$ 时,分母是 x 的四阶无穷小,将 e^{-x^2} 展开到 $o(x^4)$ 即可. 由于 $\mathrm{e}^{-x^2} = 1 - x^2 + \dfrac{1}{2}x^4 + o(x^4)$,故

$$I = \lim_{x\to 0}\dfrac{1-x^2-1+x^2-\dfrac{1}{2}x^4+o(x^4)}{x(2x)^3} = -\dfrac{1}{16}.$$

(2) 因分母是 x^3,将 e^x 展开到 $o(x^2)$,$\sin x$ 展开到 $o(x^3)$ 即可. 由于

$$\mathrm{e}^x\sin x = \left[1+x+\dfrac{x^2}{2!}+o(x^2)\right]\left[x-\dfrac{x^3}{6}+o(x^3)\right] = x+x^2+\dfrac{1}{3}x^3+o(x^3),$$

故 $$I = \lim_{x\to 0}\dfrac{x+x^2+\dfrac{1}{3}x^3+o(x^3)-x-x^2}{x^3} = \dfrac{1}{3}.$$

例2 求下列极限:

(1) $\lim\limits_{x\to\infty}x^4\left(\cos\dfrac{1}{x}-\mathrm{e}^{-\frac{1}{2x^2}}\right)$;   (2) $\lim\limits_{x\to\infty}\left[x-x^2\ln\left(1+\dfrac{1}{x}\right)\right]$.

解 (1) 当 $x\to\infty$ 时,$\dfrac{1}{x}\to 0$. 注意到极限式中的因子 x^4,将 $\cos\dfrac{1}{x}$,$\mathrm{e}^{-\frac{1}{2x^2}}$ 展开到 $o\left(\dfrac{1}{x^4}\right)$.

因 $$\cos\dfrac{1}{x} = 1-\dfrac{1}{2x^2}+\dfrac{1}{24x^4}+o\left(\dfrac{1}{x^4}\right),\quad \mathrm{e}^{-\frac{1}{2x^2}} = 1-\dfrac{1}{2x^2}+\dfrac{1}{8x^4}+o\left(\dfrac{1}{x^4}\right),$$

故 $$I = \lim_{x\to\infty}x^4\left[-\dfrac{1}{12x^4}+o\left(\dfrac{1}{x^4}\right)\right] = -\dfrac{1}{12}.$$

(2) 注意到极限式中第二项的因子 x^2. 利用 $\ln(1+t)$ 的麦克劳林公式得

$$I = \lim_{x\to\infty}\left\{x-x^2\left[\dfrac{1}{x}-\dfrac{1}{2x^2}+o\left(\dfrac{1}{x^2}\right)\right]\right\} = \dfrac{1}{2}.$$

例3 设 $f''(x)$ 存在,证明:
$$\lim_{h\to 0}\frac{f(x+2h)-2f(x+h)+f(x)}{h^2}=f''(x).$$

证1 用洛必达法则:
$$\begin{aligned}\text{左端}&=\lim_{h\to 0}\frac{2f'(x+2h)-2f'(x+h)}{2h}\\&=\lim_{h\to 0}\frac{f'(x+2h)-f'(x)-(f'(x+h)-f'(x))}{h}\\&=2\lim_{h\to 0}\frac{f'(x+2h)-f'(x)}{2h}-\lim_{h\to 0}\frac{f'(x+h)-f'(x)}{h}\\&=2f''(x)-f''(x)=f''(x).\end{aligned}$$

证2 因 $f''(x)$ 存在,用二阶泰勒公式:
$$f(x+2h)=f(x)+f'(x)2h+\frac{1}{2}f''(x)(2h)^2+o(h^2),$$
$$f(x+h)=f(x)+f'(x)h+\frac{1}{2}f''(x)h^2+o(h^2).$$

将上二式代入欲证等式左端,有
$$\text{左端}=\lim_{h\to 0}\frac{1}{h^2}[2f''(x)h^2-f''(x)h^2+o(h^2)]=f''(x).$$

例4 设 $o(x^3)$ 是当 $x\to 0$ 时比 x^3 高阶的无穷小,试确定 A,B,C 的值,使得
$$e^x(1+Bx+Cx^2)=1+Ax+o(x^3).$$

解1 已知式可写成 $(e^x-1)+(Be^x-A)x+Ce^xx^2=o(x^3)$,这就是要在条件
$$I=\lim_{x\to 0}\frac{(e^x-1)+(Be^x-A)x+Ce^xx^2}{x^3}=0$$

之下推出 A,B,C 的值. 由洛必达法则
$$I=\lim_{x\to 0}\frac{(e^x+Be^x-A)+(Be^x+2Ce^x)x+Ce^xx^2}{3x^2} \tag{1}$$
$$=\lim_{x\to 0}\frac{(e^x+2Be^x+2Ce^x)+(Be^x+4Ce^x)x+Ce^xx^2}{6x}=0. \tag{2}$$

由(1)式看必有
$$\lim_{x\to 0}(e^x+Be^x-A)=1+B-A=0; \tag{3}$$

由(2)式看必有
$$\lim_{x\to 0}(e^x+2Be^x+2Ce^x)=1+2B+2C=0, \tag{4}$$

和
$$\lim_{x\to 0}(Be^x+4Ce^x)=B+4C=0. \tag{5}$$

由(3),(4)和(5)式可解得 $A=1/3,B=-2/3,C=1/6$.

解2 用泰勒公式计算. 因为
$$e^x(1+Bx+Cx^2)=\left(1+x+\frac{1}{2!}x^2+\frac{1}{3!}x^3+o(x^3)\right)(1+Bx+Cx^2)$$

$$= 1+(B+1)x+\left(\frac{1}{2}+B+C\right)x^2+\left(\frac{1}{6}+\frac{1}{2}B+C\right)x^3+o(x^3),$$

又 $e^x(1+Bx+Cx^2)=1+Ax+o(x^3)$,所以

$$1+(B+1)x+\left(\frac{1}{2}+B+C\right)x^2+\left(\frac{1}{6}+\frac{1}{2}B+C\right)x^3+o(x^3)=1+Ax+o(x^3),$$

由上式两端 x 的同次幂系数进行比较,可解得 $A=1/3, B=-2/3, C=1/6$.

习 题 三

1. 填空题:

(1) $\lim\limits_{x\to+\infty}(\sqrt[8]{x^8+x^7}-\sqrt[8]{x^8-x^7})=$ _____.

(2) 设在 $[0,1]$ 上 $f''(x)>0$,则 $f'(0), f'(1), f(1)-f(0)$ 由小到大的顺序为 _____.

(3) 设 n 为正奇数,则 $f(x)=\left(1+x+\dfrac{x^2}{2!}+\cdots+\dfrac{x^n}{n!}\right)e^{-x}$ 的极值是 _____.

(4) 数列 $\{\sqrt[n]{n}\}$ 的最大项是 _____.

(5) 曲线 $y=(x-4)^{\frac{5}{3}}$ 的拐点是 _____.

2. 单项选择题:

(1) 当 $x<x_0$ 时, $f'(x)>0$; 当 $x>x_0$ 时, $f'(x)<0$,则 x_0 必定是函数 $f(x)$ 的( ).

(A) 驻点   (B) 极大值点   (C) 极小值点   (D) 以上均不可选

(2) 已知函数 $f(x)$ 当 $x>0$ 时满足 $f''(x)+3[f'(x)]^2=x\ln x$,且 $f'(1)=0$,则( ).

(A) $f(1)$ 是 $f(x)$ 的极小值   (B) $f(1)$ 是 $f(x)$ 的极大值

(C) $(1,f(1))$ 是曲线 $y=f(x)$ 的拐点

(D) $f(1)$ 不是 $f(x)$ 的极值,$(1,f(1))$ 也不是曲线 $y=f(x)$ 的拐点

(3) 曲线 $y=ax^3+bx^2+cx+d$ ($a\neq 0$) 有一拐点,且在此拐点处有一水平切线,则 a,b,c 之间的关系是( ).

(A) $a+b+c=0$ (B) $b^2-3ac=0$ (C) $b^2-4ac=0$ (D) $b^2-6ac=0$

(4) 若 $3a^2-5b<0$,则方程 $x^5+2ax^3+3bx+4c=0$ ( ).

(A) 有唯一实根   (B) 有三个不同的实根   (C) 有五个不同的实根   (D) 无实根

(5) 当 $x\to 0$ 时,$[\cos(xe^{2x})-\cos(xe^{-2x})]$ 与 x^2 相比是( ).

(A) 高阶无穷小   (B) 低阶无穷小   (C) 同阶非等价无穷小   (D) 等价无穷小

3. 设函数 $f(x)$ 在 $[0,+\infty)$ 上可导,且 $0\leqslant f(x)\leqslant \dfrac{x}{1+x^2}$,证明存在 $\xi>0$,使 $f'(\xi)=\dfrac{1-\xi^2}{(1+\xi^2)^2}$.

4. 设 $f(x)$ 在 $[a,b]$ 上取正值且可导,证明存在 $\xi\in(a,b)$,使 $\ln\dfrac{f(b)}{f(a)}=\dfrac{f'(\xi)}{f(\xi)}(b-a)$.

5. 设 $f(x)$ 在 $[a,b]$ 上连续,在 (a,b) 内可导,且 $f(x)\neq 0$,证明存在 $\xi,\eta\in(a,b)$,使

$$\frac{f'(\xi)}{f'(\eta)}=\frac{e^b-e^a}{b-a}e^{-\eta}.$$

6. 求不等式 $e^x<1+x+\dfrac{x^2}{2}$ 的解集.

7. 求函数 $f(x)=x^n(1-x)^m$ (m,n 为正整数)的极值.

8. 设函数 $f(x)$ 满足 $af(x)+bf\left(\dfrac{1}{x}\right)=\dfrac{c}{x}$,且 $|a|\neq |b|$.

(1) 求出 $f(x)$ 并判别其奇偶性；

(2) 若 $c>0, |a|>|b|, b\neq 0$，则 a,b 满足什么条件时，$f(x)$ 方有极大值和极小值？

9. 试确定 a,b 的值，使函数 $f(x)=\dfrac{x^4}{4}+\dfrac{a}{3}x^3+\dfrac{b}{2}x^2+2x$ 仅有两个相异的负值驻点，且有唯一极值点为 $x=-2$.

10. 设二阶可导函数 $y=f(x)$ 由方程 $x^3-3xy^2+2y^3=32$ 所确定，讨论并求出 $f(x)$ 的极值.

11. 求函数 $f(x)=\sqrt[3]{(x^2-2x)^2}$ 在 $[-1,3]$ 上的值域.

12. 确定 k 的值，使曲线 $y=k(x^2-3)^2$ 在拐点处的法线通过原点.

13. 设 $f(x)$ 在 $[0,1]$ 上连续，在 $(0,1)$ 内可导，$f(0)=0$，$f(x)$ 在 $[0,1]$ 上不恒为零，试证存在 $\xi\in(0,1)$，使 $f(\xi)f'(\xi)>0$.

14. 设函数 $f(x)$ 在 (a,b) 内二阶可导，且 $f''(x)>0$，证明当 $a<\alpha<\beta<b$ 时，有
$$(\beta-\alpha)f'(\alpha)<f(\beta)-f(\alpha)<(\beta-\alpha)f'(\beta).$$

15. 设 $x>0$，证明 $1+x\ln(x+\sqrt{1+x^2})>\sqrt{1+x^2}$.

16. 设 $f(x)$ 在 $[a,+\infty)$ 上二阶可导，且 $f''(x)<0$，$f(a)>0$，$f'(a)<0$，证明方程 $f(x)=0$ 在 $(a,+\infty)$ 内必有且仅有一个实根.

17. 试求曲线 $y=x^{-2}$ 上点 (x,y) 处的切线被两坐标轴所截线段的最短长度.

18. 设产品的需求函数与供给函数分别为
$$Q_d=a-bP\ (a>0,b>0),\quad Q_s=-c+dP\ (c>0,d>0),$$
其中，$ad>bc$. 若厂商以供需一致来控制产量，政府对产品征税，求税率 t 为何值时，征税收益最大.

19. 用洛必达法则求下列极限：

(1) $\lim\limits_{x\to 0}\left[\dfrac{\ln(1+x)^{(1+x)}}{x^2}-\dfrac{1}{x}\right]$；

(2) $\lim\limits_{x\to 0}\left[\dfrac{a^{x+1}+b^{x+1}+c^{x+1}}{a+b+c}\right]^{\frac{1}{x}}$；

(3) $\lim\limits_{x\to 0}\dfrac{\tan^3(2x)}{x^4}\left(1-\dfrac{x}{e^x-1}\right)$；

(4) $\lim\limits_{x\to 0}\left[\dfrac{1}{x^2}-\cot^2 x\right]$；

(5) $\lim\limits_{x\to+\infty}\dfrac{e^x}{\left(1+\dfrac{1}{x}\right)^{x^2}}$；

(6) $\lim\limits_{x\to 0^+}\left(\dfrac{1}{\sqrt{x}}\right)^{(\ln\sin x)^{-1}}$.

20. 用泰勒公式求下列极限：

(1) $\lim\limits_{x\to 0}\dfrac{\ln(1+\sin^2 x)-x^2}{\sin^4 x}$；

(2) $\lim\limits_{x\to\infty}x^4\left(\cos\dfrac{1}{x}-e^{-\frac{1}{2x^2}}\right)$.

第四章 不定积分

一、原函数与不定积分概念

1. 原函数存在的充分条件

在区间 I 上**连续的函数** $f(x)$，在该区间上存在原函数 $F(x)$. 这是**充分条件**而非**必要条件**. 见例 1.

2. 原函数是连续函数

按原函数的定义，若 $F(x)$ 是 $f(x)$ 的原函数，则 $F(x)$ 一定是可导函数，从而 $F(x)$ 一定是连续函数.

3. 分段函数求不定积分的程序

（1）分别在各个部分区间内求不定积分的表达式，积分常数用不同的字母；

（2）由原函数在分段点处的连续性确定不同积分常数之间的关系，最终要用一个字母表示不定积分中的任意常数.

若不是求不定积分，而是求满足特定条件的一个原函数，上述程序（2）就是由原函数在分段点处的连续性确定不同积分常数的取值.

例 1 设函数 $f(x)=\begin{cases} 2x\sin\dfrac{1}{x}-\cos\dfrac{1}{x}, & x\neq 0, \\ 0, & x=0, \end{cases}$ 试判定：

（1）$f(x)$ 在 $x=0$ 是否连续？

（2）$F(x)=\begin{cases} x^2\sin\dfrac{1}{x}, & x\neq 0, \\ 0, & x=0 \end{cases}$ 是否是 $f(x)$ 在 $(-\infty,+\infty)$ 内的一个原函数？

解 （1）由于 $\lim\limits_{x\to 0}f(x)=\lim\limits_{x\to 0}\left(2x\sin\dfrac{1}{x}-\cos\dfrac{1}{x}\right)$ 不存在，故 $x=0$ 是 $f(x)$ 的间断点.

（2）当 $x\neq 0$ 时，$F'(x)=\left(x^2\sin\dfrac{1}{x}\right)'=2x\sin\dfrac{1}{x}-\cos\dfrac{1}{x}$；

当 $x=0$ 时，$F'(0)=\lim\limits_{x\to 0}\dfrac{F(x)-F(0)}{x-0}=\lim\limits_{x\to 0}\dfrac{x^2\sin\dfrac{1}{x}}{x}=0.$

综上可知 $F(x)$ 是 $f(x)$ 在 $(-\infty,+\infty)$ 内的一个原函数.

例 2 设 $\int f'(\tan x)\mathrm{d}x=\ln\tan x+C$，求 $f(x)$.

解 已知等式两端对 x 求导，得

$$f'(\tan x) = \frac{\sec^2 x}{\tan x} = \tan x + \frac{1}{\tan x}, \quad 即 \quad f'(x) = x + \frac{1}{x},$$

于是
$$f(x) = \int f'(x)\mathrm{d}x = \int\left(x + \frac{1}{x}\right)\mathrm{d}x = \frac{x^2}{2} + \ln|x| + C.$$

例 3 设函数 $f(x)$ 满足下列条件,求 $f(x)$:
(1) $f(0)=2, f(-2)=0$; (2) $f(x)$ 在 $x=-1, x=5$ 处有极值;
(3) $f(x)$ 的导数是 x 的二次函数.

解 因 $x=-1, x=5$ 为极值点及 $f(x)$ 的导数是 x 的二次函数,可设
$$f'(x) = a(x+1)(x-5) = a(x^2 - 4x - 5),$$

于是
$$f(x) = \int f'(x)\mathrm{d}x = a\left(\frac{x^3}{3} - 2x^2 - 5x\right) + C.$$

由 $f(0)=2$,得 $C=2$,由 $f(-2)=0$,有 $a\left(-\frac{8}{3} - 8 + 10\right) + 2 = 0$,解得 $a=3$.
所求函数
$$f(x) = x^3 - 6x^2 - 15x + 2.$$

例 4 在区间 $(-\infty, +\infty)$ 上,函数 $f(x) = \sin|x|$ 的一个原函数 $F(x) = (\quad)$.

(A) $-\cos|x|$

(B) $\begin{cases} \cos x, & x < 0, \\ -\cos x, & x \geqslant 0 \end{cases}$

(C) $\begin{cases} \cos x - 1 + C, & x < 0, \\ -\cos x + 1 + C, & x \geqslant 0 \end{cases}$

(D) $\begin{cases} \cos x - 2, & x < 0, \\ -\cos x, & x \geqslant 0 \end{cases}$

解 选(D). 注意到
$$\sin|x| = \begin{cases} -\sin x, & x < 0, \\ \sin x, & x \geqslant 0. \end{cases}$$

对(A): $-\cos|x| = -\cos x$ 是 $\sin x$ 的一个原函数;对(B):在 $x \neq 0$ 时,是 $f(x)$ 的一个原函数,它在 $x=0$ 处不连续;对(C):是 $f(x)$ 的不定积分;对(D):在 $x=0$ 处连续,是 $f(x)$ 的一个原函数.

注 对(C):当 C 取某一个固定值 C_0 时,它也是 $f(x)$ 的一个原函数.

例 5 求不定积分 $\int\sqrt{1-\sin 2x}\,\mathrm{d}x \ \left(0 \leqslant x \leqslant \frac{\pi}{2}\right)$.

解 因 $1 - \sin 2x = \sin^2 x + \cos^2 x - 2\sin x\cos x = (\sin x - \cos x)^2$,则
$$I = \int|\sin x - \cos x|\mathrm{d}x.$$

当 $0 \leqslant x \leqslant \frac{\pi}{4}$ 时,$I = \int(\cos x - \sin x)\mathrm{d}x = \sin x + \cos x + C_1$;

当 $\frac{\pi}{4} \leqslant x \leqslant \frac{\pi}{2}$ 时,$I = \int(\sin x - \cos x)\mathrm{d}x = -\cos x - \sin x + C_2$.

由于原函数必须在 $x = \frac{\pi}{4}$ 处连续,所以令 $x = \frac{\pi}{4}$,有
$$\sin\frac{\pi}{4} + \cos\frac{\pi}{4} + C_1 = -\cos\frac{\pi}{4} - \sin\frac{\pi}{4} + C_2,$$

可取 $C_1 = -\sqrt{2}+C, C_2 = \sqrt{2}+C$，于是

$$I = \begin{cases} \sin x + \cos x - \sqrt{2} + C, & 0 \leqslant x \leqslant \dfrac{\pi}{4}, \\ -\sin x - \cos x + \sqrt{2} + C, & \dfrac{\pi}{4} < x \leqslant \dfrac{\pi}{2}. \end{cases}$$

例 6 已知 $f(x)$ 的一个原函数是 $\ln(x+\sqrt{1+x^2})$，求 $\int xf'(x)\mathrm{d}x$.

解 由 $\int f(x)\mathrm{d}x = \ln(x+\sqrt{1+x^2})+C$ 得 $f(x) = \dfrac{1}{\sqrt{1+x^2}}$，于是

$$\int xf'(x)\mathrm{d}x = xf(x) - \int f(x)\mathrm{d}x = \dfrac{x}{\sqrt{1+x^2}} - \ln(x+\sqrt{1+x^2}) + C.$$

注 对等式 $\int xf'(x)\mathrm{d}x = xf(x) - \int f(x)\mathrm{d}x$ 可用对两端求导数来证明. 用此等式, 在求 $\int xf'(x)\mathrm{d}x$ 时, 就无需先求出 $f'(x)$.

二、被积函数具有什么特征可用第一换元积分法求积分

用第一换元积分法的思路：

第一换元积分法的**实质**, 是**将基本积分公式中的积分变量 x 代换以 x 的可微函数 $\varphi(x)$ 后, 公式仍然成立**. 例如

由公式 $\int \dfrac{1}{a^2+x^2}\mathrm{d}x = \dfrac{1}{a}\arctan\dfrac{x}{a} + C$ 可得公式 (见例 5)

$$\int \dfrac{\varphi'(x)}{a^2+\varphi^2(x)}\mathrm{d}x = \int \dfrac{1}{a^2+\varphi^2(x)}\mathrm{d}\varphi(x) = \dfrac{1}{a}\arctan\dfrac{\varphi(x)}{a} + C.$$

可用第一换元积分法的**被积函数的特征**：$g(x) = f(\varphi(x))\varphi'(x)$.

从 $g(x)$ 的表达式可知, 被积函数 $g(x)$ 可看做是两个因子的乘积: 其中一个因子是 $\varphi(x)$ 的函数 $f(\varphi(x))$ (是积分变量 x 的复合函数), 另一个因子是 $\varphi(x)$ 的导数 $\varphi'(x)$ (可以差常数因子), 这大致分两种情况：

(1) $g(x)$ 具有上述特征, 有的 $g(x)$ 显现该形式; 有的 $g(x)$ 则是隐含该形式, 将被积函数简单变形方可看成 $f(\varphi(x))\varphi'(x)$ 形式. 见本节例 2~例 7.

(2) $g(x)$ 本身不具有上述特征, 但经代数或三角函数恒等变形后, 便呈现 $f(\varphi(x))\varphi'(x)$ 形式. 见例 8~例 12.

例 1 设 $f'(x) = \sin x$, 且 $f(0) = -1$; 又 $F(x)$ 是 $f(x)$ 的一个原函数, 且 $F(0) = 0$, 求：

(1) $\int \dfrac{\mathrm{d}x}{1+f(x)}$；　　(2) $\int \dfrac{\mathrm{d}x}{1-F(x)}$.

解 1 用基本积分公式, 由已知条件知, $f(x) = -\cos x, F(x) = -\sin x$.

(1) $I = \int \dfrac{\mathrm{d}x}{1-\cos x} = \int \dfrac{1+\cos x}{\sin^2 x}\mathrm{d}x = \int (\csc^2 x + \csc x \cot x)\mathrm{d}x = -\cot x - \csc x + C.$

(2) $I = \displaystyle\int \dfrac{\mathrm{d}x}{1+\sin x} = \int \dfrac{1-\sin x}{\cos^2 x}\mathrm{d}x = \int (\sec^2 x - \sec x\tan x)\mathrm{d}x = \tan x - \sec x + C.$

解 2 用第一换元积分法. 因 $1-\cos x = 2\sin^2 \dfrac{x}{2},\ 1+\cos x = 2\cos^2 \dfrac{x}{2}$, 有

(1) $I = \displaystyle\int \dfrac{1}{\sin^2 \dfrac{x}{2}} \mathrm{d}\left(\dfrac{x}{2}\right) = -\cot\dfrac{x}{2} + C.$

(2) $I = \displaystyle\int \dfrac{1}{1+\cos\left(x-\dfrac{\pi}{2}\right)} \mathrm{d}\left(x-\dfrac{\pi}{2}\right) = \int \dfrac{1}{2\cos^2\left(\dfrac{x}{2}-\dfrac{\pi}{4}\right)} \mathrm{d}\left(x-\dfrac{\pi}{2}\right) = \tan\left(\dfrac{x}{2}-\dfrac{\pi}{4}\right) + C.$

例 2 求不定积分 $\displaystyle\int \dfrac{\mathrm{e}^{-\frac{1}{x^2}}}{x^3}\mathrm{d}x.$

分析 视 $\varphi(x) = -\dfrac{1}{x^2}$, 则 $f(\varphi(x)) = \mathrm{e}^{-\frac{1}{x^2}}, \varphi'(x) = \dfrac{2}{x^3}$. 用公式

$$\int \mathrm{e}^{\varphi(x)}\varphi'(x)\mathrm{d}x = \int \mathrm{e}^{\varphi(x)}\mathrm{d}\varphi(x) = \mathrm{e}^{\varphi(x)} + C. \tag{1}$$

解 $I = \dfrac{1}{2}\displaystyle\int \mathrm{e}^{-\frac{1}{x^2}} \mathrm{d}\left(-\dfrac{1}{x^2}\right) = \dfrac{1}{2}\mathrm{e}^{-\frac{1}{x^2}} + C.$

下列各积分均用上述公式(1).

(1) 由于 $\mathrm{d}(\mathrm{e}^x \sin x) = (\mathrm{e}^x \sin x + \mathrm{e}^x \cos x)\mathrm{d}x$, 所以

$$\int \mathrm{e}^{\mathrm{e}^x \sin x}(\sin x + \cos x)\mathrm{e}^x \mathrm{d}x = \int \mathrm{e}^{\mathrm{e}^x \sin x}\mathrm{d}(\mathrm{e}^x \sin x) = \mathrm{e}^{\mathrm{e}^x \sin x} + C.$$

(2) 由于 $\mathrm{d}(\arctan\sqrt{1+x}) = \dfrac{1}{1+(1+x)} \cdot \dfrac{1}{2\sqrt{1+x}}\mathrm{d}x$, 所以

$$\int \dfrac{\mathrm{e}^{\arctan\sqrt{1+x}}}{(2+x)\sqrt{1+x}}\mathrm{d}x = 2\int \dfrac{\mathrm{e}^{\arctan\sqrt{1+x}}}{[1+(1+x)] \cdot 2\sqrt{1+x}}\mathrm{d}x$$

$$= 2\int \mathrm{e}^{\arctan\sqrt{1+x}}\mathrm{d}(\arctan\sqrt{1+x}) = 2\mathrm{e}^{\arctan\sqrt{1+x}} + C.$$

例 3 求不定积分 $\displaystyle\int \dfrac{1}{1+x^2}\left(\arctan\dfrac{1+x}{1-x}\right)^2 \mathrm{d}x.$

分析 视 $\varphi(x) = \arctan\dfrac{1+x}{1-x}$, 则 $\varphi'(x) = \dfrac{1}{1+x^2}$. 用公式

$$\int [\varphi(x)]^\alpha \varphi'(x)\mathrm{d}x = \int [\varphi(x)]^\alpha \mathrm{d}\varphi(x) = \dfrac{1}{\alpha+1}[\varphi(x)]^{\alpha+1} + C \quad (\alpha \neq -1). \tag{2}$$

解 $I = \displaystyle\int \left(\arctan\dfrac{1+x}{1-x}\right)^2 \mathrm{d}\left(\arctan\dfrac{1+x}{1-x}\right) = \dfrac{1}{3}\left(\arctan\dfrac{1+x}{1-x}\right)^3 + C.$

下列各积分均用上述公式(2).

(1) $\displaystyle\int \dfrac{1-x^2}{\sqrt[3]{3x-x^3}}\mathrm{d}x = \dfrac{1}{3}\int (3x-x^3)^{-\frac{1}{3}}\mathrm{d}(3x-x^3) = \dfrac{1}{2}(3x-x^3)^{\frac{2}{3}} + C.$

(2) $\displaystyle\int \dfrac{1+\ln x}{(x\ln x)^2}\mathrm{d}x = \int \dfrac{1}{(x\ln x)^2}\mathrm{d}(x\ln x) = -\dfrac{1}{x\ln x} + C.$

(3) 由于 $d[\ln(x+\sqrt{1+x^2})]=\dfrac{1}{\sqrt{1+x^2}}dx$,所以

$$\int\sqrt{\dfrac{\ln(x+\sqrt{1+x^2})}{1+x^2}}dx=\int[\ln(x+\sqrt{1+x^2})]^{\frac{1}{2}}d[\ln(x+\sqrt{1+x^2})]$$
$$=\dfrac{2}{3}[\ln(x+\sqrt{1+x^2})]^{\frac{3}{2}}+C.$$

(4) 由于 $d\left(\ln\dfrac{1+x}{1-x}\right)=\dfrac{2}{1-x^2}dx$,所以

$$\int\dfrac{1}{1-x^2}\ln\dfrac{1+x}{1-x}dx=\dfrac{1}{2}\int\ln\dfrac{1+x}{1-x}d\left(\ln\dfrac{1+x}{1-x}\right)=\dfrac{1}{4}\left(\ln\dfrac{1+x}{1-x}\right)^2+C.$$

例 4 求不定积分 $\displaystyle\int\dfrac{xe^{x^2}}{1-2e^{x^2}}dx$.

分析 视 $\varphi(x)=1-2e^{x^2}$,则 $\varphi'(x)=-4xe^{x^2}$. 用公式

$$\int\dfrac{\varphi'(x)}{\varphi(x)}dx=\int\dfrac{1}{\varphi(x)}d\varphi(x)=\ln|\varphi(x)|+C. \tag{3}$$

解 $I=-\dfrac{1}{4}\displaystyle\int\dfrac{1}{1-2e^{x^2}}d(1-2e^{x^2})=-\dfrac{1}{4}\ln|1-2e^{x^2}|+C.$

下列各积分均用上述公式(3).

(1) 由于 $d(2+\ln^2 x)=2\dfrac{\ln x}{x}dx$,所以

$$\int\dfrac{\ln x}{x(2+\ln^2 x)}dx=\dfrac{1}{2}\int\dfrac{1}{2+\ln^2 x}d(2+\ln^2 x)=\dfrac{1}{2}\ln(2+\ln^2 x)+C.$$

(2) 由于 $d(\sin^2 x)=2\sin x\cos x dx=\sin 2x dx$,所以

$$\int\dfrac{\sin 2x}{2\sin^2 x+\cos^2 x}dx=\int\dfrac{1}{1+\sin^2 x}d(1+\sin^2 x)=\ln(1+\sin^2 x)+C.$$

例 5 求不定积分 $\displaystyle\int\dfrac{\sqrt{x}}{1+x^3}dx$.

解 注意到 $x^3=(x^{\frac{3}{2}})^2$,且 $d(x^{\frac{3}{2}})=\dfrac{3}{2}\sqrt{x}dx$.

$$I=\dfrac{2}{3}\int\dfrac{1}{1+(x^{\frac{3}{2}})^2}dx^{\frac{3}{2}}=\dfrac{2}{3}\arctan x^{\frac{3}{2}}+C.$$

用上例的方法可求下列各积分:

(1) $\displaystyle\int\dfrac{2^x}{1+2^x+4^x}dx=\dfrac{1}{\ln 2}\int\dfrac{1}{\dfrac{3}{4}+\left(2^x+\dfrac{1}{2}\right)^2}d\left(2^x+\dfrac{1}{2}\right)=\dfrac{2}{\sqrt{3}\ln 2}\arctan\dfrac{2\left(2^x+\dfrac{1}{2}\right)}{\sqrt{3}}+C.$

(2) 由于 $dx^x=x^x(1+\ln x)dx$,所以

$$\int\dfrac{1+\ln x}{x^{-x}+x^x}dx=\int\dfrac{x^x(1+\ln x)}{1+x^{2x}}dx=\int\dfrac{dx^x}{1+x^{2x}}=\arctan x^x+C.$$

例 6 求不定积分 $\int \dfrac{e^{\frac{x}{2}}}{\sqrt{16-e^x}}dx$.

分析 视 $\varphi(x)=e^{\frac{x}{2}}$,则 $\varphi'(x)=\dfrac{1}{2}e^{\frac{x}{2}}$. 用公式

$$\int \dfrac{\varphi'(x)}{\sqrt{a^2-\varphi^2(x)}}dx = \int \dfrac{1}{\sqrt{a^2-\varphi^2(x)}}d\varphi(x) = \arcsin \dfrac{\varphi(x)}{a}+C. \tag{4}$$

解 $I=2\int \dfrac{1}{\sqrt{4^2-(e^{\frac{x}{2}})^2}}de^{\frac{x}{2}} = 2\arcsin \dfrac{e^{\frac{x}{2}}}{4}+C.$

下列各积分用上述公式(4).

(1) $\int \dfrac{1}{\sqrt{4x-x^2}}dx = \int \dfrac{1}{\sqrt{x}\sqrt{4-x}}dx = 2\int \dfrac{1}{\sqrt{4-x}}d\sqrt{x} = 2\arcsin \dfrac{\sqrt{x}}{2}+C.$

(2) 由于 $\cos 2x = 1-2\sin^2 x$,且 $d\sin x = \cos x dx$,所以

$$\int \dfrac{\cos x}{\sqrt{3+\cos 2x}}dx = \dfrac{1}{\sqrt{2}}\int \dfrac{d(\sqrt{2}\sin x)}{\sqrt{4-2\sin^2 x}} = \dfrac{1}{\sqrt{2}}\arcsin \dfrac{\sqrt{2}\sin x}{2}+C.$$

例 7 求不定积分 $\int \dfrac{x^3}{2-x^8}dx$.

分析 视 $\varphi(x)=x^4$,则 $\varphi'(x)=4x^3$,且 $x^8=(x^4)^2$. 用公式

$$\int \dfrac{\varphi'(x)}{a^2-\varphi^2(x)}dx = \int \dfrac{1}{a^2-\varphi^2(x)}d\varphi(x) = \dfrac{1}{2a}\ln\left|\dfrac{a+\varphi(x)}{a-\varphi(x)}\right|+C. \tag{5}$$

解 $I=\dfrac{1}{4}\int \dfrac{1}{2-(x^4)^2}dx^4 = \dfrac{1}{8\sqrt{2}}\ln\left|\dfrac{\sqrt{2}+x^4}{\sqrt{2}-x^4}\right|+C.$

下列各积分用上述公式(5).

(1) 因 $d\sqrt{1+x^2} = \dfrac{x}{\sqrt{1+x^2}}dx$,且 $1-x^2 = 2-(\sqrt{1+x^2})^2$,所以

$$\int \dfrac{x}{\sqrt{1+x^2}(1-x^2)}dx = \int \dfrac{d\sqrt{1+x^2}}{2-(\sqrt{1+x^2})^2} = \dfrac{1}{2\sqrt{2}}\ln\left|\dfrac{\sqrt{2}+\sqrt{1+x^2}}{\sqrt{2}-\sqrt{1+x^2}}\right|+C.$$

(2) 因 $\sin^4 x + \cos^4 x = \dfrac{1}{2}[2-\sin^2(2x)]$,且 $d\sin 2x = 2\cos 2x dx$,所以

$$\int \dfrac{\cos 2x}{\sin^4 x+\cos^4 x}dx = \int \dfrac{1}{2-\sin^2(2x)}d\sin 2x = \dfrac{1}{2\sqrt{2}}\ln\left|\dfrac{\sqrt{2}+\sin 2x}{\sqrt{2}-\sin 2x}\right|+C.$$

例 8 求不定积分 $\int \dfrac{2x+3}{x^2-3x+2}dx$.

分析 若被积函数为 $\dfrac{hx+e}{ax^2+bx+c}$ 型,则它总可分为 $\dfrac{2ax+b}{ax^2+bx+c}$ 与 $\dfrac{1}{ax^2+bx+c}$(这里尚有常数因子)之和. 前一式可用第一换元积分法,后一式分下面三种情况:

(1) 当 $\Delta=b^2-4ac>0$ 时,将 ax^2+bx+c 因式分解,被积函数分项后,用第一换元积分法. 如本例.

(2) 当 $\Delta = b^2 - 4ac = 0$ 时，将 $ax^2 + bx + c$ 写成 $(Ax+B)^2$，再用第一换元积分法.

(3) 当 $\Delta = b^2 - 4ac < 0$ 时，配方：$ax^2 + bx + c = A^2 + (Bx+C)^2$，再用第一换元积分法.

解　$I = \displaystyle\int \frac{2x-3}{x^2-3x+2}\mathrm{d}x + \int \frac{6}{x^2-3x+2}\mathrm{d}x$，其中

$$\int \frac{6}{x^2-3x+2}\mathrm{d}x = 6\int \frac{(x-1)-(x-2)}{(x-1)(x-2)}\mathrm{d}x = 6\ln\left|\frac{x-2}{x-1}\right| + C,$$

于是
$$I = \ln|x^2 - 3x + 2| + 6\ln\left|\frac{x-2}{x-1}\right| + C.$$

例 9　求不定积分 $\displaystyle\int \cos^2 x \sin^3 x \,\mathrm{d}x$.

分析　对 $\displaystyle\int \sin^m x \cdot \cos^n x \,\mathrm{d}x$ 型积分，其中 m, n 为正整数或其中之一为零，分两种情形求积分：

(1) 当 m 和 n 都是偶数或其中之一为零时，用三角公式

$$\sin^2 x = \frac{1-\cos 2x}{2}, \quad \cos^2 x = \frac{1+\cos 2x}{2}, \quad \sin x \cdot \cos x = \frac{1}{2}\sin 2x$$

化被积函数为易于求出积分的函数.

(2) 当 m 或 n 中至少有一个为奇数时，例如 $m = 2k+1$ $(k = 0, 1, 2, \cdots, l)$，则

$$\int \sin^{2k+1} x \cdot \cos^n x \,\mathrm{d}x = \int \sin^{2k} x \cdot \cos^n x \cdot \sin x \,\mathrm{d}x = -\int (1-\cos^2 x)^k \cos^n x \,\mathrm{d}(\cos x).$$

显然，被积函数是关于 $\cos x$ 的多项式，可求出结果.

解　$I = \displaystyle\int \cos^2 x (\cos^2 x - 1)\mathrm{d}\cos x = \frac{1}{5}\cos^5 x - \frac{1}{3}\cos^3 x + C.$

例 10　求下列不定积分：

(1) $\displaystyle\int \frac{1}{\sqrt{2x+1} + \sqrt{2x-1}}\mathrm{d}x$；　　(2) $\displaystyle\int \frac{x}{x + \sqrt{x^2-1}}\mathrm{d}x$.

解　分母有理化后将成为常数.

(1) $I = \dfrac{1}{2}\displaystyle\int (\sqrt{2x+1} - \sqrt{2x-1})\mathrm{d}x = \dfrac{1}{6}\left[(2x+1)^{\frac{3}{2}} - (2x-1)^{\frac{3}{2}}\right] + C.$

(2) $I = \displaystyle\int (x^2 - x\sqrt{x^2-1})\mathrm{d}x = \dfrac{1}{3}x^3 - \dfrac{1}{2}\int \sqrt{x^2-1}\,\mathrm{d}(x^2-1) = \dfrac{1}{3}x^3 - \dfrac{1}{3}(x^2-1)^{\frac{3}{2}} + C.$

例 11　求下列不定积分：

(1) $\displaystyle\int \frac{1}{\sqrt{\mathrm{e}^{2x}+1}}\mathrm{d}x$；　(2) $\displaystyle\int \sqrt{\frac{\mathrm{e}^x-1}{\mathrm{e}^x+1}}\mathrm{d}x$；　(3) $\displaystyle\int \sqrt{1+\mathrm{e}^x}\,\mathrm{d}x$.

解　(1) 分母、分子分别乘 e^{-x}；(2),(3) 分母看成 1) 先将分子有理化，再分项.

(1) $I = -\displaystyle\int \frac{1}{\sqrt{\mathrm{e}^{-2x}+1}}\mathrm{d}\mathrm{e}^{-x} = -\ln(\mathrm{e}^{-x} + \sqrt{\mathrm{e}^{-2x}+1}) + C = x - \ln(1 + \sqrt{1+\mathrm{e}^{2x}}) + C.$

(2) $I = \displaystyle\int \frac{\mathrm{e}^x - 1}{\sqrt{\mathrm{e}^{2x}-1}}\mathrm{d}x = \int \frac{\mathrm{e}^x}{\sqrt{\mathrm{e}^{2x}-1}}\mathrm{d}x - \int \frac{\mathrm{e}^{-x}}{\sqrt{1-\mathrm{e}^{-2x}}}\mathrm{d}x = \ln(\mathrm{e}^x + \sqrt{\mathrm{e}^{2x}-1}) + \arcsin \mathrm{e}^{-x} + C.$

(3) $I = \int \dfrac{1+\mathrm{e}^x}{\sqrt{1+\mathrm{e}^x}}\mathrm{d}x = \int \dfrac{\mathrm{e}^{-\frac{x}{2}}}{\sqrt{\mathrm{e}^{-x}+1}}\mathrm{d}x + \int \dfrac{\mathrm{e}^x}{\sqrt{1+\mathrm{e}^x}}\mathrm{d}x$

$= -2\ln(\mathrm{e}^{-\frac{x}{2}} + \sqrt{\mathrm{e}^{-x}+1}) + 2\sqrt{1+\mathrm{e}^x} + C.$

例 12 求下列不定积分：

(1) $\displaystyle\int \dfrac{x+1}{x(1+x\mathrm{e}^x)}\mathrm{d}x$；　　(2) $\displaystyle\int \dfrac{\ln x + 2}{x\ln x(1+x\ln^2 x)}\mathrm{d}x.$

解 (1) 由于 $\mathrm{d}(x\mathrm{e}^x) = \mathrm{e}^x(x+1)\mathrm{d}x$，而分子是 $(x+1)$，分母、分子同乘 e^x，得

$I = \displaystyle\int \dfrac{1}{x\mathrm{e}^x(1+x\mathrm{e}^x)}\mathrm{d}(x\mathrm{e}^x) = \int \dfrac{1}{x\mathrm{e}^x}\mathrm{d}(x\mathrm{e}^x) - \int \dfrac{1}{1+x\mathrm{e}^x}\mathrm{d}(1+x\mathrm{e}^x) = \ln\left|\dfrac{x\mathrm{e}^x}{1+x\mathrm{e}^x}\right| + C.$

(2) 由于 $\mathrm{d}(x\ln^2 x) = \ln x(\ln x + 2)\mathrm{d}x$，而分子是 $(\ln x + 2)$，分母、分子同乘 $\ln x$，得

$I = \displaystyle\int \dfrac{1}{x\ln^2 x(1+x\ln^2 x)}\mathrm{d}(x\ln^2 x) = \ln\left|\dfrac{x\ln^2 x}{1+x\ln^2 x}\right| + C.$

三、第二换元积分法——用变量替换求积分

根据被积函数的特征，可作如下**变量替换**.

1. 根式替换

被积函数含 $\sqrt[n]{ax+b}$，由 $\sqrt[n]{ax+b} = t$，令 $x = \dfrac{1}{a}(t^n - b)$. 见本节例 1(1).

被积函数含 $\sqrt[n]{ax+b}$ 和 $\sqrt[m]{ax+b}$，若 k 是 n 和 m 的最小公倍数，由 $\sqrt[k]{ax+b} = t$，令 $x = \dfrac{1}{a}(t^k - b)$. 见例 1(2).

被积函数含 $\sqrt[n]{\dfrac{ax+b}{cx+d}}$，由 $\sqrt[n]{\dfrac{ax+b}{cx+d}} = t$，令 $x = \dfrac{dt^n - b}{a - ct^n}$. 见例 1(3).

2. 三角函数替换

被积函数含 $\sqrt{a^2 - x^2}$ $(a>0)$，令 $x = a\sin t$，则 $\sqrt{a^2 - x^2} = a\cos t$. 见例 3(1).

被积函数含 $\sqrt{x^2 + a^2}$ $(a>0)$，令 $x = a\tan t$，则 $\sqrt{x^2 + a^2} = a\sec t$. 见例 1(1).

被积函数含 $\sqrt{x^2 - a^2}$ $(a>0)$，令 $x = a\sec t$，则 $\sqrt{x^2 - a^2} = a\tan t$.

被积函数含 $\sqrt{Ax^2 + Bx + C}$，先配方化为 $\sqrt{a^2 - x^2}$ $(A<0)$ 或 $\sqrt{x^2 - a^2}$ $(A>0)$ 形式，再用上述替换. 见例 3(2).

3. 倒替换

被积函数是分式，若分母、分子关于 x 的最高次幂分别是 α 和 β，当 $\alpha - \beta > 1$ 时，可**试用** $x = \dfrac{1}{t}$. 见例 3(1).

4. 指数替换及其推广

被积函数含 e^x，由 $\mathrm{e}^x = t$，令 $x = \ln t$；若含 a^x，令 $x = \dfrac{\ln t}{\ln a}$.

被积函数含 $\sqrt{\mathrm{e}^x \pm a}$，由 $\sqrt{\mathrm{e}^x \pm a} = t$，令 $x = \ln(t^2 \mp a)$.

例1 求下列不定积分：

(1) $\displaystyle\int\frac{1}{x^2\sqrt{2x-1}}\,dx$；   (2) $\displaystyle\int\frac{1}{\sqrt{x+3}-\sqrt[3]{x+3}}\,dx$；   (3) $\displaystyle\int\frac{1}{x}\sqrt{\frac{x+1}{x-1}}\,dx$.

解 令 $x=\dfrac{t^2+1}{2}$，则 $dx=t\,dt$.

$$I=4\int\frac{1}{(t^2+1)^2}\,dt\xrightarrow{t=\tan u}4\int\cos^2 u\,du=2u+\sin 2u+C$$

$$=2\arctan\sqrt{2x-1}+\frac{\sqrt{2x-1}}{x}+C.$$

注 被积函数含 $(t^2+1)^2$ 可按含 $\sqrt{1+t^2}$ 来考虑.

(2) 令 $x=t^6-3$，则 $dx=6t^5\,dt$.

$$I=6\int\frac{t^3}{t-1}\,dt=6\int\left(t^2+t+1+\frac{1}{t-1}\right)dt=2t^3+3t^2+6t+6\ln|t-1|+C$$

$$=2\sqrt{x+3}+3\sqrt[3]{x+3}+6\sqrt[6]{x+3}+6\ln\left|\sqrt[6]{x+3}-1\right|+C.$$

(3) 令 $x=\dfrac{t^2+1}{t^2-1}$，则 $dx=-\dfrac{4t}{(t^2-1)^2}\,dt$.

$$I=-4\int\frac{t^2}{(t^2+1)(t^2-1)}\,dt=-2\int\frac{(t^2+1)+(t^2-1)}{(t^2+1)(t^2-1)}\,dt$$

$$=-2\int\frac{1}{t^2-1}\,dt-2\int\frac{1}{t^2+1}\,dt=\ln\left|\frac{1+t}{1-t}\right|-2\arctan t+C$$

$$=\ln\left|\frac{\sqrt{x-1}+\sqrt{x+1}}{\sqrt{x-1}-\sqrt{x+1}}\right|-2\arctan\sqrt{\frac{x+1}{x-1}}+C.$$

例2 求不定积分 $\displaystyle\int\frac{1}{1+\sqrt{x}+\sqrt{1+x}}\,dx$.

解 令 $t=\sqrt{x}+\sqrt{1+x}$，则 $\dfrac{1}{t}=\sqrt{x+1}-\sqrt{x}$，从而

$$x=\frac{1}{4}\left(t-\frac{1}{t}\right)^2,\quad dx=\frac{1}{2}\left(t-\frac{1}{t}\right)\left(1+\frac{1}{t^2}\right)dt.$$

$$I=\frac{1}{2}\int\left(1-\frac{1}{t}+\frac{1}{t^2}-\frac{1}{t^3}\right)dt=\frac{1}{2}\left(t-\ln t-\frac{1}{t}+\frac{1}{2t^2}\right)+C$$

$$=\frac{1}{2}\left[2\sqrt{x}-\ln(\sqrt{x}+\sqrt{1+x})+\frac{1}{2}(\sqrt{1+x}-\sqrt{x})^2\right]+C.$$

例3 求下列不定积分：

(1) $\displaystyle\int\frac{1}{x\sqrt{4-x^2}}\,dx$；   (2) $\displaystyle\int\frac{4x-7}{\sqrt{5-4x-x^2}}\,dx$.

解 (1) 令 $x=2\sin t$，则 $dx=2\cos t\,dt$，

$$I=\frac{1}{2}\int\frac{1}{\sin t}\,dt=\frac{1}{2}\ln|\csc t-\cot t|+C$$

$$=\frac{1}{2}\ln\left|\frac{2-\sqrt{4-x^2}}{x}\right|+C.$$

这里,在变量还原时,由 $x=2\sin t$,可得 $\csc t=\dfrac{2}{x}$,$\cot t=\dfrac{\sqrt{4-x^2}}{x}$.

也可用图形(图 4-1)作变量还原. 由 $x=2\sin t$,根据 $\sin t=\dfrac{x}{2}$ 作出直角三角形,得 $\csc t=\dfrac{2}{x}$,$\cot t=\dfrac{\sqrt{4-x^2}}{x}$.

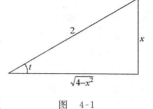

图 4-1

(2) 注意到 $(5-4x-x^2)'=-4-2x$,先将被积函数分项,再将根号内的二次三项式配方:

$$I=\int\dfrac{4(x+2)-15}{\sqrt{5-4x-x^2}}\mathrm{d}x=-2\int\dfrac{\mathrm{d}(5-4x-x^2)}{\sqrt{5-4x-x^2}}-15\int\dfrac{1}{\sqrt{9-(x+2)^2}}\mathrm{d}(x+2)$$
$$=-4\sqrt{5-4x-x^2}-15\arcsin\dfrac{x+2}{3}+C.$$

例 4 求不定积分 $\displaystyle\int\dfrac{1}{\sqrt{\mathrm{e}^{2x}-1}}\mathrm{d}x$.

解 1 由 $\sqrt{\mathrm{e}^{2x}-1}=t$,令 $x=\dfrac{1}{2}\ln(1+t^2)$,则 $\mathrm{d}x=\dfrac{t}{1+t^2}\mathrm{d}t$.

$$I=\int\dfrac{1}{1+t^2}\mathrm{d}t=\arctan t+C=\arctan\sqrt{\mathrm{e}^{2x}-1}+C.$$

解 2 由 $\mathrm{e}^x=t$,令 $x=\ln t$,则 $\mathrm{d}x=\dfrac{1}{t}\mathrm{d}t$.

$$I=\int\dfrac{1}{\sqrt{t^2-1}}\dfrac{1}{t}\mathrm{d}t=-\int\dfrac{1}{\sqrt{1-\left(\dfrac{1}{t}\right)^2}}\mathrm{d}\left(\dfrac{1}{t}\right)=-\arcsin\dfrac{1}{t}+C=-\arcsin\mathrm{e}^{-x}+C.$$

四、可用分部积分法求积分的常见类型

1. 分部积分法公式的意义

分部积分法公式

$$\int uv'\mathrm{d}x=uv-\int vu'\mathrm{d}x \quad \text{或} \quad \int u\mathrm{d}v=uv-\int v\mathrm{d}u$$

是两个函数乘积求导数公式的逆用. 它是将难以计算的积分 $\displaystyle\int uv'\mathrm{d}x$ 转化为易于计算的积分 $\displaystyle\int vu'\mathrm{d}x$.

当被积函数可看做是**两个函数乘积(不适用第一换元积分法)**时,一般用分部积分法. 用分部积分法的**关键**是选取哪一个函数为 u,哪一个函数为 v'. **选取的原则是**:

(1) 选做 v' 的函数,应易于计算 v;

(2) 所选的 u 和 v',应使积分 $\displaystyle\int vu'\mathrm{d}x$ 较 $\displaystyle\int uv'\mathrm{d}x$ 易于计算;

(3) 有的不定积分需要两次(或多于两次)用分部积分法,第一次选做 v'(或 u)的函数,第二次不能选由 v'(或 u)所得到 v(或 u')做 u(或 v'),否则第二次运用,被积函数又将复原.

2. 可用分部积分法求积分的常见类型

(1) $\int x^n e^{bx} dx$, $\int x^n \sin bx \, dx$, $\int x^n \cos bx \, dx$, 其中 n 是正整数, x^n 也可是 n 次多项式 $P_n(x)$. 选取 $u=x^n$, $v'=e^{bx}$, $\sin bx$, $\cos bx$. 见本节例 2.

(2) $\int x^n \ln x \, dx$, $\int x^n \arcsin x \, dx$, $\int x^n \arctan x \, dx$, 其中 n 是正整数或零, x^n 也可是 n 次多项式 $P_n(x)$. 选取 $u=\ln x$, $\arcsin x$, $\arctan x$, $v'=x^n$. 见例 3.

当 $n=0$ 时, 被积函数只是一个因子, 如 $\int \arctan x \, dx$. 一般情况, 当被积函数只有一个因子, 而又不适于用换元积分法时, 可从分部积分法入手.

(3) $\int e^{kx} \sin(ax+b) dx$, $\int e^{kx} \cos(ax+b) dx$. 可设 $u=e^{kx}$, 或设 $u=\sin(ax+b)$, $\cos(ax+b)$. 见例 4(2).

(4) 被积函数含有 $\ln f(x)$, $\arcsin f(x)$, $\arccos f(x)$, $\arctan f(x)$ 等函数的积分, 一般选取 $u=\ln f(x)$, $\arcsin f(x)$ 等. 不过这时往往是换元积分法和分部积分法并用. 见例 6.

例 1 若 $\int \dfrac{f(x)}{\sin^2 x} dx = g(x) \cdot f(x) + \int \cot^2 x \, dx$, 则 $f(x)$, $g(x)$ 分别为( ).

(A) $\ln\cos x, \tan x$ (B) $\ln\cos x, -\cot x$ (C) $\ln\sin x, \tan x$ (D) $\ln|\sin x|, -\cot x$

解 选(D). 由分部积分法公式知, $g'(x)=\csc^2 x$, $g(x)f'(x)=-\cot^2 x$. 由此, $g(x)=-\cot x$, $f'(x)=\cot x$, 从而 $f(x)=\ln|\sin x|$.

例 2 求下列不定积分:

(1) $\int x^2 a^x \, dx$;   (2) $\int \dfrac{x \sin x}{\cos^5 x} dx$.

解 (1) $I = \dfrac{1}{\ln a} \int x^2 \, da^x = \dfrac{1}{\ln a} \left(x^2 a^x - 2\int x a^x dx \right) = \dfrac{x^2 a^x}{\ln a} - \dfrac{2}{\ln^2 a} \int x \, da^x$

$= \dfrac{x^2 a^x}{\ln a} - \dfrac{2}{\ln^2 a} \left(x a^x - \int a^x dx \right) = \dfrac{x^2 a^x}{\ln a} - \dfrac{2x a^x}{\ln^2 a} + \dfrac{2 a^x}{\ln^3 a} + C.$

(2) $I = \dfrac{1}{4} \int x \, d\dfrac{1}{\cos^4 x} = \dfrac{1}{4} \left(\dfrac{x}{\cos^4 x} - \int \dfrac{1}{\cos^4 x} dx \right) = \dfrac{x}{4\cos^4 x} - \dfrac{1}{4} \int (1+\tan^2 x) \, d\tan x$

$= \dfrac{x}{4\cos^4 x} - \dfrac{1}{4} \left(\tan x + \dfrac{1}{3} \tan^3 x \right) + C.$

例 3 求下列不定积分:

(1) $\int \dfrac{\ln x}{(1-x)^2} dx$;   (2) $\int \dfrac{\arcsin x}{x^2} \dfrac{1+x^2}{\sqrt{1-x^2}} dx$.

解 (1) $I = \int \ln x \, d\dfrac{1}{1-x} = \dfrac{\ln x}{1-x} - \int \dfrac{1}{x(1-x)} dx$

$= \dfrac{\ln x}{1-x} - \int \left(\dfrac{1}{x} + \dfrac{1}{1-x} \right) dx = \dfrac{\ln x}{1-x} - \ln \left| \dfrac{x}{1-x} \right| + C.$

(2) 注意到 $\left(1+\dfrac{1}{x^2}\right)\mathrm{d}x = \mathrm{d}\left(x-\dfrac{1}{x}\right)$，所以

$$I = \int \dfrac{\arcsin x}{\sqrt{1-x^2}}\mathrm{d}\left(x-\dfrac{1}{x}\right) = \left(x-\dfrac{1}{x}\right)\dfrac{\arcsin x}{\sqrt{1-x^2}} + \int\left(\dfrac{1}{x}+\dfrac{\arcsin x}{\sqrt{1-x^2}}\right)\mathrm{d}x$$

$$= \left(x-\dfrac{1}{x}\right)\dfrac{\arcsin x}{\sqrt{1-x^2}} + \ln|x| + \dfrac{1}{2}(\arcsin x)^2 + C.$$

例 4 求下列不定积分：

(1) $\displaystyle\int \sec^3 x\,\mathrm{d}x$； (2) $\displaystyle\int \mathrm{e}^{2x}\sin^2 x\,\mathrm{d}x$.

解 (1) 因 $\mathrm{d}\tan x = \sec^2 x\,\mathrm{d}x$，所以

$$I = \int \sec x\,\mathrm{d}\tan x = \sec x\tan x - \int \tan^2 x\sec x\,\mathrm{d}x = \sec x\tan x - \int(\sec^2 x - 1)\sec x\,\mathrm{d}x$$

$$= \sec x\tan x - \int \sec^3 x\,\mathrm{d}x + \ln|\sec x + \tan x|,$$

移项得

$$I = \dfrac{1}{2}(\sec x\tan x + \ln|\sec x + \tan x|) + C.$$

(2) $I = \dfrac{1}{2}\displaystyle\int \mathrm{e}^{2x}(1-\cos 2x)\,\mathrm{d}x = \dfrac{1}{4}\mathrm{e}^{2x} - \dfrac{1}{2}\int \mathrm{e}^{2x}\cos 2x\,\mathrm{d}x$，而

$$\int \mathrm{e}^{2x}\cos 2x\,\mathrm{d}x = \dfrac{1}{2}\int \cos 2x\,\mathrm{d}\mathrm{e}^{2x} = \dfrac{1}{2}\left(\mathrm{e}^{2x}\cos 2x + 2\int \mathrm{e}^{2x}\sin 2x\,\mathrm{d}x\right)$$

$$= \dfrac{1}{2}\mathrm{e}^{2x}\cos 2x + \dfrac{1}{2}\int \sin 2x\,\mathrm{d}\mathrm{e}^{2x}$$

$$= \dfrac{1}{2}\mathrm{e}^{2x}\cos 2x + \dfrac{1}{2}\left(\mathrm{e}^{2x}\sin 2x - 2\int \mathrm{e}^{2x}\cos 2x\,\mathrm{d}x\right),$$

移项得

$$\int \mathrm{e}^{2x}\cos 2x\,\mathrm{d}x = \dfrac{1}{4}\mathrm{e}^{2x}(\cos 2x + \sin 2x) + C.$$

从而

$$I = \dfrac{1}{8}\mathrm{e}^{2x}(2 - \cos 2x - \sin 2x) + C.$$

本例用了分部积分法后，出现了循环现象，即等式右端又出现了原来的不定积分，但这恰好解决了问题. 用分部积分法时，有些题目出现这种情况.

例 5 求不定积分 $\displaystyle\int x\mathrm{e}^x \sin x\,\mathrm{d}x$.

解 记 $\varphi(x) = \displaystyle\int \mathrm{e}^x \sin x\,\mathrm{d}x = \dfrac{1}{2}\mathrm{e}^x(\sin x - \cos x)$，且 $\displaystyle\int \mathrm{e}^x \cos x\,\mathrm{d}x = \dfrac{1}{2}\mathrm{e}^x(\sin x + \cos x)$，于是

$$I = \int x\,\mathrm{d}\varphi(x) = x\varphi(x) - \int \varphi(x)\,\mathrm{d}x = x\varphi(x) - \dfrac{1}{2}\left(\int \mathrm{e}^x \sin x\,\mathrm{d}x - \int \mathrm{e}^x \cos x\,\mathrm{d}x\right)$$

$$= \dfrac{1}{2}x\mathrm{e}^x(\sin x - \cos x) + \dfrac{1}{2}\mathrm{e}^x \cos x + C.$$

例 6 求下列不定积分：

(1) $\displaystyle\int \dfrac{\arctan\sqrt{x^2-1}}{x^2\sqrt{x^2-1}}\mathrm{d}x$； (2) $\displaystyle\int \dfrac{x^2}{x^2-1}\ln\dfrac{x-1}{x+1}\mathrm{d}x$.

解 (1) 令 $u = \arctan\sqrt{x^2-1}$,且 $\dfrac{1}{x^2\sqrt{x^2-1}}\mathrm{d}x = \mathrm{d}\dfrac{\sqrt{x^2-1}}{x}$,则

$$I = \dfrac{\sqrt{x^2-1}}{x}\arctan\sqrt{x^2-1} - \int\dfrac{1}{x^2}\mathrm{d}x = \dfrac{\sqrt{x^2-1}}{x}\arctan\sqrt{x^2-1} + \dfrac{1}{x} + C.$$

(2) 令 $u = \ln\dfrac{x-1}{x+1}$,且 $\mathrm{d}u = \dfrac{2}{x^2-1}\mathrm{d}x$,又 $\dfrac{x^2}{x^2-1} = 1 + \dfrac{1}{x^2-1}$,则

$$I = \int \ln\dfrac{x+1}{x-1}\mathrm{d}x + \dfrac{1}{2}\int \ln\dfrac{x+1}{x-1}\mathrm{d}\left(\ln\dfrac{x+1}{x-1}\right)$$

$$= x\ln\dfrac{x+1}{x-1} - \int\dfrac{2x}{x^2-1}\mathrm{d}x + \dfrac{1}{4}\left(\ln\dfrac{x+1}{x-1}\right)^2$$

$$= x\ln\dfrac{x+1}{x-1} - \ln|x^2-1| + \dfrac{1}{4}\left(\ln\dfrac{x+1}{x-1}\right)^2 + C.$$

例 7 求下列不定积分:

(1) $\displaystyle\int \mathrm{e}^{\frac{x}{2}}\dfrac{\cos x - \sin x}{\sqrt{\cos x}}\mathrm{d}x$;   (2) $\displaystyle\int \dfrac{\cos x + x\sin x}{(x+\cos x)^2}\mathrm{d}x$.

解 先分项,再用分部积分法.

(1) $I = \displaystyle\int \mathrm{e}^{\frac{x}{2}}\sqrt{\cos x}\,\mathrm{d}x - \int \mathrm{e}^{\frac{x}{2}}\dfrac{\sin x}{\sqrt{\cos x}}\mathrm{d}x = \int \mathrm{e}^{\frac{x}{2}}\sqrt{\cos x}\,\mathrm{d}x + 2\int \mathrm{e}^{\frac{x}{2}}\mathrm{d}\sqrt{\cos x}$

$= \displaystyle\int \mathrm{e}^{\frac{x}{2}}\sqrt{\cos x}\,\mathrm{d}x + 2\mathrm{e}^{\frac{x}{2}}\sqrt{\cos x} - \int \mathrm{e}^{\frac{x}{2}}\sqrt{\cos x}\,\mathrm{d}x = 2\mathrm{e}^{\frac{x}{2}}\sqrt{\cos x} + C.$

(2) 注意到 $\mathrm{d}(x+\cos x) = (1-\sin x)\mathrm{d}x$,

$$I = \int\dfrac{x + \cos x - x(1-\sin x)}{(x+\cos x)^2}\mathrm{d}x = \int\dfrac{\mathrm{d}x}{x+\cos x} + \int x\,\mathrm{d}\dfrac{1}{x+\cos x}$$

$$= \int\dfrac{\mathrm{d}x}{x+\cos x} + \dfrac{x}{x+\cos x} - \int\dfrac{\mathrm{d}x}{x+\cos x} = \dfrac{x}{x+\cos x} + C.$$

注 当被积函数作为整体看,不易求原函数时,可采取先分项,其中一项用分部积分法后,存在相互抵消部分.

例 8 试推出下列不定积分的递推公式:

(1) $I_n = \displaystyle\int \sin^n x\,\mathrm{d}x$;   (2) $I_n = \displaystyle\int (\arcsin x)^n \mathrm{d}x$.

解 用分部积分法.

(1) $I_n = \displaystyle\int \sin^{n-1}x \cdot \sin x\,\mathrm{d}x = \int \sin^{n-1}x\,\mathrm{d}(-\cos x)$

$= -\sin^{n-1}x \cdot \cos x + (n-1)\displaystyle\int \cos^2 x \cdot \sin^{n-2}x\,\mathrm{d}x$

$= -\sin^{n-1}x \cdot \cos x + (n-1)\displaystyle\int (1-\sin^2 x)\sin^{n-2}x\,\mathrm{d}x$

$= -\sin^{n-1}x \cdot \cos x + (n-1)I_{n-2} - (n-1)I_n.$

移项并整理,得递推公式

$$I_n = -\dfrac{1}{n}\sin^{n-1}x\cos x + \dfrac{n-1}{n}I_{n-2} \quad (n \geqslant 2).$$

由此,就把计算 I_n 归结为计算 I_{n-2},继续使用,最后归结为计算
$$I_0 = \int dx = x + C \quad \text{或} \quad I_1 = \int \sin x dx = -\cos x + C.$$

(2) 令 $\arcsin x = t$,则 $x = \sin t$. 于是
$$I_n = \int t^n d\sin t = t^n \sin t + n \int t^{n-1} d\cos t = t^n \sin t + n \left[t^{n-1} \cos t - (n-1) \int t^{n-2} d\sin t \right]$$
$$= x(\arcsin x)^n + n\sqrt{1-x^2}(\arcsin x)^{n-1} - n(n-1)I_{n-2} \quad (n \geq 2).$$
$$I_0 = \int dx = x + C, \quad I_1 = \int \arcsin x dx = x \arcsin x + \sqrt{1-x^2} + C.$$

五、有理函数的积分——分项积分法

1. 真分式的分解

设 $R(x) = \dfrac{P_n(x)}{Q_m(x)}$ ($m > n$) 为有理真分式. 真分式可用待定系数法化为部分分式之和. 确定待定系数有**两种方法**:

(1) 比较系数法:比较恒等式两端 x 同次幂的系数;
(2) 代值法:在恒等式(或先化简)中代入特殊的 x 值,这种方法有时较为简便.
真分式可化为下述**四种类型**的部分分式:
$$T_1 = \frac{A_1}{x-a}, \quad T_2 = \frac{A_2}{(x-a)^n}, \quad T_3 = \frac{B_1 x + C_1}{x^2 + px + q}, \quad T_4 = \frac{B_2 x + C_2}{(x^2 + px + q)^n}.$$

2. 真分式的积分

上述四种部分分式之不定积分为
$$\int T_1 dx = A_1 \ln|x-a| + C, \quad \int T_2 dx = -\frac{A_2}{n-1} \cdot \frac{1}{(x-a)^{n-1}} + C;$$
$$\int T_3 dx = \frac{B_1}{2} \ln|x^2 + px + q| + \frac{2C_1 - B_1 p}{\sqrt{4q - p^2}} \arctan \frac{2x+p}{\sqrt{4q-p^2}} + C;$$
$$\int T_4 dx = \int \frac{B_2 t + \left(C_2 - \dfrac{B_2 p}{2}\right)}{(t^2 + a^2)^n} dt = \frac{B_2}{2} \int \frac{2t dt}{(t^2+a^2)^n} + \left(C_2 - \frac{B_2 p}{2}\right) \int \frac{dt}{(t^2+a^2)^n}, \quad (1)$$

其中 $t = x + \dfrac{p}{2}, a = \sqrt{q - \dfrac{p^2}{4}}$. (1)式第一个积分
$$\int \frac{2t}{(t^2+a^2)^n} dt = -\frac{1}{n-1} \cdot \frac{1}{(t^2+a^2)^{n-1}} + C,$$

(1)式第二个积分可用分部积分法得递推公式
$$I_n = \int \frac{1}{(x^2+a^2)^n} dx = \frac{1}{2a^2(n-1)} \cdot \frac{x}{(x^2+a^2)^{n-1}} + \frac{2n-3}{2a^2(n-1)} I_{n-1} \quad (n \geq 2),$$
$$I_1 = \int \frac{1}{x^2+a^2} dx = \frac{1}{a} \arctan \frac{x}{a} + C.$$

有理函数的积分,是把真分式分解为部分分式的代数和,然后逐项积分,这种方法也称为**分项积分法**. 见例 1.

从理论上讲,任何有理函数都可求得其原函数,而且它们是有理函数、对数函数及反正切函数. 但需指出,上述方法具体使用时,计算比较麻烦. 因此,对有理函数的积分,最好先充分分析被积函数的特点,或先试算,**选择其他简便的方法**. 见例 2.

例 1 求下列不定积分:

(1) $\int \dfrac{3x^2-8x-1}{(x-1)^3(x+2)}\mathrm{d}x$; (2) $\int \dfrac{4x}{(x-1)(x^2+1)^2}\mathrm{d}x$.

解 (1) 用代值法确定待定系数. 令

$$\dfrac{3x^2-8x-1}{(x-1)^3(x+2)}=\dfrac{A}{(x-1)^3}+\dfrac{B}{(x-1)^2}+\dfrac{C}{x-1}+\dfrac{D}{x+2},$$

则上式通分之后有

$3x^2-8x-1=A(x+2)+B(x-1)(x+2)+C(x-1)^2(x+2)+D(x-1)^3.$

令 $x=1$,得 $-6=3A$,$A=-2$;令 $x=-2$,得 $27=-27D$,$D=-1$;

令 $x=0$,得 $-1=2(A-B+C)-D$,即 $C-B=1$;

令 $x=2$,得 $-5=4(A+B+C)+D$,即 $C+B=1$.

由关于 B 与 C 的方程组,得 $B=0,C=1$. 于是

$$\dfrac{3x^2-8x-1}{(x-1)^3(x+2)}=-\dfrac{2}{(x-1)^3}+\dfrac{1}{x-1}-\dfrac{1}{x+2}.$$

所求积分 $I=\dfrac{1}{(x-1)^2}+\ln|x-1|-\ln|x+2|+C_1.$

(2) 令 $\dfrac{4x}{(x+1)(x^2+1)^2}=\dfrac{A}{x+1}+\dfrac{Bx+C}{x^2+1}+\dfrac{Dx+E}{(x^2+1)^2}$,则通分之后有

$4x=(A+B)x^4+(B+C)x^3+(2A+B+C+D)x^2$
$\qquad+(B+C+D+E)x+A+C+E.$

比较上式两端同次幂的系数,可得 $A=-1,B=1,C=-1,D=2,E=2$. 所求积分

$$I=-\int\dfrac{1}{x+1}\mathrm{d}x+\int\dfrac{x-1}{x^2+1}\mathrm{d}x+\int\dfrac{2x+2}{(x^2+1)^2}\mathrm{d}x$$

$$=-\ln|x+1|+\dfrac{1}{2}\ln(x^2+1)-\arctan x-\dfrac{1}{x^2+1}+2\int\dfrac{1}{(x^2+1)^2}\mathrm{d}x,$$

又 $\int\dfrac{1}{(x^2+1)^2}\mathrm{d}x\xrightarrow{x=\tan u}\dfrac{1}{2}\arctan x+\dfrac{x}{2(x^2+1)}+C_1,$

故 $I=\dfrac{1}{2}\ln\dfrac{x^2+1}{(x+1)^2}+\dfrac{x-1}{x^2+1}+C_1.$

例 2 求下列不定积分:

(1) $\int\dfrac{1}{x^6(1+x^2)}\mathrm{d}x$; (2) $\int\dfrac{1}{x(x^{10}+2)}\mathrm{d}x$; (3) $\int\dfrac{x}{x^4+3x^2+2}\mathrm{d}x$.

解 (1) **解 1** 用倒替换,令 $x=1/t$,则

$I=-\int\dfrac{t^6}{1+t^2}\mathrm{d}t=-\int\left(t^4-t^2+1-\dfrac{1}{1+t^2}\right)\mathrm{d}t=-\dfrac{1}{5x^5}+\dfrac{1}{3x^3}-\dfrac{1}{x}+\arctan\dfrac{1}{x}+C.$

解 2 $I \xrightarrow{x=\tan t} \int \cot^6 t \, dt = \int \cot^4 t(\csc^2 t - 1) dt = -\int \cot^4 t \, d\cot t - \int \cot^2 t (\csc^2 t - 1) dt = \cdots.$

(2) **解 1** $I = \dfrac{1}{2}\int \dfrac{x^{10}+2-x^{10}}{x(x^{10}+2)}dx = \dfrac{1}{2}\int \left(\dfrac{1}{x} - \dfrac{x^9}{x^{10}+2}\right)dx = \dfrac{1}{20}\ln\dfrac{x^{10}}{x^{10}+2} + C.$

解 2 $I \xrightarrow{u=x^{10}} \dfrac{1}{10}\int \dfrac{1}{u(u+2)}du = \dfrac{1}{20}\ln\left|\dfrac{u}{u+2}\right| + C = \dfrac{1}{20}\ln\dfrac{x^{10}}{x^{10}+2} + C.$

(3) 因 $(x^4+3x^2+2)=(x^2+1)(x^2+2)$，又 $2x\,dx = dx^2$，

$$I = \dfrac{1}{2}\int \dfrac{(x^2+2)-(x^2+1)}{(x^2+1)(x^2+2)}dx^2 = \dfrac{1}{2}\ln\dfrac{x^2+1}{x^2+2} + C.$$

六、用解方程组的方法求不定积分

用解方程组求不定积分的**思路**：

(1) 欲求 $I_1 = \int f(x)dx$，若能恰当地选择 $I_2 = \int g(x)dx$，使得

$$\begin{cases} I_1 + I_2 = \int [f(x)+g(x)]dx = F(x)^{①}, \\ I_1 - I_2 = \int [f(x)-g(x)]dx = G(x), \end{cases}$$

则 $\quad I_1 = \dfrac{1}{2}[F(x)+G(x)] + C, \quad I_2 = \dfrac{1}{2}[F(x)-G(x)] + C.$

这里，$I_1 \pm I_2$ 应较容易地求得. 见本节例 1～例 3.

(2) 欲求 $I_1 = \int f(x)dx$，若令 $I_2 = \int x\,df(x)$，因

$$I_1 + I_2 = \int [f(x)dx + x\,df(x)] = \int d(xf(x)) = xf(x),$$

若 $\quad I_1 - I_2 = \int [f(x) - xf'(x)]dx = G(x),$

则 $\quad I_1 = \dfrac{1}{2}[xf(x)+G(x)] + C, \quad I_2 = \dfrac{1}{2}[xf(x)-G(x)] + C.$

这里，$I_1 - I_2$ 应较容易求得. 见例 4, 例 5.

(3) 欲求 $I_1 = \int f(x)dg(x)$，若令 $I_2 = \int g(x)df(x)$，因

$$I_1 + I_2 = \int [f(x)dg(x) + g(x)df(x)] = \int d[f(x)g(x)] = f(x)g(x),$$

若 $\quad I_1 - I_2 = \int [f(x)g'(x) - g(x)f'(x)]dx = G(x),$

则 $\quad I_1 = \dfrac{1}{2}[f(x)g(x)+G(x)] + C, \quad I_2 = \dfrac{1}{2}[f(x)g(x)-G(x)] + C.$

---

① 我们约定，在解题过程中，$\int f(x)dx$ 表示 $f(x)$ 不带任意常数的原函数.

这里,首先需将不定积分 I_1 的被积表达式写成 $f(x)\mathrm{d}g(x)$ 型,其次 I_1-I_2 应较容易地求得. 见例 6~例 8.

例 1 求 $I_1 = \int\left(1-\dfrac{2}{x}\right)^2 \mathrm{e}^x \mathrm{d}x$.

解 注意到 $I_1 = \int\left(1-\dfrac{4}{x}+\dfrac{4}{x^2}\right)\mathrm{e}^x \mathrm{d}x$,令 $I_2 = \int\left(1+\dfrac{4}{x}-\dfrac{4}{x^2}\right)\mathrm{e}^x \mathrm{d}x$,则

$$I_1 + I_2 = 2\int \mathrm{e}^x \mathrm{d}x = 2\mathrm{e}^x, \quad I_1 - I_2 = -8\int \mathrm{d}\dfrac{\mathrm{e}^x}{x} = -\dfrac{8\mathrm{e}^x}{x},$$

于是 $I_1 = \mathrm{e}^x - \dfrac{4\mathrm{e}^x}{x} + C$,也得到 $I_2 = \mathrm{e}^x + \dfrac{4\mathrm{e}^x}{x} + C$.

例 2 求 $I_1 = \int \dfrac{\sin x}{a\sin x + b\cos x}\mathrm{d}x$.

解 注意到 I_1 被积表达式的分母是 $a\sin x + b\cos x$,且

$$(a\sin x + b\cos x)' = a\cos x - b\sin x.$$

令 $I_2 = \int \dfrac{\cos x}{a\sin x + b\cos x}\mathrm{d}x$,则

$$aI_1 + bI_2 = \int \dfrac{a\sin x + b\cos x}{a\sin x + b\cos x}\mathrm{d}x = x,$$

$$aI_2 - bI_1 = \int \dfrac{a\cos x - b\sin x}{a\sin x + b\cos x}\mathrm{d}x = \ln|a\sin x + b\cos x|.$$

于是

$$I_1 = \dfrac{1}{a^2+b^2}(ax - b\ln|a\sin x + b\cos x|) + C,$$

也可得到

$$I_2 = \dfrac{1}{a^2+b^2}(bx + a\ln|a\sin x + b\cos x|) + C.$$

例 3 求 $I_1 = \int \dfrac{\sin x\cos x}{\sin x + \cos x}\mathrm{d}x$.

解 注意到 $\sin^2 x + \sin x\cos x = \sin x(\sin x + \cos x)$,令 $I_2 = \int \dfrac{\sin^2 x}{\sin x + \cos x}\mathrm{d}x$,则

$$I_1 + I_2 = \int \dfrac{\sin x(\cos x + \sin x)}{\sin x + \cos x}\mathrm{d}x = -\cos x. \tag{1}$$

对 I_2,令 $I_3 = \int \dfrac{\cos^2 x}{\sin x + \cos x}\mathrm{d}x$,则

$$I_2 + I_3 = \int \dfrac{1}{\sin x + \cos x}\mathrm{d}x = \dfrac{1}{\sqrt{2}}\int \dfrac{1}{\sin\left(x+\dfrac{\pi}{4}\right)}\mathrm{d}\left(x+\dfrac{\pi}{4}\right)$$

$$= \dfrac{1}{\sqrt{2}}\ln\left|\csc\left(x+\dfrac{\pi}{4}\right) - \cot\left(x+\dfrac{\pi}{4}\right)\right|,$$

$$I_2 - I_3 = \int(\sin x - \cos x)\mathrm{d}x = -\cos x - \sin x.$$

于是

$$I_2 = \dfrac{1}{2\sqrt{2}}\ln\left|\csc\left(x+\dfrac{\pi}{4}\right) - \cot\left(x+\dfrac{\pi}{4}\right)\right| - \dfrac{1}{2}(\sin x + \cos x),$$

由(1)式

$$I_1 = -\cos x - I_2 = -\frac{1}{2\sqrt{2}}\ln\left|\csc\left(x+\frac{\pi}{4}\right)-\cot\left(x+\frac{\pi}{4}\right)\right|+\frac{1}{2}(\sin x - \cos x)+C.$$

例 4 求 $I_1 = \int \cos(\ln x)\,dx$.

解 因 $I_1 = \int x\,d\sin(\ln x)$，令 $I_2 = \int x\,d\cos(\ln x) = -\int \sin(\ln x)\,dx$，则

$$I_1 + I_2 = x\cos(\ln x), \quad I_1 - I_2 = x\sin(\ln x).$$

于是
$$I_1 = \frac{1}{2}[x\cos(\ln x) + x\sin(\ln x)] + C.$$

也可得
$$I_2 = \frac{1}{2}[x\cos(\ln x) - x\sin(\ln x)] + C.$$

例 5 求 $I_1 = \int x^2\sqrt{a^2+x^2}\,dx$.

解 因 $I_1 = \frac{1}{3}\int x\,d(a^2+x^2)^{\frac{3}{2}}$，令 $I_2 = \int (a^2+x^2)^{\frac{3}{2}}\,dx$，则

$$3I_1 + I_2 = x(a^2+x^2)^{\frac{3}{2}},$$

$$I_1 - I_2 = \int [x^2\sqrt{a^2+x^2} - (a^2+x^2)^{\frac{3}{2}}]\,dx = -a^2\int\sqrt{a^2+x^2}\,dx$$

$$= -\frac{a^2 x}{2}\sqrt{a^2+x^2} - \frac{a^4}{2}\ln\left|x+\sqrt{a^2+x^2}\right|.$$

于是
$$I_1 = \frac{x}{4}\sqrt{a^2+x^2}\left(x^2+\frac{a^2}{2}\right) - \frac{a^4}{8}\ln\left|x+\sqrt{a^2+x^2}\right| + C.$$

也可得
$$I_2 = \frac{x}{4}\sqrt{a^2+x^2}\left(x^2+\frac{5a^2}{2}\right) + \frac{3a^4}{8}\ln\left|x+\sqrt{a^2+x^2}\right| + C.$$

例 6 求 $I_1 = \int e^{ax}\sin bx\,dx,\, I_2 = \int e^{ax}\cos bx\,dx$.

解 因 $I_1 = \frac{1}{a}\int \sin bx\,de^{ax} = -\frac{1}{b}\int e^{ax}\,d\cos bx$，而

$$I_2 = \int e^{ax}\cos bx\,dx = \frac{1}{b}\int e^{ax}\,d\sin bx = \frac{1}{a}\int \cos bx\,de^{ax},$$

则 $aI_1 + bI_2 = e^{ax}\sin bx$，$aI_2 - bI_1 = e^{ax}\cos bx$. 于是

$$I_1 = \frac{1}{a^2+b^2}e^{ax}(a\sin bx - b\cos bx) + C, \quad I_2 = \frac{1}{a^2+b^2}e^{ax}(b\sin bx + a\cos bx) + C.$$

例 7 求 $I_1 = \int \frac{\sin(\ln x)}{x^2}\,dx,\, I_2 = \int \frac{\cos(\ln x)}{x^2}\,dx$.

解 因 $I_1 = -\int \sin(\ln x)\,d\frac{1}{x} = -\int \frac{1}{x}\,d\cos(\ln x)$，而

$$I_2 = \int \frac{1}{x}\,d\sin(\ln x) = -\int \cos(\ln x)\,d\frac{1}{x} = \int \frac{\cos(\ln x)}{x^2}\,dx,$$

则 $I_1 + I_2 = -\frac{1}{x}\cos(\ln x)$，$I_2 - I_1 = \frac{1}{x}\sin(\ln x)$，于是

$$I_1 = -\frac{\cos(\ln x) + \sin(\ln x)}{2x} + C, \quad I_2 = \frac{\sin(\ln x) - \cos(\ln x)}{2x} + C.$$

例8 求 $I_1 = \int \dfrac{x\mathrm{e}^{\arctan x}}{(1+x^2)^{\frac{3}{2}}}\mathrm{d}x$.

解 因 $I_1 = \int \dfrac{x}{\sqrt{1+x^2}}\mathrm{d}\mathrm{e}^{\arctan x} = -\int \mathrm{e}^{\arctan x}\mathrm{d}\dfrac{1}{\sqrt{1+x^2}}$,令

$$I_2 = \int \mathrm{e}^{\arctan x}\mathrm{d}\dfrac{x}{\sqrt{1+x^2}} = \int \dfrac{1}{\sqrt{1+x^2}}\mathrm{d}\mathrm{e}^{\arctan x} = \int \dfrac{\mathrm{e}^{\arctan x}}{(1+x^2)^{\frac{3}{2}}}\mathrm{d}x,$$

则 $$I_1 + I_2 = \dfrac{x}{\sqrt{1+x^2}}\mathrm{e}^{\arctan x},\quad I_2 - I_1 = \dfrac{1}{\sqrt{1+x^2}}\mathrm{e}^{\arctan x}.$$

于是 $$I_1 = \dfrac{1}{2}\dfrac{x-1}{\sqrt{1+x^2}}\mathrm{e}^{\arctan x} + C.$$

也可得 $$I_2 = \int \dfrac{\mathrm{e}^{\arctan x}}{(1+x^2)^{\frac{3}{2}}}\mathrm{d}x = \dfrac{1}{2}\cdot\dfrac{x+1}{\sqrt{1+x^2}}\mathrm{e}^{\arctan x} + C.$$

习 题 四

1. 填空题：

(1) 设 $\int f(x)\mathrm{d}x = 3\mathrm{e}^{\frac{x}{3}} + C$,则 $f(x) = $ _____.

(2) 设 $F''(x) = 2x, F'(0) = 0, F(0) = 1$,则 $F(x) = $ _____.

(3) 设 $f(x) = \ln x$,则 $\int \left(\mathrm{e}^{-x} + \dfrac{\mathrm{e}^{2x}}{\cos^2 x}\right)f'(\mathrm{e}^{2x})\mathrm{d}x = $ _____.

(4) $\int \dfrac{x^2}{(x-1)^{100}}\mathrm{d}x = $ _____.

(5) $\int \dfrac{\mathrm{e}^{2x}}{\mathrm{e}^{4x}+4}\mathrm{d}x = $ _____, $\int \dfrac{\mathrm{e}^{2x}}{\mathrm{e}^{4x}-4}\mathrm{d}x = $ _____, $\int \dfrac{\mathrm{e}^{2x}}{\sqrt{4+\mathrm{e}^{4x}}}\mathrm{d}x = $ _____, $\int \dfrac{\mathrm{e}^{2x}}{\sqrt{4-\mathrm{e}^{4x}}}\mathrm{d}x = $ _____.

2. 单项选择题：

(1) 在区间 $(-a,a)$ 上,$f(x) = \dfrac{1}{\sqrt{a^2-x^2}}$ 的一个原函数不是（　　）.

(A) $\arcsin \dfrac{x}{a}$ 　　(B) $-\arccos \dfrac{x}{a}$ 　　(C) $2\arctan\sqrt{\dfrac{a+x}{a-x}}$ 　　(D) $\arctan\sqrt{\dfrac{a-x}{a+x}}$

(2) 设函数 $f(x) = \begin{cases} x^2, & 0 \leqslant x \leqslant 1 \\ 2-x, & 1 < x \leqslant 2 \end{cases}$,则 $f(x)$ 的一个原函数是（　　）.

(A) $\begin{cases} \dfrac{x^3}{3}, & 0 \leqslant x \leqslant 1 \\ \dfrac{1}{3}+2x-\dfrac{x^2}{2}, & 1 < x \leqslant 2 \end{cases}$ 　　(B) $\begin{cases} \dfrac{x^3}{3}, & 0 \leqslant x \leqslant 1 \\ -\dfrac{7}{6}+2x-\dfrac{x^2}{2}, & 1 < x \leqslant 2 \end{cases}$

(C) $\begin{cases} \dfrac{x^3}{3}, & 0 \leqslant x \leqslant 1 \\ C+2x-\dfrac{x^2}{2}, & 1 < x \leqslant 2 \end{cases}$ 　　(D) $\begin{cases} \dfrac{x^3}{3}, & 0 \leqslant x \leqslant 1 \\ 2x-\dfrac{x^2}{2}, & 1 < x \leqslant 2 \end{cases}$

(3) 设 $f'(\sin^2 x) = \cos 2x + \tan^2 x$,则 $f(x) = ($ 　　$)$.

(A) $-x^2 - \ln|1-x| + C$ 　　(B) $-x^2 + \ln|1-x| + C$

(C) $x^2 - \ln|1-x| + C$ 　　(D) $x^2 + \ln|1-x| + C$

(4) $\int \left(\sqrt{\dfrac{2+x}{2-x}} + \sqrt{\dfrac{2-x}{2+x}} \right) dx = ($ $).$

(A) $\dfrac{1}{2} \arcsin \dfrac{x}{2} + C$ (B) $\arcsin \dfrac{x}{2} + C$ (C) $2\arcsin \dfrac{x}{2} + C$ (D) $4\arcsin \dfrac{x}{2} + C$

(5) 设 $f(x)$ 有一个原函数 $x\ln x$,则 $\int xf(x)dx = ($ $).$

(A) $x^2 \left(\dfrac{1}{4} - \dfrac{1}{2}\ln x \right) + C$ 　　　　　　(B) $x^2 \left(\dfrac{1}{4} + \dfrac{1}{2}\ln x \right) + C$

(C) $x^2 \left(\dfrac{1}{2} - \dfrac{1}{4}\ln x \right) + C$ 　　　　　　(D) $x^2 \left(\dfrac{1}{2} + \dfrac{1}{4}\ln x \right) + C$

3. 求不定积分 $\int e^{-|x|} dx$.

4. 求下列不定积分:

(1) $\int \dfrac{4+x^2}{x^2(2+x^2)} dx$;　　(2) $\int \dfrac{\tan^2 x}{\sec x} dx$;　　(3) $\int \dfrac{1}{\sec x + \tan x} dx$.

5. 设 $f(x^2-1) = \ln \dfrac{x^2}{x^2-2}$ 且 $f(\varphi(x)) = \ln x$,求 $\int \varphi(x)dx$.

6. 求下列不定积分:

(1) $\int \dfrac{\cos 2x}{1+\sin x \cos x} dx$;　　(2) $\int \dfrac{\arcsin(1-x)}{\sqrt{2x-x^2}} dx$;　　(3) $\int \dfrac{2^{\tan \frac{1}{x}}}{x^2 \cos^2 \dfrac{1}{x}} dx$;

(4) $\int \dfrac{2^x \cdot 3^x}{9^x + 4^x} dx$;　　(5) $\int \dfrac{1}{\sqrt{x}\sqrt{1+\sqrt{x}}} dx$;　　(6) $\int \dfrac{1}{x\sqrt{x^2-1}+(x^2-1)} dx$;

(7) $\int \dfrac{1}{\sqrt[3]{(x+1)^2(x-1)^4}} dx$;　　(8) $\int \sqrt{2+x-x^2} dx$;　　(9) $\int \dfrac{e^{2x}}{\sqrt[4]{e^x+1}} dx$.

7. 求不定积分 $\int \left\{ \dfrac{f(x)}{f'(x)} - \dfrac{f^2(x)f''(x)}{[f'(x)]^3} \right\} dx$.

8. 用下列四种变量替换求 $\int \dfrac{1}{x\sqrt{x^2-1}} dx$:

(1) $x = \sec t$;　　(2) $x = \csc t$;　　(3) $x = \dfrac{1}{t}$;　　(4) $x = \sqrt{t^2+1}$.

9. 求下列不定积分:

(1) $\int x\tan x \sec^4 x dx$;　　(2) $\int \dfrac{\ln \sin x}{\sin^2 x} dx$;　　(3) $\int \dfrac{xe^x}{\sqrt{e^x-2}} dx$;

(4) $\int \arcsin \sqrt{\dfrac{x}{1+x}} dx$;　　(5) $\int \left(1+x-\dfrac{1}{x} \right) e^{x+\frac{1}{x}} dx$;　　(6) $\int \dfrac{\ln x}{(1+x^2)^{\frac{3}{2}}} dx$.

10. 设 $f'(3x+1) = xe^{\frac{x}{2}}$,求 $f(x)$.

11. 求下列不定积分:

(1) $\int \dfrac{1}{(x^2+1)(x^2+x+1)} dx$;　　(2) $\int \dfrac{x^2+1}{x^4+x^2+1} dx$;　　(3) $\int \dfrac{x^{2n-1}}{1+x^n} dx$.

12. 用解方程组的方法求下列不定积分:

(1) $I_1 = \int \dfrac{\cos^2 x}{\sin x - \cos x} dx$;　　(2) $I_1 = \int \dfrac{\sin x}{\sqrt{2+\sin 2x}} dx$;

(3) $I_1 = \int \sqrt{x^2+x+1} dx$;　　(4) $I_1 = \int \dfrac{x}{\sqrt{1-x^2}} e^{\arcsin x} dx$.

13. 设 $y = f(x)$ 与 $x = \varphi(y)$ 互为反函数,证明 $\int \sqrt{f'(x)} dx = \int \sqrt{\varphi'(y)} dy$.

第五章 定 积 分

一、定积分定义及其几何意义

用定积分定义计算定积分,为计算方便**一般**是将区间$[a,b]$分成n等份,每一个小区间的长$\Delta x_i = \Delta x = \dfrac{b-a}{n}$,$f(\xi_i)$中的$\xi_i$取小区间端点坐标,先作出积分和$\sum_{i=1}^{n}f(\xi_i)\Delta x_i$,然后令$\Delta x \to 0$,这时必有$n \to \infty$,算出积分和的极限.

例1 用定积分的定义计算定积分$\int_{2}^{4}(1+x)\mathrm{d}x$.

解 将区间$[2,4]$分作n等分,则分点的坐标为$x_i = 2 + i\dfrac{2}{n}$ $(i=0,1,2,\cdots,n)$,小区间长度$\Delta x_i = \Delta x = \dfrac{2}{n}$. 取$\xi_i = 2 + i\dfrac{2}{n}$(小区间的右端点),作积分和

$$S_n = \sum_{i=1}^{n}f(\xi_i)\Delta x_i = \sum_{i=1}^{n}\left(1+2+i\frac{2}{n}\right)\frac{2}{n} = 6 + \frac{4}{n^2}\frac{n(n+1)}{2},$$

于是 $\int_{2}^{4}(1+x)\mathrm{d}x = \lim\limits_{n\to\infty}S_n = 8.$

例2 下列函数中,在区间$[-1,3]$上不可积的是( ).

(A) $f(x) = \begin{cases} 3, & -1 < x < 3, \\ 0, & x = -1, x = 3 \end{cases}$

(B) $f(x) = \begin{cases} \mathrm{e}^{\frac{1}{x^2}}, & x \neq 0, \\ 1, & x = 0 \end{cases}$

(C) $f(x) = \begin{cases} \dfrac{\sin x}{x}, & x \neq 0, \\ 1, & x = 0 \end{cases}$

(D) $f(x) = \begin{cases} \cos\dfrac{1}{x}, & x \neq 0, \\ 0, & x = 0 \end{cases}$

解 选(B). 因$f(x)$在$[a,b]$上有界是可积的必要条件,而$\lim\limits_{x\to 0}\mathrm{e}^{\frac{1}{x^2}} = +\infty$,即$f(x)$在$[-1,3]$上有无穷型间断点$x=0$.

(A)在$[-1,3]$上有界,只有两个间断点$x=-1,x=3$;(C)在$[-1,3]$上连续;(D)在$[-1,3]$上有界,只有一个间断点$x=0$.

例3 在区间$[a,b]$上,设$f(x) > 0$. 根据定积分的几何意义,若下式成立

$$(b-a)\frac{f(a)+f(b)}{2} < \int_{a}^{b}f(x)\mathrm{d}x < (b-a)f(b),$$

则( ).

(A) $f'(x) > 0, f''(x) > 0$ \qquad\qquad (B) $f'(x) < 0, f''(x) < 0$

(C) $f'(x)>0, f''(x)<0$ (D) $f'(x)<0, f''(x)>0$

解 选(C). 如图 5-1 所示，$\int_a^b f(x)\mathrm{d}x =$ 曲边梯形 $aABb$ 的面积，

$(b-a) \cdot \dfrac{f(a)+f(b)}{2} =$ 梯形 $aABb$ 的面积，$(b-a)f(b)=$ 矩形 $aDBb$ 的面积.

例 4 设 $f(x)$ 在区间 $[a,b]$ 上连续，且 $f(x)>0, f'(x)>0$，其反函数为 $x=\varphi(y)$. 用定积分的几何意义说明下式成立：

$$\int_a^b f(x)\mathrm{d}x + \int_{f(a)}^{f(b)} \varphi(y)\mathrm{d}y = bf(b) - af(a).$$

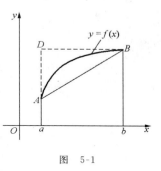

图 5-1

解 假设曲线在第一象限内，如图 5-2 所示. $\int_a^b f(x)\mathrm{d}x$ 表示曲边梯形 $aABb$ 的面积，$\int_{f(a)}^{f(b)} \varphi(y)\mathrm{d}y$ 表示曲边梯形 $\alpha AB\beta$ 的面积（令 $f(a)=\alpha, f(b)=\beta$）；而 $bf(b)$ 表示矩形 $O\beta Bb$ 的面积，$af(a)$ 表示矩形 $O\alpha Aa$ 的面积. 显然 $aABb$ 的面积 $+ \alpha AB\beta$ 的面积 $= O\beta Bb$ 的面积 $- O\alpha Aa$ 的面积，即上述等式成立.

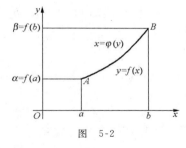

图 5-2

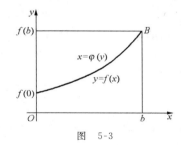

图 5-3

特别地，当 $a=0$ 时（图 5-3），有等式

$$\int_0^b f(x)\mathrm{d}x + \int_{f(0)}^{f(b)} \varphi(y)\mathrm{d}y = bf(b).$$

二、确定积分的大小与取值范围

为便于应用，关于定积分的性质，这里作一些补充说明.

(1) **保号性** 若 $f(x)$ 在 $[a,b]$ 上非负、连续，且 $f(x) \not\equiv 0$，则 $\int_a^b f(x)\mathrm{d}x > 0$.

(2) **比较性质** 若 $f(x), g(x)$ 在 $[a,b]$ 上连续，且 $f(x) \leqslant g(x), f(x) \not\equiv g(x)$，则

$$\int_a^b f(x)\mathrm{d}x < \int_a^b g(x)\mathrm{d}x.$$

(3) **积分中值定理** 若 $f(x)$ 在 $[a,b]$ 上连续，则在 $[a,b]$ 上至少存在一点 ξ，使得

$$\int_a^b f(x)\mathrm{d}x = f(\xi)(b-a).$$

注 积分中值定理中的 ξ 是在闭区间 $[a,b]$ 上取得,我们可以证明, ξ 一定也可在开区间 (a,b) 内取得. 如下证明:

对任意 $x\in[a,b]$,记 $F(x)=\int_a^x f(t)dt$,则 $F(x)$ 在 $[a,b]$ 上满足拉格朗日中值定理的条件,故存在 $\xi\in(a,b)$,使得

$$F(b)-F(a)=F'(\xi)(b-a),$$

即

$$\int_a^b f(x)dx=f(\xi)(b-a).$$

积分第一中值定理 设 $f(x),g(x)$ 在 $[a,b]$ 上连续,且 $g(x)>0$(实际上 $g(x)$ 不变号即可),则在 $[a,b]$ 上至少存在一点 ξ,使得

$$\int_a^b f(x)g(x)dx=f(\xi)\int_a^b g(x)dx.$$

积分中值定理是积分第一中值定理当 $g(x)=1$ 时的特例.

注 (1) 积分第一中值定理中,在"闭区间 $[a,b]$ 上至少存在一点 ξ",也可改为在"开区间 (a,b) 内至少存在一点 ξ".

(2) 积分第一中值定理的证明如下:

因为 $f(x),g(x)$ 在 $[a,b]$ 上连续,且 $g(x)>0$,由最值定理知,$f(x)$ 在 $[a,b]$ 上有最大值 M 和最小值 m,即 $m\leqslant f(x)\leqslant M$,故

$$mg(x)\leqslant f(x)g(x)\leqslant Mg(x),$$

于是

$$\int_a^b mg(x)dx\leqslant \int_a^b f(x)g(x)dx\leqslant \int_a^b Mg(x)dx,$$

因此 $m\leqslant \dfrac{\int_a^b f(x)g(x)dx}{\int_a^b g(x)dx}\leqslant M.$ 由连续函数介值定理,存在 $\xi\in[a,b]$,使

$$f(\xi)=\dfrac{\int_a^b f(x)g(x)dx}{\int_a^b g(x)dx}, \quad 即 \quad \int_a^b f(x)g(x)dx=f(\xi)\int_a^b g(x)dx.$$

1. 比较两个定积分大小的解题思路

(1) 若积分区间相同,可根据被积函数的性质或用微分学知识,在该区间上比较两个被积函数的大小. 见本节例 1.

(2) 若积分区间不同,则

1° 当积分区间长度和被积函数相同,且被积函数具有单调性时,可利用定积分的几何意义进行比较. 见例 2(1).

2° 一般情况,可通过变量替换,将积分区间化成相同的,再比较两个被积函数. 见例 2(2),例 3.

(3) 可判定定积分是大于零,小于零或等于零进行比较. 见例 5.

(4) 也可先用积分第一中值定理,化简被积函数,再计算定积分的值,进行比较. 见例 4.

2. 证明不等式 $N \leqslant \int_a^b f(x)\mathrm{d}x \leqslant M$ 或 $\left|\int_a^b f(x)\mathrm{d}x\right| \leqslant P$ 的解题思路

(1) 先确定被积函数 $f(x)$ 在积分区间 $[a,b]$ 上的界限,再用估值定理或比较性质. 确定 $f(x)$ 的界限的方法有:

1° 用微分法求出 $f(x)$ 在 $[a,b]$ 上的最值. 见例 6 解 1.

2° 通过放缩 $f(x)$,写出 $f(x)$ 在 $[a,b]$ 上的界限.

3° 先用积分第一中值定理,再放缩 $f(x)$,写出 $f(x)$ 在 $[a,b]$ 上的界限. 见例 6 解 2.

(2) 先放缩被积函数或积分区间,然后通过计算出定积分的值而得到要证的不等式. 见例 7~例 11.

例 1 比较下列各对定积分的大小:

(1) $I_1 = \int_0^{\frac{\pi}{2}} \sin(\sin x)\mathrm{d}x, I_2 = \int_0^{\frac{\pi}{2}} \cos(\sin x)\mathrm{d}x$; (2) $I_1 = \int_0^1 \frac{x}{1+x}\mathrm{d}x, I_2 = \int_0^1 \ln(1+x)\mathrm{d}x$.

解 (1) 在区间 $\left[0, \frac{\pi}{2}\right]$ 内,$\sin x \leqslant x$,且 $\sin x$ 单调增加,$\cos x$ 单调减少,故

$$\sin(\sin x) \leqslant \sin x \ (\sin(\sin x) \not\equiv \sin x), \quad \cos(\sin x) \geqslant \cos x \ (\cos(\sin x) \not\equiv \cos x).$$

于是
$$I_1 < \int_0^{\frac{\pi}{2}} \sin x \mathrm{d}x = 1, \quad I_2 > \int_0^{\frac{\pi}{2}} \cos x \mathrm{d}x = 1,$$

即 $I_1 < I_2$.

(2) **解 1** 令 $F(x) = \frac{x}{1+x} - \ln(1+x), x \in [0,1]$. 由于

$$F'(x) = \frac{-x}{(1+x)^2} \leqslant 0, \quad x \in [0,1],$$

故 $F(x)$ 在 $[0,1]$ 上单调减少;又 $F(0) = 0$,所以,在 $[0,1]$ 上,$F(x) \leqslant F(0) = 0$,即 $\frac{x}{1+x} \leqslant \ln(1+x)$,且 $\frac{x}{1+x} \not\equiv \ln(1+x)$,于是 $I_1 < I_2$.

解 2 用拉格朗日中值定理. 函数 $f(x) = \ln(1+x)$ 在区间 $[0,x]$ 上,由于

$$\frac{\ln(1+x) - \ln 1}{x - 0} = \frac{1}{1+\xi}, \quad 即 \quad \ln(1+x) = \frac{x}{1+\xi} > \frac{x}{1+x}, \quad 0 < \xi < x,$$

由定积分的比较性质,$I_1 < I_2$.

例 2 判别下列各不等式的正确性:

(1) $\int_0^{\pi} \mathrm{e}^{-x^2}\mathrm{d}x > \int_{\pi}^{2\pi} \mathrm{e}^{-x^2}\mathrm{d}x$; (2) $\int_0^{\pi} \mathrm{e}^{-x^2}\cos^2 x \mathrm{d}x < \int_{\pi}^{2\pi} \mathrm{e}^{-x^2}\cos^2 x \mathrm{d}x$.

解 (1) 函数 $y = \mathrm{e}^{-x^2}$ 在 $[0,+\infty)$ 上单调减少,且 $\mathrm{e}^{-x^2} > 0$. 如图 5-4 所示. 又因积分区间长度相同,由定积分的几何意义知曲边梯形的面积 A_1 大于曲边梯形的面积 A_2,即不等式成立.

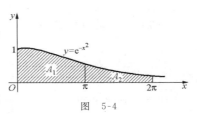

图 5-4

(2) 被积函数在所考查的积分区间上非单调. 用变量

替换，将后一个积分的积分区间化为$[0,\pi]$.

$$\int_\pi^{2\pi} e^{-x^2}\cos^2 x \,dx \xrightarrow{x=\pi+u} \int_0^\pi e^{-(\pi+u)^2}\cos^2(\pi+u)\,du = \int_0^\pi e^{-(\pi+x)^2}\cos^2 x\,dx.$$

因为，当 $x \in [0,\pi]$ 时，$e^{-(\pi+x)^2}\cos^2 x \leqslant e^{-x^2}\cos^2 x$，且 $e^{-(\pi+x)^2}\cos^2 x \not\equiv e^{-x^2}\cos^2 x$，由定积分的比较性质，所给不等式不正确，应将不等号改变方向.

例3 设函数 $f(x)$ 在 $[0,1]$ 上连续且单调减少，证明对任给常数 $\alpha \in (0,1)$，有

$$\alpha \int_0^1 f(x)\,dx < \int_0^\alpha f(x)\,dx.$$

证 作变换

$$\int_0^\alpha f(x)\,dx \xrightarrow{x=\alpha t} \alpha \int_0^1 f(\alpha t)\,dt = \alpha \int_0^1 f(\alpha x)\,dx.$$

因 $0 < \alpha < 1, 0 \leqslant x \leqslant 1$，故 $\alpha x < x$. 又因 $f(x)$ 单调减，故 $f(\alpha x) > f(x)$. 由定积分的比较性质有

$$\alpha \int_0^1 f(x)\,dx < \alpha \int_0^1 f(\alpha x)\,dx = \int_0^\alpha f(x)\,dx.$$

例4 证明 $I_1 = \int_0^{\frac{\pi}{2}} \frac{\sin x}{1+x^2}\,dx \leqslant I_2 = \int_0^{\frac{\pi}{2}} \frac{\cos x}{1+x^2}\,dx$.

证 只需证明 $I_2 - I_1 \geqslant 0$. 用积分第一中值定理.

$$I_2 - I_1 = \int_0^{\frac{\pi}{4}} \frac{\cos x - \sin x}{1+x^2}\,dx + \int_{\frac{\pi}{4}}^{\frac{\pi}{2}} \frac{\cos x - \sin x}{1+x^2}\,dx$$

$$= \frac{1}{1+\xi^2}\int_0^{\frac{\pi}{4}}(\cos x - \sin x)\,dx + \frac{1}{1+\eta^2}\int_{\frac{\pi}{4}}^{\frac{\pi}{2}}(\cos x - \sin x)\,dx$$

$$= (\sqrt{2}-1)\left(\frac{1}{1+\xi^2} - \frac{1}{1+\eta^2}\right) \geqslant 0, \quad \text{其中 } 0 \leqslant \xi \leqslant \frac{\pi}{4}, \frac{\pi}{4} \leqslant \eta \leqslant \frac{\pi}{2}.$$

例5 设 $I_1 = \int_{-1/2}^{1/2} \sin^2 x \cdot \ln\frac{1-x}{1+x}\,dx$，

$$I_2 = \int_{-1/2}^{1/2}\left(\frac{e^x - e^{-x}}{2} + \cos^2 x\right)dx, \quad I_3 = \int_{-1/2}^{1/2}\left(\frac{1}{a^x+1} - \frac{1}{2} - x^2\right)dx,$$

则有不等式关系（　）.

(A) $I_2 < I_3 < I_1$　　(B) $I_1 < I_3 < I_2$　　(C) $I_2 < I_1 < I_3$　　(D) $I_3 < I_1 < I_2$

解 选(D). 因 $\sin^2 x, \cos^2 x, x^2$ 是偶函数，$\ln\frac{1-x}{1+x}, \frac{e^x-e^{-x}}{2}, \frac{1}{a^x+1} - \frac{1}{2}$ 是奇函数，故 $\sin^2 x \cdot \ln\frac{1-x}{1+x}$ 是奇函数，从而

$$I_1 = 0, \quad I_2 = \int_{-\frac{1}{2}}^{\frac{1}{2}}\cos^2 x\,dx > 0, \quad I_3 = -\int_{-\frac{1}{2}}^{\frac{1}{2}}x^2\,dx < 0.$$

例6 估计定积分 $\int_0^1 \frac{e^{-x}}{x+1}\,dx$ 的值所在范围.

解 1 令 $f(x)=\dfrac{e^{-x}}{x+1}$，因 $f'(x)=-\dfrac{x+2}{e^x(x+1)^2}<0$，$x\in[0,1]$，故 $f(x)$ 在 $[0,1]$ 上的最小值为 $f(1)=\dfrac{1}{2e}$，最大值为 $f(0)=1$. 由估值定理有
$$\frac{1}{2e}\leqslant \int_0^1 \frac{e^{-x}}{x+1}dx \leqslant 1.$$

解 2 用积分第一中值定理. 因 $e^{-x}>0$，故有
$$\int_0^1 \frac{e^{-x}}{x+1}dx = \frac{1}{\xi+1}\int_0^1 e^{-x}dx = \frac{1-e^{-1}}{\xi+1}, \quad 0\leqslant \xi \leqslant 1.$$
由 $\dfrac{1}{2}\leqslant \dfrac{1}{\xi+1}\leqslant 1$，有 $\dfrac{1-e^{-1}}{2}\leqslant \dfrac{1-e^{-1}}{\xi+1}\leqslant 1-e^{-1}$，从而有
$$\frac{1-e^{-1}}{2}\leqslant \int_0^1 \frac{e^{-x}}{x+1}dx \leqslant 1-e^{-1}.$$

注 在估计定积分值所在范围时，用积分中值定理要比用估值定理估计得更精确些.

例 7 证明 $\ln(1+\sqrt{2})\leqslant \int_0^1 \dfrac{1}{\sqrt{1+x^n}}dx \leqslant 1$ ($n\geqslant 2$).

分析 注意到 $1=\int_0^1 dx = \int_0^1 \dfrac{1}{\sqrt{1+0}}dx$，$\ln(1+\sqrt{2})=\int_0^1 \dfrac{1}{\sqrt{1+x^2}}dx$.

证 先放缩被积函数，再计算定积分的值. 当 $x\in[0,1]$ 时，有
$$\frac{1}{\sqrt{1+x^2}}\leqslant \frac{1}{\sqrt{1+x^n}}\leqslant \frac{1}{\sqrt{1+0}} \quad (n\geqslant 2),$$
故
$$\int_0^1 \frac{1}{\sqrt{1+x^2}}dx \leqslant \int_0^1 \frac{1}{\sqrt{1+x^n}}dx \leqslant \int_0^1 \frac{1}{\sqrt{1+0}}dx,$$
即有
$$\ln(1+\sqrt{2})\leqslant \int_0^1 \frac{1}{\sqrt{1+x^n}}dx \leqslant 1.$$

例 8 证明 $\dfrac{1}{2}<\int_0^1 \dfrac{1}{\sqrt{4-x^2+x^3}}dx < \dfrac{\pi}{6}$.

解 在区间 $(0,1)$ 上，$4>4-x^2+x^3>4-x^2$，即 $\dfrac{1}{2}<\dfrac{1}{\sqrt{4-x^2+x^3}}<\dfrac{1}{\sqrt{4-x^2}}$. 由于
$$\int_0^1 \frac{1}{\sqrt{4-x^2}}dx = \arcsin\frac{x}{2}\Big|_0^1 = \frac{\pi}{6}, \quad \int_0^1 \frac{1}{2}dx = \frac{1}{2},$$
由比较性质，得
$$\frac{1}{2}<\int_0^1 \frac{1}{\sqrt{4-x^2+x^3}}dx < \frac{\pi}{6}.$$

注 若用估值定理证明，易求得被积函数在区间 $[0,1]$ 上的最大值与最小值分别为 $\sqrt{27/104}$ 和 $1/2$. 显然，这得不到所要证明的不等式.

例 9 证明 $\left|\int_1^{\sqrt{3}} \dfrac{\sin x}{e^x(x^2+1)}dx\right|\leqslant \dfrac{\pi}{12e}$.

证 注意到 $|\sin x|\leqslant 1$ 且在区间 $[1,\sqrt{3}]$ 上，$e^x>e>0$.

左端 $\leqslant \int_1^{\sqrt{3}} \left| \dfrac{\sin x}{e^x(x^2+1)} \right| dx \leqslant \int_1^{\sqrt{3}} \dfrac{1}{e(x^2+1)} dx = \dfrac{1}{e}\arctan x \Big|_1^{\sqrt{3}} = \dfrac{\pi}{12e}.$

例10 设函数 $f(x)$ 在 $[0,1]$ 上存在连续的导数，且 $f(0)=0, f(1)=1$，则
$$\int_0^1 |f'(x)-f(x)| dx > \dfrac{1}{e}.$$

证 注意到 $[e^{-x}f(x)]' = e^{-x}[f'(x)-f(x)]$，且在 $[0,1]$ 上 $e^x \geqslant 1$.

左端 $= \int_0^1 |e^x[e^{-x}f(x)]'| dx > \int_0^1 |[e^{-x}f(x)]'| dx$

$\geqslant \left| \int_0^1 [e^{-x}f(x)]' dx \right| = \left| e^{-x}f(x) \Big|_0^1 \right| = \left| \dfrac{f(1)}{e} - f(0) \right| = \dfrac{1}{e}.$

例11 证明 $\dfrac{1}{2} - \dfrac{1}{2e} < \int_0^{+\infty} e^{-x^2} dx < 1 + \dfrac{1}{2e}.$

证 因在 $(0,1)$ 上，$0 < e^{-x^2} < 1$，在 $(1, +\infty)$ 上，$e^{-x^2} < xe^{-x^2}$，放大被积函数：

$\int_0^{+\infty} e^{-x^2} dx = \int_0^1 e^{-x^2} dx + \int_1^{+\infty} e^{-x^2} dx < \int_0^1 1 dx + \int_1^{+\infty} xe^{-x^2} dx$

$= 1 - \dfrac{1}{2} e^{-x^2} \Big|_1^{+\infty} = 1 + \dfrac{1}{2e}.$

因 $[0,1] \subset [0,+\infty)$，缩小积分区间；又在 $(0,1)$ 上，$0 < e^{-x^2}$ 且 $xe^{-x^2} < e^{-x^2}$，故

$\int_0^{+\infty} e^{-x^2} dx > \int_0^1 e^{-x^2} dx > \int_0^1 xe^{-x^2} dx = -\dfrac{1}{2} e^{-x^2} \Big|_0^1 = \dfrac{1}{2} - \dfrac{1}{2e}.$

所以，欲证不等式成立.

三、变上限积分定义的函数的性质及其导数

1. 变限定积分的性质

设 $f(x)$ 在 $[a,b]$ 上连续，$x \in [a,b]$，则函数 $F(x) = \int_a^x f(t) dt$ 有如下性质：

(1) $F(x)$ 在 $[a,b]$ 上连续、可导且是函数 $f(x)$ 在 $[a,b]$ 上的一个原函数.

(2) $F(x)$ 的奇偶性：若 $f(x)$ 为奇函数，则 $F(x) = \int_0^x f(t) dt$ 为偶函数 ($f(x)$ 的全体原函数 $\int f(x) dx$ 均为偶函数)；若 $f(x)$ 为偶函数，则只有 $F(x) = \int_0^x f(t) dt$ 为奇函数.

即奇函数的一切原函数皆为偶函数；而偶函数的原函数中只有一个为奇函数.

(3) $F(x)$ 的周期性：若 $f(x)$ 是区间 $(-\infty, +\infty)$ 内连续的奇函数，且是以 T 为周期的周期函数，则 $F(x)$ 也是以 T 为周期的周期函数. 事实上

$F(x+T) = \int_0^{x+T} f(t) dt = \int_0^T f(t) dt + \int_T^{x+T} f(t) dt = 0 + \int_T^{x+T} f(t) dt$

$\xlongequal{t=u+T} \int_0^x f(u+T) du = \int_0^x f(u) du = F(x).$

注 若 $f(x)$ 是周期函数而不是奇函数,则 $F(x)$ 未必是周期函数. 例如, $f(x)=1+\sin x$ 是周期函数,而

$$F(x)=\int_0^x(1+\sin t)\mathrm{d}t=x-\cos x+1$$

却不是周期函数.

2. 变限定积分的导数

(1) $\dfrac{\mathrm{d}}{\mathrm{d}x}\left(\int_{\psi(x)}^{\varphi(x)}f(t)\mathrm{d}t\right)=f(\varphi(x))\varphi'(x)-f(\psi(x))\psi'(x)$;

(2) $\dfrac{\mathrm{d}}{\mathrm{d}x}\left(\int_a^x f(t)g(x)\mathrm{d}t\right)=\dfrac{\mathrm{d}}{\mathrm{d}x}\left(g(x)\int_a^x f(t)\mathrm{d}t\right)=g'(x)\int_a^x f(t)\mathrm{d}t+g(x)f(x)$, 见例 2.

(3) $F(x)=\int_a^{\varphi(x)}\left[\int_c^{h(t)}f(y)\mathrm{d}y\right]\mathrm{d}t$ 的导数:

这是由两层变限积分表示的函数,可如下求导数(见例 3):

1° 由外层向内层直接对变上限求导数.

2° 设 $g(t)=\int_c^{h(t)}f(y)\mathrm{d}y$,则 $F(x)=\int_a^{\varphi(x)}g(t)\mathrm{d}t$,然后再求导数.

3° 也可用分部积分法,先将 $F(x)$ 化成单层积分,然后再求导数.

(4) $F(x)=\int_a^{\varphi(x)}f(t,x)\mathrm{d}t$ 的导数:

被积函数 $f(t,x)$ 中, t 是积分变量, x 是参变量. 若含参变量 x 的部分不能提到积分号前面,可如下求导(例 5,例 6):

1° 先作变量替换,要去掉被积函数中的参变量 x,使 x 只能在积分限中出现,然后再求导,这是**一般方法**.

2° 若定积分可求出,也可先求出定积分,然后再对参变量 x 求导.

例 1 设函数 $f(x)$ 在 $(-\infty,+\infty)$ 内为奇函数,且可导,则奇函数是( ).

(A) $\sin f'(x)$ (B) $\int_0^x \sin x f(t)\mathrm{d}t$ (C) $\int_0^x f(\sin t)\mathrm{d}t$ (D) $\int_0^x[\sin t+f(t)]\mathrm{d}t$

解 选(B). 因 $\int_0^x f(t)\mathrm{d}t$ 为偶函数, $\sin x\int_0^x f(t)\mathrm{d}t=\int_0^x \sin x f(t)\mathrm{d}t$ 为奇函数. $f'(x)$ 是偶函数, $\sin f'(x)$ 是偶函数, $f(\sin t)$ 是奇函数, $\int_0^x f(\sin t)\mathrm{d}t$ 是偶函数. $\sin t+f(t)$ 是奇函数, $\int_0^x[\sin t+f(t)]\mathrm{d}t$ 是偶函数.

例 2 设 $f(x)$ 为连续函数, $\varphi(x)$ 为可微函数,求 $\dfrac{\mathrm{d}}{\mathrm{d}x}\int_0^{\varphi(x)}(\varphi(x)-t)f(t)\mathrm{d}t$.

解 注意到 $(\varphi(x)-t)f(t)=\varphi(x)f(t)-tf(t)$,则

$$\begin{aligned}I&=\dfrac{\mathrm{d}}{\mathrm{d}x}\left(\varphi(x)\int_0^{\varphi(x)}f(t)\mathrm{d}t\right)-\dfrac{\mathrm{d}}{\mathrm{d}x}\int_0^{\varphi(x)}tf(t)\mathrm{d}t\\&=\varphi'(x)\int_0^{\varphi(x)}f(t)\mathrm{d}t+\varphi(x)f(\varphi(x))\varphi'(x)-\varphi(x)f(\varphi(x))\varphi'(x)\\&=\varphi'(x)\int_0^{\varphi(x)}f(t)\mathrm{d}t.\end{aligned}$$

例3 设 $F(x) = \int_1^x \left(\int_1^{y^2} \frac{\sqrt{1+t^4}}{t} dt \right) dy$,求 $F''(x)$.

解1 令 $f(y) = \int_1^{y^2} \frac{\sqrt{1+t^4}}{t} dt$,则 $F(x) = \int_1^x f(y) dy$,且 $F'(x) = f(x)$. 于是

$$F'(x) = \int_1^{x^2} \frac{\sqrt{1+t^4}}{t} dt, \quad F''(x) = \frac{\sqrt{1+x^8}}{x^2} \cdot 2x = \frac{2\sqrt{1+x^8}}{x}.$$

解2 $F'(x) = \dfrac{d}{dx} \int_1^x \left(\int_1^{y^2} \dfrac{\sqrt{1+t^4}}{t} dt \right) dy = \int_1^{x^2} \dfrac{\sqrt{1+t^4}}{t} dt$;

$$F''(x) = \frac{\sqrt{1+x^8}}{x^2} \cdot 2x = \frac{2\sqrt{1+x^8}}{x}.$$

例4 设 $F(x) = \int_0^{g(x)} \dfrac{1}{\sqrt{1+t^3}} dt, g(x) = \int_0^{\cos x} (1+\sin t^2) dt$,求 $F'\left(\dfrac{\pi}{2}\right)$.

解 $F'(x) = \dfrac{g'(x)}{\sqrt{1+g^3(x)}} = \dfrac{1}{\sqrt{1+g^3(x)}} [1+\sin(\cos^2 x)](-\sin x)$,因

$$g\left(\frac{\pi}{2}\right) = 0, \quad 故 \quad F'\left(\frac{\pi}{2}\right) = -1.$$

例5 求 $\dfrac{d}{dx} \left(\int_{-x}^{x^2} \dfrac{1}{x+t+1} dt \right)$.

解1 令 $x+t=u$,则 $\int_{-x}^{x^2} \dfrac{1}{x+t+1} dt = \int_0^{x+x^2} \dfrac{1}{1+u} du$. 于是

$$I = \frac{d}{dx} \int_0^{x+x^2} \frac{1}{u+1} du = \frac{1+2x}{x+x^2+1}.$$

解2 先求定积分,再求导.

$$\int_{-x}^{x^2} \frac{1}{x+t+1} dt = \ln(x^2+x+1), \quad I = \frac{2x+1}{x^2+x+1}.$$

例6 设 $F(x) = \int_0^x t f(x^2-t^2) dt$,求 $\dfrac{dF(x)}{dx}$.

解1 令 $x^2-t^2=u$,则 $-2t dt = du$. 于是 $F(x) = -\dfrac{1}{2} \int_{x^2}^0 f(u) du, \dfrac{dF(x)}{dx} = xf(x^2)$.

解2 设 $G(x)$ 为 $f(x)$ 的某一原函数,则

$$F(x) = -\frac{1}{2} \int_0^x f(x^2-t^2) d(x^2-t^2) = -\frac{1}{2} G(x^2-t^2) \Big|_{t=0}^{t=x} = \frac{1}{2} G(x^2) - \frac{1}{2} G(0).$$

于是
$$\frac{dF(x)}{dx} = \frac{1}{2} G'(x^2) \cdot 2x = xf(x^2).$$

四、变限定积分的极限的求法

1. $\dfrac{0}{0}$型未定式极限的求法

(1) 一般方法是用洛必达法则. 见本节例1,例4解1,例5.

(2) 先用积分中值定理,再求极限.见例 3 解 2,例 4 解 2.
(3) 先用变限积分的等价无穷小代换,再求极限.见例 2,例 3 解 1.

常用的等价无穷小 由于当 $x\to 0$ 时,$x\sim\sin x$,$x\sim\tan x$ 等等,所以当 $x\to 0$ 时,有

$$\int_0^x \sin t\,dt \sim \frac{x^2}{2}, \quad \int_0^x \arcsin t\,dt \sim \frac{x^2}{2}, \quad \int_0^x \tan t\,dt \sim \frac{x^2}{2},$$

$$\int_0^x \arctan t\,dt \sim \frac{x^2}{2}, \quad \int_0^x \ln(1+t)\,dt \sim \frac{x^2}{2}, \quad \int_0^x (e^t-1)\,dt \sim \frac{x^2}{2}.$$

由此,也可推出:当 $x\to 0$ 时,若 $\varphi(x)\to 0$,则有

$$\int_0^{\varphi(x)} \sin t^n\,dt \sim \int_0^{\varphi(x)} t^n\,dt = \frac{1}{n+1}[\varphi(x)]^{n+1},$$

$$\int_0^{\varphi(x)} \ln(1+t)\,dt \sim \int_0^{\varphi(x)} t\,dt = \frac{1}{2}[\varphi(x)]^2.$$

2. $\dfrac{\infty}{\infty}$ 型未定式极限的求法

一般是用洛必达法则(见例 6).

这里需补充说明,对分式的极限,当分母的极限是无穷大时,分子的极限可以不必验证是否为无穷大就可试用洛必达法则求极限.有下述结论:

(1) 设函数 $f(x),g(x)$ 在 $(a,+\infty)$ 内可导,$g'(x)\neq 0$,又 $\lim\limits_{x\to+\infty} g(x)=\infty$,且 $\lim\limits_{x\to+\infty}\dfrac{f'(x)}{g'(x)}=A$(或 ∞),则 $\lim\limits_{x\to+\infty}\dfrac{f(x)}{g(x)}=A$(或 ∞).

(2) 设函数 $f(x),g(x)$ 在 $(x_0,x_0+\delta)$ 内可导,$g'(x)\neq 0$,又 $\lim\limits_{x\to x_0^+} g(x)=\infty$,且 $\lim\limits_{x\to x_0^+}\dfrac{f'(x)}{g'(x)}=A$(或 ∞),则 $\lim\limits_{x\to x_0^+}\dfrac{f(x)}{g(x)}=A$(或 ∞).

例 1 若 $\lim\limits_{x\to 0}\dfrac{ax-\sin x}{\int_b^x \dfrac{\ln(1+t^3)}{t}dt}=c$ $(c\neq 0)$,求 a,b,c 的值.

解 由于 $\lim\limits_{x\to 0}(ax-\sin x)=0$ 且 $c\neq 0$,故必有 $\lim\limits_{x\to 0}\int_b^x \dfrac{\ln(1+t^3)}{t}dt=0$,从而 $b=0$. 用洛必达法则

$$I\text{ 左端}=\lim_{x\to 0}\frac{a-\cos x}{\dfrac{\ln(1+x^3)}{x}} = \lim_{x\to 0}\frac{x(a-\cos x)}{\ln(1+x^3)}$$

$$= \lim_{x\to 0}\frac{x(a-\cos x)}{x^3}$$

$$= \lim_{x\to 0}\frac{a-\cos x}{x^2}=c \quad (c\neq 0),$$

故必有 $a=1$,从而 $c=\dfrac{1}{2}$.

例 2 讨论函数 $f(x) = \begin{cases} \dfrac{1}{x^3}\int_0^x (e^{t^2}-1)dt, & x<0, \\ \dfrac{1}{3}, & x=0, \\ \int_0^x \dfrac{\sin t^2}{x^3}dt, & x>0 \end{cases}$，在 $x=0$ 处的连续性.

解 注意到，当 $x \to 0$ 时，$\int_0^x (e^{t^2}-1)dt \sim \dfrac{x^3}{3}$，$\int_0^x \sin t^2 dt \sim \dfrac{x^3}{3}$. 因

$$\lim_{x\to 0^-} f(x) = \lim_{x\to 0} \dfrac{\dfrac{x^3}{3}}{x^3} = \dfrac{1}{3} = f(0), \quad \lim_{x\to 0^+} f(x) = \lim_{x\to 0} \dfrac{\dfrac{x^3}{3}}{x^3} = \dfrac{1}{3} = f(0),$$

故 $f(x)$ 在 $x=0$ 处连续.

例 3 设 $f(x) = \int_{x^4}^{x^3} \dfrac{\sin xt}{t}dt$，$g(x) = \int_0^{\sin^2 x} \ln(1+t)dt$，当 $x \to 0$ 时，$f(x)$ 是 $g(x)$ 的（　　）.

(A) 低阶无穷小 (B) 高阶无穷小
(C) 等价无穷小 (D) 同阶但不等价无穷小

解 1 选(D). 注意到，当 $x \to 0$ 时 $g(x) \sim \dfrac{1}{2}(\sin^2 x)^2 \sim \dfrac{1}{2}x^4$. 令 $xt=u$，则

$$\lim_{x\to 0}\dfrac{f(x)}{g(x)} = \lim_{x\to 0} \dfrac{\int_{x^5}^{x^4} \dfrac{\sin u}{u}du}{\dfrac{1}{2}x^4} = \lim_{x\to 0} \dfrac{4x^3 \dfrac{\sin x^4}{x^4} - 5x^4 \dfrac{\sin x^5}{x^5}}{2x^3}$$

$$= \lim_{x\to 0}\left(2\dfrac{\sin x^4}{x^4} - \dfrac{5x}{2}\cdot\dfrac{\sin x^5}{x^5}\right) = 2-0 = 2,$$

故 $f(x)$ 与 $g(x)$ 是同阶但不等价无穷小.

解 2 由积分中值定理，存在 ξ 介于 x^3 与 x^4 之间，有 $f(x) = (x^3-x^4)\dfrac{\sin x\xi}{\xi}$，于是

$$\lim_{x\to 0}\dfrac{f(x)}{g(x)} = \lim_{x\to 0}\dfrac{(x^3-x^4)\dfrac{\sin x\xi}{\xi}}{\dfrac{1}{2}x^4} = 2\lim_{x\to 0}(1-x)\dfrac{\sin x\xi}{x\xi} = 2.$$

例 4 设函数 $f(x)$ 在 $(-\infty, +\infty)$ 内有连续的导数，求

$$\lim_{x\to 0^+}\dfrac{1}{4x^2}\int_{-x}^{x}[f(t+x)-f(t-x)]dt.$$

解 1 令 $u=t+x$，则 $\int_{-x}^{x} f(t+x)dt = \int_0^{2x} f(u)du$；令 $u=t-x$，则 $\int_{-x}^{x} f(t-x)dt = \int_{-2x}^{0} f(u)du$.

$$I = \lim_{x\to 0^+}\dfrac{1}{4x^2}\left[\int_0^{2x} f(u)du - \int_{-2x}^0 f(u)du\right]$$

$$= \lim_{x \to 0^+} \frac{1}{8x}[2f(2x) - 2f(-2x)]$$

$$= \lim_{x \to 0^+} \frac{1}{8}[4f'(2x) + 4f'(-2x)] = f'(0).$$

解 2 由积分中值定理，存在 ξ 介于 $-x$ 与 x 之间，使

$$\int_{-x}^{x}[f(t+x) - f(t-x)]\mathrm{d}t = 2x[f(\xi+x) - f(\xi-x)],$$

于是

$$I = \lim_{x \to 0^+} \frac{2x[f(\xi+x) - f(\xi-x)]}{4x^2} = \lim_{x \to 0^+} \frac{f'(\xi+x) + f'(\xi-x)}{2}$$

$$= \frac{f'(0) + f'(0)}{2} = f'(0) \quad (\text{因 } x \to 0^+ \text{ 时，有 } \xi \to 0, \text{ 且 } f'(t) \text{ 连续}).$$

例 5 设函数 $f(x)$ 在 $(-\infty, +\infty)$ 内连续，且在 $x \neq 0$ 时可导，又函数 $F(x) = \int_0^x xf(t)\mathrm{d}t$，求 $F''(0)$.

解 由题设，$F(x)$ 可导，且

$$F'(x) = \left[x\int_0^x f(t)\mathrm{d}t\right]' = \int_0^x f(t)\mathrm{d}t + xf(x), \quad F'(0) = 0.$$

由二阶导数定义

$$F''(0) = \lim_{x \to 0} \frac{F'(x) - F'(0)}{x} = \lim_{x \to 0}\left[\frac{\int_0^x f(t)\mathrm{d}t}{x} + f(x)\right] = f(0) + f(0) = 2f(0).$$

注 本例下述写法是错误的. 由 $F'(x) = \int_0^x f(t)\mathrm{d}t + xf(x)$ 得 $F''(x) = f(x) + f(x) + xf'(x)$，从而 $F''(0) = 2f(0)$. 这是因为由题设，并不知道 $f'(0)$ 存在.

例 6 求下列极限：

(1) $\displaystyle\lim_{x \to +\infty} \frac{\int_0^x (\arctan t)^2 \mathrm{d}t}{\sqrt{x^2+1}}$；   (2) $\displaystyle\lim_{x \to \infty} \frac{\mathrm{e}^{-x^2}}{x}\int_0^x t^2 \mathrm{e}^{t^2}\mathrm{d}t.$

解 (1) 注意到 $x \to +\infty$ 时，$\sqrt{x^2+1} \to \infty$，用洛必达法则有

$$I = \lim_{x \to +\infty}\left[\frac{\int_0^x (\arctan t)^2 \mathrm{d}t}{x} \cdot \frac{x}{\sqrt{x^2+1}}\right] = \lim_{x \to +\infty} \frac{\int_0^x (\arctan t)^2 \mathrm{d}t}{x} = \lim_{x \to +\infty}(\arctan x)^2 = \frac{\pi^2}{4}.$$

(2) 当 $x \to \infty$ 时，$x\mathrm{e}^{x^2} \to \infty$，$I = \displaystyle\lim_{x \to \infty} \frac{\int_0^x t^2 \mathrm{e}^{t^2}\mathrm{d}t}{x\mathrm{e}^{x^2}} = \lim_{x \to \infty} \frac{x^2 \mathrm{e}^{x^2}}{\mathrm{e}^{x^2} + x\mathrm{e}^{x^2} \cdot 2x} = \frac{1}{2}.$

五、变限定积分函数的单调性、极值、凹凸与拐点

由于变限定积分是函数,这与第三章讨论同样问题的**解题程序和思路是一致的**. 这里及以后篇章经常用到以下二式

$$(x-a)f(x) \xrightarrow{\text{写成定积分}} \int_a^x f(x)\mathrm{d}t, \tag{1}$$

$$\int_a^x f(t)\mathrm{d}t \xrightarrow{\text{积分中值定理}} f(\xi)(x-a), \quad \xi \text{ 介于 } x \text{ 与 } a \text{ 之间}. \tag{2}$$

例 1 设 $f(x)$ 在 $[a,b]$ 上连续,在 (a,b) 内可导且 $f'(x)<0$,

$$F(x) = \frac{1}{x-a}\int_a^x f(t)\mathrm{d}t, \quad a<x<b.$$

试证:(1) $F(x)$ 在 (a,b) 内单调减少; (2) $0<F(x)-f(x)<f(a)-f(b)$.

证 (1) $F'(x) = \dfrac{(x-a)f(x)-\int_a^x f(t)\mathrm{d}t}{(x-a)^2} \xrightarrow[\xi\in(a,x)]{\text{积分中值定理}} \dfrac{f(x)-f(\xi)}{x-a}$.

由 $f'(x)<0$ 知 $f(x)$ 单调减少,即在 (a,b) 内,当 $\xi<x$ 时,有 $f(x)<f(\xi)$. 又 $(x-a)>0$, 可得 $F'(x)<0$,即 $F(x)$ 在 (a,b) 内单调减少.

(2) 因 $F(x)-f(x) = \dfrac{1}{x-a}\int_a^x f(t)\mathrm{d}t - f(x) \xrightarrow{\text{积分中值定理}} f(\xi)-f(x)>0$, 又由 $f(x)$ 单调减少知,$f(a)>f(\xi), f(x)>f(b)$,于是有

$$0<F(x)-f(x)<f(a)-f(b).$$

例 2 设 $F(x) = -2a + \int_0^x (t^2-a^2)\mathrm{d}t$.

(1) 求 $F(x)$ 的极大值 M; (2) 若把 M 看做是 a 的函数,求当 a 为何值时,M 取极小值.

解 (1) 由 $F'(x) = x^2-a^2 = 0$ 得 $x = -a, x = a$,又 $F''(x) = 2x$.

当 $a>0$ 时,$F''(-a) = -2a<0$,所以极大值

$$M = F(-a) = -2a + \int_0^{-a}(t^2-a^2)\mathrm{d}t = \frac{2a}{3}(a^2-3);$$

当 $a<0$ 时,$F''(a) = 2a<0$,所以极大值

$$M = F(a) = -2a + \int_0^a (t^2-a^2)\mathrm{d}t = -\frac{2a}{3}(a^2+3).$$

(2) 当 $a>0$ 时,$\dfrac{\mathrm{d}M}{\mathrm{d}a} = 2a^2-2$,由 $\dfrac{\mathrm{d}M}{\mathrm{d}a} = 0$ 得 $a=1$ ($a=-1$ 舍). 又 $\dfrac{\mathrm{d}^2M}{\mathrm{d}a^2} = 4a, \dfrac{\mathrm{d}^2M}{\mathrm{d}a^2}\Big|_{a=1}>0$,故当 $a=1$ 时 M 取极小值;当 $a<0$ 时,$\dfrac{\mathrm{d}M}{\mathrm{d}a} = -2a^2-2$,因 $\dfrac{\mathrm{d}M}{\mathrm{d}a} = 0$ 无解,此时无极值.

例 3 设 $f(t)>0$ 且是连续的偶函数,又函数

$$F(x) = \int_{-a}^a |x-t|f(t)\mathrm{d}t, \quad x\in[-a,a],$$

试讨论下列问题:
(1) 导函数 $F'(x)$ 的单调性; (2) 当 x 为何值时, $F(x)$ 取得最小值?
(3) 若函数 $F(x)$ 的最小值作为 a 的函数, 它等于 $f(a)-a^2-1$, 求函数 $f(t)$;
(4) 曲线 $y=F(x)$ 的凹凸性.

解 (1) 因 $x\in[-a,a]$, 所以

$$F(x)=\int_{-a}^{x}(x-t)f(t)\mathrm{d}t+\int_{x}^{a}(t-x)f(t)\mathrm{d}t.$$

于是 $F'(x)=\int_{-a}^{x}f(t)\mathrm{d}t+xf(x)-xf(x)-xf(x)+\int_{a}^{x}f(t)\mathrm{d}t+xf(x)$

$$=\int_{-a}^{x}f(t)\mathrm{d}t+\int_{a}^{x}f(t)\mathrm{d}t,$$

$$F''(x)=f(x)+f(x)=2f(x)>0 \quad (\text{因 } f(x)>0),$$

故 $F'(x)$ 在区间 $[-a,a]$ 内是单调增加函数.

(2) 由 $F'(0)=\int_{-a}^{0}f(t)\mathrm{d}t-\int_{0}^{a}f(t)\mathrm{d}t=0$ ($f(t)$ 在 $[-a,a]$ 上为偶函数), 得 $F(x)$ 的唯一驻点 $x=0$; 又 $F''(0)=2f(0)>0$, 所以当 $x=0$ 时, 函数 $F(x)$ 取最小值.

(3) 求 $F(x)$ 在 $[-a,a]$ 上的最小值.

$$F(0)=-\int_{-a}^{0}tf(t)\mathrm{d}t+\int_{0}^{a}tf(t)\mathrm{d}t$$

$$\xrightarrow[\text{第一项}]{t=-u}-\int_{a}^{0}uf(-u)\mathrm{d}u+\int_{0}^{a}tf(t)\mathrm{d}t=2\int_{0}^{a}tf(t)\mathrm{d}t.$$

由 $2\int_{0}^{a}tf(t)\mathrm{d}t=f(a)-a^2-1$, 令 $a=0$, 得 $f(0)=1$. 上式两端对 a 求导, 得

$$2af(a)=f'(a)-2a, \quad \text{即} \quad \frac{f'(a)}{f(a)+1}=2a.$$

上式两端求不定积分, 得 $\ln[f(a)+1]=a^2+C$, 再由 $f(0)=1$ 得 $C=\ln 2$, 于是 $f(a)=2\mathrm{e}^{a^2}-1$, 故 $f(t)=2\mathrm{e}^{t^2}-1$.

(4) 由(1)知, $F'(x)$ 在 $[-a,a]$ 内单调增加, 所以曲线 $y=F(x)$ 在 $[-a,a]$ 内凹.

例 4 证明 $\int_{0}^{x}(t^3-2t^2)\mathrm{e}^{-t^2}\mathrm{d}t\geqslant\int_{0}^{2}(t^3-2t^2)\mathrm{e}^{-t^2}\mathrm{d}t$.

分析 令 $F(x)=\int_{0}^{x}(t^3-2t^2)\mathrm{e}^{-t^2}\mathrm{d}t$, 若能推得 $F(2)$ 是 $F(x)$ 的最小值即可.

证 令 $F(x)=\int_{0}^{x}(t^3-2t^2)\mathrm{e}^{-t^2}\mathrm{d}t$, 由 $F'(x)=x^2(x-2)\mathrm{e}^{-x^2}=0$ 得 $x_1=0, x_2=2$.

由于当 $x<2$ 时, $F'(x)<0$, 当 $x>2$ 时, $F'(x)>0$, 故 $x=2$ 是 $F(x)$ 的极小值点, 也是取最小值的点. 从而有

$$F(x)\geqslant F(2)=\int_{0}^{2}(t^3-2t^2)\mathrm{e}^{-t^2}\mathrm{d}t.$$

六、由定积分表示的变量的极限的求法

由定积分表示的变量的极限是下述**类型**：

(1) 极限变量含在被积函数中，如 $\lim\limits_{n\to\infty}\int_0^1 \dfrac{x^n}{\sqrt{1+x^2}}dx$；

(2) 极限变量含在积分限上，如 $\lim\limits_{x\to+\infty}\int_x^{x+2} t\sin\dfrac{3}{t}\cdot f(t)dt$；

(3) 极限变量既含在被积函数中，又含在积分限上，如，求 $\lim\limits_{n\to\infty}na_n$，其中

$$a_n = \dfrac{3}{2}\int_0^{\frac{n}{n+1}} x^{n-1}\sqrt{1+x^n}dx.$$

求这种极限的**解题思路**：

(1) 若定积分易于计算，先求定积分，再求极限. 见本节例 1.

(2) 先用定积分的比较性质或估值定理（在放缩被积函数时，被积函数中的极限变量必须保留），然后再用夹逼准则求极限. 见例 2，例 3 解 1，例 4.

(3) 先用积分中值定理去掉积分号，或先用积分第一中值定理简化被积函数（可求定积分），再求极限. 见例 3 解 2，例 5.

例 1 设 $a_n = \dfrac{3}{2}\int_0^{\frac{n}{n+1}} x^{n-1}\sqrt{1+x^n}dx$，求 $\lim\limits_{n\to\infty}na_n$.

解 先求出定积分

$$a_n = \dfrac{3}{2n}\int_0^{\frac{n}{n+1}} \sqrt{1+x^n}d(1+x^n) = \dfrac{1}{n}\left\{\left[1+\left(\dfrac{n}{n+1}\right)^n\right]^{\frac{3}{2}} - 1\right\}.$$

于是 $\lim\limits_{n\to\infty}na_n = (1+e^{-1})^{\frac{3}{2}} - 1$.

例 2 求 $\lim\limits_{n\to\infty}\int_{n^2}^{n^2+n} \dfrac{1}{\sqrt{x}}e^{-\frac{1}{x}}dx$.

解 令 $f(x) = \dfrac{1}{\sqrt{x}}e^{-\frac{1}{x}}$，则 $f'(x) = \left(\dfrac{1}{\sqrt{x^5}} - \dfrac{1}{2\sqrt{x^3}}\right)e^{-\frac{1}{x}}$. 在 $[n^2, n^2+n]$ 上，$f'(x) < 0$，即 $f(x)$ 单调减少. 在该区间上用估值定理，有

$$\dfrac{n}{\sqrt{n^2+n}}e^{-\frac{1}{n^2+n}} \leqslant \int_{n^2}^{n^2+n} \dfrac{1}{\sqrt{x}}e^{-\frac{1}{x}}dx \leqslant \dfrac{n}{\sqrt{n^2}}e^{-\frac{1}{n^2}}.$$

因 $\lim\limits_{n\to\infty}\dfrac{n}{\sqrt{n^2+n}}e^{-\frac{1}{n^2+n}} = \lim\limits_{n\to\infty}\dfrac{n}{\sqrt{n^2}}e^{-\frac{1}{n^2}} = 1$，故 $I = 1$.

例 3 求极限 $\lim\limits_{n\to\infty}\int_0^1 \dfrac{x^n e^x}{1+e^x}dx$.

解 1 当 $0 \leqslant x \leqslant 1$ 时，有 $0 \leqslant \dfrac{x^n e^x}{1+e^x} < x^n$，于是

$$0 \leqslant \int_0^1 \frac{x^n e^x}{1+e^x} dx < \int_0^1 x^n dx = \frac{1}{n+1} \to 0 \quad (n \to \infty), \quad \text{故 } I = 0.$$

解 2 由积分第一中值定理,有

$$\int_0^1 \frac{x^n e^x}{1+e^x} dx = \frac{e^\xi}{1+e^\xi} \int_0^1 x^n dx = \frac{e^\xi}{1+e^\xi} \cdot \frac{1}{n+1}, \quad 0 < \xi < 1.$$

由于 $\frac{e^\xi}{1+e^\xi}$ 有界,即 $\frac{1}{2} < \frac{e^\xi}{1+e^\xi} < \frac{e}{1+e}$,且 $\lim_{n \to \infty} \frac{1}{n+1} = 0$,故 $I = 0$.

例 4 设函数 $f(x), g(x)$ 在 $[a, b]$ 上连续,且 $f(x) > 0, g(x)$ 非负,求

$$\lim_{n \to \infty} \int_a^b g(x) \sqrt[n]{f(x)} dx.$$

解 由题设,$f(x)$ 在 $[a, b]$ 上存在最大值 $M(>0)$ 和最小值 $m(>0)$,又 $g(x)$ 非负,用估值定理,有

$$\sqrt[n]{m} \int_a^b g(x) dx \leqslant \int_a^b g(x) \sqrt[n]{f(x)} dx \leqslant \sqrt[n]{M} \int_a^b g(x) dx.$$

因 $\lim_{n \to \infty} \sqrt[n]{m} = \lim_{n \to \infty} \sqrt[n]{M} = 1$,故 $\lim_{n \to \infty} \int_a^b g(x) \sqrt[n]{f(x)} dx = \int_a^b g(x) dx.$

例 5 求 $\lim_{x \to +\infty} \int_x^{x+2} t \sin \frac{3}{t} \cdot f(t) dt$,其中 $f(x)$ 可微,且 $\lim_{x \to +\infty} f(x) = 1$.

解 由积分中值定理,存在 $x < \xi < x+2$,且 $x \to +\infty$ 时,$\xi \to +\infty$,有

$$\int_x^{x+2} t \sin \frac{3}{t} \cdot f(t) dt = 2\xi \sin \frac{3}{\xi} \cdot f(\xi),$$

于是 $I = \lim_{x \to +\infty} 2\xi \cdot \sin \frac{3}{\xi} \cdot f(\xi) = \lim_{\xi \to +\infty} \frac{6 \sin \frac{3}{\xi}}{\frac{3}{\xi}} f(\xi) = 6.$

七、求解含积分号的函数方程

这是指未知函数 $f(x)$ 含在积分号下或在积分限上,求 $f(x)$.

(1) $f(x)$ 含在定积分号下,即由含 $\int_a^b f(x) dx$ 型的方程求 $f(x)$ 的**解题思路**:对已知等式在 $[a, b]$ 上再积分. 见本节例 1,例 2.

(2) $f(x)$ 含在变限定积分号下,即由含 $\int_a^{\varphi(x)} f(t) dt$ 型的方程求 $f(x)$ 的**解题思路**:从已知等式对变限积分求导数入手,脱掉积分符号,有时需两次求导:

最简单的情形是求导后便得到 $f(x)$,见例 3.

一般情况是经求导后,得到含 $f'(x)$ 或含 $f'(x), f''(x)$ 的等式. 由这种等式求 $f(x)$,这是**解微分方程问题**(见第八章第八节). 此处例题均是较为简单的,由直接求不定积分可得 $f(x)$(见例 4,例 5). 这时,因在 $f(x)$ 的表示式中含任意常数 C,注意题设是否给出或隐含给出(含在所给方程中)确定 C 的条件.

(3) $f(t,x)$ (t 是积分变量, x 是参数) 含在变限积分号下,即由含 $\int_a^{\varphi(x)} f(t,x)\mathrm{d}t$ 型的方程求 $f(x)$ 的**解题思路**:先作变量替换,消去被积函数中的参数 x,就化为上述"(2)"的情形,见例 6.

(4) $f(t,x)$ 含在定积分号下,即由含 $\int_a^b f(t,x)\mathrm{d}t$ 型方程求 $f(x)$ 的**解题思路**:先作变量替换,消去被积函数中的参数 x,并将定积分化为变限积分,这就化为上述"(2)"的情形,见例 7.

例 1 设 $f(x) = x^2 - x\int_0^2 f(x)\mathrm{d}x + 2\int_0^1 f(x)\mathrm{d}x$,求 $f(x)$.

解 1 令 $\int_0^2 f(x)\mathrm{d}x = a, \int_0^1 f(x)\mathrm{d}x = b$,已知等式分别在区间 $[0,2],[0,1]$ 上求积分,得

$$a = \int_0^2 x^2\mathrm{d}x - a\int_0^2 x\mathrm{d}x + 2b \cdot 2 = \frac{8}{3} - 2a + 4b,$$
$$b = \int_0^1 x^2\mathrm{d}x - a\int_0^1 x\mathrm{d}x + 2b = \frac{1}{3} - \frac{a}{2} + 2b.$$

由上两式联立解得 $a = \frac{4}{3}, b = \frac{1}{3}$. 于是 $f(x) = x^2 - \frac{4}{3}x + \frac{2}{3}$.

解 2 由已知等式知,$f(x) = x^2 - ax + b$,其中 a,b 是待定常数,将其代入已知等式中可确定 $a = 4/3, b = 2/3$.

例 2 设函数 $f(x)$ 在 $[-\pi,\pi]$ 上连续,且 $f(x) = \frac{x}{1+\cos^2 x} + \int_{-\pi}^{\pi} f(x)\sin x\mathrm{d}x$,求 $f(x)$.

解 记 $a = \int_{-\pi}^{\pi} f(x)\sin x\mathrm{d}x$,已知式两端乘 $\sin x$,并在 $[-\pi,\pi]$ 上求积分,则

$$a = \int_{-\pi}^{\pi}\left(\frac{x}{1+\cos^2 x} + a\right)\sin x\mathrm{d}x = \int_{-\pi}^{\pi}\frac{x\sin x}{1+\cos^2 x}\mathrm{d}x = 2\int_0^{\pi}\frac{x\sin x}{1+\cos^2 x}\mathrm{d}x$$
$$\stackrel{①}{=} \pi\int_0^{\pi}\frac{\sin x}{1+\cos^2 x}\mathrm{d}x = -\pi\int_0^{\pi}\frac{\mathrm{d}\cos x}{1+\cos^2 x} = -\pi\arctan(\cos x)\Big|_0^{\pi} = \frac{\pi^2}{2}.$$

故 $f(x) = \frac{x}{1+\cos^2 x} + \frac{\pi^2}{2}$.

例 3 已知 $f(x)$ 为连续函数,且满足

$$\int_0^{2x} xf(t)\mathrm{d}t + 2\int_x^0 tf(2t)\mathrm{d}t = 2x^3(x-1),$$

求 $f(x)$ 在 $[0,2]$ 上的最大值与最小值.

分析 先由已知条件求 $f(x)$;再求 $f(x)$ 的最值.

解 已知等式两端对 x 求导,得

---

① 见本章第九节公式 5.

$$\int_0^{2x} f(t)dt + xf(2x) \cdot 2 - 2xf(2x) = 8x^3 - 6x^2, \quad 即 \quad \int_0^{2x} f(t)dt = 8x^3 - 6x^2.$$

再求导,得 $f(2x) \cdot 2 = 24x^2 - 12x$,即 $f(2x) = 3(2x)^2 - 3(2x)$. 所求 $f(x) = 3x^2 - 3x$.

由 $f'(x) = 6x - 3 = 0$ 得 $x = \frac{1}{2}$. 因 $f\left(\frac{1}{2}\right) = -\frac{3}{4}$, $f(0) = 0$, $f(2) = 6$, 故 $f(x)$ 在 $[0, 2]$ 上的最大值是 $f(2) = 6$, 最小值是 $f\left(\frac{1}{2}\right) = -\frac{3}{4}$.

例 4 已知 $\int_1^{f(x)} g(t)dt = \frac{1}{3}(x^{\frac{3}{2}} - 8)$, 其中 $f(x)$ 与 $g(x)$ 都可微, 且互为反函数, 求 $f(x)$.

解 已知式两端对 x 求导, 并注意 $g(f(x)) = x$, 有

$$g(f(x))f'(x) = \frac{1}{2}x^{\frac{1}{2}}, \quad 即 \quad f'(x) = \frac{1}{2}x^{-\frac{1}{2}}.$$

求不定积分, 得 $f(x) = \sqrt{x} + C$.

由已知式, 当 $f(x) = 1$ 时, 有 $x^{\frac{3}{2}} - 8 = 0$, 故 $x = 4$, 从而 $f(4) = 1$. 由此可确定上式中的 $C = -1$. 于是所求 $f(x) = \sqrt{x} - 1$.

例 5 求函数 $f(x)$, $f(x)$ 在 $(0, +\infty)$ 内连续, $f(1) = \frac{5}{2}$, 且满足

$$\int_1^{xy} f(t)dt = x\int_1^y f(t)dt + y\int_1^x f(t)dt \quad (x > 0, y > 0).$$

分析 本例中 x 与 y 是两个独立的变量, 即 x 与 y 之间没有函数关系. 对 y 求导时, $\int_1^{xy} f(t)dt$ 应理解为 $\int_1^{\varphi(y)} f(t)dt$, 而 $\int_1^x f(t)dt$ 应理解为定积分. 对 x 求导时, 相应的积分应同样理解.

解 等式两端对 y 求导, 得 $f(xy) \cdot x = xf(y) + \int_1^x f(t)dt$.

令 $y = 1$, 因 $f(1) = \frac{5}{2}$, 有 $xf(x) = \frac{5}{2}x + \int_1^x f(t)dt$.

上式两端再对 x 求导, 得 $f'(x) = \frac{5}{2x}$, 从而 $f(x) = \frac{5}{2}\ln x + C$. 由 $f(1) = \frac{5}{2}$ 可得 $C = \frac{5}{2}$.

于是 $f(x) = \frac{5}{2}(\ln x + 1)$.

例 6 求满足方程 $\int_0^x f(t)dt = x + \int_0^x tf(x-t)dt$ 的可微函数 $f(x)$.

解 设 $u = x - t$, 则 $\int_0^x tf(x-t)dt = \int_0^x (x-u)f(u)du$, 已知等式为

$$\int_0^x f(t)dt = x + x\int_0^x f(t)dt - \int_0^x tf(t)dt.$$

两端求导, 得 $f(x) = 1 + \int_0^x f(t)dt$, 且 $f(0) = 1$.

对上式再求导, 得 $f'(x) = f(x)$, $\ln f(x) = x + \ln C$, 从而 $f(x) = Ce^x$. 由 $f(0) = 1$ 得 $C = 1$. 于是所求 $f(x) = e^x$.

例 7 函数 $f(x)$ 连续，且满足 $\int_0^1 f(tx)\mathrm{d}t = f(x) + x\sin x$，求 $f(x)$.

解 令 $u = tx$，则原方程化为 $\int_0^x f(u)\mathrm{d}u = xf(x) + x^2\sin x$. 上式两端求导，得 $f'(x) = -2\sin x - x\cos x$，再积分得 $f(x) = \cos x - x\sin x + C$.

八、属于分段求定积分的种种情况

分段求定积分所出现的情况与解题思路：

(1) 在积分区间内，**被积函数是分段函数时**，要用定积分对区间的可加性：先在各区间段分别计算定积分，然后相加. 见本节例 1.

(2) **被积函数含最大值或最小值符号时**，先将最大值或最小值符号去掉，表示成分段函数，再求定积分. 见例 2.

(3) **被积函数含取整函数时**，要用定积分对区间的可加性求定积分. 见例 3.

(4) **被积函数含绝对值符号时**，先将绝对值符号去掉，表示成分段函数，再求定积分. 见例 4(1).

(5) **被积函数含偶次方根**，开方时一般要取绝对值，即 $\int_a^b \sqrt{(f(x))^2}\mathrm{d}x = \int_a^b |f(x)|\mathrm{d}x$，然后按 (4) 所述求积分. 见例 4(2).

(6) **对变上限 x 的定积分**，先讨论和确定变限 x 的取值范围. 求积分时，下限固定，按上限 x 的取值范围分别求积分. 见例 6，例 7.

(7) **被积函数含参变量时**，假设 t 是积分变量，x 是参变量. 在求积分时，x 是常数，但 x 又可任意取值. 先确定 x 的可能取值范围，按 x 的取值范围分别求积分. 见例 5.

例 1 设 $f(x) = \begin{cases} 1+x^2, & x<0, \\ \mathrm{e}^{-x}, & x\geq 0, \end{cases}$ 求 $\int_{\frac{1}{2}}^2 f(x-1)\mathrm{d}x$.

解 1 $I \xrightarrow{x-1=t} \int_{-\frac{1}{2}}^1 f(t)\mathrm{d}t = \int_{-\frac{1}{2}}^0 f(t)\mathrm{d}t + \int_0^1 f(t)\mathrm{d}t = \int_{-\frac{1}{2}}^0 (1+t^2)\mathrm{d}t + \int_0^1 \mathrm{e}^{-t}\mathrm{d}t = \frac{37}{24} - \frac{1}{\mathrm{e}}$.

解 2 因 $f(x-1) = \begin{cases} 1+(x-1)^2, & x<1, \\ \mathrm{e}^{-(x-1)}, & x\geq 1, \end{cases}$ 所以

$$I = \int_{\frac{1}{2}}^1 [1+(x-1)^2]\mathrm{d}(x-1) - \int_1^2 \mathrm{e}^{1-x}\mathrm{d}(1-x) = \frac{37}{24} - \frac{1}{\mathrm{e}}.$$

例 2 求 $\int_0^2 \max\{x, x^3\}\mathrm{d}x$.

解 因为 $\max\{x, x^3\} = \begin{cases} x, & 0<x\leq 1, \\ x^3, & 1<x\leq 2, \end{cases}$ 所以 $I = \int_0^1 x\mathrm{d}x + \int_1^2 x^3\mathrm{d}x = \frac{17}{4}$.

例 3 设 $a>1$，$[x]$ 表示不超过 x 的最大整数，证明：

$$\int_1^a [x]f'(x)\mathrm{d}x = [a]f(a) - \{f(1) + f(2) + \cdots + f([a])\},$$

并求出 $I = \int_1^a [x^2] f'(x) \mathrm{d}x$ 与上式相当的表达式.

证 左端 $= \int_1^2 1 \cdot f'(x) \mathrm{d}x + \int_2^3 2 \cdot f'(x) \mathrm{d}x + \cdots + \int_{[a]}^a [a] f'(x) \mathrm{d}x$

$= f(2) - f(1) + 2[f(3) - f(2)] + \cdots + [a][f(a) - f[a]]$

$= [a] f(a) - \{f(1) + f(2) + \cdots + f([a])\} = $ 右端.

$$I = \int_1^{\sqrt{2}} 1 \cdot f'(x) \mathrm{d}x + \int_{\sqrt{2}}^{\sqrt{3}} 2 \cdot f'(x) \mathrm{d}x + \cdots + \int_{\sqrt{[a^2]}}^a [a^2] \cdot f'(x) \mathrm{d}x$$

$= f(\sqrt{2}) - f(1) + 2[f(\sqrt{3}) - f(\sqrt{2})] + \cdots + [a^2][f(a) - f(\sqrt{[a^2]})]$

$= [a^2] f(a) - \{f(1) + f(\sqrt{2}) + \cdots + f(\sqrt{[a^2]})\}.$

例 4 求下列定积分:

(1) $\int_a^b |x| \mathrm{d}x \ (a < b)$; (2) $\int_0^\pi \sqrt{\sin^3 x - \sin^5 x} \, \mathrm{d}x$.

解 (1) 积分区间是 $[a,b]$, 积分变量 x 只能在积分区间内取值.

当 $a < b \leqslant 0$ 时, $I = \int_a^b (-x) \mathrm{d}x = -\frac{1}{2}(b^2 - a^2)$;

当 $a < 0 < b$ 时, $I = \int_a^0 (-x) \mathrm{d}x + \int_0^b x \mathrm{d}x = \frac{1}{2}(b^2 + a^2)$;

当 $0 \leqslant a < b$ 时, $I = \int_a^b x \mathrm{d}x = \frac{1}{2}(b^2 - a^2)$.

(2) $\sqrt{\sin^3 x - \sin^5 x} = \sqrt{\sin^3 x (1 - \sin^2 x)} = |\cos x| (\sin x)^{\frac{3}{2}}$.

解 1 $I = \int_0^{\frac{\pi}{2}} \cos x \cdot (\sin x)^{\frac{3}{2}} \mathrm{d}x + \int_{\frac{\pi}{2}}^\pi (-\cos x)(\sin x)^{\frac{3}{2}} \mathrm{d}x$

$= \int_0^{\frac{\pi}{2}} (\sin x)^{\frac{3}{2}} \mathrm{d}\sin x - \int_{\frac{\pi}{2}}^\pi (\sin x)^{\frac{3}{2}} \mathrm{d}\sin x = \frac{2}{5} + \frac{2}{5} = \frac{4}{5}.$

解 2 $I = 2\int_0^{\frac{\pi}{2}} |\cos x| (\sin x)^{\frac{3}{2}} \mathrm{d}x = \frac{4}{5}$ (见本章第九节公式 3).

例 5 求定积分 $\int_0^1 |t(t-x)| \mathrm{d}t$.

分析 t 是积分变量, 积分区间是 $[0,1]$. 被积函数中的 x 是参变量, 求积分时, x 可以任意取值, 即可有: $x \leqslant 0, 0 < x < 1, x \geqslant 1$. 积分结果是 x 的函数.

解 当 $x \leqslant 0$ 时, $I = \int_0^1 t(t-x) \mathrm{d}t = \left(\frac{t^3}{3} - \frac{1}{2} x t^2\right) \Big|_0^1 = \frac{1}{3} - \frac{x}{2}$;

当 $0 < x < 1$ 时, $I = \int_0^x t(x-t) \mathrm{d}t + \int_x^1 t(t-x) \mathrm{d}t = \frac{1}{3} x^3 - \frac{1}{2} x + \frac{1}{3}$;

当 $x \geqslant 1$ 时, $I = \int_0^1 t(x-t) \mathrm{d}t = \frac{1}{2} x - \frac{1}{3}$.

例 6 求 $F(x) = \int_0^x |t(t-1)| \mathrm{d}t$ 的非积分型的表达式.

分析 t 是积分变量，由 $t(t-1)=0$ 得 $t=0,t=1$. 积分上限为 x，x 可以任意取值，即可有：$x\leqslant 0, 0<x<1, x\geqslant 1$.

解 当 $x\leqslant 0$ 时，$F(x)=\int_0^x t(t-1)\mathrm{d}t=\dfrac{x^3}{3}-\dfrac{x^2}{2}$；

当 $0<x<1$ 时，$F(x)=\int_0^x t(1-t)\mathrm{d}t=-\dfrac{x^3}{3}+\dfrac{x^2}{2}$；

当 $x\geqslant 1$ 时，$F(x)=\int_0^1 t(1-t)\mathrm{d}t+\int_1^x t(t-1)\mathrm{d}t=\dfrac{1}{3}+\dfrac{x^3}{3}-\dfrac{x^2}{2}$.

例 7 设 $f(x)=\begin{cases}\mathrm{e}^{-x}, & 0\leqslant x\leqslant 1,\\ 2x, & 1<x\leqslant 2,\end{cases}$ 求 $F(x)=\int_0^x f(t)\mathrm{d}t$ 的表达式.

分析 $f(x)$ 在 $[0,2]$ 上有定义，变限积分 $\int_0^x f(t)\mathrm{d}t$ 中的 x 只可在 $[0,2]$ 上取值. 注意求积分时，下限固定.

解 当 $0\leqslant x\leqslant 1$ 时，$F(x)=\int_0^x f(t)\mathrm{d}t=\int_0^x \mathrm{e}^{-t}\mathrm{d}t=1-\mathrm{e}^{-x}$；

当 $1<x\leqslant 2$ 时，$F(x)=\int_0^x f(t)\mathrm{d}t=\int_0^1 \mathrm{e}^{-t}\mathrm{d}t+\int_1^x 2t\mathrm{d}t=x^2-\mathrm{e}^{-1}$.

九、计算、证明定积分的方法

1. 用换元积分法

(1) 定积分的换元积分法公式
$$\int_a^b f(x)\mathrm{d}x \xrightarrow[\varphi(\alpha)=a,\varphi(\beta)=b]{x=\varphi(t)} \int_\alpha^\beta f(\varphi(t))\varphi'(t)\mathrm{d}t.$$

用定积分换元积分法公式的**思路**、所适用的**情况**及**技巧**与用不定积分换元积分法公式基本一致. 这里需**说明**的是：从右端到左端用该公式时，可以不写出新的积分变量，也无需变换积分限，见本节例 1；而从左端到右端用该公式时，需写出新的积分变量，并相应地变换积分限.

(2) 常用的变量替换及变量替换公式：

1° 不定积分讲过的一些变量替换. 见例 2，例 3.

2° 积分区间为 $[a,b]$ 时，试用变量替换 $x=a+b-u$，这时，积分区间仍为 $[a,b]$，有公式 1（证明见例 22）.

公式 1 $$\int_a^b f(x)\mathrm{d}x=\int_a^b f(a+b-x)\mathrm{d}x.$$

公式 1 有以下情况：

等式右端可以算出结果，见例 4(1)；

等式右端出现循环现象，即又有式 $\int_a^b f(x)\mathrm{d}x$ 出现，移项可算得结果，见例 5(1)；

两端被积函数相加,即 $f(x)+f(a+b-x)$ 易于积分,这时,有公式 2(见例 4(2)).

公式 2
$$\int_a^b f(x)\mathrm{d}x = \frac{1}{2}\int_a^b [f(x)+f(a+b-x)]\mathrm{d}x.$$

特别地,当 $f(x)=f(a+b-x)$ 时,有公式 3(证明见例 23).

公式 3
$$\int_a^b f(x)\mathrm{d}x = 2\int_a^{\frac{a+b}{2}} f(x)\mathrm{d}x = 2\int_{\frac{a+b}{2}}^b f(x)\mathrm{d}x.$$

当 $f(x)+f(a+b-x)=A$(常数)时,有公式 4(见例 6).

公式 4
$$\int_a^b f(x)\mathrm{d}x = \frac{A}{2}(b-a).$$

因为 $xf(\sin x)+(\pi-x)f(\sin(\pi-x)) = \pi f(\sin x)$,
由公式 2 可得公式 5(见例 7).

公式 5
$$\int_0^\pi xf(\sin x)\mathrm{d}x = \frac{\pi}{2}\int_0^\pi f(\sin x)\mathrm{d}x.$$

3° 积分区间为 $[a,b]$,也可试用变量替换 $x=a+(b-a)t$,这时,积分区间化为 $[0,1]$,有公式 6(公式证明见例 24,应用见例 8).

公式 6
$$\int_a^b f(x)\mathrm{d}x = (b-a)\int_0^1 f(a+(b-a)x)\mathrm{d}x.$$

这时,只要可算出等式右端即可.

4° 被积函数含有 $\sin x, \cos x$ 时,可试用变量替换 $x=\pi\pm t$,或 $x=\frac{\pi}{2}\pm t$. 这是因为
$$\sin(\pi\pm t) = \mp\sin t,$$
$$\cos(\pi\pm t) = -\cos t;$$
$$\sin\left(\frac{\pi}{2}\pm t\right) = \cos t,$$
$$\cos\left(\frac{\pi}{2}\pm t\right) = \mp\sin t.$$

这时,有公式 7,8(见例 6(2)).

公式 7
$$\int_0^{\frac{\pi}{2}} f(\sin x)\mathrm{d}x = \int_0^{\frac{\pi}{2}} f(\cos x)\mathrm{d}x.$$

公式 8
$$\int_0^{\frac{\pi}{2}} f(\sin x, \cos x)\mathrm{d}x = \int_0^{\frac{\pi}{2}} f(\cos x, \sin x)\mathrm{d}x.$$

公式 7,公式 8 均是公式 1 的特例$\left(\text{从左端向右端推证},\text{令}\ x=\frac{\pi}{2}-t\right)$.

2. 用分部积分法

(1) 定积分的分部积分法公式
$$\int_a^b u(x)\mathrm{d}v(x) = u(x)v(x)\Big|_a^b - \int_a^b v(x)\mathrm{d}u(x).$$

用该公式的**思路**与不定积分的分部积分法公式是相同的.见例 9.

(2) 当被积函数为**变上限的**定积分时,一般要用分部积分法.见例 10.

3. 递推公式

$$\int_0^{\frac{\pi}{2}} \sin^n x \, dx = \int_0^{\frac{\pi}{2}} \cos^n x \, dx = \begin{cases} \dfrac{(n-1)!!}{n!!}, & n(>1) \text{ 为奇数}, \\ \dfrac{(n-1)!!}{n!!} \cdot \dfrac{\pi}{2}, & n \text{ 为偶数}. \end{cases}$$

4. 对称区间上定积分的计算

当积分区间关于坐标原点对称时，其解题思路：

(1) 考查被积函数是否具有奇偶性，若具有，用公式 9(例 13).

公式 9
$$\int_{-a}^{a} f(x) dx = \begin{cases} 2\int_0^a f(x) dx, & \text{当 } f(x) \text{ 为偶函数}, \\ 0, & \text{当 } f(x) \text{ 为奇函数}. \end{cases}$$

(2) 作变量替换 $x = -u$，有公式 10, 11(例 14, 例 15, 例 16).

公式 10
$$\int_{-a}^{a} f(x) dx = \int_{-a}^{a} f(-x) dx.$$

公式 11
$$\int_{-a}^{a} f(x) dx = \int_0^a [f(x) + f(-x)] dx.$$

公式 9 是公式 3 的特例；公式 10 是公式 1 的特例.

5. 周期函数的定积分

若被积函数 $f(x)$ 是以 T 为周期的连续函数，求定积分时可用下述公式和结论.

公式 12
$$\int_a^{a+T} f(x) dx = \int_0^T f(x) dx = \int_{-\frac{T}{2}}^{\frac{T}{2}} f(x) dx.$$

公式 13
$$\int_0^{nT} f(x) dx = n \int_0^T f(x) dx, \quad n \text{ 为正整数}.$$

公式 14 若 $f(x)$ 为奇函数，则 $\int_0^T f(x) dx = 0$.

结论 $F(x) = \int_0^x f(t) dt$ 以 T 为周期的充要条件是 $\int_0^T f(t) dt = 0$（证明见例 18）.

6. 证明两端都是积分表达式等式的解题思路

(1) 从被积函数考虑：若等式一端被积函数为 $f(x)$，而另一端或其主要部分为 $f(\varphi(x))$，可作变量替换 $x = \varphi(t)$. 见例 22，例 24，例 26.

若被积函数含有 $f'(x)$ 或 $f''(x)$，以及为变限定积分时，要用分部积分法. 见例 28，例 29.

(2) 从积分区间着眼：若等式两端的被积函数相同或主要部分相同，而积分区间不同，要根据两端积分限之间的关系选择变量替换. 见例 27.

(3) 前面讲述的计算定积分的思路、方法和公式(已经证明的)均适用.

例 1 计算下列定积分：

(1) $\int_0^{\pi/2} \dfrac{\sin 2x}{1 + e^{\cos^2 x}} dx$;

(2) $\int_0^{\pi/4} \dfrac{\sin^2 x \cos^2 x}{(\cos^3 x + \sin^3 x)^2} dx$.

解 (1) 注意到 $d\cos^2 x = -\sin 2x dx$,则

$$I = -\int_0^{\pi/2} \frac{1}{1+e^{\cos^2 x}} d\cos^2 x = -\int_0^{\pi/2} \frac{e^{-\cos^2 x}}{1+e^{-\cos^2 x}} d\cos^2 x$$

$$= \int_0^{\pi/2} \frac{1}{1+e^{-\cos^2 x}} d(1+e^{-\cos^2 x}) = \ln(1+e^{-\cos^2 x}) \Big|_0^{\pi/2} = \ln \frac{2e}{1+e}.$$

(2) 注意到 $d\tan x = \sec^2 x dx$,于是

$$I = \int_0^{\pi/4} \frac{\tan^2 x}{\cos^2 x(1+\tan^3 x)^2} dx = \frac{1}{3}\int_0^{\pi/4} \frac{1}{(1+\tan^3 x)^2} d(1+\tan^3 x) = \frac{1}{6}.$$

例 2 计算下列定积分:

(1) $\int_5^8 \frac{x+2}{x\sqrt{x-4}} dx$;   (2) $\int_{\frac{3}{2}}^{\frac{3\sqrt{3}}{2}} \frac{x^2}{\sqrt{9-x^2}} dx$;   (3) $\int_{-2\sqrt{2}}^{-2} \frac{\sqrt{x^2-4}}{x^3} dx$.

解 (1) 设 $x = t^2 + 4$,则 $dx = 2tdt$. 当 $x=5$ 时,$t=1$;当 $x=8$ 时,$t=2$.

$$I = 2\int_1^2 \frac{t^2+4+2}{(t^2+4)t} t dt = 2\int_1^2 \left(1 + \frac{2}{t^2+4}\right) dt = 2\left(t + \arctan \frac{t}{2}\right)\Big|_1^2$$

$$= 2 + \frac{\pi}{2} - 2\arctan \frac{1}{2}.$$

(2) 设 $x = 3\sin t$,则 $dx = 3\cos t dt$. 当 $x = \frac{3}{2}$ 时,$t = \frac{\pi}{6}$;当 $x = \frac{3\sqrt{3}}{2}$ 时,$t = \frac{\pi}{3}$.

$$I = \int_{\pi/6}^{\pi/3} \frac{3^3 \sin^2 t \cos t}{3|\cos t|} dt = 9\int_{\pi/6}^{\pi/3} \sin^2 t dt = \frac{9}{2}\left(t - \frac{1}{2}\sin 2t\right)\Big|_{\pi/6}^{\pi/3} = \frac{3}{4}\pi.$$

(3) 设 $x = 2\sec t$,则 $dx = 2\sec t \cdot \tan t dt$. 当 $x = -2\sqrt{2}$ 时,$t = \frac{3}{4}\pi$;当 $x = -2$ 时,$t = \pi$.

$$I = \int_{\frac{3}{4}\pi}^{\pi} \frac{4|\tan t|}{8\sec^3 t} \cdot \sec t \cdot \tan t dt = -\frac{1}{2}\int_{\frac{3}{4}\pi}^{\pi} \sin^2 t dt = \frac{1}{8} - \frac{\pi}{16}.$$

注 在计算定积分作三角函数变量替换时,要注意三角函数在相应积分区间内的符号. 如本例(2),在区间 $\left[\frac{\pi}{6}, \frac{\pi}{3}\right]$ 内,$\sqrt{9-9\sin^2 t} = 3|\cos t| = 2\cos t$;而本例(3),在 $\left[\frac{3}{4}\pi, \pi\right]$ 内,$\sqrt{4\sec^2 t - 4} = 2|\tan t| = -2\tan t$.

例 3 计算 $I = \int_0^1 (1-x^2)^n dx$,并由此证明:

$$1 - \frac{C_n^1}{3} + \frac{C_n^2}{5} - \frac{C_n^3}{7} + \cdots + \frac{(-1)^n}{2n+1} = \frac{2 \cdot 4 \cdot 6 \cdots 2n}{1 \cdot 3 \cdot 5 \cdots (2n+1)}.$$

解 $I \xrightarrow{x=\sin t} \int_0^{\frac{\pi}{2}} (1-\sin^2 t)^n \cos t dt = \int_0^{\frac{\pi}{2}} \cos^{2n+1} t dt \xrightarrow{\text{递推公式}} \frac{2 \cdot 4 \cdot 6 \cdots 2n}{1 \cdot 3 \cdot 5 \cdots (2n+1)}.$ 又

$$I = \int_0^1 [1 - C_n^1 x^2 + C_n^2 x^4 - C_n^3 x^6 + \cdots + (-1)^n C_n^n x^{2n}] dx$$

$$= x\Big|_0^1 - C_n^1 \frac{x^3}{3}\Big|_0^1 + C_n^2 \frac{x^5}{5}\Big|_0^1 - C_n^3 \frac{x^7}{7}\Big|_0^1 + \cdots + (-1)^n C_n^n \frac{x^{2n+1}}{2n+1}\Big|_0^1$$

$$= 1 - \frac{C_n^1}{3} + \frac{C_n^2}{5} - \frac{C_n^3}{7} + \cdots + \frac{(-1)^n}{2n+1}.$$

显然所证等式成立.

例 4 计算下列定积分：

(1) $\int_0^{\frac{\pi}{4}} \frac{1-\sin 2x}{1+\sin 2x} dx$；   (2) $\int_0^1 \frac{x}{e^x + e^{1-x}} dx$.

解 (1) 令 $x = \frac{\pi}{4} - t$，则

$$I = \int_0^{\frac{\pi}{4}} \frac{1 - \sin\left(\frac{\pi}{2} - 2t\right)}{1 + \sin\left(\frac{\pi}{2} - 2t\right)} dt = \int_0^{\frac{\pi}{4}} \frac{\sin^2 t}{\cos^2 t} dt = \int_0^{\frac{\pi}{4}} (\sec^2 x - 1) dx = 1 - \frac{\pi}{4}.$$

(2) 注意到积分区间是 $[0,1]$ 和被积函数分母的特点，用公式 2.

$$I = \frac{1}{2} \int_0^1 \left(\frac{x}{e^x + e^{1-x}} + \frac{1-x}{e^{1-x} + e^x} \right) dx = \frac{1}{2} \int_0^1 \frac{1}{e^x + e^{1-x}} dx$$

$$= \frac{1}{2} \int_0^1 \frac{1}{e^{2x} + e} de^x = \frac{1}{2\sqrt{e}} \arctan \frac{e^x}{\sqrt{e}} \Big|_0^1 = \frac{1}{2\sqrt{e}} \left(\arctan \sqrt{e} - \arctan \frac{1}{\sqrt{e}} \right).$$

例 5 计算下列定积分：

(1) $\int_0^{\frac{\pi}{4}} \ln(1 + \tan x) dx$；   (2) $\int_0^1 \frac{\ln(1+x)}{1+x^2} dx$.

解 (1) 设 $x = \frac{\pi}{4} - t$，则

$$I = \int_0^{\frac{\pi}{4}} \ln\left[1 + \tan\left(\frac{\pi}{4} - t\right)\right] dt = \int_0^{\frac{\pi}{4}} \ln\left(1 + \frac{1-\tan t}{1+\tan t}\right) dt$$

$$= \int_0^{\frac{\pi}{4}} [\ln 2 - \ln(1 + \tan t)] dt = \ln 2 \int_0^{\frac{\pi}{4}} dx - \int_0^{\frac{\pi}{4}} \ln(1 + \tan x) dx.$$

移项得

$$I = \frac{1}{2} \ln 2 \int_0^{\frac{\pi}{4}} dx = \frac{\pi}{8} \ln 2.$$

(2) 因被积函数中有 $1 + x^2$，令 $x = \tan t$，则 $\frac{1}{1+x^2} dx = dt$，于是

$$I = \int_0^{\frac{\pi}{4}} \ln(1 + \tan t) dt = \frac{\pi}{8} \ln 2.$$

例 6 计算下列定积分：

(1) $\int_2^4 \frac{\ln(9-x)}{\ln(9-x) + \ln(3+x)} dx$；   (2) $\int_{\frac{\pi}{6}}^{\frac{\pi}{3}} \frac{\sin^a x}{\sin^a x + \cos^a x} dx$.

解 (1) 设被积函数为 $f(x)$，令 $x = 2 + 4 - t$，则因 $f(x) + f(6-x) = 1$，$I = \frac{1}{2} \int_2^4 dx = 1$.

(2) 设被积函数为 $f(x)$，令 $x = \frac{\pi}{6} + \frac{\pi}{3} - t$. 因 $\sin\left(\frac{\pi}{2} - t\right) = \cos t$，$\cos\left(\frac{\pi}{2} - t\right) = \sin t$，

则 $f(x) + f\left(\dfrac{\pi}{2} - x\right) = 1$,从而 $I = \dfrac{1}{2}\int_{\pi/6}^{\pi/3}\mathrm{d}x = \dfrac{\pi}{12}$.

注 一般,设 $f(x)$ 为连续函数,则有

$$\int_a^b \frac{f(x)}{f(x)+f(a+b-x)}\mathrm{d}x = \frac{b-a}{2}, \quad \int_0^{\frac{\pi}{2}} \frac{f(\sin x)}{f(\sin x)+f(\cos x)}\mathrm{d}x = \frac{1}{2}\cdot\frac{\pi}{2} = \frac{\pi}{4}.$$

例 7 计算 $\displaystyle\int_0^\pi \frac{(x+2)\sin x}{1+\cos^2 x}\mathrm{d}x$.

解 用公式 5.

$$\begin{aligned}
I &= \int_0^\pi \frac{x\sin x}{1+\cos^2 x}\mathrm{d}x + 2\int_0^\pi \frac{\sin x}{1+\cos^2 x}\mathrm{d}x \\
&= \frac{\pi}{2}\int_0^\pi \frac{\sin x}{1+\cos^2 x}\mathrm{d}x - 2\int_0^\pi \frac{\mathrm{d}\cos x}{1+\cos^2 x} = \frac{\pi^2}{4}+\pi.
\end{aligned}$$

例 8 计算 $\displaystyle\int_a^b \sqrt{(b-x)(x-a)}\mathrm{d}x\ (a<b)$.

解 用公式 6. 设 $x=a+(b-a)t$,则

$$\begin{aligned}
I &= (b-a)\int_0^1 \sqrt{(b-a)(1-t)(b-a)t}\,\mathrm{d}t \\
&= (b-a)^2\int_0^1 \sqrt{t-t^2}\,\mathrm{d}t = (b-a)^2\int_0^1 \sqrt{1/4-(t-1/2)^2}\,\mathrm{d}t \\
&= (b-a)^2\left[\frac{1}{8}\arcsin 2\left(t-\frac{1}{2}\right)+\frac{t-1/2}{2}\sqrt{t-t^2}\right]\Big|_0^1 = \frac{(b-a)^2\pi}{8}.
\end{aligned}$$

例 9 计算 $\displaystyle\int_{-\pi/4}^{\pi/4} \mathrm{e}^{\frac{x}{2}}\frac{\cos x - \sin x}{\sqrt{\cos x}}\mathrm{d}x$.

解 $I = \displaystyle\int_{-\frac{\pi}{4}}^{\frac{\pi}{4}} \mathrm{e}^{\frac{x}{2}}\sqrt{\cos x}\,\mathrm{d}x - \int_{-\frac{\pi}{4}}^{\frac{\pi}{4}} \mathrm{e}^{\frac{x}{2}}\frac{\sin x}{\sqrt{\cos x}}\mathrm{d}x$. 而

$$\begin{aligned}
-\int_{-\frac{\pi}{4}}^{\frac{\pi}{4}} \mathrm{e}^{\frac{x}{2}}\frac{\sin x}{\sqrt{\cos x}}\mathrm{d}x &= 2\int_{-\frac{\pi}{4}}^{\frac{\pi}{4}} \mathrm{e}^{\frac{x}{2}}\,\mathrm{d}(\sqrt{\cos x}) = 2\left(\mathrm{e}^{\frac{x}{2}}\sqrt{\cos x}\Big|_{-\frac{\pi}{4}}^{\frac{\pi}{4}} - \frac{1}{2}\int_{-\frac{\pi}{4}}^{\frac{\pi}{4}} \mathrm{e}^{\frac{x}{2}}\sqrt{\cos x}\,\mathrm{d}x\right) \\
&= \sqrt[4]{8}(\mathrm{e}^{\frac{\pi}{8}}-\mathrm{e}^{-\frac{\pi}{8}}) - \int_{-\frac{\pi}{4}}^{\frac{\pi}{4}} \mathrm{e}^{\frac{x}{2}}\sqrt{\cos x}\,\mathrm{d}x,
\end{aligned}$$

故 $I = \sqrt[4]{8}(\mathrm{e}^{\frac{\pi}{8}}-\mathrm{e}^{-\frac{\pi}{8}})$.

例 10 设 $f(x) = \displaystyle\int_0^x \frac{\sin t}{\pi - t}\mathrm{d}t$,求 $\displaystyle\int_0^\pi f(x)\mathrm{d}x$.

解 被积函数为变上限定积分,用分部积分法.

$$\begin{aligned}
I &= xf(x)\Big|_0^\pi - \int_0^\pi xf'(x)\mathrm{d}x = \pi f(\pi) - \int_0^\pi \frac{x\sin x}{\pi-x}\mathrm{d}x \\
&= \int_0^\pi \frac{\pi\sin x}{\pi-x}\mathrm{d}x - \int_0^\pi \frac{x\sin x}{\pi-x}\mathrm{d}x = \int_0^\pi \sin x\,\mathrm{d}x = 2.
\end{aligned}$$

例 11 设 $f(2x+a) = xe^{\frac{x}{b}}$,求 $\int_{a+2b}^{y} f(t)dt$.

分析 先通过变量替换将被积函数 $f(t)$ 化为 $f(2x+a)$.

解 令 $t = 2x+a$,则

$$I = 2\int_{b}^{\frac{y-a}{2}} f(2x+a)dx = 2\int_{b}^{\frac{y-a}{2}} xe^{\frac{x}{b}}dx \xrightarrow{\text{分部积分}} 2\left(xbe^{\frac{x}{b}}\Big|_{b}^{\frac{y-a}{2}} - b\int_{b}^{\frac{y-b}{2}} e^{\frac{x}{b}}dx\right)$$

$$= 2\left(\frac{y-a}{2}be^{\frac{y-a}{2b}} - b^2e - b^2e^{\frac{x}{b}}\Big|_{b}^{\frac{y-b}{2}}\right) = b(y-a-2b)e^{\frac{y-a}{2b}}.$$

例 12 已知 $\int_{0}^{\pi} \frac{\cos x}{(x+2)^2}dx = A$,求 $\int_{0}^{\frac{\pi}{2}} \frac{\sin x \cos x}{x+1}dx$.

分析 $\int_{0}^{\frac{\pi}{2}} \frac{\sin x \cos x}{x+1}dx = \int_{0}^{\frac{\pi}{2}} \frac{\sin 2x}{2x+2}dx$,需用到已知积分.若令 $2x = t$,则被积函数的分母将出现 $t+2$,这时积分区间是 $[0,\pi]$.

解 $I = \int_{0}^{\frac{\pi}{2}} \frac{\sin 2x}{2x+2}dx \xrightarrow{t=2x} \frac{1}{2}\int_{0}^{\pi} \frac{\sin t}{t+2}dt = -\frac{1}{2}\int_{0}^{\pi} \frac{1}{t+2}d\cos t$

$$= -\frac{1}{2}\left(\frac{\cos t}{t+2}\Big|_{0}^{\pi} + \int_{0}^{\pi} \frac{\cos t}{(t+2)^2}dt\right) = \frac{1}{2}\left(\frac{1}{\pi+2} + \frac{1}{2} - A\right).$$

例 13 计算下列定积分:

(1) $\int_{-2}^{2} (|x|+x)e^{-|x|}dx$; (2) $\int_{-\frac{\pi}{4}}^{\frac{\pi}{4}} \frac{1}{\cos^2 x}\left(x\sin x + \ln\frac{1+x}{1-x}\right)dx$.

解 (1) 由于 $|x|e^{-|x|}$ 为偶函数,而 $xe^{-|x|}$ 为奇函数,所以

$$I = 2\int_{0}^{2} xe^{-x}dx = 2(-xe^{-x} - e^{-x})\Big|_{0}^{2} = 2 - \frac{6}{e^2}.$$

(2) 注意到 $\frac{1}{\cos^2 x}\ln\frac{1+x}{1-x}$ 是奇函数,$\frac{x\sin x}{\cos^2 x}$ 是偶函数,有

$$I = 2\int_{0}^{\frac{\pi}{4}} x\frac{\sin x}{\cos^2 x}dx = 2\int_{0}^{\frac{\pi}{4}} xd\frac{1}{\cos x} = 2\left(\frac{x}{\cos x}\Big|_{0}^{\frac{\pi}{4}} - \int_{0}^{\frac{\pi}{4}} \frac{1}{\cos x}dx\right)$$

$$= 2\left(\frac{\sqrt{2}\pi}{4} - \ln|\sec x + \tan x|\Big|_{0}^{\frac{\pi}{4}}\right) = \frac{\sqrt{2}\pi}{2} - 2\ln(\sqrt{2}+1).$$

例 14 计算定积分:

(1) $\int_{-\frac{\pi}{2}}^{\frac{\pi}{2}} \frac{\sin^2 x}{1+e^{-x}}dx$; (2) $\int_{-\frac{\pi}{2}}^{\frac{\pi}{2}} \cos^4 x \cdot \ln(x+\sqrt{4+x^2})dx$.

解 (1) 用公式 11.因 $\frac{\sin^2 x}{1+e^{-x}} + \frac{\sin^2(-x)}{1+e^x} = \sin^2 x$,所以 $I = \int_{0}^{\frac{\pi}{2}} \sin^2 xdx = \frac{\pi}{4}$.

(2) **解** 因 $\ln(x+\sqrt{4+x^2}) + \ln(-x+\sqrt{4+(-x)^2}) = 2\ln 2$,由公式 11 得

$$I = 2\ln 2\int_{0}^{\frac{\pi}{2}} \cos^4 xdx = \frac{3}{4} \cdot \frac{1}{2} \cdot \frac{\pi}{2} \cdot 2\ln 2 = \frac{3\ln 2}{8}\pi.$$

例 15 证明 $\int_{-\frac{\pi}{4}}^{\frac{\pi}{4}} \frac{1}{1+\sin x} dx = 2\int_{0}^{\frac{\pi}{4}} \sec^2 x dx$，并求其值.

解 用公式 11.

$$\text{左端} = \int_{0}^{\frac{\pi}{4}} \left(\frac{1}{1+\sin x} + \frac{1}{1+\sin(-x)}\right) dx = 2\int_{0}^{\frac{\pi}{4}} \frac{1}{1-\sin^2 x} dx = 2\tan x \Big|_{0}^{\frac{\pi}{4}} = 2.$$

例 16 设函数 $f(x), g(x)$ 在区间 $[-a, a]$ 上连续，$g(x)$ 为偶函数，$f(x)$ 满足条件 $f(x) + f(-x) = c$，其中 c 为常数：

(1) 证明 $\int_{-a}^{a} f(x)g(x) dx = c\int_{0}^{a} g(x) dx$； (2) 用(1)中等式计算 $\int_{-\frac{\pi}{2}}^{\frac{\pi}{2}} |\sin x| \arctan e^x dx$.

解 (1) 用公式 11，并注意 $g(x)$ 为偶函数.

$$\text{左端} = \int_{0}^{a} [f(x)g(x) + f(-x)g(-x)] dx$$

$$= \int_{0}^{a} [f(x) + f(-x)]g(x) dx = c\int_{0}^{a} g(x) dx.$$

(2) 取 $f(x) = \arctan e^x, g(x) = |\sin x|, a = \pi/2$. 因为

$$[f(x) + f(-x)]' = (\arctan e^x + \arctan e^{-x})' = 0,$$

故 $f(x) + f(-x) = c$. 又当 $x = 0$ 时，$c = \pi/2$，即

$$f(x) + f(-x) = \arctan e^x + \arctan e^{-x} = \pi/2.$$

于是

$$I = \frac{\pi}{2} \int_{0}^{\frac{\pi}{2}} |\sin x| dx = \frac{\pi}{2} \int_{0}^{\frac{\pi}{2}} \sin x dx = \frac{\pi}{2}.$$

例 17 计算 $\int_{\frac{\pi}{3}}^{\frac{2\pi}{3}} (e^{\cos x} - e^{-\cos x}) dx$.

解 令 $\cos x = t$，则 $dx = -\frac{1}{\sqrt{1-t^2}} dt$. 当 $x = \frac{\pi}{3}$ 时，$t = \frac{1}{2}$；当 $x = \frac{2\pi}{3}$ 时，$t = -\frac{1}{2}$.

$$I = -\int_{\frac{1}{2}}^{-\frac{1}{2}} (e^t - e^{-t}) \frac{1}{\sqrt{1-t^2}} dt = 0.$$

这是因为被积函数是奇函数：奇函数 $(e^t - e^{-t})$ 与偶函数 $\frac{1}{\sqrt{1-t^2}}$ 的乘积.

例 18 设 $f(x)$ 是以 T 为周期的连续函数，证明：$F(x) = \int_{0}^{x} f(t) dt$ 以 T 为周期的充要条件是 $\int_{0}^{T} f(t) dt = 0$.

证 $F(x+T) = \int_{0}^{x+T} f(t) dt = \int_{0}^{x} f(t) dt + \int_{x}^{x+T} f(t) dt \xrightarrow{\text{公式 12}} F(x) + \int_{0}^{T} f(t) dt.$

即

$$F(x+T) = F(x) \Longleftrightarrow \int_{0}^{T} f(t) dt = 0.$$

例 19 证明：$\int_{0}^{2\pi} \sin^n x \, dx = \begin{cases} 4\int_{0}^{\pi/2} \sin^n x \, dx, & n \text{ 为偶数}, \\ 0, & n \text{ 为奇数}. \end{cases}$

分析 函数 $\sin^n x$ 以 2π 为周期,n 为奇数时,$\sin^n x$ 为奇函数,n 为偶数时,$\sin^n x$ 为偶函数.

证 因 $\sin^n x$ 以 2π 为周期,故当 n 为奇数时,由公式 14,$I = \int_0^{2\pi} \sin^n x \, dx = 0$.

当 n 为偶数时,由公式 9,有

$$I = \int_{-\pi}^{\pi} \sin^n x \, dx = 2\int_0^{\pi} \sin^n x \, dx \xrightarrow{\text{公式 3}} 2 \cdot 2\int_0^{\frac{\pi}{2}} \sin^n x \, dx.$$

例 20 (1) 设函数 $f(x)$ 在 $[-\pi, \pi]$ 上连续且在 $x \in [-\pi, 0]$ 时,$f(x+\pi) = -f(x)$,证明:$\int_{-\pi}^{\pi} f(x) \, dx = 0$;

(2) 证明 $I = \int_0^{2\pi} \sin^n x \cos^m x \, dx = 0$,其中正整数 n 和 m 至少有一个为奇数.

分析 (1) 为利用已知条件:$f(x+\pi) = -f(x), x \in [-\pi, 0]$,需用定积分对区间的可加性;

(2) 注意到 $\sin^n x \cos^m x$ 以 2π 为周期.

证 (1) $\int_{-\pi}^{\pi} f(x) \, dx = \int_{-\pi}^{0} f(x) \, dx + \int_0^{\pi} f(x) \, dx = -\int_{-\pi}^{0} f(x+\pi) \, dx + \int_0^{\pi} f(x) \, dx$

$$\xrightarrow[\text{第一个积分}]{x+\pi=t} -\int_0^{\pi} f(t) \, dt + \int_0^{\pi} f(t) \, dt = 0.$$

(2) 当 n 为奇数时,$\sin^n x \cos^m x$ 以 2π 为周期且是奇函数,故 $I = 0$.

当 m 为奇数,n 为偶数时,令 $f(x) = \sin^n x \cos^m x$,则 $f(x+\pi) = -f(x)$. 由公式 12 及 (1)的结论得

$$I = \int_{-\pi}^{\pi} \sin^n x \cos^m x \, dx = \int_{-\pi}^{\pi} f(x) \, dx = 0.$$

例 21 设函数 $f(x)$ 以 T 为周期且在 $(-\infty, +\infty)$ 上连续,证明:

(1) $F(x) = \int_0^x f(t) \, dt - \frac{x}{T} \int_0^T f(t) \, dt$ 以 T 为周期; (2) $\lim\limits_{x \to +\infty} \frac{1}{x} \int_0^x f(t) \, dt = \frac{1}{T} \int_0^T f(t) \, dt$.

分析 (1) 要证 $F(x+T) = F(x)$;

(2) 从(1)的等式看,两端除以 x,只要证 $\lim\limits_{x \to +\infty} \frac{1}{x} F(x) = 0$ 即可.

证 (1) 按 $F(x)$ 的定义、定积分及周期函数的性质,并由公式 12,

$$F(x+T) = \int_0^{x+T} f(t) \, dt - \frac{x+T}{T} \int_0^T f(t) \, dt$$

$$= \int_0^x f(t) \, dt + \int_x^{x+T} f(t) \, dt - \frac{x}{T} \int_0^T f(t) \, dt - \int_0^T f(t) \, dt$$

$$= \int_0^x f(t) \, dt - \frac{x}{T} \int_0^T f(t) \, dt = F(x).$$

(2) 由(1)所给等式,得 $\frac{1}{x} \int_0^x f(t) \, dt = \frac{1}{T} \int_0^T f(t) \, dt + \frac{1}{x} F(x)$. 由于 $F(x)$ 以 T 为周期且在

$(-\infty,+\infty)$ 上连续,故有界,即存在常数 $M>0$,使得 $|F(x)|\leqslant M, x\in(-\infty,+\infty)$. 于是
$$\left|\frac{F(x)}{x}\right|\leqslant\frac{M}{|x|}, \lim_{x\to+\infty}\frac{F(x)}{x}=0, \text{ 从而 } \lim_{x\to+\infty}\frac{1}{x}\int_0^x f(t)\mathrm{d}t=\frac{1}{T}\int_0^T f(t)\mathrm{d}t.$$

例 22 设被积函数 $f(x)$ 在给定的积分区间上连续,试证明:

(1) $\int_a^b f(x)\mathrm{d}x=\int_a^b f(a+b-x)\mathrm{d}x$;

(2) $\int_0^b x[f(\varphi(x))+f(\varphi(b-x))]\mathrm{d}x=b\int_0^b f(\varphi(b-x))\mathrm{d}x$.

分析 (1) 从被积函数看,等式左端为 $f(x)$,而右端为 $f(a+b-x)$,若从左向右推证,应设 $x=a+b-u$.

证 (1) 设 $x=a+b-u$,则 $\mathrm{d}x=-\mathrm{d}u$. 当 $x=a$ 时,$u=b$;当 $x=b$ 时,$u=a$.
$$\text{左端}=\int_b^a f(a+b-u)(-\mathrm{d}u)=\int_a^b f(a+b-x)\mathrm{d}x.$$

(2) 等式两端被积函数都有 $f(\varphi(b-x))$,应先移项,将 $f(\varphi(b-x))$ 移到等号一端,等式化为
$$\int_0^b xf(\varphi(x))\mathrm{d}x=\int_0^b (b-x)f(\varphi(b-x))\mathrm{d}x.$$

显然,这正是(1)中等式的特殊情况,令 $x=b-u$ 代入上式右端即得左端.

例 23 设函数 $f(x)$ 在 $[a,b]$ 上连续,试证:
$$\int_a^b f(x)\mathrm{d}x=\int_a^{\frac{a+b}{2}}[f(x)+f(a+b-x)]\mathrm{d}x.$$

分析 从欲证等式两端看,先用定积分对区间的可加性,再令 $x=a+b-u$.

证 左端 $=\int_a^{\frac{a+b}{2}}f(x)\mathrm{d}x+\int_{\frac{a+b}{2}}^b f(x)\mathrm{d}x\xrightarrow[\text{第二个积分}]{x=a+b-u}\int_a^{\frac{a+b}{2}}f(x)\mathrm{d}x+\int_a^{\frac{a+b}{2}}f(a+b-u)\mathrm{d}u$

$=\int_a^{\frac{a+b}{2}}[f(x)+f(a+b-x)]\mathrm{d}x=$ 右端.

注 由此可知,有公式
$$\int_{-a}^a f(x)\mathrm{d}x=\int_0^a[f(x)+f(-x)]\mathrm{d}x;$$
当 $f(x)=f(a+b-x)$ 时,
$$\int_a^b f(x)\mathrm{d}x=2\int_a^{\frac{a+b}{2}}f(x)\mathrm{d}x,$$
$$\int_0^\pi f(\sin x)\mathrm{d}x=2\int_0^{\frac{\pi}{2}}f(\sin x)\mathrm{d}x=2\int_0^{\frac{\pi}{2}}f(\cos x)\mathrm{d}x.$$

例 24 设函数 $f(x)$ 在 $[a,b]$ 上连续,试证
$$\int_a^b f(x)\mathrm{d}x=(b-a)\int_0^1 f(a+(b-a)x)\mathrm{d}x.$$

证 从等式两端被积函数看,令 $x=a+(b-a)u$ 即可.

例 25 证明 $\int_0^{\frac{\pi}{2}} \sin^n x \cos^n x \, dx = \dfrac{1}{2^n} \int_0^{\frac{\pi}{2}} \cos^n x \, dx.$

证 左端 $= \dfrac{1}{2^n} \int_0^{\frac{\pi}{2}} \sin^n(2x) \, dx \xrightarrow{2x=u} \dfrac{1}{2^{n+1}} \int_0^{\pi} \sin^n u \, du \xrightarrow{\text{例 23 注}} \dfrac{1}{2^n} \int_0^{\frac{\pi}{2}} \sin^n x \, dx = \dfrac{1}{2^n} \int_0^{\frac{\pi}{2}} \cos^n x \, dx.$

例 26 设 m, n 为正整数.

(1) 证明 $\int_0^1 x^m (1-x)^n \, dx = \int_0^1 x^n (1-x)^m \, dx$;

(2) 利用上述等式计算 $\int_0^1 (1-x)^{50} x \, dx$, $\int_1^2 (2-x)^{50} (x-1) \, dx$;

(3) 计算 $\int_0^1 x^m (1-x)^n \, dx.$

解 (1) 由被积函数看,需将 x 化为 $1-x$. 令 $x = 1-u$,则(这是公式 1 的特例)
$$\int_0^1 x^m (1-x)^n \, dx = -\int_1^0 (1-u)^m u^n \, du = \int_0^1 x^n (1-x)^m \, dx.$$

(2) $\int_0^1 (1-x)^{50} x \, dx = \int_0^1 x^{50} (1-x) \, dx = \dfrac{1}{51} - \dfrac{1}{52} = \dfrac{1}{2652}.$

令 $t = x-1$,则 $2-x = 1-(x-1) = 1-t$,于是
$$\int_1^2 (2-x)^{50} (x-1) \, dx = \int_0^1 (1-t)^{50} t \, dt = \dfrac{1}{2652}.$$

(3) 设 $f(m,n) = \int_0^1 x^m (1-x)^n \, dx$,用分部积分法,则
$$f(m,n) = \int_0^1 (1-x)^n \, d\dfrac{x^{m+1}}{m+1} = \dfrac{1}{m+1} x^{m+1} (1-x)^n \Big|_0^1 + \dfrac{n}{m+1} \int_0^1 x^{m+1} (1-x)^{n-1} \, dx$$
$$= \dfrac{n}{m+1} f(m+1, n-1).$$

同样方法 $\qquad f(m+1, n-1) = \dfrac{n-1}{m+2} f(m+2, n-2).$

逐次递推,可得
$$f(m+n-1, 1) = \dfrac{1}{m+n} f(m+n, 0),$$
而 $\qquad f(m+n, 0) = \int_0^1 x^{m+n} \, dx = \dfrac{1}{m+n+1}.$

于是
$$f(m,n) = \dfrac{n}{m+1} f(m+1, n-1) = \dfrac{n}{m+1} \cdot \dfrac{n-1}{m+2} f(m+2, n-2)$$
$$= \cdots\cdots\cdots$$
$$= \dfrac{n}{m+1} \cdot \dfrac{n-1}{m+2} \cdot \cdots \cdot \dfrac{2}{m+n-1} \cdot \dfrac{1}{m+n} f(m+n, 0)$$
$$= \dfrac{n}{m+1} \cdot \dfrac{n-1}{m+2} \cdot \cdots \cdot \dfrac{2}{m+n-1} \cdot \dfrac{1}{m+n} \cdot \dfrac{1}{m+n+1}$$
$$= \dfrac{m!n!}{(m+n+1)!}.$$

注 当 n 为正整数,a 为任意数时,下述积分可用本例之公式计算:
$$\int_a^{a+1}(x-a)^n[1-(x-a)]dx, \quad \int_a^{a+1}(x-a)[1-(x-a)]^n dx.$$

例 27 设函数 $f(x)$ 在 $(0,+\infty)$ 内连续,试证
$$\int_1^4 f\left(\frac{2}{x}+\frac{x}{2}\right)\frac{\ln x}{x}dx = \ln 2\int_1^4 f\left(\frac{2}{x}+\frac{x}{2}\right)\frac{1}{x}dx.$$

分析 欲证该式,从被积函数看,不易选取变量替换;两端积分区间虽然相同,这里应有上、下限交换过程,从积分限入手选取变量替换.

证 令 $x=\dfrac{4}{t}$,则 $dx=-\dfrac{4}{t^2}dt$. 于是
$$\int_1^4 f\left(\frac{2}{x}+\frac{x}{2}\right)\frac{\ln x}{x}dx = \int_4^1 f\left(\frac{t}{2}+\frac{2}{t}\right)\frac{\ln\frac{4}{t}}{\frac{4}{t}}\left(-\frac{4}{t^2}\right)dt = \int_1^4 f\left(\frac{2}{x}+\frac{x}{2}\right)\frac{\ln 4-\ln x}{x}dx.$$

将等式右端分为两项,其中一项移到等式左端,有
$$2\int_1^4 f\left(\frac{2}{x}+\frac{x}{2}\right)\frac{\ln x}{x}dx = \ln 2^2\int_1^4 f\left(\frac{2}{x}+\frac{x}{2}\right)\frac{1}{x}dx.$$

上式两端除以 2,就是要证的等式.

例 28 设 $f(x)$ 在 $[a,b]$ 上有二阶连续导数,$f(a)=f'(a)=0$,试证
$$\int_a^b f(x)dx = \frac{1}{2}\int_a^b f''(x)(x-b)^2 dx.$$

证 因被积函数有 $f''(x)$,用分部积分法.
$$\text{左端} = \int_a^b f(x)d(x-b) = (x-b)f(x)\Big|_a^b - \int_a^b (x-b)f'(x)dx$$
$$= -\frac{1}{2}\int_a^b f'(x)d(x-b)^2 = -\frac{1}{2}\left[f'(x)(x-b)^2\Big|_a^b - \int_a^b f''(x)(x-b)^2 dx\right]$$
$$= \frac{1}{2}\int_a^b f''(x)(x-b)^2 dx.$$

例 29 设 $f(x)$ 在积分区间上连续,证明
$$\int_0^x (x-u)f(u)du = \int_0^x \left[\int_0^u f(t)dt\right]du.$$

分析 因 $d\left(\int_0^u f(t)dt\right) = f(u)du$,用分部积分法,从右向左证(也可从左向右证).

证 右端 $= \left[u\int_0^u f(t)dt\right]\Big|_0^x - \int_0^x u d\left[\int_0^u f(t)dt\right]$
$$= x\int_0^x f(t)dt - \int_0^x uf(u)du = x\int_0^x f(u)du - \int_0^x uf(u)du = \int_0^x (x-u)f(u)du.$$

十、证明有关定积分等式及方程的根

1. 需用微分中值定理证明的涉及到定积分的等式

下述情况需考虑用**微分中值定理证明**

(1) 题设有定积分 $\int_a^b f(x)\mathrm{d}x$ ($f(x)$ 也可以是被积函数的部分式,见本节例 1,例 2)且 $f(x)$ 在 $[a,b]$ 上连续,在 (a,b) 内可导.欲证的等式中含有 $f'(\xi)$ 或 $f''(\xi)$.

(2) 欲证等式中含有微分中值定理结论的形式(见例 5).其中,要特别注意含有 $f(\xi)$ 或 $f(\xi),g(\xi)$ 的情况,它们应理解为是变限积分导数在 ξ 的值,即 $f(\xi) = \left(\int_a^x f(t)\mathrm{d}t\right)'\bigg|_{x=\xi}$.欲证等式中含 $\int_a^\xi f(x)\mathrm{d}x$,应理解为是 $\left(\int_a^x f(t)\mathrm{d}t\right)\bigg|_{x=\xi}$.见例 4.

解题思路与解题程序:

(1) 若题设中给出积分中值定理的形式,应从积分中值定理入手去导出微分中值定理的条件.

(2) 用微分中值定理证明有关积分等式与用其证明微分等式,思路与程序基本上是一致的,请再读第三章的第三和四节.

2. 讨论涉及定积分的方程的根

这里所讨论的是题设或结论中含有定积分的方程根的问题.**解题思路**:

(1) 请再读第一章的第十二节和第三章的第十二节.

(2) 用积分中值定理过渡到非积分式,便于用零点定理或罗尔定理.

例 1 设 $f(x)$ 在区间 $[0,1]$ 上可微,且满足 $f(1) = 2\int_0^{\frac{1}{2}} xf(x)\mathrm{d}x$,试证:存在一点 $\xi \in (0,1)$,使 $f'(\xi) = -\dfrac{f(\xi)}{\xi}$.

分析 将欲证等式写成一端为 0 的形式,并将 ξ 换为 x,有
$$f(x) + xf'(x) = 0.$$
由于被积函数 $F(x)=xf(x)$,显然,上式正是 $F'(x)=0$,即这就是要推证 $F(x)$ 在 $[0,1]$ 上满足罗尔定理.还有对题设条件应注意以下两点:

其一,设 $f(x)$ 在 $[0,1]$ 上可微,实际上是设被积函数 $F(x)=xf(x)$ 在 $[0,1]$ 可微;

其二,条件 $2\int_0^{\frac{1}{2}} xf(x)\mathrm{d}x = \dfrac{1}{\frac{1}{2}-0}\int_0^{\frac{1}{2}} xf(x)\mathrm{d}x$,这是积分中值定理的形式.

证 令 $F(x)=xf(x)$,则 $F(x)$ 在 $[0,1/2]$ 上连续,由积分中值定理,有
$$f(1) = 2\int_0^{\frac{1}{2}} xf(x)\mathrm{d}x = F(c), \quad 0 \leqslant c \leqslant \frac{1}{2}.$$

因 $F(x)$ 在 $[c,1]$ 内连续且可微, 又 $F(c)=F(1)=f(1)$, 由罗尔定理, 至少存在一点 $\xi\in(c,1)\subset(0,1)$, 使

$$F'(\xi)=f(\xi)+\xi f'(\xi)=0, \quad 即 \quad f'(\xi)=-\frac{f(\xi)}{\xi}.$$

例 2 设 $f(x)$ 在区间 $[0,1]$ 上可导, 且满足 $f(1)=2\int_0^{\frac{1}{2}}e^{x-x^2}f(x)\mathrm{d}x$, 试证: 至少存在一点 $\xi\in(0,1)$, 使

$$f'(\xi)=(2\xi-1)f(\xi).$$

分析 欲证等式可写成 $(1-2x)f(x)+f'(x)=0$. 因被积函数 $F(x)=e^{x-x^2}f(x)$, 有

$$F'(x)=e^{x-x^2}(1-2x)f(x)+e^{x-x^2}f'(x)=e^{x-x^2}[(1-2x)f(x)+f'(x)]=0.$$

这就是要证 $F(x)$ 在 $[0,1]$ 上满足罗尔定理. 题设条件与例 1 完全相同, 证法与例 1 也类似.

例 3 设 $f(x)$ 在 $[a,b]$ 内二阶可微, 且 $f(a)=f(b)=\frac{1}{b-a}\int_a^b f(x)\mathrm{d}x$, 试证明: 存在 $\xi\in(a,b)$, 使 $f''(\xi)=0$.

分析 欲证 $f''(\xi)=0$, 这是对被积函数 $f(x)$ 两次用罗尔定理. 由积分中值定理, 存在 $c\in(a,b)$, 使

$$f(c)=\frac{1}{b-a}\int_a^b f(x)\mathrm{d}x=f(a)=f(b).$$

这恰使 $f(x)$ 可在 $[a,c]$ 和 $[c,b]$ 上用罗尔定理, 有 $f'(\xi_1)=0$ 和 $f'(\xi_2)=0$; 进而 $f'(x)$ 可在 $[\xi_1,\xi_2]$ 上用罗尔定理.

例 4 设函数 $f(x),g(x)$ 在 $[a,b]$ 上连续, 试证: 存在 $\xi\in(a,b)$, 使

$$f(\xi)\int_\xi^b g(x)\mathrm{d}x=g(\xi)\int_a^\xi f(x)\mathrm{d}x.$$

分析 欲证等式可写成 $f(x)\int_x^b g(t)\mathrm{d}t-g(x)\int_a^x f(t)\mathrm{d}t=0$, 注意到

$$\left(\int_a^x f(t)\mathrm{d}t\right)'=f(x), \quad \left(\int_x^b g(t)\mathrm{d}t\right)'=-g(x),$$

这正是 $\left[\int_a^x f(t)\mathrm{d}t \cdot \int_x^b g(t)\mathrm{d}t\right]'=0$.

证 令 $F(x)=\int_a^x f(t)\mathrm{d}t \cdot \int_x^b g(t)\mathrm{d}t$. 由于 $f(x),g(x)$ 在 $[a,b]$ 上连续, 所以 $F(x)$ 在 $[a,b]$ 上连续且可导; 又 $F(a)=F(b)=0$, 于是, 由罗尔定理, 存在 $\xi\in(a,b)$, 使 $F'(\xi)=0$, 即

$$f(\xi)\int_\xi^b g(x)\mathrm{d}x=g(\xi)\int_a^\xi f(x)\mathrm{d}x.$$

注 本例中, 欲证等式中不显含导数, 而实际上含导数: $f(\xi)=\left(\int_a^x f(t)\mathrm{d}t\right)'\bigg|_{x=\xi}$, $-g(\xi)=\left(\int_x^b g(t)\mathrm{d}t\right)'\bigg|_{x=\xi}$, 且罗尔定理中的函数是变限定积分.

例 5 设 $F(x) = \int_0^x f(t)dt$,其中 $f(x)$ 可微且 $f(x) = F(x-a), a \neq 0$,试证:对任意 x,在 a 与 $a+x$ 之间存在 ξ,使

$$\int_0^x F(t)dt = F'(\xi)x.$$

分析 从欲证的等式右端看,需在区间 $[a, a+x]$(或 $[a+x, a]$)上用拉格朗日中值定理,即

$$F'(\xi)x = F(a+x) - F(a) \xrightarrow{\text{依题设}} \int_a^{a+x} f(t)dt.$$

证 作变量替换,令 $t = u - a$,则

$$\int_0^x F(t)dt = \int_a^{a+x} F(u-a)du = \int_a^{a+x} f(u)du = F(a+x) - F(a) = F'(\xi)x,$$

其中 ξ 介于 a 与 $a+x$ 之间.

例 6 证明方程 $\int_0^x \sqrt{1+t^4}\,dt + \int_{\cos x}^0 e^{-t^2}dt = 0$ 有且仅有一个实根.

分析 由零点定理证明方程有根;由函数的单调性证明方程仅有一个根.

证 令 $F(x) = \int_0^x \sqrt{1+t^4}\,dt + \int_{\cos x}^0 e^{-t^2}dt$,则

$$F(0) = \int_1^0 e^{-t^2}dt < 0, \quad F\left(\frac{\pi}{2}\right) = \int_0^{\frac{\pi}{2}} \sqrt{1+t^4}\,dt > 0,$$

由零点定理知,方程 $F(x) = 0$ 在 $\left(0, \frac{\pi}{2}\right)$ 内有根.

由于 $F'(x) = \sqrt{1+x^4} + e^{-\cos^2 x} \cdot \sin x$,而 $\sqrt{1+x^4} \geq 1$(等号仅在 $x=0$ 时成立);又因 $0 < e^{-\cos^2 x} \leq 1, -1 \leq \sin x \leq 1$,故 $-1 \leq e^{-\cos^2 x} \cdot \sin x \leq 1$,于是 $F'(x) > 0$,即 $F(x)$ 单调增加,从而 $F(x) = 0$ 仅能有一个实根.

例 7 设 $f(x)$ 在区间 $[0, \pi]$ 上连续,且 $\int_0^\pi f(x)dx = 0, \int_0^\pi f(x)\cos x\,dx = 0$,试证:在 $(0, \pi)$ 内至少存在两个不同的点 ξ_1, ξ_2,使 $f(\xi_1) = f(\xi_2) = 0$.

分析 若令 $F(x) = \int_0^x f(t)dt$,则 $F'(x) = f(x)$. 由此,要使 $f(\xi_1) = f(\xi_2) = 0$,需使 $F(x)$ 在 $[0, \pi]$ 内有三个零点.

证 令 $F(x) = \int_0^x f(t)dt, 0 \leq x \leq \pi$,则有 $F(0) = 0, F(\pi) = 0$. 又因为

$$0 = \int_0^\pi f(x)\cos x\,dx = \int_0^\pi \cos x\,dF(x) = F(x)\cos x\Big|_0^\pi + \int_0^\pi F(x)\sin x\,dx = \int_0^\pi F(x)\sin x\,dx,$$

所以存在 $\xi \in (0, \pi)$,使 $F(\xi)\sin \xi = 0$. 因若不然,则在 $(0, \pi)$ 内,或 $F(x)\sin x$ 恒为正,或 $F(x)\sin x$ 恒为负,均与 $\int_0^\pi F(x)\sin x\,dx = 0$ 矛盾. 但当 $\xi \in (0, \pi)$ 时,$\sin \xi \neq 0$,故 $F(\xi) = 0$.

再对 $F(x)$ 在 $[0, \xi], [\xi, \pi]$ 上分别用罗尔定理,知至少存在 $\xi_1 \in (0, \xi), \xi_2 \in (\xi, \pi)$,使

$$F'(\xi_1) = F'(\xi_2) = 0, \quad 即 \quad f(\xi_1) = f(\xi_2) = 0.$$

注 ξ 也可用积分中值定理得到：
$$0 = \int_0^\pi F(x)\sin x \mathrm{d}x = \pi F(\xi)\sin\xi \ (0 < \xi < \pi),因 \sin\xi \neq 0,必有 F(\xi)=0.$$

十一、证明定积分不等式的方法

关于定积分的不等式问题，在本章第二节已讲述过，这里，再进一步说明这个问题.

1. 直接计算定积分推证不等式

含定积分的不等式，若定积分可以计算，可从计算入手，通过放大（缩小）被积函数或积分区间过渡到不等式. 见本节例 1，例 2.

2. 用已知不等式证明不等式

如不等式 $(a-b)^2 \geqslant 0$（例 2，例 7），柯西积分不等式（例 8），由曲线凹凸定义及其几何意义给出的不等式（例 3）等.

3. 用作辅助函数的方法证明不等式

当题设被积函数 $f(x)$ 在区间 $[a,b]$ 上连续时，因 $\int_a^x f(t)\mathrm{d}t$ 可导，可考虑用此法证明（例4，例 5，例 7），其解题程序：

首先作辅助函数 $F(x)$. 将不等式移项使一端为 0，且成为 $\geqslant 0$ 的形式，并把不等式中的积分限 b（积分区间的右端点）换成 x，若不等式中还有 b 也换成 x，则非零端的表达式即为 $F(x)$.

其次求导数 $F'(x)$，要由导数表达式设法确定 $F'(x)$ 的符号. 若 $F'(x) > 0$，表明 $F(x)$ 在 $[a,b]$ 上单调增加.

最后计算 $F(a)$（积分区间左端的值）. 若 $F(a) = 0$，则有 $F(b) \geqslant F(a) = 0$，即得到所要证的不等式.

注 当然也可以把欲证不等式中的积分限 a（积分区间左端点）换成 x 而得到 $F(x)$. 这时，以上运算也应有相应的调整.

4. 用积分中值定理证明不等式

当题设被积函数 $f(x)$ 在 $[a,b]$ 上连续时，特别是常见的下述**两种情况**（例 4，例 6）：

(1) 题设给出了积分中值定理的形式；

(2) 在证题过程中，要比较两个式子的大小，而其中有一个是定积分，通过积分中值定理可去掉积分号，从而进行比较.

例 1 设 n 为正整数，试证：在 $[0, +\infty)$ 内
$$\int_0^x (t-t^2)\sin^{2n}t \, \mathrm{d}t \leqslant \frac{1}{(2n+2)(2n+3)}.$$

分析 若从计算不等式的左端入手，注意 $\sin^{2n}t > 0$，且在 $[0, +\infty)$ 上，$\sin^{2n}t \leqslant t^{2n}$.

证 1 由定积分的可加性及 $\sin^{2n}t \leqslant t^{2n}$,
$$\int_0^x (t-t^2)\sin^{2n}t\,dt \leqslant \int_0^1 (t-t^2)t^{2n}\,dt + \int_1^x (t-t^2)t^{2n}\,dt$$
$$\leqslant \int_0^1 (t^{2n+1}-t^{2n+2})\,dt = \frac{1}{(2n+2)(2n+3)}.$$

其中,当 $t \geqslant 1$ 时,$(t-t^2) \leqslant 0, t^{2n} > 0$,故 $\int_1^x (t-t^2)t^{2n}\,dt < 0$.

证 2 设 $f(x) = \int_0^x (t-t^2)\sin^{2n}t\,dt$,若可推出函数 $f(x)$ 在 $[0,+\infty)$ 上的最大值 $f(x_0) \leqslant \frac{1}{(2n+2)(2n+3)}$ 即可.

因 $f'(x) = (x-x^2)\sin^{2n}x$,且当 $0 < x < 1$ 时,$f'(x) > 0$;当 $x=1$ 时,$f'(x) = 0$;当 $x > 1$ 时,除去 $x=k\pi$ ($k=1,2,\cdots$)之外,$f'(x) < 0$,所以在 $x > 0$ 时,$f(1)$ 是 $f(x)$ 的唯一极值且是极大值,也是最大值. 又 $\sin^{2n}t \leqslant t^{2n}$,所以
$$f(x) \leqslant f(1) = \int_0^1 (t-t^2)\sin^{2n}t\,dt \leqslant \int_0^1 (t-t^2)t^{2n}\,dt = \frac{1}{(2n+2)(2n+3)}.$$

例 2 设 $\varphi(x)$ 在区间 $[0,1]$ 上具有连续导数,且 $\varphi(1)-\varphi(0)=1$,试证:
$$\int_0^1 [\varphi'(x)]^2\,dx \geqslant 1.$$

证 由不等式 $[\varphi'(x)-1]^2 \geqslant 0$ 得 $[\varphi'(x)]^2 \geqslant 2\varphi'(x)-1$,由此
$$\int_0^1 [\varphi'(x)]^2\,dx \geqslant 2\int_0^1 \varphi'(x)\,dx - \int_0^1 dx = 2[\varphi(1)-\varphi(0)] - 1 = 1.$$

例 3 设 $f(x)$ 在 $[0,1]$ 内二阶可导,且 $f''(x) < 0$,试证:$\int_0^1 f(x^2)\,dx \leqslant f\left(\frac{1}{3}\right)$.

分析 由 $f''(x) < 0$ 知,在 $[0,1]$ 内曲线 $y=f(x)$ 位于其切线的下方.

证 在 $x=1/3$ 处,曲线 $y=f(x)$ 的切线方程是 $y=f\left(\frac{1}{3}\right) + f'\left(\frac{1}{3}\right)\left(x-\frac{1}{3}\right)$. 因 $f''(x) < 0$,曲线 $y=f(x)$ 凸,由几何意义,在 $[0,1]$ 内有
$$f(x) \leqslant f\left(\frac{1}{3}\right) + f'\left(\frac{1}{3}\right)\left(x-\frac{1}{3}\right), \quad 即 \quad f(x^2) \leqslant f\left(\frac{1}{3}\right) + f'\left(\frac{1}{3}\right)\left(x^2-\frac{1}{3}\right).$$

两端积分,得
$$\int_0^1 f(x^2)\,dx \leqslant \int_0^1 f\left(\frac{1}{3}\right)dx + \int_0^1 f'\left(\frac{1}{3}\right)\left(x^2-\frac{1}{3}\right)dx = f\left(\frac{1}{3}\right).$$

例 4 设 $f(x)$ 在区间 $[0,+\infty)$ 上连续且单调增加,又 $0 < a < b$,试证:
$$\int_a^b xf(x)\,dx \geqslant \frac{1}{2}\left[b\int_0^b f(x)\,dx - a\int_0^a f(x)\,dx\right].$$

证 作辅助函数,将积分限 b 及式中的 b 换成 x,并移项得辅助函数
$$F(x) = \int_a^x tf(t)\,dt - \frac{1}{2}\left[x\int_0^x f(t)\,dt - a\int_0^a f(t)\,dt\right], \quad x \in [a,b],$$

则 $F'(x) = xf(x) - \dfrac{1}{2}\displaystyle\int_0^x f(t)\mathrm{d}t - \dfrac{1}{2}xf(x)$

$\xlongequal{\text{积分中值定理}} \dfrac{1}{2}xf(x) - \dfrac{1}{2}xf(\xi) = \dfrac{1}{2}x[f(x)-f(\xi)], \quad \xi \in (0,x).$

由 $f(x)$ 单调增加知 $f(x) > f(\xi)$，由此 $F'(x) > 0$，故 $F(x)$ 单调增加.

由 $F(a) = 0$ 知，$F(b) \geqslant F(a) = 0$，原不等式得证.

例 5 设 $f(x), g(x)$ 在 $[0,1]$ 上的导数连续，且 $f(0)=0, f'(x) \geqslant 0, g'(x) \geqslant 0$，试证：对任何 $a \in [0,1]$，有
$$\int_0^a g(x)f'(x)\mathrm{d}x + \int_0^1 f(x)g'(x)\mathrm{d}x \geqslant f(a)g(1).$$

证 作辅助函数，令
$$F(x) = \int_0^a g(t)f'(t)\mathrm{d}t + \int_0^x f(t)g'(t)\mathrm{d}t - f(a)g(x), \quad x \in [a,1],$$

则 $F'(x) = f(x)g'(x) - f(a)g'(x) = g'(x)[f(x) - f(a)].$

在 $[a,1]$ 内，因 $f'(x) \geqslant 0$，所以 $f(x) \geqslant f(a)$，又 $g'(x) \geqslant 0$，故 $F'(x) \geqslant 0$，且仅有 $F'(a) = 0$，于是 $F(x)$ 在 $[a,1]$ 内单调增加. 又

$$F(a) = \int_0^a g(t)f'(t)\mathrm{d}t + \int_0^a f(t)g'(t)\mathrm{d}t - f(a)g(a)$$

$$= \int_0^a \mathrm{d}[g(t)f(t)] - f(a)g(a) = -g(0)f(0) = 0,$$

从而 $F(1) \geqslant F(a) = 0$，即对任何 $a \in [0,1]$，原不等式成立.

例 6 设 $f(x)$ 在区间 $[0,b]$ 上有连续的导数，试证：
$$|f(0)| \leqslant \dfrac{1}{b}\int_0^b |f(x)|\mathrm{d}x + \int_0^b |f'(x)|\mathrm{d}x.$$

分析 观察不等式右端的第一项，由积分中值定理，有
$$\dfrac{1}{b}\int_0^b |f(x)|\mathrm{d}x = |f(\xi)|, \quad 0 \leqslant \xi \leqslant b.$$

再观察不等式左端和右端的第二项，因有等式 $f(0) = f(\xi) - \displaystyle\int_0^\xi f'(x)\mathrm{d}x$，可从此等式入手推证不等式.

证 由积分中值定理，存在 $\xi \in [0,b]$，使 $\dfrac{1}{b}\displaystyle\int_0^b |f(x)|\mathrm{d}x = |f(\xi)|$. 又
$$f(0) = f(\xi) - \int_0^\xi f'(x)\mathrm{d}x,$$

于是 $|f(0)| \leqslant |f(\xi)| + \left|\displaystyle\int_0^\xi f'(x)\mathrm{d}x\right| \leqslant |f(\xi)| + \int_0^\xi |f'(x)|\mathrm{d}x$

$$\leqslant \dfrac{1}{b}\int_0^b |f(x)|\mathrm{d}x + \int_0^b |f'(x)|\mathrm{d}x.$$

例 7 设函数 $f(x), g(x)$ 在 $[a,b]$ 上连续，试证：
$$\left[\int_a^b f(x)g(x)\mathrm{d}x\right]^2 \leqslant \int_a^b f^2(x)\mathrm{d}x \cdot \int_a^b g^2(x)\mathrm{d}x.$$

证 1 由于要证明的不等式中，被积函数出现 $f^2(x), g^2(x)$ 和 $f(x) \cdot g(x)$，可以考虑从 $[f(x)-kg(x)]^2 \geqslant 0$ 入手. 因
$$\int_a^b [f(x)-kg(x)]^2 \mathrm{d}x \geqslant 0 \quad (k \text{ 为任意实数}),$$
即
$$k^2 \int_a^b g^2(x)\mathrm{d}x - 2k \int_a^b f(x)g(x)\mathrm{d}x + \int_a^b f^2(x)\mathrm{d}x \geqslant 0,$$
上式左端是关于 k 的二次三项式，对任意的 k，它的值都不小于零，因此它的判别式必不大于零，即有
$$\left[\int_a^b f(x)g(x)\mathrm{d}x\right]^2 - \int_a^b f^2(x)\mathrm{d}x \cdot \int_a^b g^2(x)\mathrm{d}x \leqslant 0.$$
所以
$$\left[\int_a^b f(x)g(x)\mathrm{d}x\right]^2 \leqslant \int_a^b f^2(x)\mathrm{d}x \cdot \int_a^b g^2(x)\mathrm{d}x.$$

证 2 作辅助函数，设
$$F(x) = \int_a^x f^2(t)\mathrm{d}t \cdot \int_a^x g^2(t)\mathrm{d}t - \left[\int_a^x f(t)g(t)\mathrm{d}t\right]^2.$$
因
$$F'(x) = f^2(x)\int_a^x g^2(t)\mathrm{d}t + g^2(x)\int_a^x f^2(t)\mathrm{d}t - 2f(x)g(x)\int_a^x f(t)g(t)\mathrm{d}t$$
$$= \int_a^x f^2(x)g^2(t)\mathrm{d}t + \int_a^x g^2(x)f^2(t)\mathrm{d}t - 2\int_a^x f(x)g(x)f(t)g(t)\mathrm{d}t$$
$$= \int_a^x [f(x)g(t)-f(t)g(x)]^2 \mathrm{d}t \geqslant 0,$$
且仅有 $F'(a)=0$，所以 $F(x)$ 在 $[a,b]$ 上单调增加，从而 $F(b) \geqslant F(a)=0$，原不等式成立.

注 该式称为柯西积分不等式，也称为柯西-施瓦兹不等式.

例 8 用柯西积分不等式证明下列各式：

(1) 设 $f(x)$ 在 $[a,b]$ 上连续，且 $f(x)>0$，则 $\int_a^b f(x)\mathrm{d}x \cdot \int_a^b \dfrac{1}{f(x)}\mathrm{d}x \geqslant (b-a)^2$.

(2) 设 $f(x)$ 在 $[a,b]$ 上有连续的导数，且 $f(a)=0$，则
$$\int_a^b f^2(x)\mathrm{d}x \leqslant \dfrac{(b-a)^2}{2} \int_a^b [f'(x)]^2 \mathrm{d}x.$$

(3) 若 $I = \int_0^1 \sqrt{1+x^3}\mathrm{d}x$，则 $1 < I \leqslant \dfrac{\sqrt{5}}{2}$.

证 (1) 在柯西积分不等式中，取 $f(x)$ 为 $\sqrt{f(x)}$，$g(x)$ 为 $\dfrac{1}{\sqrt{f(x)}}$，则
$$\int_a^b f(x)\mathrm{d}x \cdot \int_a^b \dfrac{1}{f(x)}\mathrm{d}x \geqslant \left(\int_a^b \sqrt{f(x)} \cdot \dfrac{1}{\sqrt{f(x)}}\mathrm{d}x\right)^2 = (b-a)^2.$$

特别在 $[0,1]$ 上，有 $\int_0^1 f(x)\mathrm{d}x \cdot \int_0^1 \dfrac{1}{f(x)}\mathrm{d}x \geqslant 1$.

(2) 因 $f'(x)$ 在 $[a,b]$ 上连续，且 $f(a)=0$，故 $f(x)=\int_a^x f'(t)\mathrm{d}t, x \in [a,b]$. 由柯西积分不等式和定积分的性质，有
$$f^2(x) = \left(\int_a^x f'(t)\mathrm{d}t\right)^2 \leqslant \int_a^x \mathrm{d}t \int_a^x (f'(t))^2 \mathrm{d}t \leqslant (x-a)\int_a^b (f'(t))^2 \mathrm{d}t,$$

积分 $\quad \int_a^b f^2(x)\mathrm{d}x \leqslant \int_a^b (f'(x))^2 \mathrm{d}x \cdot \int_a^b (x-a)\mathrm{d}x = \dfrac{(b-a)^2}{2}\int_a^b (f'(x))^2 \mathrm{d}x$.

(3) 设 $f(x)=1, g(x)=\sqrt{1+x^3}$，用柯西积分不等式，有
$$\left(\int_0^1 1 \cdot \sqrt{1+x^3}\,\mathrm{d}x\right)^2 \leqslant \int_0^1 1^2 \mathrm{d}x \cdot \int_0^1 (\sqrt{1+x^3})^2 \mathrm{d}x.$$

由于在 $[0,1]$ 上，$\sqrt{1+x^3}>0$，将上式两端开平方，有
$$0 < \int_0^1 \sqrt{1+x^3}\,\mathrm{d}x \leqslant \sqrt{1}\sqrt{\int_0^1 (1+x^3)\mathrm{d}x} = \sqrt{\dfrac{5}{4}} = \dfrac{\sqrt{5}}{2}.$$

又因在区间 $[0,1]$ 上，$1 \leqslant \sqrt{1+x^3}$，由定积分的比较性质，有 $1 < \int_0^1 \sqrt{1+x^3}\,\mathrm{d}x$. 结论得证.

十二、用定义法和 Γ 函数法计算反常积分的值

在高等数学里，收敛的反常积分求值一般有**两种方法**：定义法和 Γ 函数法.

1. 定义法

用反常积分敛散性定义计算.

（1）**计算程序**：

首先，计算定积分（理解成变上限或变下限的定积分）.

其次，求变限定积分的极限，若极限存在，则此极限值为反常积分的值；否则反常积分发散.

（2）**应注意的一个事实**：

定积分的换元积分法和分部积分法也适用于反常积分. 一个反常积分经变量替换后可能化为定积分，若求得该定积分的值，显然这就表示该反常积分是收敛的，且所求之值就是该反常积分的值.

2. 常用的反常积分

(1) $\int_a^{+\infty} \dfrac{1}{x^p}\mathrm{d}x = \begin{cases} \dfrac{a^{1-p}}{p-1}, & p>1, \\ +\infty, & p \leqslant 1 \end{cases} \quad (a>0).$

(2) $\int_a^{+\infty} \dfrac{1}{x(\ln x)^p}\mathrm{d}x = \begin{cases} \dfrac{1}{p-1}(\ln a)^{1-p}, & p>1, \\ +\infty, & p \leqslant 1 \end{cases} \quad (a>1).$

(3) $\int_0^{+\infty} e^{-x^2} dx = \dfrac{\sqrt{\pi}}{2}.$ (4) $\int_0^{+\infty} \dfrac{\sin x}{x} dx = \dfrac{\pi}{2}.$

(5) $\int_0^1 \dfrac{1}{x^p} dx = \begin{cases} \dfrac{1}{1-p}, & 0 < p < 1, \\ \infty, & p \geqslant 1. \end{cases}$

(6) $\int_a^b \dfrac{1}{(x-a)^p} dx = \int_a^b \dfrac{1}{(b-x)^p} dx = \begin{cases} \dfrac{(b-a)^{1-p}}{1-p}, & 0 < p < 1, \\ \infty, & p \geqslant 1. \end{cases}$

3. Γ 函数法

用 Γ 函数或 B 函数的定义及其性质计算.

假若所给反常积分经过适当地变换后可化成 Γ 函数或 B 函数,然后再用 Γ 函数或 B 函数的性质算得反常积分.

(1) Γ 函数的定义：含参变量 α 的积分

$$\Gamma(\alpha) = \int_0^{+\infty} x^{\alpha-1} e^{-x} dx \quad (\alpha > 0) \tag{1}$$

称为 Γ 函数. 当 $\alpha > 0$ 时,该积分收敛.

若令 $x = t^2$,得 Γ 函数的另一种表现形式

$$\Gamma(\alpha) = 2\int_0^{+\infty} t^{2\alpha-1} e^{-t^2} dt. \tag{2}$$

(2) B 函数的定义：含参变量 p 和 q 的积分

$$B(p,q) = \int_0^1 x^{p-1}(1-x)^{q-1} dx \quad (p > 0, q > 0) \tag{3}$$

称为 B 函数. 当 $p > 0, q > 0$ 时,该积分收敛.

若令 $x = \sin^2 t$,得 B 函数的另一种表现形式

$$B(p,q) = 2\int_0^{\frac{\pi}{2}} \sin^{2p-1} t \cdot \cos^{2q-1} t \, dt. \tag{4}$$

(3) Γ 函数与 B 函数的关系：$B(p,q) = \dfrac{\Gamma(p)\Gamma(q)}{\Gamma(p+q)}.$

例 1 计算反常积分 $\int_1^{+\infty} \dfrac{1}{x(x^2+1)} dx.$

解 取 $b > 1$,计算定积分

$$\int_1^b \dfrac{1}{x(x^2+1)} dx = \int_1^b \left(\dfrac{1}{x} - \dfrac{x}{x^2+1}\right) dx = \ln \dfrac{b}{\sqrt{b^2+1}} + \dfrac{1}{2}\ln 2.$$

令 $b \to +\infty$ 取极限, $I = \lim\limits_{b \to +\infty} \left(\ln \dfrac{b}{\sqrt{b^2+1}} + \dfrac{1}{2}\ln 2\right) = \dfrac{1}{2}\ln 2.$

注 本题,若如下得出结论将是错误的：由于

$$\int_1^{+\infty} \dfrac{1}{x(1+x^2)} dx = \int_1^{+\infty} \dfrac{1}{x} dx - \int_1^{+\infty} \dfrac{x}{1+x^2} dx,$$

而右端的两个反常积分均发散,所以原反常积分发散.实际上,右端是 $\infty - \infty$ 型未定式,按反常积分定义,不能断定这个未定式没有极限.

本例说明:一个反常积分若分成两个发散的反常积分的代数和,不能断定此反常积分发散.但若一个反常积分可分成一个收敛的反常积分和一个发散的反常积分的代数和,可得出此反常积分发散.

例 2 计算反常积分 $\int_1^{+\infty} \dfrac{\mathrm{d}x}{\mathrm{e}^{1+x} + \mathrm{e}^{3-x}}$.

解 $I = \int_1^{+\infty} \dfrac{\mathrm{e}^{x-3}}{\mathrm{e}^{2(x-1)}+1}\mathrm{d}x = \mathrm{e}^{-2}\int_1^{+\infty} \dfrac{\mathrm{d}\mathrm{e}^{x-1}}{1+\mathrm{e}^{2(x-1)}} = \mathrm{e}^{-2} \cdot \arctan \mathrm{e}^{x-1} \Big|_1^{+\infty} = \dfrac{\pi}{4}\mathrm{e}^{-2}$.

例 3 计算反常积分 $\int_{-\infty}^{+\infty} \dfrac{x}{\sqrt{1+x^2}}\mathrm{d}x$.

解 $I = \int_{-\infty}^0 \dfrac{x}{\sqrt{1+x^2}}\mathrm{d}x + \int_0^{+\infty} \dfrac{x}{\sqrt{1+x^2}}\mathrm{d}x$,而 $\int_{-\infty}^0 \dfrac{x}{\sqrt{1+x^2}}\mathrm{d}x = \sqrt{1+x^2}\Big|_{-\infty}^0 = -\infty$,

这时, $\int_0^{+\infty} \dfrac{x}{\sqrt{1+x^2}}\mathrm{d}x$ 无需计算,由反常积分收敛与发散的定义知,原反常积分发散.

注 由于我们是通过计算——先计算定积分,再取极限——来判定广义积分的收敛或发散,因此,在计算之前,不能肯定广义积分一定收敛.这样,在计算广义积分时,不能用函数的奇偶性,若盲目地用奇函数这一性质,则

$$\int_{-\infty}^{+\infty} \dfrac{x}{\sqrt{1+x^2}}\mathrm{d}x = 0,$$

这成为收敛的,这显然是错误的.

例 4 已知 $\int_0^{+\infty} \mathrm{e}^{-x^2}\mathrm{d}x = \dfrac{\sqrt{\pi}}{2}$,对任何实数 x,求 $\lim\limits_{n\to\infty}\int_0^x \sqrt{n}\mathrm{e}^{-nt^2}\mathrm{d}t$.

解 由 $\int_0^{+\infty} \mathrm{e}^{-x^2}\mathrm{d}x = \dfrac{\sqrt{\pi}}{2}$ 知, $-\int_0^{-\infty}\mathrm{e}^{-x^2}\mathrm{d}x = \dfrac{\sqrt{\pi}}{2}$. 因

$$\int_0^x \sqrt{n}\mathrm{e}^{-nt^2}\mathrm{d}t = \int_0^x \mathrm{e}^{-(\sqrt{n}t)^2}\mathrm{d}\sqrt{n}t \xrightarrow{\sqrt{n}t = y} \int_0^{\sqrt{n}x} \mathrm{e}^{-y^2}\mathrm{d}y,$$

故

$$\lim_{n\to\infty}\int_0^x \sqrt{n}\mathrm{e}^{-nt^2}\mathrm{d}t = \lim_{n\to\infty}\int_0^{\sqrt{n}x}\mathrm{e}^{-y^2}\mathrm{d}y = \begin{cases} \sqrt{\pi}/2, & x > 0, \\ 0, & x = 0, \\ -\sqrt{\pi}/2, & x < 0. \end{cases}$$

例 5 试确定常数 c 的值,使反常积分 $\int_0^{+\infty}\left(\dfrac{1}{\sqrt{x^2+4}} - \dfrac{c}{x+2}\right)\mathrm{d}x$ 收敛,并求出其值.

解 $I \xlongequal{b>0} \lim\limits_{b\to+\infty}\int_0^b\left(\dfrac{1}{\sqrt{x^2+4}} - \dfrac{c}{x+2}\right)\mathrm{d}x = \lim\limits_{b\to+\infty}\left[\ln(x+\sqrt{x^2+4}) - c\ln(x+2)\right]\Big|_0^b$

$= \lim\limits_{b\to+\infty}\left[\ln\dfrac{b+\sqrt{b^2+4}}{(b+2)^c} + \ln 2^{c-1}\right] = \ln\lim\limits_{b\to+\infty}\dfrac{(b+\sqrt{b^2+4})2^{c-1}}{(b+2)^c}.$

当 $c>1$ 时,因分子中 b 的方幂最高为 1,而分母中 b 的方幂大于 1,从而
$$\lim_{b\to+\infty}\frac{(b+\sqrt{b^2+4})2^{c-1}}{(b+2)^c}=0,$$
故 $I=-\infty$.

当 $c<1$ 时,同样分析,有 $\lim\limits_{b\to+\infty}\dfrac{(b+\sqrt{b^2+4})2^{c-1}}{(b+2)^c}=+\infty$,故 $I=+\infty$.

当 $c=1$ 时,因 $\lim\limits_{b\to+\infty}\dfrac{b+\sqrt{b^2+4}}{b+2}=2$,故原反常积分收敛,且 $I=\ln 2$.

例 6 计算 $\int_1^2\left[\dfrac{1}{x\ln^2 x}-\dfrac{1}{(x-1)^2}\right]\mathrm{d}x$.

解 $x=1$ 是被积函数的瑕点. 取 $\varepsilon>0$,则
$$I=\lim_{\varepsilon\to 0}\int_{1+\varepsilon}^2\left[\frac{1}{x\ln^2 x}-\frac{1}{(x-1)^2}\right]\mathrm{d}x=\lim_{\varepsilon\to 0}\left(-\frac{1}{\ln x}+\frac{1}{x-1}\right)\bigg|_{1+\varepsilon}^2$$
$$=\lim_{\varepsilon\to 0}\left[-\frac{1}{\ln 2}+1+\frac{1}{\ln(1+\varepsilon)}-\frac{1}{\varepsilon}\right]=1-\frac{1}{\ln 2}+\lim_{\varepsilon\to 0}\frac{\varepsilon-\ln(1+\varepsilon)}{\varepsilon\ln(1+\varepsilon)}$$
$$=\frac{3}{2}-\frac{1}{\ln 2}.$$

注 本题下述写法是错误的:
$$\int_1^2\left[\frac{1}{x\ln^2 x}-\frac{1}{(x-1)^2}\right]\mathrm{d}x=\int_1^2\frac{1}{x\ln^2 x}\mathrm{d}x-\int_1^2\frac{1}{(x-1)^2}\mathrm{d}x.$$
因为右端的两个反常积分均发散,这是 $\infty-\infty$ 型未定式. 见例 1 注.

例 7 计算 $\int_0^1\dfrac{\arcsin\sqrt{x}}{\sqrt{x(1-x)}}\mathrm{d}x$.

解 $x=0,x=1$ 均为被积函数的瑕点. 取 $\varepsilon_1>0,\varepsilon_2>0$,则
$$I=\lim_{\substack{\varepsilon_1\to 0\\\varepsilon_2\to 0}}\int_{\varepsilon_1}^{1-\varepsilon_2}\frac{\arcsin\sqrt{x}}{\sqrt{x(1-x)}}\mathrm{d}x=\lim_{\substack{\varepsilon_1\to 0\\\varepsilon_2\to 0}}\int_{\varepsilon_1}^{1-\varepsilon_2}2\arcsin\sqrt{x}\,\mathrm{d}(\arcsin\sqrt{x})$$
$$=\lim_{\substack{\varepsilon_1\to 0\\\varepsilon_2\to 0}}(\arcsin\sqrt{x})^2\bigg|_{\varepsilon_1}^{1-\varepsilon_2}=\frac{\pi^2}{4}.$$

例 8 计算 $\int_{\frac{1}{2}}^{\frac{3}{2}}\dfrac{1}{\sqrt{|x-x^2|}}\mathrm{d}x$.

解 $x=1$ 是被积函数的瑕点,并注意式中的绝对值号,则
$$I=\int_{\frac{1}{2}}^1\frac{\mathrm{d}x}{\sqrt{x-x^2}}+\int_1^{\frac{3}{2}}\frac{\mathrm{d}x}{\sqrt{x^2-x}}=I_1+I_2.$$
$$I_1=\int_{\frac{1}{2}}^1\frac{\mathrm{d}x}{\sqrt{1/4-(x-1/2)^2}}=\arcsin(2x-1)\bigg|_{\frac{1}{2}}^1=\arcsin 1=\frac{\pi}{2},$$
$$I_2=\int_1^{\frac{3}{2}}\frac{\mathrm{d}x}{\sqrt{(x-1/2)^2-1/4}}=\ln\left[\left(x-\frac{1}{2}\right)+\sqrt{\left(x-\frac{1}{2}\right)^2-\frac{1}{4}}\right]\bigg|_1^{\frac{3}{2}}$$
$$=\ln(2+\sqrt{3}),$$

故 $I = \dfrac{\pi}{2} + \ln(2+\sqrt{3})$.

例 9 用 Γ 函数、B 函数计算下列积分：

(1) $\displaystyle\int_0^1 \dfrac{1}{\sqrt{1-\sqrt[3]{x}}}\mathrm{d}x$； (2) $\displaystyle\int_0^{\frac{\pi}{2}} \sin^6 x \cdot \cos^4 x\,\mathrm{d}x$.

解 (1) 注意 B 函数的表现形式(3)式，设 $x = t^3$，则

$$I = \int_0^1 (1-t)^{-\frac{1}{2}} \cdot 3t^2\,\mathrm{d}t = 3\int_0^1 t^{3-1}(1-t)^{\frac{1}{2}-1} = 3\mathrm{B}\left(3,\dfrac{1}{2}\right)$$

$$= 3\dfrac{\Gamma(3)\Gamma\left(\dfrac{1}{2}\right)}{\Gamma\left(3+\dfrac{1}{2}\right)} = \dfrac{3\cdot 2!\,\Gamma\left(\dfrac{1}{2}\right)}{\dfrac{5}{2}\cdot\dfrac{3}{2}\cdot\dfrac{1}{2}\Gamma\left(\dfrac{1}{2}\right)} = \dfrac{16}{5}.$$

(2) 注意 B 函数的表现形式(4)式，

$$I = \int_0^{\frac{\pi}{2}} \sin^{7-1}x \cdot \cos^{5-1}x\,\mathrm{d}x = \dfrac{1}{2}\mathrm{B}\left(\dfrac{7}{2},\dfrac{5}{2}\right) = \dfrac{1}{2}\cdot\dfrac{\Gamma\left(\dfrac{7}{2}\right)\Gamma\left(\dfrac{5}{2}\right)}{\Gamma\left(\dfrac{7}{2}+\dfrac{5}{2}\right)}$$

$$= \dfrac{1}{2}\dfrac{\dfrac{5}{2}\cdot\dfrac{3}{2}\cdot\dfrac{1}{2}\Gamma\left(\dfrac{1}{2}\right)\cdot\dfrac{3}{2}\cdot\dfrac{1}{2}\cdot\Gamma\left(\dfrac{1}{2}\right)}{5!} = \dfrac{3\pi}{512}.$$

例 10 用 Γ 函数计算下列反常积分：

(1) $\displaystyle\int_0^{+\infty} x^{2n}\mathrm{e}^{-x^2}\,\mathrm{d}x$（$n$ 是正整数）； (2) $\displaystyle\int_0^1 \left(\ln\dfrac{1}{x}\right)^p\,\mathrm{d}x$（$p$ 是正整数）.

解 (1) 由 Γ 函数的表现形式(2)式

$$I = \dfrac{1}{2}\cdot 2\int_0^{+\infty} x^{2\left(n+\frac{1}{2}\right)-1}\mathrm{e}^{-x^2}\,\mathrm{d}x = \dfrac{1}{2}\Gamma\left(n+\dfrac{1}{2}\right) = \dfrac{1}{2}\Gamma\left[\left(n-\dfrac{1}{2}\right)+1\right]$$

$$= \dfrac{1}{2}\left(n-\dfrac{1}{2}\right)\left(n-\dfrac{3}{2}\right)\cdots\dfrac{3}{2}\cdot\dfrac{1}{2}\Gamma\left(\dfrac{1}{2}\right) = \dfrac{1\cdot 3\cdot 5\cdot\cdots\cdot(2n-1)}{2^{n+1}}\sqrt{\pi}.$$

(2) 用对数函数与指数函数的关系，可将对数函数化为指数函数。设 $t = \ln\dfrac{1}{x}$，则 $x = \mathrm{e}^{-t}$. 于是

$$I = \int_0^{+\infty} t^p \mathrm{e}^{-t}\,\mathrm{d}t = \int_0^{+\infty} t^{(p+1)-1}\mathrm{e}^{-t}\,\mathrm{d}t = \Gamma(p+1) = p!.$$

十三、反常积分敛散性的判别方法

判别反常积分敛散性的**方法**有二：其一是用定义法，即用反常积分敛散性的定义；其二是用判别定理，即通常用的比较判别法和极限（柯西）判别法。这里，就如何使用判别法作几点说明：

(1) 设 $f(x) \geqslant 0$, 且 $\lim\limits_{x \to +\infty} x^p f(x) = \lim\limits_{x \to +\infty} \dfrac{f(x)}{\dfrac{1}{x^p}} = A \ (0 \leqslant A < +\infty)$, 若 $p > 1$, 则反常积分 $\int_a^{+\infty} f(x) \mathrm{d}x$ 收敛. 这表明, 当 $x \to +\infty$ 时, $f(x) \to 0$ 且 $f(x)$ 与 $\dfrac{1}{x^p}$ ($p > 1$) 相比是同阶或高阶无穷小时, $\int_a^{+\infty} f(x) \mathrm{d}x$ 收敛.

由此, 在使用极限判别法时, 应恰当地选取 x^p, 使 $p > 1$, 且当 $x \to +\infty$, $f(x) \sim \dfrac{1}{x^p}$, 则 $\int_a^{+\infty} f(x) \mathrm{d}x$ 收敛.

(2) 设 a 是 $f(x)$ 的瑕点, $f(x) \geqslant 0$, 恰当地选取 $(x-a)^p$, 使 $0 < p < 1$, 且当 $x \to a^+$ 时, $(x-a)^p \sim \dfrac{1}{f(x)}$, 则反常积分 $\int_a^b f(x) \mathrm{d}x$ 收敛. 同理, 若 b 是 $f(x)$ 的瑕点, 在 $0 < p < 1$ 且当 $x \to b^-$ 时, $(b-x)^p \sim \dfrac{1}{f(x)}$, 则 $\int_a^b f(x) \mathrm{d}x$ 收敛.

(3) 由上述还可推出, 在用极限判别法判别反常积分的敛散性时, 被积函数中的无穷小可用等价无穷小代换.

(4) 若对无穷积分难以用比较判别法判别其敛散性, 可利用分部积分法提高被积函数分母的 x 幂次, 把其转化为新的无穷积分, 然后再判别该无穷积分的敛散性. 这个方法也有一定的普遍性. 见例 3.

例 1 若反常积分 $\int_1^{+\infty} x^p (\mathrm{e}^{1-\cos \frac{1}{x}} - 1) \mathrm{d}x$ 收敛, 则 p 的取值范围是(　　).

(A) $(-\infty, 2)$　　　(B) $(-\infty, 1)$　　　(C) $(-1, +\infty)$　　　(D) $(1, +\infty)$

解 选 (B). 若反常积分收敛, 当 $x \to +\infty$ 时, 被积函数为无穷小, 且
$$x^p (\mathrm{e}^{1-\cos \frac{1}{x}} - 1) \sim x^p \left(1 - \cos \frac{1}{x}\right) \sim \dfrac{1}{2x^{2-p}}.$$
由极限判别法知, 当 $2 - p > 1$, 即 $p < 1$ 时, 反常积分收敛.

例 2 判别下列反常积分的敛散性:

(1) $\int_1^{+\infty} \dfrac{\arctan x}{(1+x^3)^{\frac{4}{3}}} \mathrm{d}x$;　　　(2) $\int_0^1 \dfrac{\ln x}{1-x^2} \mathrm{d}x$.

解 (1) 在 $[1, +\infty)$ 内, 因 $0 < \arctan x < \dfrac{\pi}{2}$, $(1+x^3)^{\frac{4}{3}} > x^4$, 故
$$0 \leqslant \dfrac{\arctan x}{(1+x^3)^{\frac{4}{3}}} \leqslant \dfrac{\pi}{2x^4},$$
因 $p = 4 > 1$, $M = \dfrac{\pi}{2} > 0$, 由比较判别法知, 原反常积分收敛.

(2) 易看出 $x = 0$ 是瑕点. 由于 $\lim\limits_{x \to 1^-} \dfrac{\ln x}{1-x^2} \xlongequal{\frac{0}{0}} -\dfrac{1}{2}$, 故 $x = 1$ 不是瑕点.

在 $(0,1]$ 内,被积函数恒负,考虑瑕积分 $\int_0^1 \left|\dfrac{\ln x}{1-x^2}\right| dx$. 因 $\lim\limits_{x\to 0^+}\dfrac{-\ln x}{x^{-\frac{1}{2}}}=0$, 取 $x^p = x^{\frac{1}{2}}\left(p=\dfrac{1}{2}\right)$. 由于 $\lim\limits_{x\to 0^+} x^{\frac{1}{2}}\cdot\dfrac{-\ln x}{1-x^2}=0$, 由极限判别法,瑕积分 $\int_0^1\left|\dfrac{\ln x}{1-x^2}\right|dx$ 收敛,从而 $\int_0^1\dfrac{\ln x}{1-x^2}dx$ 收敛且是绝对收敛.

例 3 判别 $\int_2^{+\infty}\dfrac{\cos x}{\ln x}dx$ 是否收敛,是否绝对收敛.

解 由分部积分法有
$$\int_2^{+\infty}\dfrac{\cos x}{\ln x}dx = \int_2^{+\infty}\dfrac{1}{\ln x}d\sin x = \dfrac{\sin x}{\ln x}\bigg|_2^{+\infty} + \int_2^{+\infty}\dfrac{\sin x}{x\ln^2 x}dx = -\dfrac{\sin 2}{\ln 2} + \int_2^{+\infty}\dfrac{\sin x}{x\ln^2 x}dx.$$

因 $\left|\dfrac{\sin x}{x\ln^2 x}\right|\leqslant\dfrac{1}{x\ln^2 x}$, 而 $\int_2^{+\infty}\dfrac{1}{x\ln^2 x}dx$ 收敛,所以 $\int_2^{+\infty}\left|\dfrac{\sin x}{x\ln^2 x}\right|dx$ 收敛,从而 $\int_2^{+\infty}\dfrac{\sin x}{x\ln^2 x}dx$ 收敛,故 $\int_2^{+\infty}\dfrac{\cos x}{\ln x}dx$ 收敛,且是绝对收敛.

注 因 $\left|\dfrac{\cos x}{\ln x}\right|\leqslant\dfrac{1}{\ln x}$, 而 $\int_2^{+\infty}\dfrac{1}{\ln x}dx$ 发散,所以这不能判别 $\int_2^{+\infty}\dfrac{\cos x}{\ln x}dx$ 的敛散性.

例 4 讨论反常积分 $\int_0^{+\infty}\dfrac{\sin x}{\sqrt{x^3}}dx$ 的敛散性.

解 因 $x=0$ 是瑕点,这既是无穷积分又是瑕积分.
$$I = \int_0^1\dfrac{\sin x}{\sqrt{x^3}}dx + \int_1^{+\infty}\dfrac{\sin x}{\sqrt{x^3}}dx = I_1 + I_2.$$

由于当 $x\to 0^+$ 时,$\sin x\sim x$, 所以反常积分 I_1 与 $\int_0^1\dfrac{x}{\sqrt{x^3}}dx = \int_0^1\dfrac{1}{\sqrt{x}}dx$ 同敛散,而 $\int_0^1\dfrac{1}{\sqrt{x}}dx$ 收敛,故 I_1 收敛.

又 $\left|\dfrac{\sin x}{\sqrt{x^3}}\right|\leqslant\dfrac{1}{\sqrt{x^3}}$, 而 $\int_1^{+\infty}\dfrac{1}{\sqrt{x^3}}dx$ 收敛,由比较判别法知,反常积分 I_2 收敛.综上,原反常积分收敛.

例 5 讨论反常积分 $\int_0^{\frac{\pi}{2}}\dfrac{1}{\sin^p x\cdot\cos^q x}dx\,(p>0,q>0)$ 的敛散性.

解 当 $p>0$ 时,$x=0$ 为瑕点;当 $q>0$ 时,$x=\pi/2$ 为瑕点.显然,在 $(0,\pi/2)$ 内,被积函数恒正.取 $a\in(0,\pi/2)$, 则
$$I = \int_0^a\dfrac{1}{\sin^p x\cdot\cos^q x}dx + \int_a^{\frac{\pi}{2}}\dfrac{1}{\sin^p x\cdot\cos^q x}dx = I_1 + I_2.$$

由于当 $x\to 0^+$ 时,$\cos^q x\to 1$, 且 $x^p\sim\sin^p x$, 从而 $x^p\sim\sin^p x\cos^q x$, 所以反常积分 I_1 当 $p<1$ 时收敛;当 $p\geqslant 1$ 时发散.

由于当 $x\to\frac{\pi}{2}^{-}$ 时，$\sin^p x\to 1$，且 $\left(\frac{\pi}{2}-x\right)^q \sim \cos^q x$，从而 $\left(\frac{\pi}{2}-x\right)^q \sim \sin^p x\cos^q x$，所以反常积分 I_2 当 $q<1$ 时收敛；当 $q\geqslant 1$ 时发散.

综上，所给反常积分当 $p<1$ 且 $q<1$ 时收敛.

十四、定积分的几何应用

这里只讲述求平面图形的面积和旋转体的体积.

1. 求平面图形面积的解题程序

(1) 据已知条件画出草图；
(2) 选择积分变量并确定积分限：直接判定或解方程组确定曲线的交点；
(3) 用相应的公式计算面积.

注 选择积分变量时，一般情况以计算面积时，图形不分块和少分块为好.

2. 求旋转体体积的一个公式

曲线 $y=f(x)$ 与直线 $x=a, x=b$ $(0\leqslant a<b)$ 及 $y=0$ 所围图形绕 y 轴旋转而成的体积
$$V_y = 2\pi\int_a^b x|f(x)|\,\mathrm{d}x. \quad (\text{证明见例 4})$$

例 1 从抛物线 $y=x^2-1$ 上的点 $P(a, a^2-1)$ 引抛物线 $y=x^2$ 的切线，求由曲线 $y=x^2$ 与所引切线围成图形的面积.

分析 如图 5-5 所示，设切点坐标为 (x_1, x_1^2)，则 x_1 未知. 由于切线斜率为 $y'\big|_{x=x_1} = (x^2)'\big|_{x=x_1} = 2x_1$，且切线过点 (a, a^2-1)，由此可求得 x_1.

解 设切点为 (x_1, x_1^2)，因对曲线 $y=x^2$，有 $y'=2x$，故切线斜率为 $2x_1$，则切线方程为
$$y - x_1^2 = 2x_1(x-x_1).$$
因切线过点 (a, a^2-1)，有 $a^2-1-x_1^2 = 2x_1(a-x_1)$，可解得 $x_1 = a\pm 1$. 于是，两条切线 PR 和 PQ 的切线方程分别为
$$y = 2(a-1)x - (a-1)^2, \quad y = 2(a+1)x - (a+1)^2.$$

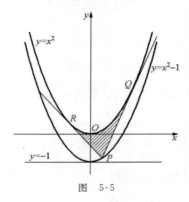

图 5-5

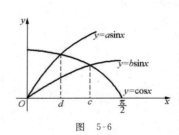

图 5-6

由此，所求面积
$$S = \int_{a-1}^{a} \{x^2 - [2(a-1)x - (a-1)^2]\} dx + \int_{a}^{a+1} \{x^2 - [2(a+1)x - (a+1)^2]\} dx$$
$$= 2/3.$$

例 2 若曲线 $y = \cos x$ $(0 \leqslant x \leqslant \pi/2)$ 与 x 轴、y 轴所围图形的面积被 $y = a\sin x$, $y = b\sin x$ $(a > b > 0)$ 三等分，求 a 和 b 的值.

解 如图 5-6. $\int_0^{\frac{\pi}{2}} \cos x \, dx = 1$. 由方程组 $\begin{cases} y = \cos x, \\ y = b\sin x \end{cases}$ 得两曲线交点的横坐标 $c = \arctan \frac{1}{b} \in \left(0, \frac{\pi}{2}\right)$. 依题设，有

$$\frac{1}{3} = \int_0^c b\sin x \, dx + \int_c^{\frac{\pi}{2}} \cos x \, dx = b - b\cos c + 1 - \sin c.$$

又由 $\tan c = \frac{1}{b}$ 得 $\sin c = \frac{1}{\sqrt{1+b^2}}$, $\cos c = \frac{b}{\sqrt{1+b^2}}$. 代入上式，得

$$\frac{1}{3} = 1 + b - \sqrt{1+b^2}, \quad b = \frac{2}{15}.$$

同理，曲线 $y = a\sin x$ 与 $y = \cos x$ 交点的横坐标 $d = \arctan \frac{1}{a} \in \left(0, \frac{\pi}{2}\right)$. 由题设

$$\frac{1}{3} = \int_0^d (\cos x - a\sin x) dx = \sqrt{a^2 + 1} - a \quad 解得 \quad a = \frac{4}{3},$$

例 3 如图 5-7，C_1, C_2 分别是曲线 $y = \frac{1}{2}(1 + e^x)$ 和 $y = e^x$ 的图像，过点 $(0,1)$ 的曲线 C_3 是一单调增加函数的图像. 过 C_2 上任一点 $M(x,y)$ 分别作垂直于 x 轴和 y 轴的直线 l_x 和 l_y. 记 C_1, C_2 与 l_x 所围图形的面积为 $S_1(x)$；C_2, C_3 与 l_y 所围图形的面积为 $S_2(y)$. 若总有 $S_1(x) = S_2(y)$，求曲线 C_3 的方程 $x = \varphi(y)$.

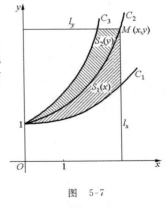

图 5-7

解 曲线 $y = e^x$ 又可写成 $x = \ln y$. 由题设
$$S_1(x) = \int_0^x \left[e^t - \frac{1}{2}(1 + e^t)\right] dt = \frac{1}{2}(e^x - x - 1),$$
$$S_2(y) = \int_1^y [\ln t - \varphi(t)] dt.$$

因 $S_1(x) = S_2(y)$，即
$$\int_1^y [\ln t - \varphi(t)] dt = \frac{1}{2}(e^x - x - 1) = \frac{1}{2}(y - \ln y - 1),$$

两端对 y 求导，得
$$\ln y - \varphi(y) = \frac{1}{2}\left(1 - \frac{1}{y}\right), \quad 即 \quad \varphi(y) = \ln y + \frac{1}{2y} - \frac{1}{2}.$$

例 4 试证由曲线 $y = f(x)$ 与直线 $x = a, x = b$ $(0 \leqslant a < b)$ 及 $y = 0$ 所围图形绕 y 轴旋转

而成的体积为
$$V_y = 2\pi \int_a^b x |f(x)| dx,$$
并求由抛物线 $y=x(x-a)$ 与直线 $x=0, x=c\ (a<c)$ 及 $y=0$ 所围图形绕 y 轴旋转所得体积.

解 如图 5-8 对区间 $[a,b]$ 作任意分划,任意取一个分划小区间 $[x,x+dx]$,其对应的曲边梯形绕 y 轴旋转的体积可近似看做以 $|f(x)|$ 为高、内半径为 x、厚度为 dx 的圆筒体积,即
$$\Delta V \approx \pi[(x+dx)^2 - x^2]|f(x)|$$
$$= \pi[2xdx + (dx)^2]|f(x)| \approx 2\pi x |f(x)| dx,$$
其中 $(dx)^2$ 是较 dx 高阶无穷小(当 $dx \to 0$ 时),即体积微元为 $dV = 2\pi x |f(x)| dx$,于是该立体的体积为
$$V_y = \int_a^b dV = 2\pi \int_a^b x |f(x)| dx.$$

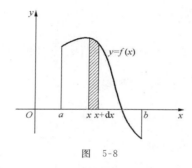

图 5-8

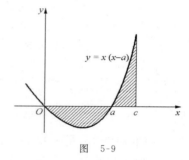

图 5-9

利用上述公式,抛物线 $y=x(x-a)$ 在区间 $[0,c]\ (a<c)$ 上与 x 轴所围图形(图 5-9)绕 y 轴旋转所得体积
$$V_y = 2\pi \int_0^c x|f(x)|dx = 2\pi \int_0^a x(ax-x^2)dx + 2\pi \int_a^c x(x^2-ax)dx$$
$$= \frac{\pi a^4}{3} + \frac{\pi}{6}(3c^4 - 4ac^3).$$

例 5 设函数 $f(x)=x^2/2$, $g(x)=\sqrt{x-3/4}$.

(1) 求两条曲线 $y=f(x)$ 与 $y=g(x)$ 的切点 P 坐标;

(2) 设曲线 $y=g(x)$ 与 x 轴的交点为 A,O 为原点,求曲边形 OPA 的面积;

(3) 求曲边形 OPA 绕 x 轴旋转一周所得旋转体的体积;

(4) 求曲边形 OPA 绕 y 轴旋转一周所得旋转体的体积.

解 (1) 如图 5-10. 曲线 $y=f(x)=x^2/2$ 与 $y=g(x)=\sqrt{x-3/4}$ 的切线斜率分别为
$$y' = f'(x) = x, \quad y' = g'(x) = \frac{1}{2\sqrt{x-3/4}}.$$

设切点为 $P(x_0, y_0)$，则 (x_0, y_0) 应满足：$f(x_0) = g(x_0)$，$f'(x_0) = g'(x_0)$，即

$$\begin{cases} \dfrac{x_0^2}{2} = \sqrt{x_0 - \dfrac{3}{4}}, \\ x_0 = \dfrac{1}{2\sqrt{x_0 - \dfrac{3}{4}}}. \end{cases}$$

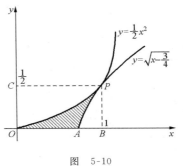

图 5-10

可解得唯一解 $x_0 = 1$，故切点 P 的坐标为 $\left(1, \dfrac{1}{2}\right)$。

(2) 易得曲线 $y = g(x)$ 与 x 轴的交点 A 的坐标为 $(3/4, 0)$。设点 P 在 x 轴上的垂足为 B，则所求面积

$$S = \text{曲边形 } OPB \text{ 的面积} - \text{曲边形 } APB \text{ 的面积}$$

$$= \int_0^1 \frac{1}{2} x^2 \, dx - \int_{\frac{3}{4}}^1 \sqrt{x - \frac{3}{4}} \, dx = \frac{1}{12}.$$

(3) 所求旋转体的体积

$$V_x = \text{曲边形 } OPB \text{ 旋转所得体积} - \text{曲边形 } APB \text{ 旋转所得体积}$$

$$= \pi \int_0^1 \left(\frac{1}{2} x^2\right)^2 dx - \pi \int_{\frac{3}{4}}^1 \left(\sqrt{x - \frac{3}{4}}\right)^2 dx = \frac{3\pi}{160}.$$

(4) **解 1** 曲线 $y = f(x)$ 与 $y = g(x)$ 的方程可分别写做

$$x = \varphi(y) = \sqrt{2y}, \quad x = \psi(y) = y^2 + \frac{3}{4}.$$

设点 P 在 y 轴上的垂足为 C，则所求旋转体的体积

$$V_y = \text{曲边形 } OAPC \text{ 旋转所得体积} - \text{曲边形 } OPC \text{ 旋转所得体积}$$

$$= \pi \int_0^{\frac{1}{2}} [\psi^2(y) - \varphi^2(y)] \, dy = \pi \int_0^{\frac{1}{2}} \left[\left(y^2 + \frac{3}{4}\right)^2 - 2y\right] dy = \frac{\pi}{10}.$$

解 2 用公式 $V_y = 2\pi \int_a^b x |f(x)| \, dx$ 计算。所求旋转体的体积

$$V_y = 2\pi \int_0^1 x \cdot \frac{1}{2} x^2 \, dx - 2\pi \int_{\frac{3}{4}}^1 x \cdot \sqrt{x - \frac{3}{4}} \, dx = \frac{\pi}{10}.$$

例 6 过曲线 $y = \sqrt[3]{x}$ $(x \geq 0)$ 上的点 A 作切线，使该切线与曲线及 x 轴所围成的平面图形 D 的面积 S 为 $3/4$。

(1) 求点 A 的坐标； (2) 求平面图形绕 x 轴旋转一周所得旋转体的体积。

解 (1) 平面图形 D 的草图如图 5-11 所示（切线与 x 轴的交点坐标未知）。设切点 A 的坐标为 $(t, \sqrt[3]{t})$ $(t > 0)$，曲线过点 A 的切线方程是

$$y - \sqrt[3]{t} = \frac{1}{3\sqrt[3]{t^2}} (x - t)$$

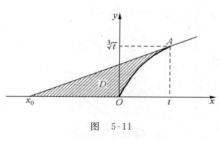

图 5-11

或 $$y = \frac{x}{3\sqrt[3]{t^2}} + \frac{2}{3}\sqrt[3]{t}.$$

令 $y=0$，由上式得切线与 x 轴交点的横坐标 $x_0 = -2t$. 于是 D 的面积

$$S = \triangle Ax_0 t \text{ 的面积} - \text{曲边三角形 } OtA \text{ 的面积}$$
$$= \frac{1}{2}\sqrt[3]{t} \cdot 3t - \int_0^t \sqrt[3]{x}\,dx = \frac{3}{4}t\sqrt[3]{t}.$$

由 $S = \frac{3}{4}$ 可确定 $t=1$. 由此点 A 的坐标是 $(1,1)$.

(2) 因 $x_0 = -2$，图形 D 绕 x 轴旋转一周所得旋转体的体积

$$V = \text{圆锥体的体积} - \text{曲边三角形 } OtA \text{ 旋转所得体积}$$
$$= \frac{\pi}{3}(\sqrt[3]{1})^2 \cdot 3 - \pi\int_0^1 (\sqrt[3]{x})^2\,dx = \pi - \frac{3}{5}\pi = \frac{2}{5}\pi.$$

例 7 设直线 $y = ax$ 与抛物线 $y = x^2$ 所围成图形的面积为 S_1，它们与直线 $x=1$ 所围成的图形面积为 S_2，并且 $a < 1$.

(1) 试确定 a 的值，使 $S_1 + S_2$ 达到最小，并求出最小值；

(2) 求该最小值所对应的平面图形绕 x 轴旋转一周所得旋转体的体积.

解 (1) 当 $0 < a < 1$ 时，如图 5-12 所示.

$$S = S_1 + S_2 = \int_0^a (ax - x^2)\,dx + \int_a^1 (x^2 - ax)\,dx = \frac{a^3}{3} - \frac{a}{2} + \frac{1}{3}.$$

令 $S' = a^2 - \frac{1}{2} = 0$，得 $a = \frac{1}{\sqrt{2}}$. 又 $S''\left(\frac{1}{\sqrt{2}}\right) = \sqrt{2} > 0$，则 $S\left(\frac{1}{\sqrt{2}}\right)$ 是极小值即最小值，其值为 $S\left(\frac{1}{\sqrt{2}}\right) = \frac{2 - \sqrt{2}}{6}$.

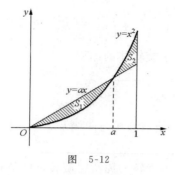

图 5-12

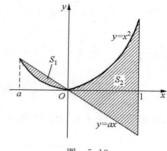

图 5-13

当 $a \leq 0$ 时，如图 5-13 所示，

$$S = S_1 + S_2 = \int_a^0 (ax - x^2)\,dx + \int_0^1 (x^2 - ax)\,dx = -\frac{a^3}{6} - \frac{a}{2} + \frac{1}{3}.$$

因 $S' = -\left(\frac{a^2}{2} + 1\right) < 0$，$S$ 单调减少，故 $a = 0$ 时，S 取得最小值，此时 $S = \frac{1}{3}$.

综合上述，当 $a=\dfrac{1}{\sqrt{2}}$ 时，S_1+S_2 达到最小，最小值为 $\dfrac{2-\sqrt{2}}{6}$.

(2) $V_x = \pi\displaystyle\int_0^{\frac{1}{\sqrt{2}}}\left(\dfrac{1}{2}x^2-x^4\right)\mathrm{d}x + \pi\displaystyle\int_{\frac{1}{\sqrt{2}}}^1\left(x^4-\dfrac{1}{2}x^2\right)\mathrm{d}x = \dfrac{\sqrt{2}+1}{30}\pi.$

例 8 求曲线 $y=-x^2+2$ 与直线 $y=-x$ 所围的图形绕 x 轴旋转所得旋转体的体积.

分析 由于平面图形 OAB 与 OCB 在旋转时，所得旋转体的体积重合(图 5-14)，所以，所求旋转体的体积可看成是由平面区域 D_1 与 D_2 部分旋转所成.

解 由图 5-14，
$$V_{D_1} = 2\cdot(\text{曲边梯形 }OEAF\text{ 的旋转体积}$$
$$\qquad\qquad -\text{三角形 }OAF\text{ 的旋转体积})$$
$$= 2\left(\pi\int_0^1(-x^2+2)^2\mathrm{d}x - \pi\cdot\dfrac{1}{3}\right) = \dfrac{76}{15}\pi,$$

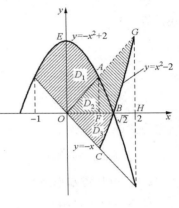

图 5-14

$$V_{D_2} = \text{三角形 }OGH\text{ 的旋转体积}$$
$$\qquad\quad -\text{曲边三角形 }BGH\text{ 的旋转体积}$$
$$= \dfrac{\pi}{3}\cdot 2^3 - \pi\int_{\sqrt{2}}^2(x^2-2)^2\mathrm{d}x = -\dfrac{16}{15}\pi + \dfrac{32\sqrt{2}}{15}\pi,$$

故
$$V_x = V_{D_1} + V_{D_2} = 4\pi + \dfrac{32}{15}\sqrt{2}\pi.$$

十五、积分学在经济中的应用

1. 由边际函数求总函数(见例 1)

(1) 已知边际成本函数 $MC=\dfrac{\mathrm{d}C}{\mathrm{d}Q}$，边际收益函数 $MR=\dfrac{\mathrm{d}R}{\mathrm{d}Q}$，则总成本函数，总收益函数可表示为

$$C(Q) = \int (MC)\mathrm{d}Q, \tag{1}$$

$$R(Q) = \int (MR)\mathrm{d}Q, \tag{2}$$

或

$$C(Q) = \int_0^Q (MC)\mathrm{d}Q + C_0, \tag{3}$$

$$R(Q) = \int_0^Q (MR)\mathrm{d}Q, \tag{4}$$

用公式(1)或(2)，尚须知道一个确定积分常数的条件. 对公式(1)，常给出的条件是 $C(0)=C_0$，即产量为 0 时，总成本等于固定成本 C_0；公式(2)，是 $R(0)=0$，即销量为 0 时，总收益为 0，这个条件题中一般不给出.

由(3)式和(4)式可得总利润函数
$$\pi(Q) = \int_0^Q (MR - MC) \mathrm{d}Q - C_0. \tag{5}$$
其中公式(3),(5)中的 C_0 是固定成本.

产量(或销量)由 a 个单位改变到 b 个单位,总成本的改变量、总收益的改变量用下列公式计算:
$$\int_a^b (MC) \mathrm{d}Q, \quad \int_a^b (MR) \mathrm{d}Q.$$

(2) 已知总产量 Q 对时间 t 的变化率为 $f(t)$,则总产量 Q 表为 t 的函数为
$$Q = Q(t) = \int f(t) \mathrm{d}t \quad \text{或} \quad Q = Q(t) = \int_0^t f(x) \mathrm{d}x. \tag{6}$$
确定公式(6)中积分常数的条件一般是 $Q(0)=0$.

由时刻 a 到时刻 b 这段时间内,总产量的改变量是 $\int_a^b f(t) \mathrm{d}t$.

2. 投资和资本形成(见例 2)

资本形成就是增加资本总量的过程,若将这过程看成是时间 t 的连续过程,资本 K 可表示为时间 t 的函数 $K=K(t)$,称为资本函数.自然,资本形成率(资本形成的速度)就是资本 K 对时间 t 的导数 $\dfrac{\mathrm{d}K}{\mathrm{d}t}$.又资本总量新增加的部分称为净投资,这样在时间点 t 的净投资(资本 K 在时刻 t 的增量)与资本形成率是相同的,即若以 $I(t)$ 记净投资函数,则有
$$I(t) = \frac{\mathrm{d}K}{\mathrm{d}t}.$$
对上式求积分,就由净投资得到资本函数
$$K = K(t) = \int I(t) \mathrm{d}t.$$
若得到一个具体资本函数,尚需知道一个确定积分常数的条件.

若初始($t=0$ 时)资本是 $K_0=K(0)$,则资本函数也可用变上限的定积分表示,即
$$K = K(t) = \int_0^t I(t) \mathrm{d}x + K_0,$$
也就是说,在任意时刻 t,资本总量 K 等于初始资本 K_0 加上从那时刻起所增加的资本数量.

在时间间隔 $[a,b]$ 上资本总量所追加的部分(即资本形成的总量)就是定积分
$$\int_a^b I(t) \mathrm{d}t = K(t) \Big|_a^b = K(b) - K(a).$$

3. 现金流量的现在值(见例 3~例 5)

如果收益(或支出)不是单一的数额,而是在每单位时间内都有收益(或支出),这称为现金流量.

现设第 1 年末,第 2 年末,$\cdots$,第 n 年末的未来收益流量是 $R_1, R_2, \cdots, R_n$,若年贴现率为 r,则 $R_i(i=1,2,\cdots,n)$ 的现在值分别是

$$R_1(1+r)^{-1}, R_2(1+r)^{-2}, \cdots, R_n(1+r)^{-n},$$

这全部收益流量的现在值是和 $\pi = \sum_{i=1}^{n} R_i(1+r)^{-i}$.

上面所述,现金流量是离散的情况. 若它是连续的,则现金流量 R 将是时间 t 的函数 $R = R(t)$. 若 t 以年为单位,且贴现率为 r, 按连续贴现计算,则在时间点 t 年流量 $R(t)$ 的现在值应是 $R(t)e^{-rt}$, 这样, 到 n 年末收益流量的总量的现在值就是如下的定积分

$$\pi = \int_0^n R(t)e^{-rt}dt.$$

特别地,当 $R(t)$ 是常量 A(每年的收益不变,都是 A, 这称为均匀流),则

$$\pi = A\int_0^n e^{-rt}dt = \frac{A}{r}(1-e^{-rn}).$$

假若收益流量 $R(t)$ 长久持续下去. 显然,这种流量的总现在值就是反常积分

$$\pi = \int_0^{+\infty} R(t)e^{-rt}dt.$$

特别地,当 $R(t) = A$(常量)时,则有

$$\pi = A\int_0^{+\infty} e^{-rt}dt = \frac{A}{r}\lim_{n\to+\infty}(1-e^{-rn}) = \frac{A}{r}.$$

例 1 某厂购进一套生产设备需投资 2000 万元. 该设备投产后, 在时刻 t 的追加成本和追加收益分别为

$$G(t) = 5 + 2t^{\frac{2}{3}} (百万元/年), \quad \Phi(t) = 17 - t^{\frac{2}{3}} (百万元/年).$$

试确定该设备在何时停止生产可获最大利润?最大利润是多少?

分析 这里,追加成本是总成本对时间 t 的变化率,追加收益是总收益对时间 t 的变化率. 而 $\Phi(t) - G(t)$ 应是追加利润. 购进设备投资是固定成本.

显然,$G(t)$ 是增函数, $\Phi(t)$ 是减函数,这意味着生产费用逐年增加,而所得收益逐年减少. 从图 5-15 看, 该设备所获最大毛利润(尚没去掉固定成本)应是曲边形 ABC 面积的数值.

解 由极值存在的必要条件: $\Phi(t) = G(t)$, 即

$$17 - t^{\frac{2}{3}} = 5 + 2t^{\frac{2}{3}}, \quad 解得 t = 8.$$

又 $\Phi'(t) = -\frac{2}{3}t^{-\frac{1}{3}}, G'(t) = \frac{4}{3}t^{-\frac{1}{3}}$, 显然有 $\Phi'(8) < G'(8)$.

所以该设备生产 8 年可获最大利润,其值是

$$\pi = \int_0^8 [\Phi(t) - G(t)]dt - 20$$

$$= \int_0^8 [(17 - t^{\frac{2}{3}}) - (5 + 2t^{\frac{2}{3}})]dt - 20$$

$$= 18.2(百万元),$$

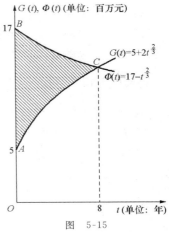

图 5-15

即最大利润是 1820 万元.

例 2 设净投资流量由 $I(t)=20t^{\frac{3}{7}}$ 给定,初始资本在 $t=0$ 时为 35,求:
(1) 表示资本存量的资本函数 $K(t)$; (2) 前两年期间积累的资本;
(3) 第 10 年末的资本总量.

解 (1) 资本函数:$K=K(t)=\int_0^t 20t^{\frac{3}{7}}\mathrm{d}t+35=14t^{\frac{10}{7}}+35.$

(2) 前两年积累的资本:$K=\int_0^2 20t^{\frac{3}{7}}\mathrm{d}t=14t^{\frac{10}{7}}\Big|_0^2=14\times 2^{\frac{10}{7}}\approx 37.69.$

(3) 第 10 年末的资本总量:$K=\int_0^{10}20t^{\frac{3}{7}}\mathrm{d}t+35=14\times 10^{\frac{10}{7}}+35\approx 378.58.$

例 3 设某耐用品现售价 100000 元,首付 50%,余下部分分期付款,10 年付清,每年付款数相同. 若年贴现率为 4%,按连续复利计算,每年应付款多少元?

解 这是均匀流量,设每年付款 A 元,因全部付款的总现在值是已知的,即现售价 100000 元扣除首付部分:$100000-100000\times 50\%=50000$(元). 于是有

$$50000=A\int_0^{10}\mathrm{e}^{-0.04t}\mathrm{d}t=\frac{A}{0.04}(1-\mathrm{e}^{-0.04\times 10}),$$

即 $\qquad 2000=A(1-0.6703),\quad A=6066.1$(元),

每年应付款 6066.1 元.

例 4 某一机器使用寿命为 10 年,如购进此机器需 55000 元;如租用此机器每月租金为 600 元.设资金的年利率为 5%,按连续复利计算,问购进机器与租用机器哪一种方式合算.

分析 为比较租金和购进费用,可以有两种计算方法:其一是把 10 年租金总值的现在值与购进费用比较;其二是将购买机器的费用折算成按租用付款,然后与实际租用费比较.

解 1 计算租金流量的总值的现在值,然后与购买机器的费用比较.

每月租金 600 元,每年租金为 7200 元,按连续复利计算,第 t 年租金的现在值为 $7200\mathrm{e}^{-0.05t}$(连续的贴现公式).租金流的总值的现在值为

$$\pi=\int_0^{10}7200\mathrm{e}^{-0.05t}\mathrm{d}t=\frac{7200}{0.05}(1-\mathrm{e}^{-0.05\times 10})=144000\times(1-0.6065)=56664(元).$$

因为购进费用为 55000 元,显然,购进机器合算.

解 2 将购买机器的费用折算成按每年租用付款,然后与实际租金比较.

设每年付出租金为 A 元,则第 t 年租金的现在值为 $A\mathrm{e}^{-0.05t}$,经 10 年,租金流的总值的现在值为 55000 元. 于是有

$$55000=\int_0^{10}A\mathrm{e}^{-0.05t}\mathrm{d}t=\frac{A}{0.05}(1-\mathrm{e}^{-0.05\times 10}),$$

即 $2750=A(1-0.6065)$,可算得 $A\approx 6988$(元).

因实际每年租金为 7200 元,显然,购进机器为好.

例 5 一个大型投资项目,初始投资成本 5000 万元,每年追加投资 20 万元,投资贴现率为 $r=0.05$,每年可有均匀收益 420 万元. 求该投资为无限期时的纯收益的现在值.

解 依题设,每年实际均匀收益 $A=420-20=400$(万元). 无限期投资的总收益的现在值为

$$\pi = A\int_0^{+\infty} e^{-rt}dt = 400\int_0^{+\infty} e^{-0.05t}dt = \frac{400}{0.05} 万元 = 8000 万元,$$

纯收益的现在值应是总收益的现在值与初始投资成本之差,即为

$$\pi - C = (8000-5000)万元 = 3000 万元.$$

习 题 五

1. 填空题:

(1) 连续函数 $f(x)$ 满足 $\frac{3}{4}x^4 - \frac{3}{4} = \int_a^{x^3} f(t)dt$,则 $a=$ _____,$f(x)=$ _____.

(2) $\lim\limits_{n\to\infty}\int_n^{n+2} x^2 e^{-x^2}dx =$ _____.

(3) 设 $f(x) = \int_1^x \frac{2\ln t}{1+t}dt, x\in(0,+\infty)$,则 $f(x)+f\left(\frac{1}{x}\right)=$ _____.

(4) 已知 n 和 k 为正整数,则 $I = \int_{\frac{k-1}{n}\pi}^{\frac{k}{n}\pi} |\sin nx|dx =$ _____.

(5) 设 k 为整数,则 $I = \int_0^\pi \frac{\sin 2kx}{\sin x}dx =$ _____.

2. 单项选择题:

(1) 设 $I_1 = \int_0^{\frac{\pi}{4}} \frac{\tan x}{x}dx, I_2 = \int_0^{\frac{\pi}{4}} \frac{x}{\tan x}dx$,则( ).

(A) $I_1 > I_2 > 1$ (B) $1 > I_1 > I_2$ (C) $I_2 > I_1 > 1$ (D) $1 > I_2 > I_1$

(2) 设函数 $f(x)$ 有连续的导数,$f(0)=0, f'(0)\neq 0$,且满足条件: 当 $x\to 0$ 时,

$$F(x) = \int_0^x (\sin^2 x - \sin^2 t)f(t)dt$$

与 x^k 为同阶无穷小,则 $k=$( ).

(A) 1   (B) 2   (C) 3   (D) 4

(3) 设函数 $F(x)$ 在 $x\geqslant \frac{1}{2}$ 有定义,满足 $F(1)=1$,且

$$F(x)F(y) = 2F(x+y)\int_0^{\frac{\pi}{2}} (\cos\theta)^{2x-1}(\sin\theta)^{2y-1}d\theta,$$

则 $F(x)=$( ).

(A) $F(x) = \frac{1}{x}F(x+1)$ (B) $F(x) = -\frac{1}{x}F(x+1)$

(C) $F(x) = xF(x+1)$ (D) $F(x) = -xF(x+1)$

(4) 设 $f(x)$ 在 $[-\pi,\pi]$ 上连续,当 $F(a) = \int_{-\pi}^\pi [f(x) - a\cos nx]^2 dx$ 达到极小时,则 $a=$( ).

(A) $\int_{-\pi}^\pi f(x)\cos nx\,dx$ (B) $\frac{1}{\pi}\int_{-\pi}^\pi f(x)\cos nx\,dx$

(C) $\frac{2}{\pi}\int_{-\pi}^\pi f(x)\cos nx\,dx$ (D) $\frac{1}{2\pi}\int_{-\pi}^\pi f(x)\cos nx\,dx$

(5) 若等式 $\lim\limits_{x\to+\infty}\left(\dfrac{x+b}{x-b}\right)^x = \int_{-\infty}^{b} te^{2t}dt$,则常数 $b = (\quad)$.

(A) 2/5　　　　(B) 5/2　　　　(C) 5　　　　(D) 1/5

3. 求下列定积分:

(1) $\int_{-4}^{5}[x]dx$;　　(2) $\int_{0}^{\pi}\sqrt{1+\cos 2x}\,dx$;　　(3) $\int_{a}^{b}x|x|dx$.

4. 求 $\varphi(x) = \int_{-1}^{1}|t-x|e^t dt$ 在 $[-1,1]$ 上的最大值.

5. 设 $f(x) = \begin{cases} \dfrac{1}{3\sqrt[3]{x^2}}, & 1 \leqslant x \leqslant 8, \\ 0, & x<1, x>8, \end{cases}$ 求 $F(x) = \int_{1}^{x}f(t)dt$ 的表达式.

6. 计算下列定积分:

(1) $\int_{\frac{1}{2}}^{1}\dfrac{\arcsin(1-x)}{\sqrt{2x-x^2}}dx$;　　(2) $\int_{0}^{1}x(1-x^4)^{\frac{3}{2}}dx$;　　(3) $\int_{0}^{\ln 2}\sqrt{1-e^{-2x}}dx$.

7. 计算下列定积分:

(1) $\int_{0}^{\frac{\pi}{2}}\dfrac{\cos^3 x}{\sin x + \cos x}dx$;　　(2) $\int_{0}^{\frac{\pi}{2}}\dfrac{1}{1+(\tan x)^e}dx$;　　(3) $\int_{0}^{\pi}\dfrac{x\sin x}{2-\sin^2 x}dx$.

8. 计算 $\int_{0}^{\pi}\left[\int_{0}^{x}(x-\pi)\dfrac{\sin(t-\pi)^2}{t-\pi}dt\right]dx$.

9. 计算下列定积分:

(1) $\int_{-\frac{\pi}{2}}^{\frac{\pi}{2}}\dfrac{e^x}{1+e^x}\sin^4 x\,dx$;　　(2) $\int_{-1}^{1}\arccos x \cdot \cos x\,dx$.

10. 证明: $\int_{1}^{a}f\left(x^2+\dfrac{a^2}{x^2}\right)\dfrac{1}{x}dx = \int_{1}^{a}f\left(x+\dfrac{a^2}{x}\right)\dfrac{1}{x}dx$.

11. 设函数 $f(x)$ 在 $[0,1]$ 上有二阶连续导数,则
$$\int_{0}^{1}f(x)dx = \dfrac{f(0)+f(1)}{2} - \dfrac{1}{2}\int_{0}^{1}x(1-x)f''(x)dx.$$

12. 设函数 $f(x)$ 在 $[0,1]$ 上可导,$G(x) = \int_{0}^{x}t^2 f(t)dt$,且 $G(1) = f(1)$,试证:至少存在一点 $\xi \in (0,1)$,使 $f'(\xi) = -\dfrac{2f(\xi)}{\xi}$.

13. 设函数 $f(x)$ 在 $[0,1]$ 上连续,且 $f(x)<1$,求证:方程 $2x - \int_{0}^{x}f(t)dt = 1$ 在 $(0,1)$ 内有且仅有一个根.

14. 设函数 $f(x)$ 在 $[a,b]$ 上连续非负且单调增加,试证:
$$\int_{a}^{b}xf(x)dx \geqslant \dfrac{a+b}{2}\int_{a}^{b}f(x)dx.$$

15. 计算下列反常积分:

(1) $\int_{1}^{+\infty}\dfrac{\arctan x}{x^2}dx$;　　(2) $\int_{0}^{2}\dfrac{1}{\sqrt{x(2-x)}}dx$.

16. 已知 $\int_{0}^{+\infty}e^{-x^2}dx = \dfrac{\sqrt{\pi}}{2}$,证明 $\int_{-\infty}^{+\infty}x^2 e^{-x^2}dx = \dfrac{\sqrt{\pi}}{2}$.

17. 用 Γ 函数或 B 函数计算下列反常积分:

(1) $\int_{0}^{+\infty}\sqrt{x}e^{-3x}dx$;　　(2) $\int_{0}^{1}\sqrt{1-\sqrt[3]{x}}dx$.

18. 判别下列反常积分的敛散性：

(1) $\int_1^{+\infty} \frac{\ln^2 x}{x^2} dx$; (2) $\int_0^1 \frac{1}{\sqrt[3]{x(e^x - e^{-x})}} dx$; (3) $\int_0^1 \frac{1}{\sqrt{(1-x^2)(1-0.2x)}} dx$.

19. 判别 $\int_1^{+\infty} \frac{\ln x}{x^2} \sin x \, dx$ 是否收敛？是否绝对收敛？

20. 求由曲线 $y^2 = -4(x-1)$ 与 $y^2 = -2(x-2)$ 所围平面图形的面积.

21. 求由曲线 $y = e^{-x^2}$ $(x \geqslant 0)$，x 轴，y 轴所围平面图形绕 x 轴、绕 y 轴旋转所得旋转体的体积.

22. 设抛物线 $y = ax^2 + bx + c$ 过原点，当 $0 \leqslant x \leqslant 1$ 时，$y \geqslant 0$；又抛物线与直线 $x = 1$ 及 x 轴围成平面图形的面积为 $\frac{1}{3}$. 求 a, b, c，使此图形绕 x 轴旋转一周而成的旋转体体积 V 最小.

23. 若边际收益函数 $MR = \frac{ab}{(Q+b)^2} - k$，证明价格函数是 $P = \frac{a}{Q+b} - k$.

24. 某一设备使用寿命为 10 年，如购进该设备需要 4 万元，如租用该设备每月租金 500 元. 设投资年利率为 14%，按连续复利计算，问购进与租用哪一种方式合算？

第六章 多元函数微积分

一、二元函数的定义、极限和连续

1. 求二元函数的定义域

求二元函数 $f(x,y)$ 的定义域和函数值的**思路与一元函数的同类问题是一致的**. 二元函数的定义域是 Oxy 平面上的**平面区域**.

2. 平面区域用二元不等式或不等式组表示

二元方程 $f(x,y)=0$ 在几何上表示 Oxy 平面上的一条曲线,一般情况,这条曲线将 Oxy 平面分成两个半平面,而不等式 $f(x,y)\geqslant 0(\leqslant 0)$ 就表示被曲线 $f(x,y)=0$ 所分成的两个半平面之一. 由此,Oxy 平面上的平面区域一般是用一个不等式 $f(x,y)\geqslant 0(\leqslant 0)$ 或由若干个这样的不等式构成的不等式组来表示的.

3. 计算二元函数极限的方法

计算二元函数的极限,一般情况比较复杂. 通常的做法是,若有可能,就**化为一元函数的极限问题**,并用其运算法则和方法. 例如,极限和四则运算法则,无穷小与有界变量的乘积,等价无穷小代换,两个重要极限,夹逼准则等.

例 1 求下列函数的定义域,并画其图形:

(1) $z=\dfrac{1}{\sqrt{3x-x^2-y^2}}+\sqrt{x^2+y^2-2x}$; (2) $z=\ln(\sqrt{xy+1}-1)+\arcsin(x+y)$.

解 (1) 由 $x^2+y^2-3x<0$ 得 $\left(x-\dfrac{3}{2}\right)^2+y^2<\left(\dfrac{3}{2}\right)^2$;由 $x^2+y^2-2x\geqslant 0$ 得 $(x-1)^2+y^2\geqslant 1$. 于是,函数的定义域(图 6-1)

$$D=\left\{(x,y)\,\bigg|\,\left(x-\dfrac{3}{2}\right)^2+y^2<\left(\dfrac{3}{2}\right)^2 \text{且} (x-1)^2+y^2\geqslant 1\right\}.$$

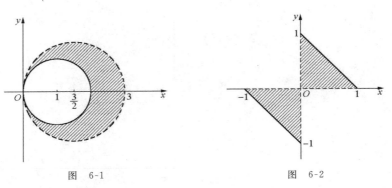

图 6-1　　　　　图 6-2

(2) 由 $\sqrt{xy+1}-1>0$ 得 $xy>0$，又 $-1\leqslant x+y\leqslant 1$，于是
$$D = \{(x,y)\mid xy>0 \text{ 且 } -1\leqslant x+y\leqslant 1\} \quad (\text{图 6-2}).$$

例 2 设 $f(x,y)=\dfrac{x+y}{xy}$，求 $f\left(x+y,\dfrac{y}{x}\right)$.

解 用 $x+y,\dfrac{y}{x}$ 分别代换 $f(x,y)$ 表达式中的 x,y 得
$$f\left(x+y,\dfrac{y}{x}\right)=\dfrac{(x+y)+\dfrac{y}{x}}{(x+y)\cdot\dfrac{y}{x}}=\dfrac{(x+y)x+y}{(x+y)y}.$$

例 3 设 $f(xy,\ln y)=\dfrac{1+x\ln y(\ln x+\ln y)}{x(xy+\ln y)}$，求 $f(x,y)$.

解 1 用变量代换的方法. 令 $u=xy, v=\ln y$，则 $x=ue^{-v}, y=e^v$. 因
$$f(u,v)=\dfrac{1+ue^{-v}v\ln u}{ue^{-v}(u+v)}=\dfrac{e^v+uv\ln u}{u^2+uv},\quad \text{故 } f(x,y)=\dfrac{e^y+xy\ln x}{x^2+xy}.$$

解 2 将 $f(xy,\ln y)$ 的解析表示式设法表示成以 xy 和 $\ln y$ 为变量的函数. 由于
$$\dfrac{1+x\ln y(\ln x+\ln y)}{x(xy+\ln y)}=\dfrac{y+xy\ln y\ln(xy)}{(xy)^2+xy\ln y}=\dfrac{e^{\ln y}+xy\ln y\ln(xy)}{(xy)^2+xy\ln y},$$

将式中的 xy 与 $\ln y$ 分别以 x 与 y 代换，得 $f(x,y)=\dfrac{e^y+xy\ln x}{x^2+xy}$.

例 4 求下列极限：

(1) $\lim\limits_{(x,y)\to(1,0)}\dfrac{\ln(x+y)}{\sqrt{x+y}-1}$；

(2) $\lim\limits_{(x,y)\to(0,0)}\dfrac{x^2y}{x^4+y^2}$；

(3) $\lim\limits_{(x,y)\to(\infty,a)}\left(1+\dfrac{1}{xy}\right)^{\frac{x^2}{x+y}}$；

(4) $\lim\limits_{(x,y)\to(+\infty,+\infty)}\dfrac{x^2+y^2}{e^{x+y}}$.

解 (1) 当 $(x,y)\to(1,0)$ 时，$\ln(x+y)\to 0$，这时 $\ln(x+y)\sim[(x+y)-1]$. 于是
$$I=\lim_{(x,y)\to(1,0)}\dfrac{(x+y)-1}{\sqrt{x+y}-1}=\lim_{(x,y)\to(1,0)}\dfrac{(\sqrt{x+y}-1)(\sqrt{x+y}+1)}{\sqrt{x+y}-1}=2.$$

(2) 当点 (x,y) 沿曲线 $y=kx^2$（k 是任意常数）趋于 $(0,0)$ 时，有
$$\lim_{(x,y)\to(0,0)}\dfrac{x^2y}{x^4+y^2}=\lim_{\substack{(x,y)\to(0,0)\\ y=kx^2}}\dfrac{x^2\cdot kx^2}{x^4+k^2x^4}=\dfrac{k}{1+k^2}.$$

当 k 取不同的值时，其极限值不同，所以极限不存在.

(3) 因 $\lim\limits_{(x,y)\to(\infty,a)}\left(1+\dfrac{1}{xy}\right)^{xy}=e$，$\lim\limits_{(x,y)\to(\infty,a)}\dfrac{x}{(x+y)}\cdot\dfrac{1}{y}=\dfrac{1}{a}$，所以
$$I=\lim_{(x,y)\to(\infty,a)}\left[\left(1+\dfrac{1}{xy}\right)^{xy}\right]^{\frac{x}{x+y}\cdot\frac{1}{y}}=e^{\frac{1}{a}}.$$

(4) 由于 $\dfrac{x^2+y^2}{e^{x+y}}=(x^2+y^2)e^{-x}\cdot e^{-y}=x^2e^{-x}\cdot e^{-y}+y^2e^{-y}\cdot e^{-x}$，且当 $x\to+\infty$ 时，$x^2e^{-x}\to 0$，当 $y\to+\infty$ 时，$e^{-y}\to 0$，故

$$I = \lim_{(x,y)\to(+\infty,+\infty)} x^2 e^{-x} \cdot e^{-y} + \lim_{(x,y)\to(+\infty,+\infty)} y^2 e^{-y} \cdot e^{-x} = 0.$$

例 5 讨论函数 $f(x,y) = \begin{cases} \dfrac{\sqrt{|xy|}}{x^2+y^2}\sin(x^2+y^2), & x^2+y^2 \neq 0, \\ 0, & x^2+y^2 = 0 \end{cases}$ 在 $(0,0)$ 处的连续性.

解 由于 $f(0,0) = 0$,且
$$\lim_{(x,y)\to(0,0)} f(x,y) = \lim_{(x,y)\to(0,0)} \sqrt{|xy|} \cdot \frac{\sin(x^2+y^2)}{x^2+y^2} = 0 \times 1 = f(0,0),$$
所以,$f(x,y)$ 在 $(0,0)$ 处连续.

例 6 讨论函数 $f(x,y) = \begin{cases} y\sin\dfrac{1}{x^2+y^2}, & x^2+y^2 \neq 0, \\ 0, & x^2+y^2 = 0 \end{cases}$ 在 $(0,0)$ 处的连续性.

解 因为 $f(0,0) = 0$,由无穷小与有界变量的乘积 $\lim\limits_{(x,y)\to(0,0)} y\sin\dfrac{1}{x^2+y^2} = 0 = f(0,0)$,故 $f(x,y)$ 在 $(0,0)$ 处连续.

二、偏导数·高阶偏导数·全微分

1. 连续、偏导数存在、可微之间的关系

在一元函数中,连续是可导的必要条件,可导是连续的充分条件;可导与可微是等价的. 在二元函数中,它们之间的关系却与一元函数不同.

(1) 连续与偏导数之间没有联系.

函数连续,偏导数可能存在,也可能不存在. 例如,本章一中的例 5,$f(x,y)$ 在 $(0,0)$ 处连续,可以推出 $f_x(0,0)$ 和 $f_y(0,0)$ 存在,而例 6,$f(x,y)$ 在 $(0,0)$ 处连续,$f_x(0,0) = 0$,但 $f_y(0,0)$ 不存在.

偏导数存在,函数可能连续,也可能不连续.

例 1 $f(x,y) = \begin{cases} \dfrac{xy}{\sqrt{x^2+y^2}}, & x^2+y^2 \neq 0, \\ 0, & x^2+y^2 = 0 \end{cases}$ 在 $(0,0)$ 处连续,$f_x(0,0), f_y(0,0)$ 存在;

$g(x,y) = \begin{cases} \dfrac{2xy}{x^2+y^2}, & x^2+y^2 \neq 0, \\ 0, & x^2+y^2 = 0, \end{cases}$ $g_x(0,0), g_y(0,0)$ 存在,但 $g(x,y)$ 在 $(0,0)$ 处不连续.

本章第一节中例 4(2),如果定义 $f(0,0) = 0$,则 $f(x,y)$ 在 $(0,0)$ 处不连续,但 $f_x(0,0), f_y(0,0)$ 存在.

(2) 偏导数与全微分之间的关系:

全微分存在,则偏导数一定存在;**偏导数存在且连续,则全微分存在**,但这是**可微分的充分条件**,而**不是必要条件**(见本节例 4). 若偏导数存在但**不连续**时,这时要用全微分定义来检验是否可微(见例 4).

$f(x,y)$ 在点 (x_0,y_0) 可微 $\iff$ 当 $\rho=\sqrt{(\Delta x)^2+(\Delta y)^2} \to 0$ 时，
$$\Delta z - [f_x(x_0,y_0)\Delta x + f_y(x_0,y_0)\Delta y] \text{ 是关于 } \rho \text{ 的高阶无穷小.}$$

(3) 连续与全微分之间的关系：

全微分存在，函数一定连续；但反之则不真. 如例 1，$f(x,y)$ 在 $(0,0)$ 连续，但在 $(0,0)$ 处不可微.

2. 求偏导数的思路

由偏导数的定义知，求函数 $f(x,y)$ 的偏导数仍是求一元函数的导数问题，即
$$f_x(x,y) = \frac{\mathrm{d}}{\mathrm{d}x}f(x,y)\Big|_{y\text{不变}}, \quad f_y(x,y) = \frac{\mathrm{d}}{\mathrm{d}y}f(x,y)\Big|_{x\text{不变}}.$$

(1) 求偏导（函）数时，一般用一元函数的导数公式与运算法则.

(2) 求在某定点 (x_0,y_0) 处的偏导数时，可采取两种方法：

1° 先求偏导（函）数 $f_x(x,y), f_y(x,y)$，然后将 (x_0,y_0) 代入得 $f_x(x_0,y_0), f_y(x_0,y_0)$.

2° 用下述公式
$$f_x(x_0,y_0) = \frac{\mathrm{d}f(x,y_0)}{\mathrm{d}x}\Big|_{x=x_0}, \quad f_y(x_0,y_0) = \frac{\mathrm{d}f(x_0,y)}{\mathrm{d}y}\Big|_{y=y_0},$$

即求 $f_x(x_0,y_0)$ 时，可先由 $f(x,y)$ 得到 $f(x,y_0)$，再求 $f_x(x_0,y_0)$. 求 $f_y(x_0,y_0)$ 时也如此. 见例 5.

(3) 求分段函数在分段点处的偏导数时，一般用偏导数的定义.

3. 高阶偏导数

二阶偏导数是一阶偏导数的偏导数，求二阶偏导数，只要对一阶偏导数再求一次偏导数即可. 二阶和二阶以上的偏导数统称为高阶偏导数.

当 $f_{xy}(x_0,y_0)$ 和 $f_{yx}(x_0,y_0)$ 在点 $P_0(x_0,y_0)$ 处连续时，有 $f_{xy}(x_0,y_0) = f_{yx}(x_0,y_0)$.

4. 求函数 $z=f(x,y)$ 全微分的思路

按全微分存在的充分条件，若所求 $f_x(x,y), f_y(x,y)$ 连续，则
$$\mathrm{d}z = f_x(x,y)\mathrm{d}x + f_y(x,y)\mathrm{d}y.$$

例 2 考虑二元函数 $f(x,y)$ 在点 (x_0,y_0) 处的下面 4 条性质：

① 连续；② 两个偏导数连续；③ 可微；④ 两个偏导数存在. 若用"$P \Rightarrow Q$"表示可由性质 P 推出性质 Q，则有（　　）.

(A) ②⇒③⇒①　　(B) ③⇒②⇒①　　(C) ③⇒④⇒①　　(D) ③⇒①⇒④

解 由连续、偏导数存在、偏导数连续及可微之间的关系知，选 (A).

例 3 若函数 $f(x,y)$ 在点 $P_0(x_0,y_0)$ 处具有二阶偏导数，则结论正确的是（　　）.

(A) 必有 $f_{xy}(x_0,y_0) = f_{yx}(x_0,y_0)$　　(B) $f(x,y)$ 在点 P_0 处必可微

(C) $f(x,y)$ 在点 P_0 处必连续　　(D) 以上三个结论均不对

解 选 (D). 因 $f_{xy}(x_0,y_0)$ 和 $f_{yx}(x_0,y_0)$ 在点 P_0 处未必连续，否定 (A)；由二阶偏导数存在知一阶偏导数一定存在，但一阶偏导数在点 P_0 处未必连续，否定 (B)；一阶偏导数存在，而函数 $f(x,y)$ 在点 P_0 处未必连续，否定 (C).

例 4 设函数

$$f(x,y) = \begin{cases} (x^2+y^2)\sin\dfrac{1}{x^2+y^2}, & x^2+y^2 \neq 0, \\ 0, & x^2+y^2 = 0, \end{cases}$$

试证其偏导数在点 $(0,0)$ 的邻域内存在,但偏导数在点 $(0,0)$ 处不连续,而 $f(x,y)$ 却在点 $(0,0)$ 处可微.

证 当 $(x,y) \neq (0,0)$ 时,$f_x(x,y) = 2x\sin\dfrac{1}{x^2+y^2} - \dfrac{2x}{x^2+y^2}\cos\dfrac{1}{x^2+y^2}$;

当 $(x,y)=(0,0)$ 时,$f_x(0,0) = \lim\limits_{x\to 0}\dfrac{f(x,0)-f(0,0)}{x} = \lim\limits_{x\to 0}x\sin\dfrac{1}{x^2} = 0.$

同样可求得 $f_y(0,0) = 0$.

对 $\lim\limits_{\substack{x\to 0 \\ y\to 0}} f_x(x,y) = \lim\limits_{\substack{x\to 0 \\ y\to 0}} \left(2x\sin\dfrac{1}{x^2+y^2} - \dfrac{2x}{x^2+y^2}\cos\dfrac{1}{x^2+y^2}\right)$ 考虑点 (x,y) 沿 x 轴趋于 $(0,0)$. 由于

$$\lim\limits_{x\to 0} 2x\sin\dfrac{1}{x^2} = 0, \quad \text{而} \lim\limits_{x\to 0}\dfrac{2}{x}\cos\dfrac{1}{x^2} \text{不存在},$$

所以 $\lim\limits_{\substack{x\to 0 \\ y\to 0}} f_x(x,y)$ 不存在,即 $f_x(x,y)$ 在点 $(0,0)$ 处不连续. 而

$$\lim\limits_{\rho\to 0}\dfrac{\Delta z - [f_x(0,0)\Delta x + f_y(0,0)\Delta y]}{\rho} = \lim\limits_{\rho\to 0}\dfrac{\rho^2 \sin\dfrac{1}{\rho^2}}{\rho} = 0,$$

所以函数 $f(x,y)$ 在点 $(0,0)$ 处可微.

例 5 设函数

$$f(x,y) = \begin{cases} xy\dfrac{x^2-y^2}{x^2+y^2}, & x^2+y^2 \neq 0, \\ 0, & x^2+y^2 = 0. \end{cases}$$

(1) 求 $f_x(0,0), f_y(0,0)$; (2) 求 $f_{xy}(0,0), f_{yx}(0,0)$;

(3) $f_{xy}(0,0)$ 与 $f_{yx}(0,0)$ 是否相等,为什么?

解 (1) 由 $f(x,0)=0$,故 $f_x(0,0) = \dfrac{df(x,0)}{dx}\bigg|_{x=0} = 0.$

由 $f(0,y)=0$,故 $f_y(0,0) = \dfrac{df(0,y)}{dy}\bigg|_{y=0} = 0.$

(2) 当 $x^2+y^2 \neq 0$ 时,由商的导数法则

$$f_x(x,y) = \dfrac{(3x^2y-y^3)(x^2+y^2) - 2x(x^3y-xy^3)}{(x^2+y^2)^2} = \dfrac{x^4-y^4+4x^2y^2}{(x^2+y^2)^2}y,$$

$$f_y(x,y) = \dfrac{x^4-y^4-4x^2y^2}{(x^2+y^2)^2}x.$$

于是 $f_x(0,y) = -y, f_y(x,0) = x$,从而

$$f_{xy}(0,0) = \frac{\mathrm{d}f_x(0,y)}{\mathrm{d}y}\bigg|_{y=0} = -1, \quad f_{yx}(0,0) = \frac{\mathrm{d}f_y(x,0)}{\mathrm{d}x}\bigg|_{x=0} = 1.$$

(3) $f_{xy}(0,0) \neq f_{yx}(0,0)$. 因为 $f_{xy}(x,y), f_{yx}(x,y)$ 在点 $(0,0)$ 处不连续. 本例说明求高阶偏导数与求导次序有关.

例 6 设 $f(x,y) = (x-2)^2 y^2 + (y-1)\arcsin\sqrt{\dfrac{x}{y}}$,求 $f_x(2,1), f_y(0,1)$.

解 为求 $f_x(2,1)$,先确定 $f(x,1)$;为求 $f_y(0,1)$,先确定 $f(0,y)$. 依题设,$f(x,1) = (x-2)^2$,于是 $f_x(2,1) = 2(x-2)\big|_{x=2} = 0$. 同样 $f(0,y) = 4y^2$,于是 $f_y(0,1) = 8y\big|_{y=1} = 8$.

例 7 求 $z = y^{\ln x}\cos\dfrac{x}{y}$ 的偏导数.

解 (1) 对 x 求偏导数时,视 y 为常量,$y^{\ln x}$ 是指数函数.

$$\frac{\partial z}{\partial x} = \frac{\partial}{\partial x}(y^{\ln x}) \cdot \cos\frac{x}{y} + y^{\ln x} \cdot \frac{\partial}{\partial x}\left(\cos\frac{x}{y}\right)$$

$$= y^{\ln x} \cdot \ln y \cdot \frac{1}{x}\cos\frac{x}{y} + y^{\ln x}\left(-\sin\frac{x}{y}\right) \cdot \frac{1}{y}$$

$$= \frac{\ln y}{x}y^{\ln x} \cdot \cos\frac{x}{y} - y^{\ln x - 1}\sin\frac{x}{y}.$$

对 y 求偏导数,视 x 为常量,$y^{\ln x}$ 是幂函数.

$$\frac{\partial z}{\partial y} = \frac{\partial}{\partial y}(y^{\ln x}) \cdot \cos\frac{x}{y} + y^{\ln x}\frac{\partial}{\partial y}\left(\cos\frac{x}{y}\right)$$

$$= \ln x \cdot y^{\ln x - 1} \cdot \cos\frac{x}{y} + y^{\ln x}\left(-\sin\frac{x}{y}\right)\left(-\frac{x}{y^2}\right)$$

$$= y^{\ln x - 1} \cdot \ln x \cdot \cos\frac{x}{y} + xy^{\ln x - 2} \cdot \sin\frac{x}{y}.$$

例 8 设函数 $f(u)$ 可微,且 $f'(0) = \dfrac{1}{2}$,则 $z = f(4x^2 - y^2)$ 在点 $(1,2)$ 处的全微分 $\mathrm{d}z\big|_{(1,2)} = $ _____.

解 1 先求偏导数,再求全微分.

$$z_x = f'(4x^2 - y^2) \cdot 8x, \quad z_x\big|_{(1,2)} = f'(0) \cdot 8 = 4,$$

$$z_y = f'(4x^2 - y^2)(-2y), \quad z_y\big|_{(1,2)} = f'(0) \cdot (-4) = -2,$$

于是
$$\mathrm{d}z\big|_{(1,2)} = (z_x\mathrm{d}x + z_y\mathrm{d}y)\big|_{(1,2)} = 4\mathrm{d}x - 2\mathrm{d}y.$$

解 2 用复合函数的微分法则.

$$\mathrm{d}z = f'(u)\mathrm{d}u = f'(4x^2 - y^2)\mathrm{d}(4x^2 - y^2) = f'(4x^2 - y^2)(8x\mathrm{d}x - 2y\mathrm{d}y),$$

$$\mathrm{d}z\big|_{(1,2)} = f'(0)(8\mathrm{d}x - 4\mathrm{d}y) = 4\mathrm{d}x - 2\mathrm{d}y.$$

例 9 由方程 $xyz + \sqrt{x^2 + y^2 + z^2} = \sqrt{2}$ 确定函数 $z = f(x,y)$,求其在点 $(1,0,-1)$ 的全微分.

解 在已知方程两端求全微分,得

$$yz\mathrm{d}x + xz\mathrm{d}y + xy\mathrm{d}z + \frac{x\mathrm{d}x + y\mathrm{d}y + z\mathrm{d}z}{\sqrt{x^2 + y^2 + z^2}} = 0,$$

将 $x=1, y=0, z=-1$ 代入上式,可得 $\mathrm{d}z = \mathrm{d}x - \sqrt{2}\mathrm{d}y$.

例 10 已知函数 $F(x,y)$ 可微,且 $F(x,y)(y\mathrm{d}x + x\mathrm{d}y)$ 为函数 $f(x,y)$ 的全微分,则 $F(x,y)$ 满足条件( ).

(A) $F_x(x,y) = F_y(x,y)$ (B) $xF_x(x,y) = yF_y(x,y)$

(C) $xF_y(x,y) = yF_x(x,y)$ (D) $-xF_x(x,y) = yF_y(x,y)$

分析 由题设知 $f_x(x,y) = yF(x,y), f_y(x,y) = xF(x,y)$. 由 $F(x,y)$ 可微知,$F_x(x,y), F_y(x,y)$ 存在且连续,从而有 $f_{xy}(x,y) = f_{yx}(x,y)$.

解 选(B). 求混合偏导数:

$$f_{xy}(x,y) = F(x,y) + yF_y(x,y), \quad f_{yx}(x,y) = F(x,y) + xF_x(x,y).$$

由 $f_{xy}(x,y) = f_{yx}(x,y)$ 可得 $xF_x(x,y) = yF_y(x,y)$.

例 11 对函数 $z = f(x,y)$,有 $\dfrac{\partial z}{\partial y} = x^2 + 2y$,且 $f(x,x^2) = 1$,求 $f(x,y)$.

分析 由 $\dfrac{\partial z}{\partial y} = x^2 + 2y$,求 $f(x,y)$,这是求原函数问题.

解 由 $\dfrac{\partial z}{\partial y} = x^2 + 2y$,两端对 y 求积分,得 $z = f(x,y) = x^2 y + y^2 + \varphi(x)$,其中 $\varphi(x)$ 为待定函数. 为确定 $\varphi(x)$,再由 $f(x,x^2) = 1$,得

$$x^2 \cdot x^2 + (x^2)^2 + \varphi(x) = 1, \quad \text{即} \quad \varphi(x) = 1 - 2x^4.$$

从而 $f(x,y) = x^2 y + y^2 + 1 - 2x^4$.

例 12 对函数 $z = f(x,y)$ 有 $f_{yy}(x,y) = 2x$,且 $f(x,1) = 0, f_y(x,0) = \sin x$,求 $f(x,y)$.

解 由 $\dfrac{\partial}{\partial y}\left(\dfrac{\partial z}{\partial y}\right) = 2x$,积分得 $\dfrac{\partial z}{\partial y} = 2xy + \varphi(x)$,其中 $\varphi(x)$ 是待定函数. 由 $f_y(x,0) = \sin x$,即

$$\left[2xy + \varphi(x)\right]\Big|_{y=0} = \sin x, \quad \text{得} \quad \varphi(x) = \sin x.$$

从而 $f_y(x,y) = 2xy + \sin x$,   积分得 $f(x,y) = xy^2 + y\sin x + \psi(x)$,
其中 $\psi(x)$ 是待定函数. 再由 $f(x,1) = 0$,有

$$f(x,1) = \left[xy^2 + y\sin x + \psi(x)\right]\Big|_{y=1} = x + \sin x + \psi(x) = 0,$$

即 $\psi(x) = -x - \sin x$. 于是 $f(x,y) = xy^2 + y\sin x - x - \sin x$.

例 13 求函数 $f(x,y)$,已知 f 的全微分

$$\mathrm{d}f(x,y) = (x^2 + 2xy - y^2)\mathrm{d}x + (x^2 - 2xy - y^2)\mathrm{d}y.$$

解 由题设,$f_x(x,y) = x^2 + 2xy - y^2, f_y(x,y) = x^2 - 2xy - y^2$. 上二式分别对 x,对 y 积分,有

$$f(x,y) = \frac{x^3}{3} + x^2 y - xy^2 + \varphi(y), \quad f(x,y) = x^2 y - xy^2 - \frac{y^3}{3} + \psi(x),$$

其中 $\varphi(y)$ 和 $\psi(x)$ 均是可微函数. 由上两式相等,得

$$\varphi(y) = -\frac{y^3}{3} + C, \quad \psi(x) = \frac{x^3}{3} + C \quad (C \text{ 是任意常数}),$$

于是
$$f(x,y) = \frac{x^3}{3} - \frac{y^3}{3} + x^2 y - xy^2 + C.$$

注 本题答案不能没有任意常数 C.

三、复合函数的微分法

求复合函数导数的思路：

多元复合函数微分法从一定意义上说,可以认为是一元复合函数微分法的推广. 对多元复合函数,因变量对每一个自变量求导数要通过各个中间变量达到自变量.

1. 关键是分清复合函数的构造

由于多元函数的复合关系可能出现各种情形,必须根据具体复合关系,按复合函数的思路求导,不能死套某一公式. 因此,求复合函数的偏导数,其关键是分析清楚复合函数的构成层次,即分清哪些变量是自变量,哪些变量是中间变量,以及中间变量又是哪些自变量的函数,必要时,函数的复合关系可用图表示.

2. 偏导数公式的构成

复合函数有**几个自变量**,就有**几个偏导数**(导数)**公式**；

复合函数有**几个中间变量**,偏导数(导数)公式中就有**几项**相加；

对每一个自变量到达因变量有**几层复合**,该对应项就有**几个因子乘积**,即因变量对中间变量的导数与中间变量对自变量导数的乘积. 例如

(1) 一个自变量两个中间变量的**全导数公式**：

由 $z = f(u,v), u = \varphi(x), v = \psi(x)$ 构成的复合函数,复合关系为 $z \begin{smallmatrix} \nearrow u \searrow \\ \searrow v \nearrow \end{smallmatrix} x$,则

$$\frac{\mathrm{d}z}{\mathrm{d}x} = \frac{\partial z}{\partial u} \cdot \frac{\mathrm{d}u}{\mathrm{d}x} + \frac{\partial z}{\partial v} \cdot \frac{\mathrm{d}v}{\mathrm{d}x}.$$

特别地,当 $z = f(x, \varphi(x))$,其中 $y = \varphi(x)$,复合关系为 $z \begin{smallmatrix} \nearrow x \searrow \\ \searrow y \nearrow \end{smallmatrix} x$,则

$$\frac{\mathrm{d}z}{\mathrm{d}x} = \frac{\partial z}{\partial x} + \frac{\partial z}{\partial y} \cdot \frac{\mathrm{d}y}{\mathrm{d}x}.$$

上式左端的 $\frac{\mathrm{d}z}{\mathrm{d}x}$ 是 z 关于 x 的"全"导数,它是在 y 以确定的方式 $y = \varphi(x)$ 随 x 而变化的假设下计算出来的；右端的 $\frac{\partial z}{\partial x}$ 是 z 关于 x 的偏导数,它是在 y 不变的假设下计算出来的.

(2) 两个自变量两个中间变量的偏导数公式：

由 $z=f(u,v), u=\varphi(x,y), v=\psi(x,y)$ 构成的复合函数，复合关系为 ，则

$$\frac{\partial z}{\partial x} = \frac{\partial z}{\partial u} \cdot \frac{\partial u}{\partial x} + \frac{\partial z}{\partial v} \cdot \frac{\partial v}{\partial x}, \quad \frac{\partial z}{\partial y} = \frac{\partial z}{\partial u} \cdot \frac{\partial u}{\partial y} + \frac{\partial z}{\partial v} \cdot \frac{\partial v}{\partial y}.$$

(3) 两个自变量一个中间变量的偏导数公式：

由 $z=f(u), u=\varphi(x,y)$ 构成的复合函数，复合关系为 $z \to u \begin{smallmatrix} \nearrow x \\ \searrow y \end{smallmatrix}$，则

$$\frac{\partial z}{\partial x} = \frac{\mathrm{d}z}{\mathrm{d}u} \cdot \frac{\partial u}{\partial x}, \quad \frac{\partial z}{\partial y} = \frac{\mathrm{d}z}{\mathrm{d}u} \cdot \frac{\partial u}{\partial y}.$$

3. 抽象函数求偏导数

以抽象函数 $z=f\left(xy, \dfrac{y}{x}\right)$ 为例来说明，这里，外层函数 f 是抽象函数.

(1) 必须设出中间变量. 设 $u=xy, v=\dfrac{y}{x}$，则 $z=f\left(xy, \dfrac{y}{x}\right)$ 看成是由 $z=f(u,v), u=xy, v=\dfrac{y}{x}$ 复合而成的函数.

(2) 简化偏导数的记号. 以 f_1, f_2 分别表示 $f(u,v)$ 对第一个、第二个中间变量的偏导数 $f_u(u,v), f_v(u,v)$；以 f_{12} 表示 $f(u,v)$ 先对第一个，再对第二个中间变量的二阶偏导数 $f_{uv}(u,v)$. 依此类推.

(3) 求 z 对 x（或对 y）的二阶偏导数时，必须把一阶偏导数 $f_u(u,v), f_v(u,v)$ 或 f_1, f_2 仍看做是 x,y 的函数. 求再高阶的偏导数时，依此类推.

例1 设 $z=f(x,y), x=y+\varphi(y)$ 所确定函数二次可微，求 $\dfrac{\mathrm{d}z}{\mathrm{d}x}, \dfrac{\mathrm{d}^2 z}{\mathrm{d}x^2}$.

分析 函数的复合关系是 $z=f(x,y), y=g(x)$，而后者是由方程 $x=y+\varphi(y)$ 确定.

解 按一元函数隐函数求导法，将 $x=y+\varphi(y)$ 两端对 x 求导，得

$$1 = \frac{\mathrm{d}y}{\mathrm{d}x} + \varphi'(y)\frac{\mathrm{d}y}{\mathrm{d}x}, \quad 即 \quad \frac{\mathrm{d}y}{\mathrm{d}x} = \frac{1}{1+\varphi'(y)},$$

于是

$$\frac{\mathrm{d}z}{\mathrm{d}x} = \frac{\partial z}{\partial x} + \frac{\partial z}{\partial y} \cdot \frac{\mathrm{d}y}{\mathrm{d}x} = f_1 + \frac{f_2}{1+\varphi'(y)}.$$

求二阶全导数时，f_1, f_2 需看做是通过中间变量 x, y 依赖于自变量 x 的复合函数，$\varphi'(y)$ 也是 x 的复合函数.

$$\frac{\mathrm{d}^2 z}{\mathrm{d}x^2} = \frac{\mathrm{d}}{\mathrm{d}x}\left(f_1 + \frac{f_2}{1+\varphi'(y)}\right) = \frac{\partial f_1}{\partial x} + \frac{\partial f_1}{\partial y} \cdot \frac{\mathrm{d}y}{\mathrm{d}x} + \frac{\partial}{\partial x}\left(\frac{f_2}{1+\varphi'(y)}\right) + \frac{\partial}{\partial y}\left(\frac{f_2}{1+\varphi'(y)}\right)\frac{\mathrm{d}y}{\mathrm{d}x}$$

$$= f_{11} + f_{12} \cdot \frac{1}{1+\varphi'(y)} + \frac{f_{21}}{1+\varphi'(y)} + \frac{f_{22}(1+\varphi'(y)) - \varphi''(y)f_2}{[1+\varphi'(y)]^2} \cdot \frac{1}{1+\varphi'(y)}$$

$$= f_{11} + \frac{f_{12} + f_{21}}{1 + \varphi'(y)} + \frac{f_{22}}{[1 + \varphi'(y)]^2} - \frac{f_2 \varphi''(y)}{[1 + \varphi'(y)]^3}.$$

例 2 设 $u = f(x, y, z)$ 有连续的一阶偏导数,又函数 $y = y(x), z = z(x)$ 分别由 $\mathrm{e}^{xy} - xy = 2, \mathrm{e}^x = \int_0^{x-z} \frac{\sin t}{t} \mathrm{d}t$ 确定,求 $\frac{\mathrm{d}u}{\mathrm{d}x}$.

分析 u 通过三个中间变量 x, y, z 依赖一个自变量 x. 由全导数公式

$$\frac{\mathrm{d}u}{\mathrm{d}x} = \frac{\partial f}{\partial x} + \frac{\partial f}{\partial y} \cdot \frac{\mathrm{d}y}{\mathrm{d}x} + \frac{\partial f}{\partial z} \cdot \frac{\mathrm{d}z}{\mathrm{d}x}, \tag{1}$$

其中 $\frac{\mathrm{d}y}{\mathrm{d}x}$ 可由 $\mathrm{e}^{xy} - xy = 2$ 求得, $\frac{\mathrm{d}z}{\mathrm{d}x}$ 可由 $\mathrm{e}^x = \int_0^{x-z} \frac{\sin t}{t} \mathrm{d}t$ 求得.

解 由 $\mathrm{e}^{xy} - xy = 2$ 两端对 x 求导,得

$$\mathrm{e}^{xy}\left(y + x\frac{\mathrm{d}y}{\mathrm{d}x}\right) - \left(y + x\frac{\mathrm{d}y}{\mathrm{d}x}\right) = 0, \quad 即 \quad \frac{\mathrm{d}y}{\mathrm{d}x} = -\frac{y}{x}.$$

由 $\mathrm{e}^x = \int_0^{x-z} \frac{\sin t}{t} \mathrm{d}t$ 两端对 x 求导,得

$$\mathrm{e}^x = \frac{\sin(x-z)}{x-z}\left(1 - \frac{\mathrm{d}z}{\mathrm{d}x}\right), \quad 即 \quad \frac{\mathrm{d}z}{\mathrm{d}x} = 1 - \frac{\mathrm{e}^x(x-z)}{\sin(x-z)}.$$

将 $\frac{\mathrm{d}y}{\mathrm{d}x}, \frac{\mathrm{d}z}{\mathrm{d}x}$ 的表达式代入(1)式,得

$$\frac{\mathrm{d}u}{\mathrm{d}x} = \frac{\partial f}{\partial x} - \frac{y}{x}\frac{\partial f}{\partial y} + \left[1 - \frac{\mathrm{e}^x(x-z)}{\sin(x-z)}\right]\frac{\partial f}{\partial z}.$$

例 3 设 $z = \mathrm{e}^{\ln\sqrt{x^2+y^2} \cdot \arctan\frac{x}{y}}$, 求 $\frac{\partial z}{\partial x}, \frac{\partial z}{\partial y}$.

解 引入中间变量,令 $u = \ln\sqrt{x^2+y^2} = \frac{1}{2}\ln(x^2+y^2), v = \arctan\frac{x}{y}$, 则 $z = \mathrm{e}^{uv}$.

$$\frac{\partial z}{\partial x} = \frac{\partial z}{\partial u} \cdot \frac{\partial u}{\partial x} + \frac{\partial z}{\partial v} \cdot \frac{\partial v}{\partial x} = v\mathrm{e}^{uv}\frac{x}{x^2+y^2} + u\mathrm{e}^{uv} \cdot \frac{1}{1+\left(\frac{x}{y}\right)^2} \cdot \frac{1}{y}$$

$$= \frac{\mathrm{e}^{\ln\sqrt{x^2+y^2} \cdot \arctan\frac{x}{y}}\left(x\arctan\frac{x}{y} + y\ln\sqrt{x^2+y^2}\right)}{x^2+y^2},$$

$$\frac{\partial z}{\partial y} = \frac{\partial z}{\partial u}\frac{\partial u}{\partial y} + \frac{\partial z}{\partial v}\frac{\partial v}{\partial y} = v\mathrm{e}^{uv}\frac{y}{x^2+y^2} + u\mathrm{e}^{uv}\frac{1}{1+\left(\frac{x}{y}\right)^2}\left(-\frac{x}{y^2}\right)$$

$$= \frac{\mathrm{e}^{\ln\sqrt{x^2+y^2} \cdot \arctan\frac{x}{y}}\left(y\arctan\frac{x}{y} - x\ln\sqrt{x^2+y^2}\right)}{x^2+y^2}.$$

例 4 设 $z = (x^2+y^2)\mathrm{e}^{\frac{x^2+y^2}{xy}}$, 求 $\frac{\partial z}{\partial x}, \frac{\partial z}{\partial y}$.

解 本例可用前例方法求解,这里用一阶全微分形式的不变性,求出微分便可得到偏导数.

$$\begin{aligned}
\mathrm{d}z &= \mathrm{e}^{\frac{x^2+y^2}{xy}}\mathrm{d}(x^2+y^2) + (x^2+y^2)\mathrm{d}\mathrm{e}^{\frac{x^2+y^2}{xy}} \\
&= \mathrm{e}^{\frac{x^2+y^2}{xy}}(2x\mathrm{d}x+2y\mathrm{d}y) + (x^2+y^2)\mathrm{e}^{\frac{x^2+y^2}{xy}}\mathrm{d}\left(\frac{x^2+y^2}{xy}\right) \\
&= \mathrm{e}^{\frac{x^2+y^2}{xy}}\left[2x\mathrm{d}x+2y\mathrm{d}y + (x^2+y^2)\frac{xy(2x\mathrm{d}x+2y\mathrm{d}y)-(x^2+y^2)(x\mathrm{d}y+y\mathrm{d}x)}{x^2y^2}\right] \\
&= \mathrm{e}^{\frac{x^2+y^2}{xy}}\left(\frac{x^4-y^4+2x^3y}{x^2y}\mathrm{d}x + \frac{y^4-x^4+2xy^3}{xy^2}\mathrm{d}y\right),
\end{aligned}$$

故 $\dfrac{\partial z}{\partial x} = \dfrac{x^4-y^4+2x^3y}{x^2y}\mathrm{e}^{\frac{x^2+y^2}{xy}}$, $\dfrac{\partial z}{\partial y} = \dfrac{y^4-x^4+2xy^3}{xy^2}\mathrm{e}^{\frac{x^2+y^2}{xy}}$.

例 5 设 $z=f(x+\varphi(x-y),y)$，其中 f 具有二阶偏导数，φ 二阶可导，求 $\dfrac{\partial^2 z}{\partial x^2}, \dfrac{\partial^2 z}{\partial y^2}$.

解 $\dfrac{\partial z}{\partial x}=f_1\cdot(1+\varphi')$, $\dfrac{\partial z}{\partial y}=f_1\cdot\varphi'(-1)+f_2$; $\dfrac{\partial^2 z}{\partial x^2}=f_{11}\cdot(1+\varphi')^2+\varphi''\cdot f_1$,

$$\begin{aligned}
\frac{\partial^2 z}{\partial y^2} &= -[(f_{11}\cdot\varphi'(-1)+f_{12})\varphi' + f_1\cdot\varphi''(-1)] + f_{21}\cdot\varphi'(-1)+f_{22} \\
&= f_{11}\cdot\varphi'^2 - f_{12}\varphi' + f_1\cdot\varphi'' - f_{21}\cdot\varphi' + f_{22}.
\end{aligned}$$

注 因没给出二阶偏导数连续，$f_{12}\cdot\varphi'$ 与 $f_{21}\cdot\varphi'$ 不能合并.

例 6 设 $u=f\left(x,\dfrac{x}{y},xy\right)$，求 $\dfrac{\partial^2 u}{\partial x^2}, \dfrac{\partial^2 u}{\partial y^2}$.

解 u 通过三个中间变量依赖于自变量 x，u 通过两个中间变量依赖于 y.

$$\frac{\partial u}{\partial x}=f_1+f_2\cdot\frac{1}{y}+f_3\cdot y, \quad \frac{\partial u}{\partial y}=f_2\left(-\frac{x}{y^2}\right)+f_3\cdot x,$$

$$\begin{aligned}
\frac{\partial^2 u}{\partial x^2} &= f_{11}+f_{12}\cdot\frac{1}{y}+f_{13}\cdot y + \frac{1}{y}\left(f_{21}+f_{22}\cdot\frac{1}{y}+f_{23}\cdot y\right) \\
&\quad + y\left(f_{31}+f_{32}\cdot\frac{1}{y}+f_{33}\cdot y\right) \\
&= f_{11}+f_{23}+f_{32}+\frac{f_{22}}{y^2}+y^2 f_{33}+\frac{1}{y}(f_{12}+f_{12})+y(f_{13}+f_{31}),
\end{aligned}$$

$$\begin{aligned}
\frac{\partial^2 u}{\partial y^2} &= \frac{2x}{y^3}f_2-\frac{x}{y^2}\left[f_{22}\left(-\frac{x}{y^2}\right)+f_{23}\cdot x\right]+x\left[f_{32}\left(-\frac{x}{y^2}\right)+f_{33}\cdot x\right] \\
&= \frac{2x}{y^3}f_2+\frac{x^2}{y^4}f_{22}-\frac{x^2}{y^2}(f_{23}+f_{32})+x^2 f_{33}.
\end{aligned}$$

例 7 设 $u=yf\left(\dfrac{x}{y}\right)+xg\left(\dfrac{y}{x}\right)$，其中 f,g 具有二阶连续导数，求 $x\dfrac{\partial^2 u}{\partial x^2}+y\dfrac{\partial^2 u}{\partial x\partial y}$.

解 这里 $f\left(\dfrac{x}{y}\right),g\left(\dfrac{y}{x}\right)$ 应看成是 $f(u),u=\dfrac{x}{y};g(v),v=\dfrac{y}{x}$.

$$\frac{\partial u}{\partial x}=yf'\left(\frac{x}{y}\right)\frac{1}{y}+g\left(\frac{y}{x}\right)+xg'\left(\frac{y}{x}\right)\left(-\frac{y}{x^2}\right)=f'\left(\frac{x}{y}\right)+g\left(\frac{y}{x}\right)-\frac{y}{x}g'\left(\frac{y}{x}\right),$$

$$\frac{\partial^2 u}{\partial x^2} = f''\left(\frac{x}{y}\right)\frac{1}{y} + g'\left(\frac{y}{x}\right)\left(-\frac{y}{x^2}\right) - \left(-\frac{y}{x^2}\right)g'\left(\frac{y}{x}\right) - \frac{y}{x}g''\left(\frac{y}{x}\right)\left(-\frac{y}{x^2}\right)$$

$$= \frac{1}{y}f''\left(\frac{x}{y}\right) + \frac{y^2}{x^3}g''\left(\frac{y}{x}\right),$$

$$\frac{\partial^2 u}{\partial x \partial y} = f''\left(\frac{x}{y}\right)\left(-\frac{x}{y^2}\right) + g'\left(\frac{y}{x}\right)\frac{1}{x} - \frac{1}{x}g'\left(\frac{y}{x}\right) - \frac{y}{x}g''\left(\frac{y}{x}\right)\frac{1}{x}$$

$$= -\frac{x}{y^2}f''\left(\frac{x}{y}\right) - \frac{y}{x^2}g''\left(\frac{y}{x}\right),$$

于是 $x\dfrac{\partial^2 u}{\partial x^2} + y\dfrac{\partial^2 u}{\partial x \partial y} = 0$.

例 8 设函数 $f(u)$ 在 $(0, +\infty)$ 内具有二阶导数,且 $z = f(\sqrt{x^2+y^2})$ 满足等式

$$\frac{\partial^2 z}{\partial x^2} + \frac{\partial^2 z}{\partial y^2} = 0.$$

(1) 验证 $f''(u) + \dfrac{f'(u)}{u} = 0$;

(2) 若 $f(1) = 0, f'(1) = 1$,求函数 $f(u)$ 的表达式.

解 (1) 令 $u = \sqrt{x^2+y^2}$,由求 z 对 x,对 y 的二阶偏导数方可得到 $f''(u)$.

$$\frac{\partial z}{\partial x} = f'(u) \cdot \frac{\partial u}{\partial x} = f'(u) \cdot \frac{x}{u},$$

$$\frac{\partial^2 z}{\partial x^2} = f''(u)\left(\frac{x}{u}\right)^2 + f'(u) \cdot \frac{u - \dfrac{x}{u} \cdot x}{u^2} = f''(u)\frac{x^2}{u^2} + f'(u)\frac{u^2 - x^2}{u^3}, \tag{2}$$

$$\frac{\partial^2 z}{\partial y^2} = f''(u)\frac{y^2}{u^2} + f'(u)\frac{u^2 - y^2}{u^3} \quad (\text{由 } x \text{ 与 } y \text{ 的对称性}). \tag{3}$$

式(2)+式(3)得

$$0 = \frac{\partial^2 z}{\partial x^2} + \frac{\partial^2 z}{\partial y^2} = f''(u) + f'(u)\frac{1}{u}, \quad \text{即} \quad f''(u) + \frac{1}{u}f'(u) = 0.$$

(2) 由 $f''(u) + \dfrac{1}{u}f'(u) = 0$,得 $uf''(u) + f'(u) = 0$,即 $[uf'(u)]' = 0$,积分 $uf'(u) = C_1$.

由 $f'(1) = 1$ 得 $C_1 = 1$,于是 $f'(u) = \dfrac{1}{u}$. 再积分得 $f(u) = \ln u + C_2$. 由 $f(1) = 0$ 得 $C_2 = 0$. 故所求 $f(u) = \ln u$.

例 9 设 $z = \int_0^{x^2 y} f(t, e^t) dt$,其中 f 具有一阶连续偏导数,求 dz 及 $\dfrac{\partial^2 z}{\partial x \partial y}$.

解 因 $dz = f(x^2 y, e^{x^2 y}) d(x^2 y) = f(x^2 y, e^{x^2 y})(2xy dx + x^2 dy)$,故

$$\frac{\partial z}{\partial x} = f(x^2 y, e^{x^2 y}) \cdot 2xy.$$

上式再对 y 求导得

$$\frac{\partial^2 z}{\partial x \partial y} = 2xf(x^2 y, e^{x^2 y}) + 2xy(f_1 \cdot x^2 + f_2 \cdot e^{x^2 y} \cdot x^2)$$

$$= 2xf(x^2y, e^{x^2y}) + 2x^3y(f_1 + e^{x^2y}f_2).$$

例 10 若函数 $f(x,y)$ 恒满足关系式
$$f(\lambda x, \lambda y) = \lambda^m f(x,y) \quad (\lambda \text{ 是正实数}, m \text{ 是常数}),$$
则称 $f(x,y)$ 为 m 次齐次函数. 试证
$$x\frac{\partial f}{\partial x} + y\frac{\partial f}{\partial y} = mf(x,y).$$

证 令 $u=\lambda x, v=\lambda y$, 则 $f(u,v)=\lambda^m f(x,y)$.
将上式两端看做是 λ 的函数, 对 λ 求导数, 得
$$\frac{\partial f}{\partial u} \cdot \frac{\partial u}{\partial \lambda} + \frac{\partial f}{\partial v} \cdot \frac{\partial v}{\partial \lambda} = m\lambda^{m-1}f(x,y), \quad \text{即} \quad x\frac{\partial f}{\partial u} + y\frac{\partial f}{\partial v} = m\lambda^{m-1}f(x,y).$$
该等式对任何 $\lambda(\lambda>0)$ 都成立, 特别取 $\lambda=1$ 时, 有
$$x\frac{\partial f}{\partial x} + y\frac{\partial f}{\partial y} = mf(x,y).$$

注 该例所证明的等式, 是齐次函数的偏导数所具有的重要性质. 特别是对线性齐次函数, 即 $m=1$ 时, 有
$$x\frac{\partial f}{\partial x} + y\frac{\partial f}{\partial y} = f(x,y).$$
该等式在经济学中有重要应用.

四、隐函数的微分法

1. 由方程 $F(x,y,z)=0$ 确定 $z=f(x,y)$, 求 $\dfrac{\partial z}{\partial x}, \dfrac{\partial z}{\partial y}$ 的方法(见例1~例3)

(1) 按一元隐函数求导. 求 $\dfrac{\partial z}{\partial x}$ 时, 将 $F(x,y,z)=0$ 中的 y 视为常量, x 视为自变量, z 视为 x 的函数; 等式两端对 x 求导数, 得到关于 $\dfrac{\partial z}{\partial x}$ 的方程, 解出 $\dfrac{\partial z}{\partial x}$ 即可. 用类似的方法求 $\dfrac{\partial z}{\partial y}$.

(2) 用隐函数求偏导公式 ($F_z(x,y,z) \neq 0$):
$$\frac{\partial z}{\partial x} = -\frac{F_x(x,y,z)}{F_z(x,y,z)}, \quad \frac{\partial z}{\partial y} = -\frac{F_y(x,y,z)}{F_z(x,y,z)},$$
这时要将 $F(x,y,z)$ 看做是三个自变量 x,y,z 的函数.

2. 由方程 $F(x,y,z)=0$ 确定 $z=f(x,y)$, 而 $y=\varphi(x)$, 求 $\dfrac{\mathrm{d}z}{\mathrm{d}x}$ 的方法(见例4)

(1) 按一元隐函数求导, 将 $F(x,y,z)=0$ 中的 x 视为自变量, y 视为 x 的函数, z 视为 x 的函数; 等式两端对 x 求导, 得到关于 $\dfrac{\mathrm{d}z}{\mathrm{d}x}$ 的方程, 其中的 $\dfrac{\mathrm{d}y}{\mathrm{d}x}$ 要用 $\varphi'(x)$ 表示, 解出 $\dfrac{\mathrm{d}z}{\mathrm{d}x}$ 即可.

(2) 用隐函数求全导公式: $\dfrac{\mathrm{d}z}{\mathrm{d}x} = -\dfrac{F_x(x,y,z)}{F_z(x,y,z)}$. 这时, 要将 $F(x,y,z)$ 看做是两个自变量 x,z 的函数, 式中的 y 要视为是 x 的函数.

3. 由方程组 $\begin{cases} F(x,y,z)=0, \\ G(x,y,z)=0 \end{cases}$ 确定隐函数 $y=f(x), z=\varphi(x)$, 求 $\dfrac{\mathrm{d}y}{\mathrm{d}x}, \dfrac{\mathrm{d}z}{\mathrm{d}x}$ 的解题程序(见例 5)

(1) 各方程两端对 x 求导数,得

$$\begin{cases} F_x + F_y \dfrac{\mathrm{d}y}{\mathrm{d}x} + F_z \dfrac{\mathrm{d}z}{\mathrm{d}x} = 0, \\ G_x + G_y \dfrac{\mathrm{d}y}{\mathrm{d}x} + G_z \dfrac{\mathrm{d}z}{\mathrm{d}x} = 0, \end{cases} \quad 即 \quad \begin{cases} F_y \dfrac{\mathrm{d}y}{\mathrm{d}x} + F_z \dfrac{\mathrm{d}z}{\mathrm{d}x} = -F_x, \\ G_y \dfrac{\mathrm{d}y}{\mathrm{d}x} + G_z \dfrac{\mathrm{d}z}{\mathrm{d}x} = -G_x. \end{cases}$$

(2) 将 $\dfrac{\mathrm{d}y}{\mathrm{d}x}, \dfrac{\mathrm{d}z}{\mathrm{d}x}$ 作为未知量,用克拉默法则解方程组,得

$$\dfrac{\mathrm{d}y}{\mathrm{d}x} = \dfrac{F_z G_x - F_x G_z}{F_y G_z - F_z G_y}, \quad \dfrac{\mathrm{d}z}{\mathrm{d}x} = \dfrac{F_x G_y - F_y G_x}{F_y G_z - F_z G_y}.$$

由于由一个方程或方程组所确定的隐函数有各种情形,以上仅举出常见类型. 在求隐函数的偏(全)导数时,应对具体函数做具体分析.

例 1 设 $x^2 + z^2 = y\varphi\left(\dfrac{z}{y}\right)$,其中函数 φ 可微,求 $\dfrac{\partial z}{\partial x}, \dfrac{\partial z}{\partial y}$.

分析 这可看做是由方程 $F(x,y,z)=0$ 确定 $z=f(x,y)$.

解 1 用隐函数的偏导数公式. 令 $F(x,y,z) = x^2 + z^2 - y\varphi\left(\dfrac{z}{y}\right)$,因

$$F_x = 2x, \quad F_y = -\varphi\left(\dfrac{z}{y}\right) - y\varphi'\left(\dfrac{z}{y}\right)\left(-\dfrac{z}{y^2}\right) = -\varphi\left(\dfrac{z}{y}\right) + \dfrac{z}{y}\varphi'\left(\dfrac{z}{y}\right),$$

$$F_z = 2z - y\varphi'\left(\dfrac{z}{y}\right) \cdot \dfrac{1}{y} = 2z - \varphi'\left(\dfrac{z}{y}\right),$$

所以

$$\dfrac{\partial z}{\partial x} = -\dfrac{F_x}{F_z} = \dfrac{2x}{\varphi'\left(\dfrac{z}{y}\right) - 2z}, \quad \dfrac{\partial z}{\partial y} = -\dfrac{F_y}{F_z} = \dfrac{\varphi\left(\dfrac{z}{y}\right) - \dfrac{z}{y}\varphi'\left(\dfrac{z}{y}\right)}{2z - \varphi'\left(\dfrac{z}{y}\right)}.$$

解 2 按一元函数求导数. 视 z 为 x 的函数,方程两端对 x 求导数,得

$$2x + 2z \dfrac{\partial z}{\partial x} = y\varphi'\left(\dfrac{z}{y}\right) \cdot \dfrac{1}{y} \cdot \dfrac{\partial z}{\partial x}, \quad 解得 \quad \dfrac{\partial z}{\partial x} = \dfrac{2x}{\varphi'\left(\dfrac{z}{y}\right) - 2z}.$$

同样方法可求得 $\dfrac{\partial z}{\partial y}$.

例 2 设函数 $z=f(x,y)$ 由方程 $F\left(x+\dfrac{z}{y}, y+\dfrac{z}{x}\right)=0$ 所确定,且 $F(u,v)$ 具有连续偏导数,则

$$z = xy + x\dfrac{\partial z}{\partial x} + y\dfrac{\partial z}{\partial y}.$$

证 1 按一元隐函数求导数. 视 y 为常量, z 为 x 的函数, 已知等式两端对 x 求导数, 得

$$F_1 \cdot \left(1 + \frac{1}{y}\frac{\partial z}{\partial x}\right) + F_2 \cdot \left(\frac{\frac{\partial z}{\partial x} \cdot x - z}{x^2}\right) = 0,$$

解出

$$\frac{\partial z}{\partial x} = \frac{zF_2 - x^2 F_1}{xF_1 + yF_2} \cdot \frac{y}{x}.$$

类似地, 有 $\dfrac{\partial z}{\partial y} = \dfrac{zF_1 - y^2 F_2}{xF_1 + yF_2} \cdot \dfrac{x}{y}$. 于是

$$xy + x\frac{\partial z}{\partial x} + y\frac{\partial z}{\partial y} = xy + y \cdot \frac{zF_2 - x^2 F_1}{xF_1 + yF_2} + x \cdot \frac{zF_1 - y^2 F_2}{xF_1 + yF_2}$$

$$= xy + \frac{z(xF_1 + yF_2) - xy(xF_1 + yF_2)}{xF_1 + yF_2} = z.$$

证 2 用隐函数的求偏导数公式. 已知方程左端分别对 x, y, z 求偏导数得

$$F_x = F_1 \cdot 1 + F_2 \cdot \left(-\frac{z}{x^2}\right), \quad F_y = F_1 \cdot \left(-\frac{z}{y^2}\right) + F_2 \cdot 1, \quad F_z = F_1 \cdot \frac{1}{y} + F_2 \cdot \frac{1}{x},$$

故

$$\frac{\partial z}{\partial x} = -\frac{F_x}{F_z} = \frac{zF_2 - x^2 F_1}{xF_1 + yF_2} \cdot \frac{y}{x}, \quad \frac{\partial z}{\partial y} = -\frac{F_y}{F_z} = \frac{zF_1 - y^2 F_2}{xF_1 + yF_2} \cdot \frac{x}{y}.$$

以下同证 1.

例 3 设 $u = f(x, y, z)$ 有连续偏导数, 且 $z = z(x, y)$ 由方程 $xe^x - ye^y = ze^z$ 所确定, 求 du.

分析 三个中间变量, 两个自变量, 复合关系为 $u \to z$ 型, 微分公式为

$$du = \frac{\partial u}{\partial x}dx + \frac{\partial u}{\partial y}dy.$$

解 1 用隐函数的导数公式. 令 $F(x, y, z) = xe^x - ye^y - ze^z$, 则

$$F_x = e^x + xe^x, \quad F_y = -e^y - ye^y, \quad F_z = -e^z - ze^z,$$

故 $\dfrac{\partial z}{\partial x} = -\dfrac{F_x}{F_z} = \dfrac{x+1}{z+1}e^{x-z}, \quad \dfrac{\partial z}{\partial y} = -\dfrac{F_y}{F_z} = -\dfrac{y+1}{z+1}e^{y-z}$. 而

$$\frac{\partial u}{\partial x} = f_x + f_z \cdot \frac{\partial z}{\partial x} = f_x + f_z\frac{x+1}{z+1}e^{x-z}, \quad \frac{\partial u}{\partial y} = f_y + f_z\frac{\partial z}{\partial y} = f_y - f_z\frac{y+1}{z+1}e^{y-z},$$

所以

$$du = \frac{\partial u}{\partial x}dx + \frac{\partial u}{\partial y}dy = \left(f_x + f_z\frac{x+1}{z+1}e^{x-z}\right)dx + \left(f_y - f_z\frac{y+1}{z+1}e^{y-z}\right)dy.$$

解 2 直接求微分 du. 由 $u = f(x, y, z)$ 得

$$du = f_x dx + f_y dy + f_z dz. \tag{1}$$

在 $xe^x - ye^y = ze^z$ 两边微分, 得

$$e^x dx + xe^x dx - e^y dy - ye^y dy = e^z dz + ze^z dz,$$

故 $dz = \dfrac{(1+x)e^x dx - (1+y)e^y dy}{(1+z)e^z}$. 将该式代入 (1) 式, 并整理可得结果.

例 4 设 $u=f(x,y,z)$，$\varphi(x^2,e^y,z)=0$，$y=\sin x$，其中 f,φ 都具有一阶连续偏导数，且 $\dfrac{\partial \varphi}{\partial z}\neq 0$，求 $\dfrac{du}{dx}$.

分析 由方程 $\varphi(x^2,e^y,z)=0$ 确定 $z=g(x,y)$，而 $y=\sin x$. 由 $u=f(x,y,z)$ 确定的复合关系为 $u \to y \to x$，其中 u 还通过 x 和 z 关联.

解 1 $\dfrac{du}{dx}=\dfrac{\partial f}{\partial x}+\dfrac{\partial f}{\partial y}\cdot\dfrac{dy}{dx}+\dfrac{\partial f}{\partial z}\cdot\dfrac{dz}{dx}$，且 $\dfrac{dy}{dx}=\cos x$. 为求 $\dfrac{dz}{dx}$，方程 $\varphi(x^2,e^y,z)=0$ 两端对 x 求导，得

$$\varphi_1\cdot 2x+\varphi_2\cdot e^y\dfrac{dy}{dx}+\varphi_3\cdot\dfrac{dz}{dx}=0,\quad \dfrac{dz}{dx}=-\dfrac{1}{\varphi_3}(2x\varphi_1+e^{\sin x}\cdot\cos x\cdot\varphi_2).$$

于是

$$\dfrac{du}{dx}=\dfrac{\partial f}{\partial x}+\dfrac{\partial f}{\partial y}\cos x-\dfrac{\partial f}{\partial z}\cdot\dfrac{2x\varphi_1+e^{\sin x}\cos x\cdot\varphi_2}{\varphi_3}.$$

解 2 将 $\varphi(x^2,e^y,z)$ 对 x 求导，注意式中的 y 是 x 的函数得

$$\varphi_x=\varphi_1\cdot 2x+\varphi_2 e^y\dfrac{dy}{dx}=2x\varphi_1+e^{\sin x}\cos x\cdot\varphi_2.$$

将 $\varphi(x^2,e^y,z)$ 对 z 求导，得 $\varphi_z=\varphi_3$，于是

$$\dfrac{dz}{dx}=-\dfrac{\varphi_x}{\varphi_z}=-\dfrac{1}{\varphi_3}(2x\varphi_1+e^{\sin x}\cos x\cdot\varphi_2),$$

从而

$$\dfrac{du}{dx}=\dfrac{\partial f}{\partial x}+\dfrac{\partial f}{\partial y}\cdot\cos x-\dfrac{\partial f}{\partial z}\dfrac{2x\varphi_1+e^{\sin x}\cos x\cdot\varphi_2}{\varphi_3}.$$

例 5 设由方程组 $\begin{cases}x^2+y^2+z^2=6,\\ z=x^2+y^2\end{cases}$ 确定 $y=f(x),z=g(x)$，求 $\dfrac{dy}{dx},\dfrac{dz}{dx}$.

解 各方程两端分别对 x 求导数，得

$$\begin{cases}2x+2y\dfrac{dy}{dx}+2z\dfrac{dz}{dx}=0,\\ \dfrac{dz}{dx}=2x+2y\dfrac{dy}{dx},\end{cases}\quad 即\quad \begin{cases}y\dfrac{dy}{dx}+z\dfrac{dz}{dx}=-x,\\ 2y\dfrac{dy}{dx}-\dfrac{dz}{dx}=-2x.\end{cases}$$

解方程组，得 $\dfrac{dy}{dx}=-\dfrac{x+2xz}{y+2yz}=-\dfrac{x}{y},\ \dfrac{dz}{dx}=0.$

例 6 设 $\begin{cases}u=f(ux,v+y),\\ v=g(u-x,v^2y),\end{cases}$ 其中 f,g 具有一阶连续偏导数，求 $\dfrac{\partial u}{\partial x},\dfrac{\partial v}{\partial x}$.

解 将方程组中的每个方程对 x 求偏导数，得

$$\begin{cases}\dfrac{\partial u}{\partial x}=f_1\cdot\left(\dfrac{\partial u}{\partial x}x+u\right)+f_2\cdot\dfrac{\partial v}{\partial x},\\ \dfrac{\partial v}{\partial x}=g_1\cdot\left(\dfrac{\partial u}{\partial x}-1\right)+g_2\cdot\left(2vy\dfrac{\partial v}{\partial x}\right),\end{cases}$$

整理得

$$\begin{cases}(xf_1-1)\dfrac{\partial u}{\partial x}+f_2\dfrac{\partial v}{\partial x}=-uf_1,\\ g_1\dfrac{\partial u}{\partial x}+(2yvg_2-1)\dfrac{\partial v}{\partial x}=g_1,\end{cases}$$

由克拉默法则可解得

$$\dfrac{\partial u}{\partial x}=\dfrac{-uf_1(2yvg_2-1)-f_2g_1}{(xf_1-1)(2yvg_2-1)-f_2g_1},\quad \dfrac{\partial v}{\partial x}=\dfrac{g_1(xf_1+uf_1-1)}{(xf_1-1)(2yvg_2-1)-f_2g_1}.$$

五、多元函数极值的求法

1. 无条件极值

求函数 $z=f(x,y)$ 在其定义域 D 上的极值,是无条件极值问题.

求函数 $f(x,y)$ 极值的**解题程序**:

(1) 求驻点(可能极值点):

方程组 $\begin{cases}f_x(x,y)=0,\\ f_y(x,y)=0\end{cases}$ 的一切实数解,即是函数的驻点.

(2) 判定:用极值存在的充分条件判定所求驻点 $P_0(x_0,y_0)$ 是否为极值点.

算出二阶偏导数在点 $P_0(x_0,y_0)$ 的值:

$$A=f_{xx}(x_0,y_0),\quad B=f_{xy}(x_0,y_0),\quad C=f_{yy}(x_0,y_0).$$

1° 若 $B^2-AC<0$,

当 $A<0$(或 $C<0$)时,则 $P_0(x_0,y_0)$ 是函数 $f(x,y)$ 的极大值点;

当 $A>0$(或 $C>0$)时,则 $P_0(x_0,y_0)$ 是函数 $f(x,y)$ 的极小值点.

2° 若 $B^2-AC>0$,则 $P_0(x_0,y_0)$ 不是函数 $f(x,y)$ 的极值点.

3° 若 $B^2-AC=0$,则不能判定 $P_0(x_0,y_0)$ 是否为函数的极值点.

(3) 求出极值:由极值点求出相应的极值.见例 4~例 6.

注 (1) 驻点不一定是极值点.例如,点 $(0,0)$ 是函数 $z=y^2-x^2$ 的驻点,却不是极值点.

(2) 在偏导数不存在的点处,函数也可能取得极值.例如,函数 $z=\sqrt{x^2+y^2}$ 在点 $(0,0)$ 处偏导数不存在,但 $z\big|_{(0,0)}=0$ 是函数的极小值.

(3) $B^2-AC=0$ 时可能有极值,也可能无极值.例如,函数 $f(x,y)=y^2+x^3$ 和 $f(x,y)=(x^2+y^2)^2$ 在驻点 $(0,0)$ 处,均有 $B^2-AC=0$. 但易看出,在点 $(0,0)$ 处,$f(x,y)=y^2+x^3$ 无极值;而 $f(x,y)=(x^2+y^2)^2$ 有极小值.

2. 条件极值

求函数 $z=f(x,y)$,$(x,y)\in D$ 在约束条件 $g(x,y)=0$ 之下的极值,这是条件极值问题,这是在函数的定义域 D 上满足附加条件 $g(x,y)=0$ 的点中选取极值点.

求解条件极值问题一般有两种方法：

（1）把条件极值问题转化为无条件极值问题：

先从约束条件 $g(x,y)=0$ 中解出 y，即将 y 表示为 x 的函数：$y=\varphi(x)$；再把它代入函数 $z=f(x,y)$ 中，得到
$$z=f(x,\varphi(x)).$$
该一元函数的无条件极值就是二元函数 $z=f(x,y)$ 在约束条件 $g(x,y)=0$ 下的条件极值.

当从条件 $g(x,y)=0$ 解出 y 较困难时，此法就不适用.

（2）拉格朗日乘数法：

解题程序：

1° 先作辅助函数（称拉格朗日函数）
$$F(x,y)=f(x,y)+\lambda g(x,y),$$
其中 λ（称拉格朗日乘数）是待定常数.

2° 其次，求可能极值点. 对辅助函数求偏导数，并解方程组
$$\begin{cases} F_x(x,y)=f_x(x,y)+\lambda g_x(x,y)=0, \\ F_y(x,y)=f_y(x,y)+\lambda g_y(x,y)=0, \\ F_\lambda=g(x,y)=0. \end{cases}$$
一般情况是消去 λ，解出 x,y，则点 (x,y) 就是可能极值点.

3° 判定可能极值点是否为极值点：

这里不讲述判别的充分条件. 对应用问题，一般根据问题的实际意义来判定.

用拉格朗日乘数法解条件极值问题具有一般性，这种方法可推广到 n 元函数的情形.

3. 最大值与最小值问题

在有界闭区域 D 上连续的函数 $f(x,y)$ 一定有最大值和最小值. 求 $f(x,y)$ 最值的**解题程序：**

首先，求出 $f(x,y)$ 在 D 内部所有驻点、偏导数不存在点的函数值. 一般而言，这是无条件极值问题.

其次，求出 $f(x,y)$ 在 D 的边界点上的极值，一般而言，这是以 $f(x,y)$ 为目标函数，以 D 的边界曲线方程为约束条件的条件极值问题.

最后，比较，其中函数值最大（最小）者，即为 $f(x,y)$ 在 D 上的最大（最小）值. 见例7～例11.

这是一般方法，对于应用问题，若已经知道或能够判定函数在区域 D 的内部确实有最大（或最小）值，此时，若在 D 内函数仅有一个驻点，就可以断定，该驻点的函数值就是函数在区域 D 上的最大（或最小）值.

例1 从几何意义上判定下列极值：

（1）求函数 $z=x^2+y^2+1$ 的极小值；

（2）在约束条件 $x+y-3=0$ 之下，求函数 $z=x^2+y^2+1$ 的极小值.

解 (1) 这是无条件极值问题. 该函数的定义域 D 是 Oxy 平面, 这是在函数的定义域内确定函数的极小值点, 从而求函数的极小值.

从几何意义上看, $z = x^2 + y^2 + 1$ 是顶点在 $(0,0,1)$, 开口向上的旋转抛物面. 显然, 抛物面的顶点是曲面的最低点(图 6-3).

从极值意义看, 点 $(0,0)$ 是该函数的极小值点, $z = 1$ 是其极小值.

(2) 这是条件极值问题. 由于方程 $x + y - 3 = 0$ 在 Oxy 平面上是一条直线, 这样, 就是在 Oxy 平面上的这条直线上确定函数的极小值点, 从而求出函数的极小值.

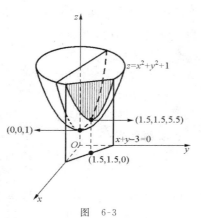

图 6-3

从几何意义上看, 方程 $x + y - 3 = 0$ 在空间直角坐标系下表示平行于 z 轴的平面. 这个极值问题就是要确定旋转抛物面 $z = x^2 + y^2 + 1$ 被平面 $x + y - 3 = 0$ 所截得的抛物线的顶点. 由图 6-3 可看出, 顶点的坐标是 $(1.5, 1.5, 5.5)$.

这就是, 点 $(1.5, 1.5)$ 是这个条件极值的极小值点, 而极小值 $z = 5.5$.

注 由此例知, 函数 $f(x, y)$ 的极值和函数在某条件下的极值是两类不同的问题. 从几何上看, 函数的极值是曲面 $z = f(x, y)$ 在某局部范围内的最高点和最低点. 由于 $g(x, y) = 0$ 在空间直角坐标系下表示母线平行 z 轴的柱面, 函数 $z = f(x, y)$ 在约束条件 $g(x, y) = 0$ 下的极值, 是曲面 $z = f(x, y)$ 和柱面的交线在某局部范围内的最高点和最低点.

例 2 已知函数 $f(x, y)$ 在点 $(0, 0)$ 的某邻域内连续, 且 $\lim\limits_{\substack{x \to 0 \\ y \to 0}} \dfrac{f(x,y) - f(0,0)}{x^2 - x\sin y + \sin^2 y} = A > 0$, 则( ).

(A) 点 $(0, 0)$ 是 $f(x, y)$ 的极大值点   (B) 点 $(0, 0)$ 是 $f(x, y)$ 的极小值点

(C) 点 $(0, 0)$ 不是 $f(x, y)$ 的极值点

(D) 根据所给条件无法判定点 $(0, 0)$ 是否为 $f(x, y)$ 的极值点

解 选(B). 由于在点 $(0, 0)$ 的某邻域内

$$x^2 - x\sin y + \sin^2 y = \left(x - \frac{1}{2}\sin y\right)^2 + \frac{3}{4}\sin^2 y > 0,$$

由极限的保号性及题设, 在点 $(0, 0)$ 的某空心邻域内, 有

$$f(x, y) - f(0, 0) > 0, \quad 即 \quad f(x, y) > f(0, 0).$$

由极值的定义知, $(0, 0)$ 是 $f(x, y)$ 的极小值点.

例 3 设 $f(x, y), \varphi(x, y)$ 均为可微函数, 且 $\varphi_y(x, y) \neq 0$, 已知 (x_0, y_0) 是 $f(x, y)$ 在约束条件 $\varphi(x, y) = 0$ 下的一个极值点, 则下列选项正确的是( ).

(A) 若 $f_x(x_0, y_0) = 0$, 则 $f_y(x_0, y_0) = 0$ (B) 若 $f_x(x_0, y_0) = 0$, 则 $f_y(x_0, y_0) \neq 0$

(C) 若 $f_x(x_0, y_0) \neq 0$, 则 $f_y(x_0, y_0) = 0$ (D) 若 $f_x(x_0, y_0) \neq 0$, 则 $f_y(x_0, y_0) \neq 0$

解 选(D). 若令拉格朗日函数 $F(x,y)=f(x,y)+\lambda\varphi(x,y)$,依题意,$(x_0,y_0)$满足

$$\begin{cases} F_x(x_0,y_0)=f_x(x_0,y_0)+\lambda\varphi_x(x_0,y_0)=0, & (1)\\ F_y(x_0,y_0)=f_y(x_0,y_0)+\lambda\varphi_y(x_0,y_0)=0, & (2)\\ \varphi(x_0,y_0)=0. \end{cases}$$

因为 $\varphi_y(x_0,y_0)\neq 0$,由(2)式得 $\lambda=-\dfrac{f_y(x_0,y_0)}{\varphi_y(x_0,y_0)}$,代入(1)式可得

$$f_x(x_0,y_0)\varphi_y(x_0,y_0)=\varphi_x(x_0,y_0)f_y(x_0,y_0).$$

当 $f_x(x_0,y_0)\neq 0$,$\varphi_x(x_0,y_0)\neq 0$ 时,上式左端不为零,从而右端也不为零,即 $f_y(x_0,y_0)\neq 0$.

例 4 求函数 $z=(1+e^y)\cos x-ye^y$ 的极值.

解 由方程组 $\begin{cases} z_x=-(1+e^y)\sin x=0\\ z_y=e^y(\cos x-1-y)=0 \end{cases}$ 可解得无穷多个驻点 $(k\pi,\cos k\pi-1)$,$k=0$,± 1,± 2,$\cdots$. 又

$$z_{xx}=-(1+e^y)\cos x,\quad z_{xy}=-e^y\sin x,\quad z_{yy}=e^y(\cos x-2-y).$$

当 $k=0,\pm 2,\pm 4,\cdots$ 时,驻点为 $(k\pi,0)$,这时 $A=z_{xx}=-2$,$B=z_{xy}=0$,$C=z_{yy}=-1$,$B^2-AC=-2<0$,$A=-2<0$. 所以,驻点 $(k\pi,0)$ 都为极大值点,函数有无穷多个极大值. 其值为 $z=(1+e^0)\cos k\pi=2$.

当 $k=\pm 1,\pm 3,\cdots$ 时,驻点为 $(k\pi,-2)$. 这时

$$A=z_{xx}=(1+e^{-2}),\quad B=z_{yy}=0,\quad C=z_{yy}=-e^{-2},$$
$$B^2-AC=(1+e^{-2})\cdot e^{-2}>0,$$

所以,驻点 $(k\pi,-2)$ 均非极值点.

例 5 求函数 $z=f(x,y)=(x^2+y^2)e^{-(x^2+y^2)}$ 的极值.

解 由方程组 $\begin{cases} f_x=2x(1-x^2-y^2)e^{-(x^2+y^2)}=0,\\ f_y=2y(1-x^2-y^2)e^{-(x^2+y^2)}=0 \end{cases}$ 得驻点 $(0,0)$ 和 $x^2+y^2=1$. 又

$$f_{xx}=[2(1-3x^2-y^2)-4x^2(1-x^2-y^2)]e^{-(x^2+y^2)},$$
$$f_{xy}=-4xy(2-x^2-y^2)e^{-(x^2+y^2)},$$
$$f_{yy}=[2(1-x^2-3y^2)-4y^2(1-x^2-y^2)]e^{-(x^2+y^2)}.$$

当 $x=0$,$y=0$ 时,$f_{xx}=2$,$f_{xy}=0$,$f_{yy}=2$. 因

$$(f_{xy})^2-f_{xx}\cdot f_{yy}=-4<0 \quad 且 \quad f_{xx}=2>0,$$

故函数 $f(x,y)$ 在点 $(0,0)$ 有极小值,其值 $f(0,0)=0$.

对满足 $x^2+y^2=1$ 的所有驻点有

$$f_{xx}=-4x^2 e^{-1},\quad f_{xy}=-4xy e^{-1},\quad f_{yy}=-4y^2 e^{-1}.$$

因 $(f_{xy})^2-f_{xx}\cdot f_{yy}=0$,故不能确定是否为极值.

考虑函数 $f(t)=te^{-t}$ 的极值:

由 $f'(t)=e^{-t}(1-t)=0$ 得驻点 $t=1$;又 $f''(t)=e^{-t}(t-2)$,$f''(1)=-e^{-1}<0$,故 $f(t)$ 在 $t=1$ 时有极大值,其值 $f(1)=e^{-1}$.

由此知函数 $f(x,y)=(x^2+y^2)\mathrm{e}^{-(x^2+y^2)}$，当 $x^2+y^2=1$ 时有极大值 $z=\mathrm{e}^{-1}$.

例 6 求由方程 $2x^2+2y^2+z^2+8xz-z+8=0$ 所确定的隐函数 $z=f(x,y)$ 的极值.

解 隐函数求极值与显函数求极值的方法基本一致.

先求驻点. 已知方程分别对 x，对 y 求偏导数，得

$$\begin{cases} 4x+2zz_x+8z+8xz_x-z_x=0, & (3) \\ 4y+2zz_y+8xz_y-z_y=0. & (4) \end{cases}$$

令(3)式，(4)式中的 $z_x=0, z_y=0$ 得 $x+2z=0, y=0$. 将此两个方程与方程 $2x^2+2y^2+z^2+8xz-z+8=0$ 联立，解之得驻点 $x_1=\dfrac{16}{7}, y_1=0$ 和 $x_2=-2, y_2=0$. 这时 $z_1=-\dfrac{8}{7}, z_2=1$.

判定. 分别将(3)式对 x 求导，(3)式对 y 求导，(4)式对 y 求导得

$$\begin{cases} 4+2z_x^2+2zz_{xx}+8z_x+8z_x+8xz_{xx}-z_{xx}=0, \\ 2z_yz_x+2zz_{xy}+8z_y+8xz_{xy}-z_{xy}=0, \\ 4+2z_y^2+2zz_{yy}+8xz_{yy}-z_{yy}=0. \end{cases} \quad (5)$$

当 $x_1=\dfrac{16}{7}, y_1=0, z_1=-\dfrac{8}{7}$ 时(这时必有 $z_x=0, z_y=0$)，由方程组(5)得 $A=z_{xx}=-\dfrac{4}{15}$，$B=z_{xy}=0, C=z_{yy}=-\dfrac{4}{15}$. 因 $B^2-AC=0-\left(-\dfrac{4}{15}\right)^2<0, A=-\dfrac{4}{15}<0$，故 $z=-\dfrac{8}{7}$ 是极大值.

当 $x_2=-2, y_2=0, z_2=1$ 时，由方程组(5)得 $A=z_{xx}=\dfrac{4}{15}$，$B=z_{xy}=0, C=z_{yy}=\dfrac{4}{15}$. 因 $B^2-AC<0, A>0$，故 $z=1$ 是极小值.

例 7 求函数 $f(x,y)=x^2-y^2+2$ 在椭圆域 $D=\left\{(x,y)\,\Big|\,x^2+\dfrac{y^2}{4}\leqslant 1\right\}$ 上的最大值与最小值.

解 先在区域 D 内部，即在 $x^2+\dfrac{y^2}{4}<1$ 时，求函数驻点的函数值. 由

$$f_x(x,y)=2x=0, \quad f_y(x,y)=-2y=0,$$

得唯一驻点 $(0,0)$，这时，$f(0,0)=2$.

其次在区域 D 的边界上，即在椭圆 $x^2+\dfrac{1}{4}y^2=1$ 上考虑函数的极值. 作辅助函数

$$F(x,y)=x^2-y^2+2+\lambda\left(x^2+\dfrac{y^2}{4}-1\right),$$

将 $F_x=2x+2\lambda x=0, F_y=-2y+\dfrac{\lambda}{2}y=0$ 与 $F_\lambda=x^2+\dfrac{y^2}{4}-1=0$ 联立可解得四个点 $(0,2)$，$(0,-2), (1,0), (-1,0)$. 而相应的函数值

$$f(0,2)=-2, \quad f(0,-2)=-2, \quad f(1,0)=3, \quad f(-1,0)=3.$$

最后，比较可知，最大值为 3，最小值为 -2.

例 8 求函数 $f(x,y)=x+xy-x^2-y^2$ 在闭区域 $D=\{(x,y)\,|\,0\leqslant x\leqslant 1, 0\leqslant y\leqslant 2\}$ 上的最大值和最小值.

解 在 $0<x<1, 0<y<2$ 时，由
$$f_x(x,y)=1+y-2x=0, \quad f_y(x,y)=x-2y=0,$$
得 $x=\dfrac{2}{3}, y=\dfrac{1}{3}, f\left(\dfrac{2}{3},\dfrac{1}{3}\right)=\dfrac{1}{3}.$

讨论 $f(x,y)$ 在 D 边界上(图 6-4)的极值.

在 D 的下边界线上，其方程为 $y=0, 0\leqslant x\leqslant 1$. 这是约束条件.

令 $F(x,y)=x+xy-x^2-y^2+\lambda y$. 将方程 $F_x=1+y-2x=0$, $F_y=x-2y+\lambda=0, F_\lambda=y=0$ 联立，可解得 $x=\dfrac{1}{2}, y=0, f\left(\dfrac{1}{2},0\right)=\dfrac{1}{4}.$

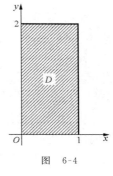

图 6-4

在下面边界线上的端点 $(0,0)$ 和 $(1,0)$，有 $f(0,0)=0, f(1,0)=0$. 同理可以求出：

在 D 的上边界线上，其方程为 $y=2, 0\leqslant x\leqslant 1$，有 $f\left(\dfrac{3}{2},2\right)=-\dfrac{7}{4}$, $f(0,2)=-4, f(2,2)=-2$ ($(0,2)$ 和 $(2,2)$ 是边界线上的端点).

在 D 的左边界线上，其方程为 $x=0, 0\leqslant y\leqslant 2$. 此时偏导数 $F_x=0, F_y=0, F_\lambda=0$ 的联立方程组无解.

在 D 的右边界线上，其方程为 $x=1, 0\leqslant y\leqslant 2$，有 $f(1,1)=0.$

比较以上各函数值, $f(x,y)$ 在闭区域 D 上的最大值为 $\dfrac{1}{3}$，最小值为 -4.

例 9 设抛物面 $z=x^2+y^2$ 被平面 $x+y+z=1$ 所截得一椭圆，求此椭圆上的点到原点的最短距离.

解 设椭圆上点的坐标为 (x,y,z)，则它到原点的距离为 $d=\sqrt{x^2+y^2+z^2}$. 为计算简便，令
$$u=d^2=x^2+y^2+z^2.$$
这是条件极值问题，目标函数为上式. 因点 P 既在抛物面 $z=x^2+y^2$ 上，又在平面 $x+y+z=1$ 上，所以约束条件为 $x^2+y^2-z=0$ 和 $x+y+z-1=0$. 令
$$F(x,y,z)=x^2+y^2+z^2+\lambda_1(x^2+y^2-z)+\lambda_2(x+y+z-1).$$

解方程组
$$\begin{cases} F_x=2x+2\lambda_1 x+\lambda_2=0, \\ F_y=2y+2\lambda_1 y+\lambda_2=0, \\ F_z=2z-\lambda_1+\lambda_2=0, \\ x^2+y^2-z=0, \\ x+y+z-1=0. \end{cases}$$

由前两式的对称性知 $x=y$，将 $x=y$ 代入第 4 和第 5 式，得 $\begin{cases} 2x^2-z=0, \\ 2x+z-1=0. \end{cases}$ 两式相加消去 z,

得 $2x^2+2x-1=0$. 解得 $x=\dfrac{-1\pm\sqrt{3}}{2}$，于是 $z=2\mp\sqrt{3}$，$y=\dfrac{-1\pm\sqrt{3}}{2}$.

由问题的几何意义知最大值、最小值存在. 所以

当 $x=y=\dfrac{-1-\sqrt{3}}{2}$，$z=2+\sqrt{3}$ 时，点 P 到原点的距离最长，其距离为
$$d=\sqrt{9+5\sqrt{3}}.$$

当 $x=y=\dfrac{-1+\sqrt{3}}{2}$，$z=2-\sqrt{3}$ 时，点 P 到原点的距离最短，其距离为
$$d=\sqrt{9-5\sqrt{3}}.$$

例 10 过椭圆 $3x^2+2xy+3y^2=1$ 上任意点作椭圆的切线，试求诸切线与两坐标轴所围成的三角形面积的最小值.

分析 假设过椭圆上的点 (a,b) 作切线，应先求出切线与坐标轴所围成的面积 S. S 可看做是 a,b 的函数，这是目标函数. 由于点 (a,b) 在椭圆上，它应满足椭圆方程，这是约束条件.

解 为求面积，需先求切线. 椭圆方程两端对 x 求导得
$$6x+2y+2xy'+6yy'=0, \quad 即 \quad \dfrac{dy}{dx}=-\dfrac{3x+y}{x+3y}.$$

若设 (a,b) 为椭圆上任一点，则在点 (a,b) 处的切线斜率是 $-\dfrac{3a+b}{a+3b}$，所以切线方程为 $y-b=-\dfrac{3a+b}{a+3b}(x-a)$，它与坐标轴的交点是 $\left(\dfrac{(a+3b)b}{3a+b}+a,0\right)$ 和 $\left(0,\dfrac{(3a+b)a}{a+3b}+b\right)$. 所以，切线与坐标轴所围的面积为
$$S=\dfrac{1}{2}\left|\left[\dfrac{(a+3b)b}{3a+b}+a\right]\cdot\left[\dfrac{(3a+b)a}{a+3b}+b\right]\right|=\dfrac{1}{2}\left|\dfrac{(3a^2+2ab+3b^2)^2}{(3a+b)(a+3b)}\right|.$$

因为点 (a,b) 在椭圆上，所以 $3a^2+2ab+3b^2=1$，从而
$$S=\dfrac{1}{2}\left|\dfrac{1}{(3a+b)(a+3b)}\right|.$$

由此，只需求函数 $f(a,b)=(3a+b)(a+3b)$ 在条件：$3a^2+2ab+3b^2=1$ 下的极值即可. 为此，令
$$F(a,b)=(3a+b)(a+3b)+\lambda(3a^2+2ab+3b^2-1).$$

由
$$\begin{cases}\dfrac{\partial F}{\partial a}=6a+10b+6a\lambda+2b\lambda=0,\\[4pt]\dfrac{\partial F}{\partial b}=10a+6b+2a\lambda+6b\lambda=0,\\[4pt]3a^2+2ab+3b^2-1=0\end{cases}$$

解得 $(3a+5b)(a+3b)-(5a+3b)(3a+b)=0$，即 $a=\pm b$.

将 $a=\pm b$ 代入椭圆方程得 $8b^2=1$ 或 $4b^2=1$. 由此得

$$\begin{cases} b=\pm\sqrt{2}/4, \\ a=\pm\sqrt{2}/4 \end{cases} \text{或} \quad \begin{cases} b=\pm 1/2, \\ a=\pm 1/2. \end{cases}$$

由所得 a,b 的值,得 $S=1/4$ 或 $S=1/2$,所以诸切线与坐标轴所围成的三角形面积的最小值是 $1/4$.

例 11 利用求条件极值的方法证明:对任何正数 a,b,c 成立不等式

$$abc^3 \leqslant 27\left(\frac{a+b+c}{5}\right)^5.$$

证 对正数 a,b,c,设 $a+b+c=l$,则问题就转化为求函数 $f(a,b,c)=abc^3$ 在约束条件 $a+b+c=l$ 下的条件极值.

令 $F(a,b,c)=abc^3+\lambda(a+b+c-l)$. 将 $F_a=bc^3+\lambda=0, F_b=ac^3+\lambda=0, F_c=3abc^2+\lambda=0$,与 $F_\lambda=a+b+c-l=0$ 联立,解联立方程组得 $a=b=\dfrac{l}{5}, c=\dfrac{3}{5}l$.

驻点唯一,$f(a,b,c)$ 在该点取最大值,即

$$abc^3 \leqslant \left(\frac{l}{5}\right)^2 \cdot \left(\frac{3}{5}l\right)^3 = 27\left(\frac{a+b+c}{5}\right)^5.$$

六、多元函数极值在经济中的应用

例 1(多种产品的产量决策) 设某工厂生产两种产品,总成本函数、两种产品的需求函数分别为

$$C=Q_1^2+2Q_1Q_2+Q_2^2+5, \quad Q_1=26-P_1, \quad Q_2=10-\frac{1}{4}P_2.$$

为使利润最大,试确定两种产品的产量及最大利润.

解 由题设,总收益函数是

$$R=R_1+R_2=P_1Q_1+P_2Q_2=(26-Q_1)Q_1+(40-4Q_2)Q_2,$$

利润函数是

$$\pi=R-C=26Q_1+40Q_2-2Q_1^2-2Q_1Q_2-5Q_2^2-5.$$

由极值存在的必要条件和充分条件可求得,产量分别为 $Q_1=5$ 和 $Q_2=3$ 时,利润最大,最大利润为 $\pi=120$.

例 2(价格差别的销量决策) 某工厂的同一种产品分销两个独立市场,两个市场的需求情况不同,设价格函数分别为 $P_1=60-3Q_1, P_2=20-2Q_2$,厂商的总成本函数为

$$C=12Q+4, \quad Q=Q_1+Q_2.$$

工厂以最大利润为目标,求投放每个市场的销量,并确定此时每个市场的价格.

解 依题设,两个市场的收益函数分别为

$$R_1 = Q_1 P_1 = 60Q_1 - 3Q_1^2, \quad R_2 = Q_2 P_2 = 20Q_2 - 2Q_2^2.$$

利润函数为

$$\pi = R_1 + R_2 - C = 48Q_1 + 8Q_2 - 3Q_1^2 - 2Q_2^2 - 4.$$

可解得,投放每个市场的销量分别为 $Q_1 = 8$ 和 $Q_2 = 2$ 时,厂商的利润最大,此时产品的价格分别为 $P_1 = 36, P_2 = 16$.

例 3(成本差别的产量决策) 一厂商经营两个工厂,生产同一种产品在同一市场销售,两个工厂的成本函数分别为

$$C_1 = 3Q_1^2 + 2Q_1 + 6, \quad C_2 = 2Q_2^2 + 2Q_2 + 4,$$

而价格函数为

$$P = 74 - 6Q, \quad Q = Q_1 + Q_2.$$

厂商追求最大利润,试确定每个工厂的产出.

解 厂商的收益函数为

$$R = PQ = 74Q - 6Q^2 = 74(Q_1 + Q_2) - 6(Q_1 + Q_2)^2,$$

利润函数为

$$\pi = R - C_1 - C_2 = 72Q_1 + 72Q_2 - 9Q_1^2 - 8Q_2^2 - 12Q_1Q_2 - 10.$$

可求得,每个工厂的产出分别为 $Q_1 = 2, Q_2 = 3$ 时,厂商的利润最大.

例 4(利润最大的要素投入决策) 设生产函数为 $Q = 8K^{\frac{1}{4}} L^{\frac{1}{2}}$,产品的价格 $P = 4$,而投入的价格 $P_K = 8, P_L = 4$.

(1) 求使利润最大化的投入水平、产出水平和最大利润;

(2) 若产品的生产过程为 $t = 1/2$ 年,贴现率 $r = 0.06$,最大利润为多少?

解 (1) 依题设,利润函数

$$\pi = R - C = PQ - (P_K K + P_L L) = 32K^{\frac{1}{4}} L^{\frac{1}{2}} - 8K - 4L,$$

由极值存在的必要条件,有

$$\begin{cases} \dfrac{\partial \pi}{\partial K} = 8K^{-\frac{3}{4}} L^{\frac{1}{2}} - 8 = 0, \\ \dfrac{\partial \pi}{\partial L} = 16K^{\frac{1}{4}} L^{-\frac{1}{2}} - 4 = 0. \end{cases}$$

解方程组得 $K = 16, L = 64$. 可以验证极值的充分条件满足,故投入 $K = 16, L = 64$ 时,利润最大.

将 $K = 16, L = 64$ 分别代入生产函数和利润函数,得到利润最大时的产出水平 $Q = 128$,最大利润 $\pi = 512 - 384 = 128$.

(2) 当 $t = \dfrac{1}{2}, r = 0.06$ 时,利润函数是

$$\pi = PQ\mathrm{e}^{-rt} - (P_K K + P_L L) = 32\mathrm{e}^{-0.03} K^{\frac{1}{4}} L^{\frac{1}{2}} - 8K - 4L.$$

因利润最大时的投入水平不变,取 $\mathrm{e}^{-0.03} = 0.9704$,这时的最大利润为

$$\pi = 512 \times 0.9704 - 384 = 113.$$

例 5（成本最低的要素投入决策） 设生产函数和成本函数分别为
$$Q = f(K, L) = 8K^{\frac{1}{4}}L^{\frac{1}{2}}, \quad C = P_K K + P_L L = 2K + 4L,$$
当产量 $Q_0 = 64$ 时，求成本最低的投入组合及最低成本.

解 依题意，这是在约束条件 $64 = 8K^{\frac{1}{4}}L^{\frac{1}{2}}$ 之下，求成本函数的最小值. 作拉格朗日函数
$$F(K, L) = 2K + 4L + \lambda(64 - 8K^{\frac{1}{4}}L^{\frac{1}{2}}).$$

解方程组 $\begin{cases} F_K = 2 - 2\lambda K^{-\frac{3}{4}}L^{\frac{1}{2}} = 0, \\ F_L = 4 - 4\lambda K^{\frac{1}{4}}L^{-\frac{1}{2}} = 0, \\ 64 - 8K^{\frac{1}{4}}L^{\frac{1}{2}} = 0. \end{cases}$ 可得 $K = 16, L = 16$.

因可能取极值的点唯一，且实际问题存在最小值，故当投入 $K = L = 16$ 时，成本最低，最低成本为 $C = 2 \times 16 + 4 \times 16 = 96$.

例 6（产量最高的要素投入决策） 设生产函数和成本函数分别为
$$Q = f(K, L) = 50K^{\frac{2}{3}}L^{\frac{1}{3}}, \quad C = P_K K + P_L L = 6K + 4L,$$
若成本预算 $C_0 = 72$ 时，试确定两种要素的投入量以使产量最高，并求最高产量.

解 这是在约束条件 $72 = 6K + 4L$ 下，求生产函数的最大值. 令
$$F(K, L) = 50K^{\frac{2}{3}}L^{\frac{1}{3}} + \lambda(72 - 6K - 4L).$$

可以求得当 $K = 8, L = 6$ 时，产量最高. 最高产量 $Q = 200\sqrt[3]{6}$.

注 若生产函数和成本函数分别为 $Q = AK^\alpha L^\beta, C = P_K K + P_L L$，可以推得：

(1) 预计产量为 Q_0 时，当
$$K = \left(\frac{Q_0}{A}\right)^{\frac{1}{\alpha+\beta}}\left(\frac{\alpha P_L}{\beta P_K}\right)^{\frac{\beta}{\alpha+\beta}}, \quad L = \left(\frac{Q_0}{A}\right)^{\frac{1}{\alpha+\beta}}\left(\frac{\beta P_K}{\alpha P_L}\right)^{\frac{\alpha}{\alpha+\beta}}$$
时，成本最低.

(2) 成本预算为 C_0 时，当 $K = \dfrac{\alpha C_0}{(\alpha+\beta)P_K}$, $L = \dfrac{\beta C_0}{(\alpha+\beta)P_L}$ 时，产量最高.

例 7 已知生产函数和成本函数分别为
$$Q = A(aK^\alpha + bL^\alpha)^{\frac{1}{\alpha}} (A > 0, \alpha > 0, a + b = 1), \quad C = P_K K + P_L L.$$
当成本预算为 M 时，试确定两种要素的投入量，以使产量达到最高.

分析 这是在成本约束下求生产函数的最大值. 将生产函数改写为
$$\left(\frac{Q}{A}\right)^\alpha = aK^\alpha + bL^\alpha,$$
当 $\alpha > 0$ 时，$\left(\dfrac{Q}{A}\right)^\alpha$ 是 Q 的递增函数，因此，求得 $\left(\dfrac{Q}{A}\right)^\alpha$ 的最大值，自然也达到了 Q 的最大值.

解 令 $F(K, L) = \left(\dfrac{Q}{A}\right)^\alpha + \lambda(M - P_K K - P_L L)$，即

$$F(K,L) = aK^\alpha + bL^\alpha + \lambda(M - P_K K - P_L L).$$

解方程组

$$\begin{cases} F_K = a\alpha K^{\alpha-1} - \lambda P_K = 0, & (1) \\ F_L = b\alpha L^{\alpha-1} - \lambda P_L = 0, & (2) \\ M - P_K K - P_L L = 0. & (3) \end{cases}$$

由(1)式与(2)式的比,得

$$\frac{aK^{\alpha-1}}{bL^{\alpha-1}} = \frac{P_K}{P_L} \quad \text{或} \quad \left(\frac{K}{L}\right)^{\alpha-1} = \frac{bP_K}{aP_L}.$$

由上式得 $K = \left(\frac{b}{a}\right)^{\frac{1}{\alpha-1}} \left(\frac{P_K}{P_L}\right)^{\frac{1}{\alpha-1}} \cdot L$. 令 $\frac{1}{\alpha-1} = s$,并将 K 的表示式代入(3)式,有

$$P_K \left(\frac{b}{a}\right)^s \left(\frac{P_K}{P_L}\right)^s \cdot L + P_L L = M,$$

可解得 $L = \dfrac{Ma^s P_L^s}{a^s P_L^{1+s} + b^s P_K^{1+s}}$, $K = \dfrac{Mb^s P_K^s}{a^s P_L^{1+s} + b^s P_K^{1+s}}$. 因驻点唯一,且实际问题存在最大值,故两种要素投入分别由上式表示时,产量最高.

注 (1) 本例求 $\left(\dfrac{Q}{A}\right)^\alpha$ 的极值比直接求 Q 的极值较简单.

(2) 本例中的 α,也可 $\alpha<0$,这时 $\left(\dfrac{Q}{A}\right)^\alpha$ 是 Q 的递减函数,求 $\left(\dfrac{Q}{A}\right)^\alpha$ 的最小值将得到 Q 的最大值.

例 8(效用[①]最大的时间决策) 假设消费者可将每天的时间 $H(H=24$ 小时)分为工作时间 x 与休息时间 t(x,t 均以小时为单位). 若每小时的工资率为 r,则他每天的工作收入 $Y=rx$. 如果表示其选择工作与休息时间的效用函数为

$$U = atY - bY^2 - ct^2 \quad (a,b,c > 0).$$

(1) 为使其每天的效用最大,他每天应工作多少小时?

(2) 若按税率 $s(0<s<1)$ 交纳收入税,他每天的工作时间应是多少小时?

解 依题设,$H = x + t$, $Y = rx$.

(1) 这是以效用函数为目标函数,以 $H = x + t$ 为约束条件的极值问题. 作拉格朗日函数,并把效用函数中的 Y 以 rx 代入,有

$$F(x,t) = atrx - br^2 x^2 - ct^2 + \lambda(x + t - H).$$

将方程 $F_x = art - 2br^2 x + \lambda = 0$, $F_t = arx - 2ct + \lambda = 0$, $F_\lambda = x + t - H = 0$ 联立,可解得

$$x_0 = \frac{(ar + 2c)H}{2(ar + br^2 + c)} \text{(小时)}. \tag{4}$$

因驻点唯一,而实际问题有最大值,故每天工作时数为 x_0 时,效用最大.

[①] 效用就是商品或劳务满足人的欲望或需要的能力. 人们可以在条件允许的限度内,做出恰当的选择,以使效用最大.

(2) 由于征收税率为 $s(0<s<1)$ 的收入税,消费者所交税额为 sY,其每天的收入为
$$Y-sY=(1-s)Y=(1-s)rx.$$
若令 $r_s=(1-s)r$,用 r_s 代替(4)式中的 r,便可得到纳税后的日工作时数
$$x_0=\frac{(ar_s+2c)H}{2(ar_s+br_s^2+c)}=\frac{[a(1-s)r+2c]H}{2[a(1-s)r+b(1-s)^2r^2+c]}(\text{小时}).$$

七、二重积分的概念与性质

二重积分是定积分的推广:被积函数由一元函数 $y=f(x)$ 推广到二元函数 $z=f(x,y)$;积分范围由 x 轴上的闭区间 $[a,b]$ 推广到 Oxy 平面上的有界闭区域 D. 二重积分的定义、性质与一元函数的定积分类似.

例1 下列不等式中正确的是( ).

(A) $\iint\limits_{\substack{|x|\leqslant 1\\|y|\leqslant 1}}(x-1)\mathrm{d}\sigma>0$ (B) $\iint\limits_{\substack{|x|\leqslant 1\\|y|\leqslant 1}}(y-1)\mathrm{d}\sigma>0$

(C) $\iint\limits_{\substack{|x|\leqslant 1\\|y|\leqslant 1}}(x+1)\mathrm{d}\sigma>0$ (D) $\iint\limits_{x^2+y^2\leqslant 1}(-x^2-y^2)\mathrm{d}\sigma>0$

解 选(C). 由二重积分的定义知,在 D 上,仅当 $f(x,y)>0$ 时,有 $\iint\limits_D f(x,y)\mathrm{d}\sigma>0$.

在 $D=\{(x,y)\mid |x|\leqslant 1,|y|\leqslant 1\}$ 上,显然,$f(x,y)=x-1>0$,$f(x,y)=y-1>0$ 并不总成立,而 $f(x,y)=x+1\geqslant 0$(只有 $x=-1$ 时,等号成立)总成立.

在 $D_1=\{(x,y)\mid x^2+y^2\leqslant 1\}$ 上,$f(x,y)=-x^2-y^2\leqslant 0$.

例2 设 $I_1=\iint\limits_D\cos\sqrt{x^2+y^2}\mathrm{d}\sigma$,$I_2=\iint\limits_D\cos(x^2+y^2)\mathrm{d}\sigma$,$I_3=\iint\limits_D\cos(x^2+y^2)^2\mathrm{d}\sigma$,其中 $D=\{(x,y)\mid x^2+y^2\leqslant 1\}$,则( ).

(A) $I_3>I_2>I_1$ (B) $I_1>I_2>I_3$ (C) $I_2>I_1>I_3$ (D) $I_3>I_1>I_2$

解 选(A). 在积分区域 D 上,有 $(x^2+y^2)^2\leqslant x^2+y^2\leqslant\sqrt{x^2+y^2}$,从而
$$\cos(x^2+y^2)^2\geqslant\cos(x^2+y^2)\geqslant\cos\sqrt{x^2+y^2} \quad (\text{等号仅在 }D\text{ 的边界上成立}).$$
由于三个被积函数在 D 上连续,根据二重积分的性质可知 $I_3>I_2>I_1$.

例3 设 D_1 是正方形区域,D_2 是 D_1 的内切圆,D_3 是 D_1 的外接圆,D_1 的中心点在 $(1,1)$ 处. 记
$$I_1=\iint\limits_{D_1}\mathrm{e}^{-x^2-y^2}\mathrm{d}\sigma,\quad I_2=\iint\limits_{D_2}\mathrm{e}^{-x^2-y^2}\mathrm{d}\sigma,\quad I_3=\iint\limits_{D_3}\mathrm{e}^{-x^2-y^2}\mathrm{d}\sigma,$$
则 I_1,I_2,I_3 的大小顺序是( ).

(A) $I_1\leqslant I_2\leqslant I_3$ (B) $I_2\leqslant I_1\leqslant I_3$ (C) $I_3\leqslant I_1\leqslant I_2$ (D) $I_3\leqslant I_2\leqslant I_1$

解 选(B). 因三个二重积分的被积函数一样,均为正值函数,且连续;又 $D_2 \subset D_1 \subset D_3$,故由二重积分的几何意义可知,$I_2 \leqslant I_1 \leqslant I_3$.

例 4 设 $D=\{(x,y) \mid 0 \leqslant x \leqslant 2, 0 \leqslant y \leqslant 4\}$,估计 $I = \iint_D \dfrac{1}{\ln(2+x+y)} \mathrm{d}\sigma$ 的值.

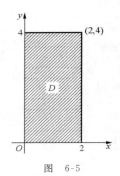

图 6-5

解 D(图 6-5)的面积是 8. 由积分中值定理,存在点 $(\xi,\eta) \in D$,使
$$I = \dfrac{1}{\ln(2+\xi+\eta)} \iint_D \mathrm{d}\sigma = \dfrac{8}{\ln(2+\xi+\eta)}.$$
因 $\ln 2 = \ln(2+0+0) \leqslant \ln(2+\xi+\eta) \leqslant \ln(2+2+4) = 3\ln 2$,故
$$\dfrac{8}{3\ln 2} \leqslant I \leqslant \dfrac{8}{\ln 2}.$$

例 5 设 $f(x,y)$ 是连续函数,求 $\lim\limits_{t \to 0^+} \dfrac{1}{t^2} \iint_{x^2+y^2 \leqslant t^2} f(x,y) \mathrm{d}\sigma$.

解 根据积分中值定理,存在点 $(\xi,\eta) \in D$,使
$$\iint_{x^2+y^2 \leqslant t^2} f(x,y) \mathrm{d}\sigma = f(\xi,\eta) \cdot \pi t^2.$$
当 $t \to 0^+$ 时,$(\xi,\eta) \to (0,0)$,又 $f(x,y)$ 连续,于是
$$I = \lim_{t \to 0^+} f(\xi,\eta) \cdot \dfrac{\pi t^2}{t^2} = \pi f(0,0).$$

例 6 证明 $\iint_{|x|+|y| \leqslant 1} (2\sqrt{xy} + x^2 + 3|xy| + y^2) \mathrm{d}x\mathrm{d}y \leqslant \dfrac{9}{2}$.

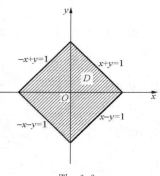

图 6-6

分析 这是一个估计积分值的问题. 积分区域 D 如图 6-6,它的面积为 2,因此若能推出被积函数的值不超过 9/4 即可得到所要证的不等式. 在推算被积函数值的时候,要注意利用 D 给出的不等式 $|x|+|y| \leqslant 1$.

证 由于
$$\begin{aligned}
f(x,y) &= 2\sqrt{|xy|} + x^2 + 3|xy| + y^2 \\
&= (|xy| + 2\sqrt{|xy|} + 1) + (x^2 + 2|xy| + y^2) - 1 \\
&= (\sqrt{|xy|} + 1)^2 + (|x| + |y|)^2 - 1 \\
&\leqslant \left(\dfrac{|x|+|y|}{2} + 1\right)^2 + (|x|+|y|)^2 - 1 \\
&\leqslant (1/2+1)^2 + 1^2 - 1 = 9/4,
\end{aligned}$$
这里利用了不等式 $ab \leqslant \dfrac{a^2+b^2}{2}$,所以
$$\iint_{|x|+|y| \leqslant 1} (2\sqrt{|xy|} + x^2 + 3|xy| + y^2) \mathrm{d}x\mathrm{d}y \leqslant \dfrac{9}{4} \times 2 = \dfrac{9}{2}.$$

八、在直角坐标系下计算二重积分

1. 解题程序与计算公式

解题程序：

(1) 画出积分区域 D 的草图.

(2) 将二重积分化为二次积分,选择积分次序,并确定相应的积分上限和下限：

1° 根据 D 的形状选择积分次序,以将 D 不分块或少分块（必须分块时）为好. 见本节例 3,例 4.

2° 根据被积函数 $f(x,y)$ 选择积分次序,以积分简便或能够进行积分为原则. 见例 5,例 7. 特别地,当被积函数仅为 x（或 y）的函数时,一般应先对 y（或 x）积分. 见例 6.

(3) 计算二次积分.

将二重积分化为二次积分的思路与公式：

(1) 矩形区域 $D = \{(x,y) \mid a \leqslant x \leqslant b, c \leqslant y \leqslant d\}$,则

$$\iint\limits_D f(x,y)\mathrm{d}x\mathrm{d}y = \int_a^b \mathrm{d}x \int_c^d f(x,y)\mathrm{d}y = \int_c^d \mathrm{d}y \int_a^b f(x,y)\mathrm{d}x.$$

特别地,当 $f(x,y) = f_1(x) \cdot f_2(y)$ 时（见例 1），

$$\iint\limits_D f(x,y)\mathrm{d}x\mathrm{d}y = \left(\int_a^b f_1(x)\mathrm{d}x\right) \cdot \left(\int_c^d f_2(y)\mathrm{d}y\right). \tag{1}$$

(1)式是将矩形区域上的二重积分写成两个定积分的乘积. 反之,两个定积分的乘积也可看做是矩形区域上的二重积分. 利用这种思路不仅可以证明有关定积分的等式或不等式（见本章第十一节）,而且还有下面的应用.

定积分的二次积分解法 当定积分的被积函数或其中一部分易于表为积分限的函数时,可考虑将其化为矩形区域上的二次积分来求解. 见例 2.

(2) X 型区域（图 6-7）$D = \{(x,y) \mid a \leqslant x \leqslant b, \varphi_1(x) \leqslant y \leqslant \varphi_2(x)\}$,则

$$\iint\limits_D f(x,y)\mathrm{d}x\mathrm{d}y = \int_a^b \mathrm{d}x \int_{\varphi_1(x)}^{\varphi_2(x)} f(x,y)\mathrm{d}y.$$

对 X 型区域 D,是先对 y 后对 x 积分. 在确定积分限时,**先确定 x 后确定 y 的积分限**.

对 x 的积分限是：区域 D 的从左到右的最大变动范围的左端点与右端点的横坐标分别是积分下限、上限,或者说区域 D 在 x 轴上的投影区间 $[a,b]$ 是对 x 积分的区间.

对 y 的积分限是：在区间 (a,b) 内,由下向上作 x 轴的垂线,先交于区域 D 的边界线 $y = \varphi_1(x)$,则它为积分下限；后交于区域 D 的边界线 $y = \varphi_2(x)$,则它为积分上限.

对 X 型区域 D,垂直于 x 轴的直线 $x = x_0 (a < x_0 < b)$ 至多于区域 D 的边界交于两点.

(3) Y 型区域（图 6-8）$D = \{(x,y) \mid c \leqslant y \leqslant d, \psi_1(y) \leqslant x \leqslant \psi_2(y)\}$,则

$$\iint_D f(x,y)\mathrm{d}x\mathrm{d}y = \int_c^d \mathrm{d}y \int_{\psi_1(y)}^{\psi_2(y)} f(x,y)\mathrm{d}x.$$

确定积分限的方法与前述类似.

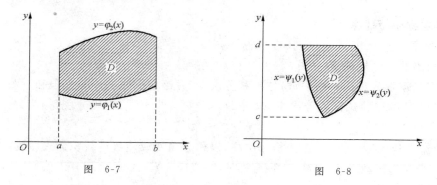

图 6-7　　　　　　　　图 6-8

2. D 需先分块再计算二重积分的常见情形

(1) D 不是 X 型或 Y 型区域：当 D 与平行于坐标轴的直线的交点多于两个,这时,需用平行于坐标轴的直线将 D 分块,使其部分区域或为 X 型区域,或为 Y 型区域.

(2) 被积函数含有绝对值符号：为去掉被积函数中的绝对值符号,需用使绝对值中的函数等于零的曲线将 D 分块. 见例 17,例 18,本章第九节 7.

(3) 被积函数的表示式分区域给出：需将 D 按所给分区域相应地分块. 见例 19,例 20.

3. 交换二次积分的积分次序

解题程序：

(1) 由给定的二次积分的积分限确定**原二重积分的区域** D,一般情况要画出 D 的图形.

(2) 由 D 按新的积分次序**确定积分限**,并写出二次积分.

交换二次积分次序**需注意**的是,所给二次积分必须符合二重积分化为二次积分的**定限原则**：内层积分和外层积分的积分限必须下限小,上限大. 若所给二次积分(特别注意内层积分)不符合定限原则,必须用定积分的性质,交换上下限. 见例 15.

需要交换二次积分次序的常见情形：

(1) 交换二次积分次序,**可简化计算**.

1° 先对 x(或 y)后对 y(或 x)的积分,而被积函数仅为 x(或 y)的函数,其原函数又不易求出.

2° 按给定的二次积分,内层积分计算较繁,或使外层积分计算较繁. 见例 16.

(2) 按给定的二次积分,内层积分**无法计算**. 见例 14,例 15.

如被积函数 $f(x,y)$ 中关于 x 的函数为 $\mathrm{e}^{-x^2},\mathrm{e}^{x^2},\sin x^2,\cos x^2,\dfrac{\sin x}{x},\dfrac{1}{\ln x},\dfrac{1}{x^x-1},\dfrac{\ln x}{\mathrm{e}^x}$ 等因子,由于这些函数的原函数无法用初等函数表示,应先对 y 积分,后对 x 积分.

4. 用 D 的对称性与被积函数的奇偶性简化计算

(1) D 关于 x 轴对称,记 $D_1=\{(x,y)\in D|y\geqslant 0\}$,则（见例 8,例 9,例 12,本章第九节例 6）

$$\iint\limits_D f(x,y)\mathrm{d}\sigma = \begin{cases} 0, & f(x,-y)=-f(x,y), \\ 2\iint\limits_{D_1} f(x,y)\mathrm{d}\sigma, & f(x,-y)=f(x,y). \end{cases}$$

(2) D 关于 y 轴对称,记 $D_1=\{(x,y)\in D|x\geqslant 0\}$,则（见例 9,例 12,例 13,例 17）

$$\iint\limits_D f(x,y)\mathrm{d}\sigma = \begin{cases} 0, & f(-x,y)=-f(x,y), \\ 2\iint\limits_{D_1} f(x,y)\mathrm{d}\sigma, & f(-x,y)=f(x,y). \end{cases}$$

(3) D 关于 x 轴、y 轴均对称,记 $D_1=\{(x,y)\in D|x\geqslant 0,y\geqslant 0\}$,则

$$\iint\limits_D f(x,y)\mathrm{d}\sigma = \begin{cases} 0, & f(-x,y)=-f(x,y) \text{ 或 } f(x,-y)=-f(x,y), \\ 4\iint\limits_{D_1} f(x,y)\mathrm{d}\sigma, & f(-x,y)=f(x,-y)=f(x,y). \end{cases}$$（见本章第十节例 1）

(4) D 关于原点对称,且两对称部分的区域为 D_1 和 D_2,即 $D=D_1+D_2$,则

$$\iint\limits_D f(x,y)\mathrm{d}\sigma = \begin{cases} 0, & f(-x,-y)=-f(x,y), \\ 2\iint\limits_{D_1} f(x,y)\mathrm{d}\sigma, & f(-x,-y)=f(x,y). \end{cases}$$

(5) D 关于直线 $y=x$ 对称,记 $D_1=\{(x,y)\in D|y\geqslant x\}$,则

$$\iint\limits_D f(x,y)\mathrm{d}\sigma = \begin{cases} \iint\limits_D f(y,x)\mathrm{d}\sigma = \dfrac{1}{2}\iint\limits_D [f(x,y)+f(y,x)]\mathrm{d}\sigma, & \text{（见例 10,本章第九节例 3）} \\ 0, & f(x,y)=-f(y,x),\text{（见例 11）} \\ 2\iint\limits_{D_1} f(x,y)\mathrm{d}\sigma, & f(x,y)=f(y,x).\text{（见本章第十一节例 2）} \end{cases}$$

例 1 设 $D=\{(x,y)|0\leqslant x\leqslant 1,0\leqslant y\leqslant 1\}$,计算 $\iint\limits_D \dfrac{\ln(1+x)\ln(1+y)}{1+x^2+y^2+x^2y^2}\mathrm{d}x\mathrm{d}y$.

解 D 是矩形区域,并注意到 $1+x^2+y^2+x^2y^2=(1+x^2)(1+y^2)$,则

$$I=\left(\int_0^1 \dfrac{\ln(1+x)}{1+x^2}\mathrm{d}x\right)\left(\int_0^1 \dfrac{\ln(1+y)}{1+y^2}\mathrm{d}y\right)=\left[\int_0^1 \dfrac{\ln(1+x)}{1+x^2}\mathrm{d}x\right]^2$$

$$=\left(\dfrac{\pi}{8}\ln 2\right)^2 = \dfrac{\pi^2\ln^2 2}{64}. \text{（见第五章第九节例 5）}$$

例 2 计算 $\int_0^1 \dfrac{x^a-x^b}{\ln x}\mathrm{d}x$ $(a>0, b>0)$.

分析 这是定积分，难以计算. 注意到 $\left(\dfrac{a^x}{\ln a}\right)' = a^x$，则

$$\int_b^a x^y \mathrm{d}y = \dfrac{x^y}{\ln x}\Big|_b^a = \dfrac{x^a - x^b}{\ln x}.$$

这样，可把定积分化为二次积分，交换积分次序后，再积分.

解 $I = \int_0^1 \left(\int_b^a x^y \mathrm{d}y\right) \mathrm{d}x = \int_b^a \mathrm{d}y \int_0^1 x^y \mathrm{d}x = \int_b^a \left(\dfrac{1}{y+1} x^{y+1}\right)\Big|_0^1 \mathrm{d}y = \int_b^a \dfrac{1}{y+1} \mathrm{d}y = \ln\dfrac{a+1}{b+1}.$

例3 计算 $\iint\limits_D (x^2 - 2y) \mathrm{d}x\mathrm{d}y$，其中 D 由直线 $y=0, y=1, y=x, y=x+1$ 所围成.

解 D 如图 6-9. 从 D 的形状看，应看成 Y 型区域：

$$D = \{(x,y) \mid y-1 \leqslant x \leqslant y, 0 \leqslant y \leqslant 1\}.$$

$$I = \int_0^1 \mathrm{d}y \int_{y-1}^y (x^2 - 2y) \mathrm{d}x = \int_0^1 \left(y^2 - 3y + \dfrac{1}{3}\right) \mathrm{d}y = -\dfrac{5}{6}.$$

若 D 看成 X 型区域，需用直线 $x=0$ 将 D 分成 D_1 和 D_2，计算较繁琐.

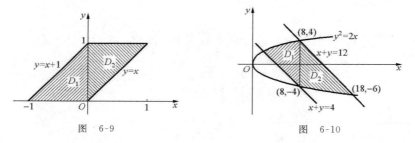

图 6-9　　　　　图 6-10

例4 计算 $\iint\limits_D (x+y)\mathrm{d}x\mathrm{d}y$，其中 D 由曲线 $y^2 = 2x, x+y = 4, x+y = 12$ 所围成.

解 D 如图 6-10. 从 D 的形状看，先对 x 积分或先对 y 积分，D 都需分块. 若先对 y 积分，用直线 $x=8$ 将 D 分成 D_1 与 D_2. 若先对 x 积分，需用直线 $y=-4, y=2$ 将 D 分成三块. 选前者，则

$$I = \iint\limits_{D_1}(x+y)\mathrm{d}x\mathrm{d}y + \iint\limits_{D_2}(x+y)\mathrm{d}x\mathrm{d}y$$

$$= \int_2^8 \mathrm{d}x \int_{4-x}^{\sqrt{2x}} (x+y) \mathrm{d}y + \int_8^{18} \mathrm{d}x \int_{-\sqrt{2x}}^{\sqrt{2x}} (x+y) \mathrm{d}y$$

$$= \dfrac{826}{5} + \dfrac{5678}{15} = \dfrac{8156}{15}.$$

例5 计算 $\iint\limits_D \sqrt{y^2 - xy}\,\mathrm{d}x\mathrm{d}y$，其中 D 是由直线 $y=x, y=1, x=0$ 所围成.

解 D 如图 6-11. 从被积函数看，应先对 x 积分，后对 y 积分.

$$I = \int_0^1 \mathrm{d}y \int_0^y \sqrt{y^2 - xy}\,\mathrm{d}x = -\int_0^1 \sqrt{y}\,\mathrm{d}y \int_0^y \sqrt{y-x}\,\mathrm{d}(y-x) = \frac{2}{9}.$$

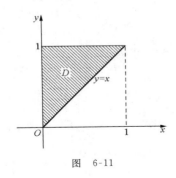

图 6-11

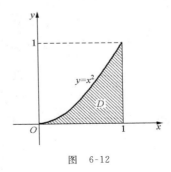

图 6-12

例 6 计算 $\iint\limits_D \sqrt{1+x^3}\,\mathrm{d}x\mathrm{d}y$,其中 D 由曲线 $y=x^2$,$y=0$,$x=1$ 所围成.

解 D 如图 6-12. 从 D 的形状看,看成 X 型区域或 Y 型区域均可. 由于被积函数仅是 x 的函数,应先对 y 积分,后对 x 积分.

$$I = \int_0^1 \sqrt{1+x^3}\,\mathrm{d}x \int_0^{x^2} \mathrm{d}y = \frac{1}{3}\int_0^1 \sqrt{1+x^3}\,\mathrm{d}(1+x^3) = \frac{2}{9}(2\sqrt{2}-1).$$

例 7 计算 $\iint\limits_D \dfrac{\mathrm{e}^{xy}}{y^y - 1}\,\mathrm{d}x\mathrm{d}y$,$D$ 由曲线 $y=\mathrm{e}^x$,直线 $y=2$ 和 $x=0$ 所围成.

解 D 如图 6-13. 对 y 而言,由于被积函数 $\dfrac{\mathrm{e}^{xy}}{y^y-1}$ 的原函数不能用初等函数表示,应先对 x 积分.

$$I = \int_1^2 \frac{1}{y^y - 1}\,\mathrm{d}y \int_0^{\ln y} \mathrm{e}^{xy}\,\mathrm{d}x = \int_1^2 \frac{1}{y^y - 1} \cdot \frac{1}{y}(\mathrm{e}^{xy})\Big|_0^{\ln y}\,\mathrm{d}y$$
$$= \int_1^2 \frac{1}{y^y - 1} \cdot \frac{1}{y}(y^y - 1)\,\mathrm{d}y = \int_1^2 \frac{1}{y}\,\mathrm{d}y = \ln 2.$$

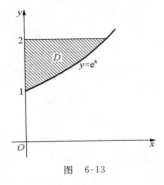

图 6-13

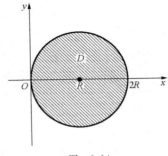

图 6-14

例 8 设 $D=\{(x,y) \mid (x-R)^2 + y^2 \leqslant R^2\}$,则 $\iint\limits_D (x^2 + \sin x)\arcsin\dfrac{y}{R}\,\mathrm{d}x\mathrm{d}y = $ _____.

解 D(图 6-14)关于 x 轴对称,被积函数关于 y 为奇函数,故 $I=0$.

例 9 设 $D=\left\{(x,y)\left|\dfrac{x^2}{a^2}+\dfrac{y^2}{b^2}\leqslant 1\right.\right\}$,则 $\displaystyle\iint_D \dfrac{\ln\left[(1+\mathrm{e}^x)^y(1+\mathrm{e}^y)^x\right]}{1+\dfrac{x^2}{a^2}+\dfrac{y^2}{b^2}}\mathrm{d}x\mathrm{d}y=$ _____.

解 显然椭圆区域 D 关于 x 轴,y 轴均对称. 而被积函数

$$f(x,y)=\dfrac{y\ln(1+\mathrm{e}^x)}{1+\dfrac{x^2}{a^2}+\dfrac{y^2}{b^2}}+\dfrac{x\ln(1+\mathrm{e}^y)}{1+\dfrac{x^2}{a^2}+\dfrac{y^2}{b^2}},$$

其中第一项记做 $\varphi(x,y)$,关于 y 为奇函数,第二项记做 $g(x,y)$,关于 x 为奇函数. 于是

$$I=\iint_D \varphi(x,y)\mathrm{d}x\mathrm{d}y+\iint_D g(x,y)\mathrm{d}x\mathrm{d}y=0+0=0.$$

例 10 设 $D=\{(x,y)\mid x^2+y^2\leqslant 4, x\geqslant 0, y\geqslant 0\}$,$f(x)$ 为 D 上的正值连续函数,a,b 为常数,则

$$\iint_D \dfrac{a\sqrt{f(x)}+b\sqrt{f(y)}}{\sqrt{f(x)}+\sqrt{f(y)}}\mathrm{d}\sigma=\underline{\qquad}.$$

解 依题意,D 关于直线 $y=x$ 对称,则

$$I=\dfrac{1}{2}\iint_D\left[\dfrac{a\sqrt{f(x)}+b\sqrt{f(y)}}{\sqrt{f(x)}+\sqrt{f(y)}}+\dfrac{a\sqrt{f(y)}+b\sqrt{f(x)}}{\sqrt{f(x)}+\sqrt{f(y)}}\right]\mathrm{d}x\mathrm{d}y$$

$$=\dfrac{1}{2}\iint_D(a+b)\mathrm{d}x\mathrm{d}y=\dfrac{1}{2}(a+b)\cdot\dfrac{\pi}{4}\cdot 4=\dfrac{(a+b)\pi}{2}.$$

例 11 设 $D=\{(x,y)\mid 0\leqslant x\leqslant \pi, 0\leqslant y\leqslant \pi\}$,则 $I=\displaystyle\iint_D \sin(x-y)\mathrm{d}x\mathrm{d}y=$ _____.

解 填 0. 因 D 关于直线 $y=x$ 对称,被积函数 $\sin(x-y)=-\sin(y-x)$,即 $f(x,y)=-f(y,x)$,故 $I=0$.

例 12 计算 $\displaystyle\iint_D x[1+yf(x^2+y^2)]\mathrm{d}x\mathrm{d}y$,其中 D 是由曲线 $y=x^3$,直线 $y=1$,$x=-1$ 围成的平面区域,f 是连续函数.

解 用曲线 $y=-x^3$ 将 D 分成 D_1 与 D_2,则 D_1 关于 y 轴对称,D_2 关于 x 轴对称(图 6-15). 而 $xyf(x^2+y^2)$ 关于 x、关于 y 均为奇函数.

$$I=\iint_{D_1}[x+xyf(x^2+y^2)]\mathrm{d}x\mathrm{d}y+\iint_{D_2}[x+xyf(x^2+y^2)]\mathrm{d}x\mathrm{d}y$$

$$=\iint_{D_1}x\mathrm{d}x\mathrm{d}y+\iint_{D_1}xyf(x^2+y^2)\mathrm{d}x\mathrm{d}y+\iint_{D_2}x\mathrm{d}x\mathrm{d}y+\iint_{D_2}xyf(x^2+y^2)\mathrm{d}x\mathrm{d}y$$

$$=0+0+\int_{-1}^{0}x\mathrm{d}x\int_{x^3}^{-x^3}\mathrm{d}y+0=-\dfrac{2}{5}.$$

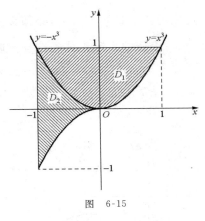
图 6-15

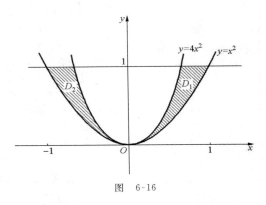
图 6-16

例 13 计算 $\iint\limits_{D}(x+y)\mathrm{d}x\mathrm{d}y$,其中 D 由曲线 $y=x^2, y=4x^2, y=1$ 围成.

解 D 如图 6-16. D 应看两个 Y 型区域 D_1 与 D_2 之和. 注意到 D_1 与 D_2 关于 y 轴对称, 被积函数中的 x 关于 x 是奇函数, 则

$$I = \iint\limits_{D_1} y\mathrm{d}x\mathrm{d}y + \iint\limits_{D_2} y\mathrm{d}x\mathrm{d}y = \int_0^1 \mathrm{d}y\int_{\frac{1}{2}\sqrt{y}}^{\sqrt{y}} y\mathrm{d}x + \int_0^1 \mathrm{d}y\int_{-\sqrt{y}}^{-\frac{1}{2}\sqrt{y}} y\mathrm{d}x = \frac{2}{5}.$$

例 14 计算 $\int_1^2 \mathrm{d}x\int_{\sqrt{x}}^{x} \sin\frac{\pi x}{2y}\mathrm{d}y + \int_2^4 \mathrm{d}x\int_{\sqrt{x}}^{2} \sin\frac{\pi x}{2y}\mathrm{d}y$.

解 按所给二次积分, 积分区域 D 如图 6-17. 若先对 y 积分, 因被积函数的原函数不是初等函数, 必须先交换积分次序再计算.

$$I = \iint\limits_{D} \sin\frac{\pi x}{2y}\mathrm{d}x\mathrm{d}y = \int_1^2 \mathrm{d}y\int_y^{y^2} \sin\frac{\pi x}{2y}\mathrm{d}x = -\int_1^2 \frac{2y}{\pi}\cos\frac{\pi x}{2y}\Big|_y^{y^2}\mathrm{d}y$$

$$= -\frac{2}{\pi}\int_1^2 y\cos\frac{\pi y}{2}\mathrm{d}y = -\frac{4}{\pi^2}\int_1^2 y\mathrm{d}\sin\frac{\pi y}{2} = \frac{4}{\pi^2}\left(1+\int_1^2 \sin\frac{\pi y}{2}\mathrm{d}y\right) = \frac{4}{\pi^2}(2+\pi).$$

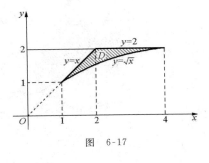
图 6-17

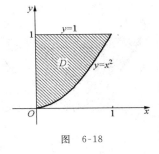
图 6-18

例 15 设 $f(x) = \int_1^{x^2} \mathrm{e}^{-y^2}\mathrm{d}y$, 求 $\int_0^1 xf(x)\mathrm{d}x$.

解 $I = \int_0^1 x f(x) dx = \int_0^1 x dx \int_1^{x^2} e^{-y^2} dy$. 由于 e^{-y^2} 的原函数不是初等函数,必须交换积分次序. 由所给二次积分, D 如图 6-18. 由 D 可以看出,二次积分的内层积分不符合定限原则,需先交换上下限.

$$I = -\int_0^1 x dx \int_{x^2}^1 e^{-y^2} dy = -\int_0^1 dy \int_0^{\sqrt{y}} x e^{-y^2} dx = -\int_0^1 e^{-y^2} \cdot \frac{x^2}{2}\bigg|_0^{\sqrt{y}} dy$$

$$= -\frac{1}{2}\int_0^1 y e^{-y^2} dy = \frac{1}{4} e^{-y^2}\bigg|_0^1 = \frac{1}{4}\left(\frac{1}{e} - 1\right).$$

例 16 计算 $\int_0^1 dy \int_{\arcsin y}^{\pi - \arcsin y} x dx$.

解 按所给积分次序,内层积分易求出,但再积分就困难了. 应先交换积分次序. D 如图 6-19.

$$I = \int_0^\pi x dx \int_0^{\sin x} dy = \pi.$$

例 17 计算 $\iint_D |y - x^2| dx dy$,其中

$$D = \{(x,y) | -1 \leqslant x \leqslant 1, 0 \leqslant y \leqslant 1\}.$$

解 D 如图 6-20. 用曲线 $y = x^2$ 将 D 分成 D_1 与 D_2,则

$$|y - x^2| = \begin{cases} y - x^2, & D_1 = \{(x,y) \in D | y \geqslant x^2\}, \\ x^2 - y, & D_2 = \{(x,y) \in D | y < x^2\}. \end{cases}$$

注意到 D 关于 y 轴对称,被积函数关于 x 为偶函数,于是

$$I = \iint_{D_1} (y - x^2) dx dy + \iint_{D_2} (x^2 - y) dx dy$$

$$= 2\int_0^1 dx \int_{x^2}^1 (y - x^2) dy + 2\int_0^1 dx \int_0^{x^2} (x^2 - y) dy = \frac{11}{15}.$$

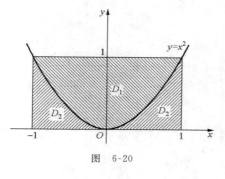

图 6-20

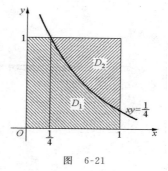

图 6-21

例 18 计算 $\int_0^1 dx \int_0^1 \left|xy - \frac{1}{4}\right| dy$.

解 D 如图 6-21. 必须用曲线 $xy=\dfrac{1}{4}$ 将 D 分成 D_1 与 D_2, 其中, D_1 由直线 $y=0, y=1$, $x=0, x=1$ 和曲线 $y=\dfrac{1}{4x}$ 围成; D_2 由直线 $y=1, x=1$ 和曲线 $y=\dfrac{1}{4x}$ 围成. 于是

$$I = \iint_{D_1}\left(\dfrac{1}{4}-xy\right)\mathrm{d}x\mathrm{d}y + \iint_{D_2}\left(xy-\dfrac{1}{4}\right)\mathrm{d}x\mathrm{d}y$$

$$= \iint_{D_1}\left(\dfrac{1}{4}-xy\right)\mathrm{d}x\mathrm{d}y + \iint_{D_2}\left(\dfrac{1}{4}-xy\right)\mathrm{d}x\mathrm{d}y$$

$$-\iint_{D_2}\left(\dfrac{1}{4}-xy\right)\mathrm{d}x\mathrm{d}y + \iint_{D_2}\left(xy-\dfrac{1}{4}\right)\mathrm{d}x\mathrm{d}y$$

$$= \iint_{D}\left(\dfrac{1}{4}-xy\right)\mathrm{d}x\mathrm{d}y + 2\iint_{D_2}\left(xy-\dfrac{1}{4}\right)\mathrm{d}x\mathrm{d}y$$

$$= \int_0^1 \mathrm{d}x\int_0^1\left(\dfrac{1}{4}-xy\right)\mathrm{d}y + 2\int_{\frac{1}{4}}^1 \mathrm{d}x\int_{\frac{1}{4x}}^1\left(xy-\dfrac{1}{4}\right)\mathrm{d}y$$

$$= 0 + 2\left(\dfrac{3}{64}+\dfrac{1}{16}\ln 2\right) = \dfrac{3}{32}+\dfrac{1}{8}\ln 2.$$

例 19 计算 $\iint\limits_{D} f(x,y)\mathrm{d}x\mathrm{d}y$, 其中 $f(x,y)=\begin{cases} \mathrm{e}^{-(x+y)}, & x>0, y>0, \\ 0, & \text{其他}, \end{cases}$ D 由直线 $x+y=a, x+y=b, y=0$ 和 $y=a+b(0<a<b)$ 所围成.

解 D 的图形如图 6-22, 若先对 y 积分, 考虑到当 $x\leqslant 0, y\leqslant 0$ 时, $f(x,y)=0$, 可用直线 $x=0, x=a$ 将 D 分成 D_1, D_2 和 D_3. 于是

$$I = \iint_{D_2}\mathrm{e}^{-(x+y)}\mathrm{d}x\mathrm{d}y + \iint_{D_3}\mathrm{e}^{-(x+y)}\mathrm{d}x\mathrm{d}y$$

$$= \int_0^a \mathrm{d}x\int_{a-x}^{b-x}\mathrm{e}^{-(x+y)}\mathrm{d}y + \int_a^b \mathrm{d}x\int_0^{b-x}\mathrm{e}^{-(x+y)}\mathrm{d}y = \mathrm{e}^{-a}(a+1)-\mathrm{e}^{-b}(b+1).$$

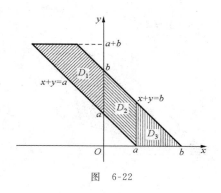

图 6-22

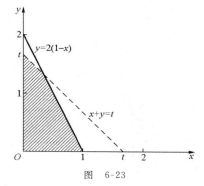

图 6-23

例 20 设 $f(x,y) = \begin{cases} 1, & 0 \leqslant y \leqslant 2(1-x), 0 \leqslant x \leqslant 1, \\ 0, & \text{其他}, \end{cases}$ 且 $F(t) = \iint\limits_{x+y \leqslant t} f(x,y) \mathrm{d}x\mathrm{d}y$，求 $F(t)$.

分析 由被积函数的表达式及积分区域(图 6-23)的情况,可知 $F(t)$ 是区域 $x+y \leqslant t$ 与三角形区域:$0 \leqslant y \leqslant 2(1-x), 0 \leqslant x \leqslant 1$ 的公共部分的面积.

解 当 $t \leqslant 0$ 时,无公共部分,$F(t) = 0$;

当 $0 < t \leqslant 1$ 时,$F(t) = \dfrac{1}{2}t^2$;

当 $1 < t \leqslant 2$ 时,
$$F(t) = \int_0^{2-t} \mathrm{d}x \int_0^{t-x} \mathrm{d}y + \int_{2-t}^1 \mathrm{d}x \int_0^{2(1-x)} \mathrm{d}y = -\dfrac{t^2}{2} + 2t - 1;$$

当 $t > 2$ 时,$F(t) = 1$.

九、在极坐标系下计算二重积分

1. 二重积分选择极坐标的情况

积分区域 D 为圆域、环域、扇域、环扇域等或其一部分;

被积函数为 $f(x^2 + y^2)$,$f\left(\dfrac{y}{x}\right)$,$f\left(\dfrac{x}{y}\right)$,$f(x+y)$ 等形式.

极坐标系下的二重积分公式:
$$I = \iint\limits_D f(x,y) \mathrm{d}\sigma = \iint\limits_D f(r\cos\theta, r\sin\theta) r\mathrm{d}r\mathrm{d}\theta,$$

其中 D 的边界线用极坐标方程表示.

2. 二重积分化为二次积分的各种情况

以极点的位置确定二次积分,一般是先对 r 后对 θ 积分.

(1) 极点 O 在 D 的内部(图 6-24),$D = \{(r,\theta) \mid 0 \leqslant r \leqslant r(\theta), 0 \leqslant \theta \leqslant 2\pi\}$.
$$I = \int_0^{2\pi} \mathrm{d}\theta \int_0^{r(\theta)} f(r\cos\theta, r\sin\theta) r\mathrm{d}r.$$

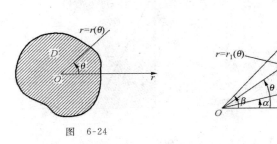

图 6-24　　　　　　　图 6-25

(2) 极点在 D 的外部(图 6-25),$D=\{(r,\theta)\,|\,r_1(\theta)\leqslant r\leqslant r_2(\theta),\alpha\leqslant\theta\leqslant\beta\}$.
$$I=\int_\alpha^\beta \mathrm{d}\theta\int_{r_1(\theta)}^{r_2(\theta)} f(r\cos\theta,r\sin\theta)r\mathrm{d}r.$$

(3) 极点在 D 的边界上.

$1°$ $D=\{(r,\theta)\,|\,0\leqslant r\leqslant r(\theta),\alpha\leqslant\theta\leqslant\beta\}$(图 6-26),则
$$I=\int_\alpha^\beta \mathrm{d}\theta\int_0^{r(\theta)} f(r\cos\theta,r\sin\theta)r\mathrm{d}r.$$

$2°$ $D=\{(r,\theta)\,|\,r_1(\theta)\leqslant r\leqslant r_2(\theta),\alpha\leqslant\theta\leqslant\beta\}$(图 6-27),则
$$I=\int_\alpha^\beta \mathrm{d}\theta\int_{r_1(\theta)}^{r_2(\theta)} f(r\cos\theta,r\sin\theta)r\mathrm{d}r.$$

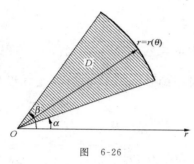

图 6-26

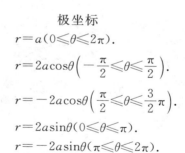

图 6-27

3. 直角坐标系与极坐标系中圆的方程

直角坐标($a>0$)　　　　　　　　极坐标

$x^2+y^2=a^2$,　　　　　　　　　$r=a(0\leqslant\theta\leqslant 2\pi)$.

$(x-a)^2+y^2=a^2$,(图 6-28)　　　$r=2a\cos\theta\left(-\dfrac{\pi}{2}\leqslant\theta\leqslant\dfrac{\pi}{2}\right)$.

$(x+a)^2+y^2=a^2$,(图 6-29)　　　$r=-2a\cos\theta\left(\dfrac{\pi}{2}\leqslant\theta\leqslant\dfrac{3}{2}\pi\right)$.

$x^2+(y-a)^2=a^2$,(图 6-30)　　　$r=2a\sin\theta(0\leqslant\theta\leqslant\pi)$.

$x^2+(y+a)^2=a^2$,(图 6-31)　　　$r=-2a\sin\theta(\pi\leqslant\theta\leqslant 2\pi)$.

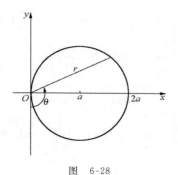

图 6-28

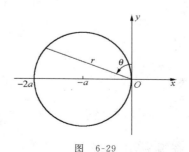

图 6-29

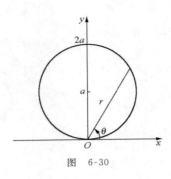

图 6-30

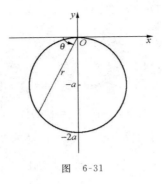

图 6-31

例1 将 $\iint_D f(x,y)\mathrm{d}x\mathrm{d}y$ 化为极坐标的二次积分,其中

$$D = \{(x,y) \mid x^2 + y^2 \geqslant 1, x^2 + y^2 - 2x \leqslant 0, y \geqslant 0\}.$$

解 D 如图 6-32. 两圆的交点是 $\left(\dfrac{1}{2}, \dfrac{\sqrt{3}}{2}\right)$,对应的 $\theta = \dfrac{\pi}{3}$. D 的边界线方程是,$r = 1$,$r = 2\cos\theta$,$\theta = 0$,$\theta = \dfrac{\pi}{3}$,$D = \left\{(r,\theta) \;\middle|\; 0 \leqslant \theta \leqslant \dfrac{\pi}{3}, 1 \leqslant r \leqslant 2\cos\theta\right\}.$

$$I = \int_0^{\frac{\pi}{3}} \mathrm{d}\theta \int_1^{2\cos\theta} f(r\cos\theta, r\sin\theta) r\mathrm{d}r.$$

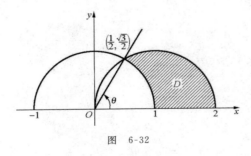

图 6-32

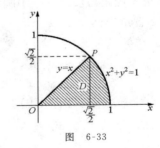

图 6-33

例2 设 $f(x,y)$ 为连续函数,则 $\int_0^{\frac{\pi}{4}} \mathrm{d}\theta \int_0^1 f(r\cos\theta, r\sin\theta) r\mathrm{d}r = ($ $).$

(A) $\int_0^{\frac{\sqrt{2}}{2}} \mathrm{d}x \int_x^{\sqrt{1-x^2}} f(x,y)\mathrm{d}y$ (B) $\int_0^{\frac{\sqrt{2}}{2}} \mathrm{d}x \int_0^{\sqrt{1-x^2}} f(x,y)\mathrm{d}y$

(C) $\int_0^{\frac{\sqrt{2}}{2}} \mathrm{d}y \int_y^{\sqrt{1-y^2}} f(x,y)\mathrm{d}x$ (D) $\int_0^{\frac{\sqrt{2}}{2}} \mathrm{d}y \int_0^{\sqrt{1-y^2}} f(x,y)\mathrm{d}x$

解 选(C). 由题设,$D = \left\{(r,\theta) \;\middle|\; 0 \leqslant \theta \leqslant \dfrac{\pi}{4}, 0 \leqslant r \leqslant 1\right\}$,如图 6-33. 直线 $y = x$ 与圆 $x^2 + y^2 = 1$ 在第一象限的交点是 $P\left(\dfrac{\sqrt{2}}{2}, \dfrac{\sqrt{2}}{2}\right).$

从 D 的形状看,若先对 y 后对 x 积分,必须用直线 $x=\dfrac{\sqrt{2}}{2}$ 将 D 分块,这就排除了选项 (A)和(B).若先对 x 后对 y 积分,则 $D=\left\{(x,y)\,\bigg|\,y\leqslant x\leqslant\sqrt{1-y^2},0\leqslant y\leqslant\dfrac{\sqrt{2}}{2}\right\}$.

例 3 设 $D=\{(x,y)\mid x^2+y^2\leqslant a^2\}$,计算 $\iint\limits_{D}\sin x^2\cos y^2\,\mathrm{d}x\mathrm{d}y$.

解 D 关于直线 $y=x$ 对称.
$$I=\frac{1}{2}\iint\limits_{D}(\sin x^2\cos y^2+\cos x^2\sin y^2)\mathrm{d}x\mathrm{d}y=\frac{1}{2}\iint\limits_{D}\sin(x^2+y^2)\mathrm{d}x\mathrm{d}y$$
$$=\frac{1}{2}\int_{0}^{2\pi}\mathrm{d}\theta\int_{0}^{a}\sin r^2\cdot r\,\mathrm{d}r=\frac{\pi}{2}(1-\cos a^2).$$

例 4 计算 $\displaystyle\int_{0}^{a}\mathrm{d}x\int_{-x}^{-a+\sqrt{a^2-x^2}}\dfrac{1}{\sqrt{x^2+y^2}\cdot\sqrt{4a^2-(x^2+y^2)}}\mathrm{d}y$.

解 由二次积分可得积分域 D 如图 6-34.在极坐标系下
$$D=\left\{(r,\theta)\,\bigg|\,r=-2a\sin\theta,-\frac{\pi}{4}\leqslant\theta\leqslant 0\right\}.$$
$$I=\int_{-\frac{\pi}{4}}^{0}\mathrm{d}\theta\int_{0}^{-2a\sin\theta}\frac{r}{r\sqrt{4a^2-r^2}}\mathrm{d}r=\int_{-\frac{\pi}{4}}^{0}\arcsin\frac{r}{2a}\bigg|_{0}^{-2a\sin\theta}\mathrm{d}\theta$$
$$=\int_{-\frac{\pi}{4}}^{0}(-\theta)\mathrm{d}\theta=\frac{\pi^2}{32}.$$

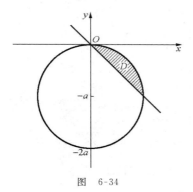

图 6-34

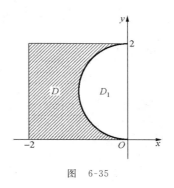

图 6-35

例 5 计算 $\iint\limits_{D}y\,\mathrm{d}x\mathrm{d}y$,其中 D 是由直线 $x=-2,y=0,y=2$ 以及曲线 $x=-\sqrt{2y-y^2}$ 所围成.

解 1 D 和 D_1 如图 6-35 所示,有
$$I=\iint\limits_{D+D_1}y\,\mathrm{d}x\mathrm{d}y-\iint\limits_{D_1}y\,\mathrm{d}x\mathrm{d}y,\quad \iint\limits_{D+D_1}y\,\mathrm{d}x\mathrm{d}y=\int_{-2}^{0}\mathrm{d}x\int_{0}^{2}y\,\mathrm{d}y=4.$$

在极坐标下，$D_1 = \left\{ (r,\theta) \,\middle|\, 0 \leqslant r \leqslant 2\sin\theta, \dfrac{\pi}{2} \leqslant \theta \leqslant \pi \right\}$，于是

$$\iint\limits_{D_1} y\,\mathrm{d}x\mathrm{d}y = \int_{\frac{\pi}{2}}^{\pi} \mathrm{d}\theta \int_0^{2\sin\theta} r\sin\theta \cdot r\,\mathrm{d}r = \dfrac{8}{3} \int_{\frac{\pi}{2}}^{\pi} \sin^4\theta\,\mathrm{d}\theta = \dfrac{\pi}{2}.$$

从而 $\iint\limits_{D} y\,\mathrm{d}x\mathrm{d}y = 4 - \dfrac{\pi}{2}$.

解 2 D 如图 6-35. 在直角坐标下，$D = \{(x,y) \mid -2 \leqslant x \leqslant -\sqrt{2y-y^2}, 0 \leqslant y \leqslant 2\}$.

$$\begin{aligned}
I &= \int_0^2 y\,\mathrm{d}y \int_{-2}^{-\sqrt{2y-y^2}} \mathrm{d}x = 2\int_0^2 y\,\mathrm{d}y - \int_0^2 y\sqrt{2y-y^2}\,\mathrm{d}y \\
&= 4 - \int_0^2 y\sqrt{1-(y-1)^2}\,\mathrm{d}y \\
&\xlongequal{y-1=\sin t} 4 - \int_{-\pi/2}^{\pi/2} (1+\sin t)\cos^2 t\,\mathrm{d}t = 4 - \dfrac{\pi}{2}.
\end{aligned}$$

例 6 设 $D = \{(x,y) \mid x^2 + y^2 \leqslant 1, x \geqslant 0\}$，计算 $\iint\limits_{D} \dfrac{1+xy}{1+x^2+y^2}\,\mathrm{d}x\mathrm{d}y$.

解 依题意，D 如图 6-36. 因 D 关于 x 轴对称，故 $\iint\limits_{D} \dfrac{xy}{1+x^2+y^2}\,\mathrm{d}x\mathrm{d}y = 0$.

记 $D_1 = \{(x,y) \in D \mid y \geqslant 0\}$，在极坐标下，$D_1 = \left\{ (r,\theta) \,\middle|\, 0 \leqslant r \leqslant \dfrac{\pi}{2}, 0 \leqslant r \leqslant 1 \right\}$. 于是

$$I = 2\iint\limits_{D_1} \dfrac{1}{1+x^2+y^2}\,\mathrm{d}x\mathrm{d}y = 2\int_0^{\frac{\pi}{2}} \mathrm{d}\theta \int_0^1 \dfrac{1}{1+r^2} r\,\mathrm{d}r = \dfrac{\pi}{2}\ln 2.$$

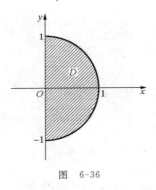

图 6-36

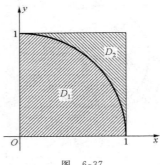

图 6-37

例 7 计算 $\iint\limits_{D} |x^2 + y^2 - 1|\,\mathrm{d}\sigma$，其中 $D = \{(x,y) \mid 0 \leqslant x \leqslant 1, 0 \leqslant y \leqslant 1\}$.

解 D 如图 6-37 所示，将 D 分块，$D = D_1 + D_2$，其中

$$D_1 = \{(x,y) \mid x^2 + y^2 \leqslant 1, 0 \leqslant x \leqslant 1, 0 \leqslant y \leqslant 1\},$$
$$D_2 = \{(x,y) \mid x^2 + y^2 \geqslant 1, 0 \leqslant x \leqslant 1, 0 \leqslant y \leqslant 1\}.$$

于是
$$I = \iint_{D_1}(1-x^2-y^2)\mathrm{d}\sigma + \iint_{D_2}(x^2+y^2-1)\mathrm{d}\sigma.$$

第一个二重积分记做 I_1，在极坐标下计算得

$$I_1 = \int_0^{\frac{\pi}{2}}\mathrm{d}\theta\int_0^1(1-r^2)r\mathrm{d}r = \frac{\pi}{2}\left(\frac{1}{2}-\frac{1}{4}\right) = \frac{\pi}{8}.$$

第二个二重积分记做 I_2，在直角坐标下计算，将 D_2 看做 X 型区域，得

$$I_2 = \int_0^1\mathrm{d}x\int_{\sqrt{1-x^2}}^1(x^2+y^2-1)\mathrm{d}y = \frac{\pi}{8}-\frac{1}{3}.$$

综上所述，
$$I = I_1+I_2 = \frac{\pi}{4}-\frac{1}{3}.$$

例 7 设 $D=\{(x,y)\mid x\geqslant 0, y\geqslant 0, x^2+y^2\leqslant 1\}$，求连续函数 $f(x,y)$，$f(x,y)$ 满足

$$f(x,y) = 1-2xy+8(x^2+y^2)\iint_D f(x,y)\mathrm{d}x\mathrm{d}y.$$

解 令 $I = \iint_D f(x,y)\mathrm{d}x\mathrm{d}y$，已知式两端在 D 上积分，得

$$I = \iint_D(1-2xy)\mathrm{d}x\mathrm{d}y + 8I\iint_D(x^2+y^2)\mathrm{d}x\mathrm{d}y = I_1 + 8I\cdot I_2,$$

其中
$$I_1 = \int_0^1\mathrm{d}x\int_0^{\sqrt{1-x^2}}(1-2xy)\mathrm{d}y = \frac{\pi}{4}-\frac{1}{4}, \quad I_2 = \int_0^{\frac{\pi}{2}}\mathrm{d}\theta\int_0^1 r^3\mathrm{d}r = \frac{\pi}{8}.$$

于是 $I = \frac{\pi-1}{4} + I\pi$，$I = -\frac{1}{4}$. 从而 $f(x,y) = 1-2xy-2(x^2+y^2)$.

十、无界区域上的反常二重积分

设 D 是无界区域，计算 $\iint_D f(x,y)\mathrm{d}\sigma$ 的解题程序：

(1) 取有界闭区域 $D_r \subset D$，并使得能实现 $D_r \to D$；

(2) 计算 $\iint_{D_r} f(x,y)\mathrm{d}\sigma$；

(3) 计算极限 $\lim\limits_{D_r\to D}\iint_{D_r}f(x,y)\mathrm{d}\sigma$，若该极限存在，其值就是 $\iint_D f(x,y)\mathrm{d}\sigma$.

例 1 设 $D_a = \{(x,y)\mid |x|\leqslant a, |y|\leqslant a\}$，$D$ 表示全坐标平面，计算 $I(a) = \iint_{D_a}\mathrm{e}^{-|x|-|y|}\mathrm{d}\sigma$，并判别 $\iint_D \mathrm{e}^{-|x|-|y|}\mathrm{d}\sigma$ 的敛散性.

解 D_a 如图 6-38,其关于 x 轴、y 轴均对称,又被积函数关于 x、关于 y 均为偶函数,记 $D_1 = \{(x,y) \in D_a \mid x \geqslant 0, y \geqslant 0\}$,则

$$I(a) = 4 \iint\limits_{D_1} e^{-x-y} dxdy = 4\left(\int_0^a e^{-x} dx\right)^2 = 4(1-e^{-a})^2.$$

当 $a \to +\infty$ 时,$D_a \to D$. 于是

$$\iint\limits_{D} e^{-|x|-|y|} d\sigma = \lim_{a \to +\infty} I(a) = 4.$$

即所给反常二重积分收敛.

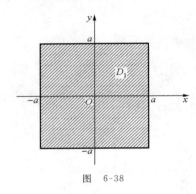

图 6-38

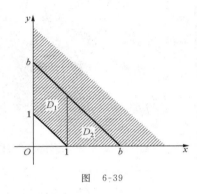

图 6-39

例 2 设 $D = \{(x,y) \mid x \geqslant 0, y \geqslant 0, x+y \geqslant 1\}$,计算 $\iint\limits_{D} \dfrac{1}{(1+x+y)^3} dxdy$.

解 D 如图 6-39. 这是无界区域. 作直线 $x+y=b(b>1)$,得 $D_b = \{(x,y) \in D \mid x+y \leqslant b\}$,显然,当 $b \to +\infty$ 时,$D_b \to D$. 用直线 $x=1$ 将 D_b 分成 D_1 与 D_2,则

$$\iint\limits_{D_b} \frac{1}{(1+x+y)^3} dxdy = \iint\limits_{D_1} \frac{1}{(1+x+y)^3} dxdy + \iint\limits_{D_2} \frac{1}{(1+x+y)^3} dxdy$$

$$= \int_0^1 dx \int_{1-x}^{b-x} \frac{1}{(1+x+y)^3} d(1+x+y)$$

$$+ \int_1^b dx \int_0^{b-x} \frac{1}{(1+x+y)^3} d(1+x+y)$$

$$= \frac{1}{8} - \frac{1}{2(1+b)^2} + \frac{1}{4} - \frac{2b}{(1+b)^2}.$$

于是 $I = \lim\limits_{D_b \to D} \iint\limits_{D_b} \dfrac{1}{(1+x+y)^3} dxdy = \lim\limits_{b \to +\infty}\left[\dfrac{1}{8} - \dfrac{1}{2(1+b)^2} + \dfrac{1}{4} - \dfrac{2b}{(1+b)^2}\right] = \dfrac{3}{8}.$

例 3 计算 $\iint\limits_{D} e^{-(x^2+y^2)} \cos(x^2+y^2) dxdy$,$D$ 是全坐标平面.

解 D 是无界区域. 取 $D_a = \{(x,y) \mid x^2+y^2 \leqslant a^2\}$,则当 $a \to +\infty$ 时,$D_a \to D$.

$$I = \lim_{a \to +\infty} \iint_{D_a} e^{-(x^2+y^2)} \cos(x^2+y^2) dx dy = \int_0^{2\pi} d\theta \int_0^{+\infty} e^{-r^2} \cos r^2 \cdot r dr$$

$$= 2\pi \int_0^{+\infty} \frac{1}{2} e^{-r^2} \cos r^2 dr \xrightarrow[r^2 = t]{\text{分部积分法}} \pi \left[\frac{e^{-t}(-\cos t + \sin t)}{2} \right] \Big|_0^{+\infty} = \frac{\pi}{2}.$$

例 4 设 $I = \int_{\frac{1}{2}}^{1} dx \int_{1-x}^{x} f(x,y) dy + \int_1^{+\infty} dx \int_0^{x} f(x,y) dy$,交换二次积分的次序,并把它化为极坐标系下的二次积分.

解 由所给二次积分知,这是无界区域上的二重积分,且

$$D_1 = \left\{ (x,y) \,\Big|\, \frac{1}{2} \leqslant x \leqslant 1, 1-x \leqslant y \leqslant x \right\},$$

$$D_2 = \{(x,y) \,|\, 1 \leqslant x \leqslant +\infty, 0 \leqslant y \leqslant x\}.$$

由此知二重积分的区域 D 如图 6-40. 于是

$$I = \int_0^{\frac{1}{2}} dy \int_{1-y}^{+\infty} f(x,y) dx + \int_{\frac{1}{2}}^{+\infty} dy \int_y^{+\infty} f(x,y) dx.$$

在极坐标下,D 的边界线 $y=0$,$y=x$ 和 $y=1-x$ 的极坐标方程为 $\theta=0$,$\theta=\frac{\pi}{4}$,$r(\cos\theta+\sin\theta)=1$,故

$$I = \int_0^{\frac{\pi}{4}} d\theta \int_{\frac{1}{\cos\theta+\sin\theta}}^{+\infty} f(r\cos\theta, r\sin\theta) r dr.$$

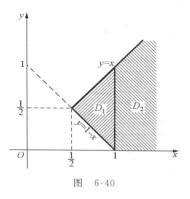

图 6-40

十一、证明二重积分或可化为二重积分的等式与不等式

证明时,可从以下**几方面思考**:

(1) 若出现二次积分,可考虑交换积分次序或化为二重积分. 见本节例 1.

(2) 利用二重积分的积分区域 D 关于直线 $y=x$ 对称的性质. 见例 2~例 5.

(3) 两个定积分的乘积可转化为二重积分. 见例 2,例 3,例 5. 常数可表示为定积分,如 $b-a = \int_a^b dx$,$1 = \int_0^1 dx$. 见例 5.

(4) 定积分与积分变量所用字母无关:$\int_a^b f(x) dx = \int_a^b f(y) dy$. 见例 1.

例 1 设 $f(x)$ 在 $[a,b]$ 上连续,n 为大于 1 的正整数,试证

$$\int_a^b dx \int_a^x (x-y)^{n-2} f(y) dy = \frac{1}{n-1} \int_a^b (b-x)^{n-1} f(x) dx.$$

分析 等式左端交换积分次序,对 x 可求积分.

证 左端 $= \int_a^b f(y) dy \int_y^b (x-y)^{n-2} d(x-y) = \int_a^b f(y) \cdot \frac{1}{n-1} (x-y)^{n-1} \Big|_y^b dy$

$$= \frac{1}{n-1} \int_a^b f(y)(b-y)^{n-1} dy = \frac{1}{n-1} \int_a^b (b-x)^{n-1} f(x) dx.$$

例 2 已知函数 $f(x)$ 在 $[0,a]$ 上连续,证明
$$2\left[\int_0^a f(x)\mathrm{d}x \int_x^a f(y)\mathrm{d}y\right] = \left[\int_0^a f(x)\mathrm{d}x\right]^2.$$

分析 右端定积分的乘积先化为二重积分,再设法化成左端形式的二次积分.

证 设 $D=\{(x,y)\,|\,0\leqslant x\leqslant a, 0\leqslant y\leqslant a\}$,$D$ 关于直线 $y=x$ 对称,则
$$\text{右端} = \int_0^a f(x)\mathrm{d}x \cdot \int_0^a f(y)\mathrm{d}y = \iint_D f(x)f(y)\mathrm{d}x\mathrm{d}y.$$

记 $D_1=\{(x,y)\,|\,0\leqslant x\leqslant a, x\leqslant y\leqslant a\}$(参见图 6-11). 记 $g(x,y)$ 为上式二重积分的被积函数,因 $g(x,y)=g(y,x)$,故
$$\text{右端} = \iint_D f(x)f(y)\mathrm{d}x\mathrm{d}y = 2\iint_{D_1} f(x)f(y)\mathrm{d}x\mathrm{d}y = 2\int_0^a f(x)\mathrm{d}x\int_x^a f(y)\mathrm{d}y.$$

例 3 设 $f(x)$ 是 $[0,1]$ 上的连续函数,证明
$$\int_0^1 \mathrm{e}^{f(x)}\mathrm{d}x \int_0^1 \mathrm{e}^{-f(y)}\mathrm{d}y \geqslant 1.$$

证 设 $D=\{(x,y)\,|\,0\leqslant x\leqslant 1, 0\leqslant y\leqslant 1\}$,注意到 D 关于直线 $y=x$ 对称,且 $\mathrm{e}^{f(x)-f(y)} \geqslant 1+f(x)-f(y)$,则
$$\text{左端} = \iint_D \mathrm{e}^{f(x)-f(y)}\mathrm{d}x\mathrm{d}y = \frac{1}{2}\iint_D [\mathrm{e}^{f(x)-f(y)}+\mathrm{e}^{f(y)-f(x)}]\mathrm{d}x\mathrm{d}y \geqslant \frac{1}{2}\iint_D 2\mathrm{d}x\mathrm{d}y = 1.$$

例 4 设 $f(x)$ 是 $[a,b]$ 上的正值连续函数,试证
$$\iint_D \frac{f(x)}{f(y)}\mathrm{d}x\mathrm{d}y \geqslant (b-a)^2, \quad D=\{(x,y)\,|\,a\leqslant x\leqslant b, a\leqslant y\leqslant b\}.$$

证 因 D 关于直线 $y=x$ 对称,并注意 $f(x)>0, f(y)>0$,故
$$\text{左端} = \frac{1}{2}\iint_D \left[\frac{f(x)}{f(y)}+\frac{f(y)}{f(x)}\right]\mathrm{d}x\mathrm{d}y = \frac{1}{2}\iint_D \frac{f^2(x)+f^2(y)}{f(x)f(y)}\mathrm{d}x\mathrm{d}y$$
$$\geqslant \frac{1}{2}\iint_D \frac{2f(x)f(y)}{f(x)f(y)}\mathrm{d}x\mathrm{d}y = \iint_D \mathrm{d}x\mathrm{d}y = (b-a)^2.$$

例 5 设 $f(x),g(x)$ 在 $[a,b]$ 上连续且是单调减函数,试证
$$(b-a)\int_a^b f(x)g(x)\mathrm{d}x \geqslant \int_a^b f(x)\mathrm{d}x \cdot \int_a^b g(x)\mathrm{d}x.$$

分析 注意到 $b-a = \int_a^b \mathrm{d}x$,等式两端都可化为矩形区域上的二重积分.

证 令 $A = (b-a)\int_a^b f(x)g(x)\mathrm{d}x - \int_a^b f(x)\mathrm{d}x \cdot \int_a^b g(x)\mathrm{d}x$,即证 $A\geqslant 0$.

设 $D=\{(x,y)\,|\,a\leqslant x\leqslant b, a\leqslant y\leqslant b\}$,$D$ 关于直线 $y=x$ 对称. 因为
$$A = \int_a^b f(x)g(x)\mathrm{d}x \cdot \int_a^b \mathrm{d}y - \int_a^b f(x)\mathrm{d}x \int_a^b g(y)\mathrm{d}y$$
$$= \iint_D [f(x)g(x)-f(x)g(y)]\mathrm{d}x\mathrm{d}y = \iint_D [f(y)g(y)-f(y)g(x)]\mathrm{d}x\mathrm{d}y,$$

即
$$2A = \iint\limits_D [f(x)g(x) - f(x)g(y) + f(y)g(y) - f(y)g(x)] dxdy$$
$$= \iint\limits_D [f(x) - f(y)][g(x) - g(y)] dxdy.$$

由于 $f(x), g(x)$ 都单调减少,所以不论 $x>y$ 还是 $x<y$, $f(x)-f(y)$ 与 $g(x)-g(y)$ 总是同号,因而有
$$[f(x) - f(y)][g(x) - g(y)] \geqslant 0,$$
于是 $2A \geqslant 0$. 得证.

特别地,当 $f(x) = g(x)$ 时,有
$$(b-a)\int_a^b [f(x)]^2 dx \geqslant \left[\int_a^b f(x) dx\right]^2.$$

习 题 六

1. 填空题:

(1) $\lim\limits_{(x,y)\to(0,2)} \dfrac{\sin[x^2(y-2)]}{x^2+(y-2)^2} = $ _____.

(2) 设 $u = f(x+y+z, xyz)$, f 具有二阶连续偏导数,则 $\dfrac{\partial^2 u}{\partial x \partial z} = $ _____.

(3) 已知 $xyz = x+y+z$,则 $dz = $ _____.

(4) $\iint\limits_{x^2+y^2 \leqslant a^2} |xy| dxdy = $ _____.

(5) 设 $D = \{(x,y) \mid x^2+y^2 \leqslant R^2\}$,则 $\iint\limits_D \left(\dfrac{x^2}{a^2} + \dfrac{y^2}{b^2}\right) dxdy = $ _____.

2. 单项选择题:

(1) 设函数 $f(x,y) = \begin{cases} 1, & xy \neq 0, \\ 0, & xy = 0 \end{cases}$ 在点 $(0,0)$ 处( ).

(A) 不连续,偏导数不存在　　　　　　(B) 不连续,偏导数存在

(C) 连续,偏导数不存在　　　　　　　(D) 连续,偏导数存在

(2) 函数 $f(x,y) = e^{x^2-y}(5-2x+y)$ ( ).

(A) 没有驻点　　　　　　　　　　　　(B) 有驻点但没有极值点

(C) 有驻点且是极小值点　　　　　　　(D) 有驻点且是极大值点

(3) 已知 $(axy^3 - y^2\cos x)dx + (1+by\sin x + 3x^2y^2)dy$ 为某一函数 $f(x,y)$ 的全微分,则 a,b 的值分别为( ).

(A) -2 和 2　　　(B) 2 和 -2　　　(C) -3 和 3　　　(D) 3 和 -3

(4) 设 $I_1 = \iint\limits_D \ln^3(x+y) d\sigma$, $I_2 = \iint\limits_D (x+y)^3 d\sigma$, $I_3 = \iint\limits_D [\sin(x+y)]^3 d\sigma$,其中
$$D = \left\{(x,y) \,\Big|\, \dfrac{1}{2} \leqslant x+y \leqslant 1, x \geqslant 0, y \geqslant 0\right\},$$

则正确的是( ).

(A) $I_1<I_2<I_3$ (B) $I_3<I_2<I_1$ (C) $I_3<I_1<I_2$ (D) $I_1<I_3<I_2$

(5) 二次积分 $\int_0^{\frac{\pi}{2}} d\theta \int_0^{\cos\theta} f(r\cos\theta, r\sin\theta) r dr = ($ $)$.

(A) $\int_0^1 dy \int_0^{\sqrt{y-y^2}} f(x,y) dx$ (B) $\int_0^1 dy \int_0^{\sqrt{1-y^2}} f(x,y) dx$

(C) $\int_0^1 dx \int_0^1 f(x,y) dy$ (D) $\int_0^1 dx \int_0^{\sqrt{x-x^2}} f(x,y) dy$

3. 设 $z = f(x,y) = \sqrt{|xy|}$. (1) 证明 $f(x,y)$ 在 $(0,0)$ 连续; (2) 求 $f_x(0,0), f_y(0,0)$; (3) 证明 $f(x,y)$ 在点 $(0,0)$ 处不可微.

4. 设 $u = x^{y^z}$, 求 $\frac{\partial u}{\partial x}, \frac{\partial u}{\partial y}, \frac{\partial u}{\partial z}$.

5. 设 $f(r)$ 可微, 而 $r = \sqrt{x^2+y^2}, u = f(r)$, 求 $\left(\frac{\partial u}{\partial x}\right)^2 + \left(\frac{\partial u}{\partial y}\right)^2$.

6. 设 $f(x,y,z) = \sqrt[z]{\frac{x}{y}}$, 求 $df(1,1,1)$.

7. 设 $u = \frac{e^{ax}(y-z)}{a^2+1}, y = a\sin x, z = \cos x$, 求 $\frac{du}{dx}$.

8. 设 $z = e^{x^2+y^2} \cdot \sin\frac{y}{x}$, 求 $\frac{\partial z}{\partial x}, \frac{\partial z}{\partial y}$.

9. 设 $u = f(x-y, y-t, t-z)$, 求 $\frac{\partial u}{\partial x} + \frac{\partial u}{\partial y} + \frac{\partial u}{\partial z} + \frac{\partial u}{\partial t}$.

10. 设 $z = xf\left(2x, \frac{y^2}{x}\right)$, f 具有连续的二阶偏导数, 求 $\frac{\partial^2 z}{\partial x \partial y}$.

11. 设 $z = f(x,y)$ 由方程 $F(x, 2x+y, 3x+y+z) = 0$ 所确定, 求 $\frac{\partial z}{\partial x}$.

12. 设 $y = \varphi(x), z = g(x)$ 是由方程 $F(x,y,z) = 0$ 和 $z = xf(x+y)$ 所确定的函数, 其中 F 和 f 分别具有一阶连续偏导数和一阶连续导数, 求 $\frac{dy}{dx}, \frac{dz}{dx}$.

13. 求下列函数的极值:

(1) $f(x,y) = \ln(1+x^2+y^2) + 1 - \frac{x^3}{15} - \frac{y^2}{4}$;   (2) $f(x,y) = e^{x^2-y}(5-2x+y)$.

14. 求由 $x^2+y^2+z^2-2x+2y-4z-10 = 0$ 所确定的隐函数 $z = f(x,y)$ 的极值.

15. 求 $z = x+y+1$ 在闭区域 $x^2+y^2 \leq 4$ 上的最大值与最小值.

16. 设 n 个正数 $a_1, a_2, \cdots, a_n$ 的和等于常数 l, 求它们乘积的最大值; 并证明这 n 个正数的几何平均值小于算术平均值, 即

$$\sqrt[n]{a_1 \cdot a_2 \cdots a_n} \leq \frac{a_1+a_2+\cdots+a_n}{n}.$$

17. 某企业的生产函数和成本函数分别为

$$Q = 20\left(\frac{3}{4}L^{-\frac{1}{4}} + \frac{1}{4}K^{-\frac{1}{4}}\right)^{-4}, \quad C = P_L L + P_K K = 4L + 3K.$$

(1) 若限定成本预算为 80, 计算使产量达到最高的投入 L 和 K;

(2) 若限定产量为 120, 计算使成本最低的投入 L 和 K.

18. 某厂为促销本厂产品需作两种手段的广告宣传,当广告费用分别为 x,y(单位:万元)时,销售收益为
$$R = 240 - \frac{144}{x+4} - \frac{64}{y+1}(万元).$$
求在下列两种情况下,如何分配两种手段的广告费投入,可使销售收入最大:

(1) 不限制广告费的投入额;

(2) 限制两种手段的广告投入额为 10 万元.

19. 设 $D = \left\{(x,y) \mid \dfrac{\pi}{4} \leqslant x^2 + y^2 \leqslant \dfrac{3}{4}\pi\right\}$,估计 $I = \iint\limits_{D} \sin(x^2 + y^2)\mathrm{d}\sigma$ 的值.

20. 交换下列二次积分的次序:

(1) $I = \int_0^{\frac{1}{2}} \mathrm{d}y \int_y^{2y} f(x,y)\mathrm{d}x + \int_{\frac{1}{2}}^{1} \mathrm{d}y \int_y^{\frac{1}{y}} f(x,y)\mathrm{d}x$;

(2) $I = \int_0^3 \mathrm{d}x \int_{\sqrt{3x}}^{x^2-2x} f(x,y)\mathrm{d}y$.

21. 计算 $\int_1^3 \mathrm{d}y \int_y^3 \dfrac{1}{y\ln x}\mathrm{d}x$.

22. 求积分 $\int_0^1 \dfrac{f(x)}{\sqrt{x}}\mathrm{d}x$,其中 $f(x) = \int_1^{\sqrt{x}} \mathrm{e}^{-y^2}\mathrm{d}y$.

23. 计算 $\iint\limits_{D} |\cos(x+y)|\mathrm{d}x\mathrm{d}y$,其中 D 由直线 $y = x, y = 0, x = \dfrac{\pi}{2}$ 所围成.

24. 设 $D = \{(x,y) \mid x^2 + y^2 \leqslant 1, x \geqslant 0\}$,计算 $\iint\limits_{D} \dfrac{1+xy}{1+x^2+y^2}\mathrm{d}x\mathrm{d}y$.

25. 求函数 $f(x)$,已知 $f(x)$ 在 $[0, +\infty)$ 上连续,且 $t \geqslant 0$ 时,有
$$1 + \frac{1}{\pi}\iint\limits_{x^2+y^2 \leqslant t^2} f(\sqrt{x^2+y^2})\mathrm{d}x\mathrm{d}y = f(t)(1+t^2) - \frac{2}{3}t^3 - 2t.$$

26. 设 $D_a = \{(x,y) \mid |x| \leqslant a, |y| \leqslant a\}$,$D$ 是全坐标平面. 计算 $I(a) = \iint\limits_{D_a} \mathrm{e}^{-|x+y|}\mathrm{d}\sigma$,并判别 $\iint\limits_{D} \mathrm{e}^{-|x+y|}\mathrm{d}\sigma$ 的敛散性.

第七章 无穷级数

一、用级数敛散性的定义与性质判别级数的敛散性

1. 用级数收敛的定义判别级数敛散性的解题思路

设级数 $\sum_{n=1}^{\infty} u_n$ 的部分和 $S_n = u_1 + u_2 + \cdots + u_n$，则

$$\text{级数 } \sum_{n=1}^{\infty} u_n \text{ 的敛散性} \iff \text{部分和数列} \{S_n\} \text{ 的敛散性}.$$

(1) 先求 S_n，再求当 $n \to \infty$ 时，S_n 的极限. **求 S_n 的一般方法**见第一章第八节.

(2) 用数列 $\{a_n\}$ 和级数 $\sum_{n=1}^{\infty} u_n = \sum_{n=1}^{\infty} (a_n - a_{n+1})$ 之间的关系.

当 $u_n = a_n - a_{n+1}$ 时，因 $S_n = \sum_{k=1}^{n} (a_k - a_{k+1}) = a_1 - a_{n+1}$，故有下述结论：

结论 1 $\lim\limits_{n \to \infty} a_n = a \iff$ 级数 $\sum_{n=1}^{\infty} u_n$ 收敛，且和 $S = a_1 - a$. 特别地，当 $\lim\limits_{n \to \infty} a_n = 0$ 时，和 $S = a_1$. 见例 2(1)，例 3，例 4，例 5.

结论 2 若 $\lim\limits_{n \to \infty} a_n = \infty$，则级数 $\sum_{n=1}^{\infty} u_n$ 一定发散. 见例 2(2).

2. 用级数的基本性质判别级数的敛散性

解题思路：

(1) 假设要判断某一级数的敛散性，可根据级数的基本性质把该级数化成已知其敛散性的级数来讨论，见例 6，例 7. 这就需要熟知某些级数的敛散性. 这将随着所学内容的增多而逐步掌握. 当前需掌握下述三个最常用级数的敛散性：

等比级数 $\sum_{n=1}^{\infty} aq^{n-1} \begin{cases} |q| < 1 \text{ 时，} & \text{收敛，其和为 } \dfrac{a}{1-q}, \\ |q| \geqslant 1 \text{ 时，} & \text{发散.} \end{cases}$

p 级数 $\sum_{n=1}^{\infty} \dfrac{1}{n^p} \begin{cases} p > 1 \text{ 时，} & \text{收敛，} \\ p \leqslant 1 \text{ 时，} & \text{发散.} \end{cases}$

调和级数 $\sum_{n=1}^{\infty} \dfrac{1}{n} (p = 1 \text{ 时的 } p \text{ 级数})$ 发散.

(2) 用级数收敛的必要条件可判定级数发散. 若 $\lim\limits_{n \to \infty} u_n \neq 0$，则 $\sum_{n=1}^{\infty} u_n$ 一定发散. 见例 8.

一、用级数敛散性的定义与性质判别级数的敛散性

例1 若级数 $\sum\limits_{n=1}^{\infty} u_n$ 的部分和 $S_n = \arctan n$，试写出 u_1, u_n，级数及其和 S.

解 $u_1 = S_1 = \arctan 1$；

$$u_n = S_n - S_{n-1} = \arctan n - \arctan(n-1) \stackrel{①}{=} \arctan\frac{1}{1+n(n-1)} \quad (n \geq 2);$$

$$\sum_{n=1}^{\infty} u_n = \sum_{n=1}^{\infty} \arctan\frac{1}{1+n(n-1)}; \quad S = \lim_{n\to\infty} S_n = \lim_{n\to\infty} \arctan n = \frac{\pi}{2}.$$

注 u_n 也可如下求：当 $n \geq 2$ 时，$u_n = S_n - S_{n-1}$，因

$$\tan u_n = \tan(S_n - S_{n-1}) = \frac{\tan S_n - \tan S_{n-1}}{1 + \tan S_n \cdot \tan S_{n-1}} = \frac{1}{1+n(n-1)},$$

故 $u_n = \arctan\dfrac{1}{1+n(n-1)}$.

例2 判别下列级数的敛散性，若收敛，求其和：

(1) $\sum\limits_{n=1}^{\infty} \dfrac{2n+1}{n^2(n+1)^2}$； (2) $\sum\limits_{n=1}^{\infty} \ln\dfrac{n+3}{n+4}$.

解 (1) 由于 $u_n = \dfrac{2n+1}{n^2(n+1)^2} = \dfrac{1}{n^2} - \dfrac{1}{(n+1)^2}$，$S_n = 1 - \dfrac{1}{(n+1)^2}$，故级数收敛，且其和

$$S = \lim_{n\to\infty} S_n = 1.$$

(2) 由于 $u_n = \ln\dfrac{n+3}{n+4} = \ln(n+3) - \ln(n+4)$，且 $\lim\limits_{n\to\infty}\ln(n+3) = +\infty$，故由前述结论 2，级数发散.

由前述结论 1，可知下列各级数均收敛且易求得其和（见第一章第八节）：

$\sum\limits_{n=1}^{\infty} \dfrac{n}{(n+1)!}$，$S_n = 1 - \dfrac{1}{(n+1)!}$，$S = 1$.

$\sum\limits_{n=2}^{\infty} \ln\left(1 - \dfrac{1}{n^2}\right)$，$S_n = -\ln 2 - [\ln n - \ln(n+1)]$，$S = -\ln 2$.

$\sum\limits_{n=1}^{\infty} (\sqrt{n+2} - 2\sqrt{n+1} + \sqrt{n})$，$S_n = (1 - \sqrt{2}) - (\sqrt{n+1} - \sqrt{n+2})$，$S = 1 - \sqrt{2}$.

$\sum\limits_{n=1}^{\infty} \dfrac{1}{\sqrt{n(n+1)}(\sqrt{n} + \sqrt{n+1})}$，$S_n = 1 - \dfrac{1}{\sqrt{n+1}}$，$S = 1$.

$\sum\limits_{n=1}^{\infty} \dfrac{nb+c}{a^n} (a > 1)$，$S_n = \alpha + \beta - \dfrac{\alpha(n+1) + \beta}{a^n}$，

$$S = \alpha + \beta = \frac{b}{a-1} + \left[\frac{c}{a-1} + \frac{b}{(a-1)^2}\right] = \frac{a(b+c) - c}{(a-1)^2}.$$

---

① 公式：$\arctan\alpha - \arctan\beta = \arctan\dfrac{\alpha - \beta}{1 + \alpha\beta}$.

$\sum_{n=2}^{\infty} \dfrac{\ln\left[\left(1+\dfrac{1}{n}\right)^n (n+1)\right]}{\ln n^n \cdot \ln(n+1)^{n+1}}$,由于

$$\ln\left[\left(1+\dfrac{1}{n}\right)^n (n+1)\right] = \ln \dfrac{(n+1)^{n+1}}{n^n} = \ln(n+1)^{n+1} - \ln n^n,$$

$$u_n = \dfrac{1}{n\ln n} - \dfrac{1}{(n+1)\ln(n+1)},$$

故 $\quad S_n = \dfrac{1}{2\ln 2} - \dfrac{1}{(n+1)\ln(n+1)}, \quad S = \dfrac{1}{2\ln 2}.$

$\sum_{n=1}^{\infty} \arctan \dfrac{1}{2n^2}, u_n = \arctan \dfrac{1}{2n-1} - \arctan \dfrac{1}{2n+1}$(见例1),故

$$S_n = \arctan 1 - \arctan \dfrac{1}{2n+1}, \quad S = \dfrac{\pi}{4}.$$

例3 级数 $\sum_{n=1}^{\infty} [\ln n + a\ln(n+1) + b\ln(n+2)]$,当 a,b 为何值时收敛?

解 因 $u_n = \left[\ln n - \left(-\dfrac{a}{2}\right)\ln(n+1)\right] - \left[-\dfrac{a}{2}\ln(n+1) - b\ln(n+2)\right],$

故当 $-\dfrac{a}{2} = 1, -\dfrac{a}{2} = b$,即 $a = -2, b = 1$ 时,

$$S_n = (\ln 1 - \ln 2) - [\ln(n+1) - \ln(n+2)], \quad S = -\ln 2.$$

例4 设 $u_n = \int_0^1 x^2 (1-x)^n dx$,讨论级数 $\sum_{n=1}^{\infty} u_n$ 的敛散性;若收敛,求其和.

解 由分部积分法(见第五章第九节例26)得

$$u_n = \dfrac{2! n!}{(n+2+1)!} = \dfrac{2}{(n+1)(n+2)(n+3)} = \dfrac{1}{(n+1)(n+2)} - \dfrac{1}{(n+2)(n+3)},$$

因 $\lim_{n\to\infty} \dfrac{1}{(n+1)(n+2)} = 0$,故级数收敛,且 $\sum_{n=1}^{\infty} u_n = \dfrac{1}{(1+1)(1+2)} = \dfrac{1}{6}.$

例5 设有两条抛物线 $y = nx^2 + \dfrac{1}{n}$ 和 $y = (n+1)x^2 + \dfrac{1}{n+1}$,记它们交点的横坐标的绝对值为 a_n(见图 7-1).

(1) 求这两条抛物线所围成的平面图形的面积 S_n;

(2) 求级数 $\sum_{n=1}^{\infty} \dfrac{S_n}{a_n}$ 的和.

解 (1) 由 $nx^2 + \dfrac{1}{n} = (n+1)x^2 + \dfrac{1}{n+1}$ 得

$$x = \pm \dfrac{1}{\sqrt{n(n+1)}}, \quad \text{故} \quad a_n = \dfrac{1}{\sqrt{n(n+1)}}.$$

因图形关于 y 轴对称,所以

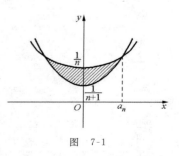

图 7-1

一、用级数敛散性的定义与性质判别级数的敛散性   239

$$S_n = 2\int_0^{a_n} \left[nx^2 + \frac{1}{n} - (n+1)x^2 - \frac{1}{n+1}\right]dx$$

$$= 2\int_0^{a_n} \left[\frac{1}{n(n+1)} - x^2\right]dx = \frac{4}{3} \cdot \frac{1}{n(n+1)\sqrt{n(n+1)}}.$$

(2) 因 $\dfrac{S_n}{a_n} = \dfrac{4}{3} \cdot \dfrac{1}{n(n+1)} = \dfrac{4}{3}\left(\dfrac{1}{n} - \dfrac{1}{n+1}\right)$，且 $\lim\limits_{n\to\infty}\dfrac{1}{n} = 0$，故 $\sum\limits_{n=1}^{\infty}\dfrac{S_n}{a_n} = \dfrac{4}{3}$.

例 6 设级数 $\sum\limits_{n=1}^{\infty}(u_{2n-1} + u_{2n})$ 收敛，试讨论 $\sum\limits_{n=1}^{\infty}u_n$ 的敛散性.

解 $\sum\limits_{n=1}^{\infty}(u_{2n-1} + u_{2n})$ 是 $\sum\limits_{n=1}^{\infty}u_n$ 的加括号级数. 若后者收敛，则前者肯定收敛，且其和不变；但前者收敛，后者未必收敛.

当 $\sum\limits_{n=1}^{\infty}(u_{2n-1} + u_{2n})$ 收敛，其和为 S，且 $\lim\limits_{n\to\infty}u_n = 0$ 时，则 $\sum\limits_{n=1}^{\infty}u_n$ 收敛，且其和不变. **证明如下**：

记 S_{2n}, S_{2n+1} 分别为 $\sum\limits_{n=1}^{\infty}u_n$ 的前 $2n$ 项和与前 $2n+1$ 项和，则

$$S_{2n} = u_1 + u_2 + \cdots + u_{2n-1} + u_{2n}$$
$$= (u_1 + u_2) + \cdots + (u_{2n-1} + u_{2n}),$$
$$S_{2n+1} = S_{2n} + u_{2n+1}.$$

因 $\sum\limits_{n=1}^{\infty}(u_{2n-1} + u_{2n}) = S$，$\lim\limits_{n\to\infty}u_n = 0$，故

$$\lim_{n\to\infty}S_{2n} = S, \quad \lim_{n\to\infty}S_{2n+1} = \lim_{n\to\infty}(S_{2n} + u_{2n+1}) = S.$$

即级数 $\sum\limits_{n=1}^{\infty}u_n$ 收敛，且其和仍为 S.

例 7 已知 $\sum\limits_{n=1}^{\infty}(-1)^{n-1}a_n = 4$，$\sum\limits_{n=1}^{\infty}a_{2n-1} = 9$，证明级数 $\sum\limits_{n=1}^{\infty}a_n$ 收敛，并求其和.

解 因 $\sum\limits_{n=1}^{\infty}(-1)^{n-1}a_n = \sum\limits_{n=1}^{\infty}a_{2n-1} - \sum\limits_{n=1}^{\infty}a_{2n}$，且 $\sum\limits_{n=1}^{\infty}(-1)^{n-1}a_n$ 及 $\sum\limits_{n=1}^{\infty}a_{2n-1}$ 收敛，故 $\sum\limits_{n=1}^{\infty}a_{2n}$ 收敛，且

$$\sum_{n=1}^{\infty}a_{2n} = \sum_{n=1}^{\infty}a_{2n-1} - \sum_{n=1}^{\infty}(-1)^{n-1}a_n = 9 - 4 = 5.$$

而 $\sum\limits_{n=1}^{\infty}a_n = \sum\limits_{n=1}^{\infty}a_{2n-1} + \sum\limits_{n=1}^{\infty}a_{2n}$，故 $\sum\limits_{n=1}^{\infty}a_n$ 收敛，且 $\sum\limits_{n=1}^{\infty}a_n = 9 + 5 = 14$.

例 8 判别下列级数的敛散性：

(1) $\sum\limits_{n=1}^{\infty}\dfrac{n^n}{(n+1)^n}$； (2) $\sum\limits_{n=1}^{\infty}\dfrac{1}{\sqrt[n+1]{\ln(n+1)}}$；

(3) $\sum\limits_{n=1}^{\infty}\left(\dfrac{1}{n^2+n+1} + \dfrac{2}{n^2+n+2} + \cdots + \dfrac{n}{n^2+n+n}\right)$.

解 用级数收敛的必要条件判别.

(1) 因 $\lim\limits_{n\to\infty}u_n=\lim\limits_{n\to\infty}\dfrac{1}{\left(1+\dfrac{1}{n}\right)^n}=\dfrac{1}{e}\neq 0$,故级数发散.

(2) $u_n=e^{-\frac{1}{n+1}\ln\ln(n+1)}$,由洛必达法则,$\lim\limits_{x\to+\infty}\dfrac{\ln\ln x}{x}=0$,因 $\lim\limits_{n\to\infty}u_n=e^0=1\neq 0$,故级数发散.

(3) 因 $u_n>\dfrac{1}{n^2+n+n}+\cdots+\dfrac{n}{n^2+n+n}=\dfrac{\dfrac{n(n+1)}{2}}{n^2+n+n}\to\dfrac{1}{2}(n\to\infty)$,故 $\lim\limits_{n\to\infty}u_n\neq 0$,从而级数发散.

注 本例之(3),是利用不等式间接推出 $\lim\limits_{n\to\infty}u_n\neq 0$. 这也是常用的方法.

二、判别正项级数敛散性的各种方法

判别正项级数敛散性有**五种方法**:
收敛的基本定理,比较判别法,比值判别法,根值判别法和积分判别法.

设 $\sum\limits_{n=1}^{\infty}u_n(u_n\geqslant 0,n=1,2,\cdots),\sum\limits_{n=1}^{\infty}v_n(v_n\geqslant 0,n=1,2,\cdots)$ 是正项级数.
用各种方法判别正项级数敛散性的**解题思路**:

1. 用收敛的基本定理

由于 $\sum\limits_{n=1}^{\infty}u_n$ 收敛 $\Longleftrightarrow$ 其部分和数列 $\{S_n\}$ 有上界,故若能判别级数的部分和数列 $\{S_n\}$ 有界或无界则级数收敛或发散. 见本节例1(1)和(2).

2. 用比值判别法

通项 u_n 中含有 $a^n(a$ 为常数$),n!,n^n$,多个因子连乘时,适用此法. 见例4.
若 $\lim\limits_{n\to\infty}\dfrac{u_{n+1}}{u_n}=1$ 或 $\lim\limits_{n\to\infty}\dfrac{u_{n+1}}{u_n}$ 不易计算或不存在时,不能用此法.

3. 用根值判别法

通项 u_n 中含以 n 为指数幂的因子时,适用此法. 见例5(2),(3). u_n 中含有 $n!$ 时,有时也用此法. 用此法时常用到下述极限:

$$\lim\limits_{n\to\infty}\sqrt[n]{a}=1\ (a>0),\quad \lim\limits_{n\to\infty}\sqrt[n]{n}=1,\quad \lim\limits_{n\to\infty}\sqrt[n]{n!}=+\infty.$$

若 $\lim\limits_{n\to\infty}\sqrt[n]{u_n}=1$ 或 $\lim\limits_{n\to\infty}\sqrt[n]{u_n}$ 不易计算或不存在时,不能用此法.

4. 用比较判别法或极限形式的比较判别法

在比较判别法中,极限形式的比较判别法比非极限形式的比较判别法用起来更方便.
在用比较判别法判别 $\sum\limits_{n=1}^{\infty}u_n(u_n\geqslant 0,n=1,2,\cdots)$ 的敛散性时,欲判别它收敛或发散,需先找出一个收敛或发散的正项级数与之比较. 这就要凭自己所掌握的有关知识,对所要判别的级数作出初步判断,然后再去寻找作为比较的级数. 经常用来作比较的级数有**等比级数、调和级数和 p 级数**.

(1) 由比较判别法知,若 $\sum\limits_{n=1}^{\infty}u_n$ 收敛且数列 $\{a_n\}$ 有 $0<a_n\leqslant M(n=1,2,\cdots)$,则 $\sum\limits_{n=1}^{\infty}a_n u_n$ 收敛. 事实上,因 $a_n u_n\leqslant Mu_n$,而 $\sum\limits_{n=1}^{\infty}Mu_n$ 收敛,故 $\sum\limits_{n=1}^{\infty}a_n u_n$ 收敛. 特别,若 $\sum\limits_{n=1}^{\infty}u_n$ 收敛,且数列 $\{a_n\}(a_n>0)$ 存在极限,则 $\sum\limits_{n=1}^{\infty}a_n u_n$ 收敛. 见例 8.

(2) 极限形式的比较判别法,实际上是考查当 $n\to\infty$ 时两个级数的通项无穷小的阶:

1° 若 u_n 与 v_n 是同阶无穷小,则 $\sum\limits_{n=1}^{\infty}u_n$ 与 $\sum\limits_{n=1}^{\infty}v_n$ 同敛散. 例如,假设取 $v_n=\dfrac{1}{n^p}$,根据 p 的取值范围就可判定 $\sum\limits_{n=1}^{\infty}u_n$ 的敛散性. 见例 2(2),例 5(1).

2° 若 u_n 是比 v_n 高阶的无穷小,当 $\sum\limits_{n=1}^{\infty}v_n$ 收敛时,则 $\sum\limits_{n=1}^{\infty}u_n$ 收敛;若 u_n 是比 v_n 低阶的无穷小,当 $\sum\limits_{n=1}^{\infty}v_n$ 发散时,则 $\sum\limits_{n=1}^{\infty}u_n$ 发散.

(3) 若级数的通项 u_n 为 n 的有理分式或无理分式,当分母中 n 的最高次幂减去分子中 n 的最高次幂大于 1 时,则该级数收敛;反之,若小于等于 1 时,则该级数发散. 在具体计算时,多用极限形式的比较判别法,一般取 p 级数作为比较的级数. 见例 2.

(4) 通项 u_n 为定积分的级数,判别其敛散性可从两方面考虑:若定积分能算出,可用级数敛散性的定义,见例 10 之 (1);若定积分难以算出,通常用比较判别法,通过放缩定积分,确定用来比较的级数,见例 3,例 10 之 (2).

5. 用积分判别法

设 $f(x)$ 是区间 $[1,+\infty)$ 上非负单调减少的连续函数,则

$$\sum_{n=1}^{\infty}u_n=\sum_{n=1}^{\infty}f(n) \text{ 与 } \int_1^{+\infty}f(x)\mathrm{d}x \text{ 的敛散性相同}\left(\text{当 } a>1 \text{ 时,对 } \int_a^{+\infty}f(x)\mathrm{d}x,\text{该判别法仍成立}\right).$$

若利用积分判别法,应根据我们已掌握的无穷区间的积分的敛散性. 例如,积分

$$\int_a^{+\infty}\frac{1}{x(\ln x)^p}\mathrm{d}x(a>1), \quad \int_a^{+\infty}\frac{1}{x(\ln\ln x)^p}\mathrm{d}x(a>2), \quad \int_a^{+\infty}\frac{1}{x\ln x(\ln\ln x)^p}\mathrm{d}x(a>2)$$

在 $p>1$ 时收敛;在 $p\leqslant 1$ 时发散. 见例 7.

6. 用等价无穷小代换

基于极限形式比较判别法的实质是无穷小阶的比较,可用等价无穷小代换级数的通项或通项中的部分因子,所得到的新级数与原级数有相同的敛散性. 见例 2(2),例 5(1),例 7(2).

7. 证明题,一般用比较判别法(见例 11,例 12)

例 1 设 $\sum\limits_{n=1}^{\infty}u_n(u_n>0,n=1,2,\cdots)$ 收敛,证明下列级数均收敛:

(1) $\sum_{n=1}^{\infty} u_{2n-1}$; (2) $\sum_{n=1}^{\infty} u_n^2$; (3) $\sum_{n=1}^{\infty} \frac{u_n}{n}$;

(4) $\sum_{n=1}^{\infty} u_n \cdot u_{n+1}$; (5) $\sum_{n=1}^{\infty} \sqrt{u_n \cdot u_{n+1}}$; (6) $\sum_{n=1}^{\infty} \frac{\sqrt{u_n}}{n^p} \left(p > \frac{1}{2}\right)$.

证 由题设，若以 S_n, S 分别记 $\sum_{n=1}^{\infty} u_n$ 的前 n 项和与和，则 $\lim_{n \to \infty} S_n = S$, 且 $\lim_{n \to \infty} u_n = 0$.

(1) 若以 σ_n 记 $\sum_{n=1}^{\infty} u_{2n-1}$ 的前 n 项和，则

$$\sigma_n = u_1 + u_3 + \cdots + u_{2n-1} < u_1 + u_2 + u_3 + \cdots + u_{2n-1} = S_{2n-1} < S.$$

由收敛的基本定理知，该级数收敛.

(2) **证 1** 因 $S_n < S, S_n^2 < S^2$，若以 σ_n 记 $\sum_{n=1}^{\infty} u_n^2$ 的前 n 项和，则

$$\sigma_n = u_1^2 + u_2^2 + \cdots + u_n^2 < (u_1 + u_2 + \cdots + u_n)^2 = S_n^2 < S^2,$$

于是由收敛的基本定理，所给级数收敛.

证 2 用极限形式的比较判别法. 因 $\lim_{n \to \infty} \frac{u_n^2}{u_n} = \lim_{n \to \infty} u_n = 0$，知 $\sum_{n=1}^{\infty} u_n^2$ 收敛.

(3) 因 $\lim_{n \to \infty} \frac{\frac{u_n}{n}}{u_n} = \lim_{n \to \infty} \frac{1}{n} = 0$，故 $\sum_{n=1}^{\infty} \frac{u_n}{n}$ 收敛.

(4) 因 $\lim_{n \to \infty} \frac{u_n \cdot u_{n+1}}{u_n} = \lim_{n \to \infty} u_{n+1} = 0$，故 $\sum_{n=1}^{\infty} u_n \cdot u_{n+1}$ 收敛.

(5) 用比较判别法. 因 $u_n \geq 0$，有 $\sqrt{u_n \cdot u_{n+1}} < u_n + u_{n+1}$. 由 $\sum_{n=1}^{\infty} u_n$ 收敛知 $\sum_{n=1}^{\infty} u_{n+1}$ 收敛，从而 $\sum_{n=1}^{\infty} (u_n + u_{n+1})$ 收敛，故 $\sum_{n=1}^{\infty} \sqrt{u_n \cdot u_{n+1}}$ 收敛.

(6) 用比较判别法. 因 $\frac{\sqrt{u_n}}{n^p} < \frac{1}{2} \left(\frac{1}{n^{2p}} + u_n\right)$，由 $\sum_{n=1}^{\infty} u_n$ 和 $\sum_{n=1}^{\infty} \frac{1}{n^{2p}}$ 收敛，知 $\frac{1}{2} \sum_{n=1}^{\infty} \left(\frac{1}{n^{2p}} + u_n\right)$ 收敛，从而 $\sum_{n=1}^{\infty} \frac{\sqrt{u_n}}{n^p}$ 收敛.

注 由正项级数收敛的基本定理知，若 $\sum_{n=1}^{\infty} u_n (u_n \geq 0, n=1,2,\cdots)$ 收敛，则由它的一部分项构成的级数一定收敛.

例 2 判别下列级数的敛散性：

(1) $\sum_{n=1}^{\infty} \frac{n^{n-1}}{(n^2 + \ln^2 n + 1)^{\frac{n+1}{2}}}$; (2) $\sum_{n=1}^{\infty} (\sqrt{n+1} - \sqrt{n})^p \sin \frac{1}{n}$.

解 按通项 u_n 的形式，用极限形式的比较判别法.

二、判别正项级数敛散性的各种方法

(1) 取 $v_n=\dfrac{1}{n^2}$，因 $\lim\limits_{n\to\infty}\dfrac{u_n}{v_n}=\lim\limits_{n\to\infty}\dfrac{n^{n+1}}{(n^2+\ln^2 n+1)^{\frac{n+1}{2}}}=1$，而 $\sum\limits_{n=1}^{\infty}\dfrac{1}{n^2}$ 收敛，故原级数收敛.

(2) 注意到当 $n\to\infty$ 时，$\sin\dfrac{1}{n}\sim\dfrac{1}{n}$，故 $\sum\limits_{n=1}^{\infty}\dfrac{(\sqrt{n+1}-\sqrt{n})^p}{n}$ 与原级数敛散性同. 因

$$(\sqrt{n+1}-\sqrt{n})^p=\dfrac{1}{(\sqrt{n+1}+\sqrt{n})^p}\sim\dfrac{1}{2^p n^{\frac{p}{2}}}\quad (n\to\infty),$$

而 $\sum\limits_{n=1}^{\infty}\dfrac{1}{2^p n^{\frac{p}{2}+1}}$ 当 $p>0$ 时收敛，当 $p\leqslant 0$ 时发散，故原级数当 $p>0$ 时收敛，当 $p\leqslant 0$ 时发散.

例 3 判别级数 $\sum\limits_{n=1}^{\infty}\int_0^{\frac{\pi}{n}}\dfrac{\sin x}{1+x}\mathrm{d}x$ 的敛散性.

解 因 $0<u_n\leqslant\int_0^{\frac{\pi}{n}}\sin x\mathrm{d}x\leqslant\int_0^{\frac{\pi}{n}}x\mathrm{d}x=\dfrac{\pi^2}{2}\cdot\dfrac{1}{n^2}$，而 $\dfrac{\pi^2}{2}\sum\limits_{n=1}^{\infty}\dfrac{1}{n^2}$ 收敛，故原级数收敛.

例 4 判别下列级数的敛散性：

(1) $\sum\limits_{n=1}^{\infty}\dfrac{(n!)^2}{(2n)!}$； (2) $\sum\limits_{n=1}^{\infty}\dfrac{x^n}{(1+x)(1+x^2)\cdots(1+x^n)}\quad (x\geqslant 0)$.

解 (1) 因 $\lim\limits_{n\to\infty}\dfrac{u_{n+1}}{u_n}=\lim\limits_{n\to\infty}\dfrac{[(n+1)!]^2}{[2(n+1)]!}\cdot\dfrac{(2n)!}{(n!)^2}=\lim\limits_{n\to\infty}\dfrac{n+1}{2(2n+1)}=\dfrac{1}{4}<1$，由比值判别法，原级数收敛.

(2) 因 $\lim\limits_{n\to\infty}\dfrac{u_{n+1}}{u_n}=\lim\limits_{n\to\infty}\dfrac{x}{1+x^{n+1}}=\begin{cases}x, & 0\leqslant x<1,\\ 1/2, & x=1,\\ 0, & x>1,\end{cases}$ 故对 $x\geqslant 0$，原级数收敛.

例 5 判别下列级数的敛散性：

(1) $\sum\limits_{n=1}^{\infty}\left[\dfrac{1}{n}-\ln\left(1+\dfrac{1}{n}\right)\right]$； (2) $\sum\limits_{n=1}^{\infty}\dfrac{n^3[\sqrt{2}+(-1)^n]^n}{3^n}$；

(3) $\sum\limits_{n=2}^{\infty}\dfrac{n^{\ln n}}{(\ln n)^n}$； (4) $\sum\limits_{n=1}^{\infty}\dfrac{3^n n!}{n^n}$.

解 (1) 确定 k，使得当 $n\to\infty$ 时，$\dfrac{1}{n^k}$ 与 $\left[\dfrac{1}{n}-\ln\left(1+\dfrac{1}{n}\right)\right]$ 是同阶无穷小. 用洛必达法则，

因 $\lim\limits_{x\to 0}\dfrac{x-\ln(1+x)}{x^k}=\lim\limits_{x\to 0}\dfrac{1}{kx^{k-2}}$，知 $\lim\limits_{n\to\infty}\dfrac{\dfrac{1}{n}-\ln\left(1+\dfrac{1}{n}\right)}{\dfrac{1}{n^2}}=\dfrac{1}{2}$，

而 $\sum\limits_{n=1}^{\infty}\dfrac{1}{n^2}$ 收敛，故原级数收敛.

(2) 因 $0<\dfrac{n^3[\sqrt{2}+(-1)^n]^n}{3^n}\leqslant\dfrac{n^3(\sqrt{2}+1)^n}{3^n}$；又对 $\sum\limits_{n=1}^{\infty}\dfrac{n^3(\sqrt{2}+1)^n}{3^n}$，用比值判别法或根值判别法：

$$\lim_{n\to\infty}\frac{u_{n+1}}{u_n}=\lim_{n\to\infty}\left(\frac{n+1}{n}\right)^3\frac{\sqrt{2}+1}{3}=\frac{\sqrt{2}+1}{3}<1$$

或

$$\lim_{n\to\infty}\sqrt[n]{u_n}=\lim_{n\to\infty}\sqrt[n]{\frac{n^3(\sqrt{2}+1)^n}{3^n}}=\frac{\sqrt{2}+1}{3}\lim_{n\to\infty}\sqrt[n]{n^3}=\frac{\sqrt{2}+1}{3}<1,$$

故 $\sum_{n=1}^{\infty}\frac{n^3(\sqrt{2}+1)^n}{3^n}$ 收敛,再由比较判别法,原级数收敛.

(3) 因 $\lim_{n\to\infty}\sqrt[n]{u_n}=\lim_{n\to\infty}\frac{n^{\frac{\ln n}{n}}}{\ln n}=0<1$,其中 $\lim_{n\to\infty}n^{\frac{\ln n}{n}}=\lim_{x\to+\infty}x^{\frac{\ln x}{x}}=\lim_{x\to+\infty}e^{\frac{\ln x}{x}\ln x}=e^0=1$,故由根值判别法,原级数收敛.

(4) 因 $\lim_{n\to\infty}\frac{u_{n+1}}{u_n}=\lim_{n\to\infty}\frac{3^{n+1}(n+1)!}{(n+1)^{n+1}}\cdot\frac{n^n}{3^n n!}=\frac{3}{e}>1$,故由比值判别法,原级数发散.

注 本例(4)不宜用根值法,因 $\lim_{n\to\infty}\frac{\sqrt[n]{n!}}{n}$ 难以计算.

例 6 判别下列级数的敛散性:

(1) $\sum_{n=1}^{\infty}\frac{1}{a^{\ln n}}\ (a>0)$; (2) $\sum_{n=2}^{\infty}\frac{1}{(\ln n)^{\ln n}}$.

分析 由于 $\frac{1}{a^{\ln n}}=\frac{1}{e^{\ln n\cdot\ln a}}=\frac{1}{n^{\ln a}}$,$\frac{1}{(\ln n)^{\ln n}}=\frac{1}{e^{\ln n\ln\ln n}}=\frac{1}{n^{\ln\ln n}}$,当正项级数的通项中既含有指数又含有对数时,常用对数性质将其化为 p 级数,再考查其敛散性.

解 (1) 因 $\frac{1}{a^{\ln n}}=\frac{1}{n^{\ln a}}$,故当 $\ln a>1$,即 $a>e$ 时,原级数收敛;当 $\ln a\leqslant 1$,即 $0<a\leqslant e$ 时,原级数发散.

(2) 注意到当 n 充分大时,有 $\ln\ln n>2$.因 $\frac{1}{(\ln n)^{\ln n}}=\frac{1}{n^{\ln\ln n}}<\frac{1}{n^2}$,而 $\sum_{n=1}^{\infty}\frac{1}{n^2}$ 收敛,故原级数收敛.

例 7 判别下列级数的敛散性($p>0$):

(1) $\sum_{n=2}^{\infty}\frac{1}{n(\ln n)^p}$; (2) $\sum_{n=3}^{\infty}\frac{1}{(\ln\ln n)^p}\ln\left(\frac{n+1}{n}\right)$.

解 (1) 令 $f(x)=\frac{1}{x(\ln x)^p}$,则 $f(x)$ 在 $[2,+\infty)$ 非负单调减少且连续,又 $\int_2^{+\infty}\frac{1}{x(\ln x)^p}dx$ 与 $\sum_{n=2}^{\infty}\frac{1}{n(\ln n)^p}$ 有相同的敛散性.

因 $\int_2^{+\infty}\frac{1}{x(\ln x)^p}dx$ 在 $p>1$ 时收敛,当 $p\leqslant 1$ 时发散,所以由积分判别法,原级数当 $p>1$ 时收敛,当 $p\leqslant 1$ 时发散.

(2) 当 $n\to\infty$ 时,$\ln\left(1+\frac{1}{n}\right)\sim\frac{1}{n}$,则 $\sum_{n=3}^{\infty}\frac{1}{n(\ln\ln n)^p}$ 与原级数的敛散性相同.令 $f(x)=\frac{1}{x(\ln\ln x)^p}$,则 $f(x)$ 在 $[3,+\infty)$ 上非负单调减少且连续,又

$$\int_3^{+\infty} \frac{1}{x(\ln\ln x)^p} dx \begin{cases} p>1 \text{ 时收敛,} \\ p\leqslant 1 \text{ 时发散.} \end{cases}$$

由积分判别法,原级数在 $p>1$ 时收敛,在 $p\leqslant 1$ 时发散.

例 8 设 $a_n>0(n=1,2,\cdots)$,且 $\lim\limits_{n\to\infty}a_n=a$,试判别 $\sum\limits_{n=1}^{\infty}a_n\left(1-\cos\dfrac{b}{n}\right)(b>0)$ 的敛散性.

解 由题设知,存在 $M>0$,有 $0<a_n\leqslant M(n=1,2,\cdots)$. 记 $u_n=1-\cos\dfrac{b}{n}$, 当 $n\to\infty$ 时, $u_n\sim\dfrac{b^2}{2n^2}$, 由 $\sum\limits_{n=1}^{\infty}\dfrac{b^n}{2n^2}$ 收敛知 $\sum\limits_{n=1}^{\infty}u_n$ 收敛, 从而 $\sum\limits_{n=1}^{\infty}Mu_n$ 收敛.

由于 $a_nu_n\leqslant Mu_n$, 由比较判别法知 $\sum\limits_{n=1}^{\infty}a_nu_n$, 即原级数收敛.

例 9 设 $\alpha=\dfrac{1}{n^n},\beta=\dfrac{1}{n!}$, 当 $n\to\infty$ 时, (   ).

(A) α 与 β 是等价无穷小   (B) α 与 β 是同阶,但不是等价无穷小

(C) α 是比 β 较高阶的无穷小   (D) α 是比 β 较低阶的无穷小

解 选 (C). 因 $\dfrac{\alpha}{\beta}=\dfrac{n!}{n^n}$, 考虑级数 $\sum\limits_{n=1}^{\infty}\dfrac{n!}{n^n}$. 由比值法可知,该级数收敛. 从而 $\lim\limits_{n\to\infty}\dfrac{n!}{n^n}=0$.

例 10 设 $a_n=\int_0^{\frac{\pi}{4}}\tan^n x\,dx$. (1) 求 $\sum\limits_{n=1}^{\infty}\dfrac{1}{n}(a_n+a_{n+2})$ 的值;

(2) 试证:对任意的常数 $\lambda>0$, $\sum\limits_{n=1}^{\infty}\dfrac{a_n}{n^\lambda}$ 收敛.

解 (1) 由题设知 $a_n>0$. 因为

$$\frac{1}{n}(a_n+a_{n+2})=\frac{1}{n}\int_0^{\frac{\pi}{4}}\tan^n x(1+\tan^2 x)dx=\frac{1}{n}\int_0^{\frac{\pi}{4}}\tan^n x\,d(\tan x)$$
$$=\frac{1}{n(n+1)}=\frac{1}{n}-\frac{1}{n+1},$$

所以 $\sum\limits_{n=1}^{\infty}\dfrac{1}{n}(a_n+a_{n+2})=1$.

(2) 设 $\tan x=t$, 因为

$$a_n=\int_0^{\frac{\pi}{4}}\tan^n x\,dx=\int_0^1\frac{t^n}{1+t^2}dt<\int_0^1 t^n dt=\frac{1}{n+1},$$

所以 $\dfrac{a_n}{n^\lambda}<\dfrac{1}{n^\lambda(n+1)}<\dfrac{1}{n^{\lambda+1}}$. 由 $\lambda+1>1$ 知 $\sum\limits_{n=1}^{\infty}\dfrac{1}{n^{\lambda+1}}$ 收敛, 从而 $\sum\limits_{n=1}^{\infty}\dfrac{a_n}{n^\lambda}$ 收敛.

例 11 设 $0\leqslant b_n\leqslant a_n$, 且 $\sum\limits_{n=1}^{\infty}a_n$ 收敛, 证明 $\sum\limits_{n=1}^{\infty}\sqrt{a_nb_n}\arctan n$ 收敛.

分析 注意到 $0\leqslant\sqrt{a_nb_n}\leqslant\sqrt{a_n^2}=a_n$, 且当 $n\geqslant 1$ 时, 有 $\dfrac{\pi}{4}\leqslant\arctan n<\dfrac{\pi}{2}$.

证 因 $n\geqslant 1$ 时, 有 $0\leqslant\sqrt{a_nb_n}\arctan n\leqslant\sqrt{a_n^2\dfrac{\pi}{2}}=\sqrt{\dfrac{\pi}{2}}a_n$, 而 $\sum\limits_{n=1}^{\infty}\sqrt{\dfrac{\pi}{2}}a_n$ 收敛, 由比较判别法知, 所给级数收敛.

例 12 设对一切 n,有 $a_n \leqslant b_n \leqslant c_n$,判别下列结论是否正确. 若正确,请证明;若不正确,举出反例.

(1) 若级数 $\sum\limits_{n=1}^{\infty} a_n$ 和 $\sum\limits_{n=1}^{\infty} c_n$ 都收敛,则 $\sum\limits_{n=1}^{\infty} b_n$ 收敛;

(2) 若级数 $\sum\limits_{n=1}^{\infty} a_n$ 和 $\sum\limits_{n=1}^{\infty} c_n$ 都发散,则 $\sum\limits_{n=1}^{\infty} b_n$ 发散.

分析 $\sum\limits_{n=1}^{\infty} a_n$ 和 $\sum\limits_{n=1}^{\infty} c_n$ 未必是正项级数,不能直接用比较判别法. 由 $a_n \leqslant b_n \leqslant c_n$,可推得 $0 \leqslant b_n - a_n \leqslant c_n - a_n$.

解 (1) 结论正确. 由 $\sum\limits_{n=1}^{\infty} a_n$ 和 $\sum\limits_{n=1}^{\infty} c_n$ 都收敛,知正项级数 $\sum\limits_{n=1}^{\infty} (c_n - a_n)$ 收敛,由比较判别法知 $\sum\limits_{n=1}^{\infty} (b_n - a_n)$ 收敛.

又因 $b_n = a_n + (b_n - a_n)$,且 $\sum\limits_{n=1}^{\infty} a_n$ 和 $\sum\limits_{n=1}^{\infty} (b_n - a_n)$ 都收敛,故 $\sum\limits_{n=1}^{\infty} b_n$ 收敛.

(2) 结论不正确. 例如,对一切 n,有 $-\dfrac{1}{n} < \dfrac{1}{n^2} < \dfrac{1}{n}$,而 $\sum\limits_{n=1}^{\infty} \left(-\dfrac{1}{n}\right)$ 和 $\sum\limits_{n=1}^{\infty} \dfrac{1}{n}$ 都发散,但 $\sum\limits_{n=1}^{\infty} \dfrac{1}{n^2}$ 却收敛.

三、判别任意项级数敛散性的方法

1. 判别交错级数敛散性的解题思路

设 $\sum\limits_{n=1}^{\infty} (-1)^{n-1} u_n (u_n > 0, n=1,2,\cdots)$ 为交错级数.

(1) 用莱布尼茨判别法可判别交错级数收敛:

若 $\lim\limits_{n \to \infty} u_n = 0$ 且 $u_n \geqslant u_{n+1}(n=1,2,\cdots)$,则交错级数收敛. 见本节例 1,例 2.

如何比较 u_n 与 u_{n+1} 的大小,见第一章七.

(2) 对不满足条件 $u_n \geqslant u_{n+1}(n=1,2,\cdots)$ 的交错级数的**判别思路**:

由于 $u_n \geqslant u_{n+1}(n=1,2,\cdots)$ 是判别交错级数收敛的**充分条件**,并**非必要条件**,若不满足 $u_n \geqslant u_{n+1}$,不能断定级数发散,这时可用下述方法判别级数的敛散性:

1° 用级数敛散性的定义. 见例 3(1).

2° 用加括号级数判别. 若加括号后的级数发散,则原级数一定发散,见例 3(2);若加括号后的级数收敛,且原级数的一般项以零为极限,则原级数收敛,见例 3(3).

3° 把一般项分项来判别. 见例 3(4).

4° 用交换级数奇偶项的方法判别. 见例 3(5).

设级数(I)：$\sum_{n=1}^{\infty} u_n = u_1 + u_2 + u_3 + u_4 + \cdots + u_{2n-1} + u_{2n} + \cdots$；

(II)：$u_2 + u_1 + u_4 + u_3 + \cdots + u_{2n} + u_{2n-1} + \cdots$.

其中级数(II)是由级数(I)经交换奇偶项得到的.

若 $\lim\limits_{n\to\infty} u_n = 0$，且级数(II)收敛其和为 S，则级数(I)也收敛其和是 S.

事实上，若级数(I)、级数(II)的前 $2n$ 项的部分和分别记做 S_{2n} 和 σ_{2n}，则 $S_{2n} = \sigma_{2n}$，因

$$\lim_{n\to\infty} S_{2n} = \lim_{n\to\infty} \sigma_{2n} = S, \quad \lim_{n\to\infty} S_{2n+1} = \lim_{n\to\infty}(S_{2n} + u_{2n+1}) = S + 0 = S,$$

故级数(I)收敛，其和为 S.

2. 用正项级数判别法判别任意项级数(包括交错级数)敛散性的解题思路

设 $\sum_{n=1}^{\infty} u_n$ 为任意项级数，则 $\sum_{n=1}^{\infty} |u_n|$ 为正项级数.

(1) 比较判别法只能判别级数收敛.

若 $\sum_{n=1}^{\infty} |u_n|$ 收敛，则 $\sum_{n=1}^{\infty} u_n$ 收敛且绝对收敛，见例 5(1)；若 $\sum_{n=1}^{\infty} |u_n|$ 发散，则 $\sum_{n=1}^{\infty} u_n$ 的敛散性不确定，见例 4(1).

(2) 比值判别法、根值判别法可判别级数收敛与发散.

对 $\sum_{n=1}^{\infty} u_n$，若 $\lim\limits_{n\to\infty} \left|\dfrac{u_{n+1}}{u_n}\right| = \rho$ 或 $\lim\limits_{n\to\infty} \sqrt[n]{|u_n|} = \rho$，当 $\rho < 1$ 时，它绝对收敛，见例 4(2)，例 5(3)；当 $\rho > 1$ 时，必有 $\lim\limits_{n\to\infty} |u_n| \neq 0$，从而 $\lim\limits_{n\to\infty} u_n \neq 0$，它发散.

3. 关于由两个级数的项的和构成的级数的敛散性

设级数(I)：$\sum_{n=1}^{\infty} u_n$ 和 (II)：$\sum_{n=1}^{\infty} v_n$ 都是任意项级数，级数(III)：$\sum_{n=1}^{\infty} (u_n + v_n)$.

(1) 若级数(I)和(II)都绝对收敛，则级数(III)绝对收敛.

(2) 若级数(I)和(II)都条件收敛，则级数(III)可能条件收敛，也可能绝对收敛.

例如，$\sum_{n=1}^{\infty} u_n = \sum_{n=1}^{\infty} (-1)^{n+1} \dfrac{1}{n}$，$\sum_{n=1}^{\infty} v_n = \sum_{n=1}^{\infty} (-1)^n \dfrac{2}{n}$ 都条件收敛，则 $\sum_{n=1}^{\infty} (u_n + v_n) = \sum_{n=1}^{\infty} \dfrac{(-1)^n}{n}$ 条件收敛. 而级数

$$\sum_{n=1}^{\infty} u_n = 1 + \frac{1}{2^2} - \frac{1}{3} - \frac{1}{4^2} + \frac{1}{5} + \frac{1}{6^2} - \cdots,$$

$$\sum_{n=1}^{\infty} v_n = -1 + \frac{1}{2^2} + \frac{1}{3} - \frac{1}{4^2} - \frac{1}{5} + \frac{1}{6^2} - \cdots$$

都条件收敛，但 $\sum_{n=1}^{\infty} (u_n + v_n) = \sum_{n=1}^{\infty} \dfrac{(-1)^{n+1} 2}{(2n)^2}$ 就绝对收敛.

(3) 若级数(I)绝对收敛，级数(II)条件收敛，则级数(III)条件收敛.

例如，$\sum_{n=1}^{\infty} (-1)^n \dfrac{k}{n^2}$ 绝对收敛，$\sum_{n=1}^{\infty} (-1)^n \dfrac{1}{n}$ 条件收敛，则 $\sum_{n=1}^{\infty} (-1)^n \dfrac{k+n}{n^2}$ 条件收敛.

例1 判别下列交错级数的敛散性：

(1) $\sum_{n=1}^{\infty}(-1)^{n-1}\dfrac{2^{n^2}}{n!}$；　　(2) $\sum_{n=2}^{\infty}(-1)^n\ln\left(1-\dfrac{1}{n}\right)$；　　(3) $\sum_{n=1}^{\infty}\dfrac{(-1)^{n-1}}{n-\ln n}$.

解 (1) 记 $u_n=\dfrac{2^{n^2}}{n!}$，因 $\lim\limits_{n\to\infty}\dfrac{u_{n+1}}{u_n}=\lim\limits_{n\to\infty}\dfrac{2^{2n+1}}{n+1}=\infty$，由比值判别法，级数发散.

(2) 注意到 $\ln 1=0$，$\ln\left(1-\dfrac{1}{n}\right)<0$，记 $u_n=-\ln\left(1-\dfrac{1}{n}\right)$，则 $\lim\limits_{n\to\infty}u_n=0$.

由于 $1-\dfrac{1}{n}<1-\dfrac{1}{n+1}$，故 $-\ln\left(1-\dfrac{1}{n}\right)>-\ln\left(1-\dfrac{1}{n+1}\right)$，即 $u_n>u_{n+1}$ $(n=2,3,\cdots)$，由莱布尼茨定理，级数收敛.

(3) 因 $\lim\limits_{n\to\infty}\dfrac{\ln n}{n}=0$，知 $\dfrac{1}{n-\ln n}>0$. 记 $u_n=\dfrac{1}{n-\ln n}$，则 $\lim\limits_{n\to\infty}u_n=0$.

令 $f(x)=x-\ln x$，因 $f'(x)=1-\dfrac{1}{x}>0$ $(x>1)$，$f(x)$ 在 $(1,+\infty)$ 上单调增加，所以 $f(n)=n-\ln n$ 单调增加，从而 $u_n>u_{n+1}$ $(n=1,2,\cdots)$. 由莱布尼茨定理，级数收敛.

例2 判别级数 $\sum_{n=1}^{\infty}\sin(\pi\sqrt{n^2+a^2})$ 的敛散性.

解 因 $u_n=\sin(\pi\sqrt{n^2+a^2})=\sin(n\pi+\pi\sqrt{n^2+a^2}-n\pi)$

$$=(-1)^n\sin\pi(\sqrt{n^2+a^2}-n)=(-1)^n\sin\dfrac{\pi a^2}{\sqrt{n^2+a^2}+n},$$

又当 n 充分大时，$0<\dfrac{\pi a^2}{\sqrt{n^2+a^2}+n}<\dfrac{\pi}{2}$，故 $\sin\dfrac{\pi a^2}{\sqrt{n^2+a^2}+n}>0$，从而

$$\text{原级数}=\sum_{n=1}^{\infty}(-1)^n\sin\dfrac{\pi a^2}{\sqrt{n^2+a^2}+n}$$

是交错级数. 易知，该级数满足莱布尼茨定理的条件，所以级数收敛.

例3 判别下列交错级数的敛散性：

(1) $\dfrac{1}{2}-\dfrac{1}{3}+\dfrac{1}{2^2}-\dfrac{1}{3^2}+\cdots+\dfrac{1}{2^n}-\dfrac{1}{3^n}+\cdots$；

(2) $\dfrac{1}{\sqrt{2}-1}-\dfrac{1}{\sqrt{2}+1}+\dfrac{1}{\sqrt{3}-1}-\dfrac{1}{\sqrt{3}+1}+\cdots+\dfrac{1}{\sqrt{n}-1}-\dfrac{1}{\sqrt{n}+1}+\cdots$；

(3) $\dfrac{1}{2}-1+\dfrac{1}{5}-\dfrac{1}{4}+\cdots+\dfrac{1}{3n-1}-\dfrac{1}{3n-2}+\cdots$；

(4) $\sum_{n=2}^{\infty}\dfrac{(-1)^n}{\sqrt{n}+(-1)^n}$；　　(5) $\sum_{n=2}^{\infty}\dfrac{(-1)^n}{[n+(-1)^n]^p}$ $(p>0)$.

解 本题均不满足 $u_n\geqslant u_{n+1}$ $(n=1,2,\cdots)$，不能用莱布尼茨判别法.

(1) 因 $u_{2n}=\dfrac{1}{3^n}<\dfrac{1}{2^{n+1}}=u_{2n+1}$ $(n\geqslant 2)$，故用级数敛散性定义判别. 由

$$S_{2n}=\left(\dfrac{1}{2}+\cdots+\dfrac{1}{2^n}\right)-\left(\dfrac{1}{3}+\cdots+\dfrac{1}{3^n}\right)=\left(1-\dfrac{1}{2^n}\right)-\left(\dfrac{1}{2}-\dfrac{1}{2\cdot 3^n}\right),$$

$$S_{2n+1}=S_{2n}+\dfrac{1}{2^{n+1}},\ \text{且}\ \lim_{n\to\infty}S_{2n+1}=\lim_{n\to\infty}S_{2n}=1-\dfrac{1}{2}=\dfrac{1}{2},$$

故级数收敛且其和 $S=\dfrac{1}{2}$.

(2) 因 $u_{2n}=\dfrac{1}{\sqrt{n+1}}<\dfrac{1}{\sqrt{n+1}-1}=u_{2n+1}(n\geqslant 2)$,故考虑加括号级数

$$\left(\dfrac{1}{\sqrt{2}-1}-\dfrac{1}{\sqrt{2}+1}\right)+\cdots+\left(\dfrac{1}{\sqrt{n}-1}-\dfrac{1}{\sqrt{n}+1}\right)+\cdots=\sum_{n=1}^{\infty}\dfrac{2}{n-1},$$

而级数 $\sum_{n=1}^{\infty}\dfrac{2}{n-1}$ 发散,故原级数发散.

(3) 因 $u_{2n-1}=\dfrac{1}{3n-1}<\dfrac{1}{3n-2}=u_{2n}(n=1,2,\cdots)$,故考虑加括号级数

$$\left(\dfrac{1}{2}-1\right)+\left(\dfrac{1}{5}-\dfrac{1}{4}\right)+\cdots+\left(\dfrac{1}{3n-1}-\dfrac{1}{3n-2}\right)+\cdots$$
$$=-\sum_{n=1}^{\infty}\dfrac{1}{(3n-1)(3n-2)},$$

而 $\sum_{n=1}^{\infty}\dfrac{1}{(3n-1)(3n-2)}$ 收敛,又原级数的一般项当 $n\to\infty$ 时以 0 为极限,故原级数收敛.

(4) 因 $u_{2n-1}=\dfrac{1}{\sqrt{2n}+1}<\dfrac{1}{\sqrt{2n+1}-1}=u_{2n}(n=1,2,\cdots)$,故将级数的一般项分项:

$$\dfrac{(-1)^n}{\sqrt{n}+(-1)^n}=\dfrac{(-1)^n(\sqrt{n}-(-1)^n)}{n-1}=\dfrac{(-1)^n\sqrt{n}}{n-1}-\dfrac{1}{n-1}$$
$$=\dfrac{(-1)^n(\sqrt{n}-1+1)}{n-1}-\dfrac{1}{n-1}=\dfrac{(-1)^n}{\sqrt{n}+1}+\dfrac{(-1)^n}{n-1}-\dfrac{1}{n-1}.$$

由莱布尼兹判别法知 $\sum_{n=2}^{\infty}\dfrac{(-1)^n}{\sqrt{n}+1}$,$\sum_{n=2}^{\infty}\dfrac{(-1)^n}{n-1}$ 均收敛,而 $\sum_{n=2}^{\infty}\dfrac{1}{n-1}$ 发散,故原级数发散.

(5) 因 $u_{2n-1}=\dfrac{1}{(2n+1)^p}<\dfrac{1}{(2n)^p}=u_{2n},(n=1,2,\cdots)$.故交换级数的奇偶项:

原级数为 $\dfrac{1}{3^p}-\dfrac{1}{2^p}+\dfrac{1}{5^p}-\dfrac{1}{4^p}+\cdots+\dfrac{1}{(2n+1)^p}-\dfrac{1}{(2n)^p}+\cdots$;

交换后的级数为 $-\dfrac{1}{2^p}+\dfrac{1}{3^p}-\dfrac{1}{4^p}+\dfrac{1}{5^p}-\cdots-\dfrac{1}{(2n)^p}+\dfrac{1}{(2n+1)^p}-\cdots$.

显然,后一级数满足莱布尼茨判别法的条件,它收敛.又因为原级数的通项 $\dfrac{(-1)^n}{[n+(-1)^n]^p}\to 0(n\to\infty)$,故原级数收敛.

例 4 判别下列级数是绝对收敛,条件收敛,还是发散:

(1) $\sum_{n=1}^{\infty}(-1)^{n-1}\left(1-\cos\dfrac{1}{\sqrt{n}}\right)$; (2) $\sum_{n=1}^{\infty}\dfrac{n!}{n^n}2^n\sin\dfrac{n\pi}{5}$.

解 (1) 因 $u_n=1-\cos\dfrac{1}{\sqrt{n}}\geqslant 0$,这是交错级数.当 $n\to\infty$ 时,$u_n\sim\dfrac{1}{2n}$,而级数 $\sum_{n=1}^{\infty}\dfrac{1}{2n}$ 发散,从而原级数非绝对收敛.

由于 $\lim\limits_{n\to\infty}\left(1-\cos\dfrac{1}{\sqrt{n}}\right)=0$，且因 $\cos\dfrac{1}{\sqrt{n}}<\cos\dfrac{1}{\sqrt{n+1}}$，有

$$\left(1-\cos\dfrac{1}{\sqrt{n}}\right)>\left(1-\cos\dfrac{1}{\sqrt{n+1}}\right),\quad n=1,2,\cdots.$$

由莱布尼茨定理知，原级数收敛是条件收敛.

(2) 因 $\sin\dfrac{n\pi}{5}$ 可正可负，但其符号并非正负相间，所给级数不是交错级数，是任意项级数.

由于 $\left|\dfrac{n!}{n^n}2^n\sin\dfrac{n\pi}{5}\right|\leqslant\dfrac{n!}{n^n}2^n$，而对级数 $\sum\limits_{n=1}^{\infty}\dfrac{n!}{n^n}2^n$，由比值判别法，因

$$\lim_{n\to\infty}\dfrac{(n+1)!}{(n+1)^{n+1}}2^{n+1}\cdot\dfrac{n^n}{n!\,2^n}=\lim_{n\to\infty}2\left(\dfrac{n}{n+1}\right)^n=\dfrac{2}{\mathrm{e}}<1,$$

所以 $\sum\limits_{n=1}^{\infty}\dfrac{n!}{n^n}2^n$ 收敛，从而原级数绝对收敛.

例 5 判别下列级数是绝对收敛，条件收敛，还是发散：

(1) $\sum\limits_{n=1}^{\infty}(-1)^n n\tan\dfrac{b}{2^{n+1}}a_{2n}$，其中 $b\in(0,\pi)$，级数 $\sum\limits_{n=1}^{\infty}a_n$ 绝对收敛；

(2) $\sum\limits_{n=1}^{\infty}(-1)^{n+1}\left(\dfrac{1}{u_n}+\dfrac{1}{u_{n+1}}\right)$，其中 $u_n\neq 0\,(n=1,2,\cdots)$，且 $\lim\limits_{n\to\infty}\dfrac{n}{u_n}=1$；

(3) $\sum\limits_{n=1}^{\infty}\dfrac{\cos nx}{(a_n+1)^n}$，其中正值数列 $\{a_n\}$ 单调减少，级数 $\sum\limits_{n=1}^{\infty}(-1)^n a_n$ 发散，$x\in(-\infty,+\infty)$.

解 (1) 因 $\sum\limits_{n=1}^{\infty}|a_n|$ 收敛可知 $\sum\limits_{n=1}^{\infty}|a_{2n}|$ 收敛. 又当 $n\to\infty$ 时，$\tan\dfrac{b}{2^{n+1}}\sim\dfrac{b}{2^{n+1}}$. 用极限形式的比较判别法，由于

$$\lim_{n\to\infty}\dfrac{\left|(-1)^n n\tan\dfrac{b}{2^{n+1}}a_{2n}\right|}{|a_{2n}|}=\lim_{n\to\infty}n\dfrac{b}{2^{n+1}}=0,$$

所以原级数绝对收敛.

(2) 由 $\lim\limits_{n\to\infty}\dfrac{n}{u_n}=1$ 知 $u_n>0$，$u_n<u_{n+1}$，且 $\lim\limits_{n\to\infty}u_n=+\infty$. 由此，$\lim\limits_{n\to\infty}\dfrac{1}{u_n}=0$，且 $\dfrac{1}{u_n}>\dfrac{1}{u_{n+1}}$. 由莱布尼茨定理，级数 $\sum\limits_{n=1}^{\infty}(-1)^{n+1}\dfrac{1}{u_n}$，$\sum\limits_{n=1}^{\infty}(-1)^{n+1}\dfrac{1}{u_{n+1}}$ 均收敛.

由 $\lim\limits_{n\to\infty}\dfrac{\dfrac{1}{u_n}}{\dfrac{1}{n}}=\lim\limits_{n\to\infty}\dfrac{n}{u_n}=1$，且 $\sum\limits_{n=1}^{\infty}\dfrac{1}{n}$ 发散，故级数 $\sum\limits_{n=1}^{\infty}\dfrac{1}{u_n}$，$\sum\limits_{n=1}^{\infty}\dfrac{1}{u_{n+1}}$ 均发散，从而级数 $\sum\limits_{n=1}^{\infty}\left(\dfrac{1}{u_n}+\dfrac{1}{u_{n+1}}\right)$ 发散，即所给级数条件收敛.

(3) 因 $x\in(-\infty,+\infty)$ 时,$\cos nx$ 可正可负,这是任意项级数.

因数列 $\{a_n\}$ 单调减少且有下界 $(a_n>0,n=1,2,\cdots)$,所以 $\lim\limits_{n\to\infty}a_n$ 存在,设其为 a,必然有 $a>0$. 否则,若 $a=0$,由莱布尼茨判别法知,$\sum(-1)^n a_n$ 收敛,与已知条件矛盾.

由于 $\left|\dfrac{\cos nx}{(a_n+1)^n}\right|\leqslant\dfrac{1}{(a_n+1)^n}$,且 $\lim\limits_{n\to\infty}\sqrt[n]{\dfrac{1}{(a_n+1)^n}}=\dfrac{1}{a+1}<1$,由根值判别法,级数绝对收敛.

例 6 试讨论当 k 取何值时,级数 $\sum\limits_{n=1}^{\infty}(-1)^n\dfrac{\ln n}{n^k}$ 发散、收敛、条件收敛、绝对收敛.

解 这是交错级数. 记 $u_n=\dfrac{\ln n}{n^k}$. 当 $k\leqslant 0$ 时,因 $\lim\limits_{n\to\infty}u_n\neq 0$,所以级数 $\sum\limits_{n=1}^{\infty}(-1)^n\dfrac{\ln n}{n^k}$ 发散. 当 $k>0$ 时,由洛必达法则知 $\lim\limits_{x\to+\infty}\dfrac{\ln x}{x^k}=0$,故 $\lim\limits_{n\to\infty}u_n=0$. 又因

$$\left(\dfrac{\ln x}{x^k}\right)'=\dfrac{x^{k-1}-kx^{k-1}\ln x}{x^{2k}}=\dfrac{x^{k-1}(1-k\ln x)}{x^{2k}},$$

显然,当 $x>e^{\frac{1}{k}}$ 时,$(1-k\ln x)<0$,从而 $\left(\dfrac{\ln x}{x^k}\right)'<0$. 所以当 n 充分大时,数列 $\{u_n\}$ 单调减少. 由莱布尼茨定理知,当 $k>0$ 时,原级数收敛.

取 $v_n=\dfrac{1}{n^p}$,由于

$$\lim_{n\to\infty}\dfrac{u_n}{v_n}=\lim_{n\to\infty}\dfrac{\ln n}{n^{k-p}}=\begin{cases}0,&k-p>0,\\ \infty,&k-p\leqslant 0,\end{cases}$$

由极限形式的比较判别法,当 $k>p>1$ 时,因级数 $\sum\limits_{n=1}^{\infty}\dfrac{1}{n^p}$ 收敛,所以 $\sum\limits_{n=1}^{\infty}u_n$ 收敛,从而原级数 $\sum\limits_{n=1}^{\infty}(-1)^n u_n$ 绝对收敛;当 $k\leqslant p\leqslant 1$ 时,因 $\sum\limits_{n=1}^{\infty}\dfrac{1}{n^p}$ 发散,所以 $\sum\limits_{n=1}^{\infty}u_n$ 发散,从而 $\sum\limits_{n=1}^{\infty}(-1)^n u_n$ 非绝对收敛.

综上所述,所给级数,当 $k\leqslant 0$ 时,发散;当 $k>0$ 时,收敛. 当 $0<k\leqslant 1$ 时,条件收敛;当 $k>1$ 时,绝对收敛.

四、求幂级数收敛半径与收敛域的方法

1. 求幂级数收敛半径的方法

(1) 对标准型幂级数 $\sum\limits_{n=0}^{\infty}a_n x^n$ $(a_n\neq 0, n=0,1,2,\cdots)$,

若 $\lim\limits_{n\to\infty}\left|\dfrac{a_{n+1}}{a_n}\right|=\rho$

或 $\lim\limits_{n\to\infty}\sqrt[n]{|a_n|}=\rho$,
则 $\begin{cases}R=\dfrac{1}{\rho},&0<\rho<+\infty,\\ R=+\infty,&\rho=0,\\ R=0,&\rho=+\infty.\end{cases}$

注 当 $\lim\limits_{n\to\infty}\left|\dfrac{a_{n+1}}{a_n}\right|$ 不存在时,求收敛半径的方法见例 7.

(2) 幂级数为 $\sum\limits_{n=0}^{\infty}a_n(x-x_0)^n$ 型时,令 $y=x-x_0$,将其化为 $\sum\limits_{n=0}^{\infty}a_ny^n$ 型,先求该幂级数的收敛半径,再导出原级数的收敛区间. 也可将其看成是数项级数,直接用比值判别法或根值判别法确定其收敛区间. 见本节例 6(1).

(3) 幂级数是缺项级数时,即有的系数 a_n 为 0,可通过变量替换化为标准型或直接用比值判别法或根值判别法去讨论敛散性. 见例 6(2),(3).

(4) 两个幂级数之和的收敛半径:设幂级数 $\sum\limits_{n=0}^{\infty}a_nx^n$ 与 $\sum\limits_{n=0}^{\infty}b_nx^n$ 的收敛半径分别为 R_a 与 R_b,则

$$\sum_{n=0}^{\infty}a_nx^n \pm \sum_{n=0}^{\infty}b_nx^n = \sum_{n=0}^{\infty}(a_n\pm b_n)x^n$$

的收敛半径 $R=\min\{R_a,R_b\}$(见例 1(2)).

2. 求幂级数 $\sum\limits_{n=0}^{\infty}a_nx^n$ 收敛域的程序

(1) 求收敛半径 R;
(2) 用数项级数的判别法判别当 $x=\pm R$ 时级数的敛散性;
(3) 写出级数的收敛域. 见例 5.

3. 广义幂级数求收敛半径的方法

(1) 通过恰当的变量替换将其化为标准型幂级数,先求幂级数的收敛半径,变量还原求出原级数的收敛区间. 见例 8(1).

(2) 直接用比值判别法或根值判别法. 见例 8(2).

例 1 已知幂级数 $\sum\limits_{n=0}^{\infty}a_nx^n$ 的收敛半径为 $R(\neq 0,+\infty)$,求下列幂级数的收敛半径 R_1:

(1) $\sum\limits_{n=0}^{\infty}(-1)^n a_{n+1}x^{n+3}$; (2) $\sum\limits_{n=0}^{\infty}\left(\dfrac{a_{n+1}}{a_n}+a_n^2\right)x^n$.

解 (1) **解 1** 用比值判别法,并注意已知条件 $\lim\limits_{n\to\infty}\left|\dfrac{a_{n+1}}{a_n}\right|=\dfrac{1}{R}$. 为使所给幂级数绝对收敛,必有

$$\lim_{n\to\infty}\left|\frac{u_{n+1}}{u_n}\right| = \lim_{n\to\infty}\left|\frac{(-1)^{n+1}a_{n+2}x^{n+4}}{(-1)^n a_{n+1}x^{n+3}}\right| = \frac{|x|}{R} < 1,$$

即 $|x|<R$. 故 $R_1=R$.

解 2 直接观察可知 $R_1=R$. 若详细解释则是:

由收敛半径的求法知,$\sum\limits_{n=0}^{\infty}(-1)^n a_{n+1}x^{n+3}$ 与 $\sum\limits_{n=0}^{\infty}a_{n+1}x^{n+3}$ 有相同的收敛半径,考查后一幂级数

$$\sum_{n=0}^{\infty} a_{n+1} x^{n+3} = x^2 \sum_{n=0}^{\infty} a_{n+1} x^{n+1} = x^2 \sum_{n=1}^{\infty} a_n x^n,$$

显然 $\sum_{n=1}^{\infty} a_n x^n$ 与 $\sum_{n=0}^{\infty} a_n x^n$ 有相同的收敛半径.

(2) 分别求 $\sum_{n=0}^{\infty} \dfrac{a_{n+1}}{a_n} x^n$ 和 $\sum_{n=0}^{\infty} a_n^2 x^n$ 的收敛半径.

因 $\lim\limits_{n \to \infty} \left| \dfrac{a_{n+2}}{a_{n+1}} \cdot \dfrac{a_n}{a_{n+1}} \right| = \dfrac{1}{R} R = 1$,故 $\sum_{n=0}^{\infty} \dfrac{a_{n+1}}{a_n} x^n$ 的收敛半径为 1.

因 $\lim\limits_{n \to \infty} \left| \dfrac{a_{n+1}^2}{a_n^2} \right| = \dfrac{1}{R^2}$,故 $\sum_{n=0}^{\infty} a_n^2 x^n$ 的收敛半径为 R^2. 于是 $R_1 = \min\{1, R^2\}$.

例 2 若幂级数 $\sum\limits_{n=1}^{\infty} \dfrac{(x-a)^n}{n}$ 在 $x > 0$ 时发散,在 $x = 0$ 时收敛,则 $a = $ _____.

分析 按题设,$x = 0$ 是幂级数收敛区间的右端点.

解 因 $\lim\limits_{n \to \infty} \left| \dfrac{u_{n+1}}{u_n} \right| = \lim\limits_{n \to \infty} \left| \dfrac{(x-a)^{n+1}}{n+1} \cdot \dfrac{n}{(x-a)^n} \right| = |x - a|$,而当 $|x-a| < 1$ 时幂级数绝对收敛,即收敛区间是 $(a-1, a+1)$. 由 $a + 1 = 0$ 得 $a = -1$.

例 3 若幂级数 $\sum\limits_{n=0}^{\infty} a_n x^n$ 在 $x = 2$ 处收敛,则 $\sum\limits_{n=0}^{\infty} a_n \left(x - \dfrac{1}{2}\right)^n$ 在 $x = -2$ 处( ).

(A) 发散   (B) 条件收敛   (C) 绝对收敛   (D) 敛散性不确定

解 选(D). 按题设,幂级数 $\sum\limits_{n=0}^{\infty} a_n \left(x - \dfrac{1}{2}\right)^n$ 在 $\left|x - \dfrac{1}{2}\right| < 2$ 时绝对收敛,在 $\left|x - \dfrac{1}{2}\right| \geq 2$ 时,敛散性不确定. 而 $x = -2$ 满足 $\left|x - \dfrac{1}{2}\right| \geq 2$.

例 4 证明:对任何 x 值,$\lim\limits_{n \to \infty} \dfrac{5^n x^n}{n!} = 0$.

分析 若能证明幂级数 $\sum\limits_{n=1}^{\infty} \dfrac{5^n}{n!} x^n$ 的收敛半径 $R = +\infty$ 即可.

解 因 $\lim\limits_{n \to \infty} \left| \dfrac{a_{n+1}}{a_n} \right| = \lim\limits_{n \to \infty} \dfrac{5^{n+1}}{(n+1)!} \cdot \dfrac{n!}{5^n} = 0$,故 $R = +\infty$. 由级数收敛的必要条件,结论得证.

例 5 求下列幂级数的收敛域:

(1) $\sum\limits_{n=1}^{\infty} \dfrac{2^{n-1}}{\sqrt{(4n-3)5^{n-1}}} x^{n-1}$;   (2) $\sum\limits_{n=1}^{\infty} \dfrac{x^n}{c^n + b^n}$ ($c > 0, b > 0$).

解 (1) 因 $\lim\limits_{n \to \infty} \left| \dfrac{a_{n+1}}{a_n} \right| = \lim\limits_{n \to \infty} \dfrac{2^n}{\sqrt{(4n+1)5^n}} \cdot \dfrac{\sqrt{(4n-3)5^{n-1}}}{2^{n-1}} = \dfrac{2}{\sqrt{5}}$,故 $R = \dfrac{\sqrt{5}}{2}$.

当 $x = -\dfrac{\sqrt{5}}{2}$ 时,级数为 $1 - \dfrac{1}{\sqrt{5}} + \dfrac{1}{\sqrt{9}} - \dfrac{1}{\sqrt{13}} + \cdots + \dfrac{(-1)^{n-1}}{\sqrt{4n-3}} + \cdots$,这是收敛的交错级数.

当 $x=\dfrac{\sqrt{5}}{2}$ 时,级数为 $1+\dfrac{1}{\sqrt{5}}+\dfrac{1}{\sqrt{9}}+\dfrac{1}{\sqrt{13}}+\cdots+\dfrac{1}{\sqrt{4n-3}}+\cdots$. 因 $\dfrac{1}{\sqrt{4n-3}}>\dfrac{1}{\sqrt{4n}}=\dfrac{1}{2\sqrt{n}}$

且 $\sum\limits_{n=1}^{\infty}\dfrac{1}{2\sqrt{n}}$ 发散,该级数发散.

综上所述,幂级数的收敛域为 $[-\sqrt{5}/2,\sqrt{5}/2)$.

(2) 因 $\lim\limits_{n\to\infty}\left|\dfrac{a_{n+1}}{a_n}\right|=\lim\limits_{n\to\infty}\dfrac{c^n+b^n}{c^{n+1}+b^{n+1}}=\begin{cases}1/c,&\text{当}c\geqslant b,\\1/b,&\text{当}c<b,\end{cases}$ 所以,当 $c\geqslant b$ 时,收敛半径 $R=c$;

当 $c<b$ 时,$R=b$. 即 $R=\max\{c,b\}$.

当 $x=\pm R$ 时,由于级数的一般项不趋于零,故级数发散.

综上所述,幂级数的收敛域为 $(-R,R)$,其中 $R=\max\{c,b\}$.

例 6 求下列幂级数的收敛域:

(1) $\sum\limits_{n=1}^{\infty}\dfrac{n^2+1}{n}(2x-1)^{n-1}$; (2) $\sum\limits_{n=1}^{\infty}2^n x^{2n}$; (3) $\sum\limits_{n=1}^{\infty}\dfrac{(-1)^n}{n4^n}(x-1)^{2n-1}$.

解 (1) **解 1** 令 $y=2x-1$,原幂级数化为 $\sum\limits_{n=1}^{\infty}\dfrac{n^2+1}{n}y^{n-1}$. 可以求得该级数的收敛半径 $R=1$;当 $x=-1$ 和 $x=1$ 时,级数为 $\sum\limits_{n=1}^{\infty}(-1)^{n-1}\dfrac{n^2+1}{n}$ 和 $\sum\limits_{n=1}^{\infty}\dfrac{n^2+1}{n}$,均发散,故该幂级数的收敛域为 $(-1,1)$. 由 $-1<2x-1<1$,可得 $0<x<1$. 于是原幂级数的收敛域为 $(0,1)$.

解 2 用比值判别法. 因

$$\lim_{n\to\infty}\left|\dfrac{u_{n+1}}{u_n}\right|=\lim_{n\to\infty}\left|\dfrac{[(n+1)^2+1](2x-1)^n}{n+1}\dfrac{n}{(n^2+1)(2x-1)^{n-1}}\right|=|2x-1|,$$

由 $|2x-1|<1$ 可确定其幂级数的收敛区间为 $(0,1)$. 当 $x=0$ 和 $x=1$ 时,所得级数均发散,故幂级数的收敛域为 $(0,1)$.

(2) 这是缺项的幂级数. 令 $y=x^2$,则幂级数化为 $\sum\limits_{n=1}^{\infty}2^n y^n$. 可以求得该幂级数的收敛半径为 $R=\dfrac{1}{2}$,且其收敛域为 $\left(-\dfrac{1}{2},\dfrac{1}{2}\right)$. 因 $y=x^2$,由 $-\dfrac{1}{2}<x^2<\dfrac{1}{2}$ 可解得 $-\dfrac{\sqrt{2}}{2}<x<\dfrac{\sqrt{2}}{2}$,故原幂级数的收敛域为 $\left(-\dfrac{\sqrt{2}}{2},\dfrac{\sqrt{2}}{2}\right)$.

(3) 用比值判别法. 因

$$\lim_{n\to\infty}\left|\dfrac{u_{n+1}}{u_n}\right|=\lim_{n\to\infty}\left|\dfrac{(-1)^{n+1}(x-1)^{2n+1}}{(n+1)4^{n+1}}\dfrac{n4^n}{(-1)^n(x-1)^{2n-1}}\right|=\dfrac{1}{4}(x-1)^2,$$

由 $\dfrac{1}{4}(x-1)^2<1$ 得 $-1<x<3$.

当 $x=-1$ 时,级数为 $\sum\limits_{n=1}^{\infty}\dfrac{(-1)^{n-1}}{2n}$,当 $x=3$ 时,级数为 $\sum\limits_{n=1}^{\infty}\dfrac{(-1)^n}{2n}$,均为收敛的交错级数. 综上,幂级数的收敛域为 $[-1,3]$.

例 7 求幂级数 $\sum_{n=0}^{\infty}\dfrac{2+(-1)^n}{2^n}x^n$ 的收敛半径.

解 将级数分为两个级数的和. 由于 $\sum_{n=0}^{\infty}\dfrac{2}{2^n}x^n$ 与 $\sum_{n=0}^{\infty}\dfrac{(-1)^n}{2^n}x^n$ 的收敛半径都为 2, 故原级数的收敛半径 $R=2$.

例 8 求下列广义幂级数的收敛域：

(1) $\sum_{n=1}^{\infty}\left(\sin\dfrac{1}{3n}\right)\left(\dfrac{3+x}{3-2x}\right)^n$；　　(2) $\sum_{n=1}^{\infty}\dfrac{3^{2n}}{2n}x^n(1-x)^n$.

解 (1) 令 $\dfrac{3+x}{3-2x}=y$，原级数化为 $\sum_{n=1}^{\infty}\left(\sin\dfrac{1}{3n}\right)y^n$. 因 $\lim\limits_{n\to\infty}\left|\dfrac{\sin\dfrac{1}{3n+3}}{\sin\dfrac{1}{3n}}\right|=1$，所以收敛半径 $R=1$. 即当 $\left|\dfrac{3+x}{3-2x}\right|=|y|<1$ 时原级数收敛. 可解得 $x<0$ 或 $x>6$.

当 $x=0$ 时，原级数化为 $\sum_{n=1}^{\infty}\sin\dfrac{1}{3n}$. 它与调和级数 $\sum_{n=1}^{\infty}\dfrac{1}{n}$ 有相同的敛散性，因而发散. 当 $x=6$ 时，原级数化为 $\sum_{n=1}^{\infty}(-1)^n\sin\dfrac{1}{3n}$，这是收敛的交错级数.

综上所述，原级数的收敛域是 $(-\infty,0)\cup[6,+\infty)$.

(2) 用比值判别法. 因
$$\lim_{n\to\infty}\left|\dfrac{u_{n+1}}{u_n}\right|=\lim_{n\to\infty}\left|\dfrac{3^{2(n+1)}x^{n+1}(1-x)^{n+1}}{2(n+1)}\dfrac{2n}{3^{2n}x^n(1-x)^n}\right|=|9x(1-x)|,$$

故当 $|9x(1-x)|<1$ 时，幂级数收敛. 当 $9x(1-x)=1$ 时，幂级数为 $\sum_{n=1}^{\infty}\dfrac{3^{2n-2}}{2n}$；当 $9x(1-x)=-1$ 时，幂级数为 $\sum_{n=1}^{\infty}(-1)^n\dfrac{3^{2n-2}}{2n}$. 这时，均因 $\lim\limits_{n\to\infty}\dfrac{3^{2n-2}}{2n}=\infty$，故发散.

由 $-1<9x(1-x)<1$ 可解得幂级数的收敛域为
$$\left(\dfrac{1}{2}-\dfrac{\sqrt{13}}{6},\dfrac{1}{2}-\dfrac{\sqrt{5}}{6}\right)\cup\left(\dfrac{1}{2}+\dfrac{\sqrt{5}}{6},\dfrac{1}{2}+\dfrac{\sqrt{13}}{6}\right).$$

五、用间接法将函数展开为幂级数

用间接展开法将函数 $f(x)$ 展开成幂级数，就是利用已知的函数的幂级数展开式求出 $f(x)$ 的展开式.

常用函数的幂级数展开式：

(1) $e^x=1+\dfrac{x}{1!}+\dfrac{x^2}{2!}+\cdots+\dfrac{x^n}{n!}+\cdots=\sum_{n=0}^{\infty}\dfrac{x^n}{n!}\ (-\infty<x<+\infty)$.

(2) $\sin x = x - \dfrac{x^3}{3!} + \dfrac{x^5}{5!} - \cdots + (-1)^n \dfrac{x^{2n+1}}{(2n+1)!} + \cdots$

$\qquad = \sum\limits_{n=0}^{\infty} (-1)^n \dfrac{x^{2n+1}}{(2n+1)!}$ $(-\infty < x < +\infty)$.

(3) $\cos x = 1 - \dfrac{x^2}{2!} + \dfrac{x^4}{4!} - \cdots + (-1)^n \dfrac{x^{2n}}{(2n)!} + \cdots = \sum\limits_{n=0}^{\infty} (-1)^n \dfrac{x^{2n}}{(2n)!}$ $(-\infty < x < +\infty)$.

(4) $\ln(1+x) = x - \dfrac{x^2}{2} + \dfrac{x^3}{3} - \cdots + (-1)^n \dfrac{x^{n+1}}{n+1} + \cdots = \sum\limits_{n=0}^{\infty} (-1)^n \dfrac{x^{n+1}}{n+1}$ $(-1 < x \leqslant 1)$.

(5) $(1+x)^\alpha = 1 + \alpha x + \dfrac{\alpha(\alpha-1)}{2!} x^2 + \cdots + \dfrac{\alpha(\alpha-1)\cdots(\alpha-n+1)}{n!} x^n + \cdots$

$\qquad = 1 + \sum\limits_{n=1}^{\infty} \dfrac{\alpha(\alpha-1)\cdots(\alpha-n+1)}{n!} x^n \begin{cases} -1 < x < 1, & \text{当 } \alpha \leqslant -1, \\ -1 < x \leqslant 1, & \text{当 } -1 < \alpha < 0, \\ -1 \leqslant x \leqslant 1, & \text{当 } \alpha > 0. \end{cases}$

特别地，

$\qquad \dfrac{1}{1-x} = 1 + x + x^2 + \cdots + x^n + \cdots = \sum\limits_{n=0}^{\infty} x^n$ $(-1 < x < 1)$.

$\qquad \dfrac{1}{1+x} = 1 - x + x^2 - \cdots + (-1)^n x^n + \cdots = \sum\limits_{n=0}^{\infty} (-1)^n x^n$ $(-1 < x < 1)$.

1. 将函数 $f(x)$ 展开成幂级数 $\sum\limits_{n=0}^{\infty} \dfrac{f^{(n)}(0)}{n!} x^n$ 的方法

(1) 变量替换法：

若已知 $\varphi(x) = \sum\limits_{n=0}^{\infty} a_n x^n, |x| < R$，以变量 $ax, x^m (m > 0)$ 等替换 x，可得 $\varphi(ax), \varphi(x^m)$ 等的幂级数展开式(见本节例 1(1))：

$\qquad \varphi(ax) = \sum\limits_{n=0}^{\infty} a_n (ax)^n, \ |ax| < R; \quad \varphi(x^m) = \sum\limits_{n=0}^{\infty} a_n (x^m)^n, \ |x^m| < R.$

(2) 初等变换法：

将欲展开为幂级数的函数经代数恒等变形、三角恒等变形等化为已知其幂级数展开式的函数. 常常是先经初等变换再用变量替换. 见本节例 1(2)，(3)，(4)，(5). 常用到下述恒等变形.

指数函数：$a^x = e^{(\ln a)x}$；

三角函数：$\sin^2 x = \dfrac{1}{2}(1 - \cos 2x), \cos^2 x = \dfrac{1}{2}(1 + \cos 2x)$；

对数函数：$\ln(a+bx) = \ln a + \ln\left(1 + \dfrac{bx}{a}\right), \ln\dfrac{a+bx}{c+dx} = \ln(a+bx) - \ln(c+dx)$，

$\qquad \ln(ax^2 + bx + c) = \ln(a_1 + b_1 x) + \ln(a_2 + b_2 x)$ (设 $ax^2 + bx + c = (a_1 + b_1 x)(a_2 + b_2 x)$)；

有理函数：$\dfrac{1}{a+bx} = \dfrac{1}{a} \cdot \dfrac{1}{1+\dfrac{b}{a}x}, \dfrac{Ax+B}{ax^2+bx+c}, \dfrac{A}{ax^2+bx+c}$ 分解成部分分式之和.

(3) 逐项求导法和逐项求积分法：

若已知 $F(x) = \sum_{n=0}^{\infty} a_n x^n, |x| < R$，且 $F'(x) = f(x)$，则通过对已知幂级数逐项求导可得函数 $f(x)$ 的幂级数展开式. 见例 2(1).

若已知 $f(x) = \sum_{n=0}^{\infty} a_n x^n, |x| < R$，且 $F'(x) = f(x)$，则通过已知幂级数逐项求积分可得函数 $F(x)$ 的幂级数展开式. 见例 2(2).

在逐项求积分时，要**特别注意**，从 0 到 x 逐项求积分时，应是（牛顿-莱布尼茨公式）

$$\int_0^x f(t) dt = \int_0^x F'(t) dt = F(x) - F(0),$$

而不是 $\int_0^x F'(t) dt = F(x)$（因为 $F(0)$ 未必是 0）.

逐项求导与逐项求积常是同时运用. 见例 2(3),(4).

2. 将函数 $f(x)$ 在 $x_0 (x_0 \neq 0)$ 展开成幂级数 $\sum_{n=0}^{\infty} \frac{f^{(n)}(x_0)}{n!}(x-x_0)^n$ 的思路

一般先用恒等式 $f(x) = f(x_0 + (x - x_0))$，然后再设法利用已知的幂级数展开式将 $f(x_0 + (x - x_0))$ 展开成 $(x - x_0)$ 的幂级数. 这时应用 $x - x_0$ 替换已知的幂级数展开式中的 x，便得到形式为 $\sum_{n=0}^{\infty} a_n (x - x_0)^n$ 的幂级数.

例 1 将下列函数展开成 x 的幂级数，并求其收敛域：

(1) $f(x) = \dfrac{1}{\sqrt{1-x^2}}$; (2) $f(x) = 3^x$; (3) $f(x) = \ln(1 - x - 2x^2)$;

(4) $f(x) = \dfrac{3x-5}{x^2 - 4x + 3}$; (5) $f(x) = 3\sin^2 x - \cos x$.

解 (1) 在 $(1+x)^\alpha$ 的幂级数展开式中，取 $\alpha = -\dfrac{1}{2}$，并以 $-x^2$ 替换 x，得

$$\begin{aligned}
f(x) &= [1 + (-x)^2]^{-\frac{1}{2}} = 1 + \left(-\frac{1}{2}\right)(-x^2) + \frac{1}{2!}\left(-\frac{1}{2}\right)\left(-\frac{3}{2}\right)(-x^2)^2 + \cdots \\
&\quad + \frac{1}{n!}\left(-\frac{1}{2}\right)\left(-\frac{3}{2}\right)\cdots\left(-\frac{1}{2} - n + 1\right)(-x^2)^n + \cdots \\
&= 1 + \frac{1}{2}x^2 + \frac{1 \cdot 3}{2 \cdot 4}x^4 + \cdots + \frac{(2n-1)!!}{(2n)!!}x^{2n} + \cdots \\
&= 1 + \sum_{n=1}^{\infty} \frac{(2n-1)!!}{(2n)!!} x^{2n} \quad (-1 < x < 1).
\end{aligned}$$

由 $(1+x)^{-\frac{1}{2}}$ 展开式的收敛域是 $(-1, 1]$ 知，有 $-1 < -x^2 \leqslant 1$，即所求幂级数的收敛域是 $(-1, 1)$.

(2) 因 $3^x = e^{(\ln 3)x}$，在 e^x 的幂级数展开式中，以 $(\ln 3)x$ 替换 x，得

$$3^x = \sum_{n=0}^{\infty} \frac{1}{n!}[(\ln 3)x]^n = \sum_{n=0}^{\infty} \frac{\ln^n 3}{n!} x^n \quad (-\infty < x < +\infty).$$

(3) 因 $\ln(1-x-2x^2)=\ln(1+x)+\ln(1-2x)$. 由 $\ln(1+x)$ 的幂级数展开式，并以 $-2x$ 替换 x，得

$$\ln(1-x-2x^2)=\sum_{n=0}^{\infty}(-1)^n\frac{x^{n+1}}{n+1}+\sum_{n=0}^{\infty}(-1)^n\frac{(-2x)^{n+1}}{n+1}$$

$$=\sum_{n=0}^{\infty}\frac{(-1)^n-2^{n+1}}{n+1}x^{n+1}\quad\left(-\frac{1}{2}\leqslant x<\frac{1}{2}\right).$$

由 $-1<x\leqslant 1$ 及 $-1<-2x\leqslant 1$ 得所求幂级数的收敛域为 $\left[-\frac{1}{2},\frac{1}{2}\right)$.

(4) 因 $\dfrac{3x-5}{x^2-4x+3}=\dfrac{1}{x-1}+\dfrac{2}{x-3}=-\left(\dfrac{1}{1-x}+\dfrac{2}{3}\dfrac{1}{1-x/3}\right)$. 由 $\dfrac{1}{1-x}$ 的幂级数展开式，并以 $\dfrac{x}{3}$ 替换 x，得

$$\frac{3x-5}{x^2-4x+3}=-\left(\sum_{n=0}^{\infty}x^n+\frac{2}{3}\sum_{n=0}^{\infty}\left(\frac{x}{3}\right)^n\right)=-\sum_{n=0}^{\infty}\left(1+\frac{2}{3^{n+1}}\right)x^n\quad(-1<x<1).$$

由 $-1<x<1$ 及 $-1<\dfrac{x}{3}<1$ 得所求幂级数的收敛域是 $(-1,1)$.

(5) $f(x)=\dfrac{3}{2}(1-\cos 2x)-\cos x=\dfrac{3}{2}-\dfrac{3}{2}\cos 2x-\cos x$.

将 $\cos x$ 展开式中的 x 换成 $2x$，得 $\cos 2x$ 的展开式，于是

$$f(x)=\frac{3}{2}-\frac{3}{2}\sum_{n=0}^{\infty}(-1)^n\frac{(2x)^{2n}}{(2n)!}-\sum_{n=0}^{\infty}(-1)^n\frac{x^{2n}}{(2n)!}$$

$$=\frac{3}{2}-\sum_{n=0}^{\infty}(-1)^n(3\cdot 2^{2n-1}+1)\frac{x^{2n}}{(2n)!}\quad(-\infty<x<+\infty).$$

例 2 将下列函数展开成 x 的幂级数，并求其收敛域：

(1) $f(x)=\dfrac{1+x}{(1-x)^3}$; (2) $f(x)=\ln(x+\sqrt{1+x^2})$;

(3) $f(x)=\arctan\dfrac{1+x}{1-x}$; (4) $f(x)=x\arctan x-\ln\sqrt{1+x^2}$.

解 (1) $f(x)=\dfrac{2+(x-1)}{(1-x)^3}=\dfrac{2}{(1-x)^3}-\dfrac{1}{(1-x)^2}$，而

$$\frac{1}{1-x}=\sum_{n=0}^{\infty}x^n,\quad -1<x<1,$$

两端求导

$$\frac{1}{(1-x)^2}=\sum_{n=1}^{\infty}nx^{n-1},\quad -1<x<1,$$

再求导 $\dfrac{2}{(1-x)^3}=\sum_{n=2}^{\infty}n(n-1)x^{n-2}=\sum_{n=1}^{\infty}(n+1)nx^{n-1},\quad -1<x<1,$

于是 $f(x)=\sum_{n=1}^{\infty}(n+1)nx^{n-1}-\sum_{n=1}^{\infty}nx^{n-1}=\sum_{n=1}^{\infty}n^2x^{n-1},\quad -1<x<1.$

(2) 注意到 $f'(x) = \dfrac{1}{\sqrt{1+x^2}} = (1+x^2)^{-\frac{1}{2}}$，由 $(1+x)^a$ 的展开式知

$$f'(x) = 1 - \frac{1}{2}x^2 + \frac{1 \cdot 3}{2 \cdot 4}x^4 - \cdots + (-1)^n \frac{1 \cdot 3 \cdots (2n-1)}{2 \cdot 4 \cdots (2n)}x^{2n} + \cdots, \quad -1 < x < 1.$$

上式两端从 0 到 x 积分，因 $f(0)=0$，得

$$f(x) = \int_0^x f'(t)\,dt = \int_0^x \left[1 + \sum_{n=1}^\infty (-1)^n \frac{(2n-1)!!}{(2n)!!}t^{2n}\right]dt$$

$$= x + \sum_{n=1}^\infty (-1)^n \frac{(2n-1)!!}{(2n+1)(2n)!!}x^{2n+1}, \quad -1 < x < 1.$$

因 $f(x)$ 在 $x = \pm 1$ 处有定义且连续，可以验证上式右端的级数在 $x = \pm 1$ 处绝对收敛，故幂级数的收敛域是 $[-1,1]$.

(3) 先对 $f(x)$ 求导，并用 $\dfrac{1}{1+x} = \sum\limits_{n=0}^\infty (-1)^n x^n \,(-1 < x < 1)$，有

$$f'(x) = \left(\arctan\frac{1+x}{1-x}\right)' = \frac{1}{1+x^2} = \sum_{n=0}^\infty (-1)^n x^{2n} \quad (-1 < x < 1),$$

两端从 0 到 x 积分，并注意 $f(0) = \dfrac{\pi}{4}$，有

$$\int_0^x f'(t)\,dt = \int_0^x \left(\sum_{n=0}^\infty (-1)^n t^{2n}\right)dt,$$

即

$$f(x) = \frac{\pi}{4} + \sum_{n=0}^\infty (-1)^n \frac{x^{2n+1}}{2n+1}, \quad -1 < x < 1.$$

因上式右端，在 $x = -1$ 时是收敛的交错级数，又 $f(x)$ 在 $x = -1$ 时有定义且连续，所以收敛域是 $[-1,1)$.

(4) **解 1** 由于 $\arctan 0 = 0$，

$$\arctan x = \int_0^x \frac{1}{1+t^2}dt = \sum_{n=0}^\infty (-1)^n \frac{x^{2n+1}}{2n+1}, \quad -1 \leqslant x \leqslant 1,$$

如前题类似验证，可知，上式右端级数的收敛域是 $[-1,1]$. 又

$$\ln\sqrt{1+x^2} = \frac{1}{2}\ln(1+x^2) = \frac{1}{2}\sum_{n=0}^\infty (-1)^n \frac{x^{2n+2}}{n+1}, \quad -1 \leqslant x \leqslant 1,$$

可以验证，上式右端级数的收敛域是 $[-1,1]$. 于是

$$f(x) = x\arctan x - \ln\sqrt{1+x^2} = \sum_{n=0}^\infty (-1)^n \frac{x^{2n+2}}{2n+1} - \frac{1}{2}\sum_{n=0}^\infty (-1)^n \frac{x^{2n+2}}{n+1}$$

$$= \sum_{n=0}^\infty (-1)^n \frac{x^{2n+2}}{(2n+1)(2n+2)}, \quad -1 \leqslant x \leqslant 1.$$

解 2 注意到 $f'(x) = \arctan x$，$f(0) = 0$，则

$$f(x) = \int_0^x \arctan x\,dx = \int_0^x \left(\int_0^x \frac{1}{1+t^2}dt\right)dx = \int_0^x \left[\int_0^x \left(\sum_{n=0}^\infty (-1)^n t^{2n}\right)dt\right]dx$$

$$= \sum_{n=0}^\infty (-1)^n \frac{x^{2n+2}}{(2n+1)(2n+2)}, \quad -1 \leqslant x \leqslant 1.$$

例 3 求函数 $f(x)$ 的幂级数展开式,使之满足 $\int_x^{2x} f(t)dt = e^x - 1$.

分析 e^x 可以展开为幂级数,且 $e^x - 1 = \sum\limits_{n=1}^{\infty} \dfrac{x^n}{n!}$ $(-\infty < x < +\infty)$. 假设 $f(x)$ 的幂级数展开式为 $\sum\limits_{n=0}^{\infty} a_n x^n$, 这就是使该级数经逐项积分后等于 $e^x - 1$ 的展开式.

解 设 $f(x) = \sum\limits_{n=0}^{\infty} a_n x^n$, 则 $\int_x^{2x} \left(\sum\limits_{n=0}^{\infty} a_n t^n \right) dt = \sum\limits_{n=0}^{\infty} \dfrac{a_n}{n+1}(2^{n+1} - 1) x^{n+1}$. 依题设,有

$$\sum_{n=0}^{\infty} \frac{a_n}{n+1}(2^{n+1} - 1) x^{n+1} = \sum_{n=0}^{\infty} \frac{x^{n+1}}{(n+1)!},$$

比较上式两端展开式的系数,得 $a_n = \dfrac{1}{n!(2^{n+1}-1)}$. 于是

$$f(x) = \sum_{n=0}^{\infty} \frac{x^n}{n!(2^{n+1}-1)}, \quad -\infty < x < +\infty.$$

例 4 将下列函数在指定点处展开成幂级数,并求其收敛域:

(1) $f(x) = e^x$ 在 $x_0 = 2$ 处; (2) $f(x) = \cos x$ 在 $x_0 = -\dfrac{\pi}{3}$ 处;

(3) $f(x) = \dfrac{x+4}{2x^2 - 5x - 3}$ 在 $x = 1$ 处.

解 (1) $f(x) = e^x = e^{2+(x-2)} = e^2 e^{x-2}$. 用 $x - 2$ 替换 $e^x = \sum\limits_{n=0}^{\infty} \dfrac{x^n}{n!}$ 中的 x, 得

$$f(x) = e^2 \sum_{n=0}^{\infty} \frac{(x-2)^n}{n!}, \quad -\infty < x < +\infty.$$

(2) $f(x) = \cos x = \cos\left(-\dfrac{\pi}{3} + \left(x + \dfrac{\pi}{3} \right) \right) = \dfrac{1}{2}\cos\left(x + \dfrac{\pi}{3} \right) + \dfrac{\sqrt{3}}{2}\sin\left(x + \dfrac{\pi}{3} \right)$.

将 $\sin x, \cos x$ 展开式中的 x 换成 $x + \dfrac{\pi}{3}$, 得

$$f(x) = \frac{1}{2} \sum_{n=0}^{\infty} (-1)^n \frac{(x+\pi/3)^{2n}}{(2n)!} + \frac{\sqrt{3}}{2} \sum_{n=0}^{\infty} (-1)^n \frac{(x+\pi/3)^{2n+1}}{(2n+1)!}$$

$$= \frac{1}{2} \sum_{n=0}^{\infty} \frac{(-1)^n}{(2n)!} \left[1 + \frac{3x+\pi}{\sqrt{3}(2n+1)} \right] \left(x + \frac{\pi}{3} \right)^{2n}, \quad -\infty < x < +\infty.$$

(3) $f(x) = \dfrac{1}{x-3} - \dfrac{1}{2x+1} = \dfrac{1}{-2+(x-1)} - \dfrac{1}{3+2(x-1)}$

$$= -\left[\frac{1}{2} \cdot \frac{1}{1 - \dfrac{x-1}{2}} + \frac{1}{3} \cdot \frac{1}{1 + \dfrac{2(x-1)}{3}} \right].$$

将 $\dfrac{1}{1-x} = \sum\limits_{n=0}^{\infty} x^n$ 中的 x 换为 $\dfrac{x-1}{2}$, 将 $\dfrac{1}{1+x} = \sum\limits_{n=0}^{\infty} (-1)^n x^n$ 中的 x 换为 $\dfrac{2(x-1)}{3}$, 得

$$\frac{1}{1-\frac{x-1}{2}} = \sum_{n=0}^{\infty} \frac{(x-1)^n}{2^n}, \quad -1 < \frac{x-1}{2} < 1, \text{即} -1 < x < 3,$$

$$\frac{1}{1+\frac{2(x-1)}{3}} = \sum_{n=0}^{\infty} (-1)^n \frac{2^n}{3^n}(x-1)^n, \quad -1 < \frac{2(x-1)}{3} < 1, \text{即} -\frac{1}{2} < x < \frac{5}{2}.$$

于是 $$f(x) = -\sum_{n=0}^{\infty} \left[\frac{1}{2^{n+1}} + (-1)^n \frac{2^n}{3^{n+1}}\right](x-1)^n, \quad -\frac{1}{2} < x < \frac{5}{2}.$$

六、利用幂级数展开式求函数的 n 阶导数

用幂级数展开式求函数 $f(x)$ 在点 x_0 处的 n 阶导数 $f^{(n)}(x_0)$ 的**思路及表达式**：

假设已得到 $f(x)$ 的幂级数展开式为

$$f(x) = \sum_{n=0}^{\infty} a_n (x-x_0)^n.$$

由函数 $f(x)$ 的幂级数展开式的唯一性，及其展开式为

$$f(x) = \sum_{n=0}^{\infty} \frac{f^{(n)}(x_0)}{n!}(x-x_0)^n,$$

比较上述两式同次幂的系数，可得 $\frac{f^{(n)}(x_0)}{n!} = a_n$，于是

$$f^{(n)}(x_0) = a_n n!, \quad n = 0, 1, 2, \cdots.$$

特别地，当 $x_0 = 0$ 时，

$$f^{(n)}(0) = a_n n!, \quad n = 0, 1, 2, \cdots.$$

例1 设 $f(x) = \arcsin x$，求 $f^{(n)}(0)(n=1,2,\cdots)$.

解 先求 $f(x)$ 的幂级数展开式. 因（见本章第五节例 1(1)）

$$f'(x) = \frac{1}{\sqrt{1-x^2}} = 1 + \sum_{n=1}^{\infty} \frac{(2n-1)!!}{(2n)!!} x^{2n} \quad (-1 < x < 1),$$

上式从 0 到 x 积分，并注意 $f(0) = 0$，有 $f(x) = x + \sum_{n=1}^{\infty} \frac{(2n-1)!!}{(2n)!!} \cdot \frac{x^{2n+1}}{2n+1}$. 由此

$$a_{2n} = 0, \quad n = 0, 1, 2, \cdots;$$

$$a_1 = 1, \quad a_{2n+1} = \frac{(2n-1)!!}{(2n)!!} \cdot \frac{1}{2n+1}, \quad n = 1, 2, \cdots.$$

于是 $f^{(1)}(0) = 1$,

$$\begin{cases} f^{(2n+1)}(0) = a_{2n+1}(2n+1)! = [(2n-1)!!]^2, \\ f^{(2n)}(0) = 0, \end{cases} \quad n = 1, 2, \cdots.$$

例2 设 $f(x) = \begin{cases} \dfrac{\sin x}{x}, & x \neq 0, \\ 1, & x = 0, \end{cases}$ 求 $f^{(50)}(0), f^{(51)}(0)$.

解 由 $\sin x$ 的幂级数展开式得

$$f(x) = \begin{cases} \sum_{n=0}^{\infty} (-1)^n \dfrac{x^{2n}}{(2n+1)!}, & x \neq 0, \\ 1, & x = 0. \end{cases}$$

由此

$$\begin{cases} a_{2n} = (-1)^n \dfrac{1}{(2n+1)!}, & n = 0, 1, 2, \cdots. \\ a_{2n+1} = 0, \end{cases}$$

于是

$$f^{(50)}(0) = (-1)^{25} \dfrac{50!}{(50+1)!} = -\dfrac{1}{51}, \quad f^{(51)}(0) = 0.$$

例 3 设 $f(x) = \dfrac{x+4}{2x^2 - 5x - 3}$，求 $f^{(99)}(1)$.

解 由本章第五节例 4(3) 知，$f(x)$ 在 $x=1$ 的幂级数展开式为

$$f(x) = -\sum_{n=0}^{\infty} \left[\dfrac{1}{2^{n+1}} + (-1)^n \dfrac{2^n}{3^{n+1}} \right] (x-1)^n, \quad -\dfrac{1}{2} < x < \dfrac{5}{2}.$$

于是 $f^{(99)}(1) = -\left[\dfrac{1}{2^{100}} + (-1)^{99} \dfrac{2^{99}}{3^{100}} \right] \cdot 99! = -\dfrac{3^{100} - 2^{199}}{6^{100}} 99!.$

七、求幂级数与数项级数的和

1. 求幂级数和函数的解题思路

(1) 将所给幂级数化为等比级数 $\sum_{n=1}^{\infty} y^n$，其中的 y 一般是 x 的函数.

这种思路的着眼点是所给幂级数的系数. 要通过提出或消去幂级数系数中的多余因子达到目的. 消去系数中多余因子的**方法**主要是**求导**或**积分**：

若系数有多余因子 $\dfrac{1}{n}$，因 $(x^n)' = nx^{n-1}$，则可逐项求导以消去 $\dfrac{1}{n}$；

若系数有多余因子 $(n+1)$，因 $\int_0^x t^n \mathrm{d}t = \dfrac{x^{n+1}}{n+1}$，则可逐项求积分消去 $(n+1)$.

当得到等比级数的和函数之后，再进行前述运算的逆运算，便得到原幂级数的和函数.

(2) 从等比级数（和函数已知）出发化为所给幂级数.

这是上述思路的逆思维. 根据所给幂级数恰当地选择等比级数，通过恒等变形、逐项求导、逐项求积分等方法将等比级数化为所给幂级数，从而得到原幂级数的和函数. 这种方法无需进行逆运算.

在应用等比级数时，请正确运用下述各式：

$$\sum_{n=0}^{\infty} x^n = \dfrac{1}{1-x} \ (|x|<1); \qquad \sum_{n=1}^{\infty} x^n = \dfrac{x}{1-x} \ (|x|<1);$$

$$\sum_{n=0}^{\infty} (-1)^n x^n = \dfrac{1}{1+x} \ (|x|<1); \qquad \sum_{n=1}^{\infty} (-1)^n x^n = -\dfrac{x}{1+x} \ (|x|<1).$$

(3) 将所给幂级数化为常用函数的幂级数展开式.

这种思路是基于熟悉常用函数的幂级数展开式(因和函数已知),将所给幂级数与它们对照,以找出联系与差别,进而进行转化,然后利用已知的和函数求得所给幂级数的和函数.

(4) 从已知和函数的幂级数出发化为所给幂级数.

这是上述思路的逆思维.

(5) 通过解微分方程求得幂级数的和函数.

对幂级数进行若干次逐项求导,构造出其和函数所满足的微分方程及定解条件,由解微分方程得到幂级数的和函数. 这方面的例题见第八章第八节.

2. 求幂级数和函数的一些具体方法和技巧

(1) 作必要的变量替换,以简化幂级数的形式. 见例 2.

(2) 将一个幂级数分解成两个幂级数之和,以简化计算. 见例 3 解 2.

(3) 从幂级数中提出 x 的整数次幂因子或用 x 的整数次幂因子乘以幂级数,以达到将幂级数转化为所需要的幂级数的目的. 见本节例 1 解 2,例 2,例 3.

(4) 根据需要,对幂级数进行恰当的标号变换. 见例 4,此处,$\sin x$ 的展开式不写成

$$\sum_{n=0}^{\infty}(-1)^n \frac{x^{2n+1}}{(2n+1)!} \quad \text{而写成} \quad \sum_{n=1}^{\infty}(-1)^{n-1} \frac{x^{2n-1}}{(2n-1)!}.$$

特别需要指出,求幂级数的和函数时,必须先**求出该级数的收敛域**.

3. 数项级数求和的方法

(1) 用数项级数收敛的定义.

具体计算方法在本章第一节已讲述.

(2) 引入相应的幂级数.

对幂级数 $\sum_{n=0}^{\infty} a_n x^n$,$x$ 每取定一个值 x_0 就是一个数项级数,因此,为了求数项级数的和,可以引入与其相对应的幂级数. 若可以求得幂级数的和函数,数项级数的和也就求得.

假设要求数项级数 $\sum_{n=0}^{\infty} u_n$ 的和,选取幂级数有**两条思路**:

其一,选取幂级数 $\sum_{n=0}^{\infty} a_n x^n$,使其满足 $\sum_{n=0}^{\infty} a_n x_0^n = \sum_{n=0}^{\infty} u_n$,$x_0$ 是某一数值,且 $\sum_{n=0}^{\infty} a_n x^n$ 易于求出和函数 $S(x)$.

若 $\sum_{n=0}^{\infty} a_n x^n = S(x)$,且 x_0 是该幂级数收敛域内的点时,则 $\sum_{n=0}^{\infty} u_n = S(x_0)$. 见例 5 解 2,解 3,解 4 和例 6.

其二,选取等比级数 $\sum_{n=0}^{\infty} a_n x^n$,且 $\sum_{n=0}^{\infty} a_n x^n = S(x)$,使其满足下述两种情形之一:

1° 对 $\sum_{n=1}^{\infty} n a_n x^{n-1} = S'(x)$(收敛域是 D_1),有 $n a_n x_0^{n-1} = u_n$.

若 $x_0 \in D_1$,则数项级数的和 $\sum\limits_{n=0}^{\infty} u_n = S'(x_0)$. 见例 5 解 5.

2° 对 $\sum\limits_{n=0}^{\infty} \dfrac{a_n}{n+1} x^{n+1} = \int_0^x S(t) \mathrm{d}t$(收敛域是 D_2),有 $\dfrac{a_n}{n+1} x_0^{x+1} = u_n$. 见例 7.

例 1 求幂级数 $\sum\limits_{n=1}^{\infty} (-1)^n \dfrac{x^{2n}}{2n}$ 的和函数.

分析 所给幂级数与 $\ln(1+x) = \sum\limits_{n=1}^{\infty} (-1)^{n-1} \dfrac{x^n}{n}$ 对照,有 $\dfrac{x^{2n}}{2n} = \dfrac{1}{2} \cdot \dfrac{(x^2)^n}{n}$. 另,所给幂级数与等比级数 $\sum\limits_{n=1}^{\infty} (-1)^n x^{2n}$ 对照,多了因子 $\dfrac{1}{2n}$.

解 1 易求得幂级数的收敛域是 $[-1, 1]$.

将所给幂级数化为已知和函数的幂级数.

$$\sum_{n=1}^{\infty} (-1)^n \frac{x^{2n}}{2n} = -\frac{1}{2} \sum_{n=1}^{\infty} (-1)^{n-1} \frac{(x^2)^n}{n} = -\frac{1}{2} \ln(1+x^2), \quad -1 \leqslant x \leqslant 1.$$

解 2 将所给幂级数化为等比级数.令所求幂级数的和函数为 $S(x)$,即

记 $S(x) = \sum\limits_{n=1}^{\infty} (-1)^n \dfrac{x^{2n}}{2n}$,为消去因子 $\dfrac{1}{2n}$,逐项求导,则

$$S'(x) = \sum_{n=1}^{\infty} (-1)^n x^{2n-1} = \frac{1}{x} \sum_{n=1}^{\infty} (-1)^n (x^2)^n = \frac{1}{x} \left(-\frac{x^2}{1+x^2} \right) = -\frac{x}{1+x^2}.$$

由于 $S(0) = 0$,故

$$S(x) = \int_0^x S'(t) \mathrm{d}t = -\int_0^x \frac{t}{1+t^2} \mathrm{d}t = -\frac{1}{2} \ln(1+x^2), \quad -1 \leqslant x \leqslant 1.$$

解 3 从等比级数 $\sum\limits_{n=1}^{\infty} (-1)^n (x^2)^n$ 入手. 由于

$$\sum_{n=1}^{\infty} (-1)^n (x^2)^n = -\frac{x^2}{1+x^2} \quad \text{或} \quad \sum_{n=1}^{\infty} (-1)^n x^{2n-1} = -\frac{x}{1+x^2},$$

积分,得 $\sum\limits_{n=1}^{\infty} (-1)^n \dfrac{x^{2n}}{2n} = -\dfrac{1}{2} \ln(1+x^2), \quad -1 \leqslant x \leqslant 1.$

例 2 求幂级数 $\sum\limits_{n=1}^{\infty} n(n+1)(2-3x)^n$ 的和函数.

分析 令 $y = 2 - 3x$,则有 $\sum\limits_{n=1}^{\infty} n(n+1) y^n$. 两次积分可消去幂级数系数中的因子 $n(n+1)$,将所给幂级数化为等比级数.

解 令 $y = 2 - 3x$,则原级数化为 $\sum\limits_{n=1}^{\infty} n(n+1) y^n$,该级数的收敛域是 $(-1, 1)$. 由 $-1 < 2 - 3x < 1$,得原级数的收敛域是 $\left(\dfrac{1}{3}, 1 \right)$.

记 $S(y) = \sum_{n=1}^{\infty} n(n+1)y^n$，两端积分

$$\int_0^y S(t)\,\mathrm{d}t = \int_0^y \Big(\sum_{n=1}^{\infty} n(n+1)t^n\Big)\mathrm{d}t = \sum_{n=1}^{\infty} n y^{n+1} = y^2 \sum_{n=1}^{\infty} n y^{n-1}$$

$$= y^2 \Big[\int_0^y \Big(\sum_{n=1}^{\infty} n t^{n-1}\Big)\mathrm{d}t\Big]' = y^2 \Big(\sum_{n=1}^{\infty} y^n\Big)' = \frac{y^2}{(1-y)^2}.$$

求导，得 $S(y) = \Big[\dfrac{y^2}{(1-y)^2}\Big]' = \dfrac{2y}{(1-y)^3}$，于是

$$\sum_{n=1}^{\infty} n(n+1)(2-3x)^n = \frac{2(2-3x)}{(1-2+3x)^3} = \frac{2(2-3x)}{(3x-1)^3}, \quad \frac{1}{3} < x < 1.$$

例 3 求幂级数 $\sum_{n=1}^{\infty} \dfrac{(-1)^{n+1}}{n(2n+1)}(2x)^{2n}$ 的和函数.

分析 两次求导，可消去幂级数系数中的因子 $\dfrac{1}{n(2n+1)}$，将所给幂级数化为等比级数.

解 1 可以求得幂级数的收敛域是 $[-1/2, 1/2]$. 记 $S(x) = \sum_{n=1}^{\infty} \dfrac{(-1)^{n+1}}{n(2n+1)}(2x)^{2n}$，为通过求导消去 $\dfrac{1}{2n+1}$，等式两端同乘 x，则

$$xS(x) = \sum_{n=1}^{\infty} \frac{(-1)^{n+1}}{n(2n+1)} 2^{2n} x^{2n+1}, \quad [xS(x)]' = \sum_{n=1}^{\infty} \frac{(-1)^{n+1}}{n} 2^{2n} x^{2n}.$$

$$[xS(x)]'' = \sum_{n=1}^{\infty} (-1)^{n+1} 2^{2n} \cdot 2x^{2n-1} = 4\sum_{n=1}^{\infty} (-1)^{n+1} (2x)^{2n-1} = 4\frac{2x}{1+(2x)^2}.$$

再由逆运算求 $S(x)$：

$$[xS(x)]' = 4\int_0^x \frac{2t}{1+(2t)^2}\,\mathrm{d}t = \ln(1+4x^2),$$

$$xS(x) = \int_0^x \ln(1+4t^2)\,\mathrm{d}t = x\ln(1+4x^2) - 2x + \arctan 2x,$$

于是 $\quad S(x) = \ln(1+4x^2) - 2 + \dfrac{1}{x}\arctan 2x, \quad 0 < |x| \leqslant \dfrac{1}{2}.$

由于 $x=0$ 时，原幂级数为 0，故

$$\sum_{n=1}^{\infty} \frac{(-1)^{n+1}}{n(2n+1)}(2x)^{2n} = \begin{cases} \ln(1+4x^2) - 2 + \dfrac{1}{x}\arctan 2x, & 0 < |x| \leqslant \dfrac{1}{2}, \\ 0, & x = 0. \end{cases}$$

解 2 由于 $\dfrac{1}{n(2n+1)} = 2\Big(\dfrac{1}{2n} - \dfrac{1}{2n+1}\Big)$，原级数化为

$$2\sum_{n=1}^{\infty} (-1)^{n+1} \frac{(2x)^{2n}}{2n} - 2\sum_{n=1}^{\infty} (-1)^{n+1} \frac{(2x)^{2n}}{2n+1}.$$

从已知和函数的等比级数入手.

因 $\sum_{n=1}^{\infty} (-1)^{n+1}(2x)^{2n-1} = \dfrac{2x}{1+(2x)^2}$，两端从 0 到 x 积分，得

$$\frac{1}{2}\sum_{n=1}^{\infty}(-1)^{n+1}\frac{(2x)^{2n}}{2n}=\frac{1}{4}\ln(1+4x^2),\quad -\frac{1}{2}\leqslant x\leqslant\frac{1}{2}.$$

又
$$\sum_{n=1}^{\infty}(-1)^{n+1}(2x)^{2n}=\frac{(2x)^2}{1+(2x)^2}=1-\frac{1}{1+(2x)^2},$$

两端从 0 到 x 积分,得
$$\frac{1}{2}\sum_{n=1}^{\infty}(-1)^{n+1}\frac{(2x)^{2n+1}}{2n+1}=x-\frac{1}{2}\arctan(2x)$$

或
$$x\sum_{n=1}^{\infty}(-1)^{n+1}\frac{(2x)^{2n}}{2n+1}=x-\frac{1}{2}\arctan(2x).$$

于是
$$\sum_{n=1}^{\infty}\frac{(-1)^{n+1}}{n(2n+1)}(2x)^{2n}=\ln(1+4x^2)-2+\frac{1}{x}\arctan(2x),\quad 0<|x|\leqslant\frac{1}{2}.$$

当 $x=0$ 时,原级数的和为 0.

例 4 求幂级数 $\sum_{n=0}^{\infty}(-1)^n\frac{4n^2-1}{(2n)!}x^{2n}$ 的和函数,并求级数 $\sum_{n=0}^{\infty}\frac{(-1)^n(4n^2-1)\pi^{2n}}{(2n)!}$ 的和.

分析 显然,当 $x=\pi$ 时,幂级数就是求和的数项级数. 注意到
$$\sum_{n=0}^{\infty}(-1)^n\frac{4n^2-1}{(2n)!}x^{2n}=\sum_{n=1}^{\infty}(-1)^n\frac{2n}{(2n-1)!}x^{2n}-\sum_{n=0}^{\infty}(-1)^n\frac{x^{2n}}{(2n)!}$$
$$=\sum_{n=1}^{\infty}(-1)^n\frac{2n}{(2n-1)!}x^{2n}-\cos x.$$

按上式右端幂级数的形式应考虑 $\sin x$ 的展开式.

解 可以求得所给幂级数的收敛域是 $(-\infty,+\infty)$. 因
$$\sin x=\sum_{n=1}^{\infty}(-1)^{n-1}\frac{x^{2n-1}}{(2n-1)!}=-\frac{1}{x}\sum_{n=1}^{\infty}(-1)^n\frac{x^{2n}}{(2n-1)!},\quad -\infty<x<+\infty,$$

即
$$\sum_{n=1}^{\infty}(-1)^n\frac{x^{2n}}{(2n-1)!}=-x\sin x,\quad -\infty<x<+\infty,$$

求导得
$$\sum_{n=1}^{\infty}(-1)^n\frac{2n}{(2n-1)!}x^{2n-1}=\frac{1}{x}\sum_{n=1}^{\infty}(-1)^n\frac{2n}{(2n-1)!}x^{2n}=-\sin x-x\cos x,$$

于是
$$\sum_{n=0}^{\infty}(-1)^n\frac{4n^2-1}{(2n)!}x^{2n}=\sum_{n=1}^{\infty}(-1)^n\frac{2n}{(2n-1)!}x^{2n}-\cos x=-x\sin x-x^2\cos x-\cos x.$$

在上式中,取 $x=\pi$,得
$$\sum_{n=0}^{\infty}\frac{(-1)^n(4n^2-1)\pi^{2n}}{(2n)!}=1+\pi^2.$$

例 5 求级数 $\sum_{n=1}^{\infty}\frac{2n-1}{2^n}$ 的和.

解 1 用级数收敛的定义. 见本章第一节. $\sum_{n=1}^{\infty}\frac{2n-1}{2^n}=3.$

解 2 选取幂级数
$$\sum_{n=1}^{\infty}(2n-1)x^n = \sum_{n=1}^{\infty}2nx^n - \sum_{n=1}^{\infty}x^n, \quad -1<x<1.$$
当 $x=\dfrac{1}{2}$ 时,该幂级数就是所给数项级数. 因
$$\sum_{n=1}^{\infty}2nx^n = 2x\sum_{n=1}^{\infty}nx^{n-1} = 2x\Big(\sum_{n=1}^{\infty}x^n\Big)' = \frac{2x}{(1-x)^2},$$
又 $x=\dfrac{1}{2}\in(-1,1)$,故
$$\sum_{n=1}^{\infty}\frac{2n-1}{2^n} = \sum_{n=1}^{\infty}2n\Big(\frac{1}{2}\Big)^n - \sum_{n=1}^{\infty}\Big(\frac{1}{2}\Big)^n = \frac{2x}{(1-x)^2}\Big|_{x=\frac{1}{2}} - 1 = 3.$$

解 3 选取幂级数 $\sum_{n=1}^{\infty}\dfrac{2n-1}{2^n}x^{2n-2}$,$-\sqrt{2}<x<\sqrt{2}$. 当 $x=1$ 时,就是所给的数项级数.

令 $S(x) = \sum_{n=1}^{\infty}\dfrac{2n-1}{2^n}x^{2n-2}$,则
$$S(x) = \Big(\sum_{n=1}^{\infty}\int_0^x \frac{2n-1}{2^n}x^{2n-2}\,\mathrm{d}x\Big)' = \Big(\sum_{n=1}^{\infty}\frac{1}{2^n}x^{2n-1}\Big)'$$
$$= \Big(\frac{1}{x}\sum_{n=1}^{\infty}\Big(\frac{x^2}{2}\Big)^n\Big)' = \Big(\frac{1}{x}\cdot\frac{x^2}{2-x^2}\Big)' = \frac{x^2+2}{(2-x^2)^2}, \quad -\sqrt{2}<x<\sqrt{2}.$$
因为 $x=1$ 在幂级数的收敛域内,故所求级数的和
$$S(1) = \frac{x^2+2}{(2-x^2)^2}\Big|_{x=1} = 3.$$

解 4 注意到 $\dfrac{2n-1}{2^n} = \dfrac{n}{2^{n-1}} - \dfrac{1}{2^n}$,因 $\sum_{n=1}^{\infty}\dfrac{1}{2^n}=1$,且级数 $\sum_{n=1}^{\infty}\dfrac{n}{2^{n-1}}$ 收敛,由此,只要求出级数 $\sum_{n=1}^{\infty}\dfrac{n}{2^{n-1}}$ 的和即可.

为此,取幂级数 $\sum_{n=1}^{\infty}nx^{n-1}$,当 $x=\dfrac{1}{2}$ 时,就是求和的数项级数. 因
$$\sum_{n=1}^{\infty}nx^{n-1} = \Big(\int_0^x \sum_{n=1}^{\infty}nx^{n-1}\,\mathrm{d}x\Big)' = \Big(\sum_{n=1}^{\infty}x^n\Big)' = \frac{1}{(1-x)^2}, \quad -1<x<1,$$
令 $x=\dfrac{1}{2}$,得 $\sum_{n=1}^{\infty}n\Big(\dfrac{1}{2}\Big)^n = 4$. 于是 $\sum_{n=1}^{\infty}\dfrac{2n-1}{2^n} = 4-1 = 3$.

解 5 选取等比级数. 记 $S(x) = \sum_{n=1}^{\infty}x^{2n-1} = \dfrac{x}{1-x^2}$,$-1<x<1$.

因 $S'(x) = \sum_{n=1}^{\infty}(2n-1)x^{2n-2}$,于是
$$S'\Big(\frac{1}{\sqrt{2}}\Big) = 2\sum_{n=1}^{\infty}\frac{2n-1}{2^n}, \quad \text{即} \quad \sum_{n=1}^{\infty}\frac{2n-1}{2^n} = \frac{1}{2}S'\Big(\frac{1}{\sqrt{2}}\Big).$$

又因 $S'(x) = \left(\dfrac{x}{1-x^2}\right)' = \dfrac{1+x^2}{(1-x^2)^2}$，$S'\left(\dfrac{1}{\sqrt{2}}\right) = 6$，故 $\displaystyle\sum_{n=1}^{\infty} \dfrac{2n-1}{2^n} = 3$.

例 6 求级数 $\displaystyle\sum_{n=0}^{\infty} \dfrac{2n+1}{n!}$ 的和.

解 1 注意到 $\displaystyle\sum_{n=0}^{\infty} \dfrac{x^n}{n!} = e^x (-\infty < x < +\infty)$，有 $\displaystyle\sum_{n=0}^{\infty} \dfrac{1}{n!} = e$，于是

$$\sum_{n=0}^{\infty} \dfrac{2n+1}{n!} = 2\sum_{n=0}^{\infty} \dfrac{n}{n!} + \sum_{n=0}^{\infty} \dfrac{1}{n!} = 2\sum_{n=1}^{\infty} \dfrac{1}{(n-1)!} + \sum_{n=0}^{\infty} \dfrac{1}{n!}$$
$$= 2\sum_{n=0}^{\infty} \dfrac{1}{n!} + \sum_{n=0}^{\infty} \dfrac{1}{n!} = 3e.$$

解 2 选取幂级数 $\displaystyle\sum_{n=0}^{\infty} \dfrac{2n+1}{n!} x^{2n}, -\infty < x < +\infty$. 当 $x=1$ 时，就是所给的级数. 因

$$\sum_{n=0}^{\infty} \dfrac{2n+1}{n!} x^{2n} = \left[\int_0^x \left(\sum_{n=0}^{\infty} \dfrac{2n+1}{n!} t^{2n}\right) dt\right]' = \left(\sum_{n=0}^{\infty} \dfrac{1}{n!} x^{2n+1}\right)' = \left(x\sum_{n=0}^{\infty} \dfrac{x^{2n}}{n!}\right)'$$
$$= (xe^{x^2})' = (1+2x^2)e^{x^2},$$

在上式中，取 $x=1$，得 $\displaystyle\sum_{n=0}^{\infty} \dfrac{2n+1}{n!} = 3e$.

解 3 考虑幂级数 $\displaystyle\sum_{n=0}^{\infty} \dfrac{1}{n!} x^{2n+1}, -\infty < x < +\infty$. 令其和函数为 $S(x)$，则

$$S(x) = \sum_{n=0}^{\infty} \dfrac{1}{n!} x^{2n+1} = x\sum_{n=0}^{\infty} \dfrac{x^{2n}}{n!} = xe^{x^2},$$

$$S'(x) = \sum_{n=0}^{\infty} \dfrac{2n+1}{n!} x^{2n} = (xe^{x^2})' = (1+2x^2)e^{x^2},$$

于是

$$S'(1) = \sum_{n=0}^{\infty} \dfrac{2n+1}{n!} = (1+2x^2)e^{x^2}\bigg|_{x=1} = 3e.$$

例 7 设 $I_n = \displaystyle\int_0^{\frac{\pi}{4}} \sin^n x \cos x \, dx, n=0,1,2,\cdots$，求 $\displaystyle\sum_{n=0}^{\infty} I_n$.

解 由 $I_n = \displaystyle\int_0^{\frac{\pi}{4}} \sin^n x \, d(\sin x) = \dfrac{1}{n+1}(\sin x)^{n+1}\bigg|_0^{\frac{\pi}{4}} = \dfrac{1}{n+1}\left(\dfrac{\sqrt{2}}{2}\right)^{n+1}$，有

$$\sum_{n=0}^{\infty} I_n = \sum_{n=0}^{\infty} \dfrac{1}{n+1}\left(\dfrac{\sqrt{2}}{2}\right)^{n+1}.$$

选取等比级数 $\displaystyle\sum_{n=0}^{\infty} x^n = \dfrac{1}{1-x}, -1 < x < 1$，则 $\displaystyle\int_0^x \dfrac{1}{1-t} dt = \int_0^x \left(\sum_{n=0}^{\infty} t^n\right) dt = \sum_{n=0}^{\infty} \dfrac{1}{n+1} x^{n+1}$.

在上式中，令 $x = \sqrt{2}/2$，则

$$\sum_{n=0}^{\infty} I_n = \int_0^{\frac{\sqrt{2}}{2}} \dfrac{1}{1-x} dx = -\ln\left|1 - \dfrac{\sqrt{2}}{2}\right| = \ln(2+\sqrt{2}).$$

注 本例也可选幂级数 $\sum_{n=0}^{\infty}\frac{1}{n+1}x^{n+1}$,当 $x=\frac{\sqrt{2}}{2}$ 时就是 $\sum_{n=0}^{\infty}I_n$.

例 8 求级数 $\dfrac{1+\dfrac{\pi^4}{5!}+\dfrac{\pi^8}{9!}+\dfrac{\pi^{12}}{13!}+\cdots}{\dfrac{1}{3!}+\dfrac{\pi^4}{7!}+\dfrac{\pi^8}{11!}+\dfrac{\pi^{12}}{15!}+\cdots}$ 的和 I.

分析 考虑 $\sin x = x - \dfrac{x^3}{3!} + \dfrac{x^5}{5!} - \dfrac{x^7}{7!} + \cdots + (-1)^n \dfrac{x^{2n+1}}{(2n+1)!} + \cdots$,并取 $x=\pi$.

解 令题设级数分子为 p,分母为 q,则
$$p\pi - q\pi^3 = \pi - \frac{\pi^3}{3!} + \frac{\pi^5}{5!} - \frac{\pi^7}{7!} + \cdots = \sin\pi = 0, \quad \text{于是} \quad I = \frac{p}{q} = \pi^2.$$

习 题 七

1. 填空题:

(1) 设 $\sum_{n=1}^{\infty} n(u_n - u_{n-1}) = S$,且 $\lim_{n\to\infty} nu_n = A$,则 $\sum_{n=0}^{\infty} u_n =$ _____.

(2) $\lim_{n\to\infty} \dfrac{n^{10}\ln(n+1)}{2^n} =$ _____.

(3) $\int_0^1 \left[1 - x + \dfrac{x^2}{2!} - \dfrac{x^3}{3!} + \cdots + (-1)^n \cdot \dfrac{x^n}{n!} + \cdots \right] e^{2x} dx =$ _____.

(4) 若幂级数 $\sum_{n=1}^{\infty} a_n(x-1)^n$ 在 $x=0$ 处收敛,在 $x=2$ 处发散,则该级数的收敛域是 _____.

(5) 级数 $\sum_{n=1}^{\infty} \dfrac{(-1)^n}{2n-1}$ 的和 $S =$ _____.

2. 单项选择题:

(1) 若数列 $\{b_n\}$,有 $\lim_{n\to\infty} b_n = \infty$,则当 $b_n \neq 0$ 时,级数 $\sum_{n=1}^{\infty}\left(\dfrac{1}{b_n} - \dfrac{1}{b_{n+1}}\right)$ ( ).

(A) 发散　　　　(B) 收敛,其和为 0　　(C) 收敛,其和为 1　　(D) 收敛,其和为 $\dfrac{1}{b_1}$

(2) 设级数 $\sum_{n=1}^{\infty} a_n$ 绝对收敛,则 $\sum_{n=1}^{\infty}\left(1+\dfrac{1}{n}\right)^n a_n$ ( ).

(A) 发散　　　　(B) 条件收敛　　　　(C) 绝对收敛　　　　(D) 敛散性不能判定

(3) 幂级数 $\sum_{n=1}^{\infty} \dfrac{x^{n-1}}{3^{n-1} \cdot n^{\frac{3}{2}}}$ 的收敛域是 ( ).

(A) $[-3, 3]$　　(B) $(-3, 3]$　　(C) $[-1/3, 1/3]$　　(D) $(-1/3, 1/3]$

(4) 在 $f(x) = \cos x$ 的麦克劳林级数中,若 x^5 项和 x^7 项的系数分别用 a_5 和 a_7 表示,则( ).

(A) $a_5 > a_7$　　(B) $a_5 < a_7$　　(C) $a_5 = a_7$　　(D) $|a_5| > |a_7|$

(5) 已知级数 $x + \dfrac{x^3}{3} + \dfrac{x^5}{5} + \cdots$ 在收敛域内的和函数 $S(x) = \dfrac{1}{2}\ln\dfrac{1+x}{1-x}$,则级数 $\sum_{n=1}^{\infty} \dfrac{1}{2^n(2n-1)}$ 的和是( ).

(A) $\frac{1}{2}\ln(\sqrt{2}+1)$ (B) $\frac{1}{\sqrt{2}}\ln(\sqrt{2}+1)$ (C) $\frac{1}{2}\ln(\sqrt{2}-1)$ (D) $\frac{1}{\sqrt{2}}\ln(\sqrt{2}-1)$

3. 判别下列级数的敛散性：

(1) $\sum_{n=1}^{\infty}\frac{1}{n}\ln\left(1+\frac{1}{\sqrt{n}}\right)$;

(2) $\sum_{n=1}^{\infty}(\sqrt{n^3+\sqrt{n}}-\sqrt{n^3-\sqrt{n}})$;

(3) $\sum_{n=1}^{\infty}n^2\tan\frac{\pi}{3^{n+1}}$;

(4) $\sum_{n=3}^{\infty}\frac{1}{n\ln n \cdot (\ln\ln n)^p}$;

(5) $\sum_{n=1}^{\infty}\frac{\ln(n+2)}{\left(a+\frac{1}{n}\right)^n}$ $(a>0)$;

(6) $\sum_{n=1}^{\infty}\left[e-\left(1+\frac{1}{n}\right)^n\right]^p$ $(p>0)$.

4. 设 $a_n>0, b_n>0, \frac{a_{n+1}}{a_n}\leqslant\frac{b_{n+1}}{b_n}, n=1,2,\cdots$, 证明：

(1) 若 $\sum_{n=1}^{\infty}b_n$ 收敛，则 $\sum_{n=1}^{\infty}a_n$ 收敛；

(2) 若 $\sum_{n=1}^{\infty}a_n$ 发散，则 $\sum_{n=1}^{\infty}b_n$ 发散.

5. 判别下列级数是发散，条件收敛，还是绝对收敛：

(1) $\sum_{n=2}^{\infty}(-1)^n\frac{\sqrt{n}}{n-1}$;   (2) $\sum_{n=2}^{\infty}\sin\left(n\pi+\frac{1}{\ln n}\right)$;   (3) $\sum_{n=1}^{\infty}\frac{6^n}{7^n-5^n}\cos\frac{n\pi}{3}$;

(4) $\sum_{n=1}^{\infty}(-1)^n\frac{|a_n|}{\sqrt{n^2+x^2}}, x\in(-\infty,+\infty)$ 且 $\sum_{n=1}^{\infty}a_n^2$ 收敛.

6. 证明级数 $\sum_{n=0}^{\infty}\int_{n\pi}^{(n+1)\pi}\frac{\sin x}{\sqrt{x}}dx$ 收敛.

7. 讨论级数 $\sum_{n=1}^{\infty}\frac{a^n}{n^k+n}$, 当 a,k 为何值时，发散，条件收敛，绝对收敛.

8. 求下列幂级数的收敛域：

(1) $\sum_{n=1}^{\infty}\frac{(-1)^n x^n}{5^n\sqrt{n+1}}$;   (2) $\sum_{n=1}^{\infty}\frac{(1-x)^{3n}}{(2n)!}$.

9. 用 x 的幂级数表示函数 $f(x)=\frac{1-\cos x}{x}$ 在 $x=0$ 取值为 1 的原函数.

10. 求幂级数 $\sum_{n=1}^{\infty}\frac{(-1)^{n-1}x^{2n+1}}{n(2n-1)}$ 的收敛域及和函数.

11. 设 $f(x)=\begin{cases}\frac{\arctan x}{x}, & x\neq 0, \\ 1, & x=0,\end{cases}$ 求 $f^{(50)}(0)$.

第八章 微分方程

一、微分方程的通解和特解

例1 验证函数 $y = e^x \int_0^x e^{t^2} dt + Ce^x$（$C$ 是任意常数）是微分方程 $y' - y = e^{x+x^2}$ 的通解，并求满足初值条件 $y|_{x=0} = 0$ 的特解.

解 将已给函数求导，得

$$y' = e^x \int_0^x e^{t^2} dt + e^x \cdot e^{x^2} + Ce^x.$$

将 y, y' 的表示式代入已给方程，有

$$e^x \int_0^x e^{t^2} dt + e^x \cdot e^{x^2} + Ce^x - \left(e^x \int_0^x e^{t^2} dt + Ce^x \right) = e^{x+x^2}.$$

这显然是恒等式；又由于已知方程是一阶的，所给函数含一个任意常数，故所给函数是方程的通解.

将 $x=0, y=0$ 代入已给函数，可得 $C=0$，所以所求特解为 $y = e^x \int_0^x e^{t^2} dt$.

例2 验证下列函数是微分方程 $y'' - y' = e^{2x} \cos e^x$ 的解，并说明是通解还是特解（其中 C_1, C_2 是任意常数）：

(1) $y = C_1 e^x + C_2 - \cos e^x$；　　(2) $y = 1 - \cos e^x$；　　(3) $y = C_1 e^x - \cos e^x$.

解 (1) $y' = C_1 e^x + e^x \sin e^x$，$y'' = C_1 e^x + e^x \sin e^x + e^{2x} \cos e^x$，将 y, y' 和 y'' 的表达式代入方程中，有

$$C_1 e^x + e^x \sin e^x + e^{2x} \cos e^x - (C_1 e^x + e^x \sin x) = e^{2x} \cos e^{2x}.$$

显然，y 是方程的解. 因微分方程是二阶的，又 y 的表达式中含两个任意的常数 C_1 和 C_2，故 y 是通解.

(2) 在通解 $y = C_1 e^x + C_2 - \cos e^x$ 中，当 $C_1 = 0, C_2 = 1$ 时，有 $y = 1 - \cos e^x$，故这是解，是特解.

(3) 在通解 $y = C_1 e^x + C_2 - \cos e^x$ 中，当 $C_2 = 0$ 时，有 $y = C_1 e^x - \cos e^x$，故这是解. 由于在该解中只含一个任意常数，这不是通解，也不是特解.

二、一阶微分方程的解法

解题思路 先判别方程的类型（必要时需先化简整理）；再按类型确定解题方法.

1. 分离变量解法

可分离变量的方程 $\dfrac{\mathrm{d}y}{\mathrm{d}x}=\varphi(x)g(y)$ 用**分离变量法求解**. 见本节例 1.

2. 齐次方程解法

齐次方程 $\dfrac{\mathrm{d}y}{\mathrm{d}x}=\varphi\left(\dfrac{y}{x}\right)$, 通过变量替换 $y=vx$ 化为**可分离变量的方程求解**. 见例 2.

3. 常数变易法求解

一阶线性微分方程 $\dfrac{\mathrm{d}y}{\mathrm{d}x}+P(x)y=Q(x)$ $(Q(x)\not\equiv 0)$ 用常数变易法求解. 见例 3 解 1. 其**通解公式**是

$$y=y^{*}+y_{C}=\mathrm{e}^{-\int P(x)\mathrm{d}x}\int Q(x)\mathrm{e}^{\int P(x)\mathrm{d}x}\mathrm{d}x+C\mathrm{e}^{-\int P(x)\mathrm{d}x},$$

其中第一项 y^{*} 是该方程的一个**特解**(当 $C=0$ 时), 第二项 y_C 是线性齐次方程 $\dfrac{\mathrm{d}y}{\mathrm{d}x}+P(x)y=0$ 的**通解**.

一阶线性方程也可用**积分因子法求解**(见例 3 解 2). **其求解程序**是:

先将方程两端同乘已知函数 $u(x)=\mathrm{e}^{\int P(x)\mathrm{d}x}$, 得

$$\mathrm{e}^{\int P(x)\mathrm{d}x}\left(\dfrac{\mathrm{d}y}{\mathrm{d}x}+P(x)y\right)=Q(x)\mathrm{e}^{\int P(x)\mathrm{d}x}, \quad 即 \quad \dfrac{\mathrm{d}}{\mathrm{d}x}(y\mathrm{e}^{\int P(x)\mathrm{d}x})=Q(x)\mathrm{e}^{\int P(x)\mathrm{d}x},$$

再将两端积分, 得

$$y\mathrm{e}^{\int P(x)\mathrm{d}x}=\int Q(x)\mathrm{e}^{\int P(x)\mathrm{d}x}\mathrm{d}x+C,$$

通解为

$$y=\mathrm{e}^{-\int P(x)\mathrm{d}x}\left[\int Q(x)\mathrm{e}^{\int P(x)\mathrm{d}x}\mathrm{d}x+C\right].$$

注 关于一阶线性微分方程的**一些结论**:

(1) 若 $y_1(x), y_2(x)$ 分别是方程

$$y'+P(x)y=Q_1(x), \quad y'+P(x)y=Q_2(x)$$

的解, 则 $y=y_1(x)+y_2(x)$ 是方程 $y'+P(x)y=Q_1(x)+Q_2(x)$ 的解.

(2) 若 y_1, y_2 是方程 $y'+P(x)y=Q(x)$ 的两个不同的解, 则

1° $y=y_1+C(y_2-y_1)$ 是该方程的通解(C 是任意常数), 其中, y_2-y_1 是 $y'+P(x)y=0$ 的解, $y_C=C(y_2-y_1)$ 是 $y'+P(x)y=0$ 的通解;

2° 当 $\alpha+\beta=1$ 时, 线性组合 $\alpha y_1+\beta y_2$ 是该方程的解;

3° 若 y_3 是异于 y_1 和 y_2 的第三个特解, 则比式 $\dfrac{y_2-y_1}{y_3-y_1}$ 是常数.

4. 可化为一阶线性微分方程的方程

(1) 关于 $f(y)$ 和 $\dfrac{\mathrm{d}f(y)}{\mathrm{d}x}$ 的线性微分方程(见例 6):

由于 $\dfrac{\mathrm{d}f(y)}{\mathrm{d}x}=f'(y)\dfrac{\mathrm{d}y}{\mathrm{d}x}$, 因此形如 $f'(y)\dfrac{\mathrm{d}y}{\mathrm{d}x}+P(x)f(y)=Q(x)$ 的方程可化为

$$\dfrac{\mathrm{d}f(y)}{\mathrm{d}x}+P(x)f(y)=Q(x).$$

作变量替换 $u=f(y)$ 即可化为一阶线性方程.

(2) 关于 x 和 $\dfrac{dx}{dy}$ 的线性方程(见例 7):

在一阶微分方程中,若把 y 作为 x 的函数时是非一次幂的,而方程中仅含 x 的一次幂,且有 x 与 y'(或 x 与 dy)相乘的项,将 x 作为 y 的函数,常可化为

$$\frac{dx}{dy}+P(y)x=Q(y).$$

(3) 关于 $f(x),\dfrac{df(x)}{dy}$ 的线性微分方程(见例 8):

由于 $\dfrac{df(x)}{dy}=f'(x)\dfrac{dx}{dy}$,因此形如 $f'(x)\dfrac{dx}{dy}+P(y)f(x)=Q(y)$ 的方程可化为

$$\frac{df(x)}{dy}+P(y)f(x)=Q(y).$$

作变量替换 $u=f(x)$ 即可.

(4) 伯努利方程 $y'+P(x)y=Q(x)y^n$ $(n\neq 0,1)$ **可用两种方法求解**(见例 9)

1° 用 y^n 除以方程的两端,令 $z=y^{1-n}$,则可化为关于 z 和 x 的一阶线性微分方程

$$\frac{dz}{dx}+(1-n)P(x)z=(1-n)Q(x).$$

2° 用常数变易法直接求解.

例 1 求微分方程 $x^2 y'\cos y+1=0$,当 $x\to\infty$ 时,$y\to\dfrac{\pi}{3}$ 的解.

解 这是可分离变量的方程.分离变量,并积分得

$$\cos y\, dy=-\frac{1}{x^2}dx,\quad \int\cos y\, dy=-\int\frac{1}{x^2}dx,$$

得通解 $\qquad \sin y=\dfrac{1}{x}+C,\quad$ 即 $\quad y=\arcsin\left(\dfrac{1}{x}+C\right).$

由 $x\to\infty$ 时,$y\to\dfrac{\pi}{3}$ 得 $\arcsin C=\dfrac{\pi}{3}$,$C=\dfrac{\sqrt{3}}{2}$.于是,所求特解 $y=\arcsin\left(\dfrac{1}{x}+\dfrac{\sqrt{3}}{2}\right)$.

例 2 求微分方程 $2x\,dy-2y\,dx=\sqrt{x^2+4y^2}\,dx$ ($x>0$) 的通解.

解 方程可化为 $\dfrac{dy}{dx}=\dfrac{2y+\sqrt{x^2+4y^2}}{2x}$,这是齐次方程.

令 $y=vx$,则 $y'=v+v'x$,上式化为 $\dfrac{dv}{dx}=\dfrac{1}{2x}\sqrt{1+4v^2}$.分离变量,并积分,得

$$\frac{1}{\sqrt{1+4v^2}}dv=\frac{1}{2x}dx,\quad \frac{1}{2}\ln(2v+\sqrt{1+4v^2})=\frac{1}{2}\ln x+\frac{1}{2}\ln C.$$

化简得 $\qquad\qquad\qquad 1+4Cxv-C^2x^2=0,\quad C\neq 0.$

将 $v=\dfrac{y}{x}$ 代入上式,得原方程的通解 $1+4Cy-C^2x^2=0$,$C\neq 0$.

例 3 求微分方程 $dy-(y\cos x+\sin 2x)dx=0$ 的通解.

解 1 这是一阶线性非齐次方程

$$\frac{\mathrm{d}y}{\mathrm{d}x} - \cos x \cdot y = \sin 2x, \tag{1}$$

其中 $P(x) = -\cos x, Q(x) = \sin 2x$. 用常数变易法求解.

先求齐次方程 $y' - \cos x \cdot y = 0$ 的通解. 分离变量,并积分得通解

$$\frac{1}{y}\mathrm{d}y = \cos x \mathrm{d}x, \quad \ln y = \sin x + \ln C, \quad y = C\mathrm{e}^{\sin x}.$$

再求非齐次方程的通解. 设原方程有通解 $y = u(x)\mathrm{e}^{\sin x}$, 则 $y' = u'\mathrm{e}^{\sin x} + u\mathrm{e}^{\sin x} \cdot \cos x$. 将 y, y' 的表示式代入原方程,得

$$\frac{\mathrm{d}u}{\mathrm{d}x} = \sin 2x \cdot \mathrm{e}^{-\sin x},$$

积分得

$$u(x) = \int \sin 2x \cdot \mathrm{e}^{-\sin x} \mathrm{d}x = -2(1 + \sin x)\mathrm{e}^{-\sin x} + C.$$

所求通解为

$$y = u(x)\mathrm{e}^{\sin x} = C\mathrm{e}^{\sin x} - 2(1 + \sin x).$$

解 2 用积分因子法.

用 $u(x) = \mathrm{e}^{\int P(x)\mathrm{d}x} = \mathrm{e}^{-\int \cos x \mathrm{d}x} = \mathrm{e}^{-\sin x}$ 乘方程(1)的两端,得

$$y'\mathrm{e}^{-\sin x} - \cos x \cdot y\mathrm{e}^{-\sin x} = \sin 2x \cdot \mathrm{e}^{-\sin x}, \quad 即 \quad (y\mathrm{e}^{-\sin x})' = \sin 2x \cdot \mathrm{e}^{-\sin x}.$$

积分得

$$y\mathrm{e}^{-\sin x} = -2(1 + \sin x)\mathrm{e}^{-\sin x} + C,$$

所求通解

$$y = C\mathrm{e}^{\sin x} - 2(1 + \sin x).$$

例 4 求微分方程 $x^2 y' + y = (x^2 + 1)\mathrm{e}^x$, 当 $x \to -\infty$ 时, $y \to 1$ 的特解.

解 这是一阶线性非齐次方程: $y' + \frac{1}{x^2}y = \left(1 + \frac{1}{x^2}\right)\mathrm{e}^x$, 可以求得通解为 $y = C\mathrm{e}^{\frac{1}{x}} + \mathrm{e}^x$.

当 $x \to -\infty$ 时, $\mathrm{e}^x \to 0, \mathrm{e}^{\frac{1}{x}} \to 1$, 由 $y \to 1$ 知 $C = 1$. 于是所求特解为 $y = \mathrm{e}^{\frac{1}{x}} + \mathrm{e}^x$.

例 5 已知 $y_1 = \tan x - 1, y_2 = \tan x - 1 + \mathrm{e}^{-\tan x}$ 是微分方程 $y' + P(x)y = f(x)$ 的两个特解,求 $P(x), f(x)$ 及方程的通解.

解 由于 $y_2 - y_1 = \mathrm{e}^{-\tan x}$ 是方程 $y' + P(x)y = 0$ 的解,所以,它满足该方程. 又 $(\mathrm{e}^{-\tan x})' = -\sec^2 x \mathrm{e}^{-\tan x}$,故有

$$-\sec^2 x \mathrm{e}^{-\tan x} + P(x)\mathrm{e}^{-\tan x} = 0, \quad 即 \quad P(x) = \sec^2 x.$$

因 $y_1 = \tan x - 1$ 是方程 $y' + \sec^2 x \cdot y = f(x)$ 的解,又 $y_1' = \sec^2 x$, 所以,有

$$f(x) = \sec^2 x + \sec^2 x(\tan x - 1) = \sec^2 x \cdot \tan x.$$

原方程的通解是

$$y = y_1 + C(y_2 - y_1) = \tan x - 1 + C\mathrm{e}^{-\tan x} \quad (C 是任意常数).$$

例 6 求微分方程 $y' = \frac{y^2 - x}{2y(x+1)}$ 的通解.

解 方程可写成 $2yy' - \frac{1}{x+1}y^2 = -\frac{x}{x+1}$, 注意到 $2yy' = \frac{\mathrm{d}y^2}{\mathrm{d}x}$, 即有

$$\frac{\mathrm{d}y^2}{\mathrm{d}x} - \frac{1}{x+1}y^2 = -\frac{x}{x+1}.$$

这是关于 y^2, $\dfrac{\mathrm{d}y^2}{\mathrm{d}x}$ 的线性方程,可以求得其通解是
$$y^2 = C(x+1) - (x+1)\ln(x+1) - 1.$$

下列方程可化为关于 $f(y)$, $\dfrac{\mathrm{d}f(y)}{\mathrm{d}x}$ 的线性方程:

$6xy^2 y' + 2y^3 + x = 0$ 化为 $\dfrac{\mathrm{d}y^3}{\mathrm{d}x} + \dfrac{1}{x} y^3 = -\dfrac{1}{2}$;

$(2x+1)y' - 4\mathrm{e}^{-y} + 2 = 0$ 化为 $\dfrac{\mathrm{d}\mathrm{e}^y}{\mathrm{d}x} + \dfrac{2}{2x+1} \mathrm{e}^y = \dfrac{4}{2x+1}$;

$\dfrac{\mathrm{d}y}{\mathrm{d}x} + y\mathrm{e}^{-x} = y\ln y$ 化为 $\dfrac{\mathrm{d}\ln y}{\mathrm{d}x} - \ln y = -\mathrm{e}^{-x}$;

$\sin y \dfrac{\mathrm{d}y}{\mathrm{d}x} - \cos y + x\cos^2 y = 0$ 化为 $\dfrac{\mathrm{d}}{\mathrm{d}x}\left(\dfrac{1}{\cos y}\right) - \dfrac{1}{\cos y} = -x$.

例 7 求微分方程 $y' = \dfrac{y}{2y\ln y + y - x}$ 的通解.

解 方程可化为 $\dfrac{\mathrm{d}x}{\mathrm{d}y} + \dfrac{1}{y} x = 2\ln y + 1$,其中 $P(y) = \dfrac{1}{y}$, $Q(y) = 2\ln y + 1$. 该方程的通解为

$$x = \mathrm{e}^{-\int \frac{1}{y}\mathrm{d}y} \left[\int (2\ln y + 1)\mathrm{e}^{\int \frac{1}{y}\mathrm{d}y} \mathrm{d}y + C\right] = y\ln y + \dfrac{C}{y}.$$

下列方程可化为关于 x 和 $\dfrac{\mathrm{d}x}{\mathrm{d}y}$ 的线性方程:

$y' = \dfrac{1}{xy + y^3}$ 化为 $\dfrac{\mathrm{d}x}{\mathrm{d}y} - yx = y^3$;

$y'(x + y^3) = y$ 化为 $\dfrac{\mathrm{d}x}{\mathrm{d}y} - \dfrac{1}{y} x = y^2$;

$(\mathrm{e}^{-\frac{1}{2}y^2} - xy)\mathrm{d}y - \mathrm{d}x = 0$ 化为 $\dfrac{\mathrm{d}x}{\mathrm{d}y} + yx = \mathrm{e}^{-\frac{1}{2}y^2}$;

$(2x - y^2)y' = 2y$ 化为 $\dfrac{\mathrm{d}x}{\mathrm{d}y} - \dfrac{1}{y} x = -\dfrac{1}{2} y$.

例 8 求微分方程 $\dfrac{\mathrm{d}y}{\mathrm{d}x} = \dfrac{2xy}{x^2 - y^2}$ 的通解.

解 这不是线性方程. 方程可化为

$$2x \dfrac{\mathrm{d}x}{\mathrm{d}y} - \dfrac{1}{y} x^2 = -y, \quad 即 \quad \dfrac{\mathrm{d}x^2}{\mathrm{d}y} - \dfrac{1}{y} x^2 = -y.$$

这是关于 x^2 和 $\dfrac{\mathrm{d}x^2}{\mathrm{d}y}$ 的一阶线性微分方程,其通解为

$$x^2 = \mathrm{e}^{\int \frac{1}{y}\mathrm{d}y} \left(-\int y \mathrm{e}^{-\int \frac{1}{y}\mathrm{d}y} \mathrm{d}y + C\right) = y(C - y).$$

下列方程可化为关于 $f(x)$, $\dfrac{\mathrm{d}f(x)}{\mathrm{d}y}$ 的线性方程:

$$\frac{\mathrm{d}y}{\mathrm{d}x} = -\frac{6x^2 y}{2x^3 + y} \quad \text{化为} \quad \frac{\mathrm{d}x^3}{\mathrm{d}y} + \frac{1}{y}x^3 = -\frac{1}{2};$$

$$y' = \frac{4x^3 y}{x^4 + y^2} \quad \text{化为} \quad \frac{\mathrm{d}x^4}{\mathrm{d}y} - \frac{1}{y}x^4 = y;$$

$$\frac{\mathrm{d}x}{\sqrt{xy}} + \left(\frac{2}{y} - \sqrt{\frac{x}{y^3}}\right)\mathrm{d}y = 0 \quad \text{化为} \quad \frac{\mathrm{d}\sqrt{x}}{\mathrm{d}y} - \frac{1}{2y}\sqrt{x} = -\frac{1}{\sqrt{y}};$$

$$(x^3 + \mathrm{e}^y)y' = 3x^2 \quad \text{化为} \quad \frac{\mathrm{d}x^3}{\mathrm{d}y} - x^3 = \mathrm{e}^y.$$

例 9 求微分方程 $y' - 2xy = 2x^3 y^2$ 的通解.

解 1 这是伯努利方程,其中 $P(x) = -2x, Q(x) = 2x^3, n = 2$. 化为线性微分方程求解. 方程两端除以 y^2,并令 $z = y^{1-2} = y^{-1}$,则 $\frac{\mathrm{d}z}{\mathrm{d}x} = -\frac{1}{y^2}\frac{\mathrm{d}y}{\mathrm{d}x}$,原方程化为 $\frac{\mathrm{d}z}{\mathrm{d}x} + 2xz = -2x^3$. 可以求得 $z = -x^2 + 1 + C\mathrm{e}^{-x^2}$. 于是,由 $z = y^{-1}$ 得原方程的通解 $y = \dfrac{1}{1 - x^2 + C\mathrm{e}^{-x^2}}$.

解 2 用常数变易法求解. 先算出线性齐次方程 $y' - 2xy = 0$ 的通解是 $y = C\mathrm{e}^{x^2}$.

令 $y = u(x)\mathrm{e}^{x^2}$ 是原方程的解,则 $y' = u'\mathrm{e}^{x^2} + 2x\mathrm{e}^{x^2} u$. 将 y 与 y' 的表示式代入原方程中,并整理,得 $\dfrac{\mathrm{d}u}{u^2} = 2x^3 \mathrm{e}^{x^2}\mathrm{d}x$. 积分得

$$-\frac{1}{u} = x^2 \mathrm{e}^{x^2} - \mathrm{e}^{x^2} + C, \quad \text{即} \quad u(x) = \frac{1}{\mathrm{e}^{x^2} - x^2 \mathrm{e}^{x^2} - C}.$$

于是原方程的解为

$$y = u(x)\mathrm{e}^{x^2} = \frac{1}{1 - x^2 - C\mathrm{e}^{-x^2}}.$$

注 解 1 和解 2 所得结果是一样的,因为其中的 C 是任意常数.

例 10 设 $\varphi(x) = \begin{cases} 2, & x < 1, \\ 0, & x > 1, \end{cases}$ 已知微分方程 $y' - 2y = \varphi(x)$,试求在 $(-\infty, +\infty)$ 内的连续函数 $y = y(x)$,使之在 $(-\infty, 1)$ 和 $(1, +\infty)$ 内都满足所给方程,且满足条件 $y(0) = 0$.

分析 由于 $\varphi(x)$ 是分段函数,应在区间 $(-\infty, 1)$ 和 $(1, +\infty)$ 内分别求方程的通解;然后利用条件:$y = y(x)$ 在 $x = 1$ 处连续和 $y(0) = 0$ 来确定通解中的两个任意常数.

解 这是一阶线性微分方程,由题设和通解公式有

$$y = \begin{cases} \mathrm{e}^{\int 2\mathrm{d}x}\left[\int 2\mathrm{e}^{-\int 2\mathrm{d}x}\mathrm{d}x + C_1\right], & x < 1 \\ C_2 \mathrm{e}^{\int 2\mathrm{d}x}, & x > 1 \end{cases} = \begin{cases} C_1 \mathrm{e}^{2x} - 1, & x < 1, \\ C_2 \mathrm{e}^{2x}, & x > 1. \end{cases}$$

由 $y(0) = 0$ 得 $C_1 = 1$. 又 $y = y(x)$ 在 $x = 1$ 处连续,有

$$\lim_{x \to 1^-} y = \lim_{x \to 1^-}(\mathrm{e}^{2x} - 1) = \mathrm{e}^2 - 1, \quad \lim_{x \to 1^+} y = \lim_{x \to 1^+} C_2 \mathrm{e}^{2x} = C_2 \mathrm{e}^2 = \mathrm{e}^2 - 1.$$

故 $C_2 = 1 - \mathrm{e}^{-2}$. 于是所求在 $(-\infty, +\infty)$ 上的连续函数

$$y = \begin{cases} \mathrm{e}^{2x} - 1, & x \leqslant 1, \\ (1 - \mathrm{e}^{-2})\mathrm{e}^{2x}, & x > 1. \end{cases}$$

例 11 设函数 $f(x) = \sum\limits_{n=0}^{\infty} a_n x^n \ (-\infty < x < +\infty)$, 且 $\sum\limits_{n=0}^{\infty} [(n+1)a_{n+1} - a_n] x^n = e^x$, 求 $f(x)$ 及 a_n.

分析 注意到
$$\sum_{n=0}^{\infty} [(n+1)a_{n+1} - a_n] x^n = \sum_{n=0}^{\infty} (n+1)a_{n+1} x^n - \sum_{n=0}^{\infty} a_n x^n,$$
而
$$\sum_{n=0}^{\infty} (n+1)a_{n+1} x^n = \sum_{n=1}^{\infty} n a_n x^{n-1} = f'(x),$$
这是求解微分方程 $f'(x) - f(x) = e^x$ 的问题. 题设中隐含初值条件 $f(0) = 0$.

解 由题设知, 所求 $f(x)$ 是微分方程 $f'(x) - f(x) = e^x$ 满足初值条件 $f(0) = 0$ 的特解.

易求得微分方程的通解是 $f(x) = e^x(x+C)$; 所求特解为 $f(x) = x e^x$. 因 $e^x = \sum\limits_{n=0}^{\infty} \dfrac{x^n}{n!}$, 所以
$$f(x) = x e^x = \sum_{n=0}^{\infty} \frac{x^{n+1}}{n!} = \sum_{n=1}^{\infty} \frac{x^n}{(n-1)!}.$$
由此可知, $a_0 = 0, a_n = \dfrac{1}{(n-1)!}, n = 1, 2, \cdots$.

注 当所求函数是微分方程的特解时, 若题设没给出初值条件, 要在题设中寻求隐含着的初值条件.

例 12 已知 $f_n(x)$ 满足
$$f'_n(x) = f_n(x) + x^{n-1} e^x \quad (n \text{ 为正整数}),$$
且 $f_n(1) = \dfrac{e}{n}$, 求函数项级数 $\sum\limits_{n=1}^{\infty} f_n(x)$ 之和.

解 已知条件可写成 $f'_n(x) - f_n(x) = x^{n-1} e^x$. 这是一阶线性微分方程, 其通解为
$$f_n(x) = e^{\int dx} \left(\int x^{n-1} e^x e^{-\int dx} dx + C \right) = e^x \left(\frac{x^n}{n} + C \right).$$
由条件 $f_n(1) = \dfrac{e}{n}$ 得 $C = 0$. 故 $f_n(x) = \dfrac{x^n e^x}{n}$. 从而 $\sum\limits_{n=1}^{\infty} f_n(x) = \sum\limits_{n=1}^{\infty} \dfrac{x^n e^x}{n} = e^x \sum\limits_{n=1}^{\infty} \dfrac{x^n}{n}$.

记 $S(x) = \sum\limits_{n=1}^{\infty} \dfrac{x^n}{n}$, 其收敛域为 $[-1, 1)$, 当 $x \in (-1, 1)$ 时, 有
$$S'(x) = \sum_{n=1}^{\infty} x^{n-1} = \frac{1}{1-x}, \quad S(x) = \int_0^x \frac{1}{1-t} dt = -\ln(1-x).$$
当 $x = -1$ 时, $\sum\limits_{n=1}^{\infty} f_n(x) = -e^{-1} \ln 2$. 于是当 $x \in [-1, 1)$ 时, $\sum\limits_{n=1}^{\infty} f_n(x) = -e^x \ln(1-x)$.

例 13 设函数 $f(x) (x \geq 1)$ 可微, 且 $f(x) > 0$. 将由曲线 $y = f(x)$, 两条直线 $x = 1, x = \beta (1 < \beta < +\infty)$ 以及 x 轴所围成的图形绕 x 轴旋转一周所产生的立体体积记为 $V(\beta)$. 若对于适合 $1 < \beta < +\infty$ 的一切 β, 恒有 $V(\beta) = \dfrac{\pi}{3} [\beta^2 f(\beta) - f(1)]$, 且 $f(2) = \dfrac{2}{9}$, 求 $f(x)$.

解 由旋转体体积的计算公式和题设,有
$$V(\beta) = \int_1^\beta \pi f^2(x)\mathrm{d}x = \frac{\pi}{3}[\beta^2 f(\beta) - f(1)].$$
两边对 β 求导,得
$$\beta^2 f'(\beta) + 2\beta f(\beta) = 3f^2(\beta),$$
即 $-\dfrac{1}{f^2(\beta)}f'(\beta) - \dfrac{2}{\beta}\cdot\dfrac{1}{f(\beta)} = -\dfrac{3}{\beta^2}$ 或 $\dfrac{\mathrm{d}}{\mathrm{d}\beta}\left[\dfrac{1}{f(\beta)}\right] - \dfrac{2}{\beta}\left[\dfrac{1}{f(\beta)}\right] = -\dfrac{3}{\beta^2}.$

这是关于 $\dfrac{1}{f(\beta)}$ 的一阶线性非齐次方程. 由求解公式可得 $\dfrac{1}{f(\beta)} = C\beta^2 + \dfrac{1}{\beta}$. 另由题设 $f(x) = \dfrac{2}{9}$ 知 $C=1$. 于是 $f(\beta) = \dfrac{\beta}{\beta^3+1}$,即所求 $f(x) = \dfrac{x}{x^3+1}$ $(x \geqslant 1)$.

三、可降阶的二阶微分方程的类型及解法

1. 形如 $y'' = f(x)$ 的方程
对微分方程 $y'' = f(x)$ 两次积分可得通解. 见本节例 1.

2. 形如 $y'' = f(x, y')$(不显含 y)的方程
令 $y' = P = P(x)$,可化为关于 x 和 $P(x)$ 的一阶方程 $\dfrac{\mathrm{d}P}{\mathrm{d}x} = f(x, P)$. 见例 2.

3. 形如 $y'' = f(y, y')$(不显含 x)的方程
令 $y' = P = P(y)$,可化为关于 y 和 $P(y)$ 的一阶方程 $\dfrac{\mathrm{d}P}{\mathrm{d}y} = \dfrac{1}{P}f(y, P)$. 见例 3.

例 1 设 $g(x), \varphi(x)$ 为已知函数,$f(x)$ 为连续函数,且
$$\int_0^x f(t)\mathrm{d}t = g(x), \quad \int_0^x tf(t)\mathrm{d}t = \varphi(x).$$
试解方程
$$\begin{cases} y''(x) = f(x), \\ y(0) = y'(0) = 0. \end{cases}$$

解 这是形如 $y'' = f(x)$ 的方程,方程两边从 0 到 x 积分,并用条件 $y'(0)=0$,得
$$y'(x) - 0 = \int_0^x f(t)\mathrm{d}t = g(x);$$
两边再从 0 到 x 积分,并用条件 $y(0)=0$,得
$$y(x) - 0 = \int_0^x g(x)\mathrm{d}x = \int_0^x \mathrm{d}x\int_0^x f(t)\mathrm{d}t$$
$$\underline{\underline{\text{交换积分次序}}} \int_0^x \mathrm{d}t \int_t^x f(t)\mathrm{d}x = \int_0^x xf(t)\Big|_t^x \mathrm{d}t$$
$$= \int_0^x (x-t)f(t)\mathrm{d}t = x\int_0^x f(t)\mathrm{d}t - \int_0^x tf(t)\mathrm{d}t,$$
即所求的解为
$$y = xg(x) - \varphi(x).$$

例 2 求方程 $(1+x)y'' + y' = \ln(x+1)$ 的通解.

解 这是 $y''=f(x,y')$ 型方程. 设 $y'=P=P(x)$,则 $y''=P'$,原方程化为
$$P'+\frac{1}{x+1}P=\frac{\ln(x+1)}{x+1}.$$
这是一阶线性方程,可以求得
$$P=\ln(x+1)-1+\frac{C_1}{x+1}, \quad 即 \quad \frac{dy}{dx}=\ln(x+1)-1+\frac{C_1}{x+1}.$$
分离变量并积分,得原方程的通解 $y=(x+C_1)\ln(x+1)-2x+C_2$.

例 3 求方程 $2(2+y)y''=1+y'^2$ 的通解.

解 这是 $y''=f(y,y')$ 型方程. 令 $y'=P=P(y)$,则 $y''=\frac{dP}{dx}=P\frac{dP}{dy}$. 将 y',y'' 的表达式代入原方程,方程化为 $\frac{2PdP}{1+P^2}=\frac{dy}{2+y}$. 积分并化简得
$$P=\pm\sqrt{C_1(2+y)-1}, \quad 即 \quad \frac{dy}{dx}=\pm\sqrt{C_1(2+y)-1}.$$
分离变量并积分,得通解 $y=\frac{1}{4C_1}[C_1^2(x+C_2)^2+4-8C_1]$.

例 4 求方程 $(y''')^2-y''y^{(4)}=0$ 的通解.

分析 注意到 $y''=f(y,y')$ 型方程,该方程可看做 $y^{(4)}=f(y'',y''')$ 型,只要将 y'' 按方程 $y''=f(y,y')$ 中的 y 来处理即可.

解 设 $y'''=P=P(x)$,则 $y^{(4)}=\frac{dP}{dx}=\frac{dP}{dy''}\cdot\frac{dy''}{dx}=P\cdot\frac{dP}{dy''}$,原方程化为
$$P^2-y''P\cdot\frac{dP}{dy''}=0, \quad 即 \quad P\left(P-y''\frac{dP}{dy''}\right)=0.$$
由 $P=0$,即 $y'''=0$,直接积分得 $y=C_1x^2+C_2x+C_3$.
由 $P-y''\frac{dP}{dy''}=0$,分离变量并积分得 $P=a_1y''$,即 $\frac{dy''}{dx}=a_1y''$. 再次分离变量并积分得 $y''=a_2e^{a_1x}$. 经直接积分,可得
$$y=\frac{a_2}{a_1^2}e^{a_1x}+a_3x+a_4 \quad (a_1,a_2,a_3,a_4 \text{ 为任意常数}).$$
故原方程的通解为 $y=C_1x^2+C_2x+C_3$ 或 $y=\frac{a_2}{a_1^2}e^{a_1x}+a_3x+a_4$.

例 5 求微分方程 $y'''=\sqrt{y''}$ 满足 $y(0)=0, y'(0)=0, y''(0)=0$ 的解.

分析 该方程可看做是 $y'''=f(y',y'')$ 型,按例 4 求解;也可看做 $y'''=f(x,y'')$ 型,按 $y''=f(x,y')$ 求解;也可直接求解.

解 按 $y''=f(x,y')$ 型求解. 令 $y''=P(x)$,则 $y'''=P'(x)$,原方程化为 $\frac{dP}{dx}=\sqrt{P}$. 分离变量,并积分,得
$$2\sqrt{P}=x+C_1, \quad 即 \quad 2\sqrt{y''}=x+C_1.$$
由 $y''(0)=0$ 可确定 $C_1=0$. 于是有 $y''=\frac{x^2}{4}$. 两端积分,得

$$y' = \frac{x^3}{12} + C_2, \quad \text{由 } y'(0) = 0, \quad \text{有 } y' = \frac{x^3}{12}.$$

两端再积分得 $y = \frac{x^4}{48} + C_3$. 由 $y(0) = 0$ 得所求解 $y = \frac{x^4}{48}$.

四、用二阶线性微分方程解的性质确定其通解

二阶线性微分方程
$$y'' + P(x)y' + Q(y)y = f(x).$$

非齐次线性微分方程
$$y'' + P(x)y' + Q(x)y = f(x) \quad (f(x) \not\equiv 0). \tag{1}$$

齐次线性微分方程
$$y'' + P(x)y' + Q(x)y = 0. \tag{2}$$

已知齐次微分方程(2)的一个特解 $y(x)$，**确定其通解的思路与解题程序**（见本节例1）：需找出方程(2)的与 $y(x)$ 线性无关的另一个解 $y_1(x)$. 因 $y_1(x)$ 与 $y(x)$ 线性无关，则必有 $\frac{y_1(x)}{y(x)} = u(x) \neq$ 常数，由此

令 $y_1(x) = y(x)u(x)$，其中 $u(x)$ 是待定函数，将其代入方程(2)，可以得到以 $u(x)$ 为未知函数的二阶微分方程
$$yu'' + (2y' + Py)u' = 0,$$

其中的 $y = y(x)$ 已知. 这是不显含 u 的方程. 可求得
$$u(x) = \int \frac{1}{y^2(x)} e^{-\int P(x)dx} dx. \tag{3}$$

于是方程(2)的通解 $y_C = C_1 y(x) + C_2 y(x) u(x)$.

特别地，方程(2)有时可用观察法确定其一个特解，然后再用上述思路求其通解. 例如

$1°$ 当 $1 + P(x) + Q(x) = 0$ 时，则有特解 $y = e^x$.

$2°$ 当 $1 - P(x) + Q(x) = 0$ 时，则有特解 $y = e^{-x}$. 见例2(1).

$3°$ 当 $P(x) + xQ(x) = 0$ 时，则有特解 $y = x$. 见例2(2).

例1 设 $y = \sin x$ 是方程 $y''\cos x - 2y'\sin x + 3y\cos x = 0$ 的一个解，试求该方程的通解.

解 令 $y_1 = u(x)\sin x$ 是所给方程的解，其中 $u(x)$ 是待定函数. 将 y_1, y_1', y_1'' 代入原方程，化简整理得不含 u 的方程
$$u'' + (2\cot x - 2\tan x)u' = 0,$$

可解得该方程的一个特解 $u = -2\cot 2x$. 于是 $y_1 = -2\cot 2x \cdot \sin x = -\frac{\cos 2x}{\cos x}$. 所求通解是
$$y_C = C_1 \sin x + C_2 \frac{\cos 2x}{\cos x}.$$

也可由公式(3)求得 $u(x)$：
$$u = \int \frac{1}{\sin^2 x} e^{\int 2\tan x dx} dx = -2\cot 2x.$$

例2 求下列方程的通解：
(1) $xy''+(2x-1)y'+(x-1)y=0$；　　(2) $(x^2+4)y''-2xy'+2y=0$.

解　(1) 因 $1-P(x)+Q(x)=1-\dfrac{2x-1}{x}+\dfrac{x-1}{x}=0$，故方程有特解 $y=\mathrm{e}^{-x}$.

令 $y_1=u(x)\mathrm{e}^{-x}$ 是方程的解，由公式(3)得
$$u(x)=\int\dfrac{1}{\mathrm{e}^{-2x}}\mathrm{e}^{-\int\frac{2x-1}{x}\mathrm{d}x}\mathrm{d}x=\int x\,\mathrm{d}x=\dfrac{x^2}{2},$$

由此 $y_1=\dfrac{x^2}{2}\mathrm{e}^{-x}$. 所求通解 $y_C=C_1\mathrm{e}^{-x}+C_2x^2\mathrm{e}^{-x}$.

(2) 因 $P(x)+xQ(x)=-\dfrac{2x}{x^2+4}+x\cdot\dfrac{2}{x^2+4}=0$，故方程有特解 $y=x$.

令 $y_1=u(x)\cdot x$ 是方程的解，由公式(3)可求得 $u(x)=x-\dfrac{4}{x}$. 于是所求通解
$$y_C=C_1x+C_2(x^2-4).$$

例3　已知方程 $y''-y'+y\mathrm{e}^{2x}=x\mathrm{e}^{2x}-1$ 有两个特解 $y_1^*=x, y_2^*=x+\sin\mathrm{e}^x$，求其通解.

解　因 $y_1=y_2^*-y_1^*=\sin\mathrm{e}^x$ 是齐次方程 $y''-y'+y\mathrm{e}^{2x}=0$ 的一个解，令 $y_2=u(x)\sin\mathrm{e}^x$ 是齐次方程的解. 由公式(3)可得 $u(x)=-\cot\mathrm{e}^x$，故 $y_2=-\cot\mathrm{e}^x\cdot\sin\mathrm{e}^x=-\cos\mathrm{e}^x$. 于是原方程的通解是 $y=C_1\sin\mathrm{e}^x+C_2\cos\mathrm{e}^x+x$.

五、二阶常系数线性微分方程的解法

二阶常系数线性微分方程
$$y''+py'+qy=f(x),\quad p,q\text{ 为实数}.$$

非齐次线性微分方程
$$y''+py'+qy=f(x)\quad(f(x)\not\equiv 0). \tag{1}$$

齐次线性微分方程
$$y''+py'+qy=0. \tag{2}$$

1. 求齐次微分方程(2)通解 y_C 的程序

(1) 写出其特征方程 $r^2+pr+q=0$，并求出两个特征根；

(2) 由特征根的情形，写出通解，如表1.

表　1

特征根	通解
相异实根 r_1, r_2	$y_C=C_1\mathrm{e}^{r_1 x}+C_2\mathrm{e}^{r_2 x}$
相同实根 $r_{1,2}=-\dfrac{p}{2}$	$y_C=(C_1+C_2 x)\mathrm{e}^{-\frac{p}{2}x}$
共轭复根 $r_{1,2}=\alpha\pm\mathrm{i}\beta$	$y_C=\mathrm{e}^{\alpha x}(C_1\cos\beta x+C_2\sin\beta x)$

2. 用待定系数法求非齐次方程(1)特解 y^* 的程序

(1) 根据方程(1)的自由项 $f(x)$ 的形式设出待定特解 y^* 的形式,如表2;
(2) 求出 $y^{*\prime}, y^{*\prime\prime}$,将 $y^*, y^{*\prime}, y^{*\prime\prime}$ 代入方程(1),得到一个恒等式;
(3) 比较等式两端,可得到一个确定待定常数的方程或方程组,由此解出待定常数;
(4) 写出方程(1)的特解 y^*.

表 2

$f(x)$ 的形式	确定待定特解的条件	待定特解的形式	
$e^{\rho x} P_m(x)$ $P_m(x)$ 是 m 次多项式	ρ 不是特征根	$e^{\rho x} Q_m(x)$	$Q_m(x)$ 是 m 次多项式
	ρ 是单特征根	$x e^{\rho x} Q_m(x)$	
	ρ 是二重特征根	$x^2 e^{\rho x} Q_m(x)$	
	*ρ 是 k $(k \geqslant 3)$ 重特征根	$x^k e^{\rho x} Q_m(x)$	
$e^{\rho x}(A\cos\theta x + B\sin\theta x)$	$\rho \pm i\theta$ 不是特征根	$e^{\rho x}(a\cos\theta x + b\sin\theta x)$	
	$\rho \pm i\theta$ 是特征根	$x e^{\rho x}(a\cos\theta x + b\sin\theta x)$	
	*$\rho \pm i\theta$ 是 k $(k \geqslant 2)$ 重特征根	$x^k e^{\rho x}(a\cos\theta x + b\sin\theta x)$	

对二阶方程,不需要表中有 * 的行;全表也适用于 $n(\geqslant 3)$ 阶方程.

3. 非齐次方程(1)的通解 $y = y_C + y^*$

例 1 写出下列方程两个线性无关的特解,并求出通解或给定条件下的特解:

(1) $y'' + 2y' - 3y = 0$;　　(2) $4y'' - 20y' + 25y = 0$;
(3) $y'' + 6y' + 13y = 0, y\left(\dfrac{\pi}{4}\right) = 0, y'\left(\dfrac{\pi}{4}\right) = e^{-\frac{3}{4}\pi}$.

解 (1) 特征方程是 $r^2 + 2r - 3 = 0$,特征根是 $r_1 = -3, r_2 = 1$;两个线性无关的特解是 $y_1(x) = e^{-3x}, y_2(x) = e^x$,通解是 $y = C_1 e^{-3x} + C_2 e^x$.

(2) 特征方程是 $4r^2 - 20r + 25 = 0$,特征根是 $r_{1,2} = \dfrac{5}{2}$;两个线性无关的特解是 $y_1(x) = e^{\frac{5}{2}x}, y_2(x) = x e^{\frac{5}{2}x}$,通解是 $y = C_1 e^{\frac{5}{2}x} + C_2 x e^{\frac{5}{2}x}$.

(3) 特征方程是 $r^2 + 6r + 13 = 0$,特征根是 $r_{1,2} = -3 \pm 2i$;两个线性无关的特解是 $y_1(x) = e^{-3x}\cos 2x, y_2(x) = e^{-3x}\sin 2x$,通解是 $y = e^{-3x}(C_1 \cos 2x + C_2 \sin 2x)$.

为求特解,先将 $x = \dfrac{\pi}{4}, y = 0$ 代入通解,有 $C_2 = 0$,从而 $y = C_1 e^{-3x} \cos 2x$. 又

$$y' = -2C_1 \sin 2x \cdot e^{-3x} - 3C_1 \cos 2x \cdot e^{-3x}.$$

再将 $x = \dfrac{\pi}{4}, y' = e^{-\frac{3}{4}\pi}$ 代入上式,有 $C_1 = -\dfrac{1}{2}$. 故所求特解为 $y = -\dfrac{1}{2} \cos 2x \cdot e^{-3x}$.

例 2 已知下列二阶常系数齐次线性微分方程线性无关的特解,试写出原方程:

(1) e^{-x}, e^x;　　(2) $e^{-2x}, x e^{-2x}$;　　(3) $e^{2x}\cos x, e^{2x}\sin x$.

分析 由特解可写出特征根 r_1 和 r_2,又 $r_1 + r_2 = -p, r_1 r_2 = q$,所求方程为 $y'' + py' + qy = 0$.

解 (1) 特征根 $r_1=-1, r_2=1$, 因 $r_1+r_2=0, r_1r_2=-1$, 所求方程为 $y''-y=0$.

(2) 特征根 $r_{1,2}=-2$, 所求方程为 $y''+4y'+4y=0$.

(3) 特征根 $r_{1,2}=2\pm i$, 所求方程为 $y''-4y'+5=0$.

例 3 求方程 $y''+4y'+qy=0$ 的通解, 其中 q 为任意实数.

解 特征方程是 $r^2+4r+q=(r+2)^2-(4-q)=0$, 需对 q 进行讨论.

当 $q<4$ 时, 特征根 $r_{1,2}=-2\pm\sqrt{4-q}$, 所求通解为 $y=C_1e^{(-2+\sqrt{4-q})x}+C_2e^{(-2-\sqrt{4-q})x}$;

当 $q=4$ 时, 特征根 $r_{1,2}=-2$, 其通解为 $y=(C_1+C_2x)e^{-2x}$;

当 $q>4$ 时, 特征根 $r_{1,2}=-2\pm i\sqrt{q-4}$, 其通解为
$$y=e^{-2x}(C_1\cos\sqrt{q-4}x+C_2\sin\sqrt{q-4}x).$$

例 4 已知二阶常系数线性方程的特征根和右端 $f(x)$ 的形式如下, 试写出待定特解的形式:

(1) $r_1=1, r_2=2, f(x)=Ax^2+Bx+C$; (2) $r_1=0, r_2=1, f(x)=8x$;

(3) $r_{1,2}=-1, f(x)=e^{-x}(Ax+B)$; (4) $r_{1,2}=-5, f(x)=4e^{-5x}$;

(5) $r_{1,2}=\pm 2i, f(x)=A\cos 2x+B\sin 2x$; (6) $r_{1,2}=2\pm i, f(x)=e^{2x}(2\cos x+\sin x)$.

分析 应根据表 2, 由 $f(x)$ 的形式及特征根的情形, 设出待定特解 y^* 的形式.

解 (1) $f(x)=e^{\alpha x}P_2(x), \rho=0$ 不是特征根, 设 $y^*=ax^2+bx+c$.

(2) $f(x)=e^{\alpha x}P_1(x), \rho=0$ 是单特征根, 设 $y^*=x(ax+b)$.

(3) $f(x)=e^{\alpha x}P_1(x), \rho=-1$ 是二重特征根, 设 $y^*=x^2e^{-x}(ax+b)$.

(4) $f(x)=e^{\alpha x}P_0(x), \rho=-5$ 是二重特征根, 设 $y^*=ax^2e^{-5x}$.

(5) $f(x)=e^{\alpha x}(A\cos\theta x+B\sin\theta x), \rho\pm i\theta=\pm 2i$ 是特征根, 设 $y^*=x(a\cos 2x+b\sin 2x)$.

(6) $f(x)=e^{\alpha x}(A\cos\theta x+B\sin\theta x), \rho\pm i\theta=2\pm i$ 是特征根, 设 $y^*=xe^{2x}(a\cos x+b\sin x)$.

例 5 求方程 $y''+y'-2y=x^2e^{4x}$ 的通解.

解 先求齐次线性方程的通解. 特征根 $r_1=1, r_2=-2$, 通解是 $y_C=C_1e^x+C_2e^{-2x}$.

再求非齐次线性方程的特解. 因 $f(x)=x^2e^{4x}=e^{\alpha x}P_2(x)$, 且 $\alpha=4$ 不是特征根, 设
$$y^*=e^{4x}(ax^2+bx+c).$$

求出 $y^{*'}, y^{*''}$ 并代入已知方程有

$$\begin{array}{r|l}
-2 & y^*=e^{4x}(ax^2+bx+c) \\
1 & y^{*'}=e^{4x}(4ax^2+4bx+4c+2ax+b) \\
+) \quad 1 & y^{*''}=e^{4x}(16ax^2+16bx+16c+8ax+4b+8ax+4b+2a) \\
\hline
& x^2e^{4x}=e^{4x}[18ax^2+(18b+18a)x+2a+9b+18c]
\end{array}$$

比较等式两端 x 同次幂的系数, 得 $a=\dfrac{1}{18}, b=-\dfrac{1}{18}, c=\dfrac{7}{18\times 18}$. 特解 $y^*=\dfrac{e^{4x}}{18}\left(x^2-x+\dfrac{7}{18}\right)$.

所求通解 $$y = y_C + y^* = C_1 e^x + C_2 e^{-2x} + \frac{e^{4x}}{18}\left(x^2 - x + \frac{7}{18}\right).$$

例 6 求以 $y = C_1 e^{-x} + C_2 e^{2x} + \sin x$ 为通解的二阶常系数非齐次线性微分方程.

解 1 用**特解代入法**.

先写出齐次方程：由齐次方程的特解 $y_1 = e^{-x}$ 和 $y_2 = e^{2x}$ 知，齐次方程是 $y'' - y' - 2y = 0$.

再由非齐次方程的特解确定自由项 $f(x)$：设所求方程为
$$y'' - y' - 2y = f(x).$$
将 $y = \sin x, y' = \cos x, y'' = -\sin x$ 代入上式得 $f(x) = -3\sin x - \cos x$. 于是所求方程是
$$y'' - y' - 2y = -3\sin x - \cos x.$$

解 2 用**通解消去任意常数法**.

因 $y = C_1 e^{-x} + C_2 e^{2x} + \sin x$，$y' = -C_1 e^{-x} + 2C_2 e^{2x} + \cos x$，$y'' = C_1 e^{-x} + 4C_2 e^{2x} - \sin x$，消去 C_1，有
$$y + y' = 3C_2 e^{2x} + \sin x + \cos x, \quad y' + y'' = 6C_2 e^{2x} + \cos x - \sin x;$$
消去 C_2，得所求方程
$$y'' - y' - 2y = -3\sin x - \cos x.$$

例 7 写出微分方程 $y'' - 2y' + \lambda y = xe^{\alpha x}$ 的通解形式，其中 λ, α 是任意实数.

分析 不仅应讨论 λ 的取值，还应讨论 α 的取值，因 α 将决定该方程特解 y^* 的形式.

解 特征根 $r_{1,2} = 1 \pm \sqrt{1-\lambda}$，$f(x) = xe^{\alpha x} = e^{\alpha x} P_1(x)$.

(1) 当 $\lambda = 1$ 时，特征根 $r_{1,2} = 1$ 是二重根.

若 $\alpha = 1$，则 α 是二重特征根，方程的通解形式为 $y = (C_1 + C_2 x)e^x + x^2(ax+b)e^x$.

若 $\alpha \neq 1$，则 α 不是特征根，方程的通解形式为 $y = (C_1 + C_2 x)e^x + (ax+b)e^{\alpha x}$.

(2) 当 $\lambda < 1$ 时，则有相异实根 $r_{1,2} = 1 \pm \sqrt{1-\lambda}$.

若 $\alpha = 1 + \sqrt{1-\lambda}$ 或 $\alpha = 1 - \sqrt{1-\lambda}$，则 α 是单特征根，方程的通解形式为
$$y = C_1 e^{(1+\sqrt{1-\lambda})x} + C_2 e^{(1-\sqrt{1-\lambda})x} + x(ax+b)e^{\alpha x}.$$
若 $\alpha \neq 1 + \sqrt{1-\lambda}$，$\alpha \neq 1 - \sqrt{1-\lambda}$，则 α 不是特征根，方程的通解形式为
$$y = C_1 e^{(1+\sqrt{1-\lambda})x} + C_2 e^{(1-\sqrt{1-\lambda})x} + (ax+b)e^{\alpha x}.$$

(3) 当 $\lambda > 1$ 时，特征根为共轭复数 $r_{1,2} = 1 \pm i\sqrt{\lambda-1}$. 因 α 是实数，则通解形式是
$$y = e^x(C_1 \cos\sqrt{\lambda-1}\,x + C_2 \sin\sqrt{\lambda-1}\,x) + (ax+b)e^{\alpha x}.$$

例 8 求解方程 $y'' - (\alpha+\beta)y' + \alpha\beta y = \alpha e^{\alpha x} + \beta e^{\beta x}$，$\alpha, \beta$ 为非零实数.

分析 注意到 α, β 是方程的特征根，需就 $\alpha \neq \beta, \alpha = \beta$ 进行讨论.

解 当 $\alpha \neq \beta$ 时，$r_1 = \alpha, r_2 = \beta$ 是特征根，齐次方程的通解 $y_C = C_1 e^{\alpha x} + C_2 e^{\beta x}$. 分别求下述方程的特解：
$$y'' - (\alpha+\beta)y' + \alpha\beta y = \alpha e^{\alpha x}; \tag{3}$$
$$y'' - (\alpha+\beta)y' + \alpha\beta y = \beta e^{\beta x}. \tag{4}$$

$r_1 = \alpha$ 是单特征根. 设方程(3)的特解 $y_1^* = axe^{\alpha x}$, 将 y_1^*, $y_1^{*'}$, $y_1^{*''}$ 代入方程(3), 可以求得 $a = \dfrac{\alpha}{\alpha - \beta}$, 故 $y_1^* = \dfrac{\alpha}{\alpha - \beta} x e^{\alpha x}$;

$r_2 = \beta$ 是单特征根. 设方程(4)的特解 $y_2^* = bxe^{\beta x}$, 可以求得 $b = \dfrac{\beta}{\beta - \alpha}$, 故 $y_2^* = \dfrac{\beta}{\beta - \alpha} x e^{\beta x}$.

于是原方程的通解

$$y = y_C + y_1^* + y_2^* = C_1 e^{\alpha x} + C_2 e^{\beta x} + \frac{x}{\alpha - \beta}(\alpha e^{\alpha x} - \beta e^{\beta x}).$$

当 $\alpha = \beta$ 时, 原方程为 $y'' - 2\alpha y' + \alpha^2 y = 2\alpha e^{\alpha x}$. 这时, $r_{1,2} = \alpha$ 是二重特征根, 可求得其通解

$$y = y_C + y^* = (C_1 + C_2 x)e^{\alpha x} + \alpha x^2 e^{\alpha x}.$$

例 9 已知微分方程 $y'' + (x + e^y)y'^3 = 0$, 求以 y 为自变量, x 为因变量的通解.

解 由反函数的导数公式

$$\frac{dy}{dx} = \frac{1}{\dfrac{dx}{dy}}, \quad \frac{d^2 y}{dx^2} = -\frac{1}{\left(\dfrac{dx}{dy}\right)^2} \cdot \frac{d^2 x}{dy^2} \cdot \frac{dy}{dx} = -\frac{1}{\left(\dfrac{dx}{dy}\right)^3} \cdot \frac{d^2 x}{dy^2}.$$

将 y', y'' 的表示式代入原方程并化简, 得 $\dfrac{d^2 x}{dy^2} - x = e^y$.

$r_1 = -1$, $r_2 = 1$ 是特征根, $f(y) = e^y$, $\alpha = 1$ 是单特征根, 可以求得该方程的通解

$$x = C_1 e^{-y} + C_2 e^y + \frac{1}{2} y e^y.$$

例 10 设 $y = y(x)$ 是方程 $y'' + py' + qy = e^{3x}$ 满足条件 $y(0) = y'(0) = 0$ 的特解, 求 $\lim\limits_{x \to 0} \dfrac{\ln(1 + x^2)}{y(x)}$.

分析 由于 $y(0) = y'(0) = 0$, 可以用洛必达法则.

解 用无穷小代换与洛必达法则, 有

$$I = \lim_{x \to 0} \frac{x^2}{y(x)} = \lim_{x \to 0} \frac{2x}{y'(x)} = \lim_{x \to 0} \frac{2}{y''(x)} = \lim_{x \to 0} \frac{2}{e^{3x} - py' - qy} = 2.$$

例 11 求方程 $y'' + y = |\sin x|$ 在 $(-\pi, \pi)$ 上满足 $y\big|_{x = \frac{\pi}{2}} = 1$, $y'\big|_{x = \frac{\pi}{2}} = 0$ 的可微解.

解 方程 $y'' + y = 0$ 的特征根是 $r_{1,2} = \pm i$, 其通解是 $y_C = C_1 \cos x + C_2 \sin x$.
按题设应确定以下两个方程的解:

$$y'' + y = \sin x \ (0 \leqslant x < \pi) \text{ 满足 } y\big|_{x = \frac{\pi}{2}} = 1, y'\big|_{x = \frac{\pi}{2}} = 0 \text{ 的特解}$$

和
$$y'' + y = -\sin x \ (-\pi < x < 0) \text{ 的通解}.$$

对方程 $y'' + y = \sin x$, 可求得其通解是 $y_1(x) = C_1 \cos x + C_2 \sin x - \dfrac{x}{2} \cos x$.

由 $y\big|_{x = \frac{\pi}{2}} = 1$, $y'\big|_{x = \frac{\pi}{2}} = 0$ 可得 $C_2 = 1$, $C_1 = \dfrac{\pi}{4}$. 于是满足初值条件的特解是

$$y_1(x) = \frac{\pi}{4} \cos x + \sin x - \frac{x}{2} \cos x, \quad 0 \leqslant x < \pi.$$

对方程 $y''+y=-\sin x$ 可求得其通解是 $y_2(x)=C_1\cos x+C_2\sin x+\dfrac{x}{2}\cos x$.

综上所述，$y=\begin{cases}y_1(x)=\dfrac{\pi}{4}\cos x+\sin x-\dfrac{x}{2}\cos x, & 0\leqslant x<\pi,\\ y_2(x)=C_1\cos x+C_2\sin x+\dfrac{x}{2}\cos x, & -\pi<x<0.\end{cases}$

因为所求解在 $(-\pi,\pi)$ 上可微，用在 $x=0$ 处连续和可微这两个条件来确定 C_1 和 C_2：由函数在 $x=0$ 处连续可得 $C_1=\dfrac{\pi}{4}$；由函数在 $x=0$ 处可微得 $C_2=0$. 从而所求可微解为

$$y=\begin{cases}\dfrac{\pi}{4}\cos x+\sin x-\dfrac{x}{2}\cos x, & 0\leqslant x<\pi,\\ \dfrac{\pi}{4}\cos x+\dfrac{x}{2}\cos x, & -\pi<x<0.\end{cases}$$

*六、n 阶常系数线性微分方程的解法

n 阶常系数线性微分方程

$$y^{(n)}+a_1y^{(n-1)}+a_2y^{(n-2)}+\cdots+a_{n-1}y'+a_ny=f(x),\quad a_1,a_2,\cdots,a_n \text{ 为实数}.$$

非齐次线性微分方程

$$y^{(n)}+a_1y^{(n-1)}+a_2y^{(n-2)}+\cdots+a_{n-1}y'+a_ny=f(x)\quad(f(x)\not\equiv 0). \tag{1}$$

齐次线性微分方程

$$y^{(n)}+a_1y^{(n-1)}+a_2y^{(n-2)}+\cdots+a_{n-1}y'+a_ny=0. \tag{2}$$

对应的特征方程

$$r^n+a_1r^{n-1}+a_2r^{n-2}+\cdots+a_{n-1}r+a_n=0. \tag{3}$$

特征方程(3)有 n 个根，n 个特征根对应方程(2)的 n 个线性无关的特解；**这 n 个特解的线性组合就是齐次方程(2)的通解**. 由特征根确定方程(2)的线性无关特解的情形如表 3.

表 3

特征根	齐次线性微分方程(2)对应于 r 的线性无关的特解及个数
单实根 r	1 个：e^{rx}
$k(\geqslant 2)$ 重实根 r	k 个：$e^{rx},xe^{rx},\cdots,x^{k-1}e^{rx}$
单复根 $\alpha\pm\mathrm{i}\beta$	2 个：$e^{\alpha x}\cos\beta x,e^{\alpha x}\sin\beta x$
$k(k\geqslant 2)$ 重复根 $\alpha\pm\mathrm{i}\beta$	$2k$ 个：$e^{\alpha x}\cos\beta x,xe^{\alpha x}\cos\beta x,\cdots,x^{k-1}e^{\alpha x}\cos\beta x$ $e^{\alpha x}\sin\beta x,xe^{\alpha x}\sin\beta x,\cdots,x^{k-1}e^{\alpha x}\sin\beta x$

由 $f(x)$ 的常见类型确定非齐次方程(1)的特解 y^* 的形式如表 2.

例 1 求下列方程的通解：

(1) $y'''-13y''+12y'=0$；　　(2) $y^{(4)}+8y''+16y=0$；　　(3) $y^{(5)}+3y'''=0$.

解 (1) 特征方程 $r^3-13r^2+12r=0$,特征根 $r_1=0, r_2=1, r_3=12$,故通解
$$y_C = C_1 + C_2 e^x + C_3 e^{12x}.$$

(2) 特征方程 $r^4+8r^2+16=(r^2+4)^2=0$,特征根 $r_{1,2}=r_{3,4}=\pm 2i$. 因 $\pm 2i$ 是二重复根,按表 3,对应的特解是 $\cos 2x, \sin 2x, x\cos 2x, x\sin 2x$,故通解
$$y_C = (C_1 + C_2 x)\cos 2x + (C_3 + C_4 x)\sin 2x.$$

(3) 特征方程 $r^5+3r^3=0$,特征根 $r_{1,2,3}=0, r_{4,5}=\pm\sqrt{3}i$. 因 $r=0$ 是三重根,按表 3,对应的特解是 $1, x, x^2$; $\pm\sqrt{3}i$ 是单复根,对应的特解是 $\cos\sqrt{3}x, \sin\sqrt{3}x$. 故通解为
$$y_C = C_1 + C_2 x + C_3 x^2 + C_4 \cos\sqrt{3}x + C_5 \sin\sqrt{3}x.$$

例 2 求下列方程的通解:

(1) $y''' - 3y'' + 4y = 48\cos x + 14\sin x$;　　(2) $y^{(4)} - 2y''' + 2y'' - 2y' + y = e^x$.

解 (1) 特征根 $r_1=-1, r_{2,3}=2$,故齐次方程的通解 $y_C = C_1 e^{-x} + C_2 e^{2x} + C_3 x e^{2x}$. $f(x) = e^{\alpha x}(A\cos\beta x + B\sin\beta x)$,其中 $\alpha=0, \beta=1$. 因 $0\pm i$ 不是特征根,设非齐次方程特解 $y^* = a\cos x + b\sin x$. 将其代入原方程,可求得 $a=7, b=1$. 所求通解
$$y = y_C + y^* = C_1 e^{-x} + C_2 e^{2x} + C_3 x e^{2x} + 7\cos x + \sin x.$$

(2) 特征根 $r_{1,2}=1, r_{3,4}=\pm i$,故齐次方程的通解 $y_C = (C_1 + C_2 x)e^x + C_3 \cos x + C_4 \sin x$. $f(x) = e^{\alpha x} P_0(x)$,其中 $\alpha=1$. 因 $\alpha=1$ 是二重特征根,设非齐次方程的特解 $y^* = ax^2 e^x$. 将其代入原方程,可确定 $a=\dfrac{1}{4}$. 所求通解
$$y = y_C + y^* = (C_1 + C_2 x)e^x + C_3 \cos x + C_4 \sin x + \frac{1}{4}x^2 e^x.$$

七、用解微分方程求幂级数的和函数

这里要讲述的是通过求解微分方程可以得到幂级数的和函数. 之所以可这样做,是因为幂级数在收敛区间内可以逐项求导和逐项求积分.

解这类题的**思路**和**一般程序**:

(1) 设幂级数的和函数为 $y(x)$,即 $y(x) = \sum\limits_{n=0}^{\infty} a_n x^n$;

(2) 对上式两端求一阶导数或二阶导数,可以得到以 $y(x)$ 为未知函数的一阶或二阶微分方程;

(3) 解微分方程得通解;

(4) 注意用和函数的初值条件: $y(0)=a$ 或 $y(0)=a, y'(0)=b$,确定通解中任意常数.

例 1 求幂级数 $\sum\limits_{n=0}^{\infty} \dfrac{1}{(2n+1)!!} x^{2n+1}$ 的收敛域及和函数.

解 因 $\lim\limits_{n\to\infty} \dfrac{(2n+1)!!}{(2n+3)!!} = 0$,故收敛域为 $(-\infty, +\infty)$. 设 $y(x) = \sum\limits_{n=0}^{\infty} \dfrac{x^{2n+1}}{(2n+1)!!}$,则

$$y'(x) = \sum_{n=0}^{\infty}\left[\frac{x^{2n+1}}{(2n+1)!!}\right]' = 1 + \sum_{n=1}^{\infty}\frac{x^{2n}}{(2n-1)!!}$$
$$= 1 + x\sum_{n=0}^{\infty}\frac{x^{2n+1}}{(2n+1)!!} = 1 + xy(x).$$

于是 $y(x)$ 满足一阶线性微分方程 $y'(x) - xy(x) = 1$. 方程的通解是 $y = e^{\frac{x^2}{2}}\left(\int_0^x e^{-\frac{t^2}{2}}\mathrm{d}t + C\right)$.

由所给级数知 $y(0) = 0$, 由此确定 $C = 0$. 于是 $y(x) = e^{\frac{x^2}{2}}\int_0^x e^{-\frac{t^2}{2}}\mathrm{d}t$.

例 2 已知级数 $2 + \sum_{n=1}^{\infty}\frac{x^{2n}}{(2n)!}$. (1) 求级数的收敛域; (2) 证明级数满足微分方程 $y'' - y = -1$; (3) 求级数的和函数.

解 (1) 因为 $\lim_{n\to\infty}\frac{x^{2(n+1)}}{[2(n+1)]!}\cdot\frac{(2n)!}{x^{2n}} = 0$, 故级数的收敛域为 $(-\infty, +\infty)$.

(2) 设 $y(x) = 2 + \sum_{n=1}^{\infty}\frac{x^{2n}}{(2n)!}$, 则 $y'(x) = \sum_{n=1}^{\infty}\frac{x^{2n-1}}{(2n-1)!}$,
$$y''(x) = \sum_{n=1}^{\infty}\frac{x^{2n-2}}{(2n-2)!} = 1 + \sum_{n=2}^{\infty}\frac{x^{2n-2}}{(2n-2)!} = 1 + \sum_{n=1}^{\infty}\frac{x^{2n}}{(2n)!}.$$

将 y, y'' 代入已知方程得
$$y'' - y = 1 + \sum_{n=1}^{\infty}\frac{x^{2n}}{(2n)!} - \left(2 + \sum_{n=1}^{\infty}\frac{x^{2n}}{(2n)!}\right) = -1.$$

显然, 级数满足方程.

(3) 可以求得方程 $y'' - y = -1$ 的通解为 $y = y_C + y^* = C_1 e^{-x} + C_2 e^x + 1$.

由级数 $y(x)$ 和 $y'(x)$ 的表达式知 $y(0) = 2, y'(0) = 0$. 由此可确定 $C_1 = C_2 = \frac{1}{2}$. 于是级数的和函数 $y(x) = \frac{1}{2}(e^{-x} + e^x) + 1$.

八、用微分方程求解函数方程

这里讲述**两个问题**:

其一, 在第五章第七节所讲过的"求解含积分号的函数方程"的继续. 这里要补充说明的是, 在解微分方程时要特别注意的问题:

(1) 是求微分方程的通解, 还是求特解;

(2) 若是求特解(多数情况如此), 初值条件是隐含在所给函数方程中, 往往是通过确定变限积分的积分限而得到. 见本节例 1, 例 3. 若微分方程是二阶的, 第二个初值条件往往是由原函数方程求导后所得到的方程来确定. 见例 1(2), 例 4.

其二, 求解不含积分号也不含未知函数的导数的函数方程.

未知函数所满足的函数方程,既不含积分符号,也不含未知函数的导数,但需要先导出未知函数所满足的微分方程,然后求解微分方程得未知函数.求解这类函数方程的**关键**是,**依题设应判定从求导数入手**(例 6,例 7):

若题设有未知函数 $f(x)$ 可导,可对已知等式求导数,也可用导数定义求导数 $f'(x)$;若题设没有未知函数可导,只能用导数定义求导数 $f'(x)$.

解这类函数方程,应特别注意从题设中确定初值条件.

例 1 求满足下列方程的连续函数 $f(x)$:

(1) $f(x) = \int_0^{3x} f\left(\dfrac{t}{3}\right) dt + e^{2x}$; (2) $f(x) = x\sin x - \int_0^x (x-t)f(t) dt$.

解 (1) 将 $x=0$ 代入方程中,有 $f(0)=1$,这是初值条件.

因 $f(x)$ 连续,方程两端可对 x 求导,得 $f'(x) - 3f(x) = 2e^{2x}$. 这是一阶线性微分方程,通解为 $f(x) = Ce^{3x} - 2e^{2x}$. 由 $f(0)=1$ 可得 $C=3$. 所求函数 $f(x) = 3e^{3x} - 2e^{2x}$.

(2) 原式可写做 $f(x) = x\sin x - x\int_0^x f(t) dt + \int_0^x t f(t) dt$. 因 $f(x)$ 连续,上式两端对 x 求导,得

$$f'(x) = \sin x + x\cos x - \int_0^x f(t) dt, \tag{1}$$

再求导,得二阶微分方程 $f''(x) + f(x) = 2\cos x - x\sin x$. 其通解是

$$f(x) = C_1 \cos x + C_2 \sin x + \frac{1}{4} x^2 \cos x + \frac{3}{4} x \sin x.$$

将 $x=0$ 代入原方程和(1)式,得 $f(0)=0, f'(0)=0$. 由此求得 $C_1=0, C_2=0$. 所求函数

$$f(x) = \frac{1}{4} x^2 \cos x + \frac{3}{4} x \sin x.$$

例 2 函数 $f(x)$ 在 $(0, +\infty)$ 内可导,$f(0)=1$,且满足

$$f'(x) + f(x) = \frac{1}{x+1} \int_0^x f(t) dt.$$

(1) 求导数 $f'(x)$;   (2) 证明:当 $x \geqslant 0$ 时,$e^{-x} \leqslant f(x) \leqslant 1$.

解 已知方程可写做 $(x+1)[f'(x) + f(x)] = \int_0^x f(t) dt$,对 x 求导,得

$$(x+1)f''(x) + (x+2)f'(x) = 0.$$

这是 $y''=f(x,y')$ 型方程,令 $f'(x) = P = P(x)$,方程化为

$$(x+1)P' + (x+2)P = 0,$$

分离变量并积分,得 $P = Ce^{-x-\ln(x+1)}$.

由 $f(0)=1$ 及已知等式知 $f'(0) = -1$,即 $f'(0) = P|_{x=0} = -1$,由此得 $C=-1$. 于是

$$f'(x) = P = -\frac{e^{-x}}{x+1}.$$

(2) 因 $f(0)=1$,又当 $x \geqslant 0$ 时,$-e^{-x} \leqslant f'(x) = -\dfrac{e^{-x}}{x+1} \leqslant 0$,两端积分得

$$-\int_0^x e^{-x} dx \leqslant f(x) - f(0) \leqslant 0, \quad 即 \quad e^{-x} \leqslant f(x) \leqslant 1.$$

例3 求函数 $f(t)$，已知 $f(t)$ 在 $(0,+\infty)$ 上连续，满足方程

$$f(t) = e^{4\pi t^2} + \iint\limits_{x^2+y^2 \leqslant 4t^2} f\left(\frac{1}{2}\sqrt{x^2+y^2}\right)dxdy.$$

分析 函数 $f(t)$ 是由二重积分来定义的，且是积分区域 D 所含参数 t 的函数。已知方程可理解为含变限积分的函数方程。

解 按区域 D 及被积函数，选极坐标系，则

$$\iint\limits_{x^2+y^2\leqslant 4t^2} f\left(\frac{1}{2}\sqrt{x^2+y^2}\right)dxdy = \int_0^{2\pi}d\theta\int_0^{2t} f\left(\frac{r}{2}\right)rdr = 2\pi\int_0^{2t} f\left(\frac{r}{2}\right)rdr,$$

从而 $\qquad f(t) = e^{4\pi t^2} + 2\pi\int_0^{2t} f\left(\frac{r}{2}\right)rdr, \quad f'(t) = 8\pi t e^{4\pi t^2} + 8\pi t f(t).$

这是关于 $f(t)$ 的一阶非齐次线性方程，通解为

$$f(t) = e^{\int 8\pi t dt}\left(\int 8\pi t e^{4\pi t^2} \cdot e^{-\int 8\pi t dt}dt + C\right) = e^{4\pi t^2}(4\pi t^2 + C).$$

由已知方程知，当 $t=0$ 时，二重积分为 0，故 $f(0)=1$。代入上式得 $C=1$。所求

$$f(t) = e^{4\pi t^2}(4\pi t^2 + 1).$$

例4 求函数 $f(x)$，已知 $f(0)=1, f(x)$ 具有二阶连续的导数，且满足

$$f'(x) + 3\int_0^x f'(t)dt + 2x\int_0^1 f(tx)dt + e^{-x} = 0.$$

解 令 $u=tx$，则 $\int_0^1 f(tx)dt = \frac{1}{x}\int_0^x f(u)du$。于是原方程为

$$f'(x) + 3\int_0^x f'(t)dt + 2\int_0^x f(t)dt + e^{-x} = 0, \quad 且 \quad f'(0) = -1.$$

求导，得微分方程 $f''(x) + 3f'(x) + 2f(x) = e^{-x}$，通解为

$$f(x) = y_C + y^* = C_1 e^{-x} + C_2 e^{-2x} + xe^{-x}.$$

由 $f(0)=1, f'(0)=-1$ 得 $C_1=0, C_2=1$。所求函数 $f(x) = e^{-2x} + xe^{-x}$。

例5 求函数 $f(x), f(x)$ 连续，$f(0)=1$，且满足

$$\frac{1}{2}f(x) = x\int_0^1 f(tx)dt + \frac{1}{2}e^{x^2}(1-x).$$

解 设 $u=tx$，则 $x\int_0^1 f(tx)dt = \int_0^1 f(tx)d(tx) = \int_0^x f(u)du.$

令 $y = \int_0^x f(u)du$，则 $y'=f(x)$。原方程化为一阶线性方程 $y'-2y = e^{x^2}(1-x)$，其通解

$$y = Ce^{2x} - \frac{1}{2}e^{x^2}, \quad 于是 \quad f(x) = y' = 2Ce^{2x} - xe^{x^2}.$$

由 $f(0)=1$ 得 $C=\frac{1}{2}$，从而所求 $f(x) = e^{2x} - xe^{x^2}$。

例6 设 $f(x+y) = \dfrac{f(x)+f(y)}{1-f(x)f(y)}, f(x)$ 可导，且 $f'(0)=2$，求 $f(x)$。

分析 由题设应从求导数入手，由 $f'(0)=2$ 应想到须确定初值条件 $f(0)$ 的取值.

解 1 将 $x=0, y=0$ 代入已知式，有 $f(0)=\dfrac{2f(0)}{1-f^2(0)}$，可知 $f(0)=0$.

已知式两端对 y 求导，得 $f'(x+y)=\dfrac{f'(y)[1+f^2(x)]}{[1-f(x)f(y)]^2}$. 将 $y=0$ 代入，得

$$f'(x)=f'(0)[1+f^2(x)], \quad 即 \quad \dfrac{\mathrm{d}f(x)}{1+f^2(x)}=2\mathrm{d}x.$$

积分，得 $\arctan f(x)=2x+C$. 由 $f(0)=0$ 知 $C=0$. 所求 $f(x)=\tan 2x$.

解 2 假设已得到 $f(0)=0$. 由导数定义导出微分方程. 由于

$$\dfrac{f(x+y)-f(x)}{y}=\dfrac{f(y)}{y}\dfrac{1+f^2(x)}{1-f(x)f(y)}=\dfrac{f(y)-f(0)}{y}\dfrac{1+f^2(x)}{1-f(x)f(y)},$$

令 $y\to 0$，等式两端取极限，得微分方程 $f'(x)=f'(0)[1+f^2(x)]=2[1+f^2(x)]$.

例 7 设 $f(x+y)=\mathrm{e}^y f(x)+\mathrm{e}^x f(y)$, $f(x)$ 可微，且 $f'(0)=2$，求 $f(x)$.

分析 由题设 $f(x)$ 可微且 $f'(0)=2$ 知，应先求 $f(0)$ 并从求导入手.

解 1 在已知式中，令 $x=y=0$ 得 $f(0)=0$. 已知式对 y 求导，得 $f'(x+y)=\mathrm{e}^y f(x)+\mathrm{e}^x f'(y)$. 令 $y=0$，并注意 $f'(0)=2$，有微分方程

$$f'(x)-f(x)=2\mathrm{e}^x,$$

其通解 $f(x)=\mathrm{e}^x(2x+C)$. 由 $f(0)=0$ 得 $C=0$. 所求 $f(x)=2x\mathrm{e}^x$.

解 2 已得 $f(0)=0$. 从导数定义入手.

$$\dfrac{f(x+y)-f(x)}{y}=\dfrac{1}{y}[\mathrm{e}^y f(x)+\mathrm{e}^x f(y)-f(x)]=f(x)\dfrac{\mathrm{e}^y-\mathrm{e}^0}{y}+\mathrm{e}^x\dfrac{f(y)-f(0)}{y}.$$

令 $y\to 0$，得微分方程 $f'(x)=f(x)(\mathrm{e}^y)'|_{y=0}+\mathrm{e}^x f'(0)$，即 $f'(x)-f(x)=2\mathrm{e}^x$. 以下同解 1.

九、微分方程的应用

微分方程应用题的**解题思路**与**解题程序**：

1. 依据实际问题的意义，建立微分方程

函数 $y=f(x)$ 的导数 $f'(x)$ 是函数 $f(x)$ 的变化率. 一般而言，涉及函数变化率的应用题，多半通过微分方程求解. 这里要特别注意由导数的几何意义和经济解释建立微分方程.

用微分方程求解几何应用题多是求曲线方程 $y=f(x)$. 一般情况，可根据题设条件画一草图，再根据下述导数和积分的**几何意义**：

(1) $\dfrac{\mathrm{d}y}{\mathrm{d}x}$ 表示过曲线 $y=f(x)$ 上点 (x,y) 处的切线斜率.

(2) $-\dfrac{\mathrm{d}x}{\mathrm{d}y}$ 表示过曲线 $y=f(x)$ 上点 (x,y) 处的法线斜率.

(3) 积分 $\displaystyle\int_a^x f(t)\mathrm{d}t$ 表示由曲线 $y=f(x)(\geqslant 0)$，直线 $x=a, x=x, x$ 轴所围图形的面积.

(4) $\pi\int_a^x [f(t)]^2 \mathrm{d}t$ 表示(3)中所述图形绕 x 轴旋转所得的立体体积等等.

用微分方程求解经济应用题多是求经济函数. 要理解下述概念的**经济解释**：

(1) 边际概念：经济函数中因变量对自变量的导数.

(2) 函数 $y = f(x)$ 的弹性 $x\dfrac{f'(x)}{f(x)}$ 是函数的相对变化率，如需求函数 $Q = \varphi(P)$，则需求价格弹性为 $P\dfrac{\varphi'(P)}{\varphi(P)}$.

(3) 函数 $f(t)$ 的(瞬时)增长率 $\dfrac{f'(t)}{f(t)}$ 是函数的变化率与函数之比. 若是负增长，则称为衰减率或贬值率.

将已给出的假设条件用数学符号表示出来，列出等式. 有的等式就是微分方程，有的等式，特别对含变限积分的等式，要对变限求导数，方可得到微分方程.

与此同时，需注意是求通解还是求特解(多半是求特解)，若是求特解，需从实际问题中确定初值条件.

2. 求解微分方程

按微分方程的类型求解.

必要时，可对所得到的解答作出几何解释和经济解释.

例 1 设对任意的 $x > 0$，曲线 $y = f(x)$ 上的点 $(x, f(x))$ 处的切线在 y 轴上的截距等于 $\dfrac{1}{x}\int_0^x f(t)\mathrm{d}t$，求 $f(x)$ 的一般表达式.

分析 为利用已知条件：切线在 y 轴上的截距，需先写出曲线的切线方程.

解 若以 (X, Y) 表示切线的动点坐标，则曲线 $y = f(x)$ 在点 $(x, f(x))$ 处的切线方程为
$$Y - f(x) = f'(x)(X - x).$$
令 $X = 0$ 得在 y 轴上的截距 $Y = f(x) - xf'(x)$. 由已知条件得
$$\frac{1}{x}\int_0^x f(t)\mathrm{d}t = f(x) - xf'(x), \quad \text{即} \quad \int_0^x f(t)\mathrm{d}t = xf(x) - x^2 f'(x).$$
两端求导并化简得二阶方程 $xf''(x) + f'(x) = 0$ 或 $(xf'(x))' = 0$. 积分两次，得
$$xf'(x) = C, \quad f(x) = C_1 \ln x + C_2.$$

例 2 试在第一象限中求曲线方程 $y = f(x)$，使从这条曲线上任一点 C 所作纵轴的垂线(垂足为 B)与纵轴和曲线本身三者所围的面积 A_{BCD} 等于矩形 $OBCE$ 的面积的 $\dfrac{1}{3}$(其中 O 为坐标原点，D 为曲线与纵轴的交点，E 为点 C 向横轴所作垂线的垂足).

分析 如图 8-1 与 8-2 所示，由于曲线 $y = f(x)$ 的凹向不同，由已知条件将得到两个等式.

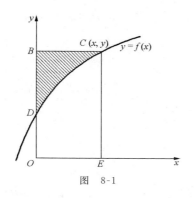

图 8-1

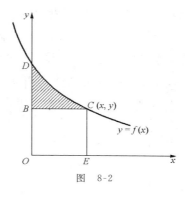

图 8-2

解 设点 C 的坐标为 (x,y)，依题意，由图 8-1 与图 8-2 可得

$$\text{面积 } A_{BCD} = \underbrace{xy}_{(\text{矩形面积})} - \underbrace{\int_0^x f(t)\,dt}_{(\text{曲边梯形面积})} = \frac{1}{3}xy$$

或

$$\text{面积 } A_{BCD} = \int_0^x f(t)\,dt - xy = \frac{1}{3}xy,$$

即

$$\int_0^x f(t)\,dt = \frac{2}{3}xy \quad \text{或} \quad \int_0^x f(t)\,dt = \frac{4}{3}xy.$$

两端求导，并化简得方程 $2xy' = y$ 或 $4xy' = -y$. 分离变量，积分得所求曲线

$$y = C\sqrt{x} \quad \text{或} \quad y = \frac{C}{\sqrt[4]{x}} \text{（不合题意，舍去）}.$$

例 3 设 Oxy 坐标平面上，连续曲线 L 过点 $M(1,0)$，其上任意一点 $P(x,y)$ $(x\neq 0)$ 处的切线斜率与直线 OP 的斜率之差等于 $ax(a>0)$.

(1) 求曲线 L 的方程；

(2) 当曲线 L 与直线 $y=ax$ 所围成的平面图形的面积为 $8/3$ 时，确定 a 的值.

解 (1) 设 L 的方程为 $y=f(x)$，因 L 过点 $(1,0)$，有 $y\big|_{x=1}=0$. 又直线 OP 的斜率 $k=\dfrac{y}{x}$. 依题意，有初值问题：

$$\begin{cases} y' - \dfrac{1}{x}y = ax, \\ y\big|_{x=1} = 0. \end{cases}$$

可解得方程的通解为 $y = Cx + ax^2$. 由 $y\big|_{x=1}=0$ 确定 $C=-a$，于是 L 的方程为 $y=ax^2-ax$.

(2) 曲线 L 与直线 $y=ax$ 的交点满足

$$\begin{cases} y = ax^2 - ax, \\ y = ax. \end{cases}$$

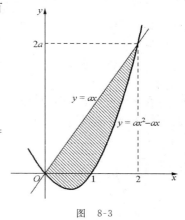

图 8-3

解得两个交点 $(0,0)$, $(2,2a)$. L 与直线 $y=ax$ 所围图形如图 8-3 所示,其面积

$$S = \int_0^2 [ax - (ax^2 - ax)]dx = \frac{4}{3}a = \frac{8}{3}.$$

于是所求 $a=2$.

例 4 设 L 是一条平面曲线,其上任一点 $P(x,y)$ $(x>0)$ 到坐标原点的距离,恒等于该点处的切线在 y 轴上的截距,且 L 过点 $(1/2,0)$,试求曲线 L 的方程.

解 曲线 L 过点 $P(x,y)$ 的切线方程为 $Y-y=y'(X-x)$. 令 $X=0$,得该切线在 y 轴上的截距为 $Y=y-xy'$. 由题设,有一阶齐次方程

$$\sqrt{x^2+y^2} = y-xy', \quad 解得 \quad y+\sqrt{x^2+y^2} = C.$$

由 L 过点 $(1/2,0)$ 知 $C=1/2$,于是 L 的方程为 $y=1/4-x^2$.

例 5 当 $x \geq 1$ 时,函数 $f(x)>0$,曲线 $y=f(x)$,三直线 $x=1, x=a$ $(a>1), y=0$ 所围成的图形绕 x 轴旋转一周所产生的立体的体积 $V(a) = \frac{\pi}{3}[a^2 f(a) - f(1)]$,又曲线过点 $M\left(2, \frac{2}{9}\right)$,求曲线 $y=f(x)$.

分析 由题设知,该旋转体的体积由直线 $x=a$ 的位置确定.

解 依题意,由旋转体的体积公式,有

$$\pi \int_1^a [f(x)]^2 dx = \frac{\pi}{3}[a^2 f(a) - f(1)].$$

两端对 a 求导,有 $3[f(a)]^2 = 2af(a) + a^2 f'(a)$. 用 x 代替 a,$y=f(x)$ 所满足的方程是

$$\frac{dy}{dx} = 3\left(\frac{y}{x}\right)^2 - 2\frac{y}{x} \quad (x>1).$$

可解得 $\frac{y-x}{y} = Cx^3$. 用 $y|_{x=2} = \frac{2}{9}$ 确定 $C=-1$,于是所求曲线为 $y = \frac{x}{1+x^3}$.

例 6 设一车间容积为 4000 m^3,空气中 CO_2 含量为 0.2%,室外新鲜空气中 CO_2 含量为 0.05%. 现以 $400 \text{ m}^3/\text{min}$ 的速度通风,假设通入新鲜空气与原有空气混合均匀后以同样速度排出,问:20 min 后,车间内 CO_2 含量的百分比是多少?

解 设在时刻 t 车间内 CO_2 含量为 $x(t)\%$. 现考虑在一小段时间 $[t, t+dt]$ 内 CO_2 含量的改变量,有下述关系式:

改变的量 = 通入的量 - 排出的量.

在 t 到 $t+dt$ 这段时间内,车间内 CO_2 的改变量为 $4000 dx\%$;而 CO_2 的通入量为 $400 dt \times 0.05\%$,排出量为 $400 dt \times x\%$,于是有

$$4000 dx\% = 400 dt \times 0.05\% - 400 dt \times x\%,$$

即

$$\frac{dx}{dt} = 0.005 - 0.1x.$$

这是一阶线性微分方程,可解得 $x(t) = 0.05 + Ce^{-0.1t}$. 由初值条件,当 $t=0$ 时,$x=0.2$,得 $C=0.15$,即有

$$x(t) = 0.05 + 0.15 e^{-0.1t}.$$

将 $t=20$ 代入上式得 $x\approx 0.07$. 即通风 20 min 后,车间 CO_2 的含量约为 0.07%.

例 7 设一机器在任意时刻以常数比率贬值. 若机器全新时价值 10000 元,5 年末价值 6000 元,求其在出厂 20 年末的价值.

解 设机器在时刻 t(单位:年)的价值为 P,则 $P=P(t)$. 若记 $k>0$,则 $-k$ 为贬值率. 依题意有

$$\frac{1}{P}\cdot\frac{dP}{dt}=-k \quad \text{或} \quad \frac{dP}{dt}=-kP.$$

初值条件是 $P\big|_{t=0}=1000$.

用分离变量法可求得 $P=P_0 e^{-kt}$ (P_0 是待定常数).

由 $P\big|_{t=0}=10000$ 得 $P_0=10000$. 于是价值 P 与时间 t 的函数关系为 $P=10000e^{-kt}$.

确定贬值率 $-k$:由 $t=5, P=6000$ 得 $e^{-5k}=3/5$.

最后,确定 $t=20$ 时,P 的值 $P=10000e^{-20k}$ 元 $=10000(e^{-5k})^4$ 元 $=1296$ 元.

例 8 已知某商品的需求价格弹性 $E_d=-3$,供给价格弹性 $E_s=2$,且当价格 $P=1$ 时,需求量和供给量分别为 D_0 和 S_0 (以 D 表示需求,S 表示供给):

(1) 求该商品在供需平衡时的平衡价格;

(2) 若价格 P 是时间 t 的函数:$P=P(t)$,且价格随时间的变化率与超额需求 $(D-S)$ 成正比,与价格 P 成反比,又已知 $P(0)=P_0$,试确定价格函数 $P(t)$;

(3) 求当 $t\to+\infty$ 时,$P(t)$ 的极限.

分析 按题目要求,应先确定商品的需求函数和供给函数.

解 (1) 依题设 $E_d=-3$,由需求价格弹性定义,有

$$\frac{P}{D}\cdot\frac{dD}{dP}=-3, \quad \text{即} \quad \frac{dD}{D}=-\frac{3dP}{P}.$$

从而,$\ln D=-3\ln P+\ln C$. 由 $D\big|_{P=1}=D_0$ 得 $C=D_0$. 于是需求函数 $D=D_0 P^{-3}$.

同样可求得供给函数 $S=S_0 P^2$.

令 $D=S$,即 $D_0 P^{-3}=S_0 P^2$,得平衡价格 $\bar{P}=\left(\frac{D_0}{S_0}\right)^{\frac{1}{5}}$.

(2) 由题设有

$$\frac{dP(t)}{dt}=k\frac{D-S}{P}=k\frac{D_0-S_0 P^5}{P^4} \quad (k>0,\text{是比例系数}).$$

分离变量,并积分得

$$\frac{P^4}{D_0-S_0 P^5}dP=kdt, \quad \ln|D_0-S_0 P^5|=-5S_0 kt+\ln C.$$

由 $P(0)=P_0$ 得 $C=|D_0-S_0 P_0^5|$. 于是

$$D_0-S_0 P^5=(D_0-S_0 P_0^5)e^{-5S_0 kt}.$$

由此,得价格函数

$$P = P(t) = \left[\frac{D_0}{S_0}(1 - e^{-5S_0 kt}) + P_0^5 e^{-5S_0 kt}\right]^{\frac{1}{5}}.$$

（3）因为当 $t \to +\infty$ 时，$e^{-5S_0 kt} \to 0$，故

$$\lim_{t \to +\infty} P(t) = \left(\frac{D_0}{S_0}\right)^{\frac{1}{5}} = \overline{P}.$$

习 题 八

1．填空题：

（1）方程 $y'\sin x = y\ln y$ 满足 $y|_{x=\frac{\pi}{2}} = e$ 的特解是_____．

（2）方程 $y' - y = \cos x - \sin x$ 满足条件"当 $x \to +\infty$ 时，y 有界"的解是_____．

（3）设 y_1 是方程 $y' + P(x)y = Q(x)$ 的一个特解，则该方程的通解 $y = $_____．

（4）已知 $y^* = x^2$ 是方程 $(x-1)y'' - xy' + y = -x^2 + 2x - 2$ 的一个特解，则该方程的通解 $y = $_____．

（5）曲线 $y = f(x)$ 过点 $(0, -1/2)$，其上任一点 (x, y) 处切线斜率为 $x\ln(1+x^2)$，则曲线方程是_____．

2．单项选择题：

（1）对方程 $y'' - 9y = 9$，函数 $y = C_1 e^{C_2 - 3x} - 1$，则（　　）．

（A）y 不是方程的解　　　　　　　　（B）y 是方程的通解

（C）y 是方程的特解　　　　　　　　（D）y 是方程的解，但不是通解，也不是特解

（2）下列方程中，不是一阶齐次方程的是（　　）．

（A）$xy' + y = 2\sqrt{xy}$　　　　　　　　（B）$xy' = y\ln y - y\ln x$

（C）$y' = e^{\frac{y}{x}} + \frac{x}{y}$　　　　　　　　（D）$y(1+x^2)y' = x(1+y^2)$

（3）若方程 $y'' + py' + qy = 0$ 的一切解是 x 的周期函数，应有（　　）．

（A）$p > 0$，$q = 0$　　（B）$p > 0$，$q > 0$　　（C）$p = 0$，$q > 0$　　（D）$p < 0$，$q < 0$

（4）设 $y = y(x)$ 满足方程 $y'' + 4y' + 4y = 0$ 且 $y(0) = 2$，$y'(0) = 0$，则 $\int_0^{+\infty} y(x)dx = $（　　）．

（A）2　　　　　　（B）-2　　　　　　（C）1　　　　　　（D）-1

（5）设 $f(x)$ 连续可微，且满足 $f(x) = \int_0^x e^{-f(x)}dx$，则 $f(x)$ 的表达式 $=$（　　）．

（A）$\ln(x+1)$　　（B）$\ln(x+C)$　　（C）e^{x+1}　　（D）e^{x+C}

3．求下列微分方程的通解或特解：

（1）$x^2 y dx + (x^2 y^2 + y^2 - x^2 - 1)dy = 0$，$y|_{x=0} = 1$；　　（2）$2yy' = \frac{x^2 + y^2}{x} + e^{\frac{x^2+y^2}{x}} - 2x$；

（3）$(y + \sqrt{x^2 + y^2})dx - xdy = 0$ $(x > 0)$；　　（4）$(y^2 - 3x^2)dy + 2xydx = 0$，$y|_{x=0} = 1$．

4．求下列微分方程的通解或特解：

（1）$x^2 dy + (y - 2xy - 2x^2)dx = 0$；　　（2）$(y')^2 + 2(1 - e^x y)y' = e^x y(2 - e^x y) - 1$；

（3）$(2xy^{-3} - 3x^2)dx + 3(1 - x^2)y^{-4}dy = 0$；　　（4）$\frac{dy}{dx} + \frac{xy}{1-x^2} = xy^{\frac{1}{2}}$．

(5) $\dfrac{dy}{dx} = \dfrac{\cos y}{\cos y \sin 2y - x\sin y}$; (6) $\dfrac{dy}{dx} = \dfrac{2x^3 y}{x^4 + y^2}$, $y\big|_{x=1} = 1$.

5. 设 $f(x)$ 在 $[0, +\infty)$ 上连续，且 $\lim\limits_{x \to +\infty} f(x) = b > 0$，又 $a > 0$，求证方程 $\dfrac{dy}{dx} + ay = f(x)$ 的一切解 $y(x)$，均有 $\lim\limits_{x \to +\infty} y(x) = \dfrac{b}{a}$.

6. 设 $y = e^x$ 是方程 $xy' + P(x)y = x$ 的一个解，求此方程满足 $y\big|_{x=\ln 2} = 0$ 的解.

*7. 求下列方程的通解：

(1) $y''' = \sqrt{1 + (y'')^2}$;   (2) $y'' + y'^2 = 2e^{-y}$;   (3) $x\ln x \cdot y'' = y'$.

8. 求方程 $(\cos x - \sin x)y'' + 2\cos x \cdot y' + (\cos x + \sin x)y = 0$ 的通解.

9. 已知 $y^* = 3$ 是方程 $(x^2 - 2x)y'' - (x^2 - 2)y' + (2x - 2)y = 6(x - 1)$ 的一个特解，求其通解.

10. 求方程 $y'' + 4y' + 3y = 9 + 8e^x$，当 $x \to -\infty$ 时，$y \to 3$ 的特解.

11. 求方程 $y'' + 2\lambda y' + \lambda^2 y = e^x$ 的通解，其中 λ 为实数.

12. 求方程 $y'' + \lambda^2 y = \sin x$ $(\lambda > 0)$ 的通解.

*13. 求下列方程的通解：

(1) $y''' - y'' + y' - y = x^2 + x$;   (2) $y^{(4)} - 2y'' + y = \cos x$.

14. 已知函数 $y(x)$ 在区间 $(-1, 1)$ 上的幂级数展开式为

$$y(x) = \sum_{n=1}^{\infty} \dfrac{x^{2n}}{n(2n-1)} \quad (-1 < x < 1),$$

求 $y(x)$ 的表达式.

15. 求函数 $f(x)$，$f(x)$ 连续，且满足

$$f(x) = e^x - \int_0^x (x - t)f(t)dt.$$

16. 求可微函数 $f(x)$，$f(x)$ 满足 $\int_0^1 f(tx)dt = \dfrac{1}{2}f(x) + 1$.

17. 曲线 L 的切线与切点与原点的连线相交成 $\dfrac{\pi}{4}$ 角，求此曲线方程.

18. 已知某商品的需求价格弹性 $E_d = -\dfrac{1}{Q^2}$，又当 $Q = 0$ 时，$P = 100$，试将价格 P 表为需求 Q 的函数.

第九章 差分方程

一、差分及差分方程的概念

函数 $y_t=f(t)$ 的一阶差分，记做 Δy_t，定义为
$$\Delta y_t = y_{t+1} - y_t.$$
函数 $y_t=f(t)$ 的 n 阶差分，记做 $\Delta^n y_t$，定义为
$$\Delta^n y_t = \Delta(\Delta^{n-1} y_t) = \Delta^{n-1} y_{t+1} - \Delta^{n-1} y_t$$
$$= \sum_{k=0}^{n} (-1)^k \frac{n!}{(n-k)!k!} y_{t+n-k}, \quad n=2,3,\cdots.$$

例1 证明差分的运算法则：

(1) $\Delta(y_t \cdot z_t) = y_{t+1} \cdot \Delta z_t + z_t \cdot \Delta y_t$；　　(2) $\Delta\left(\dfrac{y_t}{z_t}\right) = \dfrac{z_t \cdot \Delta y_t - y_t \cdot \Delta z_t}{z_t \cdot z_{t+1}}$.

证 用差分定义证明.

(1) $\Delta(y_t \cdot z_t) = y_{t+1} \cdot z_{t+1} - y_t \cdot z_t = y_{t+1} \cdot z_{t+1} - y_{t+1} \cdot z_t + y_{t+1} \cdot z_t - y_t \cdot z_t$
$= y_{t+1}(z_{t+1} - z_t) + z_t(y_{t+1} - y_t) = y_{t+1} \cdot \Delta z_t + z_t \cdot \Delta y_t$.

(2) $\Delta\left(\dfrac{y_t}{z_t}\right) = \dfrac{y_{t+1}}{z_{t+1}} - \dfrac{y_t}{z_t} = \dfrac{y_{t+1} z_t - z_{t+1} y_t}{z_t z_{t+1}} = \dfrac{y_{t+1} z_t - y_t z_t - (z_{t+1} y_t - y_t z_t)}{z_t z_{t+1}}$
$= \dfrac{z_t \cdot \Delta y_t - y_t \cdot \Delta z_t}{z_t z_{t+1}}$.

注 (1) 当 $y_t = C$（常数）时，因 $\Delta y_t = 0$，由差分的乘法运算法则可得 $\Delta(Cy_t) = C\Delta y_t$.

(2) 差分的加法运算法则：$\Delta(y_t \pm z_t) = \Delta y_t \pm \Delta z_t$. 请读者自证.

(3) 由本例知，差分的四则运算法则与微分的四则运算法则类似.

例2 证明：$y_t = 2^t$ 的任意阶差分均等于该函数本身.

分析 本例要证明：对任意正整数 n，有 $\Delta^n(2^t) = 2^t$. 用数学归纳法证明.

证 当 $n=1$ 时，$\Delta(2^t) = 2^{t+1} - 2^t = 2^t$，结论正确；

假设当 $n=k$ 时，结论正确，即 $\Delta^k(2^t) = 2^t$；

当 $n=k+1$ 时，$\Delta^{k+1}(2^t) = \Delta(\Delta^k(2^t)) = \Delta(2^t) = 2^t$，故此时结论正确.

由数学归纳法知，对任意正整数 n，有 $\Delta^n(2^t) = 2^t$.

例3 设函数 $f(x)$ 二阶可导，$h>0$ 为常数，分别称
$$\Delta_h f(x) = f(x+h) - f(x), \quad \Delta_h^2 f(x) = \Delta_h(\Delta_h f(x))$$
为 $f(x)$ 的步长为 h 的一阶和二阶差分. 证明

$$\Delta_h^2 f(x) = \int_0^h dz \int_0^h f''(x+y+z) dy.$$

分析 按二阶差分定义,推出 $\Delta_h^2 f(x)$ 的表达式,并计算等式右端的二重积分.

证 按差分定义
$$\begin{aligned}\Delta_h^2 f(x) &= \Delta_h(\Delta_h f(x)) = \Delta_h f(x+h) - \Delta_h f(x) \\ &= f(x+h+h) - f(x+h) - [f(x+h) - f(x)] \\ &= f(x+2h) - 2f(x+h) + f(x).\end{aligned}$$

而
$$\begin{aligned}\text{右端} &= \int_0^h f'(x+y+z) \Big|_0^h dz = \int_0^h [f'(x+h+z) - f'(x+z)] dz \\ &= f(x+h+z)\Big|_0^h - f(x+z)\Big|_0^h = f(x+2h) - 2f(x+h) + f(x).\end{aligned}$$

故等式成立.

例 4 差分方程 $\Delta^3 y_t - y_{t+3} + y_t = t^2 + 2t + 3$ 的阶数是_____.

解 从形式上看所含差分的最高阶数是三阶,但若将其化成以函数值形式表示的方程,注意到
$$\Delta^3 y_t = y_{t+3} - 3y_{t+2} + 3y_{t+1} - y_t,$$
原方程为 $-3y_{t+2} + 3y_{t+1} = t^2 + 2t + 3$. 由于未知函数下标的最大差数是 1,这是一阶差分方程.

例 5 将差分方程 $y_{t+3} + y_{t+2} - 5y_{t+1} + y_t - 4 = 0$ 化成以函数差分表示的形式.

分析 由函数差分的定义知,函数 $y_t = f(t)$ 的各点的函数值 $y_{t+k} = f(t+k)$ ($k=1,2,\cdots,n$) 可用 y_t 及其各阶差分表示出来:
$$\begin{aligned} y_{t+1} &= y_t + \Delta y_t, \\ y_{t+2} &= y_t + 2\Delta y_t + \Delta^2 y_t, \\ y_{t+3} &= y_t + 3\Delta y_t + 3\Delta^2 y_t + \Delta^3 y_t, \\ &\cdots\cdots\cdots\cdots \\ y_{t+n} &= y_t + C_n^1 \Delta y_t + C_n^2 \Delta^2 y_t + \cdots + C_n^{n-1} \Delta^{n-1} y_t + \Delta^n y_t, \end{aligned}$$
其中 $C_n^k = \dfrac{n!}{(n-k)! \, k!}$, $k=1,2,\cdots,n$.

解 将所给方程中的 $y_{t+1}, y_{t+2}, y_{t+3}$ 用 y_t 及其各阶差分的表示式代入,并整理化简,得
$$\Delta^3 y_t + 4\Delta^2 y_t - 2y_t - 4 = 0.$$

二、一阶常系数线性差分方程的解法

一阶常系数非齐次线性差分方程为
$$y_{t+1} + ay_t = f(t) \quad (a \neq 0 \text{ 是常数}, f(t) \not\equiv 0), \tag{1}$$
与方程(1)相对应的一阶常系数齐次线性差分方程为

$$y_{t+1} + ay_t = 0. \tag{2}$$

方程(1)或方程(2)的特征方程和特征根分别为 $\lambda + a = 0$ 和 $\lambda = -a$.

求非齐次方程(1)的通解的**解题程序**：

(1) 由特征根写出齐次方程(2)的通解 $y_C(t)$,
$$y_C(t) = C(-a)^t, \quad \text{其中 } C \text{ 是任意常数}.$$

(2) 用待定系数法求非齐次方程(1)的特解 $y^*(t)$.

根据 $f(t)$ 的形式,由表1确定待定特解的形式.将待定特解代入已知方程,由所得恒等式得到待定系数,从而得到 $y^*(t)$.

表 1

$f(t)$ 的形式	确定待定特解的条件		待定特解的形式	
$\rho^t P_m(t) (\rho > 0)$ $P_m(t)$ 是 m 次多项式	ρ 不是特征根		$\rho^t Q_m(t)$	$Q_m(t)$ 是 m 次多项式
	ρ 是单特征根		$\rho^t t Q_m(t)$	
	*ρ 是 k ($k \geq 2$) 重特征根		$\rho^t t^k Q_m(t)$	
$\rho^t(a\cos\theta t + b\sin\theta t)$	令 $\delta = \rho(\cos\theta + i\sin\theta)$	δ 不是特征根	$\rho^t(A\cos\theta t + B\sin\theta t)$	
		δ 是单特征根	$\rho^t t(A\cos\theta t + B\sin\theta t)$	
		*δ 是 k ($k \geq 2$) 重特征根	$\rho^t t^k(A\cos\theta t + B\sin\theta t)$	

对一阶方程,不需要表中有 * 的行;全表也适用于 n (≥ 2) 阶方程.

(3) 根据非齐次线性差分方程解的结构定理写出方程(1)的通解:
$$y_t = y_C(t) + y^*(t).$$

例 1 求差分方程 $y_{t+1} - y_t = 3^t(t+1)$ 的通解.

解 这是一阶常系数非齐次线差分方程,特征根 $\lambda = 1$,齐次方程通解为 $y_C(t) = C \cdot 1^t = C$. $f(t) = 3^t(t+1) = \rho^t P_1(t), \rho = 3$ 不是特征根,设非齐次方程的特解
$$y^*(t) = 3^t(B_0 + B_1 t).$$

将其代入所给方程,有
$$3^{t+1}[B_0 + B_1(t+1)] - 3^t(B_0 + B_1 t) = 3^t(t+1),$$

可解得 $B_0 = -\dfrac{1}{4}, B_1 = \dfrac{1}{2}$,于是 $y^*(t) = 3^t \left(-\dfrac{1}{4} + \dfrac{1}{2} t \right)$. 所求通解
$$y_t = y_C(t) + y^*(t) = C + 3^t \left(\dfrac{1}{2} t - \dfrac{1}{4} \right) \quad (C \text{ 是任意常数}).$$

例 2 求差分方程 $y_{t+1} - ay_t = e^{bt}$ (a, b 为常数, $a \neq 0$) 的通解.

解 由于 a, b 没给出具体数,可看做是含参数 a, b 的方程.

特征根 $\lambda = a, f(t) = e^{bt} = (e^b)^t = \rho^t P_0(t)$.

当 $\rho = e^b \neq a$ 时,设特解 $y^*(t) = B(e^b)^t$. 将其代入原方程,可得 $B = \dfrac{1}{e^b - a}$.

当 $\rho = e^b = a$ 时,设特解 $y^*(t) = Bt(e^b)^t$. 将其代入原方程,可得 $B = e^{-b}$.

综上所述，所求通解

$$y_t = \begin{cases} Ca^t + \dfrac{1}{e^b - a} e^{bt}, & e^b \neq a, \\ Ca^t + t e^{b(t-1)}, & e^b = a \end{cases} \quad (C \text{ 为任意常数}).$$

例3 求差分方程 $y_{t+1} + 2y_t = 2^t \cos\pi t$ 的通解.

解 特征根 $\lambda = -2$. $f(t) = 2^t \cos\pi t = \rho^t(a\cos\theta t + b\sin\theta t)$, $\rho = 2, \theta = \pi$ ($a=1, b=0$). 令
$$\delta = 2(\cos\pi + i\sin\pi) = -2.$$

因 $\delta = -2$ 是特征根，设特解
$$y^*(t) = 2^t t(A\cos\pi t + B\sin\pi t).$$

将其代入原方程，有
$$2^{t+1}(t+1)[A\cos\pi(t+1) + B\sin\pi(t+1)] + 2 \cdot 2^t t(A\cos\pi t + B\sin\pi t) = 2^t \cos\pi t,$$

而
$$\cos\pi(t+1) = -\cos\pi t, \quad \sin\pi(t+1) = -\sin\pi t,$$

上式化简为 $-2A\cos\pi t - 2B\sin\pi t = \cos\pi t$, 可解得 $A = -\dfrac{1}{2}, B = 0$. 于是 $y^*(t) = -2^{t-1} t\cos\pi t$.

从而所求通解
$$y_t = y_C(t) + y^*(t) = C(-2)^t - 2^{t-1} t\cos\pi t \quad (C \text{ 为任意常数}).$$

例4 求差分方程 $y_{t+1} + 4y_t = 3\sin\pi t$ 满足条件 $y_0 = 1$ 的特解.

解 先求差分方程的通解，再求满足初值条件的特解.

特征根 $\lambda = -4$. $f(t) = 3\sin\pi t = \rho^t(3\sin\pi t + b\cos\pi t)$, $\rho = 1, \theta = \pi$ ($b=0$). 令
$$\delta = \cos\pi + i\sin\pi = -1.$$

因 $\delta = -1$ 不是特征根，设特解 $y^*(t) = A\cos\pi t + B\sin\pi t$. 将其代入原方程，有
$$A\cos\pi(t+1) + B\sin\pi(t+1) + 4A\cos\pi t + 4B\sin\pi t = 3\sin\pi t,$$

即
$$-A\cos\pi t - B\sin\pi t + 4A\cos\pi t + 4B\sin\pi t = 3\sin\pi t,$$

可解得 $A=0, B=1$, 于是 $y^*(t) = \sin\pi t$, 通解
$$y_t = y_C(t) + y^*(t) = C(-4)^t + \sin\pi t.$$

将 $y_0 = 1$ 代入上式，有 $1 = C$. 所求特解 $y_t = (-4)^t + \sin\pi t$.

例5 已知差分方程 $(a + by_t)y_{t+1} = cy_t$，其中 $a > 0, b > 0, c > 0$, 又知 $y_0 > 0$.

(1) 试证对所有的 $t = 1, 2, \cdots$, $y_t > 0$;

(2) 试证代换 $z_t = \dfrac{1}{y_t}$ 可将已知方程化为关于 z_t 的线性差分方程，并由此求出原方程的通解;

(3) 求方程 $(2 + 3y_t)y_{t+1} = 4y_t$ 满足条件 $y_0 = \dfrac{1}{2}$ 的特解，并考查当 $t \to +\infty$ 时，y_t 的极限.

证 (1) 用数学归纳法证明. 因 $y_0 > 0, a > 0, b > 0, c > 0$, 将 $t = 0$ 代入原差分方程有
$$y_1 = \frac{cy_0}{a + by_0} > 0.$$

设 $t=k$ 时,有 $y_k>0$,则 $t=k+1$ 时,可推出
$$y_{k+1} = \frac{cy_k}{a+by_k} > 0.$$
由归纳法知,对 $t=1,2,\cdots$,都有 $y_k>0$.

(2) 由 $y_t>0$,原方程可变形为 $\frac{1}{y_{t+1}} = \frac{a}{c}\frac{1}{y_t} + \frac{b}{c}$. 由代换 $z_t = \frac{1}{y_t}$,可得
$$z_{t+1} - \frac{a}{c}z_t = \frac{b}{c}.$$
显然,这是关于 z_t 的线性方程,其通解为
$$z_t = \begin{cases} A\left(\dfrac{a}{c}\right)^t + \dfrac{b}{c-a}, & a \neq c, \\ A + \dfrac{b}{c}t, & a = c \end{cases} \quad (A \text{ 是任意常数}).$$
于是,原方程的通解为
$$y_t = \begin{cases} \left[A\left(\dfrac{a}{c}\right)^t + \dfrac{b}{c-a}\right]^{-1}, & a \neq c, \\ \left(A + \dfrac{b}{c}t\right)^{-1}, & a = c. \end{cases}$$
当初值为 y_0 时,可求出任意常数 A,故其解可表示为
$$y_t = \begin{cases} \left[\left(\dfrac{1}{y_0} - \dfrac{b}{c-a}\right)\left(\dfrac{a}{c}\right)^t + \dfrac{b}{c-a}\right]^{-1}, & a \neq c, \\ \left(\dfrac{1}{y_0} + \dfrac{b}{c}t\right)^{-1}, & a = c. \end{cases}$$

(3) 由已知,$a=2, b=3, c=4, y_0=\dfrac{1}{2}$,故方程 $(2+3y_t)y_{t+1} = 4y_t$ 的特解为
$$y_t = \left[\left(2-\frac{3}{4-2}\right)\left(\frac{1}{2}\right)^t + \frac{3}{4-2}\right]^{-1} = \left[\left(\frac{1}{2}\right)^{t+1} + \frac{3}{2}\right]^{-1}.$$
显然,当 $t \to +\infty$ 时,$y_t \to \dfrac{2}{3}$.

三、二阶常系数线性差分方程的解法

形如下式为**二阶常系数线性差分方程**:
非齐次线性方程
$$y_{t+2} + ay_{t+1} + by_t = f(t) \quad (a,b \neq 0 \text{ 是常数}, f(t) \not\equiv 0), \tag{1}$$
齐次线性方程
$$y_{t+2} + ay_{t+1} + by_t = 0. \tag{2}$$

求非齐次方程(1)通解 y_t 的**解题程序**：

(1) 写出特征方程 $\lambda^2 + \lambda a + b = 0$，并求出两个特征根．

(2) 由特征根的情形，按表 2 写出齐次方程(2)的通解．

表 2

特征根	通解
相异实根 λ_1, λ_2	$y_C(t) = C_1 \lambda_1^t + C_2 \lambda_2^t$
相同实根 $\lambda_{1,2} = -\dfrac{a}{2}$	$y_C(t) = (C_1 + C_2 t)\left(-\dfrac{a}{2}\right)^t$
共轭复根 $\lambda_{1,2} = \alpha \pm i\beta$	令 $r = \sqrt{b}$, $\tan\omega = \dfrac{\beta}{\alpha}$, $\omega \in (0, \pi)$, $\alpha = 0$ 时, $\omega = \dfrac{\pi}{2}$ $y_C(t) = r^t(C_1 \cos\omega t + C_2 \sin\omega t)$

(3) 用待定系数法求非齐次方程(1)的特解 $y^*(t)$．

以 $f(t)$ 的形式按照表 1 设出待定特解 $y^*(t)$ 的形式；将其代入方程(1)，由所得到的恒等式确定待定常数，从而得到 $y^*(t)$．

(4) 根据非齐次线性差分方程解的结构定理写出方程(1)的通解
$$y_t = y_C(t) + y^*(t).$$

例 1 求差分方程 $y_{t+2} - y_{t+1} - 6y_t = 3^t(5t+6)$ 的通解．

解 特征方程为 $\lambda^2 - \lambda - 6 = 0$，特征根为 $\lambda_1 = -2, \lambda_2 = 3$．由表 2，齐次方程的通解
$$y_C(t) = C_1(-2)^t + C_2 3^t.$$

$f(t) = 3^t(2t+1) = \rho^t P_1(t)$，因 $\rho = 3$ 是单特征根，故设非齐次方程的特解
$$y^*(t) = 3^t t(B_0 + B_1 t).$$

将其代入差分方程，有
$$3^{t+2}(t+2)[B_0 + B_1(t+2)] - 3^{t+1}(t+1)[B_0 + B_1(t+1)]$$
$$- 6 \cdot 3^t t(B_0 + B_1 t) = 3^t(5t+6),$$

化简，整理得
$$30 B_1 t + 33 B_1 + 15 B_0 = 5t + 6.$$

由此，$B_1 = \dfrac{1}{6}$，$B_0 = \dfrac{1}{30}$，于是 $y^*(t) = 3^t t\left(\dfrac{1}{6}t + \dfrac{1}{30}\right)$．所求通解为
$$y_t = y_C(t) + y^*(t) = C_1(-2)^t + C_2 3^t + 3^t t\left(\dfrac{1}{6}t + \dfrac{1}{30}\right) \quad (C_1, C_2 \text{ 为任意常数}).$$

例 2 求差分方程 $y_{t+2} - 8y_{t+1} + 16 y_t = 4^t$ 的通解．

解 特征方程 $\lambda^2 - 8\lambda + 16 = 0$，特征根 $\lambda_1 = \lambda_2 = 4$．

$f(t) = 4^t = \rho^t P_0(t)$，因 $\rho = 4$ 是二重特征根，设非齐次方程的特解 $y^*(t) = B t^2 4^t$．将其代入原方程，可得 $B = \dfrac{1}{32}$．于是所求通解
$$y_t = y_C(t) + y^*(t) = (C_1 + C_2 t) 4^t + \dfrac{1}{32} t^2 4^t.$$

例 3 求差分方程 $y_{t+2}-2y_{t+1}+2y_t=3+5t$ 满足 $y_0=0,y_1=1$ 的特解.

解 先求原方程的通解,再由初值条件确定所求特解.

特征方程为 $\lambda^2-2\lambda+2=0$,特征根 $\lambda_{1,2}=1\pm i$. 依表 2, $r=\sqrt{2}$,由 $\tan\omega=1$ 知 $\omega=\dfrac{\pi}{4}$.

$f(t)=3+5t=\rho^t P_1(t)$,因 $\rho=1$ 不是特征根,设非齐次方程的特解 $y^*(t)=B_0+B_1t$. 将其代入原方程,可得 $B_0=3,B_1=5$. 于是原方程的通解

$$y_t=y_C(t)+y^*(t)=(\sqrt{2})^t\left(C_1\cos\dfrac{\pi}{4}t+C_2\sin\dfrac{\pi}{4}t\right)+3+5t \quad (C_1,C_2 \text{ 是任意常数}).$$

将 $y_0=0,y_1=1$ 分别代入上述通解中,可得方程组

$$\begin{cases} C_1+3=0, \\ \sqrt{2}\left(\dfrac{\sqrt{2}}{2}C_1+\dfrac{\sqrt{2}}{2}C_2\right)+8=1. \end{cases}$$

解得 $C_1=-3,C_2=-4$. 于是所求特解

$$y_t=(\sqrt{2})^t\left(-3\cos\dfrac{\pi}{4}t-4\sin\dfrac{\pi}{4}t\right)+3+5t.$$

例 4 求差分方程 $y_{t+2}+y_t=2\cos\dfrac{\pi}{2}t-\sin\dfrac{\pi}{2}t$ 的通解.

解 特征根 $\lambda_{1,2}=\pm i$. 依表 2, $r=1,\omega=\pi/2$.

$f(t)=2\cos\dfrac{\pi}{2}t-\sin\dfrac{\pi}{2}t$,因 $\rho=1,\theta=\dfrac{\pi}{2}$,令 $\delta=\cos\dfrac{\pi}{2}+i\sin\dfrac{\pi}{2}=i$.

由于 $\delta=i$ 是单特征根,设原方程的特解 $y^*(t)=t\left(A\cos\dfrac{\pi}{2}t+B\sin\dfrac{\pi}{2}t\right)$. 将其代入原方程,并注意到

$$\cos\dfrac{\pi}{2}(t+2)=-\cos\dfrac{\pi}{2}t, \quad \sin\dfrac{\pi}{2}(t+2)=-\sin\dfrac{\pi}{2}t,$$

有

$$-2A\cos\dfrac{\pi}{2}t-2B\sin\dfrac{\pi}{2}t=2\cos\dfrac{\pi}{2}t-\sin\dfrac{\pi}{2}t.$$

由此,$A=-1,B=1/2$. 于是所求通解

$$y_t=y_C(t)+y^*(t)=C_1\cos\dfrac{\pi}{2}t+C_2\sin\dfrac{\pi}{2}t+t\left(\dfrac{1}{2}\sin\dfrac{\pi}{2}t-\cos\dfrac{\pi}{2}t\right)$$

$$=(C_1-t)\cos\dfrac{\pi}{2}t+\left(C_2+\dfrac{1}{2}t\right)\sin\dfrac{\pi}{2}t \quad (C_1,C_2 \text{ 为任意常数}).$$

例 5 求差分方程 $y_{t+2}+4y_{t+1}+4y_t=2^t\sin\pi t$ 的通解.

解 特征根 $\lambda_1=\lambda_2=-2$. $f(t)=2^t\sin\pi t$,由表 1 知,$\rho=2,\theta=\pi$. 令

$$\delta=2(\cos\pi+i\sin\pi)=-2.$$

因 $\delta=-2$ 是二重特征根,设原方程的特解

$$y^*(t)=2^t t^2(A\cos\pi t+B\sin\pi t).$$

将其代入原方程,并注意到

$$\cos\pi(t+2)=\cos\pi t, \quad \sin\pi(t+2)=\sin\pi t,$$

$$\cos\pi(t+1) = -\cos\pi t, \quad \sin\pi(t+1) = -\sin\pi t,$$

可得到等式 $8A\cos\pi t + 8B\sin\pi t = \sin\pi t$. 由此,$A=0$, $B=1/8$. 于是所求通解

$$y_t = y_C(t) + y^*(t) = (C_1 + C_2 t)(-2)^t + 2^{t-3} t^2 \sin\pi t \quad (C_1, C_2 \text{ 为任意常数}).$$

例 6 求差分方程 $y_{t+2} - y_t = \sin\beta t$($\beta$ 是实常数)的通解.

解 特征根 $\lambda_1 = -1, \lambda_2 = 1$. $f(t) = \sin\beta t$,由表 1,$\rho=1, \theta=\beta$,令

$$\delta = \cos\beta + i\sin\beta.$$

(1) 当 $\beta = k\pi$ 时($k=0, \pm 1, \pm 2, \cdots$),$\sin\beta = 0, \delta = 1$ 或 $\delta = -1$,设特解

$$y^*(t) = t(A\cos\beta t + B\sin\beta t).$$

将其代入原方程,注意到 $\cos 2\beta = 1, \sin 2\beta = 0$,可得 $2A\cos\beta t + 2B\sin\beta t = \sin\beta t$. 由此,$A=0$, $B=1/2$.

(2) 当 $\beta \neq k\pi$ 时,$\delta \neq \pm 1$,这时设特解 $y^*(t) = A\cos\beta t + B\sin\beta t$. 将其代入原方程,化简整理得

$$(A\cos 2\beta + B\sin 2\beta - A)\cos\beta t + (B\cos 2\beta - A\sin 2\beta - B)\sin\beta t = \sin\beta t,$$

由此得方程组

$$\begin{cases} A\cos 2\beta + B\sin 2\beta - A = 0, \\ B\cos 2\beta - A\sin 2\beta - B = 1. \end{cases}$$

可解得 $A = -\dfrac{1}{2} \cdot \dfrac{\cos\beta}{\sin\beta}, B = -\dfrac{1}{2}$①.

综上所述,原方程的通解为

$$y_t = \begin{cases} C_1 + C_2(-1)^t + \dfrac{1}{2} t \sin\beta t, & \beta = k\pi, \\ C_1 + C_2(-1)^t - \dfrac{1}{2\sin\beta} \cos\beta(t-1), & \beta \neq k\pi, \end{cases} \quad k = 0, \pm 1, \pm 2, \cdots,$$

其中 C_1, C_2 为任意常数.

例 7 求差分方程 $y_{t+2} - 2\cos\alpha \cdot y_{t+1} + y_t = 1$ 的通解,其中 $\alpha \in [0, \pi]$ 为常数.

解 特征方程为 $\lambda^2 - 2\cos\alpha \cdot \lambda + 1 = 0$,特征根为

$$\lambda_{1,2} = \frac{2\cos\alpha \pm \sqrt{4\cos^2\alpha - 4}}{2} = \cos\alpha \pm \sqrt{(\cos\alpha+1)(\cos\alpha-1)},$$

$f(t) = 1 = \rho^t P_0(t), \rho = 1$.

(1) 当 $\cos\alpha - 1 = 0$ 时,即 $\cos\alpha = 1$,这时 $\lambda_1 = \lambda_2 = 1$. 齐次方程的通解为

$$y_C(t) = C_1 + C_2 t.$$

因 $\rho = 1$ 是二重特征根,设特解为 $y^*(t) = Bt^2$,代入原方程可解得 $B = 1/2$. 原方程的通解为

$$y_t = C_1 + C_2 t + \frac{1}{2} t^2.$$

(2) 当 $\cos\alpha + 1 = 0$ 时,即 $\cos\alpha = -1$,这时 $\lambda_1 = \lambda_2 = -1$. 齐次方程的通解为

$$y_C(t) = (C_1 + C_2 t)(-1)^t.$$

---

① 解方程时,用到三角公式:$\sin 2\beta = 2\sin\beta\cos\beta$, $\sin^2 2\beta + \cos^2 2\beta = 1$, $1 - \cos 2\beta = 2\sin^2\beta$.

因 $\rho=1$ 不是特征根,特解应为 $y^*(t)=B$,代入原方程,可求得 $B=1/4$. 原方程的通解为
$$y_t = (C_1 + C_2 t)(-1)^t + 1/4.$$

(3) 当 $\cos\alpha-1\neq 0, \cos\alpha+1\neq 0$ 时,特征根 $\lambda_{1,2}=\cos\alpha\pm\mathrm{i}\sin\alpha$.

因 $r=1, \tan w=\dfrac{\sin\alpha}{\cos\alpha}=\tan\alpha$,即 $w=\alpha$,故齐次方程的通解为
$$y_C(t) = C_1\cos\alpha t + C_2\sin\alpha t.$$

因 $\rho=1$ 不是特征根,特解为 $y^*(t)=B$ 形式. 可求得 $B=\dfrac{1}{2(1-\cos\alpha)}$. 原方程的通解为
$$y_t = C_1\cos\alpha t + C_2\sin\alpha t + \dfrac{1}{2(1-\cos\alpha)}.$$

综上所述,方程的通解为

$$y_t = \begin{cases} C_1 + C_2 t + \dfrac{1}{2}t^2, & \cos\alpha - 1 = 0, \\ (C_1 + C_2 t)(-1)^t + \dfrac{1}{4}, & \cos\alpha + 1 = 0, \\ C_1\cos\alpha t + C_2\sin\alpha t + \dfrac{1}{2(1-\cos\alpha)}, & \cos^2\alpha - 1 \neq 0 \end{cases} \quad (C_1, C_2 \text{ 为任意常数}).$$

*四、n 阶常系数线性差分方程的解法

形如下式为 n 阶常系数线性差分方程:

非齐次线性方程
$$y_{t+n} + a_1 y_{t+n-1} + \cdots + a_n y_t = f(t) \quad (a_n \neq 0, f(t) \not\equiv 0). \tag{1}$$

齐次线性方程
$$y_{t+n} + a_1 y_{t+n-1} + \cdots + a_n y_t = 0. \tag{2}$$

特征方程
$$\lambda^n + a_1 \lambda^{n-1} + \cdots + a_n = 0. \tag{3}$$

求 n 阶非齐次方程(1)的通解的**解题程序**与求二阶非齐次方程的**解题程序相同**. 由于特征方程(3)有 n 个根,由表 3 可得到齐次方程(2)的相应的 n 个线性无关的特解,它们的线性组合就是方程(2)的通解. 由表 1 可求出非齐次方程(1)的特解.

表 3

特征根	线性无关的特解及个数	
单实根 λ	1 个: λ^t	
$k\ (k\geqslant 2)$ 重实根 λ	k 个: $\lambda^t, t\lambda^t, \cdots, t^{k-1}\lambda^t$	
单复根 $\alpha\pm\mathrm{i}\beta$	2 个: $r^t\cos\omega t, r^t\sin\omega t$	其中 $r=\sqrt{\alpha^2+\beta^2}$,
$k\ (k\geqslant 2)$ 重复根 $\alpha\pm\mathrm{i}\beta$	$2k$ 个: $r^t\cos\omega t, tr^t\cos\omega t, \cdots, t^{k-1}r^t\cos\omega t$ $r^t\sin\omega t, tr^t\sin\omega t, \cdots, t^{k-1}r^t\sin\omega t$	$\tan\omega=\dfrac{\beta}{\alpha}, \omega\in(0,\pi)$, $\alpha=0, \omega=\dfrac{\pi}{2}$.

例1 求差分方程 $y_{t+3}-4y_{t+2}+9y_{t+1}-10y_t=-2^t$ 的通解.

解 特征方程 $\lambda^3-4\lambda^2+9\lambda-10=(\lambda-2)(\lambda^2-2\lambda+5)=0$,特征根 $\lambda_1=2$,$\lambda_{2,3}=1\pm 2\mathrm{i}$. 由表 3,对 $\lambda_{2,3}$ 而言,$r=\sqrt{1^2+2^2}=\sqrt{5}$,$\tan\omega=2$,于是齐次方程的通解为

$$y_C(t)=C_1 2^t+(\sqrt{5})^t(C_2\cos\omega t+C_3\sin\omega t),\quad \omega=\arctan 2.$$

$f(t)=-2^t$,由表 1,$\rho=2$ 是单特征根,设非齐次方程的特解 $y^*(t)=Bt2^t$. 将其代入原方程,可求得 $B=-\dfrac{1}{10}$,故 $y^*(t)=-\dfrac{1}{10}t2^t$. 所求通解

$$y_t=y_C(t')+y^*(t)=\left(C_1-\dfrac{1}{10}t\right)2^t+(\sqrt{5})^t(C_2\cos\omega t+C_3\sin\omega t),\quad \omega=\arctan 2.$$

例2 求差分方程 $y_{t+4}-2y_{t+2}+y_t=8$ 的通解.

解 特征方程 $\lambda^4-2\lambda^2+1=(\lambda^2-1)^2=0$,特征根 $\lambda_1=\lambda_2=1$,$\lambda_3=\lambda_4=-1$. 由表 3 知,齐次方程的通解 $y_C(t)=C_1+C_2 t+(C_3+C_4 t)(-1)^t$.

$f(t)=8$,由表 1,$\rho=1$ 是二重特征根,设非齐次方程的特解 $y^*(t)=Bt^2$. 将其代入原方程,可解得 $B=1$. 于是所求通解

$$y_t=y_C(t)+y^*(t)=C_1+C_2 t+(C_3+C_4 t)(-1)^t+t^2.$$

习 题 九

1. 填空题:

(1) 若 $y_t=3^t$ 是差分方程 $y_{t+1}+ay_t+3y_{t-1}=0$ 的一个解,则 $a=$ _____;

(2) 设 $y_1(t)=\mathrm{e}^t$,$y_2(t)=t\mathrm{e}^t$ 是方程 $y_{t+2}+a(t)y_{t+1}=f(t)$ 的两个解,则该方程的通解可表示为 _____;

(3) 差分方程 $y_{t+2}+8y_{t+1}+15y_t=5^t\sin\pi t$ 的待定特解形式是 $y^*(t)=$ _____.

2. 单项选择题:

(1) 下列等式不是差分方程的是( ).

(A) $3\Delta y_t-y_t=3$ (B) $3\Delta y_t+3y_t=t$ (C) $\Delta^2 y_t=0$ (D) $y_t+y_{t-2}=\mathrm{e}^t$

(2) 设 $y_{t+2}-2y_{t+1}+4y_t=f(t)$,下列正确的是( ).

(A) 当 $f(t)=t^2$ 时,已知方程有待定特解形式 $y^*=t(B_0+B_1 t+B_2 t^2)$

(B) 当 $f(t)=2^t$ 时,已知方程有待定特解形式 $y^*(t)=2^t(B_0+B_1 t)$

(C) 当 $f(t)=2^t\sin\dfrac{\pi}{3}t$ 时,已知方程有待定特解形式 $y^*(t)=2^t\left(A\cos\dfrac{\pi}{3}t+B\sin\dfrac{\pi}{3}t\right)$

(D) 当 $f(t)=2^t\cos\dfrac{\pi}{3}t$ 时,已知方程有待定特解形式 $y^*(t)=2^t t\left(A\cos\dfrac{\pi}{3}t+B\sin\dfrac{\pi}{3}t\right)$

3. 求下列差分方程的通解或满足初始条件的特解:

(1) $y_{t+1}+y_t=2t^2$,$y_0=0$;   (2) $y_{t+1}-y_t=3^t(t+1)+\dfrac{1}{3}$;

(3) $y_{t+1}+3y_t=10\cos\dfrac{\pi}{2}t$;   (4) $y_{t+1}+y_t=\sin\pi t$.

4. 求下列差分方程的通解或满足初始条件的特解:

(1) $y_{t+2}+y_{t+1}+y_t=0$;   (2) $y_{t+2}-2y_{t+1}-3y_t=3^{t+1}t$;

(3) $y_{t+2}+y_t=2\cos\dfrac{\pi}{2}t-\sin\dfrac{\pi}{2}t$;   (4) $y_{t+2}+2y_{t+1}+2y_t=(\sqrt{2})^t\left(\cos\dfrac{3\pi}{4}+\sin\dfrac{3\pi}{4}t\right)$;

(5) $y_{t+2}+6y_{t+1}+9y_t=3^{t+2}\cos\pi t$,$y_0=0$,$y_1=0$.

5. 求差分方程 $y_{t+3}+y_{t+2}-8y_{t+1}-12y_t=15-18t$ 的通解.

习题参考答案与解法提示

习 题 一

1. (1) $\dfrac{1}{3}$； (2) $\dfrac{1}{7}$, 3, $\dfrac{1}{7}$, 3, 不存在； (3) 0； (4) 1； (5) 0.

提示 (3) $\sin\sqrt{x+1}-\sin\sqrt{x}=2\sin\dfrac{\sqrt{x+1}-\sqrt{x}}{2}\cdot\cos\dfrac{\sqrt{x+1}+\sqrt{x}}{2}$,

$$\lim_{x\to+\infty}\sin\dfrac{\sqrt{x+1}-\sqrt{x}}{2}=\sin\lim_{x\to+\infty}\dfrac{\sqrt{x+1}-\sqrt{x}}{2}=\sin 0, \left|2\cos\dfrac{\sqrt{x+1}+\sqrt{x}}{2}\right|\leqslant 2.$$

(5) $y_n=\dfrac{2-1}{2}\cdot\dfrac{3-1}{3}\cdot\cdots\cdot\dfrac{n-1}{n}=\dfrac{1}{n}$.

2. (1) (C)； (2) (D)； (3) (C)； (4) (D)； (5) (B).

提示 (2) $x\to 1$ 时, $e^{\frac{1}{x-1}}$ 不存在, 也不为 ∞； (5) 定义域是 $(0,+\infty)$.

3. $x>1$ 且 $x\neq 2,3,\cdots$. 提示 $x\in(-\infty,0)\cup[1,+\infty)$ 时, $\dfrac{[x]}{x}>0$; $x>0$ 且 $x\neq 1,2,3,\cdots$ 时, $\dfrac{[x]}{x}<1$.

4. $\dfrac{1}{2}\ln\dfrac{1+e^x}{1-e^x}$. 提示 先求 $f(x)$, 再求 $\varphi(x)$. **5.** $\begin{cases}-x, & 0<x<1,\\ -\ln x^2, & x\geqslant 1.\end{cases}$

8. (1) $\dfrac{1}{5}$； (2) $\ln 2$； (3) $\dfrac{n(n+1)}{2}$； (4) $\sqrt{2}$； (5) 2； (6) $e^{\frac{1}{2}}$； (7) 1； (8) $-\dfrac{4}{\pi^2}$； (9) $\dfrac{1}{n!}$；
(10) $A=\max\{a_1,a_2,\cdots,a_m\}$.

提示

(1) $I=\lim\limits_{x\to+\infty}\dfrac{\ln x^2\left(1-\dfrac{1}{x}+\dfrac{1}{x^2}\right)}{\ln x^{10}\left(1+\dfrac{1}{x^9}+\dfrac{5}{x^{10}}\right)}$； (2) $I=\ln\lim\limits_{x\to\infty}\dfrac{4x^4+x^2+1}{2x^4-x^3+x}$；

(3) $\cos x+\cos^2 x+\cdots+\cos^n x-n=(\cos x-1)+(\cos^2 x-1)+\cdots+(\cos^n x-1)$；

(4) $I=\lim\limits_{x\to 1^-}\dfrac{\sqrt{x}-1}{\sqrt{1+x}-\sqrt{2}}$； (5) $I=\lim\limits_{x\to 1^-}\dfrac{\sqrt{\dfrac{1-x}{1+x}}}{\sin\sqrt{\dfrac{1-x}{1+x}}}(1+x)\cos\sqrt{\dfrac{1-x}{1+x}}$；

(6) $I=e^{\lim\limits_{x\to 0}\frac{\tan x-\sin x}{x^3}}$； (7) $I=\lim\limits_{x\to 0}\dfrac{xe^x}{\sqrt{1+x^2}-(1-x)}$；

(8) $I\xlongequal{x-1=t}\lim\limits_{x\to 0}\dfrac{\ln\cos t}{1-\cos\dfrac{\pi}{2}t}=\lim\limits_{t\to 0}\dfrac{\ln\left(1-2\sin^2\dfrac{t}{2}\right)}{2\sin^2\dfrac{\pi}{4}t}$；

(9) $x\to\dfrac{\pi}{2}$ 时, $\sqrt[m]{\sin x}-1=\sqrt[m]{1+(\sin x-1)}-1\sim\dfrac{1}{m}(\sin x-1)$；

(10) 令 $A=\max\{a_1,a_2,\cdots,a_m\}$, 则 $0<a_i^n\leqslant A^n$ $(i=1,2,\cdots,m)$, 所以
$$A\leqslant\sqrt[n]{a_1^n+a_2^n+\cdots+a_m^n}\leqslant A\sqrt[n]{m}.$$

9. $\sqrt[3]{a}$. 提示 $y_{n+1} = \frac{1}{3}\left(y_n + y_n + \frac{a}{y_n^2}\right) \geqslant \sqrt[3]{y_n \cdot y_n \cdot \frac{a}{y_n^2}} = \sqrt[3]{a}$, $y_{n+1} - y_n \leqslant 0$, $\{y_n\}$ 单调减少且有下界.

10. $x + \frac{a}{2}$. 提示 先求和 $y_n = \frac{1}{n}\left(nx + \frac{(n-1)a}{2}\right)$, 再求极限.

11. 1. 提示 $y_n = \frac{1}{2\sin\frac{x}{2^n}} \cos\frac{x}{2} \cos\frac{x}{2^2} \cdots \cos\frac{x}{2^{n-1}} \sin\frac{x}{2^{n-1}} = \cdots = \frac{\sin x}{2^n \sin\frac{x}{2^n}}$, $\lim_{n \to \infty} y_n = \frac{\sin x}{x}$.

12. $\alpha = 1, \beta = 2013021$. 提示 $x + \cdots + x^{2006} - 2006 = (x-1) + \cdots + (x^{2006} - 1)$.

13. $a = 1, b = -2$. 提示 $I = \lim\limits_{x \to -\infty} \frac{(1-a)x^2 - bx + 2}{x\left(1 + \sqrt{a + \frac{b}{x} - \frac{2}{x^2}}\right)} = 1$.

14. $c = \frac{1}{2}, k = \frac{1}{2}$. 提示 $x \to +\infty$ 时, $\arcsin(\sqrt{x^2 + \sqrt{x}} - x) \sim (\sqrt{x^2 + \sqrt{x}} - x)$.

15. $x^2 - 2x$. 16. 6. 提示 $x \to 0$ 时, $(\sqrt{1 + f(x)\sin 3x} - 1) \sim \frac{1}{2}f(x)\sin 3x$.

17. $-\frac{a}{2}$. 提示 $\lim\limits_{x \to \infty}\left[\frac{2f(x)}{x^2} + a - \frac{b}{x} + \frac{c}{x^2}\right] = 0$. 18. $x = 2$ 是 $f(x)$ 的跳跃间断点.

19. 3. 提示 $\lim\limits_{x \to 1}\left(f(x) - 2x - \frac{e^{x-1} - 1}{\ln x}\right) = 0$.

20. $x = \frac{\pi}{4}, \frac{5\pi}{4}$ 为第二类(无穷型)间断点; $x = \frac{3\pi}{4}, \frac{7\pi}{4}$ 为可去间断点.

    提示 $f\left(\frac{\pi^+}{4}\right) = +\infty$, $f\left(\frac{5\pi^+}{4}\right) = +\infty$; $f(x) \to 1\left(x \to \frac{3\pi}{4}\right)$, $f(x) \to 1\left(x \to \frac{7\pi}{4}\right)$.

21. $a = 1, b = 2$. 提示 $F(x) = \begin{cases} x + b, & x < 0, \\ 2x + 2, & 0 \leqslant x < 1, \\ x + 2 + a, & x \geqslant 1. \end{cases}$

22. (1) $f(x) = \begin{cases} 1, & |x| < 1, \\ 0, & x = 1, \\ -1, & |x| > 1. \end{cases}$ (2) $f(x) = \begin{cases} 0, & |x| < 2, \\ 2\sqrt{2}, & x = 2, \\ x^2, & x > 2. \end{cases}$

23. $a + b = 1$ 时, $f(x)$ 在 $(-\infty, +\infty)$ 内连续; $a + b \neq 1$ 时, $x = 1$ 是跳跃间断点.

24. 提示 由 $a > 0, b^2 < a^3$ 有 $-a\sqrt{a} < b < a\sqrt{a}$, 故
$$x^3 - 3ax - 2a\sqrt{a} < f(x) < x^3 - 3ax + 2a\sqrt{a},$$
即
$$(x + \sqrt{a})^2(x - 2\sqrt{a}) < f(x) < (x - \sqrt{a})^2(x + 2\sqrt{a}),$$
可得 $f(-2\sqrt{a}) < 0, f(-\sqrt{a}) > 0, f(\sqrt{a}) < 0, f(2\sqrt{a}) > 0$.

25. $y = x - 2$ 和 $y = e^\pi x - 2e^\pi$.

习 题 二

1. (1) 0, 3; (2) $-\tan^2 1 \cdot \tan^3 2 \cdots \tan^n(n-1)$; (3) $-x^{-\sin x}\left(\cos x \cdot \ln x + \frac{\sin x}{x}\right)$;

   (4) $-\frac{(n-1)!}{(1-x)^n}$; (5) 2.

   提示 (5) $I = 2\lim\limits_{n \to \infty} \frac{f(2/n) - f(0)}{2/n} = 2f'(0)$, 而 $f'(0) = (\sin x)'|_{x=0} = 1$.

2. (1) (A); (2) (A); (3) (B); (4) (D); (5) (D).

提示 （2）只需讨论 $\varphi(x)=f(x)|\sin x|$ 在 $x=0$ 是否可导. 可算得 $\varphi'_-(0)=-f(0), \varphi'_+(0)=f(0)$;
（4）$f(x)=\sin 2x$.

3. $\dfrac{2}{a}f'(t)$.   **4.** $e^{\frac{f'(a)}{f(a)}}$.   **提示** 参见本章第一节例 5.

5. 提示 由已知不等式知 $f(0)=0$.

当 $x<0$ 时，$\dfrac{x^2+x}{x} \leqslant \dfrac{f(x)-f(0)}{x} \leqslant \dfrac{x}{x}$，当 $x>0$ 时 $\dfrac{x}{x} \leqslant \dfrac{f(x)-f(0)}{x} \leqslant \dfrac{x^2+x}{x}$，由夹逼准则知，

$$f'_-(0)=1, \quad f'_+(0)=1.$$

6. (1) $\dfrac{a e^{\arctan\sqrt{ax}}}{2\sqrt{ax}(1+ax)}$;   (2) $-\dfrac{\sin 2x}{\sqrt{1+\cos^4 x}}$ $(y=\ln(u+\sqrt{1+u^2}), u=\cos^2 x)$;

(3) $\dfrac{4\sqrt{x}\sqrt{x+\sqrt{x}}+2\sqrt{x}+1}{8\sqrt{x}\sqrt{x+\sqrt{x}}\sqrt{x+\sqrt{x+\sqrt{x}}}}$;   (4) $\dfrac{-1}{(2x+x^3)\sqrt{1+x^2}}$ (令 $u=\sqrt{1+x^2}$).

7. (1) $3n(x^2+3^{3x}\ln 3)(x^3+3^{3x})^{n-1} \cdot f'((x^3+3^{3x})^n)$;

(2) $n(3\ln 3 \cdot x^2 3^{x^3}\cos x - 3^{x^3}\sin x) \cdot f'(3^{x^3}\cos x) \cdot [f(3^{x^3}\cos x)]^{n-1}$.

8. $y'=\begin{cases}(1-x)(x+1)^2(5x-1), & x<-1, \\ 0, & x=-1, \\ (x-1)(x+1)^2(5x-1), & x>-1.\end{cases}$

9. (1) $(-1)^n 2^n e^{-2x}+3^n \ln^n 5 \cdot 5^{3x}$;   (2) $4^{n-1}\cos\left(4x+\dfrac{n\pi}{2}\right)$;   (3) $(-1)^n n!\left[\dfrac{1}{(x-1)^{n+1}}-\dfrac{1}{x^{n+1}}\right]$.

10. $(-1)^{n-1}(n-3)!(7n^2-17n+8)2^{n-2}$ (用莱布尼茨公式)

11. $e-e^4; e^3(3e^3-4)$. ($x=0$ 时, $y=e^2$).   **12.** $\dfrac{2}{3(2x+1)(x^2+x)^{\frac{1}{2}}(2y+1)}$. $\left(\dfrac{dy}{du}=\dfrac{dy}{dx}\dfrac{dx}{du}\right)$.

13. (1) $\ln a \cdot a^{x^x} \cdot x^x(1+\ln x)+x^{a^x} \cdot a^x\left(\ln a \cdot \ln x + \dfrac{1}{x}\right)+x^{x^a} \cdot x^{a-1}(1+a\ln x)$;

(2) $\sqrt{x\ln x}\sqrt{1-\sin x}\left[\dfrac{1}{2x}+\dfrac{1}{2x\ln x}-\dfrac{\cos x}{4(1-\sin x)}\right]$.

14. $t; \dfrac{1}{f''(t)}$.   **15.** $\dfrac{(y^2-e^t)(1+t^2)}{2(1-ty)}$.

16. (1) $\left(\dfrac{1}{x}+\dfrac{2\sqrt{x}+1}{4\sqrt{x}(x+\sqrt{x})}\right)dx$;   (2) $\left(1+\dfrac{1}{x}\right)^x\left[\ln\left(1+\dfrac{1}{x}\right)-\dfrac{1}{x+1}\right]dx$.

17. $\dfrac{2x+y-2}{1-4x-2y}dx, dy\Big|_{\substack{x=1\\y=-1}}=dx$.   **18.** $a=b=-1, c=1$.

19. 提示 必要性：由 $\lim\limits_{x \to x_0}\dfrac{f(x)-g(x)}{x-x_0}=0$ 推出 $f(x_0)=g(x_0), f'(x_0)=g'(x_0)$;

充分性：由 $f(x_0)=g(x_0), f'(x_0)=g'(x_0)$，推出 $\lim\limits_{x \to x_0}\dfrac{f(x)-g(x)}{x-x_0}=0$.

20. 提示 设 (x_0, y_0) 为曲线 $xy=a^2$ 上任一点，则有 $x_0 y_0=a^2$, $Y-y_0=-\dfrac{a^2}{x_0^2}(X-x_0)$.

将 $Y=0$ 代入切线方程有 $X=2x_0$；将 $X=0$ 代入切线方程有 $Y=2y_0$. 三角形的面积

$$A=\dfrac{1}{2}|X||Y|=2a^2.$$

习 题 三

1. (1) $\dfrac{1}{4}$；(2) $f'(0)<f(1)-f(0)<f'(1)$；(3) 极大值 $f(0)=1$；(4) $\sqrt[3]{3}$；(5) $(4,0)$.

提示 (1) 在 $\left[-\dfrac{1}{x},\dfrac{1}{x}\right]$ 上用拉格朗日中值定理；

(2) $f(x)$ 在 $[0,1]$ 上用拉格朗日中值定理，且 $f'(x)$ 在 $[0,1]$ 上是增函数；

(3) $f'(x)=-e^{-x}\cdot\dfrac{x^n}{n!}$. (4) 考虑 $f(x)=x^{\frac{1}{x}}$ ($x>0$) 的增减性.

2. (1) (D)；(2) (C)；(3) (B)；(4) (A)；(5) (C).

提示 (1) 题干没给出 $f(x)$ 在 x_0 连续的条件；

(2) $f''(x)=x\ln x-3[f'(x)]^2$ ($x>0$)，且 $f'(x),f''(x)$ 在 $x>0$ 时连续.

$$\lim_{x\to 1}\dfrac{f''(x)}{x-1}=\lim_{x\to 1}\dfrac{x\ln x}{x-1}-\lim_{x\to 1}\dfrac{3[f'(x)]^2}{x-1}=1-6f'(1)f''(1)=1.$$

在 $U(1)$ 内, $f''(x)$ 与 $x-1$ 同号. 故在 $x=1$ 的两侧近旁, $f''(x)$ 变号.

(3) 由 $y'=3ax^2+2bx+c=0, y''=6ax+2b=0$ 可得.

(4) 令 $f(x)=x^5+2ax^3+3bx+4c$，则 $f'(x)=5\left(x^2+\dfrac{3}{5}a\right)^2-\dfrac{3}{5}(3a^2-5b)>0$，且 $\lim\limits_{x\to -\infty}f(x)=-\infty$，$\lim\limits_{x\to +\infty}f(x)=+\infty$.

(5) 用 $\cos x$ 的麦克劳林公式，$\cos(xe^{2x})=1-\dfrac{x^2 e^{4x}}{2}+o(x^3)$，$\cos(xe^{-2x})=1-\dfrac{x^2 e^{-4x}}{2}+o(x^3)$，$I=-4$.

$f(x)=\cos x$ 在区间 $[xe^{-2x},xe^{2x}]$ 上用拉格朗日中值定理也可.

3. $F(x)=f(x)-\dfrac{x}{1+x^2}$ 在 $[0,+\infty)$ 上用罗尔定理，需证 $\lim\limits_{x\to 0^+}F(x)=\lim\limits_{x\to +\infty}F(x)$.

4. 提示 $F(x)=\ln f(x)$ 在 $[a,b]$ 上用拉格朗日中值定理.

5. 提示 等式是 $\dfrac{f'(\xi)(b-a)}{e^b-e^a}=\dfrac{f'(\eta)}{e^\eta}$. 左端分子用拉格朗日中值定理，有 $f(b)-f(a)=f'(\xi)(b-a)$；对 $f(x),g(x)=e^x$ 再用柯西中值定理.

6. $(-\infty,0)$. **提示** 令 $f(x)=e^x-x-\dfrac{x^2}{2}-1, x\in(-\infty,+\infty)$，则 $f(0)=0$. 问题就是确定使 $f(x)<f(0)$ 的区间. 由 $f'''(x)>0, f'(0)=f''(0)$ 可知 $f(x)$ 在 $(-\infty,+\infty)$ 单调增加.

7. n 为偶数，$f(0)=0$ 是极小值；m 为偶数，$f(1)=0$ 是极小值；$f\left(\dfrac{n}{m+n}\right)=\dfrac{n^n m^m}{(m+n)^{m+n}}$ 是极大值.

8. (1) $f(x)=\dfrac{c}{a^2-b^2}\cdot\dfrac{a-bx^2}{x}$，奇函数；

(2) 当 $ab<0$ 时，$f(x)$ 有极值，极值点是 $x=\pm\sqrt{-\dfrac{a}{b}}$. 当 $x=\sqrt{-\dfrac{a}{b}}$ 时，若 $a>0, f(x)$ 有极小值；若 $a<0, f(x)$ 有极大值. 当 $x=-\sqrt{-\dfrac{a}{b}}$ 时，若 $a>0, f(x)$ 有极大值；若 $a<0, f(x)$ 有极小值.

9. $a=4, b=5$. **提示** 令 $x_1=-2, x_2=\xi$ 为驻点，必有 $f'(x)=(x+2)(x-\xi)^2=x^3+ax^2+bx+2$.

10. 仅有极小值 $f(-2)=2$. **提示** 由 $\begin{cases}y=-x\\ x^3-3xy^2+3y^3=32\end{cases}$ 得驻点 $x=-2$，此时 $y=2$.

11. $[0,\sqrt[3]{9}]$. **提示** 考虑 $f(x)$ 的最小值与最大值构成的区间.

12. $k=\pm\dfrac{\sqrt{2}}{8}$. **提示** 拐点为 $(1,4k)$ 和 $(-1,4k)$.

13. 提示 $F(x)=\dfrac{f^2(x)}{2}$ 在 $[0,a]$ $(a\in(0,1))$ 上用拉格朗日中值定理.

14. 提示 $f(x)$ 在 $[\alpha,\beta]$ 上用拉格朗日中值定理, 且 $f'(x)$ 在 $[\alpha,\beta]$ 上单调增加.

15. 提示 证 1: 设 $f(x)=x\ln(x+\sqrt{1+x^2})$, $g(x)=\sqrt{1+x^2}-1$, 用柯西中值定理;

    证 2: 令 $F(x)=x\ln(x+\sqrt{1+x^2})-\sqrt{1+x^2}$, 证 $F(x)\geqslant -1$, 即 $F(x)$ 的最小值为 -1;

    证 3: 令 $F(x)=1+x\ln(x+\sqrt{1+x^2})-\sqrt{1+x^2}$, 用单调性, 证 $F'(x)>0$.

16. 提示 在 $[a,+\infty)$ 上, 由 $f'(x)$ 单调减少, 且 $f'(x)<f'(a)<0$ 知 $f(x)$ 单调减少, 又 $f(a)>0$. 在 $[a,x]$ 上用拉格朗日中值定理, 存在 $\xi\in(a,x)$, 使
$$f(x)-f(a)=f'(\xi)(x-a)<f'(a)(x-a),\quad \text{即}\quad f(x)<f(a)+f'(a)(x-a).$$
由于 $f'(a)<0$, 当 x 充分大时, 有 $f'(a)(x-a)<-f(a)$, 即 $f(x)<0$. 于是存在 $b>a$, 使 $f(b)<0$. 故 $f(x)=0$ 在 $(a,+\infty)$ 有且仅有一个实根.

17. 最短长度 $l=\dfrac{3}{2}\sqrt{3}$. 提示 曲线 $y=x^{-2}$ 在点 (x,y) 处的切线方程为 $Y-x^{-2}=-2x^{-3}(X-x)$, 切线在 x 轴与 y 轴上的截距分别为 $\dfrac{3}{2}x$ 和 $3x^{-2}$. 切线被两坐标轴所截线段长度 l 的平方
$$l^2=(3x^{-2})^2+\left(\dfrac{3}{2}x\right)^2=9\left(\dfrac{1}{x^4}+\dfrac{1}{4}x^2\right).$$
求 l 的最小值等价于求 $u(x)=\dfrac{1}{x^4}+\dfrac{1}{4}x^2$ 在 $(-\infty,0)$ 与 $(0,+\infty)$ 内的最小值.

18. $t=\dfrac{ad-bc}{2bd}$.

19. (1) $\dfrac{1}{2}$; (2) $(a^a b^b c^c)^{\frac{1}{a+b+c}}$; (3) 4; (4) $\dfrac{2}{3}$; (5) $e^{\frac{1}{2}}$; (6) $e^{-\frac{1}{2}}$.

    提示 (1) $\infty-\infty$ 型; (2) 1^∞ 型; (3) $I=\lim\limits_{x\to 0}\dfrac{\tan^3(2x)}{(2x)^3}\cdot\dfrac{8}{x}\cdot\dfrac{e^x-1-x}{e^x-1}$;

    (4) $\dfrac{1}{x^2}-\cot^2 x=\dfrac{\sin^2 x-x^2\cos^2 x}{x^2\sin^2 x}=\dfrac{\sin x+x\cos x}{x}\cdot\dfrac{\sin x-x\cos x}{x^3}$;

    (5) $\dfrac{e^x}{\left(1+\dfrac{1}{x}\right)^{x^2}}=\left[\dfrac{e}{\left(1+\dfrac{1}{x}\right)^x}\right]^x$.

20. (1) $-\dfrac{5}{6}$; (2) $-\dfrac{1}{12}$. 提示 (1) $\ln(1+\sin^2 x)=\sin^2 x-\dfrac{1}{2}\sin^4 x+o(\sin^4 x)$;

    (2) $\cos\dfrac{1}{x}=1-\dfrac{1}{2x^2}+\dfrac{1}{24x^4}+o\left(\dfrac{1}{x^4}\right)$, $e^{-\frac{1}{2x^2}}=1-\dfrac{1}{2x^2}+\dfrac{1}{8x^4}+o\left(\dfrac{1}{x^4}\right)$.

习 题 四

1. (1) $e^{\frac{x}{3}}$; (2) $\dfrac{1}{3}x^3+1$; (3) $-\dfrac{1}{3}e^{-3x}+\tan x+C$;

   (4) $-\left[\dfrac{1}{97(x-1)^{97}}+\dfrac{2}{98(x-1)^{98}}+\dfrac{1}{99(x-1)^{99}}\right]+C$;

   (5) $\dfrac{1}{4}\arctan\dfrac{e^{2x}}{2}+C$, $\dfrac{1}{8}\ln\left|\dfrac{e^{2x}-2}{e^{2x}+2}\right|+C$, $\dfrac{1}{2}\ln(e^{2x}+\sqrt{4+e^{4x}})+C$, $\dfrac{1}{2}\arcsin\dfrac{e^{2x}}{2}+C$.

   提示 (3) $f'(e^{2x})=e^{-2x}$; (4) 令 $x-1=t$.

2. (1) (D); (2) (B); (3) (A); (4) (D); (5) (B).

提示　(2) $f(x)$ 的原函数在 $x=1$ 处应连续；　(3) $f'(x)=\dfrac{1}{1-x}-2x$；

(4) $I=\int\left(\dfrac{2+x}{\sqrt{4-x^2}}+\dfrac{2-x}{\sqrt{4-x^2}}\right)\mathrm{d}x$；　(5) $I=x\cdot x\ln x-\int x\ln x\,\mathrm{d}x$.

3. $\begin{cases} \mathrm{e}^x-2+C, & x<0, \\ -\mathrm{e}^{-x}+C, & x\geqslant 0. \end{cases}$

4. (1) $-\dfrac{2}{x}-\dfrac{1}{\sqrt{2}}\arctan\dfrac{x}{\sqrt{2}}+C$；　(2) $\ln|\sec x+\tan x|-\sin x+C$；　(3) $\ln|1+\sin x|+C$.

　　提示　(1) $4+x^2=4+2x^2-x^2$；　(2) $\tan^2 x=\sec^2 x-1$；　(3) $1=\sec^2 x-\tan^2 x$.

5. $2\ln(x-1)+x+C$.

　　提示　$f(x^2-1)=\ln\dfrac{x^2-1+1}{x^2-1-1}$，$f(\varphi(x))=\ln\dfrac{\varphi(x)+1}{\varphi(x)-1}=\ln x$，$\dfrac{\varphi(x)+1}{\varphi(x)-1}=x$，$\varphi(x)=\dfrac{x+1}{x-1}$.

6. (1) $\ln|1+\sin x\cos x|+C$；　(2) $-\dfrac{1}{2}[\arcsin(1-x)]^2+C$；　(3) $-\dfrac{1}{\ln 2}2^{\tan\frac{1}{x}}+C$；

(4) $\dfrac{1}{\ln 3-\ln 2}\arctan\left(\dfrac{3}{2}\right)^x+C$；　(5) $4\sqrt{1+\sqrt{x}}+C$；　(6) $\sqrt{x^2-1}-x+C$；

(7) $-\dfrac{3}{2}\sqrt[3]{\dfrac{x+1}{x-1}}+C$；　(8) $\dfrac{2x-1}{4}\sqrt{2+x-x^2}+\dfrac{9}{8}\arcsin\dfrac{2x-1}{3}+C$；

(9) $\dfrac{4}{7}\sqrt[4]{(\mathrm{e}^x+1)^7}-\dfrac{4}{3}\sqrt[4]{(\mathrm{e}^x+1)^3}+C$.

　　提示　(1) $\cos 2x=\cos^2 x-\sin^2 x=(\sin x\cos x)'$；　(2) $[\arcsin(1-x)]'=-\dfrac{1}{\sqrt{2x-x^2}}$；

(3) $\left(\tan\dfrac{1}{x}\right)'=-\dfrac{1}{x^2}\sec^2\dfrac{1}{x}$；　(4) $I=\int\dfrac{(3/2)^x}{(3/2)^{2x}+1}\mathrm{d}x$；　(5) $I=2\int\dfrac{1}{\sqrt{1+\sqrt{x}}}\mathrm{d}(1+\sqrt{x})$；

(6) $I=\int\dfrac{1}{\sqrt{x^2-1}(x+\sqrt{x^2-1})}\mathrm{d}x=\int\dfrac{x-\sqrt{x^2-1}}{\sqrt{x^2-1}}\mathrm{d}x$；　(7) $I=\int\dfrac{1}{x^2-1}\sqrt[3]{\dfrac{x+1}{x-1}}\mathrm{d}x$，令 $x=\dfrac{t^3+1}{t^3-1}$；

(8) $I=\int\sqrt{\dfrac{9}{4}-\left(x-\dfrac{1}{2}\right)^2}\,\mathrm{d}\left(x-\dfrac{1}{2}\right)$，令 $x=\dfrac{1}{2}+t$；　(9) 令 $x=\ln t$.

7. $\dfrac{1}{2}\left[\dfrac{f(x)}{f'(x)}\right]^2+C$．**提示**　$I=\int\dfrac{f(x)}{f'(x)}\mathrm{d}\left[\dfrac{f(x)}{f'(x)}\right]$.

8. (1) $\arccos\dfrac{1}{x}+C$；　(2),(3) $-\arcsin\dfrac{1}{x}+C$；　(4) $\arctan\sqrt{x^2-1}+C$.

9. (1) $\dfrac{x}{4}\sec^4 x-\dfrac{1}{4}\tan x-\dfrac{1}{12}\tan^3 x+C$；　(2) $-\cot x\ln\sin x-\cot x-x+C$；

(3) $2x\sqrt{\mathrm{e}^x-2}-4\sqrt{\mathrm{e}^x-2}+4\sqrt{2}\arctan\dfrac{\sqrt{\mathrm{e}^x-2}}{\sqrt{2}}+C$；

(4) $x\arcsin\sqrt{\dfrac{x}{1+x}}-\sqrt{x}+\arctan\sqrt{x}+C$；

(5) $x\mathrm{e}^{x+\frac{1}{x}}+C$；　(6) $\dfrac{x}{\sqrt{1+x^2}}\ln x-\ln(x+\sqrt{1+x^2})+C$.

　　提示　(1) $I=\dfrac{1}{4}\int x\mathrm{d}\sec^4 x$；　(2) $I=-\int\ln\sin x\cdot\mathrm{d}\cot x$；　(3) $I=2\int x\mathrm{d}\sqrt{\mathrm{e}^x-2}$；

(5) $I=\int\mathrm{e}^{x+\frac{1}{x}}\mathrm{d}x+\int x\mathrm{d}\mathrm{e}^{x+\frac{1}{x}}$；　(6) $I\xlongequal{x=\tan t}\int\ln\tan t\,\mathrm{d}\sin t$.

10. $2e^{\frac{x-1}{6}}(x-7)+C$. 提示 令 $3x+1=t$，则 $f'(t)=\frac{t-1}{3}e^{\frac{t-1}{6}}$.

11. (1) $\frac{1}{2}\ln\frac{x^2+x+1}{x^2+1}+\frac{1}{\sqrt{3}}\arctan\frac{2x+1}{\sqrt{3}}+C$； (2) $\frac{1}{\sqrt{3}}\arctan\frac{x^2-1}{\sqrt{3}x}+C$；

(3) $\frac{x^n}{n}-\frac{1}{n}\ln|1+x^n|+C$.

提示 (1) $I=\int\left(\frac{-x}{x^2+1}+\frac{x+1}{x^2+x+1}\right)dx$； (2) 令 $x-\frac{1}{x}=t, I=\int\frac{dt}{t^2+3}$；

(3) $I=\int\frac{(x^n+1-1)x^{n-1}}{1+x^n}dx$.

12. (1) $I_1=\frac{1}{2\sqrt{2}}\ln\left|\csc\left(x-\frac{\pi}{4}\right)-\cot\left(x-\frac{\pi}{4}\right)\right|-\frac{1}{2}(\sin x-\cos x)+C$；

(2) $I_1=\frac{1}{2}\arcsin\frac{\sin x-\cos x}{\sqrt{3}}-\frac{1}{2}\ln(\sin x+\cos x+\sqrt{2+\sin 2x})+C$；

(3) $I_1=\frac{1}{2}\left(x+\frac{1}{2}\right)\sqrt{x^2+x+1}+\frac{3}{8}\ln\left|x+\frac{1}{2}+\sqrt{x^2+x+1}\right|+C$；

(4) $I_1=\frac{1}{2}(x-\sqrt{1-x^2})e^{\arcsin x}+C$.

提示 (1) $I_2=\int\frac{\sin^2 x}{\sin x-\cos x}dx$；

(2) $I_2=\int\frac{\cos x}{\sqrt{2+\sin 2x}}dx$, $I_1+I_2=\int\frac{d(\sin x-\cos x)}{\sqrt{3-(\sin x-\cos x)^2}}$, $I_2-I_1=\int\frac{d(\sin x+\cos x)}{\sqrt{1+(\sin x+\cos x)^2}}$；

(3) $I_2=\int xd\sqrt{x^2+x+1}$； (4) $I_1=\int xde^{\arcsin x}=-\int e^{\arcsin x}d\sqrt{1-x^2}$, $I_2=\int e^{\arcsin x}dx=\int\sqrt{1-x^2}de^{\arcsin x}$.

13. 提示 将 $f'(x)=\frac{1}{\varphi'(y)}, dx=\varphi'(y)dy$ 代入 $\int\sqrt{f'(x)}dx$ 中.

习 题 五

1. (1) $1, x^{\frac{1}{3}}$； (2) 0； (3) $\ln^2 x$； (4) $\frac{2}{n}$； (5) 0.

提示 (1) 在已知等式中，令 $x=\sqrt[3]{a}$，可得 $a=1$；对等式求导，可得 $f(x)=x^{\frac{1}{3}}$.

(2) $I\xrightarrow{\text{积分中值定理}}\lim_{\xi\to+\infty}2\xi^2 e^{-\xi^2}=0, n\leqslant\xi\leqslant n+2$. (3) $f\left(\frac{1}{x}\right)=\int_1^{\frac{1}{x}}\frac{2\ln t}{1+t}dt\xrightarrow{\frac{1}{t}=u}\int_1^x\frac{2\ln u}{u(1+u)}du$.

(4) $|\sin nx|$ 以 $\frac{\pi}{n}$ 为周期，$I=\int_0^{\frac{\pi}{n}}|\sin nx|dx$. (5) 令 $x=\pi-t$，则 $I=-I$，于是 $I=0$.

2. (1) (B)； (2) (D)； (3) (A)； (4) (B)； (5) (B).

提示 (1) 在 $\left[0,\frac{\pi}{4}\right]$ 内，$x<\tan x\leqslant 1, \frac{\tan x}{x}>\frac{x}{\tan x}; f(x)=\frac{\tan x}{x}$ 在 $\left(0,\frac{\pi}{4}\right)$ 单增，$f\left(\frac{\pi}{4}\right)=\frac{4}{\pi}\geqslant\frac{\tan x}{x}$，

而 $\int_0^{\frac{\pi}{4}}\frac{4}{\pi}dx=1$. (2) 由洛必达法则 $\lim_{x\to 0}\frac{F(x)}{x^k}=\lim_{x\to 0}\frac{2f'(x)}{k(k-2)(k-3)x^{k-4}}\xrightarrow{k=4}\frac{f'(0)}{4}$.

(3) 在已知式中，令 $y=1$，则 $F(x)=2F(x+1)\int_0^{\frac{\pi}{2}}(\cos\theta)^{2x-1}d(-\cos\theta)=\frac{1}{x}F(x+1)$.

(4) $F(a)=\int_{-\pi}^{\pi}f^2(x)dx-2a\int_{-\pi}^{\pi}f(x)\cos nx\,dx+a^2\int_{-\pi}^{\pi}\cos^2 nx\,dx$. 由 $F'(a)=0, F''(a)=2\pi>0$ 知.

(5) 左 $=e^{2b}$，右 $=\frac{1}{2}e^{2t}\left(t-\frac{1}{2}\right)\Big|_{-\infty}^{b}=\frac{1}{2}e^{2b}\left(b-\frac{1}{2}\right)$.

3. (1) -10；   (2) $2\sqrt{2}$；   (3) $\dfrac{1}{3}(|b|^3-|a|^3)$.

   提示   (2) $I=\int_0^\pi \sqrt{2\cos^2 x}\,\mathrm{d}x$；   (3) 分别求：当 $a<b\leqslant 0$，当 $a<0<b$，$0\leqslant a<b$ 时定积分的值.

4. $\varphi(-1)=\mathrm{e}+\mathrm{e}^{-1}$. 提示 $\varphi(x)=\int_{-1}^x (x-t)\mathrm{e}^t\,\mathrm{d}t+\int_x^1 (t-x)\mathrm{e}^t\,\mathrm{d}t$.

5. $F(x)=\begin{cases} 0, & x<1, \\ \sqrt[3]{x}-1, & 1\leqslant x\leqslant 8, \\ 1, & x>8. \end{cases}$ 提示   在 $x<1$ 时，$1\leqslant x\leqslant 8$ 时和 $x>8$ 时分别求积分.

6. (1) $\dfrac{\pi^2}{72}$， (2) $\dfrac{3}{32}\pi$；   (3) $\ln(2+\sqrt{3})-\dfrac{\sqrt{3}}{2}$.

   提示   (1) $I=-\int_{\frac{1}{2}}^1 \arcsin(1-x)\mathrm{d}\arcsin(1-x)$；   (2) 令 $x^2=\sin t$；   (3) 令 $x=-\ln\sin t$.

7. (1) $\dfrac{\pi-1}{4}$； (2) $\dfrac{\pi}{4}$； (3) $\dfrac{\pi^2}{4}$.   提示   (1) 令 $x=\dfrac{\pi}{2}-t$，用公式 2；

   (2) 设被积函数为 $f(x)$，$f(x)+f\left(\dfrac{\pi}{2}-x\right)=1$；   (3) $I=\int_0^\pi \dfrac{x\sin x}{1+\cos^2 x}\,\mathrm{d}x$.

8. $\dfrac{1}{4}(1-\cos\pi^2)$. 提示 $I=\dfrac{1}{2}\int_0^\pi\left[\int_0^x \dfrac{\sin(t-\pi)}{t-\pi}\,\mathrm{d}t\right]\mathrm{d}(x-\pi)^2$.

9. (1) $\dfrac{3\pi}{16}$； (2) $\pi\sin 1$.   提示   (1) $\dfrac{\mathrm{e}^x}{1+\mathrm{e}^x}+\dfrac{\mathrm{e}^{-x}}{1+\mathrm{e}^{-x}}=1$；

   (2) $\arccos x+\arccos(-x)=\arccos x+(\pi-\arccos x)=\pi$.

10. 提示   令 $x^2=t$.   11. 提示 $\int_0^1 x(1-x)f''(x)\mathrm{d}x=\int_0^1 (x-x^2)\mathrm{d}f'(x)=f(1)+f(0)-2\int_0^1 f(x)\mathrm{d}x$.

12. 提示 $G(1)=\int_0^1 t^2 f(t)\mathrm{d}t \xrightarrow{\text{积分中值定理}} \eta^2 f(\eta)$，$\eta\in[0,1]$，令 $F(x)=x^2 f(x)$，则 $F(\eta)=\eta^2 f(\eta)=G(1)=f(1)=F(1)$，对 $F(x)$ 在 $[\eta,1]$ 上用罗尔定理.

13. 提示   令 $F(x)=2x-\int_0^x f(t)\mathrm{d}t-1$，在 $[0,1]$ 上连续，$F(0)=-1<0$，

   $F(1)=1-\int_0^1 f(t)\mathrm{d}t \xrightarrow{\text{积分中值定理}} 1-f(\xi)>0,\quad \xi\in[0,1]$.

14. 提示   令 $F(x)=\int_a^x tf(t)\mathrm{d}t-\dfrac{a+x}{2}\int_a^x f(t)\mathrm{d}t$，$x\in[a,b]$，则有

   $F'(x)=xf(x)-\dfrac{1}{2}\int_a^x f(t)\mathrm{d}t-\dfrac{a+x}{2}f(x) \xrightarrow{\text{积分中值定理}} \dfrac{1}{2}(x-a)[f(x)-f(\xi)]>0$.

15. (1) $\dfrac{\pi}{4}+\dfrac{1}{2}\ln 2$； (2) π.   提示   (1) 用分部积分法；   (2) $x=0$，$x=2$ 是瑕点.

   $$\int \dfrac{1}{\sqrt{x(2-x)}}\mathrm{d}x=2\int \dfrac{1}{\sqrt{2-x}}\mathrm{d}\sqrt{x}=2\arcsin\dfrac{\sqrt{x}}{\sqrt{2}}.$$

16. 提示   左端 $=2\int_0^{+\infty} x^2 \mathrm{e}^{-x^2}\mathrm{d}x=-\int_0^{+\infty} x\mathrm{d}\mathrm{e}^{-x^2}$.

17. (1) $\dfrac{\sqrt{3}\pi}{18}$； (2) $\dfrac{16}{35}$.   提示   (1) 令 $t=3x$；   (2) 令 $t=\sqrt[3]{x}$.

18. (1) 收敛； (2) 收敛； (3) 收敛.   提示   (1) $\lim\limits_{x\to+\infty} x^{\frac{3}{2}} \dfrac{\ln^2 x}{x^2}=0$；

   (2) $\lim\limits_{x\to 0^+} x^{\frac{2}{3}}\dfrac{1}{\sqrt[3]{x}\cdot\sqrt[3]{\mathrm{e}^x-\mathrm{e}^{-x}}}=\dfrac{1}{\sqrt[3]{2}}$； (3) $\dfrac{1}{\sqrt{(1-x^2)(1-0.2x)}}<\dfrac{1}{\sqrt{1-x}}$.

19. 收敛且绝对收敛. **提示** $\left|\dfrac{\ln x}{x^2}\sin x\right| \leqslant \dfrac{\ln x}{x^2}$,且 $\lim\limits_{x\to+\infty} x^{\frac{3}{2}}\dfrac{\ln x}{x^2}=0$.

20. $\dfrac{8}{3}$. **提示** $S=2\left[\int_0^2 \sqrt{-2(x-2)}\mathrm{d}x - \int_0^1\sqrt{-4(x-1)}\mathrm{d}x\right]$ 或 $S=2\int_0^2\left[\dfrac{1}{2}(4-y^2)-\dfrac{1}{4}(4-y^2)\right]\mathrm{d}y$.

21. $V_x=\dfrac{\sqrt{\pi^3}}{2\sqrt{2}}; V_y=\pi$. **提示** $V_x=\pi\int_0^{+\infty}\mathrm{e}^{-2x^2}\mathrm{d}x; V_y=-\pi\int_0^1 \ln y\,\mathrm{d}y$ ($y=0$ 是瑕点) 或 $V_y=2\pi\int_0^{+\infty} x\mathrm{e}^{-x^2}\mathrm{d}x$.

22. $a=-\dfrac{5}{4}, b=\dfrac{3}{2}, c=0$. **提示** 抛物线过原点 $c=0$. 由题设

$$S=\int_0^1 (ax^2+bx)\mathrm{d}x = \dfrac{1}{3} \text{ 知 } b=\dfrac{2}{3}(1-a).$$

又 $V_x=\pi\int_0^1(ax^2+bx)^2\mathrm{d}x=\pi\left(\dfrac{2}{135}a^2+\dfrac{a}{27}+\dfrac{4}{27}\right)$. 由 $\dfrac{\mathrm{d}V_x}{\mathrm{d}a}=0$ 得 $a=-\dfrac{5}{4}$, 且 $\dfrac{\mathrm{d}^2 V_x}{\mathrm{d}a^2}=\dfrac{4\pi}{135}>0$.

23. **提示** 求出收益函数,便可得价格函数.

24. 租用合算;全部租金的现在值是 32289 元;购进相当于每年付出 7433 元.

习 题 六

1. (1) 0; (2) $f_{11}+(x+z)yf_{12}+xy^2zf_{22}+yf_2$; (3) $\dfrac{1}{1-xy}[(yz-1)\mathrm{d}x+(xz-1)\mathrm{d}y]$;

   (4) $\dfrac{1}{2}a^4$; (5) $\dfrac{\pi}{4}\left(\dfrac{1}{a^2}+\dfrac{1}{b^2}\right)R^4$.

   提示 (1) $0\leqslant \left|\dfrac{\sin[x^2(y-2)]}{x^2+(y-2)^2}\right|\leqslant \left|\dfrac{\sin[x^2(y-2)]}{2x^2(y-2)}\cdot x\right|\to 0$, 当 $(x,y)\to(0,2)$.

   (4) $I=4\int_0^a \mathrm{d}x \int_0^{\sqrt{a^2-x^2}} xy\,\mathrm{d}y$. (5) $I=\dfrac{1}{2}\left(\dfrac{1}{a^2}+\dfrac{1}{b^2}\right)\iint_D (x^2+y^2)\mathrm{d}x\mathrm{d}y=\dfrac{1}{2}\left(\dfrac{1}{a^2}+\dfrac{1}{b^2}\right)\int_0^{2\pi}\mathrm{d}\theta\int_0^R r^3\mathrm{d}r$.

2. (1) (B); (2) (B); (3) (B); (4) (D); (5) (D).

   提示 (2) 有驻点 $(1,-2)$; (3) 已知 $f_x(x,y)$ 和 $f_y(x,y)$, 由 $f_{xy}(x,y)=f_{yx}(x,y)$ 确定.
   (4) 在 D 上, $\ln^3(x+y)\leqslant [\sin(x+y)]^3 \leqslant (x+y)^3$.

3. (2) $f_x(0,0)=0, f_y(0,0)=0$.

4. $y^z\cdot x^{y^z-1}, zy^{z-1}x^{y^z}\ln x, y^z x^{y^z}\ln x\cdot \ln y$.

5. $f'_2(r)$. **提示** $\dfrac{\partial u}{\partial x}=f'(r)\dfrac{x}{\sqrt{x^2+y^2}}=\dfrac{x}{r}f'(r), \dfrac{\partial u}{\partial y}=\dfrac{y}{r}f'(r)$. 6. $\mathrm{d}x-\mathrm{d}y$. 7. $\mathrm{e}^{ax}\sin x$.

8. $\mathrm{e}^{x^2+y^2}\left(2x\sin\dfrac{y}{x}-\dfrac{y}{x^2}\cos\dfrac{y}{x}\right), \mathrm{e}^{x^2+y^2}\left(2y\sin\dfrac{y}{x}+\dfrac{1}{x}\cos\dfrac{y}{x}\right)$.

9. 0. 10. $4yf_{12}-\dfrac{2y^3}{x^2}f_{22}$. **提示** 先求 $\dfrac{\partial z}{\partial y}$ 简单.

11. $-\dfrac{F_1+2F_2+3F_3}{F_z}$. 12. $-\dfrac{F_x+(f+xf')F_z}{xf'F_z+F_y}, \dfrac{(f+xf')F_y-xf'F_x}{xf'F_z+F_y}$.

13. (1) 极小值 $f(0,0)=1$, 极大值 $f(2,0)=\dfrac{7}{15}+\ln 5$; (2) 无极值.

14. 极小值 $z|_{(1,-1)}=-2$, 极大值 $z|_{(1,-1)}=6$.

15. 最小值 $z|_{(-\sqrt{2},-\sqrt{2})}=-2\sqrt{2}+1$, 最大值 $z|_{(\sqrt{2},\sqrt{2})}=2\sqrt{2}+1$.

16. 当 $a_1=a_2=\cdots=a_n=\dfrac{l}{n}$ 时, 最大值为 $\left(\dfrac{l}{n}\right)^n$.

   提示 求函数 $f(a_1,a_2,\cdots,a_n)=a_1\cdot a_2\cdot\cdots\cdot a_n$ 在条件 $a_1+a_2+\cdots+a_n=l$ 的极值.

17. (1) $L = \dfrac{80 \times \left(\dfrac{9}{4}\right)^{\frac{4}{3}}}{4 \times \left(\dfrac{9}{4}\right)^{\frac{4}{3}} + 3}$, $K = \dfrac{80}{4 \times \left(\dfrac{9}{4}\right)^{\frac{4}{3}} + 3}$;

(2) $L = 6\left[\dfrac{3}{4} + \dfrac{1}{4} \times \left(\dfrac{9}{4}\right)^{\frac{1}{5}}\right]^4$, $K = 6\left[\dfrac{3}{4} \times \left(\dfrac{9}{4}\right)^{-\frac{1}{5}} + \dfrac{1}{4}\right]^4$.

提示 (1) 生产函数可改写为 $\left(\dfrac{Q}{20}\right)^{-\frac{1}{4}} = \dfrac{3}{4}L^{-\frac{1}{4}} + \dfrac{1}{4}K^{-\frac{1}{4}}$. 令

$$F(L,K) = \dfrac{3}{4}L^{-\frac{1}{4}} + \dfrac{1}{4}K^{-\frac{1}{4}} + \lambda(4L + 3K - 80).$$

(2) 约束条件 $20\left(\dfrac{3}{4}L^{-\frac{1}{4}} + \dfrac{1}{4}K^{-\frac{1}{4}}\right)^{-4} = 120$ 可化为 $6^{-\frac{1}{4}} = \dfrac{3}{4}L^{-\frac{1}{4}} + K^{-\frac{1}{4}}$. 令

$$F(L,K) = 4L + 3K + \lambda\left(\dfrac{3}{4}L^{-\frac{1}{4}} + \dfrac{1}{4}K^{-\frac{1}{4}} - 6^{-\frac{1}{4}}\right).$$

18. (1) $x = 8$ 万元,$y = 7$ 万元;(2) $x = 5$ 万元,$y = 5$ 万元. **提示** (1) 无条件极值;(2) 条件极值.

19. $\dfrac{\sqrt{2}}{4}\pi^2 \leqslant I \leqslant \dfrac{\pi^2}{2}$. **提示** 当 $(\xi, \eta) \in D$ 时,$\dfrac{\sqrt{2}}{2} \leqslant \sin(\xi^2 + \eta^2) \leqslant 1$. D 的面积是 $\dfrac{\pi^2}{2}$.

20. (1) $I = \int_0^1 dx \int_{\frac{x}{2}}^{x} f(x,y) dy + \int_1^2 dx \int_{\frac{x}{2}}^{\frac{1}{x}} f(x,y) dy$;

(2) $I = -\left(\int_{-1}^{0} dy \int_{1-\sqrt{1+y}}^{1+\sqrt{1+y}} f(x,y) dx + \int_0^3 dy \int_{\frac{y^2}{3}}^{1+\sqrt{1+y}} f(x,y) dx\right)$. **提示** (2) 内层积分先交换上下限.

21. 2. **提示** 先交换积分次序. **22.** $\dfrac{1}{e} - 1$. **提示** 先交换积分次序.

23. $\dfrac{\pi}{2} - 1$. **提示** 用直线 $x + y = \dfrac{\pi}{2}$ 将 D 分块.

$$I = \int_0^{\frac{\pi}{4}} dy \int_y^{\frac{\pi}{2} - y} \cos(x + y) dx - \int_{\frac{\pi}{4}}^{\frac{\pi}{2}} dx \int_{\frac{\pi}{2} - x}^{x} \cos(x + y) dy.$$

24. $\dfrac{\pi}{2}\ln 2$. **提示** $\iint_D \dfrac{xy}{1 + x^2 + y^2} dx dy = 0$, $I = 2\int_0^{\frac{\pi}{2}} d\theta \int_0^1 \dfrac{r}{1 + r^2} dr$.

25. $f(x) = 2x + 1$. **提示** 等式左端先用极坐标简化.

26. $I(a) = 2(2a - 1 - e^{-2a})$; $\lim\limits_{a \to +\infty} I(a) = +\infty$,发散.

习 题 七

1. (1) $A - S$; (2) 0; (3) $e - 1$; (4) $[0, 2)$; (5) $-\pi/4$.

提示 (1) $S_{n-1} = \sum\limits_{k=0}^{n-1} u_k = nu_n - \sum\limits_{k=1}^{n} k(u_k - u_{k-1})$, $\sum\limits_{n=0}^{\infty} u_n = \lim\limits_{n \to \infty} S_{n-1} = A - S$.

(4) 当 $|x - 1| < |0 - 1| = 1$ 时绝对收敛;当 $|x - 1| > |2 - 1| = 1$ 时,发散.

(5) 选 $S(x) = \sum\limits_{n=1}^{\infty} \dfrac{(-1)^n}{2n - 1} x^{2n-1}$.

2. (1) (D); (2) (C); (3) (A); (4) (C); (5) (B).

提示 (1) 求出 S_n; (2) $\lim\limits_{n \to \infty} \left|\dfrac{\left(1 + \dfrac{1}{n}\right)^n a_n}{a_n}\right| = e$;

(5) $\sum_{n=1}^{\infty}\dfrac{1}{2^n(2n-1)} = \dfrac{1}{\sqrt{2}}\sum_{n=1}^{\infty}\dfrac{\left(\frac{1}{\sqrt{2}}\right)^{2n-1}}{2n-1} = \dfrac{1}{\sqrt{2}}S\left(\dfrac{1}{\sqrt{2}}\right)$.

3. (1) 收敛； (2) 发散； (3) 收敛； (4) $p>1$ 收敛,$p\leqslant 1$ 发散； (5) $a>1$ 收敛,$a\leqslant 1$ 发散；
(6) $p>1$ 收敛,$0<p\leqslant 1$ 发散.

提示 $n\to\infty$ 时：(1) $\ln\left(1+\dfrac{1}{\sqrt{n}}\right)\sim\dfrac{1}{\sqrt{n}}$； (2) $u_n\sim\dfrac{1}{n}$； (3) $\tan\dfrac{\pi}{3^{n+1}}\sim\dfrac{\pi}{3^{n+1}}$；

(4) 积分判别法；

(5) $\lim\limits_{n\to\infty}\sqrt[n]{u_n}=\dfrac{1}{a}$,当 $n\geqslant 2$ 时,$1\leqslant\sqrt[n]{\ln(n+2)}\leqslant\sqrt[n]{n+1}$,且 $\lim\limits_{n\to\infty}\sqrt[n]{n+1}=1$；

(6) $\left[e-\left(1+\dfrac{1}{n}\right)^n\right]$ 与 $\dfrac{1}{n}$ 是同阶无穷小.

4. 提示 由题设可推出 $a_n\leqslant\dfrac{a_1}{b_1}b_n$ 或 $\dfrac{b_1}{a_1}a_n\leqslant b_n$.

5. (1),(2) 条件收敛； (3),(4) 绝对收敛.

提示 (2) $u_n=(-1)^n\sin\dfrac{1}{\ln n}$,因 $\lim\limits_{n\to\infty}\sin\dfrac{1}{\ln n}=0$ 且 $\sin\dfrac{1}{\ln n}>\sin\dfrac{1}{\ln(n+1)}$. 又 $\sum\limits_{n=1}^{\infty}\dfrac{1}{\ln n}$ 发散；

(3) $\left|\dfrac{6^n}{7^n-5^n}\cos\dfrac{n\pi}{3}\right|\leqslant\dfrac{6^n}{7^n-5^n}$,而 $\sum\limits_{n=1}^{\infty}\dfrac{6^n}{7^n-5^n}$ 收敛； (4) $\dfrac{|a_n|}{\sqrt{n^2+x^2}}\leqslant\dfrac{1}{2}\left(a_n^2+\dfrac{1}{n^2+x^2}\right)\leqslant\dfrac{1}{2}\left(a_n^2+\dfrac{1}{n^2}\right)$.

6. 提示 n 为偶数时,$u_n>0$；n 为奇数时,$u_n<0$. 原级数可记做 $\sum\limits_{n=0}^{\infty}(-1)^n|u_n|$.

$|u_n|=\left|\int_{n\pi}^{(n+1)\pi}\dfrac{\sin x}{\sqrt{x}}dx\right|=\int_{n\pi}^{(n+1)\pi}\dfrac{|\sin x|}{\sqrt{x}}dx>\int_{n\pi}^{(n+1)\pi}\dfrac{|\sin x|}{\sqrt{x+\pi}}dx\xrightarrow{t=x+\pi}\int_{(n+1)\pi}^{(n+2)\pi}\dfrac{|\sin t|}{\sqrt{t}}dt=|u_{n+1}|$.

$0\leqslant|u_n|\leqslant\int_{n\pi}^{(n+1)\pi}\dfrac{1}{\sqrt{x}}dx=\dfrac{2\pi}{\sqrt{(n+1)\pi}+\sqrt{n\pi}}\to 0\quad(n\to\infty)$.

7. 当 $|a|>1$,k 为任意实数时,当 $a=1$ 且 $k\leqslant 1$ 时,发散；当 $|a|<1$,k 为任意实数时,$|a|=1$ 且 $k>1$ 时,绝对收敛；当 $a=-1$ 且 $k\leqslant 1$ 时,条件收敛.

8. (1) $(-5,5]$； (2) $(-\infty,+\infty)$.

9. $F(x)=1-\sum\limits_{n=1}^{\infty}\dfrac{(-1)^n}{2n}\cdot\dfrac{x^{2n}}{(2n)!}$. **提示** 当 $x\neq 0$ 时,$\dfrac{1-\cos x}{x}=-\sum\limits_{n=1}^{\infty}\dfrac{(-1)^n}{(2n)!}x^{2n-1}$,$x=0$ 是 $\dfrac{1-\cos x}{x}$ 的可去间断点.

$$\int_0^x f(t)dt=-\int_0^x\sum_{n=1}^{\infty}\dfrac{(-1)^n}{(2n)!}t^{2n-1}dt=-\sum_{n=1}^{\infty}\dfrac{(-1)^n}{2n}\cdot\dfrac{x^{2n}}{(2n)!}.$$

10. $S(x)=2x^2\arctan x-x\ln(1+x^2)$, $|x|\leqslant 1$. **11.** $-\dfrac{50!}{51}$.

习 题 八

1. (1) $y=e^{\tan\frac{x}{2}}$； (2) $y=\sin x$； (3) $y_1+Ce^{-\int P(x)dx}$； (4) $C_1x+C_2e^x+x^2$；

(5) $y=\dfrac{1}{2}[(1+x^2)\ln(1+x^2)-(1+x^2)]$.

提示 (2) 通解 $y=Ce^x+\sin x$； (4) $y_1=x$,$y_2=e^x$ 是齐次方程的解；

(5) $f'(x)=x\ln(1+x^2)$,$y\big|_{x=0}=-\dfrac{1}{2}$.

2. (1) (D); (2) (D); (3) (C); (4) (A); (5) (A).

提示 (1) $y=(C_1 e^{C_2})e^{-3x}-1 = Ce^{-3x}-1$;

(3) $y''+qy=0$ 的特征根是 $r=\pm\sqrt{q}i$, 其通解 $y=C_1\cos\sqrt{q}x+C_2\sin\sqrt{q}x$ 是周期函数;

(4) 方程的通解 $y=(C_1+C_2 x)e^{-2x}$, $\int_0^{+\infty} y dx, \int_0^{+\infty} y' dx, \int_0^{+\infty} y'' dx$ 均收敛, 且 $\lim_{x\to+\infty} y = \lim_{x\to+\infty} y' = 0$, 故

$$\int_0^{+\infty} y dx = -\int_0^{+\infty} y' dx - \frac{1}{4}\int_0^{+\infty} y'' dx = 2 - \frac{1}{4}y'\Big|_0^{+\infty} = 2.$$

(5) $f(0) = 0$ 得 $C = 1$.

3. (1) $2(x-\arctan x) + y^2 - \ln y^2 - 1 = 0$; (2) $\ln|x| + e^{-\frac{x^2+y^2}{x}} = C$;

(3) $y + \sqrt{x^2+y^2} = Cx^2$; (4) $y^2 - x^2 = y^3$.

提示 (1) 可分离变量的方程; (2) 令 $u = \frac{x^2+y^2}{x}$, 原方程可化为 $\frac{du}{dx} = \frac{1}{x}e^u$; (3),(4) 齐次方程.

4. (1) $y = x^2(2 + Ce^{\frac{1}{x}})$; (2) $y = Ce^{e^x} - e^{e^x}\int e^{-e^x} dx$; (3) $(1-x^2)y^{-3} + x^3 = C$;

(4) $y^{\frac{1}{2}} = -\frac{1}{3}(1-x^2) + C(1-x^2)^{\frac{1}{4}}$; (5) $x = \cos y(C - 2\cos y)$; (6) $x^4 = y^2(2\ln y + 1)$.

提示 (1) 一阶线性方程; (2) 方程化为 $[y' + (1-e^x)y]^2 = 0$;

(3) 方程化为 $\frac{dy^{-3}}{dx} - \frac{2x}{1-x^2}y^{-3} = -\frac{3x^2}{1-x^2}$;

(5) 方程化为 $\frac{dx}{dy} + \tan y \cdot x = \sin 2y$; (6) 方程化为 $\frac{dx^4}{dy} - \frac{2x^4}{y} = 2y$.

5. $y(x) = e^{-ax}\left[C + \int_0^x f(t)e^{at} dt\right]$. **6.** $y = e^x - e^{x+e^{-x}-\frac{1}{2}}$. 提示 $P(x) = xe^{-x} - x$.

***7.** (1) $y = \frac{1}{2}[e^{x+C_1} - e^{-(x+C_1)}] + C_2 x + C_3$; (2) $e^y + C_1 = (x+C_2)^2$; (3) $y = C_1 x(\ln x - 1) + C_2$.

8. $y_C = C_1 e^{-x} + C_2 \cos x$. 提示 $y = e^{-x}$ 是其解. **9.** $y = C_1 e^x + C_2 x^2 + 3$. 提示 $y = e^x$ 是齐次方程的解.

10. $y = 3 + e^x$. 提示 通解 $y = C_1 e^{-x} + C_2 e^{-3x} + 3 + e^x$.

11. $\lambda \neq -1, y = (C_1 + C_2 x)e^{-\lambda x} + \frac{e^x}{(1+\lambda)^2}; \lambda = -1, y = (C_1 + C_2 x)e^x + \frac{x^2 e^x}{2}$.

12. $\lambda \neq 1, y = C_1 \cos \lambda x + C_2 \sin \lambda x + \frac{1}{\lambda^2 - 1}\sin x; \lambda = 1, y = C_1 \cos x + C_2 \sin x - \frac{1}{2}x\cos x$.

13. (1) $y = C_1 e^x + C_2 \cos x + C_3 \sin x - (x^2 + 3x + 1)$;

(2) $y = (C_1 + C_2 x)e^x + (C_3 + C_4 x)e^{-x} + \frac{1}{4}\cos x$.

14. $y(x) = x\left[\frac{1}{x}\ln(1-x^2) - \ln\frac{1-x}{1+x}\right]$.

提示 $y(x)$ 满足方程 $y' - \frac{1}{x}y = -\frac{1}{x}\ln(1-x^2)$.

15. $f(x) = \frac{1}{2}(\cos x + \sin x + e^x)$.

提示 由已知式得方程 $f''(x) + f(x) = e^x$.

16. $f(x) = 2 + Cx$. 提示 由已知式得方程 $f'(x) - \frac{1}{x}f(x) = -\frac{2}{x}$.

17. $\arctan\frac{y}{x} - \frac{1}{2}\ln(x^2+y^2) = C$. 提示 如 17 题图,

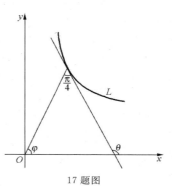

17 题图

$$\tan\theta = \tan\left(\varphi + \frac{\pi}{4}\right) = \frac{\tan\varphi + \tan\frac{\pi}{4}}{1 - \tan\varphi \cdot \tan\frac{\pi}{4}}.$$

又 $\tan\theta = \dfrac{\mathrm{d}y}{\mathrm{d}x}$, $\tan\varphi = \dfrac{y}{x}$, $\tan\dfrac{\pi}{4} = 1$. 代入上式可得微分方程

$$\frac{\mathrm{d}y}{\mathrm{d}x} = \frac{\dfrac{y}{x} + 1}{1 - \dfrac{y}{x}}.$$

18. $P = 100\mathrm{e}^{-\frac{Q^2}{2}}$. 提示 $\dfrac{P}{Q} \cdot \dfrac{\mathrm{d}Q}{\mathrm{d}P} = -\dfrac{1}{Q^2}$, $P\big|_{Q=0} = 100$.

习 题 九

1. (1) -4; (2) $C\mathrm{e}^t(1-t) + \mathrm{e}^t$; (3) $5^t(A\cos\pi t + B\sin\pi t)$.   2. (1) (B); (2) (C).

3. (1) $y_t = t^2 - t$; (2) $y_t = C + 3^t\left(\dfrac{1}{2}t - \dfrac{1}{4}\right) + \dfrac{1}{3}t$;

   (3) $y_t = C(-3)^t + 3\cos\dfrac{\pi}{2}t + \sin\dfrac{\pi}{2}t$;   (4) $y_t = C(-1)^t - t\sin\pi t$.

4. (1) $y_t = C_1\cos\dfrac{2\pi}{3}t + C_2\sin\dfrac{2\pi}{3}t$;   (2) $y_t = C_1(-1)^t + C_2 3^t + 3^t\left(-\dfrac{5}{16} + \dfrac{1}{8}t\right)$;

   (3) $y_t = (C_1 - t)\cos\dfrac{\pi}{2}t + \left(C_2 + \dfrac{t}{2}\right)\sin\dfrac{\pi}{2}t$;

   (4) $y_t = (\sqrt{2})^t\left(C_1\cos\dfrac{3\pi}{4}t + C_2\sin\dfrac{3\pi}{4}t\right) - \dfrac{1}{2}(\sqrt{2})^t t\sin\dfrac{3\pi}{4}t$;

   (5) $y_t = \dfrac{1}{2}3^t\left[(-1)^{t+1}t + t^2\cos\pi t\right]$.

5. $y_t = (C_1 + C_2 t)(-2)^t + C_3 3^t + t - 1$.